Manual de
TERMODINÁMICA

Diagramas, ciclos, motores, humedad, flujos, intercambiadores

Tomo 2

ISBN: 9798396434479

Edición EMD

CONTENIDOS

CAPITULO 8

VAPORES

8.1 Diagrama de equilibrio de una sustancia pura

Aplicando la regla de las fases de Gibbs es fácil ver qué tipo de diagrama de equilibrio corresponde a una sustancia pura. Veamos por ejemplo el diagrama $P\text{-}T$. Por tratarse de sustancias puras $C = 1$. Sea una sola fase, tal como sólido.

$V = 1 - 1 + 2 = 2$. O sea, habiendo dos grados de libertad, si se fija la presión habrá infinitas temperaturas a las que el sistema estará en equilibrio. Si hay dos fases (tal como sucede en el sistema hielo + líquido) $V = 1 - 2 + 2 = 1$; fijada una presión la temperatura queda determinada. Entonces habrá una sola curva en el plano $P\text{-}T$ que describa todos los estados de equilibrio de la mezcla sólido-líquido. Lo mismo ocurre con todas las otras mezclas posibles. Por último cuando coexisten las tres fases (sólido-líquido-vapor) es $V = 1 - 3 + 2 = 0$, es decir, en el punto triple no hay ningún grado de libertad y el estado es único por ser independiente de los valores de las variables.

8.2 Vapor saturado

Se define así al vapor que se encuentra en la curva de puntos de rocío, que separa al vapor del líquido.

8.3 Vapor recalentado

Es el vapor que se encuentra a la derecha de la curva de puntos de rocío, o sea a una temperatura superior a la de equilibrio con el líquido. El grado de sobrecalentamiento viene dado por la diferencia entre la temperatura del vapor sobrecalentado y la temperatura a la que el vapor estaría saturado siguiendo una isobara.

8.4 Vapor húmedo

Es la mezcla de líquido y vapor en equilibrio. Su condición se modifica espontáneamente con facilidad por variación de las propiedades de equilibrio: presión o temperatura. También se puede condensar por nucleación. Esto se observa en la naturaleza en las nieblas que pueden condensar fácilmente alrededor de núcleos sólidos como partículas de polvo o cristales. Por eso para inducir las lluvias se siembran las nubes con cristales de ioduro de potasio. Se define el título de vapor como:

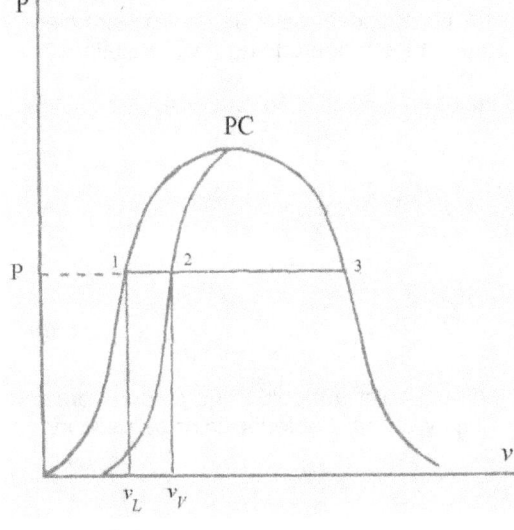

$$x = \frac{m_V}{m_V + m_L} \tag{8-1}$$

$$v = x\,v_V + (1-x)v_L \tag{8-2}$$

$$h = x\,h_V + (1-x)h_L \tag{8-3}$$

$$s = x\,s_V + (1-x)s_L \tag{8-4}$$

$$x = \frac{\overline{12}}{\overline{13}} \tag{8-5}$$

$$1 - x = \frac{\overline{23}}{\overline{13}} \tag{8-6}$$

8.5 Calor latente de vaporización

Dado que la regla de las fases muestra que en un cambio de fase (coexistencia de dos fases) al fijar la temperatura queda fijada la presión en correspondencia, el proceso de evaporación ocurre a temperatura constante si la presión es constante. Esto sólo es cierto para sustancias puras, ya que las mezclas no tienen un punto de ebullición definido sino un rango de temperaturas de equilibrio de fases.

Suponiendo un recipiente cerrado por un pistón ideal de modo tal que la presión sea constante y que contiene líquido hirviente, aplicando el Primer Principio para sistemas cerrados tenemos:

$$\Delta Q_{L \to V} = \Delta h - v\,\Delta P = \Delta h \implies \Delta Q_{L \to V} = \Delta Q_{V \to L} = \lambda = h_V - h_L$$

Denominamos a λ calor latente de vaporización. Por ser λ una diferencia de entalpías, que son función de P y T, también λ es función de P y T.

$$h = u + P \times v \implies \lambda = h_V - h_L \qquad (8\text{-}7)$$

$$\lambda = (u + P \times v)_V - (u + P \times v)_L = u_V - u_L + P(v_V - v_L)$$

Se suele llamar *calor interno de vaporización* a la diferencia $u_V - u_L$.
Se suele llamar *calor externo de vaporización* al producto $P(v_V - v_L)$.

8.6 Ecuaciones de Clapeyron y Clausius-Clapeyron

La ecuación de Clapeyron es importante porque es la base teórica de muchos métodos de estimación de curvas de presión de vapor-temperatura y de calor latente de vaporización. Ya se dedujo anteriormente en el apartado **7.11.1** pero la volveremos a deducir para mayor énfasis. Ya se dedujo en el apartado **7.1** que en el equilibrio de fases la energía libre de Gibbs en cada fase es la misma.

$$g_V = g_L \implies dg_V = dg_L$$

Para vapores puros es:

$$dg = vdP - sdT \implies v_V dP - s_V dT = v_L dP - s_L dT$$

$$\therefore dP = (s_V - s_L)dT \implies \frac{dP}{dT} = \frac{s_V - s_L}{v_V - v_L}$$

Pero:

$$ds = \frac{\delta Q}{T} \implies \int dS = \int \frac{\delta Q}{T} = \frac{1}{T}\int \delta Q = \frac{\lambda}{T} \implies s_V - s_L = \frac{\lambda}{T} \qquad (8\text{-}8)$$

Por lo tanto:

$$\boxed{\frac{dP}{dT} = \frac{\lambda}{T(v_V - v_L)}} \qquad \text{Ecuación de Clapeyron} \qquad (8\text{-}9)$$

La ecuación de Clausius-Clapeyron es una simplificación de la ecuación mas exacta de Clapeyron. Si se desprecia v_L frente a v_V que es bastante mayor, y se supone que el vapor se comporta como un gas ideal (lo que es razonable en condiciones moderadas, pero inexacto en condiciones alejadas de las normales) y además se supone constante el calor latente de vaporización en un rango moderado de P y T, resulta:

$$v_V = \frac{RT}{P} \quad \text{donde:} \quad R = \frac{R'}{PM} \quad \text{es la constante particular del vapor en cuestión. Además } \lambda = \lambda_0 = \text{constan-}$$

te. Entonces:

$$\lambda_0 = \frac{R^2 T}{P}\frac{dP}{dT} \implies \lambda_0 \cong \frac{R^2 T}{P}\frac{\Delta P}{\Delta T} \implies \frac{dP}{P} = \frac{\lambda_0}{R}\frac{dT}{T^2}$$

Integrando:

$$\boxed{ln\frac{P}{P_0} = \frac{\lambda_0}{R}\left(\frac{1}{T_0} - \frac{1}{T}\right)} \qquad (8\text{-}10)$$

Esta ecuación es bastante exacta a presiones bajas, aumentando el error a medida que crece la presión. Se pueden escribir ecuaciones análogas a las de Clausius y Clapeyron para obtener calor de fusión y sublimación.

8.7 Diagrama de Mollier

La entropía es una función potencial al igual que la entalpía. Veamos el diagrama de Mollier o diagrama h-s. De la ecuación *(6-24)* del capítulo **6** sobre energía libre tenemos:

$$dh = Cp\,dT + \left[v - \left(\frac{\partial v}{\partial T}\right)_P\right]dP$$

Para líquidos a temperaturas alejadas de T_c el segundo término es pequeño, por lo tanto: $dh = Cp\,dT$ (para líquidos alejados del punto crítico). Esta es la ecuación diferencial de una relación lineal. Teniendo el diagrama h-s o tablas de vapor de la sustancia, es fácil obtener una estimación del calor latente de evaporación. De la ecuación *(8-7)*:

$$\lambda = h_V - h_L$$

Igualmente de la ecuación *(8-8)*:

$$s_V - s_L = \frac{\lambda}{T} \Rightarrow \frac{h_V - h_L}{s_V - s_L} = \frac{\lambda}{\dfrac{\lambda}{T}} = T = tg(\alpha) \qquad (8\text{-}11)$$

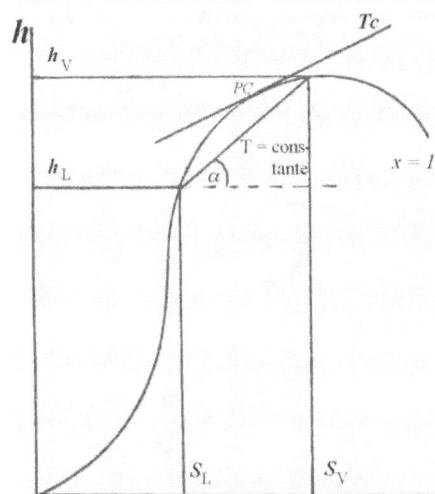

Recordando las ecuaciones que estudiamos en el capítulo **6** sobre energía libre, de la ecuación *(6-20)* y de la definición de Cp tenemos que la pendiente de las isobaras en el interior de la zona de coexistencia de fases es:

$$\left(\frac{\partial h}{\partial S}\right)_P = \frac{\left(\dfrac{\partial h}{\partial T}\right)_P}{\left(\dfrac{\partial S}{\partial T}\right)_P} = \frac{Cp}{Cp/T} = T \qquad (8\text{-}12)$$

Por lo tanto las isobaras coinciden con las isotermas. A su vez la pendiente de las isotermas es:

$$\left(\frac{\partial h}{\partial S}\right)_T = \frac{\left(\dfrac{\partial h}{\partial P}\right)_T}{\left(\dfrac{\partial S}{\partial P}\right)_T} = \frac{v - T\left(\dfrac{\partial v}{\partial T}\right)_P}{-\left(\dfrac{\partial v}{\partial T}\right)_P} = T - v\left(\frac{\partial T}{\partial v}\right)_P \qquad (8\text{-}13)$$

Dentro de la zona de coexistencia de fases hay temperatura constante a presión constante, por lo tanto:

$$\left(\frac{\partial T}{\partial v}\right)_P = 0 \Rightarrow \left(\frac{\partial h}{\partial S}\right)_T = T$$

Cuando se sale de la zona de coexistencia de fases esto ya no es cierto, es decir: $\left(\dfrac{\partial h}{\partial S}\right)_T \neq 0$ y suponiendo que el vapor se comporte como un gas ideal tenemos:

$$T = \frac{P\,v}{R} \Rightarrow \left(\frac{\partial T}{\partial v}\right)_P = \frac{P}{R} \Rightarrow v\left(\frac{\partial T}{\partial v}\right)_P = \frac{P\,v}{R} = T \Rightarrow \left(\frac{\partial h}{\partial S}\right)_T = T - T = 0$$

Las isotermas tienden a ser horizontales fuera de la campana que delimita la zona de coexistencia de fases. Las isobaras fuera de la campana en cambio tienen tendencia a ser verticales porque si se calienta un vapor a P constante tiende a aumentar su temperatura y se va hacia isotermas superiores.

8.8 Correlaciones entre presión de vapor y temperatura
Este tema tiene una gran importancia práctica por su relación con los procesos de separación líquido-vapor; por tal razón se le ha dedicado una gran cantidad de esfuerzo. En consecuencia, la cantidad de correlaciones que existen es muy grande. Nosotros nos ocuparemos sólo de las mas exactas y simples, además de ser las mas aplicables a casos prácticos.
En general se suele dividir las correlaciones en dos tipos: las que derivan de algún modo de la ecuación de Clapeyron, es decir que tienen una base racional, y las que tienen una base empírica, es decir no teórica.

8.8.1 Correlaciones de base teórica
De la ecuación de Clausius-Clapeyron (donde se supone comportamiento ideal, se desprecia el volumen líquido respecto del de vapor y se supone constante el calor latente) se deduce, con estas limitaciones e inexactitudes:

$$-d\left[ln(P_v)\right] = -\frac{\lambda_0}{R}\left(\frac{1}{T}\right) \Rightarrow \frac{d(lnP_v)}{dT} = -\frac{\lambda_0}{R}$$

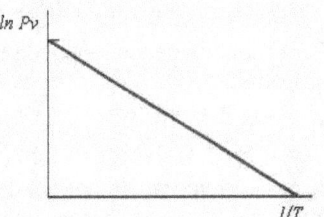

Esto sugiere que una representación de $ln(P_v)$ en función de $1/T$ deberá ser una recta de pendiente $-\lambda_0/R$.

Esto por supuesto no es así mas que en un intervalo reducido de presiones y temperaturas, en el rango bajo. Prolongando los ejes hacia zonas de alta temperatura y presión aparece una curvatura mas o menos pronunciada. Esta es la base de la correlación de Kirchoff.

Lo que hizo Kirchoff fue suponer que, puesto que λ_0 es una diferencia de entalpías y que la entalpía depende de Cp (que se puede describir como polinomio cúbico de T) también es posible describir a λ_0 como polinomio cúbico de T.

$$\lambda_0 = A + B \times T + C \times T^2 + D \times T^3$$

Tomando la ecuación de Clapeyron y despreciando el volumen líquido respecto del volumen de vapor tenemos:

$$\frac{dP_v}{dT} = \frac{\lambda}{T(v_V - v_L)} \cong \frac{\lambda}{T\,v_V}$$

Asumiendo comportamiento ideal:

$$\frac{dP_v}{dT} = \frac{\lambda}{T\left(RT/P_v\right)} = \frac{\lambda P_v}{RT^2} \Rightarrow \frac{dP_v}{P_V} = \frac{\lambda\,dT}{RT^2}$$

Reemplazando λ_0 tenemos:

$$\frac{dP_v}{P_v} = \frac{\left(A + BT + CT^2 + DT^3\right)dT}{RT^2}$$

Integrando:

$$\boxed{ln(P_v) = \frac{A'}{T} + B'ln(T) + C' \times T + D' \times T^2}$$ (8-14)

Esta es la ecuación de Kirchoff. Muestra que la gráfica de $ln(P_v)$ en función de $1/T$ no es lineal sino una combinación de una recta, una parábola y una hipérbola, con una contribución logarítmica cuyo peso es menor. La influencia de la componente parabólica es pequeña a bajas temperaturas, y aumenta con esta. Si bien la exactitud de la ecuación de Kirchoff es mala, se comenta aquí porque constituye la base de varias ecuaciones empíricas.

8.8.1.1 Ecuación de Antoine

Cox en 1923 sugirió tomar una escala logarítmica para P_v y una recta con pendiente positiva que representa la presión de vapor del agua (generalmente usada como sustancia de referencia porque sus propiedades se conocen muy bien) que se emplea para calibrar la otra escala en unidades de temperatura. Entonces las gráficas de P_v de otras sustancias aparecen como líneas rectas o casi rectas. Un gráfico de este tipo se llama "recta de Cox". Calingaert y Davis en 1925 demostraron que esto equivale a tomar una escala de temperatura en la que se representan los valores de $\frac{1}{T-C}$. Esto en sustancia equivale a la vieja correlación de Antoine (1888) que si se piensa no es mas que una representación hiperbólica, es decir equivalente a tomar el primer término de la ecuación $(8-14)$ de Kirchoff. La ecuación de Antoine es:

$$\boxed{\log_{10}(P_v) = A - \frac{B}{T-C}} \quad (T \text{ en } °K)$$ (8-15)

Alternativamente se puede encontrar a veces en la forma siguiente.

$$\log_{10}(P_v) = A - \frac{B}{t+c} \quad (T \text{ en } °C)$$ (8-15')

Para muchos casos se puede tomar $C = -43$ °K (o $c = 230$ °C). C se puede estimar de las relaciones siguientes:

$C = -0.3 + 0.034 \times T_b$ si $T_b < 125$ °K y/o para elementos monoatómicos;

$C = -18 + 0.19 \times T_b$ si $T_b > 125$ °K o para sustancias poli atómicas.

T_b es la temperatura normal de ebullición (°K) es decir la temperatura a la que hierve el líquido a la presión atmosférica, y es muy fácil de medir.

A continuación una pequeña lista de constantes de la ecuación de Antoine, donde la constante responde a la forma de la ecuación *(8-15')*.

Compuesto	A	B	c	Intervalo de tempera-tura aplicable (°C)
Metano	7.61184	389.93	267.0	–183 a –152.5
Etano	7.80266	657.40	257.0	–142 a –75
Etileno	7.74756	585.00	255.0	–153 a –91
Propileno	7.81960	785.00	247.0	–112 a –32
Propano	7.82973	813.20	248.0	–108 a –25
1-Buteno	7.84290	927.10	240.0	–81 a 12.5
n-Butano	7.83029	945.90	240.0	–77 a 19
n-Pentano	7.85221	1064.64	232.0	–50 a 57
iso-Pentano	7.80380	1027.25	234.0	–57 a 49
Benceno	7.89745	1207.35	220.237	–5.5 a 104
n-Hexano	7.87773	1171.53	224.366	–25 a 92
Ciclohexano	7.84498	1203.526	222.863	7.6 a 105
Tolueno	7.95334	1343.943	219.377	6 a 136
n-Heptano	7.90319	1268.586	217.954	2 a 123
n-Octano	7.92374	1355.126	209.517	19 a 152

Listas mas completas se pueden encontrar en *"The Properties of Gases and Liquids"* de Reid, Prausnitz y Poling y en el *"Manual del Ingeniero Químico"*. La ecuación de Antoine no se debe usar si $P_v > 1500$ mm Hg pues el error crece. Los valores de las constantes también se pueden hallar a partir de datos T-P_v en tres puntos o mas, resolviendo el sistema de ecuaciones correspondiente. Usamos la ecuación *(8-15')* donde P_v está en mm Hg., t en °C.

8.8.1.2 Ecuación de Thodos

Una ecuación algo mas precisa se debe a Thodos:

$$\log_{10}(P_v) = A + \frac{B}{T} + \frac{C}{T^2} + D\left[\frac{T}{T_d} - 1\right]^n \qquad (8-16)$$

P_v está en mm de Hg, T y T_d en °K y se puede omitir el último término si $T < T_d$. Una pequeña tabla de constantes es la siguiente.

Compuesto	T_d	A	B	C	D	n
Metano	118.83	7.18025	–297.1	–8000	0.257	1.32
Etano	204.74	7.80266	–624.24	–15912	0.1842	1.963
Propano	261.20	7.80064	–785.6	–27800	0.2102	2.236
n-Butano	312.30	7.78880	–902.4	–44493	0.4008	2.40
n-Pentano	357.79	7.77767	–988.6	–66936	0.6550	2.46
n-Hexano	398.79	7.75933	–1054.9	–92720	0.9692	2.49
n-Heptano	437.34	7.74242	–1108.0	–121489	1.3414	2.50
n-Octano	471.00	7.72908	–1151.6	–152835	1.7706	2.50
n-Nonano	503.14	7.72015	–1188.2	–186342	2.2438	2.50
n-Decano	533.13	7.71506	–1219.3	–221726	2.7656	2.50
n-Dodecano	587.61	7.71471	–1269.7	–296980	3.9302	2.50

Tablas mas extensas se pueden encontrar en *"The Properties of Gases and Liquids"* de Reid, Prausnitz y Poling.

Discusión

Los métodos racionales han tenido un éxito moderado en describir las propiedades del vapor. Debido a ello se ha dedicado mucho esfuerzo al desarrollo de ecuaciones empíricas que hoy describen con mucha mayor exactitud las relaciones T-P_v. No obstante, la ecuación de Antoine es útil dentro de su relativa exactitud por la simplicidad y rapidez de su uso. Volveremos mas adelante sobre esto cuando tratemos la estimación de calor latente de vaporización.

8.8.2 Correlaciones empíricas

Existen muchas correlaciones empíricas. No podemos tratarlas todas, debido a la extensión del tema. Una discusión detallada y documentada se encontrará en *"The Properties of Gases and Liquids"*, de Reid, Prausnitz y Poling.

8.8.2.1 Ecuación de Lee y Kesler

Es una modificación de la correlación de Pitzer basada en el método generalizado de estados correspondientes usando el factor acéntrico. Una ventaja de esta ecuación es que permite estimar en casos en que se desconoce el factor acéntrico. Ver Lee y Kesler, *"A Generalized Thermodynamic Correlation Based on Three Parameter Corresponding States"*, AIChE Journal, May, 1975, pág. 510-527.

$$ln(P_{vr}) = f^0(T_r) + \omega f^1(T_r) \tag{8-17}$$

$$f^0(T_r) = 5.92714 - \frac{6.09648}{T_r} - 1.28862 \times ln(T_r) + 0.169347 \times T_r^6 \tag{8-18}$$

$$f^1(T_r) = 15.2518 - \frac{15.6875}{T_r} - 13.4721 \times ln(T_r) + 0.43577 \times T_r^6 \tag{8-19}$$

$$\omega = \frac{\alpha}{\beta} \tag{8-20}$$

$$\alpha = -ln(P_c) - 5.97214 + \frac{6.09648}{T_{br}} + 1.28862 \times ln(T_{br}) - 0.169347 \times T_{br}^6 \tag{8-20'}$$

$$\alpha = 15.2518 - \frac{15.6875}{T_{br}} - 13.4721 \times ln(T_{br}) + 0.435777 \times T_{br}^6 \tag{8-20''}$$

donde: $P_{vr} = \dfrac{P_v}{P_c}$ $T = \dfrac{T}{T_c}$ $T_{br} = \dfrac{T_b}{T_c}$ (P_c en ata)

8.8.2.2 Correlación de Gomez-Nieto y Thodos

Estos autores (*Industrial and Engineering Chemistry Fundamentals*, vol. 16 1977 pág. 254 y vol. 17 1978 pág. 45) han desarrollado una correlación excelente de base totalmente empírica.

$$ln(P_{vr}) = \beta\left[\frac{1}{T_r^m} - 1\right] + \gamma\left[T_r^n - 1\right] \tag{8-21}$$

$$m = 0.78425 \times e^{0.089315 \times S} - \frac{8.5217}{e^{0.78426 \times S}} \tag{8-22}$$

$$n = 7 \tag{8-23}$$

$$\beta = -4.267 - \frac{221.79}{S^{2.5} \times e^{0.0384 \times S^{2.5}}} + \frac{3.8126}{e^{\left(2272,44/s^3\right)}} + \Delta^* \tag{8-24}$$

$\Delta^* = 0$ excepto para el He ($\Delta^* = 0.41815$), para el H_2 ($\Delta^* = 0.19904$) y para el Ne ($\Delta^* = 0.02319$).

$$\gamma = a \times S + b \times \beta \tag{8-25}$$

Las tres ecuaciones anteriores para **m**, γ y β son válidas para compuestos no polares. Para compuestos polares que no forman puente de hidrógeno, incluyendo al amoníaco y al ácido acético, **m** y γ se calculan de las siguientes relaciones.

$$m = 0.466 \times T_c^{0.166} \tag{8-22'}$$

$$\gamma = 0.08594 \times e^{7.462 \times 10^{-4} \times T_c} \tag{8-25'}$$

Para sustancias que forman puente de hidrógeno (como el agua y los alcoholes):

$$m = 0.0052 \times M^{0.29} \times T_c^{0.72} \tag{8-22"}$$

$$\gamma = \frac{2.464}{M} e^{9.8 \times 10^{-6} \times T_c} \tag{8-25"}$$

M es el peso molecular del monómero.

Para estas dos categorías de sustancias, β se obtiene de la ecuación *(8-25)* que define a γ:

$$\beta = \frac{\gamma - a \times s}{b} \tag{8-24'}$$

$$a = \frac{\dfrac{1}{T_{br}} - 1}{T_{br}^{\,7} - 1} \tag{8-26}$$

$$b = \frac{\dfrac{1}{T_{br}^{\,m}} - 1}{1 - T_{br}^{\,7}} \tag{8-27}$$

$$s = \frac{T_b \times ln(P_c)}{T_c - T_b} \quad \text{(P}_c \text{ en ata)} \qquad s = T_{br} \frac{ln\left(\dfrac{P_c}{1.01325}\right)}{1 - T_{br}} \quad \text{(P}_c \text{ en bar)} \tag{8-28}$$

8.8.2.3 Correlación de Riedel, Planck y Miller

Una modificación del método original extiende y simplifica su utilidad. Está basado en las correlaciones de Riedel y Kirchoff.

$$ln(P_{vr}) = -\frac{G}{T_r}\left[1 - T_r^{\,2} + K(3 + T_r)(1 - T_r)^3\right] \tag{8-29}$$

$$K = \frac{\dfrac{h}{G} - 1 - T_{br}}{(3 + T_{br})(1 - T_{br})^2} \tag{8-30}$$

$$G = 0.4835 + 0.4605 \times h \tag{8-31}$$

$$h = \frac{T_{br} \times ln(P_c)}{1 - T_{br}} \tag{8-32}$$

Discusión

Los tres métodos que acabamos de describir son buenos y exactos, adaptándose a la mayoría de los casos de interés práctico. No dan buenos resultados con sustancias muy polares o asociadas. Puesto que en general son ecuaciones explícitas en P_v pero implícitas en T, para el caso de que se necesite obtener T hay que usar un método de recurrencia, es decir, iterativo.

Ejemplo 8.1 Cálculo de la presión de vapor.

Calcular la presión de vapor del benceno a 40 °C.

Datos

t_b = 80.1 °C; T_b = 353 °K; T_c = 562 °K; P_c = 48.3 ata; ω = 0.21. Constantes de la ecuación de Antoine:
A = 7.89745; B = 1207.35; c = 220.237. Valor experimental: P_v = 0.24 ata a 40 °C.

Solución

Intentaremos calcular con todos los métodos a nuestra disposición, comparando los distintos resultados con el valor experimental (que suponemos exacto) dando el error en cada caso.

1) Ecuación de Antoine: $log_{10}(P_v) = A - \dfrac{B}{t + c} = 6.89745 - \dfrac{1206.35}{40 + 220.237}$

Obtenemos: $log_{10}(P_v)$ = 2.26187 $\Rightarrow$ P_v = 182.75 mm Hg = 0.2405 ata
error: 0.2%.

2) Ecuación de Lee-Kesler: $ln(P_{vr}) = f^0(T_r) + \omega f^1(T_r)$

$$T_r = \frac{313}{562} = 0.557$$

$$f^0(T_r) = 5.92714 - \frac{6.09648}{T_r} - 1.28862 \times ln(T_r) + 0.169347 \times T_r^6 = -4.259974$$

$$f^1(T_r) = 15.2518 - \frac{15.6875}{T_r} - 13.4721 \times ln(T_r) + 0.43577 \times T_r^6 = -5.0173253$$

$$ln(P_{vr}) = -4.259974 - 0.21 \times 5.0173253 = -5.3136123 \Rightarrow P_v = 0.2378 \text{ ata}$$
error: 0.9%

3) Correlación de Gomez-Nieto y Thodos: $ln(P_{vr}) = \beta\left[\dfrac{1}{T_r^m} - 1\right] + \gamma\left[T_r^n - 1\right]$

$$T_{br} = \frac{353}{562} = 0.6281138 \qquad s = \frac{T_b \times ln(P_c)}{T_c - T_b} = 6.5489634$$

$$m = 0.78425 \times e^{0.089315 \times s} - \frac{8.5217}{e^{0.78426 \times s}} = 1.357497$$

$$\beta = -4.267 - \frac{221.79}{s^{2.5} \times e^{0,0384 \times s^{2.5}}} + \frac{3.8126}{e^{\left(2272,44/s^3\right)}} + \Delta^* = -4.2956928$$

$$a = \frac{\dfrac{1}{T_{br}} - 1}{T_{br}^7 - 1} = 0.6158214 \qquad b = \frac{\dfrac{1}{T_{br}^m} - 1}{1 - T_{br}^7} = 0.9153251$$

$$\gamma = a \times S + b \times \beta = 0.1006668$$

$$ln(P_{vr}) = \beta\left[\frac{1}{T_r^m} - 1\right] + \gamma\left[T_r^n - 1\right] = -5.3100924 \Rightarrow P_v = 0.24 \text{ ata}$$

error: 0.55%

4) Correlación de Riedel, Planck y Miller:

$$ln(P_{vr}) = -\frac{G}{T_r}\left[1 - T_r^2 + K(3 + T_r)(1 - T_r)^3\right]$$

$$h = \frac{T_{br} \times ln(P_c)}{1 - T_{br}} = 6.5489634 \qquad G = 0.4835 + 0.4605 \times h = 3.4992976$$

$$K = \frac{\dfrac{h}{G} - 1 - T_{br}}{(3 + T_{br})(1 - T_{br})^2} = 0.4850753$$

$$ln(P_{vr}) = -5.2770476 \Rightarrow P_v = 0.2467$$

error: 2.8%

Ejemplo 8.2 Cálculo de la presión de vapor.

Calcular la presión de vapor del propano a las siguientes temperaturas (°C):
$t_1 = -42.07$; $t_2 = -17.78$; $t_3 = 15.56$; $t_4 = 48.89$; $t_5 = 82.22$; $t_6 = 97.81$.
Datos
$T_b = 231.1$ °K; $PM = 44.097$; $T_c = 370$ °K; $P_c = 42.02$ ata; $\omega = 0.152$.
Valores experimentales: la tabla siguiente resume algunos resultados publicados (Canjar y Manning, *"Thermodynamic Properties and Reduced Correlations for Gases"*, Gulf Pub. Co., Houston, Tex., 1967).

t (°C)	−42.07	−17.78	15.56	48.89	82.22	97.81
P_v (ata)	1.00	2.611	7.321	17.480	32.258	42.02

<u>Solución</u>
Intentaremos calcular con todos los métodos a nuestra disposición, comparando los distintos resultados con los valores experimentales dando el error en cada caso. Los resultados se resumen en forma tabular.

1) Ecuación de Antoine: esta ecuación sólo es aplicable en la primera temperatura, puesto que los coeficientes sólo son válidos para temperaturas desde −108 hasta −25 °C.

$$\log_{10}(P_v) = A - \frac{B}{t+c} = 6.82973 - \frac{813.2}{248 - 42.07}$$

Obtenemos: $\log_{10}(P_v) = 2.88178 \Rightarrow P_v = 761.70$ mm Hg = 1.002243 ata.

error: 0.2%

2) Ecuación de Thodos: $\log_{10}(P_v) = A + \dfrac{B}{T} + \dfrac{C}{T^2} + D\left[\dfrac{T}{T_d} - 1\right]^n =$

$$= 6.80064 - \frac{785.6}{T} - \frac{27800}{T^2} + 0.2102\left[\frac{T}{261.2} - 1\right]^{2.236}$$

Los resultados se presentan en forma tabular:

t (°C)	−42.07	−17.78	15.56	48.89	82.22	97.81
P_v (ata)	1.00497	2.6183	7.3654	17.63	32.43	41.99
Error (%)	+0.50	+0.28	+0.61	+0.91	+0.53	−0.06

3) Ecuación de Lee-Kesler: $\ln(P_{vr}) = f^0(T_r) + \omega f^1(T_r)$

$$f^0(T_r) = 5.92714 - \frac{6.09648}{T_r} - 1.28862 \times \ln(T_r) + 0.169347 \times T_r^6 = +0.0000007$$

$$f^1(T_r) = 15.2518 - \frac{15.6875}{T_r} - 13.4721 \times \ln(T_r) + 0.43577 \times T_r^6 = +0.00007$$

Los resultados se presentan en forma tabular:

t (°C)	−42.07	−17.78	15.56	48.89	82.22	97.81
P_v (ata)	0.99083	2.6117	7.366	17.548	32.26	42.02
Error (%)	−0.92	+0.03	+0.61	+0.41	+0.01	+0.002

4) Correlación de Gomez-Nieto y Thodos: $\ln(P_{vr}) = \beta\left[\dfrac{1}{T_r^m} - 1\right] + \gamma\left[T_r^n - 1\right]$

Los resultados se presentan en forma tabular:

t (°C)	−42.07	−17.78	15.56	48.89	82.22	97.81
P_v (ata)	1.004	2.601	7.351	17.512	32.245	42.03
Error (%)	+0.40	−0.38	+0.41	+0.19	−0.04	+0.02

5) Correlación de Riedel, Planck y Miller: $\ln(P_{vr}) = -\dfrac{G}{T_r}\left[1 - T_r^2 + K(3 + T_r)(1 - T_r)^3\right]$

Los resultados se presentan en forma tabular:

t (°C)	−42.07	−17.78	15.56	48.89	82.22	97.81
P_v (ata)	1.000	2.601	7.258	17.306	32.085	41.00
Error (%)	0.00	−0.38	−0.86	−1.06	−0.53	−2.43

8.9 Correlaciones para calcular calor latente de vaporización

Existen dos grandes clases de correlaciones: las basadas en una evaluación de λ en base a la curva de presión de vapor-temperatura y en la ecuación de Clapeyron, y las correlaciones empíricas. No se puede establecer una diferencia que permita definir una clara preferencia entre una u otra clase, pero posiblemente los métodos basados en la ecuación de Clapeyron sean ligeramente superiores cuando se cuenta con muchos datos de la curva y se usa un buen algoritmo de derivación numérica.

8.9.1 Correlaciones derivadas de la ecuación de Clapeyron

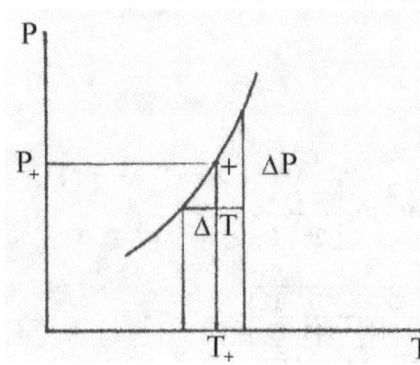

Nuestro problema es determinar λ en las condiciones T_+ y P_+. Suponemos tener una curva densa (con muchos puntos muy cercanos entre sí) y con datos precisos.

Sabemos que la derivada se puede aproximar por incrementos finitos es decir (con gran error):

$$\frac{dP}{dT} \cong \frac{\Delta P}{\Delta T} \qquad (8\text{-}33)$$

A su vez la diferencia $(v_V - v_L)$ se puede aproximar mediante el factor de compresibilidad:

$$v_V = \frac{Z_V\, R\, T}{P} \qquad v_L = \frac{Z_L\, R\, T}{P}$$

Como las condiciones del vapor y del líquido son las mismas, P y T son iguales:

$$v_V - v_L = \frac{Z_V\, R\, T}{P} - \frac{Z_L\, R\, T}{P} = \left(Z_V - Z_L\right)\frac{R\,T}{P} = \Delta Z \frac{R\,T}{P} \qquad (8\text{-}34)$$

El valor ΔZ suele estar alrededor de 0.95 ($\pm$ 1%) para la mayoría de las sustancias y se puede estimar. Para ello, Haggenmacher (*Industrial and Engineering Chemistry*, vol. 40 pág. 436 1948) propone:

$$\Delta Z = \sqrt{1 - \frac{1}{P_c \times T_{br}^{\,3}}} \qquad \text{donde:} \quad T_{br} = \frac{T_b}{T_c} \qquad (8\text{-}35)$$

Thomson (*Chem. Rev.* vol. 38 pág. 1, 1946) propone:

a) $\log_{10}(\Delta Z) = 2.106x^2 - 1.0268x \quad para \; 0 < \dfrac{P_r}{T_r} < 0.2 \qquad (8\text{-}36)$

b) $\log_{10}(\Delta Z) = 0.136x^2 - 0.645x - 0.0185 \quad para \; 0.2 < \dfrac{P_r}{T_r} < 1 \qquad (8\text{-}37)$

c) $\Delta Z = 1 - 0.97\dfrac{P_r}{T_r} \quad para \; \dfrac{P_r}{T_r} < 0.1 \qquad (8\text{-}38)$

$$\text{donde:} \quad x = -\log_{10}\left(1 - \frac{P_r}{T_r}\right)$$

Cualquiera de las correlaciones anteriores se puede aplicar en un esquema de evaluación partiendo de datos experimentales o bien obtenidos de alguna correlación de P_v-T de las ya conocidas. A partir de la ecuación de Clapeyron y contando con una curva P_v-T experimental o calculada por un buen método de estimación se puede aplicar el esquema de derivación numérica de Douglas y Avakian; este esquema toma siete puntos, distribuidos tres a la derecha y tres a la izquierda del punto central, en el cual se quiere obtener λ. Así los puntos quedan identificados como sigue: $(P_{v\text{-}3}, T_{-3})$, $(P_{v\text{-}2}, T_{-2})$, $(P_{v\text{-}1}, T_{-1})$, (P_{v0}, T_0), (P_{v1}, T_1), (P_{v2}, T_2), (P_{v3}, T_3). La aproximación numérica a la derivada queda expresada como sigue:

$$\frac{dP_v}{dT} \cong \frac{1}{\Delta T}\left[\frac{397 \displaystyle\sum_{i=-3}^{3} i \times Pv_i}{1515} - \frac{7 \displaystyle\sum_{i=-3}^{3} i^3 \times Pv_i}{216} \right] \qquad (8\text{-}39)$$

<u>Nota</u>: evidentemente Pv_0 queda excluido ya que $i = 0$. Aquí ΔT es el intervalo de separación de los datos de temperatura. Este esquema sólo se puede aplicar en casos en que los valores de temperatura estén igualmente espaciados. Otros esquemas se pueden consultar en textos de Cálculo Numérico. Entonces la ecuación de Clapeyron queda así:

$$\frac{dP_v}{dT} = \frac{\lambda}{T(v_V - v_L)} = \frac{\lambda P_v}{RT^2 \Delta Z} \Rightarrow \lambda = \frac{RT^2 \Delta Z}{P_v} \frac{dP_v}{dT} \qquad (8\text{-}40)$$

También se puede aplicar otro esquema derivado de la correlación de Lee-Kesler.

$$\frac{-d[ln(P_v)]}{d\left(\frac{1}{T_r}\right)} = \frac{\lambda T_r}{\Delta v P_v} \Rightarrow \lambda = \frac{-d[ln(P_v)]}{d\left(\frac{1}{T_r}\right)} \Delta Z R T_c \qquad (8\text{-}41)$$

Donde:

$$\frac{-d[ln(P_v)]}{d\left(\frac{1}{T_r}\right)} = 6.09648 - 1.28862 \times T_r + 1.016 \times T_r^3 + \omega\left(15.6875 - 13.4721 \times T_r + 2.615 \times T_r^7\right) \qquad (8\text{-}42)$$

Por último tenemos la posibilidad de estimar la pendiente de la curva de presión de vapor-temperatura a través de la ecuación de Antoine, si las presiones de vapor son menores de 1500 mm Hg.

$$\frac{dP_v}{dT} = \frac{2.303 \times B \times P_v}{(t + c)^2} = \frac{\lambda}{T(v_V - v_L)}$$

Como para presiones de este orden el vapor se comporta como gas ideal, la ecuación se simplifica a:

$$\frac{\lambda}{T(v_V - v_L)} \cong \frac{\lambda}{T v_V} = \frac{\lambda P_v}{RT^2} \Rightarrow \lambda = \frac{2.303 \times B \times RT^2}{(t + c)^2} \qquad (8\text{-}43)$$

Existe otra forma de atacar el problema de la estimación de Δv. En vez de evaluar Δv en forma indirecta, estimando ΔZ por medio de las relaciones (8-34), se puede evaluar Δv directamente si se calculan v_V y v_L individualmente mediante ecuaciones de estado. La ecuación de Clapeyron se puede expresar:

$$\frac{dP_v}{dT} = \frac{\lambda}{T(v_V - v_L)} = \frac{\lambda}{T \Delta v} \Rightarrow \lambda = T \Delta v \frac{dP_v}{dT}$$

$\Delta v = v_V - v_L$. Puesto que existen varias ecuaciones de estado aptas para evaluar volumen específico no desarrollamos esta alternativa pero la ilustraremos mas adelante con un ejemplo.

8.9.2 Correlaciones de base empírica
Existen muchas correlaciones de este tipo, fundamentalmente porque los datos experimentales necesarios para aplicar la ecuación de Clapeyron no abundan, y si bien se pueden reemplazar por datos obtenidos por correlación siempre existe alguna incertidumbre cuando se manejan casos en los que no se tiene experiencia. Aquí vamos a tratar dos métodos, refiriendo para ampliación y discusión a la literatura especializada.

8.9.2.1 Correlación de Pitzer modificada
La correlación generalizada de estados correspondientes original de Pitzer ha sido modificada y mejorada por diversos autores (Chen, Carruth, etc.) y la mejor versión es la que presentan Reid, Sherwood y Prausnitz ("The Properties of Gases and Liquids", 3rd. edition, 1977, pág. 200).

$$\frac{\lambda}{RT_c} = 7.08(1 - T_r)^{0.354} + 10.95\omega(1 - T_r)^{0.456} \qquad (8\text{-}44)$$

Esta correlación da muy buenos resultados a altas presiones, hasta cerca del punto crítico, y es preferible en la zona de altas presiones y temperaturas a cualquier otra; su desempeño en la zona baja no es tan bueno pero resulta satisfactorio.

8.9.2.2 Correlación de Riedel
Riedel propuso (*Chem. Ing. Tech.*, vol. 26, pág. 679, 1974) la ecuación (8-45). Esta ecuación proporciona el calor latente de ebullición en el punto normal de ebullición de modo que si se desea a otra temperatura habrá que recalcularlo mediante la correlación que damos en el punto siguiente (**8.9.3**).

$$\frac{\lambda}{T_b} = \frac{2.17[\ln(P_c - 1)]}{0.93 - T_{br}} \qquad (8\text{-}45)$$

λ está dado en cal/gr. T_{br} es la temperatura reducida de ebullición normal.
La exactitud es bastante buena, con errores generalmente menores del 5%.

Ejemplo 8.3 Cálculo del calor latente de vaporización.
Calcular el calor latente de vaporización del agua a la temperatura normal de ebullición.
Datos: T_b = 373 °K; T_c = 647.1 °K; P_c = 217.6 ata; ω = 0.348. Valor experimental: λ_b = 970.3 BTU/Lb = 970.3$\times$5/9 = 539.06 cal/gr.
Solución
Igual que antes, calcularemos usando los diversos métodos que tenemos y compararemos los resultados con el valor experimental para determinar el error.

1) Calculando a partir de la ecuación de Clapeyron: $\lambda = \dfrac{RT^2 \Delta Z}{P_v} \dfrac{dP_v}{dT}$

Primeramente evaluaremos numéricamente la derivada en base a datos experimentales [ecuación (8-39)]. Necesitamos 7 puntos de presión de vapor en función de temperatura. El punto central (Pv_0, T_0) está a 373 °K, donde Pv = 1 ata. Los datos experimentales se muestran en la siguiente tabla.

t	85	90	95	100	105	110	115
P_v	0.57057	0.69206	0.83437	1	1.19244	1.41423	1.66883

entonces: $\dfrac{dP_v}{dT} \cong \dfrac{1}{\Delta T}\left[\dfrac{397 \sum\limits_{i=-3}^{3} i \times Pv_i}{1515} - \dfrac{7\sum\limits_{i=-3}^{3} i^3 \times Pv_i}{216}\right] = \dfrac{1.3356993 - 1.1598109}{5}$

$$\therefore \frac{dP_v}{dT} = 0.0351776 \frac{ata}{°K} \Rightarrow$$

$$\lambda = \frac{RT^2 \Delta Z}{P_v}\frac{dP_v}{dT} = 0.0351776\frac{1.987 \times 373^2 \times \Delta Z}{1 \times 18}$$

Usando la correlación de Haggenmacher: $\Delta Z = \sqrt{1 - \dfrac{1}{P_c \times T_{br}^{3}}}$

$T_{br} = \dfrac{T_b}{T_c} = \dfrac{373}{647} = 0.5765 \Rightarrow \Delta Z = 0.9879 \Rightarrow \lambda = 533.73$ **error: –0.99%.**

Usando la correlación de Thomson: $\dfrac{P_r}{T_r} = \dfrac{647}{217.6 \times 373} = 0.00797$

$x = -\log_{10}\left(1 - \dfrac{P_r}{T_r}\right) = 0.0034758 \qquad \log_{10}(\Delta Z) = 2.106x^2 - 1.0268x = -0.00354$

De donde ΔZ = 0.99187 $\Rightarrow \lambda$ = 535.88 **error: –0.59%.**
Otra posibilidad es evaluar a partir de la correlación de Lee-Kesler, ecuación (8-41); de la ecuación (8-42) tenemos:

$$\frac{-d[\ln(P_v)]}{d\left(\dfrac{1}{T_r}\right)} = 6.09648 - 1.28862 \times T_r + 1.016 \times T_r^3 + \omega\left(15.6875 - 13.4721 \times T_r + 2.615 \times T_r^7\right) = 8.3239343$$

$$\therefore \lambda = \frac{-d[\ln(P_v)]}{d\left(\dfrac{1}{T_r}\right)}\Delta Z R T_c = \frac{8.3239343 \times 1.987 \times 647}{18}\Delta Z$$

El resultado por supuesto depende de que se use la correlación de Haggenmacher o la de Thomson. Los valores obtenidos son:

λ = 587.3 (Haggenmacher)   **error: 8.95%**

λ = 589.7   (Thomson)   **error: 9.39%**

El mayor error en ambos casos muestra que la estimación de la derivada por medio de la ecuación de Lee-Kesler es mucho menos exacta que la estimación a partir de datos experimentales.

2) Correlación de Pitzer modificada: $\dfrac{\lambda}{RT_c} = 7.08(1 - T_r)^{0.354} + 10.95\omega(1 - T_r)^{0.456} = 7.7985 \Rightarrow \lambda = 7.7985\ RT_c$

$$\lambda = \frac{7.7985 \times 1.987 \times 647}{18} = 557.98 \quad \textbf{error: 3.3\%}$$

3) Correlación de Riedel: $\dfrac{\lambda}{T_b} = \dfrac{2.17[ln(P_c - 1)]}{0.93 - T_{br}} = 26.903978$

$\Rightarrow \lambda$ = 10035.184 cal/mol = 557.51 cal/gr   **error: 3.42%**

Ejemplo 8.4 Cálculo del calor latente de vaporización a diferentes temperaturas.

Calcular el calor latente de vaporización del metano en las siguientes temperaturas (°C):
t_1 = −161.49; t_2 = −159.49; t_3 = −157.71; t_4 = −153.94; t_5 = −140.05; t_6 = −123.38; t_7 = −107.72; t_8 = −90.05; t_9 = −82.12.

Valores experimentales: la tabla siguiente resume los resultados publicados (Canjar y Manning, *"Thermodynamic Properties and Reduced Correlations for Gases"*, Gulf Pub. Co., Houston, Tex., 1967).

t (°C)	−161.49	−159.49	−157.71	−153.94	−140.05	−123.38	−107.72	−90.05	−82.12
$\lambda \left(\dfrac{lt \times atm}{gmol}\right)$	80.69	79.85	79.00	78.11	73.11	64.97	54.11	37.08	0.00

Datos
t_b = −161.49°C; T_b = 111.67°K; t_c = −82.12°C; T_c = 191.04°K; P_c = 47.06 ata; ω = 0.008; Z_{Ra} = 0.2877.

Solución
1) A partir de la ecuación de Clapeyron usando la ecuación de Antoine *(8-43)*:

$$\lambda = \frac{2.303 \times B \times RT^2}{(t + c)^2} = \frac{2.303 \times 389.93 \times 0.082 \times T^2}{(t + 266)^2}$$

Los resultados se presentan en forma tabular:

t (°C)	−161.49	−159.49	−157.71	−153.94	−140.05	−123.38	−107.72	−90.05	−82.12
λ	84.14	83.94	83.67	83.42 *	82.34 *	81.31 *	80.49 *	79.84 *	73.68
Error (%)	4.28	5.12	5.91	7.80	12.63	25.15	48.76	121.27	∞

Como se puede observar estudiando los errores, los puntos marcados con un asterisco son aquellos en los que falla esta técnica. La causa es que para esos puntos la presión de vapor supera los 1500 mm Hg, límite superior de validez de la ecuación de Antoine.

2) A partir de la ecuación de Clapeyron calculando los volúmenes de vapor y de líquido mediante ecuaciones de estado. Elegimos la ecuación de Peng-Robinson para evaluar el volumen de vapor y la ecuación de Spencer y Danner para evaluar el volumen de líquido.

$$P = \frac{R'T}{v_v - b} - \frac{\alpha(T)}{v_v(v_v + b) + b(v_v - b)} \quad \text{(Peng-Robinson)}$$

$$\alpha(T) = 0.45724 \frac{R'^2 T_c^2}{P_c} \varphi_r \qquad b = 0.07780 \frac{R'T_c}{P_c}$$

$$\varphi_r = \left[1 + \varphi \times (1 - \sqrt{T_r})\right]^2 \qquad \varphi = 0.37464 + 1.54226 \times \omega - 0.26992 \times \omega^2$$

$$v_L = \frac{R'T_c}{P_c} Z_{Ra}^{\left(1 + [1 - Tr]^{2/7}\right)} \qquad \text{(Spencer y Danner)}$$

Los resultados se presentan en forma tabular:

t (°C)	−161.49	−159.49	−157.71	−153.94	−140.05	−123.38	−107.72	−90.05	−82.12
λ	82.05	81.46	80.58	79.66	74.08	65.22	53.25	33.83	----
Error (%)	1.69	2.01	2.00	1.98	1.33	0.38	-1.59	-7.24	----

El calor latente no se calculó en el último punto porque es el crítico.

3) Correlación de Pitzer modificada: $\dfrac{\lambda}{RT_c} = 7.08\left(1 - T_r\right)^{0.354} + 10.95\omega\left(1 - T_r\right)^{0.456}$

Los resultados se presentan en forma tabular:

t (°C)	−161.49	−159.49	−157.71	−153.94	−140.05	−123.38	−107.72	−90.05	−82.12
λ	82.26	81.52	80.47	79.39	73.56	65.21	54.27	37.31	0.00
Error (%)	1.95	2.09	1.86	1.64	0.62	0.37	0.30	0.64	0.00

8.9.3 Influencia de la temperatura en el calor latente de vaporización

Existen varios métodos para estimar la variación del calor latente de vaporización con la temperatura.
Watson (*Industrial and Engineering Chemistry*, vol. 35, pág. 398, 1943) propuso un método que cuenta con la adhesión general por su comparativa exactitud y simplicidad. Permite obtener λ_1 a T_1 conocido λ_0 a T_0.
Estrictamente, como sabemos, λ es una diferencia de entalpías y por lo tanto será función de P y T. Al despreciar la influencia de P se comete un error que es tanto mas grave cuanto mas alejadas estén las condiciones de λ_1 y λ_0. Por lo tanto, conviene usar la regla de Watson con precaución para obtener resultados razonables.

$$\lambda_{T1} = \lambda_{T0}\left(\frac{1 - T_{r1}}{1 - T_{r0}}\right)^{n} \tag{8-46}$$

Se ha discutido mucho el valor mas correcto de n. Uno de los criterios que se usan es considerar a n como un parámetro de ajuste y obtener el valor que mejor ajusta una serie de valores experimentales. Esto hace que n dependa de cada sustancia pura; se han compilado listas de valores de n para diversas sustancias. Otro criterio apunta a considerar a n como un parámetro general, válido para cualquier sustancia, y correlacionarlo contra los parámetros propios de cada una. El valor generalizado mas comúnmente aceptado para n es 0.38 dado originalmente por Watson, pero se puede calcular para una sustancia no listada en la literatura por las siguientes relaciones:

a) $n = 0.74 \times T_{br} - 0.116$ (para $0.57 < T_{br} < 0.71$) $\tag{8-47}$

b) $n = 0.30$ (para $T_{br} < 0.57$) $\tag{8-48}$

c) $n = 0.41$ (para $T_{br} > 0.71$) $\tag{8-49}$

Ejemplo 8.5 Cálculo del calor latente de vaporización a diferentes temperaturas.

Sabiendo que el calor latente de vaporización del agua a 100 °C es λ_b = 970 BTU/Lb = 539 cal/gr estimar el calor latente a 600 °F (316 °C). El valor experimental es 548.4 BTU/Lb = 304.6 cal/gr.
Solución

Usamos la correlación de Watson: $\lambda_{T1} = \lambda_{T0}\left(\dfrac{1 - T_{r1}}{1 - T_{r0}}\right)^{n}$

$T_{r0} = \dfrac{T_b}{T_c} = \dfrac{373}{647} = 0.5765 \qquad T_{r1} = \dfrac{589}{647} = 0.91$

Tomando n = 0.38 es λ_{T1} = 299 **error: −1.76%**

Calculando $n = 0.74 \times T_{br} - 0.116 = 0.31$ tenemos λ_{T1} = 333 **error: 9.5%**

Ejemplo 8.6 Cálculo del calor latente de vaporización a diferentes temperaturas.

Calcular el calor latente de vaporización del metano por medio de la correlación de Riedel y la regla de Watson en las siguientes temperaturas (°C):
$t_1 = -161.49$; $t_2 = -159.49$; $t_3 = -157.71$; $t_4 = -153.94$; $t_5 = -140.05$; $t_6 = -123.38$; $t_7 = -107.72$; $t_8 = -90.05$; $t_9 = -82.12$. Los valores experimentales se dan en la tabla siguiente. (Canjar y Manning, *"Thermodynamic Properties and Reduced Correlations for Gases"*, Gulf Pub. Co., Houston, Tex., 1967).

t (°C)	−161.49	−159.49	−157.71	−153.94	−140.05	−123.38	−107.72	−90.05	−82.12
$\lambda \left(\dfrac{\text{lt} \times \text{atm}}{\text{gmol}}\right)$	80.69	79.85	79.00	78.11	73.11	64.97	54.11	37.08	0.00

Datos
$t_b = -161.49$°C ; T_b = 111.67 °K; $t_c = -82.12$ °C; T_c = 191.04 °K; P_c = 47.06 ata;
ω = 0.008
Solución

1) Correlación de Riedel: $\dfrac{\lambda}{T_b} = \dfrac{2.17[ln(P_c - 1)]}{0.93 - T_{br}}$

$T_{br} = \dfrac{T_b}{T_c} = \dfrac{111.67}{191.04} = 0.5845372 \Rightarrow \dfrac{\lambda}{T_b} = 17.776101 \Rightarrow \lambda = 1985.0572$ cal/molg $= 82.02 \dfrac{\text{lt} \times \text{atm}}{\text{gmol}}$

error: 1.65%

2) Aplicando la regla de Watson: $\lambda_{T1} = \lambda_{T0}\left(\dfrac{1 - T_{r1}}{1 - T_{r0}}\right)^n = 82.02\left(\dfrac{1 - T_{r1}}{1 - T_{r0}}\right)^n$

Con $n = 0.38$ obtenemos:

t (°C)	−161.49	−159.49	−157.71	−153.94	−140.05	−123.38	−107.72	−90.05	−82.12
λ	82.02	81.21	80.09	78.95	72.75	63.94	52.52	34.11	0.00
Error (%)	1.65	1.71	1.38	1.07	-0.49	-1.58	-2.94	-5.45	0.00

BIBLIOGRAFIA

- *"Introducción a la Termodinámica en Ingeniería Química"* – Smith y Van Ness.

- *"The Properties of Gases and Liquids"* (4 ed.) – Reid, Prausnitz y Poling.

- *"The Properties of Gases and Liquids"*, (3 ed. 1977) – Reid, Sherwood y Prausnitz

- *"Propiedades de los Gases y Líquidos"* – Reid y Sherwood, trad. castellana de la 2 ed. inglesa.

- *"Termodinámica para Ingenieros"* – Balzhiser, Samuels y Eliassen.

CAPITULO 9

CICLOS DE VAPOR

9.1 Introducción

Desde el punto de vista de la tecnología de la energía el mundo no cambió mucho desde la invención de la rueda hasta el siglo XII, en que se comenzó a usar la rueda hidráulica. Esta es la primera innovación que ofrece una alternativa al trabajo animal o humano desde el comienzo de la historia. Pero la dependencia de corrientes de agua (excepto en Holanda, donde se usó la fuerza del viento) limitó la influencia social de este avance técnico. A fines del siglo XVIII aparece en Inglaterra la máquina de vapor, que surge de la necesidad de obtener fuerza motriz para las bombas de desagote de pozos de minas de carbón. No pasa mucho tiempo hasta que su aplicación se generaliza haciendo posibles una serie de cambios económicos de gran impacto social que, junto con las convulsiones y guerras causadas por la revolución francesa, producen modificaciones enormes y rápidas en la fisonomía política y social del mundo cuyas consecuencias son una de las causas de nuestra emancipación de España. En 1814 Stephenson, ingeniero autodidacto, construye la primera locomotora; en 1826 se tiende la primer vía férrea en Inglaterra (velocidad: 10 Km/hr). En 1830 en todo el mundo hay 330 Km de vías, y en 1870 (¡solo cuarenta años mas tarde!) hay 200000 Km. En 1807 Fulton en USA navega en el primer barco a vapor (propulsado a rueda puesto que la hélice no se comenzó a usar hasta mucho mas tarde) y en 1819 cruzó el Atlántico el primer barco a vapor (aunque fue un viaje accidentado pues se les acabó el carbón y hubo que finalizar a vela). El inmenso aumento de productividad traído por el vapor, junto con la baja concomitante de precios de productos elaborados en forma masiva, trajo como consecuencia la ruina de las antiguas clases artesanales que al formar un sustrato social enorme, desprotegido y miserable, suministraba mano de obra barata a los países europeos que facilitó la concentración de capital capaz de financiar la expansión colonialista de mediados de siglo XIX, así como el aceleradísimo proceso de industrialización que transformó a Europa y al mundo en esa época. Todo cambiaba vertiginosamente. La gente tenía la sensación de que todo era posible. Es el siglo del ingeniero mecánico y de los nacientes ingenieros electricistas y químicos. Este proceso se comienza a frenar a partir de 1890 y hoy podemos decir que en lo sustancial esos 50 años que van desde 1800 a 1850 produjeron otro mundo; en gran medida, nuestro mundo.

En esta unidad vamos a estudiar los sistemas de generación de potencia por medio del vapor, que siguen siendo los responsables de mas de la mitad de la energía eléctrica que se produce en el mundo. Pocas industrias no disponen de generación de vapor propio ya sea para energía eléctrica o calentamiento. Cuando se emplea vapor para calentamiento y para generar energía el sistema suele ser bastante complejo.

9.2 Ciclo de Rankine ideal

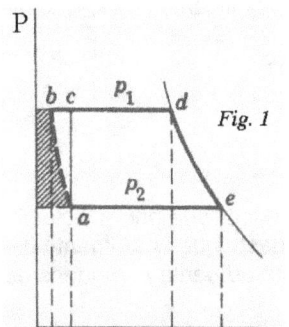

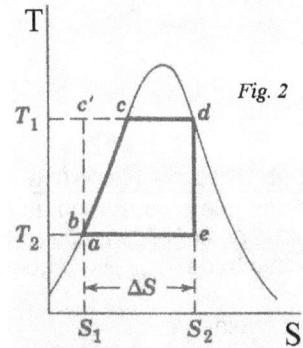

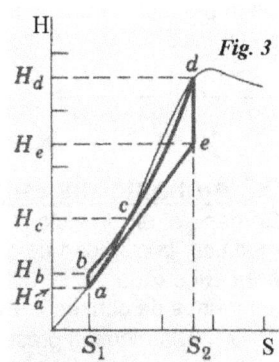

El sistema que funciona según este ciclo consta de una caldera, donde el agua (que es el fluido mas conveniente por ser abundante y barato) entra a la caldera en *b* como líquido y sale al estado de vapor en *d*. Luego hay una máquina de expansión (turbina) donde el vapor se expande produciendo trabajo, saliendo en el estado *e*. A continuación este vapor entra a un aparato de condensación de donde sale como líquido al estado *a*. Este a su vez es tomado por una bomba de inyección necesaria para vencer la presión de la caldera, que lo lleva al estado *b* donde ingresa a la caldera.

En las diversas ilustraciones que usamos en este capítulo se exagera la etapa de bombeo $a \rightarrow b$ como se observa en el diagrama h-S o de Mollier (figura 3) pero en la práctica sería prácticamente indistinguible de la curva de líquido saturado en cualquier diagrama.

El proceso de condensación es necesario para poder inyectar el agua como líquido en la caldera, porque bombear un líquido requiere mucho menos energía que comprimir un vapor. Si no existiese la condensación, el trabajo neto producido sería muy inferior.

En el siguiente croquis podemos seguir la disposición de los equipos y relacionarla con las evoluciones que acabamos de comentar.

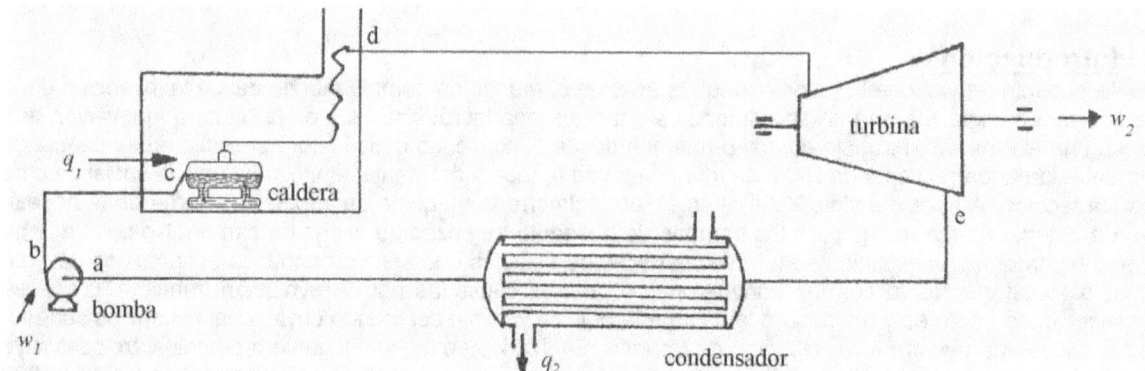

Despreciando la influencia de la energía cinética y potencial tenemos, haciendo un balance de energía:

$$w_1 = \frac{P_b - P_a}{\rho} = H_b - H_a \tag{9-1}$$

$$q_1 = H_d - H_b \tag{9-2}$$

$$q_2 = H_e - H_a \tag{9-3}$$

$$w_2 = H_d - H_e \tag{9-4}$$

En consecuencia:

$$w_{neto} = w_2 - w_1 = H_d - H_e - (H_b - H_a) = H_d - H_b - (H_e - H_a) = q_1 - q_2$$

El rendimiento es como sabemos el cociente de lo obtenido sobre lo gastado:

$$\eta = \frac{\text{obtenido}}{\text{gastado}} = \frac{w_{neto}}{q_1} = \frac{H_d - H_b - (H_e - H_a)}{H_d - H_b} \tag{9-5}$$

En la práctica se suele despreciar el trabajo consumido por la bomba w_1 por ser insignificante con lo que resulta:

$$\eta \cong \frac{w_2}{q_1} = \frac{H_d - H_e}{H_d - H_b} \tag{9-6}$$

9.3 Aumento del rendimiento en el ciclo de Rankine

En general en un ciclo cualquier modificación que produzca un aumento del área encerrada por el ciclo sin modificar la cantidad de energía suministrada Q_1 ha de aumentar el rendimiento, puesto que un aumento del área encerrada por el ciclo significa un aumento de w_{neto}, por lo que necesariamente aumenta η. Algunos de los modos de conseguir esto son:

- Disminuir la presión de salida de la turbina;
- Aumentar la temperatura de operación de la caldera (y por supuesto también la presión), y;
- Usar un ciclo regenerativo.

Examinemos cada una de estas alternativas.

9.3.1 Disminución de la presión de salida de la turbina

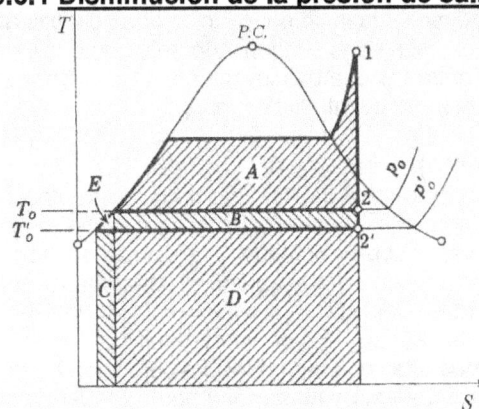

Cuando se disminuye la presión del vapor a la descarga de la turbina del valor P_0 al valor P'_0 se aumenta el trabajo producido por el ciclo, en una proporción que se indica por el área rayada en diagonal hacia la derecha (superficie B), con respecto al trabajo que se produce cuando la presión de descarga del vapor es P_0, indicada por el área rayada en diagonal hacia la izquierda (superficie A).

El calor consumido en la caldera es el mismo, y el calor entregado en el condensador, que antes era D, se incrementa un poquito en el área C.

Esto implica por supuesto que al condensador se le debe acoplar algún sistema para producir vacío. Esto se puede lograr de dos maneras.

1. La primera es con extracción de vapor mediante un eyector de vapor y una columna de agua que permite mantener una presión baja del lado de la descarga del condensado. En este tipo de sistema el agua fría se aspira por efecto del vacío imperante en el recinto de la columna por la acción del eyector, se mezcla con el vapor y lo condensa. Los gases incondensables (aire) son extraídos mediante un eyector de vapor en una primera etapa y luego mediante una bomba mecánica de vacío. El condensador se denomina abierto o de mezcla porque la condensación se produce por mezcla de vapor y agua fría. Un sistema que use solo un condensador de mezcla se denomina de lazo abierto. Hay gran cantidad de diseños de este tipo de condensadores. A diferencia de lo que sucede con los de superficie, los condensadores de mezcla necesitan una bomba de circulación por condensador, lo que encarece la instalación.

2. La otra forma es por medio de condensadores de superficie o cerrados que no son otra cosa que intercambiadores de calor de tipo casco y tubos, donde el vapor se enfría (y condensa) por contacto con la superficie fría de tubos por cuyo interior circula agua de enfriamiento. Un sistema que sólo tenga condensadores de superficie se denomina de lazo cerrado.

Los sistemas modernos generalmente operan con los dos tipos de condensador. Podemos citar datos indicativos del ahorro de energía por efecto de la disminución de presión en el condensador.

Presión de operación del condensador (Kg_f/cm^2)	0.1	0.04	0.02
Ahorro de consumo de combustible (%)	1.5	2.4	5.2

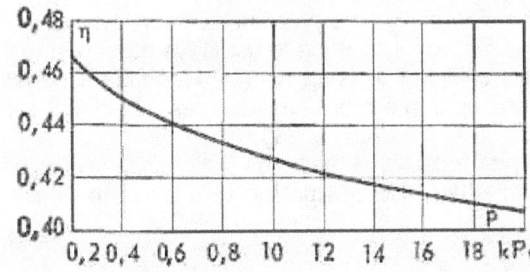

El gráfico muestra el rendimiento del ciclo de Rankine en función de la presión en el condensador, para todos los otros parámetros constantes, a una presión máxima de 16670 KPa (170 Kg_f/cm^2) y a una temperatura máxima de 550 °C. Por lo general las instalaciones de generación de energía eléctrica a vapor operan con presiones del condensador del orden de 0.035 a 0.04 Kg_f/cm^2 absolutos debido a las limitaciones de temperatura del agua de enfriamiento, que se puede obtener de varias fuentes: corrientes superficiales, pozos, torres de enfriamiento, etc. Como las temperaturas de las diversas fuentes dependen fundamentalmente de la temperatura ambiente que puede variar entre 0 °C y 30 °C, la presión del condensador está fijada por la temperatura ambiente. A 0.03 Kg_f/cm^2 la temperatura de equilibrio es 23.8 °C, y a 0.04 Kg_f/cm^2 de 28.6 °C. A presiones más bajas corresponden temperaturas menores; a 0.02 Kg_f/cm^2 corresponde t = 18.2 °C. Son bastante habituales ahorros del 2% en el consumo. Para instalaciones que consumen grandes cantidades de combustible esto significa mucho dinero.

La disminución de la presión operativa del condensador produce beneficios pero también trae problemas. Debido al hecho de que la presión operativa es menor que la atmosférica, resulta prácticamente imposible evitar que penetre aire al interior del sistema por las pequeñas grietas que se producen en las tuberías, cajas de prensaestopas, uniones, etc. Se debe tener en cuenta que una instalación de generación de vapor tiene muchos centenares de metros de tuberías, que se expanden y contraen cada vez que se abre o cierra el paso del vapor generando tensiones. Otros factores que inciden son las vibraciones producidas por las bombas, el flujo de los fluidos, y la posible presencia de flujo bifásico que puede producir golpes de ariete.

Todos estos factores hacen que sea prácticamente imposible mantener estanco el sistema. De ahí que siempre entre algo de aire que se mezcla con el vapor. Por desgracia, en los sistemas que emplean calderas de alta presión e incluso en algunos que usan calderas de media presión, resulta totalmente intolerable la presencia de dióxido de carbono y de oxígeno en el condensado. Ambas son sustancias corrosivas, que producen daños muy severos en la caldera y en la turbina. En consecuencia se debe incluir en el circuito un elemento llamado "desaireador" cuya misión es eliminar el aire disuelto en el condensado antes de que este retorne a la caldera. Normalmente se suele ubicar este equipo entre las bombas inyectoras de condensado y la caldera, porque las bombas pueden chupar aire por el eje del rotor, debido al desgaste.

9.3.2 Aumento de temperatura del vapor (recalentamiento)

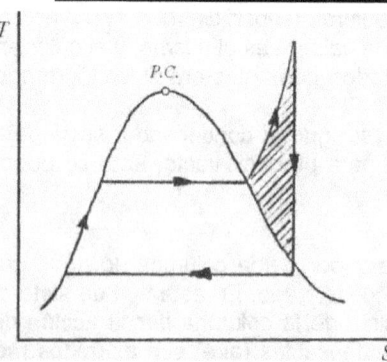

Si en lugar de seguir el ciclo ideal de Rankine tal como se describió en el apartado **9.2** se continúa calentando el vapor a fin de llevarlo hasta la zona de vapor sobrecalentado, la ganancia de superficie encerrada por el ciclo viene representada por la zona rayada del croquis de la izquierda.

Desde el punto de vista teórico, encontramos justificación en el hecho de que cuanto mas alta sea la temperatura del vapor, menor es el gradiente térmico entre este y el horno, y por lo tanto menos irreversible será el proceso.

El límite a la máxima temperatura de recalentamiento viene fijado por la resistencia del material. En la práctica no supera los 580 °C.

El aumento de rendimiento del ciclo de Rankine con recalentamiento se puede visualizar en el gráfico adjunto.

Este corresponde a un ciclo cuya presión máxima es de 170 Kg_f/cm^2 y su temperatura máxima se varía como se indica en el eje de abscisas, descargando contra una presión en el condensador de 0.04 Kg_f/cm^2.

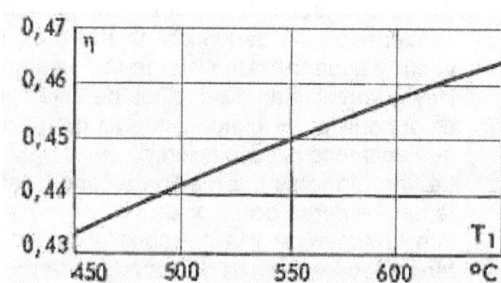

9.3.3 Empleo de altas presiones

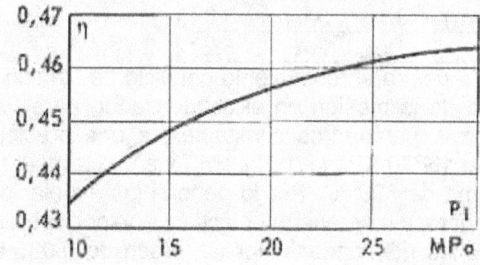

Al elevarse la presión de la caldera se coloca mas arriba el límite superior del ciclo de Rankine y aumenta la superficie encerrada por el ciclo y con ello su rendimiento. La máxima presión de interés práctico es del orden de 340 ata, que es algo mas alta que lo usual, ya que en la mayoría de las calderas hipercríticas (se denomina así a las calderas que operan a presiones mayores a la crítica que es 218 ata) no se superan las 240 ata.

El gráfico nos muestra el efecto de la presión máxima en el rendimiento del ciclo de Rankine para las mismas condiciones que antes.

9.3.4 Efecto combinado de altas presiones con recalentamiento

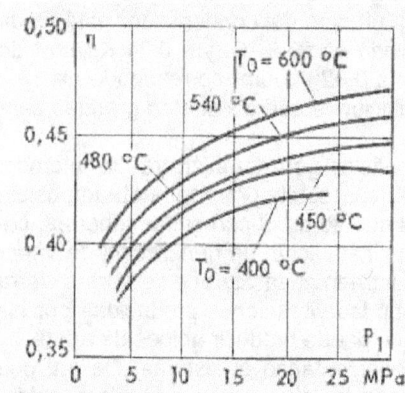

De los dos apartados anteriores se deduce que la alta presión de entrada a la turbina se debe usar combinada con el recalentamiento del vapor para obtener un efecto mayor sobre el rendimiento del ciclo de Rankine.

La gráfica que se acompaña muestra el efecto de ambas variables en el rendimiento, para las mismas condiciones que en los apartados anteriores. Las isotermas corresponden a distintas temperaturas de recalentamiento del vapor. Nótese que el máximo rendimiento que se puede obtener por efecto de las modificaciones que hemos introducido hasta ahora produce mejoras importantes, pero en ningún caso se puede superar la barrera del 50%.

9.3.5 Precalentar el agua a la entrada de la caldera ("economizar")

Esta es una medida de ahorro de energía que aprovecha el calor residual de los gases del horno antes de ser enviados a la chimenea, calentando el agua después de haber pasado por la bomba inyectora de alimentación de la caldera. Si bien no tiene efecto sobre el rendimiento térmico del ciclo de Rankine, esta es una medida de ahorro de energía que afecta directamente al rendimiento del sistema porque aumenta la cantidad de calor entregada por el combustible, aprovechando el calor de escape que de otro modo se perdería sin provecho.

A continuación podemos ver en forma esquemática los distintos elementos incorporados en los apartados **9.3.1** a **9.3.4** en el siguiente croquis. En el mismo se representa un horno quemando combustible sólido. El economizador se encuentra a la derecha del horno, en un recinto de circulación de gases previo a la salida.

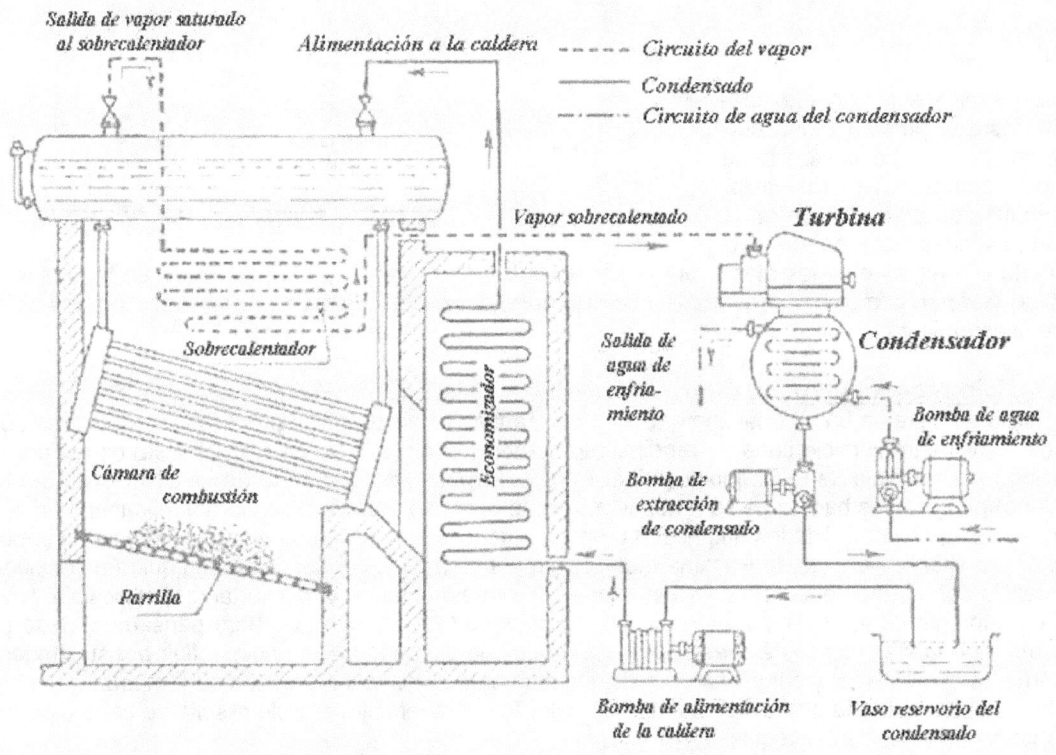

9.3.6 Expansión en varias etapas con recalentamiento intermedio

El recalentamiento intermedio consiste en extraer el vapor de la turbina antes de su expansión total y hacerlo recircular por el horno de la caldera, produciendo un aumento adicional de temperatura y presión (y por lo tanto de entalpía) del vapor. Si se recalienta el vapor ¿se obtiene un mejor aprovechamiento del calor del combustible?. Sí, en un aspecto.

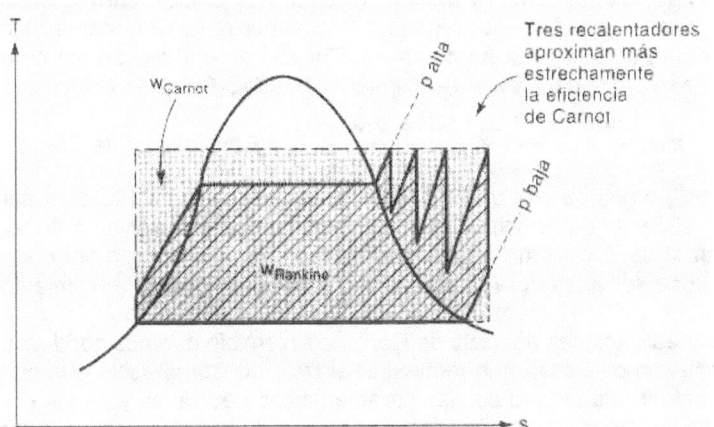

En el croquis se puede apreciar que cuanto mayor sea la cantidad de etapas de recalentamiento, tanto mas se aproxima la forma del ciclo de Rankine con recalentamiento a la del ciclo de Carnot. Esto resulta deseable ya que el ciclo de Carnot tiene el mayor rendimiento posible. En la práctica sin embargo al aumentar la cantidad de etapas de recalentamiento también aumenta la complejidad y costo inicial del sistema. Razonando por el absurdo, el máximo rendimiento se alcanzaría con una cantidad infinita de etapas de recalentamiento. Es obvio que esto no es factible.

Existe otra razón que hace deseable usar recalentamiento. La razón principal por la que se hace recalentamiento y mas aún recalentamiento en varias etapas es de práctica operativa de la turbina.

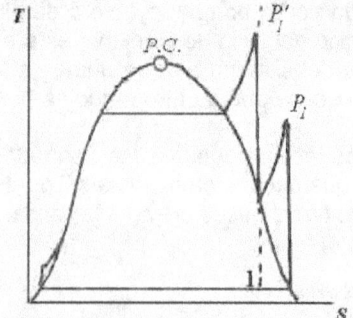

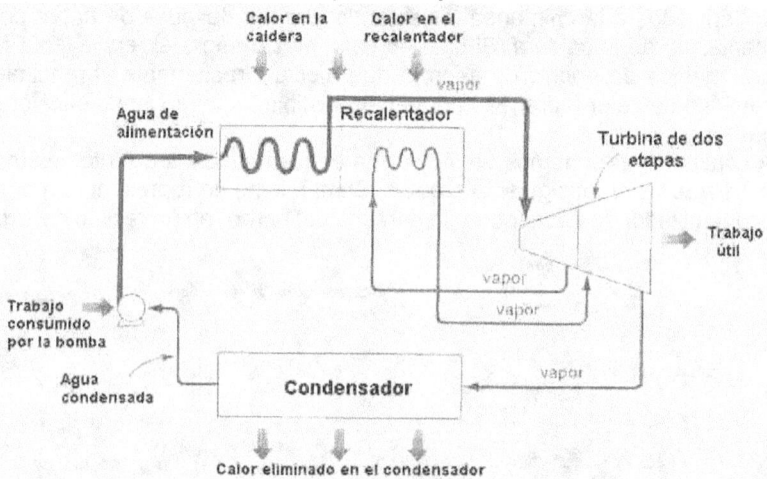

Si se permitiese al vapor expandirse hasta el punto **1** (línea cortada en el croquis) el contenido de líquido sería muy alto (demasiadas gotitas de agua) lo que en la turbina es indeseable, porque perjudicaría la integridad de los álabes por la acción erosiva y disminuiría el rendimiento de la turbina. El croquis de la derecha muestra esquemáticamente la disposición física de una instalación con una sola etapa de recalentamiento.

9.3.7 Ciclo regenerativo

Este ciclo se basa en un razonamiento teórico de grandes consecuencias prácticas. Ya sabemos que el ciclo de Rankine irreversible tiene un rendimiento menor que el del ciclo de Carnot. Esto es así por imperio del Segundo Principio de la Termodinámica. Pero si (suponiendo una serie de idealizaciones del ciclo de Rankine) pudiésemos hacer que su rendimiento se aproximase mucho al de Carnot, eliminando o al menos atenuando las irreversibilidades que le son propias, entonces obtendríamos una gran mejora de importancia económica vital. En el ciclo de Rankine real cuando la bomba inyecta condensado líquido a la caldera este se mezcla con el agua que está en su interior en forma espontánea y, por lo tanto, irreversible. Habrá por ello un aumento de entropía y disminución de utilizabilidad de la energía. Ahora pensemos. Si se pudiese construir una turbina con sus alabes huecos de modo que el condensado pudiese fluir por su interior a contracorriente con el vapor y admitiendo la existencia de gradientes infinitesimales de temperatura entre vapor y condensado, de modo que el intercambio de calor fuese reversible, el ciclo resultante sería algo tal como se observa en el siguiente croquis.

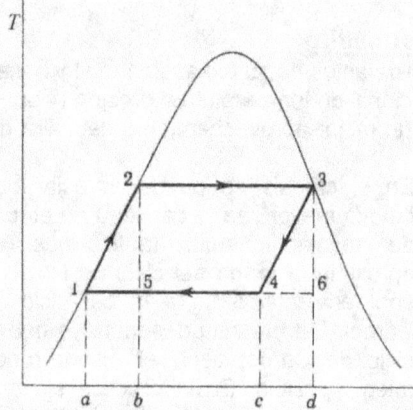

El condensado se calentaría reversiblemente en el interior de la turbina según la trayectoria **1-2**; por su parte el vapor en la turbina (fluyendo por el espacio entre alabes) se expande pero al ceder calor reversiblemente al condensado disminuiría su entropía según la trayectoria **3-4**, y como el calor que cede el vapor lo toma el condensado las trayectorias **1-2** y **3-4** serían paralelas. Por lo tanto el calor recibido por el ciclo será igual al área *b-2-3-d* y el entregado por el vapor durante la condensación será igual al área *a-1-4-c*. Por ello el rendimiento del ciclo será, al ser el área *a-1-4-c* igual al área *b-5-6-d*:

$$\eta = \frac{\left[\text{área } b\text{-}2\text{-}3\text{-}d\right] - \left[\text{área } b\text{-}5\text{-}6\text{-}d\right]}{\text{área } b\text{-}2\text{-}3\text{-}d} = \text{Rendimiento de Carnot.}$$

Esto nos genera una cierta confusión. En el momento de tratar el Segundo Principio de la Termodinámica establecimos firmemente que el rendimiento del ciclo de Carnot es el máximo posible entre todos los que operan entre las mismas temperaturas extremas. ¿Cómo puede ser que ahora aparezca otro ciclo que tiene un rendimiento igual?.

Lo que ocurre es que al imaginar todas las idealizaciones del ciclo de Rankine reversible que nos conducen a esta sorprendente conclusión no hemos hecho otra cosa que reinventar el ciclo de Carnot, sólo que con otro nombre. En realidad, no es posible construir una turbina con las características descriptas y de ser posible igualmente tampoco operaría del modo imaginado. Para empezar el proceso de transferencia de calor es intrínsecamente irreversible porque la transferencia de calor debe vencer resistencias que exigen gradientes de temperatura grandes. Por otra parte, el proceso de transferencia de calor es espontáneo y por lo tanto irreversible. De hecho, la irreversibilidad inherente a la transferencia de calor es responsable de la mayor parte de la ineficacia de una planta energética. Por ejemplo la caldera tiene eficiencias del orden del 80%, la turbina normalmente tiene una eficiencia superior al 70%, el generador eléctrico aún mayor, las otras partes mecánicas se comportan de manera similar, pero la eficiencia global de una gran planta energética que se diseña y construye para aprovechar hasta la última caloría va de un 20 a un 50%, siendo comúnmente algo menor del 50%.

Como ya hemos dicho, la gran responsable de este bajo índice de aprovechamiento es la irreversibilidad en el intercambio de calor, de modo que todo esfuerzo tendiente a mejorarlo se debe considerar extremadamente saludable. Lo que se suele hacer en este sentido es "sangrar" el vapor extrayéndolo de la turbina en varias etapas, en cada una de las cuales se usa el vapor vivo recalentado para precalentar el agua condensada que se alimenta la caldera. Usualmente se emplean tres regeneradores o mas, y en las instalaciones de gran capacidad son habituales de 5 a 10. El cálculo de la cantidad de vapor sangrada en cada etapa se hace por medio de un balance de energía en cada precalentador, comenzando por el que funciona a mayor presión o sea el primero considerando el orden de las extracciones de vapor en la turbina. Las presiones a las que se hacen las extracciones se eligen de modo que el calentamiento por cada etapa (o sea en cada precalentador) tenga igual incremento de temperatura.

El análisis de un ciclo regenerativo con varios regeneradores es algo complejo, por lo que primero veremos una instalación simplificada en la que se hace una sola extracción de vapor vivo que alimenta a un solo regenerador.

Como ya hemos explicado en el apartado **9.3.1** de este mismo capítulo, los condensadores se dividen en abiertos y cerrados. También se suele distinguir el ciclo regenerativo según que sea de lazo abierto o de lazo cerrado. Ambas opciones tienen ventajas y desventajas. Por lo general y especialmente en instalaciones grandes, se suelen encontrar disposiciones mixtas que usan ambos tipos de condensador, pero ahora vamos a analizar las distintas alternativas que ofrece cada uno de estos diseños.

La siguiente figura muestra el croquis de un ciclo regenerativo con una sola extracción de vapor y un recalentador de tipo abierto o de mezcla.

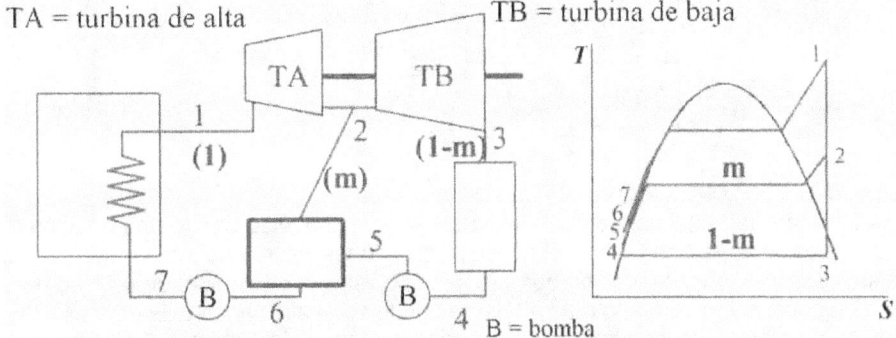

En el croquis se describe una disposición en la que la fracción **(m)** del vapor (por unidad de masa) se extrae de la turbina en la etapa intermedia entre las de baja y alta presión, en tanto que la fracción **(1–m)** sigue el resto del camino, es decir, se expande en la etapa de baja presión. En el condensador abierto se produce la mezcla irreversible del vapor y del condensado, que sale con una condición 6, es tomado por la bomba que eleva su presión hasta el estado 7 y entra a la caldera. La presión operativa del condensador de mezcla suele estar alrededor de 2 a 4 bar (0.02 a 0.04 Kg$_f$/cm^2, o sea, de 0.2 a 0.4 KPa). Los regeneradores abiertos presentan las siguientes ventajas respecto a los de tipo cerrado: a) tienen menor costo gracias a su mayor simplicidad; b) mejoran el rendimiento. Las desventajas comparativas son: a) pueden plantear mayor cantidad de problemas operativos; b) requieren dos bombas.

Planteando un balance de energía en el recalentador tenemos, despreciando la influencia de las diferencias de energías cinética y potencial:

$$\mathbf{m} \times h_2 + (1-\mathbf{m})h_5 = 1 \times h_6 \Rightarrow \mathbf{m} \times h_2 - \mathbf{m} \times h_5 + h_5 - h_6 = 0 \Rightarrow \mathbf{m}(h_2 - h_5) = h_6 - h_5 \Rightarrow \mathbf{m} = \frac{h_6 - h_5}{h_2 - h_5}$$

Los recalentadores o regeneradores de tipo cerrado son, como ya hemos explicado, intercambiadores de calor de casco y tubos, sin mezcla del vapor con el agua fría. En el siguiente croquis vemos la disposición de un regenerador de tipo cerrado mostrando dos formas alternativas de conexión.

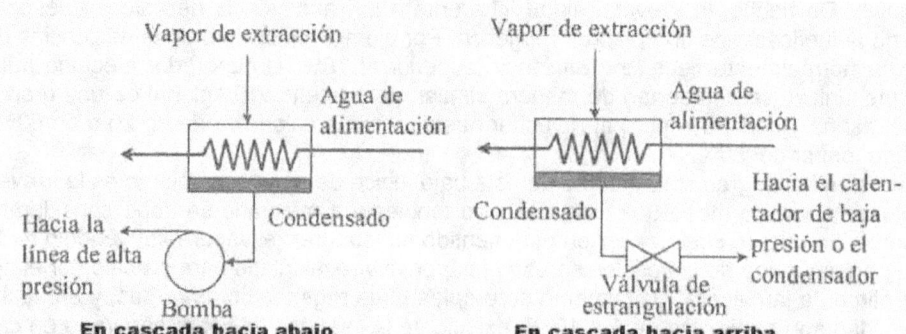

En cascada hacia abajo   **En cascada hacia arriba**

Se pueden conectar en cascada hacia arriba o hacia abajo. En la conexión en cascada hacia arriba el condensado que sale del regenerador se envía hacia el regenerador situado aguas arriba, que opera a menor presión, o si es el primero se envía hacia el condensador. Puesto que el condensado sale del regenerador con una presión mayor que el destino, es necesario rebajarla lo que generalmente se hace mediante una válvula reductora.

La siguiente figura muestra el croquis de un ciclo regenerativo con una sola extracción de vapor y un recalentador de tipo cerrado en cascada hacia arriba.

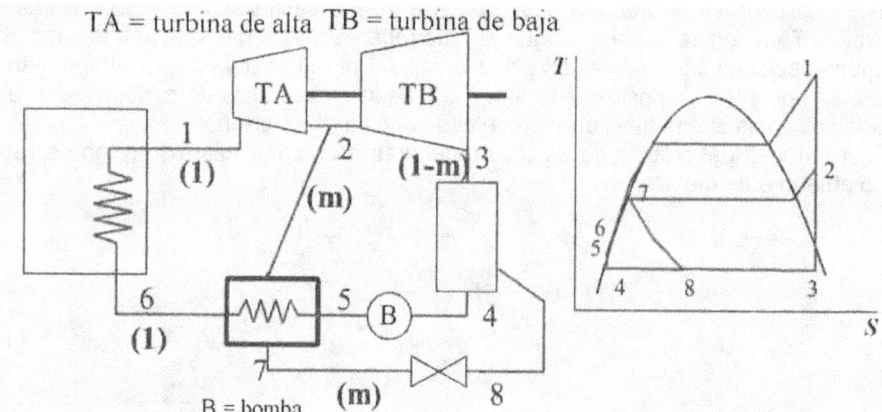

Al igual que antes, la cantidad total de masa que circula es la unidad, y se extrae una fracción **(m)** del vapor de la turbina que se envía en la condición 2 al regenerador, donde intercambia calor con la fracción. **(1–m)** que viene en este caso del condensador porque hay un solo regenerador. Si hubiese mas de uno la situación se complica un poco, como veremos mas adelante donde se analiza en detalle este caso.

En el croquis anterior notamos varias diferencias importantes con el ciclo abierto. En primer lugar, el hecho de que exista una sola bomba lo hace mas económico desde el punto de vista operativo. La bomba de circulación e inyección de condensado está situada de modo de que no tome agua a muy alta temperatura para disminuir la posibilidad de cavitación, que es un fenómeno sumamente perjudicial que se produce cuando la presión de vapor del líquido en la entrada de succión se aproxima mucho a la presión atmosférica. Esto produce la vaporización del líquido en la succión o en el interior de la bomba, causando vibración, ruido, golpeteo y erosión del rotor. En cambio vemos en el croquis del ciclo abierto que la bomba que eleva la presión desde el punto 6 al 7 toma agua a una temperatura peligrosamente alta, lo que la hace mas susceptible a los problemas de cavitación.

Los recalentadores de tipo cerrado presentan las siguientes ventajas: a) como tienen presiones distintas en las purgas de vapor y en la alimentación de condensado, la operación de las trampas de vapor resulta mas aliviada; b) mejoran el rendimiento. Tienen la desventaja comparativa de ser un poco mas caros que los de tipo abierto.

Planteando un balance de energía en el recalentador tenemos, despreciando la influencia de las diferencias de energías cinética y potencial:

$$\mathbf{m} \times h_2 + 1 \times h_5 = \mathbf{m} \times h_7 + 1 \times h_6 \Rightarrow \mathbf{m} \times h_2 - \mathbf{m} \times h_7 + h_5 - h_6 = 0 \Rightarrow \mathbf{m}(h_2 - h_7) = h_6 - h_5 \Rightarrow$$

$$\Rightarrow \mathbf{m} = \frac{h_6 - h_5}{h_2 - h_7}$$

No cabe duda de que la disposición de regeneración por mezcla es mas eficiente que la de superficie. Debido a la resistencia que ofrece la superficie de separación entre el agua y el vapor, el intercambio de calor no es tan eficaz como en el regenerador de mezcla. Esto además se pone de manifiesto en el hecho de que los regeneradores de mezcla usan menor cantidad de vapor de extracción. Si analizamos las expresiones que se deducen mas arriba para la fracción **m** de vapor que se extrae observamos que solo dependen de las entalpías de las corrientes que intervienen en cada caso. Suponiendo que se obtiene el mismo efecto de regeneración en ambos, el ciclo abierto resulta mas eficiente porque la fracción de vapor extraída para el regenerador es mas pequeña, de modo que la fracción **(1–m)** que recorre el resto de la turbina es mayor, y por lo tanto produce mas trabajo mecánico. De ello se deduce que, siendo los otros factores iguales, el rendimiento debe ser mayor en el ciclo abierto.

A continuación vemos una instalación simplificada en la que se hace una sola extracción de vapor vivo que alimenta a un solo regenerador.

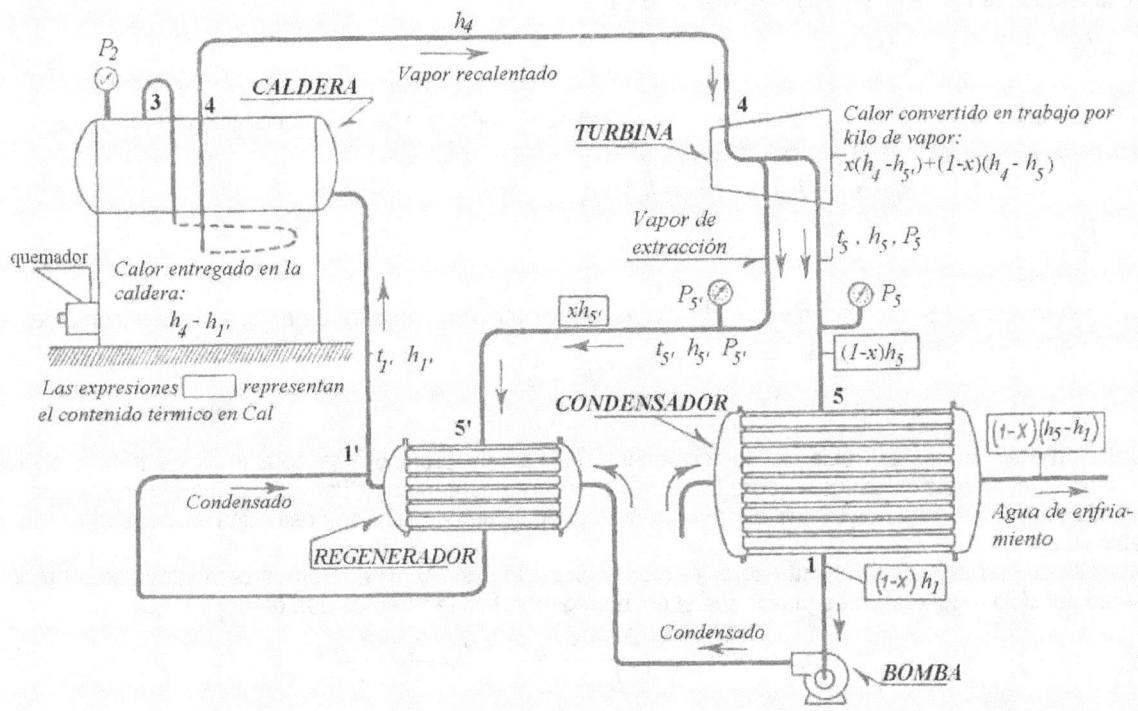

Esquema de una instalación regenerativa con una sola etapa de regeneración

Note que se ha omitido la bomba inyectora de condensado a la caldera. En efecto, la presión de operación de la caldera es muy superior a la que tiene el condensado que entra, de modo que se debe impulsar con una bomba de alta presión de descarga que no figura en el croquis, para que pueda ingresar. En cambio se ha incluido la bomba que eleva la presión desde P_1 hasta $P_{1'}$. Esta es una bomba de circulación.

Se extrae una fracción x del total del vapor para regenerar el condensado. Este vapor sale a una presión $P_{5'}$ y con una entalpía $h_{5'}$, mientras que el vapor que sale agotado de la turbina tiene una entalpía h_5, una presión P_5 y una temperatura t_5. Este pasa por el regenerador calentándose, y adquiere una cantidad de calor q_x. Esta cantidad es la que cede el vapor que se condensa y luego se mezcla con el condensado.

$$q_x = x(h_{5'} - h_{1'}) = (1-x)(h_{1'} - h_1) \qquad (9\text{-}7)$$

La disposición que se observa en el croquis corresponde a un lazo cerrado porque el intercambiador es de superficie, pero también corresponde a un lazo abierto porque el vapor condensado se mezcla con el condensado en el punto **1'**.

El trabajo cedido a la turbina se puede obtener de las condiciones del vapor y su cantidad.

La corriente x cede una energía:

$$w_x = x(h_4 - h_{5'})$$

y la corriente $(1-x)$ cede una energía:

$$w_{1-x} = (1-x)(h_4 - h_5)$$

El trabajo total cedido a la turbina es por lo tanto:

$$w = w_x + w_{1-x} = x(h_4 - h_{5'}) + (1-x)(h_4 - h_5) \qquad (9\text{-}8)$$

$$w = (h_4 - h_5) + x(h_5 - h_{5'}) = (h_4 - h_5) - x(h_{5'} - h_5) \qquad (9\text{-}8')$$

El calor cedido en el condensador es:

$$q_c = (1-x)(h_5 - h_1) \qquad (9\text{-}9)$$

El calor total que entrega la caldera será:

$$q_e = h_4 - h_{1'} \qquad (9\text{-}10)$$

Por lo tanto el rendimiento del ciclo regenerativo es:

$$\eta_r = \frac{h_4 - h_5 - x(h_{5'} - h_5)}{h_4 - h_{1'}} \qquad (9\text{-}11)$$

La cantidad de vapor extraído x se puede obtener fácilmente sabiendo que, de la ecuación *(9-7)*:

$$x(h_{5'} - h_{1'}) = (1-x)(h_{1'} - h_1) \implies x(h_{5'} - h_{1'}) = (h_{1'} - h_1) - x(h_{1'} - h_1) \implies$$
$$\implies x(h_{5'} - h_{1'} + h_{1'} - h_1) = (h_{1'} - h_1) \implies$$

$$x = \frac{h_{1'} - h_1}{h_{5'} - h_1} \qquad (9\text{-}12)$$

Para determinar si es mas eficiente que el ciclo no regenerativo, lo compararemos con el rendimiento del ciclo no regenerativo. Este es:

$$\eta = \frac{h_4 - h_5}{h_4 - h_1}$$

Puesto que en ambas expresiones de rendimiento se han despreciado los consumos de trabajo de las bombas, la comparación se hace sobre la misma base. Vamos a intentar demostrar que el rendimiento de un ciclo regenerativo es mayor que el del ciclo normal equivalente. Esta demostración se debe al Sr. Juan Pablo Ruiz.

Para ello compararemos la última expresión con la ecuación *(9-11)*. Si queremos demostrar que el rendimiento del ciclo regenerativo es mayor que el del no regenerativo tendremos que demostrar que:

$$\eta_r > \eta \implies \frac{h_4 - h_5 - x(h_{5'} - h_5)}{h_4 - h_{1'}} > \frac{h_4 - h_5}{h_4 - h_1}$$

Reemplazando x de la ecuación *(9-12)*: $\qquad x = \dfrac{h_{1'} - h_1}{h_{5'} - h_1}$

Resulta:

$$\frac{h_4 - h_5 - \dfrac{h_{1'} - h_1}{h_{5'} - h_1}(h_{5'} - h_5)}{h_4 - h_{1'}} > \frac{h_4 - h_5}{h_4 - h_1}$$

Reordenando:

$$\frac{(h_4 - h_5) - (h_{1'} - h_1)\dfrac{h_{5'} - h_5}{h_{5'} - h_1}}{h_4 - h_{1'}} > \frac{h_4 - h_5}{h_4 - h_1}$$

Por comodidad usamos los símbolos siguientes. $h_4 - h_{5'} = A$; $\quad h_{5'} - h_5 = B$; $\quad h_2 - h_{1'} = C$
$$h_{1'} - h_1 = D; \quad h_4 - h_1 = E$$

Además observamos que: $\qquad h_4 - h_{1'} = h_4 - h_1 - (h_{1'} - h_1) = E - D$
$$h_4 - h_5 = h_4 - h_{5'} + h_{5'} - h_5 = A + B$$

Entonces la desigualdad que intentamos probar queda abreviada de la siguiente manera:

$$\frac{A + B - \dfrac{BD}{E - A}}{E - D} > \frac{A + B}{E}$$

Operando:

$$(A+B)E - \frac{BDE}{E-A} > (A+B)E - (A+B)D \Rightarrow -\frac{BDE}{E-A} > -(A+B)D$$

$$\Rightarrow \frac{BDE}{E-A} < (A+B)D \Rightarrow \frac{BE}{E-A} < A+B \Rightarrow BE < (E-A)(A+B) \Rightarrow$$

$$\Rightarrow BE < EA - A^2 + EB - AB \Rightarrow A^2 + AB - AE < 0 \Rightarrow A+B < E$$

Por lo tanto, volviendo a la notación anterior tenemos: $h_4 - h_5 < h_4 - h_1$

Esto es cierto porque:

$$h_4 - h_1 = h_4 - h_5 + h_5 - h_1$$

Por lo tanto queda demostrado que el rendimiento del ciclo regenerativo es mayor que el rendimiento del ciclo no regenerativo, puesto que partiendo de esa hipótesis llegamos a una desigualdad que es correcta.. Veamos una ilustración.

Ejemplo 9.1 Cálculo del rendimiento regenerativo, comparación con el no regenerativo.

Refiriéndonos a la figura anterior, supongamos que los datos que le corresponden son los siguientes: h_4 = 780 Kcal/Kg; $h_{5'}$ = 590 Kcal/Kg; h_1 = 26 Kcal/Kg; h_5 = 500 Kcal/Kg. El regenerador opera en condiciones tales que el agua sale de la mezcla con una temperatura $t_{1'}$ = 100 °C y una presión $P_{1'}$ = 1 Kg/cm^2 $\Rightarrow$ $h_{1'}$ = 100 Kcal/Kg. Calcule el rendimiento con y sin regeneración.

Solución

La cantidad de vapor extraído x se obtiene de la ecuación *(9-12)*: $x = \dfrac{h_{1'} - h_1}{h_{5'} - h_1} = \dfrac{100 - 26}{590 - 26} = 0.131$

El rendimiento térmico sin regeneración es: $\eta = \dfrac{h_4 - h_5}{h_4 - h_1} = \dfrac{780 - 500}{780 - 26} = 0.371$

El rendimiento térmico del ciclo regenerativo es (ecuación *(9-11)*):

$$\eta_r = \frac{h_4 - h_5 - x(h_{5'} - h_5)}{h_4 - h_{1'}} = \frac{780 - 500 - 0.131(590 - 500)}{780 - 100} = 0.394$$

El ciclo regenerativo con varias etapas de regeneración se implementa frecuentemente en instalaciones fijas destinadas a la producción de energía eléctrica. Se suelen usar uno o mas regeneradores de tipo cerrado y al menos uno de tipo abierto o de mezcla. La cantidad de regeneradores varía según la potencia de la instalación.

Analicemos ahora una instalación con dos regeneradores. Elegiremos intercambiadores de tipo cerrado, con una disposición parecida a la del caso anterior, lo que se llama disposición en cascada hacia arriba. La disposición en cascada significa que el condensado que sale de cada intercambiador se une al condensado que entra al mismo, en dirección aguas arriba, o sea hacia el condensador. El análisis sigue las mismas reglas que se explicaron en el apartado **3.9** del capítulo **3**.

Supongamos tener una instalación como la que se muestra en el croquis. Se ha omitido la bomba inyectora y varias de las bombas de circulación para simplificar el dibujo.

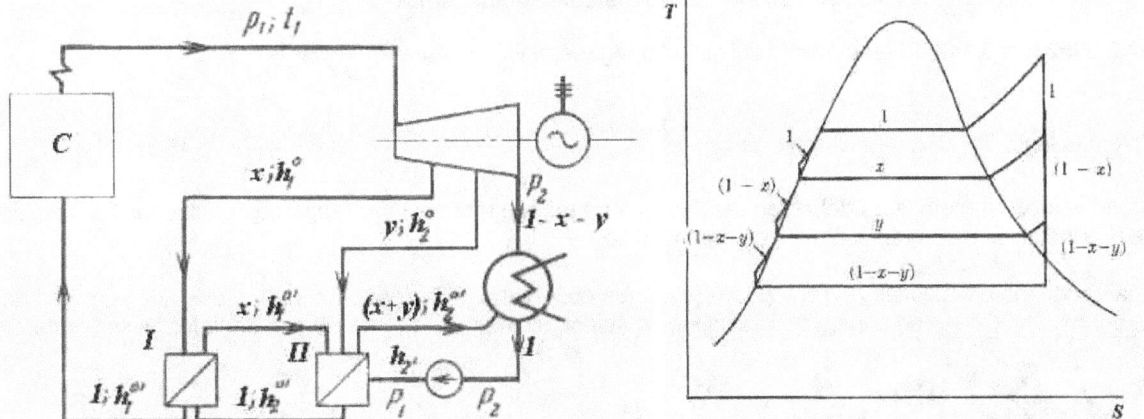

Sale la unidad de masa de vapor de la caldera C en las condiciones P_1 y t_1. Pasa a la turbina donde se extrae una fracción x con una entalpía h_1^o, mas otra fracción y con una entalpía h_2^o. La fracción x pasa al regenerador I donde calienta al condensado que proviene del regenerador II. El vapor condensado en el regenerador I se manda también al regenerador II con una entalpía $h_1^{o'}$ y se mezcla con el condensado producido por la condensación de la fracción y del vapor que proviene de la segunda extracción de la turbina. A su vez, del regenerador II sale una cantidad de condensado igual a la suma de las fracciones $(x+y)$ que se junta con el condensado que sale del condensador, en cantidad $(1-x-y)$. De tal modo entra la unidad de masa de condensado al regenerador II. Por su parte, la fracción de condensado de masa $(1-x-y)$ se condensa en el condensador, de donde sale impulsado por la bomba que lo toma a la presión P_2 y lo entrega a la presión P_1 y con una entalpía h_2'. La evolución se puede seguir en el diagrama adjunto. Los cálculos involucran hallar las fracciones x e y. Esto no es difícil si se plantea un balance de masa y otro de energía en cada regenerador. En el primero tenemos el balance de energía:

$$x\left(h_1^{\circ} - h_1^{\circ\prime}\right) = h_1^{\circ\prime} - h_2^{\circ\prime} \Rightarrow x = \frac{h_1^{\circ\prime} - h_2^{\circ\prime}}{h_1^{\circ} - h_1^{\circ\prime}} \tag{9-13}$$

En el segundo regenerador el balance de energía es:

$$y\left(h_2^{\circ} - h_2^{\circ\prime}\right) + x\left(h_1^{\circ\prime} - h_2^{\circ\prime}\right) = h_2^{\circ\prime} - h_2' \Rightarrow y = \frac{h_2^{\circ\prime} - h_2' - x\left(h_1^{\circ\prime} - h_2^{\circ\prime}\right)}{h_2^{\circ} - h_2^{\circ\prime}} \tag{9-14}$$

Así tenemos un sistema de dos ecuaciones con dos incógnitas, que son las fracciones de vapor x e y.
El rendimiento del ciclo regenerativo es:

$$\eta_r = \frac{h_1 - h_2 - x\left(h_1^{\circ} - h_2\right) - y\left(h_2^{\circ} - h_2\right)}{h_1 - h_1^{\circ\prime}} \tag{9-15}$$

Por comparación, el rendimiento del ciclo no regenerativo es:

$$\eta = \frac{h_1 - h_2}{h_1 - h_2'}$$

Como ya hemos explicado, la decisión sobre la cantidad de etapas de regeneración depende de consideraciones técnicas y económicas. Es importante ver el grado de mejoría en el rendimiento que se obtiene con el uso de dos regeneradores. Para ilustrar esta cuestión veremos el siguiente ejemplo.

Ejemplo 9.2 Cálculo del rendimiento de un ciclo regenerativo.
En una instalación para generar energía eléctrica como la que se observa en el croquis anterior entra vapor a la turbina con una presión P_1 = 9000 KPa (92 Kg$_f$/cm^2) y una temperatura t_1 = 540 °C. La turbina tiene dos extracciones de vapor con regeneradores de superficie dispuestos como en el croquis. Las presiones de las extracciones son: P_1° = 500 KPa (5 Kg$_f$/cm^2) y P_2° = 120 KPa o 1.22 Kg$_f$/cm^2. La presión en el condensador es 4 KPa o 0.04 Kg$_f$/cm^2.
Datos
En base a las presiones de las extracciones y asumiendo una expansión isentrópica en la turbina encontramos los siguientes valores de entalpía.
h_1° = 2730 kJ/Kg; $h_1^{\circ\prime}$ = 640 kJ/Kg; h_2° = 2487 kJ/Kg; h_2' = 121 kJ/Kg; $h_2^{\circ\prime}$ = 439 kJ/Kg. De las condiciones del vapor se tiene: h_1 = 3485 kJ/Kg; h_2 = 2043 kJ/Kg.
Solución
Resolviendo el sistema planteado en ambos regeneradores obtenemos:

x = 0.0962, y = 0.146. El rendimiento del ciclo no regenerativo es: $\eta = \dfrac{h_1 - h_2}{h_1 - h_2'} = \dfrac{1442}{3364} = 0.43$

El rendimiento del ciclo regenerativo es: $\eta_r = \dfrac{h_1 - h_2 - x\left(h_1^{\circ} - h_2\right) - y\left(h_2^{\circ} - h_2\right)}{h_1 - h_1^{\circ\prime}} = \dfrac{1311}{2845} = 0.461$

Como vemos, la mejoría es del orden del 3%, que no parece mucho, pero tengamos en cuenta que se trata de una instalación de gran consumo de combustible.

Analizando las ecuaciones *(9-11)* y *(9-15)* podemos observar similitudes entre ambas que nos permiten deducir una ecuación general para n extracciones. Las ecuaciones *(9-11)* y *(9-15)* son de la forma siguiente.

$$\eta_r = \frac{A - \sum_{i=1}^{n} \alpha_i \times B_i}{C} \tag{9-16}$$

En efecto, en ambas ecuaciones el rendimiento se plantea como un cociente, donde se divide por la diferencia de entalpías del vapor que sale de la caldera y el condensado que entra a la caldera, es decir, lo que hemos simbolizado como **C**. **A** representa la diferencia de entalpías del vapor que ingresa a la turbina (o que sale de la caldera, que es lo mismo) y vapor que sale de la turbina hacia el condensador. Las distintas α_i son las fracciones de vapor que se extraen de la turbina con destino a los regeneradores, y **B**$_i$ representa la diferencia de entalpías del vapor de cada fracción que se extrae menos la entalpía del vapor que sale de la turbina hacia el condensador. Nótese que **C** es el mismo independientemente de la cantidad de etapas de regeneración, y lo mismo sucede con. **A**. En cambio **B**$_i$ depende de la cantidad de extracciones, así como de la ubicación física en la turbina de los puntos en los que se hacen las extracciones, que determina la presión y temperatura del vapor, y en consecuencia su entalpía. Llamaremos h_i a la entalpía del vapor de cada fracción que se extrae y h_e a la entalpía del vapor ya agotado que sale de la turbina hacia el condensador. Entonces podemos escribir la ecuación *(9-16)* como sigue.

$$\eta_r = \frac{A - \displaystyle\sum_{i=1}^{n} \alpha_i (h_i - h_e)}{C} \qquad (9\text{-}16')$$

Si usamos esta expresión para rescribir la ecuación *(9-11)* obtenemos:

$$\eta_{r1} = \frac{A - \displaystyle\sum_{i=1}^{1} \alpha_i (h_i - h_e)}{C} = \frac{A - \alpha_1 (h_1 - h_e)}{C} \qquad (*)$$

La ecuación *(9-15)* queda expresada en estos términos.

$$\eta_{r2} = \frac{A - \displaystyle\sum_{i=1}^{2} \alpha_i (h_i - h_e)}{C} = \frac{A - \alpha_1' (h_1 - h_e) - \alpha_2 (h_2 - h_e)}{C} \qquad (**)$$

Dado que el rendimiento aumenta con la cantidad de etapas de regeneración, debe ser $\eta_{r1} < \eta_{r2}$. La diferencia entre ambos (restando ** y *) constituye la ganancia de rendimiento al pasar de una a dos etapas de regeneración. Es decir:

$$\Delta\eta_r = \eta_{r2} - \eta_{r1} = \frac{A - \alpha_1' (h_1 - h_e) - \alpha_2 (h_2 - h_e)}{C} - \frac{A - \alpha_1 (h_1 - h_e)}{C} = \frac{\alpha_1 (h_1 - h_e) - \alpha_1' (h_1 - h_e) - \alpha_2 (h_2 - h_e)}{C}$$

Es posible encontrar expresiones similares para el incremento de 2 a 3 etapas, para el incremento de 3 a 4 etapas, y así sucesivamente. Asumiendo que la distribución del calentamiento por etapas es uniforme, es decir que la cantidad de calor intercambiada en cada regenerador es la misma en cada caso, podemos construir la siguiente gráfica.

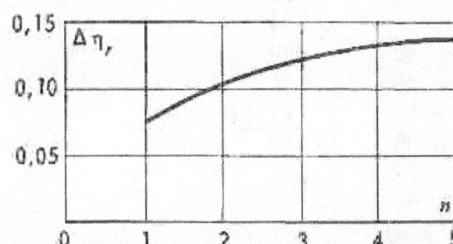

Como se puede observar, la ganancia de rendimiento es importante para la transición de una a dos etapas, algo menor para la transición de dos a tres etapas, y la curva tiende a hacerse horizontal a medida que aumenta el número de etapas. Resulta claro que hay un valor asintótico (es decir, para infinita cantidad de etapas) de modo que a partir de cinco el incremento permanece casi constante y prácticamente igual al valor asintótico. En la construcción de la gráfica se supone, como ya hemos dicho, que la cantidad de calor intercambiada en cada regenerador es igual para todos los escalones. Esto sin embargo no sucede en la práctica. La elección de las condiciones adecuadas para ubicar cada extracción de vapor depende de un análisis orientado a maximizar el rendimiento térmico del sistema. Debido a que ese análisis es bastante complejo, su descripción detallada excede los límites de este texto. En una síntesis muy apretada, lo que se hace es calcular el rendimiento térmico para distintas temperaturas y presiones de extracción en cada etapa, comparando el resultado obtenido con los demás. Este es por supuesto un trabajo largo y laboriosos, que si se encara a mano representa una tarea muy pesada, razón por la cual se usan programas de computadora. La cantidad óptima de etapas de regeneración se debe determinar para cada instalación en función de diversos factores técnicos y económicos. En instalaciones modernas con grandes turbinas puede haber hasta diez etapas. En el siguiente ejemplo se analiza una instalación más compleja.

Ejemplo 9.3 Cálculo del rendimiento de un ciclo regenerativo.

Una central de vapor funciona por ciclo de Rankine regenerativo con recalentamiento. Tiene instalados cinco regeneradores de acuerdo al croquis que vemos a continuación.

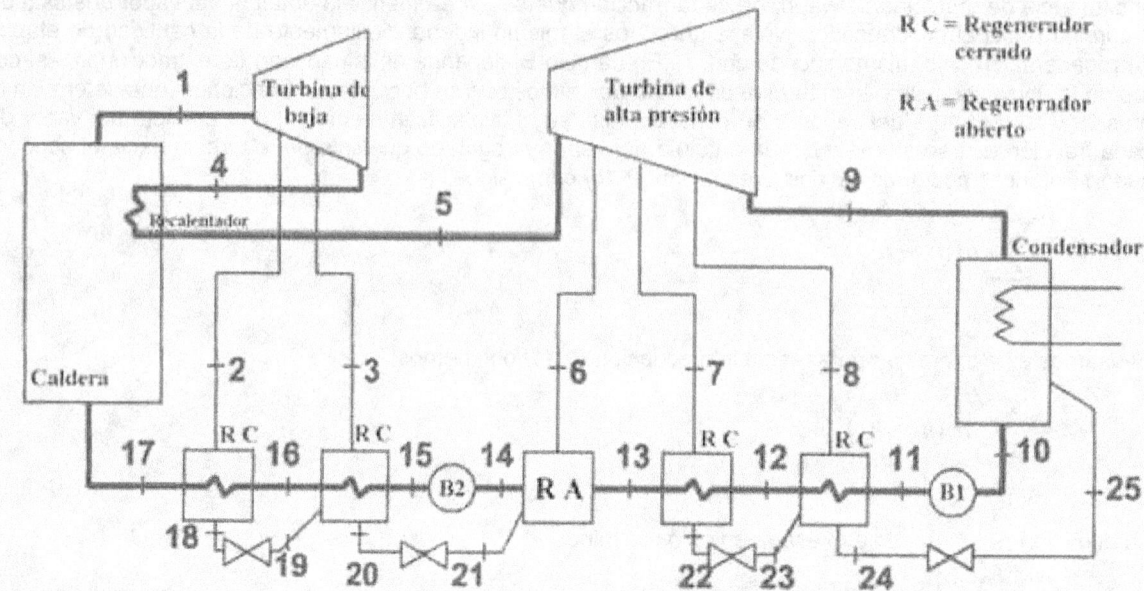

En la siguiente tabla se resumen los datos conocidos de propiedades termodinámicas de todos los estados representados en el croquis.

Estado	P	T	v	x	h	S
	KPa	°C	m³/Kg		KJ/Kg	KJ/(Kg °K)
1	16000	540.0	0.02093		3410.30	6.4481
2	6200	396.3	0.04553		3166.61	6.5130
3	4825	363.6	0.05589		3110.69	6.5327
4	3500	324.5	0.07262		3043.22	6.5586
5	3500	480.0	0.09622		3405.60	7.0990
6	700	280.4	0.35778		3018.56	7.2265
	145	141.0	1.30451		2754.56	7.3929
8	42	77.0	3.75071	0.978	2588.26	7.5109
9	7	39.0	19.07945	0.922	2384.66	7.6763
10	7	35.0	0.00101		146.57	0.5044
11	700	35.1	0.00101		147.53	0.5052
12	700	75.0	0.00103		314.45	1.0146
13	700	120.0	0.00106		504.10	1.5271
14	700	165.0	0.00111	0.000	697.06	1.9918
15	16000	168.1	0.00110		719.71	2.0047
16	16000	215.0	0.00117		925.58	2.4476
17	16000	260.0	0.00l25		1133.90	2.8561
18	6200	277.7	0.00l33	0.000	1224.68	3.0468
19	4825	26l.7	0.00324	0.049	1224.68	3.0523
20	4825	261.7	0.00128	0.000	1143.28	2.9001
21	700	165.0	0.05980	0.216	1143.28	3.0103
22	145	110.3	0.00105	0.000	462.77	1.4223
23	42	77.0	0.23342	0.061	462.77	1.4405
24	4	7.0	0.00103	0.000	322.34	1.0395
25	4	7.0	0.00103	0.000	322.34	1.0395

Calcular los caudales de las extracciones de turbina m_2, m_3, m_6, m_7 y m_8 por cada kg de vapor que pasa por la caldera. Determinar el rendimiento isentrópico de la turbina de alta.

Solución

Como ya hemos podido ver en los ejemplos anteriores, el análisis de un ciclo regenerativo se basa en balances de energía para cada uno de los regeneradores. Procedemos a efectuar los balances de energía.

Comenzamos por el primer regenerador cerrado, para la extracción m_2.

$$m_2\, h_2 + h_{16} = m_2\, h_{18} + h_{17} \implies m_2 = \frac{h_{17} - h_{16}}{h_2 - h_{18}} = 0.1073$$

Balance en el segundo regenerador cerrado, extracción m_3:

$$m_3\, h_3 + m_2\, h_{19} + h_{15} = (m_2 + m_3)h_{20} + h_{16} \implies m_3 = \frac{h_{16} - h_{15} - m_2(h_{19} - h_{20})}{h_3 - h_{20}} = 0.1002$$

Balance en el regenerador abierto, extracción m_6:

$$m_6\, h_6 + (m_2 + m_3)h_{21} + (1 - m_2 - m_3 - m_6)h_{13} = h_{14} \implies m_6 = \frac{h_{14} - h_{13} - (m_2 + m_3)(h_{21} - h_{13})}{h_6 - h_{13}} = 0.0240$$

Balance en el tercer regenerador cerrado, extracción m_7:

$$m_7\, h_7 + (1 - m_2 - m_3 - m_6)h_{12} = m_7\, h_{22} + (1 - m_2 - m_3 - m_6)h_{13} \implies m_7 = \frac{(1 - m_2 - m_3 - m_6)(h_{13} - h_{12})}{h_7 - h_{22}} = 0.0636$$

Balance en el cuarto (y ultimo) regenerador cerrado, extracción m_8:

$$m_8\, h_8 + m_7\, h_{23} + (1 - m_2 - m_3 - m_6)h_{11} = (m_7 + m_8)h_{24} + (1 - m_2 - m_3 - m_6)h_{12} \implies$$

$$m_8 = \frac{(1 - m_2 - m_3 - m_6)(h_{12} - h_{11}) - m_7(h_{23} - h_{24})}{h_8 - h_{24}} = 0.0527$$

El rendimiento isentrópico de la turbina de alta se puede calcular como el cociente de la diferencia *real* de entalpías producida en la turbina dividida por la diferencia de entalpías que se produciría si la evolución fuese isentrópica. Es decir:

$$\eta_s = \frac{h_1 - h_4}{h_1 - h_{4s}}$$

Para poderlo calcular hace falta conocer la entalpía h_{4s} que corresponde a la evolución isentrópica. Se puede obtener con ayuda de las tablas de vapor de agua o del diagrama de Mollier para el vapor. De cualquier modo se obtiene h_{4s} = 2978,44 KJ/Kg. De tal modo el rendimiento isentrópico de la turbina de alta es:

$$\eta_s = \frac{h_1 - h_4}{h_1 - h_{4s}} = \frac{3410.3 - 3043.22}{3410.3 - 2978.44} = 0.85$$

Este valor corresponde a un 85% de modo que es bastante alto.

9.4 Cálculos numéricos
Todo sistema de cálculo gráfico se puede adaptar a cálculo numérico lo que, en vista de la existencia de computadores potentes y baratos, es interesante. Generalmente el error de cálculo por inexactitud de las fórmulas es menor que el que se comete en la apreciación de las gráficas.

9.4.1 Vapor saturado
Se puede calcular la presión P que tiene el vapor saturado seco en equilibrio con su líquido a la temperatura t por la siguiente fórmula:

$$\log_{10}(P) = \frac{1687(t - 100)}{330(t + 230)} \tag{9-17}$$

(Con P en ata y t en °C). De esta ecuación se puede obtener t:

$$t = \frac{168700 + 75900 \times \log_{10}(P)}{1687 - 330 \times \log_{10}(P)} \tag{9-17'}$$

Estas fórmulas dan valores aceptables entre 50 y 250 °C.
El volumen específico se puede obtener de la siguiente fórmula:

$$P \times v^{1.0646} = 17608 \tag{9-18}$$

(Con P en Kg$_f$/cm^2 absolutos y v en m^3/Kg) La entalpía del vapor saturado seco (Kcal/Kg) referida a 0°C (estado líquido, donde se supone h = 0) viene dado por la siguiente fórmula:

$$h = 606.5 + 0.305t \tag{9-19}$$

(Con t en °C). Esta fórmula da valores aceptables entre 50 y 270 °C.
La entalpía del vapor húmedo con un título x se puede calcular de la siguiente fórmula:

$$h = (606.5 + 0.305 \times t)x + t(1 - x) \tag{9-20}$$

401

9.4.2 Vapor recalentado

Para el vapor sobrecalentado se puede aplicar la ecuación de Zeuner:

$$P \times v = 51 \times T - 200 \times P^{0.25} \tag{9-21}$$

(Con T en °K, P en Kg$_f$/cm^2 absolutos y v en m^3/Kg).

También la ecuación de Batelli:

$$P(v + 0.016) = 47.1 \times T \tag{9-22}$$

(Con T en °K, P en Kg$_f$/cm^2 absolutos y v en m^3/Kg).

La entalpía del vapor sobrecalentado a *baja presión* se puede calcular con la siguiente ecuación.

$$h = h_0 - \frac{A \times P}{\left(\dfrac{T}{100}\right)^{2.82}} - P^3 \left[\frac{B}{\left(\dfrac{T}{100}\right)^{14}} + \frac{C}{\left(\dfrac{T}{100}\right)^{31.6}} \right] \tag{9-23}$$

(Con T en °K, P en Kg$_f$/m^2 absolutos), donde h_0 es la entalpía referida a presión nula, que se puede calcular de la siguiente ecuación:

$$h_0 = 474.89 + 45.493\left(\frac{T}{100}\right) - 0.45757\left(\frac{T}{100}\right)^2 + 7.17 \times 10^{-2}\left(\frac{T}{100}\right)^3 \tag{9-24}$$

donde:

$$A = 0.0082056 \frac{\text{Kcal}}{\text{Kg}} \frac{\text{m}^2}{\text{Kg}_f}; \quad B = 1.5326 \times 10^{-6} \frac{\text{Kcal}}{\text{Kg}}\left(\frac{\text{m}^2}{\text{Kg}_f}\right)^3; \quad C = 1.1144 \times 10^{-6}\left(\frac{\text{m}^2}{\text{Kg}_f}\right)^3$$

También ver el manual Hütte y *"Thermodynamic Property Values of Ordinary Water Substance"*, IFC Secretariat, Verein Deutscher Ingenieure, March 1967, para otras expresiones mas complejas pero mas exactas. Alternativamente se pueden usar fórmulas de interpolación basadas en las tablas conocidas de propiedades del vapor de agua, tanto saturado como recalentado. Se recomienda usar las tablas mas conocidas, como las de Keenan o las de la ASME. En varios programas se usan fórmulas de interpolación basadas en estas tablas.

Ejemplo 9.4 Cálculo del rendimiento de un ciclo por medios numéricos.

Calcular el rendimiento de un ciclo de Rankine ideal operando a presión = 9.52 ata y temperatura = 260 °C. La presión en el condensador es de 0.116 ata y la temperatura del condensado a la salida del mismo es de 49 °C. No hay regeneración ni sobrecalentamiento. Operar gráfica y numéricamente.

Solución

a) Gráfica. Del diagrama de Mollier y refiriéndose a la figura del punto **9.2**:

h_d = 708.3 Kcal/Kg h_e = 533.3 Kcal/Kg $\therefore h_d - h_e$ = 175 Kcal/Kg

h_b = 48.89 Kcal/Kg $\therefore h_d - h_b$ = 659 Kcal/Kg

El rendimiento es:

$$\eta = \frac{h_d - h_e}{h_d - h_b} = \frac{175}{659} = 0.266$$

Se desprecia el trabajo de la bomba, porque este es:

$$W_b = \frac{\Delta P}{\rho} = \frac{9.52 - 0.116}{1000} \times 10^4 \times 1.033 = 97.14 \frac{\text{Kg}_f \times \text{m}}{\text{Kg}} = 0.228 \frac{\text{Kcal}}{\text{Kg}}$$

Estas 0.2 Kcal consumidas por la bomba no significan nada comparadas con las 175 Kcal que produce la turbina, por lo que no influyen en el cálculo del rendimiento.

El rendimiento del ciclo de Carnot equivalente será:

$$\eta_C = \frac{(260 + 273) - (49 + 273)}{260 + 273} = 0.396$$

Como vemos, el rendimiento del ciclo de Carnot equivalente es mayor que el del ciclo de Rankine ideal, que en la práctica es menor aún debido a pérdidas de calor en el sistema, de modo que hay una pérdida de utilizabilidad de la energía bastante considerable, puesto que el rendimiento del ciclo de Carnot equivalente es un 50% mayor.

b) Numéricamente. Debemos calcular las entalpías correspondientes. h_d se debe calcular a 260 °C y 9.52 ata. Aplicamos las ecuaciones *(9-23)* y *(9-24)*; $T/100$ = 5.33; P = 98342 Kg$_f$/m^2 absolutos.

$$h_0 = 474.89 + 45.493(5.33) - 0.45757(5.33)^2 + 8.17 \times 10^{-2}(5.33)^3 = 715.2254$$

$$h = 715.2254 - \frac{0.0082056 \times 98342}{(5.33)^{2.82}} - 98342^3 \left[\frac{1.5326 \times 10^{-6}}{(5.33)^{14}} + \frac{1.1144 \times 10^{-6}}{(5.33)^{31.6}} \right] = 707.9$$

Entonces h_d = 707.9 Kcal/Kg. Aplicando la ecuación *(9-20)* con t = 49 °C y x = 0.85 obtenemos:
h = (606.5 + 0.305×t)x + t(1–x) = h_e = 535.6 Kcal/Kg. Por último, h_b = $Cp(T_b − T_0)$ = 49 Kcal/Kg. Para fines de ingeniería los valores son casi los mismos que en la parte a). En definitiva el rendimiento es:

$$\eta = \frac{h_d - h_e}{h_d - h_b} = 0.261$$

9.5 Uso de vapor para calefacción y energía (cogeneración)

Hasta aquí nos hemos ocupado del empleo del vapor para producir energía eléctrica, pero en la industria este suele ser un uso mas bien complementario, ya que la mayor parte del vapor se emplea para calentamiento. Esto se debe a que la mayoría de las instalaciones industriales suelen derivar vapor saturado o ligeramente recalentado al proceso para aprovechar el calor latente de condensación. El calor específico del vapor vivo es del orden de 0.5 Kcal/(Kg °C) mientras que el calor latente es de aproximadamente unas 600 Kcal/Kg. Por eso es conveniente emplear el vapor saturado para calefacción en vez de desperdiciar energía en el condensador de la turbina. El ahorro de energía es considerable en uso mixto (generación y calefacción): alrededor de 1260 Kcal por KW-hora producido en el generador eléctrico que de otro modo habría que gastar en generar vapor para calefacción.

Se pueden plantear dos situaciones extremas, aquella en la que el vapor usado para calefacción es constante, y aquella en la que este varía ampliamente. Entre ambas hay una gran variedad de situaciones que se aproximan mas o menos a la realidad. La primera no plantea dificultades, ya que el consumo de vapor usado para generar electricidad y para calefacción permanece constante.

En cambio cuando la demanda de vapor para calefacción es muy variable, lo normal no es usar para calefacción el vapor que sale de la turbina, porque esto significaría que cualquier cambio en la demanda de vapor de calefacción influiría en la marcha de la turbina. Las turbinas son equipos que deben funcionar en condiciones constantes, de modo que lo que se suele hacer es comprar una caldera de capacidad mas que suficiente como para alimentar a la turbina, y el exceso de vapor producido se aplica a calefacción. El inconveniente con una disposición de este tipo es que no es muy económica, porque como la caldera debe poder satisfacer las demandas del sistema en condiciones de alto consumo de vapor de calefacción, cuando este baja existe una capacidad ociosa o bien un desperdicio de vapor que se debe desechar.

Para resolver los problemas que plantea una demanda variable de vapor de calefacción existen varias alternativas. Una de ellas consiste en instalar dos calderas, una para generar vapor de alta presión destinado a producir energía eléctrica y otra de baja presión para generar vapor de proceso, puesto que la presión de operación de las turbinas es casi siempre mayor de 25 ata mientras que el vapor de calefacción se suele transportar y entregar a unas 1.5 ata. Lógicamente, una instalación de dos calderas tiene la ventaja de ser más versátil.

Por lo general la operación de la caldera de baja presión es mas cara y resulta antieconómica si se la compara con la de alta presión. Es el precio que hay que pagar por el lujo de tener una instalación más flexible. El siguiente ejemplo ilustra este hecho.

Ejemplo 9.5 Cálculo del desempeño de dos calderas de vapor.

Supongamos que tenemos una caldera de baja presión operando a 3 Kg$_f$/cm^2 y entregando vapor de baja a 3 Kg$_f$/cm^2 y 133 °C. La caldera funciona con carbón cuyo poder calorífico es de 7500 Kcal/Kg con un rendimiento del 80%. El condensado entra a la caldera a 70 °C y el vapor se usa para calefacción a 100 °C. La diferencia de temperatura entre 100 y 70 °C se atribuye a pérdidas de calor, por enfriamiento en tránsito desde la planta a la caldera. Comparar la economía de esta caldera con otra que opera a 40 Kg$_f$/cm^2 y 400 °C para un proceso que requiere una cantidad de calor del orden de 10,000,000 de Kcal/hora.

Solución

Siendo el calor latente del vapor en las condiciones de baja presión del orden de 550 Kcal/Kg, se necesitan: 10,000,000/550 = 18180 Kg/hora de vapor de baja presión. El combustible consumido para producir esta cantidad de vapor se puede calcular pensando que debe proporcionar el calor suficiente para calentar el agua desde 70 hasta 100 °C, y luego para evaporar el agua, de modo que la cantidad de calor es:

$$Q = m(100 - 70) + m\lambda = m(100 - 70 + \lambda) = 18180(100 - 70 + 550) = 10545400 \text{ Kcal}$$

El peso de combustible necesario será:

$$P = \frac{Q}{\eta \times PC} = \frac{10545400}{0.8 \times 7500} = 1760 \frac{\text{Kg de carbón}}{\text{hora}}$$

En cambio en la caldera de alta presión el vapor tendría un calor latente mayor, del orden de 660 Kcal/Kg, de modo que la cantidad de vapor necesario para el mismo servicio sería: 10,000,000/660 = 15150 Kg/hora de vapor de alta presión.

El calor requerido en la caldera es ahora:

$$Q = m(100-70) + m\lambda = m(100-70+\lambda) = 15150(100-70+660) = 10453500 \text{ Kcal}$$

Entonces, el combustible requerido es:

$$P = \frac{Q}{\eta \times PC} = \frac{10453500}{0.8 \times 7500} = 1740 \frac{\text{Kg de carbón}}{\text{hora}}$$

Este parece un ahorro modesto, pero tengamos en cuenta que la caldera de alta presión también produce energía eléctrica, con una potencia del orden de 2000 KW. Esto se puede considerar ganancia neta. De todos modos, queda claro que aún sin producción de energía la caldera de alta presión es mas económica.

Si se adquiere la energía eléctrica y se instala una sola caldera de vapor de calefacción, el costo tanto inicial como de operación son menores, pero el costo total de la energía puede ser mayor, dependiendo de varios factores. Además, la dependencia del suministro externo subordina la producción a la disponibilidad de energía y confiabilidad del proveedor. En la actualidad, muchas empresas producen una parte de la energía que consumen.

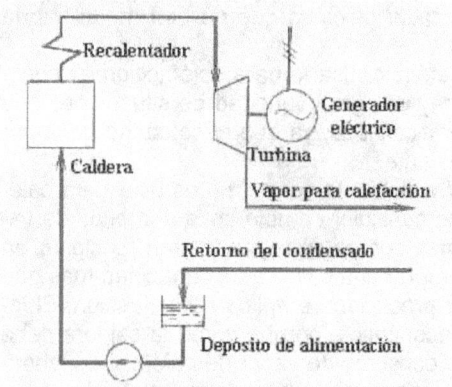

Como ya dijimos, la alternativa a tener que comprar la electricidad o tener dos calderas es instalar una caldera de alta presión de uso mixto (energía y calefacción) en la que se puede optar por dos variantes. Una es la caldera de contrapresión. En este tipo de instalación, que vemos en el croquis de la izquierda, la turbina no descarga vapor húmedo sino recalentado, no previendo extracciones o sangrados de vapor de la turbina para derivarlo a proceso, sino que todo el vapor que sale de la turbina está disponible como vapor de calefacción. La turbina descarga vapor recalentado para contrarrestar las pérdidas de calor inevitables durante el transporte. La denominación "caldera de contrapresión" viene de que el vapor sale a una presión mayor que la del vapor agotado cuando hay un condensador. Este vapor se puede rebajar para ajustarlo a los requerimientos de uso. Como ya hemos explicado, esta disposición es poco flexible porque una variación en la demanda de vapor de proceso obligaría a variar la producción de electricidad y viceversa. Esto no es tolerable por las serias dificultades de control que plantea, lo que obliga a instalar acumuladores de vapor para absorber las variaciones, que encarecen la instalación y ocupan bastante espacio. Otra objeción que se plantea a esta disposición es que al operar la turbina a una presión mayor que la del condensador disminuye el rendimiento térmico del ciclo. Véase el apartado **9.3.1** para una discusión sobre la influencia de la presión de descarga de la turbina sobre el rendimiento.

Una alternativa mejor consiste en derivar una parte del vapor producido por la caldera a la generación de energía, dedicando el resto a la calefacción en planta. Las dificultades planteadas por la demanda variable se resuelven con un acumulador de vapor. El siguiente esquema muestra una instalación de este tipo.

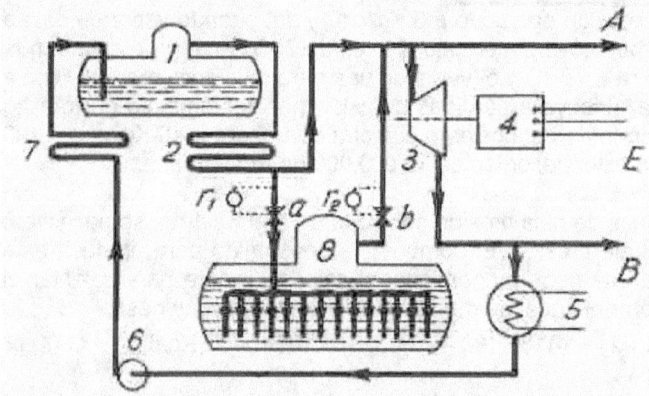

Los detalles del croquis son los siguientes. *1* caldera ; *2* recalentador; *3* turbina; *4* generador eléctrico; *5* condensador; *6* bomba inyectora de agua a la caldera; *7* economizador; *8* acumulador de vapor. *A* vapor de alta para calefacción. *B* vapor de baja saturado para calefacción. r_1 y r_2 son registradores que accionan las válvulas *a* y *b* destinadas a controlar tanto la presión como el flujo de vapor hacia y desde el acumulador de vapor.

El acumulador de vapor es un equipo destinado a almacenar el vapor en exceso que se produce durante los períodos de baja demanda de vapor de calefacción en planta, para liberarlo durante los períodos de alta demanda. Es una estructura de acumulación; estas ya fueron tratadas en el apartado **1.10.1** del capítulo **1**. El sistema está comandado por los medidores de presión (no indicados en el croquis) que cuando detectan una disminución de presión en las tuberías *A* o *B* accionan las válvulas para liberar el vapor acumulado en el equipo *8*. Igualmente, la disminución de la cantidad o presión del vapor en la turbina *3* produce la liberación del vapor contenido en el acumulador. Existen dos tipos de acumuladores, como veremos mas adelante. En el croquis de arriba se representa un acumulador Ruths.

Otra variante que podemos encontrar en las instalaciones industriales de uso mixto (generación de energía eléctrica y calefacción) es la caldera de condensación con extracción. Es básicamente el sistema clásico de caldera-turbina-condensador sangrando vapor de media o baja presión que se destina a calefacción. Una instalación de ese tipo se ilustra en el siguiente croquis.

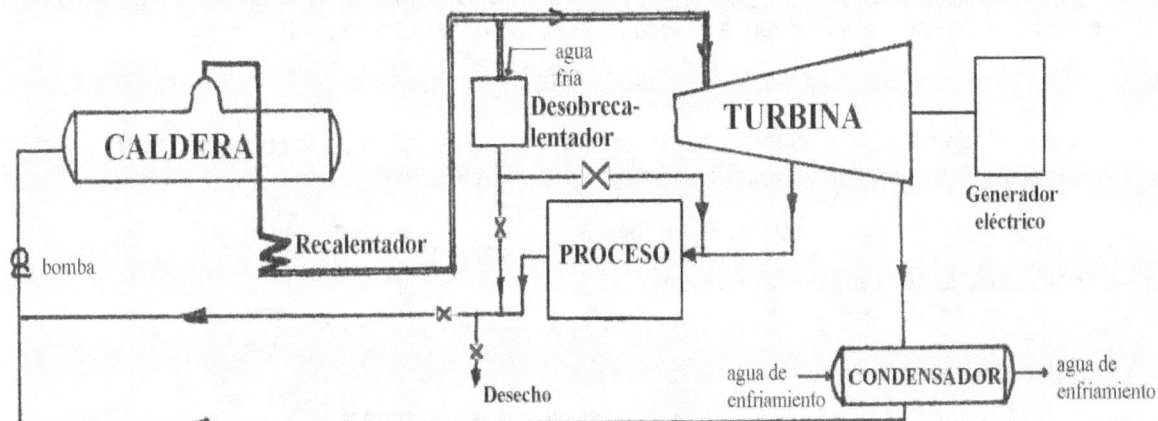

Si del lado de la demanda de vapor de baja para calefacción hay fluctuaciones es preferible intercalar entre la línea de suministro de vapor de alta y la línea de baja un desobrecalentador. Es una válvula reductora dotada de un enfriador-saturador a spray de agua que no se detalla en el croquis, cuya función es producir una expansión isentálpica donde se convierte energía de presión en energía térmica que se emplea en generar mas vapor proveniente del agua agregada. En definitiva, el desobrecalentador tiene algunas funciones de un acumulador de vapor, pero no tiene la inercia de masa del acumulador de vapor ante variaciones bruscas o grandes de la demanda. Si se producen este tipo de variaciones en la demanda de vapor de proceso destinado a calefacción, la solución mas satisfactoria probablemente sea instalar un acumulador de vapor.

Ejemplo 9.6 Cálculo de los parámetros operativos de una central de uso mixto.

Una fábrica emplea 2268 Kg/hr de vapor de agua saturado seco a 1.36 ata para calefacción en planta. Hay una idea para generar energía aumentando la presión de trabajo de la caldera de 1.36 a 28.21 ata expandiendo el vapor desde 28.21 ata hasta 1.36 ata en una turbina. El condensado entra a la caldera bajo presión a 109 °C. Calcular: a) la temperatura de sobrecalentamiento necesaria para asegurar el suministro de vapor con un título mínimo de 95% en el escape de la turbina destinado a calefacción; b) la potencia entregada por la turbina si su rendimiento isentrópico es 64% y su rendimiento mecánico es 92%; c) el calor adicional necesario en Kcal por KW-hora y su consumo adicional requerido para la generación de potencia extra.

Solución

a) El punto **2'** se determina en la intersección de la curva de título x = 0.95 y la curva de P = 1.36 ata y de él obtenemos $H_{2'}$ = 615.6 Kcal/Kg.

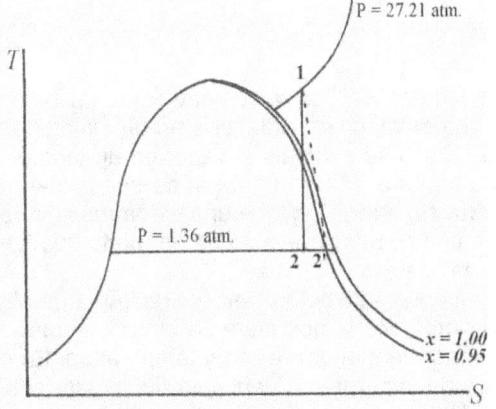

La trayectoria **1** a **2'** en línea cortada representa la evolución real de expansión que tiene lugar en la turbina que por supuesto no es isentrópica; la evolución teórica isentrópica es la **1** a **2**.

El ángulo formado por ambas trayectorias es α.
El rendimiento isentrópico de la turbina se define por la siguiente relación, deducida en el apartado **5.14.5**.

$$\eta_s = \frac{\text{trabajo ideal producido}}{\text{energía real consumida}} = \frac{H_1 - H_{2'}}{H_1 - H_2} = \frac{1}{\cos \alpha} \qquad (9\text{-}25)$$

$$\therefore H_1 - H_{2'} = 0.64(H_1 - H_2) \Rightarrow H_1(1 - 0.64) + 0.64H_2 = H_{2'} \Rightarrow$$

$$\Rightarrow 0.36H_1 + 0.64H_2 = 615.6 \tag{*}$$

No conocemos H_1 ni H_2 pero sabemos que en el diagrama de Mollier el punto **1** está sobre la isobara de P = 28.21 ata y el punto **2** está sobre la isobara de P = 1.36 ata y que se debe cumplir la ecuación (*) de modo que es fácil determinar gráficamente los puntos recordando que en el diagrama de Mollier el ángulo α es el determinado por las líneas **1** a **2** y **1** a **2'**. Entonces (comprobarlo) gráficamente obtenemos H_1 = 699 Kcal/Kg y H_2 = 569.4 Kcal/Kg, también T_1 = 271 °C.

b) El calor por unidad de tiempo suministrado a la planta cuando no había generación de electricidad depende de la entalpía del vapor saturado seco a 1.36 ata que es 642.2 Kcal/Kg.

$$q_1 = 2268\,\frac{Kg}{hora}\,(642.2 - 109)\frac{Kcal}{Kg} = 1209600\,\frac{Kcal}{hora}$$

Pero a partir de ahora se producirá electricidad y la entalpía de salida del vapor es $H_{2'}$ = 615.6 Kcal/Kg y se requerirá una cantidad de vapor que simbolizamos con la letra **P**.

$$\dot{q}_1 = \mathbf{P}(615.6 - 109) \Rightarrow \mathbf{P} = \frac{1209600}{615.6 - 109} = 2387\,\frac{Kg}{hora}$$

La potencia ideal realizada por la turbina es:

$$\dot{W} = \mathbf{P}(H_1 - H_2)\eta_s = 2387(699 - 569.4)0.64 = 197750\,\frac{Kcal}{hora}$$

También se puede calcular de la siguiente manera:

$$\dot{W} = \mathbf{P}(H_1 - H_{2'}) = 2378(699 - 615.6) = 199076\,\frac{Kcal}{hora}$$

Puesto que se pueden haber cometido errores de apreciación en el cálculo gráfico tomamos un promedio de ambos valores. Pero hay un rendimiento mecánico de 0.92 lo que origina una pérdida de potencia en la transmisión de modo que el trabajo entregado al generador eléctrico es un 8% menor al ideal. La potencia real será:

$$\dot{W} = 198413 \times 0.92 = 182540\,\frac{Kcal}{hora} = 212\ \ KW$$

c) El calor por unidad de tiempo necesario cuando la caldera opera en uso mixto es:

$$\dot{q}_{1'} = \mathbf{P}(H_1 - H_2) = 2387(699 - 109) = 1408330\,\frac{Kcal}{hora}$$

En consecuencia: $1408330 - 1209600 = 198730\,\dfrac{Kcal}{hora} \Rightarrow \dfrac{198730}{212} = 937\,\dfrac{Kcal}{KW \times hora}$

Si se estima que la caldera tiene una eficiencia en el uso del calor del 80% el consumo extra de energía será: $\dfrac{198730}{0.8} = 248412\,\dfrac{Kcal}{hora}$

Suponiendo un poder calorífico del combustible de $10000\,\dfrac{Kcal}{Kg}$ este se consume a razón de 24.84 Kg de combustible por hora y por KW-hora, de modo que el exceso resulta:

$$\frac{937}{198730 \times 0.8} = 0.117\,\frac{Kg\ \ de\ \ combustible}{KW \times hora}.$$

9.5.1 Acumuladores de vapor

Existen dos clases de acumuladores de vapor. Los acumuladores de tipo gasómetro y los de borboteo, también llamados acumuladores Ruths. En los del primer tipo el vapor se almacena en un simple tanque aislado térmicamente, como si fuese un gas. En los del tipo Ruths se acumula el vapor en un tanque mas pequeño, bien aislado térmicamente y que se parece en su forma al cuerpo principal de una caldera convencional ya que tiene un domo colector de vapor en su parte superior. Contiene una cierta masa de agua en la que burbujea el vapor, a menudo ayudando la mezcla con pequeños eyectores de modo que hay un equilibrio entre el vapor y el agua a la temperatura y presión de operación.

El acumulador Ruths tiene la ventaja de que se puede usar el equipo como convertidor de vapor de alta en vapor de baja, ya que si se alimenta con vapor de alta presión y alta temperatura se obtiene al mezclarlo con agua en distintas proporciones grandes cantidades de vapor de menor presión y temperatura. En otras palabras, el acumulador de Ruths mezcla agua con un poco de vapor de alta entalpía (inútil para calefacción) dando como resultado mucho vapor de baja entalpía utilizable para calefacción.

Analizaremos primero el proceso de carga de un acumulador Ruths. Supongamos que tenemos una masa total de agua y vapor en equilibrio m_1 en el acumulador a una temperatura y presión t_1, P_1. Se carga el acumulador, entrando una masa de vapor de agua m_2 a presión y temperatura P_2, t_2. Este vapor puede ser saturado seco, saturado húmedo o recalentado, según su origen. Como consecuencia de la mezcla irreversible, se obtiene una masa total $(m_1 + m_2)$ de agua y vapor en equilibrio cuya condición final es P_m, t_m. Sabemos que la presión aumenta porque el volumen es constante y se aumenta la masa del contenido por la inyección del vapor. Por lo tanto, también es de esperar que aumente la temperatura.

En el proceso de descarga, se invierte el flujo de modo que partimos de una masa total $(m_1 + m_2)$ de agua y vapor en equilibrio a la presión y temperatura P_m, t_m. Se descarga una masa de vapor saturado seco m_2 a esa misma presión y temperatura, ya que se encuentra en equilibrio con el agua líquida. La masa contenida en el acumulador desciende al valor m_1 y la presión y la temperatura disminuyen a los valores P_1 y t_1.

El proceso de carga y descarga son procesos de flujo transitorio tanto de masa como de energía, y por ello habrá que analizarlos con la ayuda del Primer Principio de la Termodinámica para sistemas abiertos en régimen transitorio. Por otra parte, se trata de procesos adiabáticos a volumen constante.

<u>Análisis de la carga del acumulador</u>

Puesto que se trata de un proceso con fronteras rígidas, adiabático y donde sólo entra fluido al sistema, nos encontramos ante el caso estudiado en el apartado **3.10.4** del capítulo **3**. Como se dedujo en ese punto, la ecuación del Primer Principio de la Termodinámica se puede expresar de la siguiente manera.

$$M_2 \times u_2 - M_1 \times u_1 = m_e \left(h + Ep + Ec \right)_e \qquad (3\text{-}33^{iv})$$

Despreciando las contribuciones de las energías cinética y potencial y reemplazando las masas de acuerdo a lo estipulado mas arriba, esta ecuación se puede escribir de la siguiente forma.

$$\left(m_1 + m_2 \right) \times u_m - m_1 \times u_1 = m_2 \times h_2$$

¿De qué manera nos puede servir esta relación para calcular, dimensionar y controlar la operación de un acumulador de vapor?. Esto depende del propósito para el cual se usa. Podemos distinguir dos clases de problemas relativos a la carga de los acumuladores de vapor.

- Una clase de problemas es aquella en la que se conoce la masa de vapor m_2 que entra o se descarga. También se conocen las presiones P_1, P_2 y P_m, teniendo que calcular el volumen requerido del acumulador para esas condiciones de operación.
- Otra clase es aquella en la que se conocen las presiones P_1, P_2 y P_m, así como el volumen del acumulador, y hay que calcular la masa de vapor m_2.

En problemas de la primera clase, si el vapor que ingresa al acumulador está recalentado se debe conocer su presión (que es dato) y adicionalmente su temperatura t_2. La incógnita es la masa de agua antes de la carga, es decir, m_1. Reordenando la ecuación anterior tenemos:

$$m_1 \times u_m + m_2 \times u_m - m_1 \times u_1 = m_2 \times h_2 \Rightarrow m_1 \left(u_m - u_1 \right) + m_2 \times u_m = m_2 \times h_2 \Rightarrow$$

$$m_1 = m_2 \frac{h_2 - u_m}{u_m - u_1}$$

Puesto que las condiciones inicial y final del acumulador corresponden a estados de saturación, bastará conocer las presiones P_1 y P_m para determinar los valores de u_m y de u_1. En cuanto a h_2 se puede determinar si se conoce la presión y temperatura del vapor que se ingresa al acumulador. Una vez calculada la masa m_1 de agua antes de la carga se puede determinar el volumen a partir de la densidad del agua, y al resultado se le suma un 10% en concepto de espacio de vapor.

En los problemas de la segunda clase se debe calcular la masa de vapor que se necesita para elevar la presión desde P_1 hasta P_m. Reordenando la ecuación anterior tenemos:

$$m_2 = m_1 \frac{u_m - u_1}{h_2 - u_m} \qquad (9\text{-}26)$$

La principal objeción que se puede hacer al enfoque riguroso que acabamos de exponer es que se requiere conocer la energía interna del líquido en al menos dos condiciones distintas. Pero la energía interna no es una propiedad que se encuentre frecuentemente tabulada. Esto nos obliga a recurrir a un enfoque aproximado.

El acumulador de borboteo se puede analizar como un proceso de mezcla en sistemas cerrados tal como explicamos en el capítulo **4**, apartado **4.5.1**. Si bien el sistema es abierto, se puede imaginar como un sistema cerrado aplicando el mismo procedimiento que se explica en el apartado **3.10.5**, donde analizamos una situación parecida a la que se da en un acumulador de borboteo. La principal diferencia con el acumulador de vapor consiste en que en el caso del apartado **3.10.5** teníamos un tacho abierto a la atmósfera y en el caso del acumulador de vapor tenemos un tacho cerrado. Es decir, la evolución del apartado **3.10.5** es a presión constante, en tanto que el acumulador sufre una evolución a volumen constante.

Imaginemos entonces que tenemos una masa total m_1 de agua y vapor en equilibrio en el acumulador a una temperatura y presión t_1, P_1. Se introduce una masa m_2 de vapor a presión y temperatura P_2, t_2. Como consecuencia de la mezcla irreversible, se obtiene una masa total $(m_1 + m_2)$ de agua y vapor en equilibrio cuya condición final es P_m, t_m. Sabemos que la presión aumenta, porque el volumen es constante y se aumenta la masa del contenido por la inyección de vapor. Por lo tanto, también es de esperar que aumente la temperatura.

Por otra parte, también del Primer Principio para sistemas cerrados:

$$\delta Q = dH - V \, dP = 0 \Rightarrow dH = V \, dP \Rightarrow \Delta H = \int V \, dP = V \, \Delta P$$

Esto nos dice que la variación de entalpía se debe exclusivamente al trabajo de compresión en el sistema. Puesto que la presión aumenta, es obvio que la entalpía también aumenta. Planteando un balance de entalpía en un sistema cerrado tenemos:

$$m_1 \, h_1 + m_2 \, h_2 = (m_1 + m_2) h_m + V \, \Delta P \Rightarrow h_m = \frac{m_1 \, h_1 + m_2 \, h_2 - V \, \Delta P}{m_1 + m_2}$$

Una vez calculada la entalpía h_m y teniendo la presión P_m se puede calcular la temperatura. En cambio el cálculo de la masa m_2 requiere un método iterativo.

La variación de presión es esencialmente igual a la diferencia $(P_m - P_1)$ de modo que:

$$h_m = \frac{m_1 \, h_1 + m_2 \, h_2 - V(P_m - P_1)}{m_1 + m_2} \tag{9-27}$$

El problema también se puede analizar de otro modo que, aunque aproximado, es mas simple. Si despreciamos el trabajo que hace el vapor sobre el sistema al entrar al mismo, entonces el proceso se puede considerar esencialmente isentálpico. Esto parece razonable si se tiene en cuenta que la energía requerida para el ingreso del vapor al acumulador se conserva, ya que en definitiva vuelve al vapor durante la descarga del acumulador. Por lo tanto:

$$m_1 \, h_1 + m_2 \, h_2 = (m_1 + m_2) h_m \Rightarrow h_m = \frac{m_1 \, h_1 + m_2 \, h_2}{m_1 + m_2}$$

Conocida la entalpía h_m y la presión P_m es fácil obtener la temperatura t_m mediante el diagrama de Mollier o cálculo analítico. En cambio el cálculo de la masa m_2 es mas complicado, requiriendo como antes un método iterativo.

El siguiente procedimiento aproximado permite calcular la masa de vapor que ingresa o sale del acumulador sin necesidad de cálculos iterativos. Si bien se basa en un razonamiento lleno de simplificaciones, da resultados razonablemente exactos. Supongamos que se carga el acumulador conociendo la masa de agua que contiene al inicio de la carga así como la masa de vapor que se inyecta en el acumulador durante la misma. Sea M_a la masa de total de agua (tanto líquida como al estado de vapor) que contiene el acumulador al inicio de la carga, durante la cual se inyecta una masa de vapor m_v. Se conoce la presión al inicio de la carga, P_1. La entalpía del agua líquida contenida en el acumulador a la presión P_1 se puede averiguar, puesto que P_1 es la presión de saturación. Sea h_{L1} esa entalpía por unidad de masa a esa presión y temperatura. La entalpía del líquido contenida en acumulador *antes* de iniciar la carga es:

$$H_1 = M_a \times h_{L1}$$

Al fin de la carga, la presión es P_2 y la masa total de agua es $(M_a + m_v)$, suponiendo que todo el vapor se absorbe en el agua. La entalpía del líquido es conocida, puesto que también se encuentra en condición de saturación; sea esta h_{L2} a esa presión y temperatura, y sea λ_2 el calor latente. Supongamos que la masa de agua se incrementa en la magnitud m_v, debido a que se condensa todo el vapor. La entalpía del agua líquida contenida en el acumulador al finalizar la carga es:

$$H_2 = (M_a + m_v) h_{L2}$$

Al ingresar la masa de vapor m_v se incrementa la energía contenida en el acumulador en la magnitud:

$$E_v = m_v \times h_v = m_v (h_{L2} + \lambda_2)$$

Puesto que la carga es un proceso adiabático, la entalpía después de la carga debe ser igual a la entalpía antes de la carga mas el aporte de energía del vapor. Es decir:

$$H_2 = H_1 + E_v \Rightarrow (M_a + m_v) h_{L2} = M_a \times h_{L1} + m_v (h_{L2} + \lambda_2)$$

Operando:

$$M_a \times h_{L2} + m_v \times h_{L2} = M_a \times h_{L1} + m_v \times h_{L2} + m_v \times \lambda_2 \Rightarrow m_v \times \lambda_2 = M_a \times (h_{L2} - h_{L1})$$

Despejando m_v se obtiene:

$$m_v = M_a \frac{h_{L2} - h_{L1}}{\lambda_2}$$ (9-28)

También se puede introducir una simplificación adicional, asumiendo $h_L = Cp_L\,T$ pero si se toma aproximadamente Cp_L = 1 Kcal/(Kg °K) resulta $h_L = t$, en consecuencia:

$$m_v = M_a \frac{t_{L2} - t_{L1}}{\lambda_2}$$ (9-29)

Ejemplo 9.7 Cálculo de la masa de vapor que usa un acumulador.

Un acumulador de vapor que contiene inicialmente 15000 Kg de agua a la presión de 16 Kg$_f$/cm^2 se carga hasta una presión de 20 Kg$_f$/cm^2. Encontrar la masa de vapor que se ha incorporado.

Datos

En las condiciones iniciales P_1 = 16 Kg$_f$/cm^2 y saturado los parámetros que nos interesan se pueden obtener de la tabla de vapor saturado que encontramos en el Apéndice al final del capítulo **3**.

La temperatura de saturación es t_1 = 200.43 °C; la entalpía del líquido es: h_{L1} = 203.90 Kcal/(Kg °K).

En las condiciones finales la presión es P_2 = 20 Kg$_f$/cm^2 y la temperatura de saturación es t_2 = 211.38 siendo la entalpía h_{L2} = 215.80 Kcal/(Kg °K).

La entalpía del vapor saturado es h_{V2} = 668.5 Kcal/(Kg °K) de donde resulta un calor latente $\lambda_2 = h_{V2} - h_{L2}$ = 668.5 − 215.80 = 452.7 Kcal/Kg.

Entonces, aplicando la ecuación anterior tenemos:

$$m_v = M_a \frac{h_{L2} - h_{L1}}{\lambda_2} = M_a \frac{215.8 - 203.9}{452.7} = 15000 \times 0.026 = 394\,\text{Kg de vapor}$$

Por lo general el cálculo de la masa de vapor m_v no es necesario porque esta es la masa de vapor que se desea ingresar o extraer del acumulador, que por razones operativas se conoce por anticipado, es decir, es una variable de diseño. Normalmente el acumulador se diseña para operar entre dos presiones extremas P_1 y P_2. Sea P_1 la menor presión y P_2 la mayor, con temperaturas t_1 y t_2 también conocidas. En consecuencia, también se conocen las entalpías correspondientes h_1 y h_2.

Supongamos que ambas condiciones corresponden a estados saturados. Los calores latentes λ_1 y λ_2 son conocidos, puesto que corresponden a las diferencias de entalpías de líquido y vapor saturado a las respectivas presiones y temperaturas de los estados 1 y 2.

Nos interesa calcular las dimensiones de un acumulador que debe funcionar entre estas condiciones extremas, es decir el *volumen* o capacidad del acumulador.

Para ello supongamos que conocemos la densidad del agua líquida ρ_2 en las condiciones de presión y temperatura P_2 y t_2. Si la fracción del volumen total reservado al vapor es α, el volumen total ocupado por el líquido y el vapor en las condiciones 2 es:

$$V = \frac{m_v + M_a}{\rho_2} + \alpha \times V$$

Operando:

$$V = \frac{M_a \dfrac{h_{L2} - h_{L1}}{\lambda_2} + M_a}{\rho_2} + \alpha \times V$$

Despejando la masa de agua:

$$M_a = \rho_2 \times V \frac{1 - \alpha}{1 + \dfrac{h_{L2} - h_{L1}}{\lambda_2}}$$ (9-30)

Esta ecuación relaciona entre sí las principales variables: masa de agua, volumen y exceso dedicado al vapor. Normalmente se suele tomar α = 0.1 es decir un 10% en exceso con respecto al volumen V.

También se puede usar el siguiente enfoque empírico, que da resultados aproximados pero razonables.

Supongamos que se carga el acumulador que está en la condición o estado de equilibrio 1 con vapor de agua saturado a la condición 2. La masa de vapor que se carga o descarga por unidad de tiempo es $\dot{m}$. El líquido saturado en la condición 1 tiene una entalpía h_1; el líquido saturado en la condición 2 tiene una entalpía h_2. Como consecuencia de la mezcla se alcanza un estado intermedio también de saturación, cuyas propiedades son P_m, t_m y h_m. El cálculo de estas condiciones se puede hacer por cualquiera de los enfoques que vimos mas arriba, y las diferencias que resultan de los mismos no son significativas. Para los fines prácticos podemos suponer que la condición del estado intermedio está en el punto medio entre las condiciones 1 y 2. Entonces el calor latente que corresponde al estado intermedio resultante de la mezcla será:

$$\lambda_m = \frac{\lambda_1 + \lambda_2}{2}$$

La densidad del agua líquida a la condición intermedia se puede considerar como el promedio de las densidades en las condiciones extremas 1 y 2, por lo tanto:

$$\rho_m = \frac{\rho_1 + \rho_2}{2}$$

El volumen del agua del acumulador es:

$$\boxed{V_a = \dot{m}\frac{\lambda_m}{\rho_m\left(h_2 - h_1\right)}} \tag{9-31}$$

El acumulador se calcula para que tenga una capacidad con un 10% en exceso respecto a la masa máxima de agua ingresante durante la carga. O descarga, ya que en esencia el proceso de carga y descarga es lo mismo. Es decir:

$$\boxed{C_a = 1.1 \times V_a} \tag{9-32}$$

Advertencia: si bien los resultados que proporciona esta fórmula son razonables, no tiene base racional. La homogeneidad dimensional no se verifica, debido a que no tiene una base racional.

Ejemplo 9.8 Cálculo de la capacidad de un acumulador.

Se debe elegir un acumulador para funcionar entre las presiones $P_1 = 3$ Kg$_f$/cm^2 y $P_2 = 12$ Kg$_f$/cm^2 con una carga de 10000 Kg/hora de vapor. Calcular la capacidad del acumulador.

Datos

$h_1 = 133.4$ Kcal/Kg; $h_2 = 189.7$ Kcal/Kg; $\lambda_1 = 516.9$ Kcal/Kg; $\lambda_2 = 475.0$ Kcal/Kg; $\rho_1 = 925$ Kg/m^3; $\rho_2 = 885$ Kg/m^3.

Solución

La densidad media es: $\rho_m = \dfrac{\rho_1 + \rho_2}{2} = \dfrac{925 + 885}{2} = 905 \, \text{Kg/m}^3$

El calor latente medio es: $\lambda_m = \dfrac{\lambda_1 + \lambda_2}{2} = \dfrac{516.9 + 475}{2} = 496 \, \text{Kcal/Kg}$

El volumen del agua del acumulador es:

$$V_a = \dot{m}\frac{\lambda_m}{\rho_m\left(h_2 - h_1\right)} = 10000\frac{496}{905(189.7 - 133.4)} = 97.3 \cong 100 \, \text{m}^3$$

La capacidad del acumulador será entonces: $C_a = 1.1 \times V_a = 1.1 \times 100 = 110 \, \text{m}^3$

9.5.2 Balance de una central de vapor mixta

Una central de vapor que produce energía eléctrica y vapor de calentamiento es una instalación compleja, con muchas corrientes de vapor y condensado que salen de la central y llegan a ella. Para operarla es preciso conocer exactamente cada corriente, lo que implica hacer el balance de la central para cada condición de operación que se puede presentar. Hacer el balance de la central significa plantear todos los balances de masa y de energía que relacionan entre sí las distintas variables de proceso. Esto puede conducir a un sistema lineal si todas las ecuaciones son lineales o a un sistema no lineal. Resolviendo el sistema se obtienen los valores de las variables de proceso que hay que conocer para poder controlar la central.

Para plantear el sistema de ecuaciones conviene trazar un esquema de la central identificando las corrientes y localizando los nodos a los que confluyen dos o mas corrientes, o de los que una corriente se bifurca. Estos nodos sirven para plantear un balance de masa en cada uno. Por otra parte, los puntos en los que hay intercambio de energía o en los que una corriente modifica su contenido de energía son fáciles de identificar: la caldera, la turbina, el desaireador, el condensador, el desobrecalentador, etc.

Una vez trazado el croquis se anota en cada línea la información conocida y pertinente sobre la misma: presión, caudal de masa, entalpía, etc. Por último se plantea el sistema y se resuelve. Es posible que se disponga de mas información de la necesaria para plantear el sistema. Si tenemos n incógnitas solo necesitamos n ecuaciones *independientes*. A menudo se puede plantear mayor cantidad de relaciones que las n necesarias. Las relaciones que no forman parte del sistema se pueden usar para comprobar la exactitud y consistencia de las soluciones.

Ejemplo 9.9 <u>Balance de una central térmica.</u>

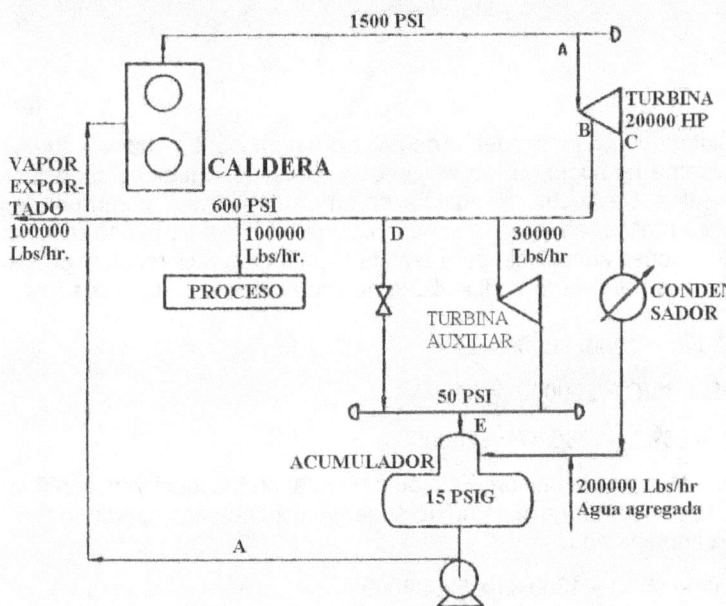

Se desea balancear la central de vapor que se describe en el croquis. La central exporta 100000 Lb/hora de vapor de 600 psi y envía otras 100000 Lb/hr a un proceso como vapor de calefacción. No retorna nada de condensado del proceso, lo que obliga a introducir 200000 Lb/hora de agua tratada ("agua agregada"). Esto no resulta conveniente desde el punto de vista económico, ya que lo ideal sería poder retornar algo del condensado de proceso para evitar el excesivo consumo de agua tratada.

Se debe notar también que el circuito se cierra en la caldera, a la que entra la corriente **A** como agua de alimentación de la misma, y sale la corriente **A** como vapor vivo de 1500 psi.

Se desconocen las siguientes variables:

a) Entalpía de la corriente **E**, que resulta de la mezcla de la corriente de 600 psi y de la corriente que sale de la turbina auxiliar.
b) El caudal de la corriente **A**.
c) El caudal de la corriente **B**.
d) El caudal de la corriente **C**.
e) El caudal de la corriente **D**.
f) El caudal de la corriente **E**.

Datos:
Se conocen las presiones de las líneas **A**, **B**, **C**, **D** y **E**, tal como se anotan en el croquis. Las entalpías en las distintas condiciones son las siguientes.
Para la línea de 600 psi: H_D = 1380 Btu/Lb. Para la línea que sale de la segunda turbina: H = 1300 Btu/Lb. La entalpía del condensado (y del agua tratada que se agrega al condensado o "agua agregada") es 68 Btu/Lb. La entalpía de la línea **A** en la salida del desaireador es H_A = 218 Btu/Lb.
También se conocen los consumos de vapor para cada una de las dos turbinas, información que suministran los fabricantes. Así sabemos que la turbina principal entrega 20000 HP con una extracción de vapor de media presión consumiendo 30 libras de vapor de media presión por hora y por HP producido, y que consume 8 libras de vapor exhausto en la descarga por hora y por HP producido.

Solución
Planteamos los balances de masa y energía en cada uno de los nodos que relacionan incógnitas entre sí.
Para la turbina principal el balance de energía es:

$$20000 = \frac{B}{30} + \frac{C}{8}$$ (a)

Para la turbina principal el balance de masa es:

A = B + C (b)

Para la línea de 600 psi el balance de masa es:

B − D = 230000 (c)

Para la línea de 50 psi el balance de energía es:

$$H_D \times D + 1300 \times 30000 = E \times H_E$$

Reemplazando la entalpía tenemos:
1380×D + 1300×30000 = E×H_E (d)

Para la línea de 50 psi el balance de masa es:

D + 30000 = E (e)

411

Para el desaireador el balance de energía es:

$$H_E{\times}E + 68(C + 200000) = 218{\times}A \tag{f}$$

Para el desaireador el balance de masa es:

$$A = E + C + 200000 \tag{g}$$

Por lo tanto tenemos un total de 7 ecuaciones con 6 incógnitas. Además no hay ninguna ecuación que se pueda descartar. Como este no es un sistema homogéneo, no se pueden aplicar los métodos conocidos para resolver sistemas de ecuaciones lineales. De hecho, ni siquiera es un sistema lineal, porque en las ecuaciones (d) y (f) aparecen dos incógnitas multiplicadas entre sí. Un sistema no lineal se puede resolver por medio de un procedimiento de aproximaciones sucesivas, pero resulta mucho mas fácil resolver un sistema lineal homogéneo. Para ello intentaremos resolver la no linealidad que se presenta en las ecuaciones (d) y (f). Tomando las ecuaciones (d) y (f):

$$1380{\times}D + 1300{\times}30000 = E{\times}H_E$$

$$H_E{\times}E + 68(C + 200000) = 218{\times}A$$

Combinando ambas obtenemos: $218{\times}A - 68{\times}C - 1380{\times}D = 52600000$

De este modo hemos eliminado la incógnita H_E y una ecuación. Esto deja un total de 6 ecuaciones con 5 incógnitas. Este sistema no es homogéneo. Para obtener un sistema homogéneo continuamos operando.
Si combinamos la última ecuación con la (b) obtenemos:

$$218(B + C) - 68{\times}C - 1380{\times}D = 52600000$$

Es decir, operando: $218{\times}B + 150{\times}C - 1380{\times}D = 52600000$

Si además reemplazamos A de la ecuación (b) en la ecuación (g) obtenemos:

$$B + C = E + C + 200000$$

Es decir, operando: $B = E + 200000$

Hemos disminuido en dos la cantidad de incógnitas y la cantidad de ecuaciones. Esto nos deja con un sistema compuesto por 5 ecuaciones con 4 incógnitas. El sistema queda entonces:

$$\frac{B}{30} + \frac{C}{8} = 20000 \tag{a'}$$

$$B - D = 230000 \tag{b'}$$

$$D - E = -30000 \tag{c'}$$

$$218{\times}B + 150{\times}C - 1380{\times}D = 52600000 \tag{d'}$$

$$B - E = 200000 \tag{e'}$$

Si tomamos la ecuación (b') y le restamos la ecuación (e') obtenemos la ecuación (c') lo que demuestra que estas ecuaciones son linealmente dependientes y por lo tanto podemos eliminar las ecuaciones (c') y (e').
Tomando las ecuaciones (a'), (b') y (d') podemos formar otro sistema de tres ecuaciones con tres incógnitas. Las soluciones de este sistema son:
B = 240266, C = 95929, D = 10266 Lb/hr.
Con estos valores es posible obtener los valores de las demás incógnitas. De la ecuación (b) obtenemos: A = B + C = 240266 + 95929 = 336195. De la ecuación (c) es: D = B − 230000 = 240266 − 230000 = 10266.
De la ecuación (e) obtenemos:
E = D + 30000 = 10266 + 30000 = 40266. Por último, de la ecuación (d) obtenemos:

$$H_E = \frac{1380 \times D + 1300 \times 30000}{E} = 1320 \text{ Btu/Lb.}$$

9.6 Generadores de vapor

Las calderas usadas en la industria, el comercio y el hogar son tan diversas en tamaño, capacidad y prestaciones que sería imposible describirlas a todas en el limitado espacio del que disponemos. Nos limitaremos a reseñar brevemente algunas de las calderas industriales, ya que incluso en este estrecho campo hay muchísimos diseños distintos según las prestaciones. El siguiente croquis muestra las partes esenciales de una caldera. Se han omitido las partes que pertenecen al horno, donde encontramos grandes diferencias según el combustible usado.

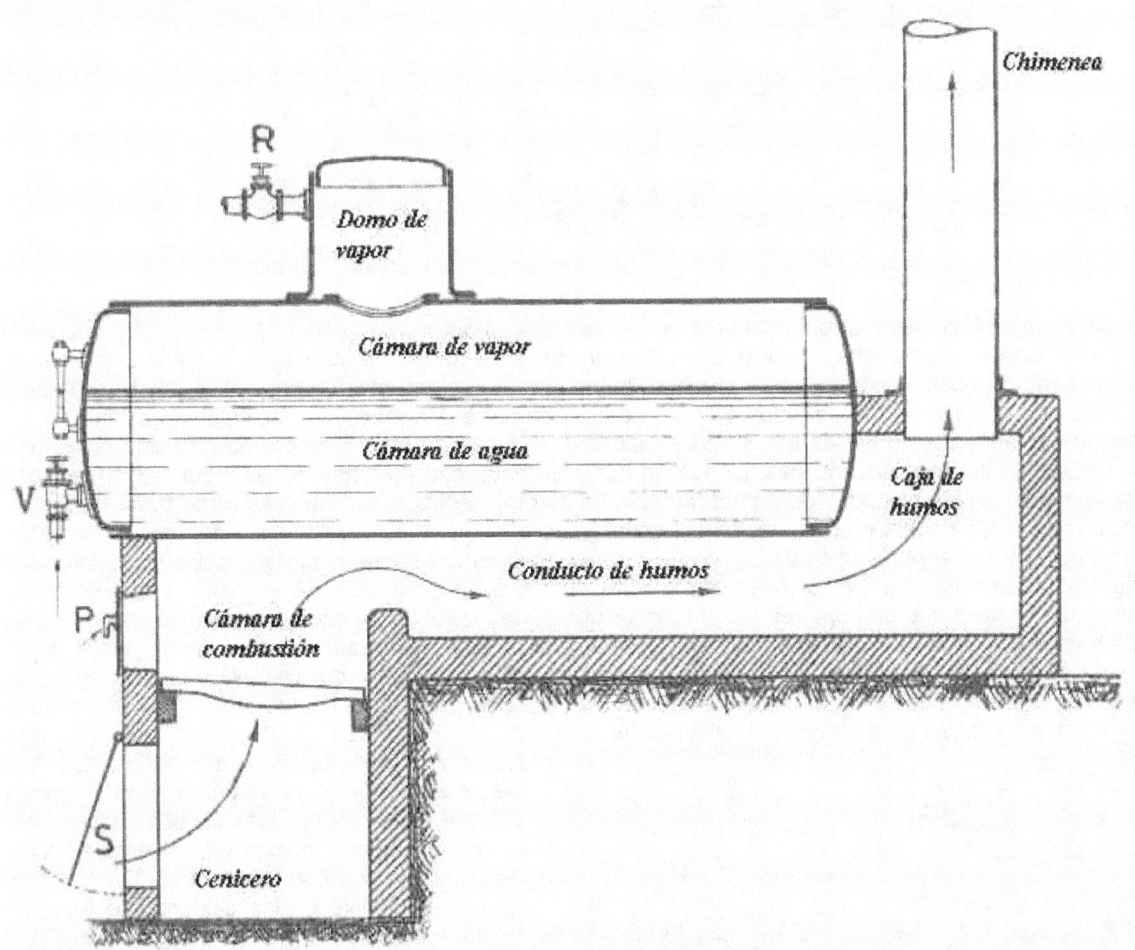

El ingreso de agua se hace por la válvula **V** al cuerpo principal de la caldera, donde se establece un nivel indicado por el tubo de nivel situado encima de la válvula. El vapor producido se recoge en el domo de vapor, y sale regulado por la válvula **R**.

Esta disposición es muy elemental y no resulta apropiada para producir cantidades considerables de vapor, o con altas presiones y temperaturas.

En las calderas modernas se reemplaza el calentamiento directo del cuerpo cilíndrico principal por calentamiento de tubos, con lo que se consigue mayor superficie de intercambio de calor, lo que mejora el rendimiento del calentamiento. En la mayor parte de los diseños el agua circula por el interior de los tubos, en lo que se denomina caldera de tubos de agua. En cambio en otros tipos los tubos están insertos en el cuerpo cilíndrico principal y el humo circula por su interior, como algunas calderas de locomotoras a vapor, llamadas calderas de tubos de humo o también de tubos de fuego. El termotanque doméstico es un ejemplo, con uno o varios tubos de humo.

A continuación se observa un croquis de una caldera de tubos de humo conocida vulgarmente como "escocesa".

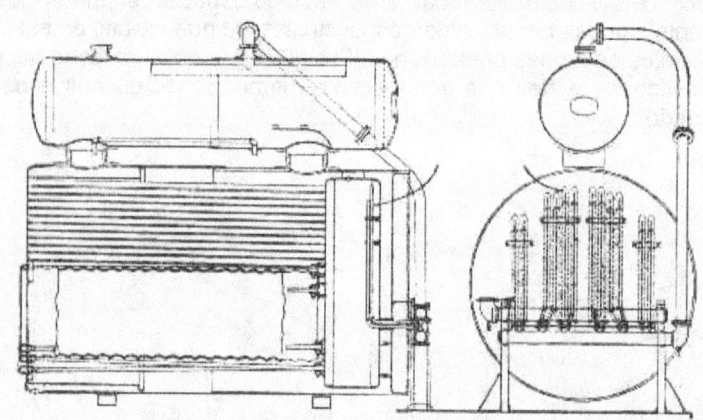

Las calderas de tubos de humo pueden operar a presiones de hasta 1850 psig (120 atm) pero por lo general suelen operar a presiones menores de 1000 psig. Se adaptan bien a los servicios de recuperación de calor a partir de corrientes de gases a presión. Pueden manejar corrientes que ensucian mucho, ya que la limpieza del lado interno de los tubos de humo se puede hacer sin mayores dificultades, en tanto que la limpieza del lado externo de los tubos en las calderas de tubos de agua siempre es problemática. Por lo general suelen ser mas económicas que las de tubos de agua considerando el costo por unidad de peso, especialmente en las unidades de menor tamaño. La elección entre el tipo de caldera de tubos de agua y de tubos de humo depende de la presión del vapor generado, que a su vez depende del uso al que estará destinado. Las calderas de tubos de humo se usan principalmente para generar agua caliente o vapor saturado. Cuando el vapor tiene presiones que exceden las 600 a 700 psig (40 a 47 atmósferas manométricas) el espesor de los tubos de humo es mucho mayor que el de los tubos de agua, por razones estructurales. En los tipos de tubos de humo el tubo debe soportar una presión desde afuera hacia dentro mientras que en los tubos de agua la presión actúa desde adentro hacia fuera, lo que requiere menor espesor de pared. En consecuencia, el costo de la caldera aumenta significativamente, y las calderas de tubos de humo se hacen antieconómicas para servicios de alta presión.

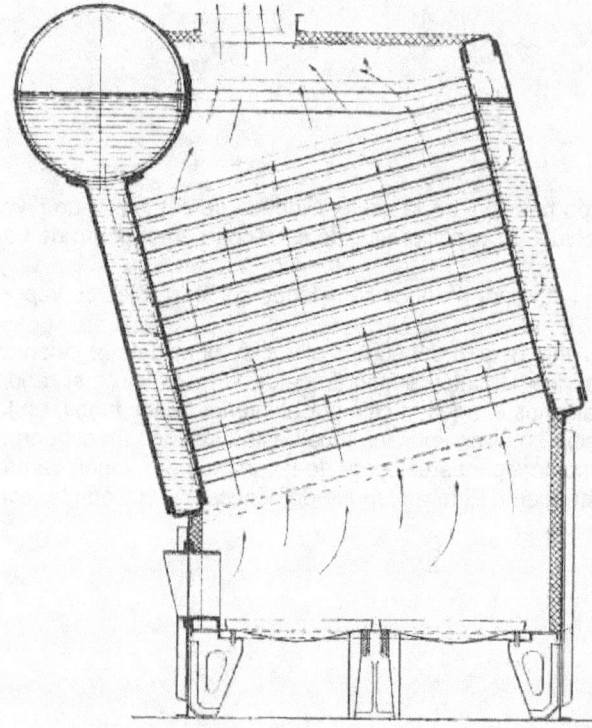

Las calderas de tubos de agua son mas flexibles que las de tubos de humo, y mas apropiadas para producir grandes cantidades de vapor. El uso de tubos aletados en calderas de tubos de agua produce equipos mas compactos, cosa que es imposible en las calderas de tubos de humo.

El croquis muestra el esquema de una caldera de tubos de agua de tipo Babcock y Wilcox.

La circulación del agua en el interior de los tubos se hace ayudada por la inclinación de los mismos. A medida que se va calentando el agua disminuye su densidad, y tiende a subir. Esto produce un movimiento de la masa de agua que asciende por los tubos inclinados, retorna por los tubos superiores y vuelve a bajar, calentándose mas en cada pasada hasta que se vaporiza. Los tubos inclinados tienen un diámetro del orden de 25 a 120 mm. Diámetros menores no permitirían una adecuada circulación. La inclinación varía según los diseños y marcas.

La disposición de las calderas de tubos de agua es la siguiente. Tienen un tambor de vapor situado en el nivel mas alto para recolectar el vapor, y uno o mas cuerpos cilíndricos en el nivel mas bajo que contienen agua líquida.

Entre el o los cuerpos cilíndricos y el tambor de vapor corren los tubos de agua, que es donde se produce la vaporización. Según la cantidad de cuerpos cilíndricos de agua podemos distinguir tres tipos o disposiciones básicas: tipo O, tipo D y tipo A. El croquis muestra cuatro figuras que ilustran estos tipos.

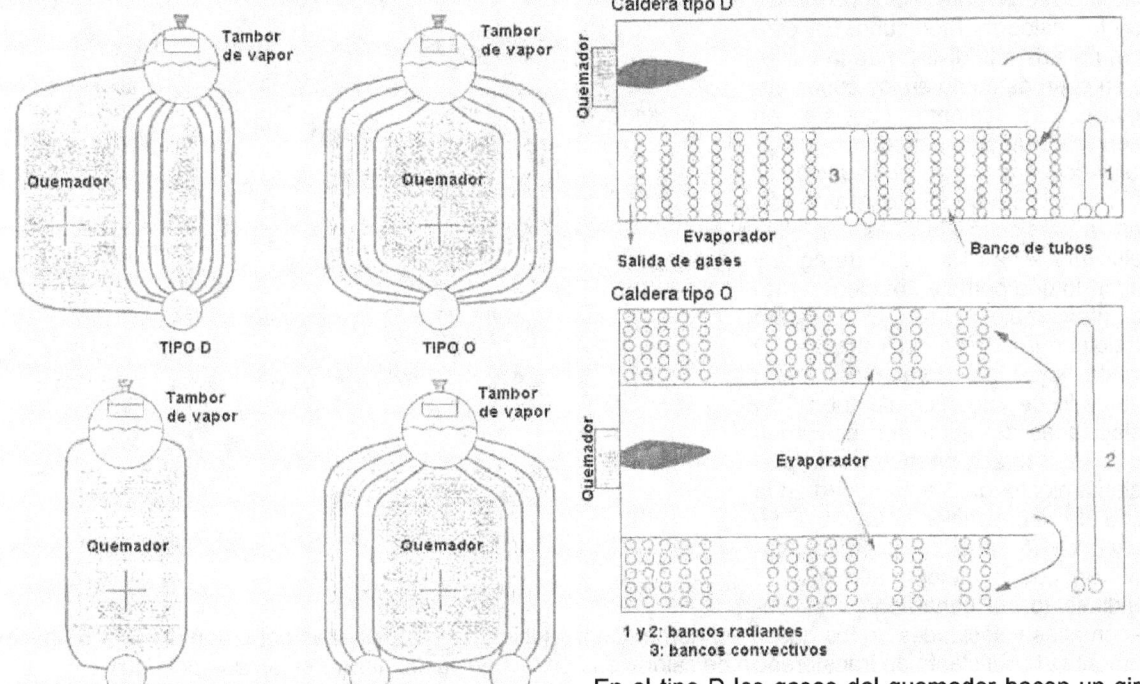

En el tipo D los gases del quemador hacen un giro de 180° y pasan a través de los tubos que pueden o no incluir un recalentador. A continuación calientan el economizador (que no se muestra en el croquis) que precalienta el agua antes del ingreso a la caldera.

En el tipo O el quemador está montado en la pared, y los gases del quemador hacen un giro de 180° para atravesar el banco de tubos como vemos en la segunda figura superior. Alternativamente, atraviesan el banco en línea recta sin giro de 180°, como vemos en la primer figura de abajo a la izquierda. En este último caso, la caldera tiene mayor longitud debido a que el horno está en línea con el banco. Por último, en el tipo A (figura inferior derecha) la disposición es similar a la inferior izquierda pero en vez de un cuerpo de agua hay dos. Muchas calderas de tubos de agua tienen dos cuerpos inferiores y uno superior dispuestos en triángulo aproximadamente equilátero o rectángulo, según la disposición tipo A y según la marca. El esquema siguiente muestra con algo mas de detalle la caldera de diseño Yarrow.

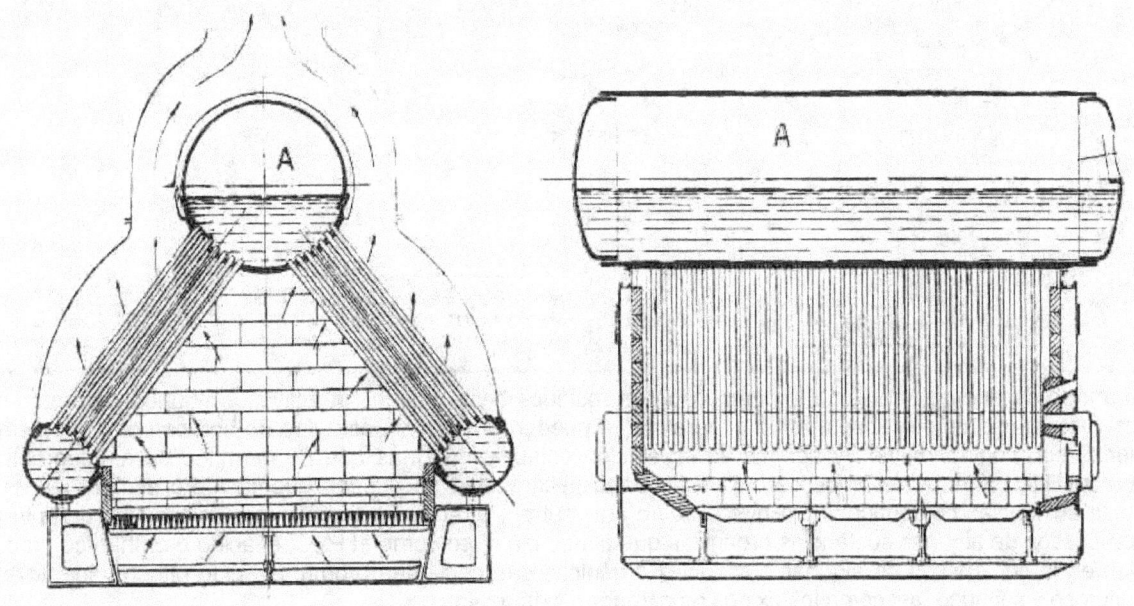

415

Si bien los croquis que mostramos tienen tubos lisos, en muchos diseños se usan tubos aletados con lo que se consigue un considerable aumento de la superficie de intercambio. Esta es otra ventaja de los diseños a tubos de agua, ya que colocar aletas internas en tubos de humo resulta antieconómico.

Otros diseños para altas presiones son las calderas monotubo. En este tipo, no existe la división de la caldera en cuerpos como en los casos anteriores. La caldera consiste en esencia de un solo tubo que se desarrolla ocupando todo el espacio útil del horno. Esto permite operar la caldera a presiones elevadas con altas velocidades de circulación de agua y vapor, lo que permite obtener un mayor intercambio de calor. Una caldera monotubo puede producir mas de 40 Kg de vapor por hora y por metro cuadrado de superficie de tubo. Las velocidades del agua son del orden de 1.5 a 3 m/seg en la zona de precalentamiento, de 5 a 18 m/seg en la zona de vaporización y de 20 a 50 m/seg en la zona del sobrecalentador. Se puede mejorar aún mas el rendimiento del generador si se obtienen altas velocidades de los gases del horno. Con velocidades de los gases del orden de 40 a 50 m/seg aumenta el coeficiente de transferencia de calor y en consecuencia disminuye el tamaño del equipo.

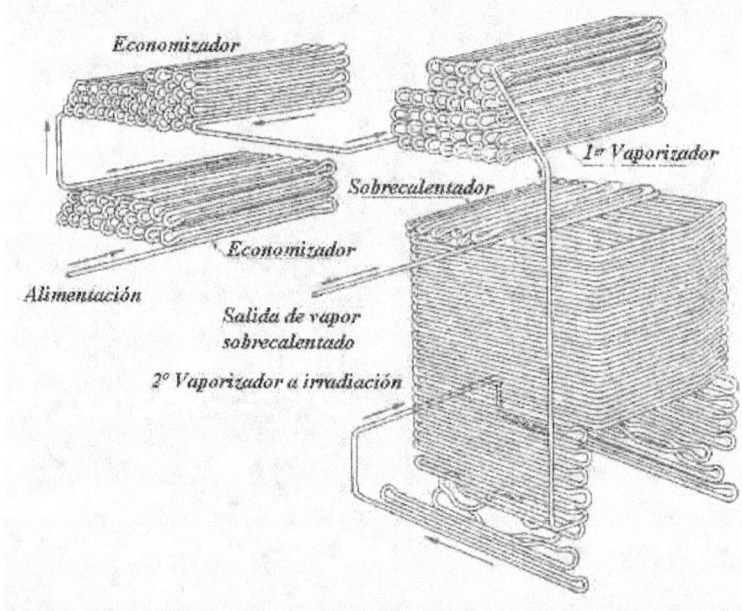

En muchas aplicaciones se usan combustibles de bajo poder calorífico por razones económicas. Por ejemplo, algunas calderas queman residuos orgánicos como cáscara de girasol, astillas de madera, etc. Las calderas de lecho fluidizado son ideales para quemar este tipo de material. En el croquis observamos una instalación completa con horno de lecho fluidizado. Un lecho fluidizado es un sistema en el que los sólidos se suspenden en el seno de una corriente ascendente de aire, lo que suele conocerse como fluidización.

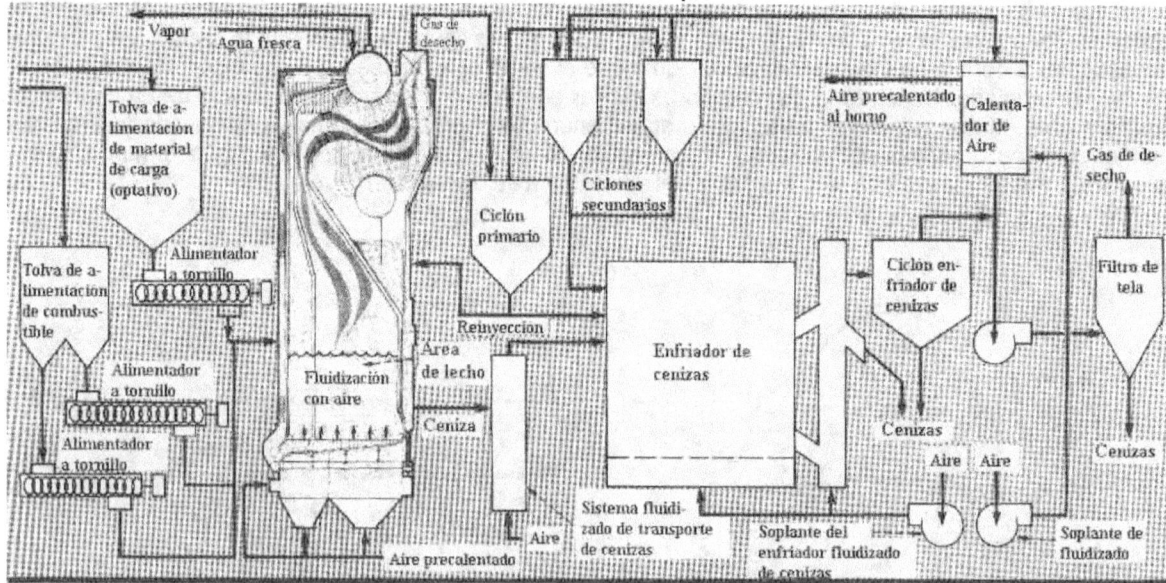

El ahorro de energía mediante la combustión de residuos tiene muchos atractivos y algunos peligros. Los residuos altamente peligrosos por lo general no se pueden quemar en este tipo de hornos porque las emisiones son contaminantes, y además la legislación establece normas que no permiten su empleo como combustibles. Ciertos residuos de baja o mediana peligrosidad se pueden quemar pero algunos pueden emitir sustancias contaminantes. Entre ellas se encuentran: el ácido clorhídrico que se produce durante la combustión de algunas sustancias orgánicas que contienen cloro como el PVC; el ácido bromhídrico producido en la combustión de algunas sustancias orgánicas que contienen bromo; el ácido nítrico y los ácidos sulfuroso y sulfúrico, así como los óxidos de nitrógeno y de azufre.

416

El grado de complejidad de una instalación de gran porte como la que vemos en la figura anterior puede ser considerable. El tamaño y la inercia que tienen las hace difíciles de manejar, particularmente en los tipos mas modernos, por lo que los controles informatizados son imprescindibles.

9.7 Combustión
La combustión es una reacción de oxidación muy rápida que libera gran cantidad de calor. Siempre ocurre a presión constante. La cantidad de energía liberada es:

$$\delta Q_P = dU + P\,dV = dU + P\,dV + V\,dP = dU + P\,d(PV) = dH \Rightarrow$$

$$Q_P = H_2 - H_1$$

Donde: H_2 = entalpía de los elementos o sustancias antes de la reacción, y H_1 = entalpía de los elementos o sustancias después de la reacción. Llamando ΔH a la diferencia de entalpías, $\Delta H = H_2 - H_1$. Si $\Delta H < 0$ la reacción libera calor (es exotérmica), si $\Delta H > 0$ la reacción consume calor, es endotérmica. Ver el apartado **4.6** del capítulo **4** para mas detalles referentes al calor de reacción que son aplicables a este caso.

La reacción química de combustión completa de una sustancia genérica compuesta por carbono e hidrógeno se puede representar por la siguiente ecuación.

$$C_m H_n + \frac{4m+n}{4} O_2 \rightarrow m\,CO_2 + \frac{n}{2} H_2O \qquad (9\text{-}33)$$

Esta relación demuestra que un mol de metano requiere dos moles de oxígeno para la combustión completa produciendo un mol de dióxido de carbono y dos moles de vapor de agua–a menos que supongamos que los productos gaseosos de la combustión se enfrían hasta la temperatura ambiente, en cuyo caso el agua será líquida.

De todas las variables de diseño que influyen en los fenómenos de combustión hay dos que impactan en mayor medida: el combustible y el diseño del horno de la caldera.

Los combustibles usados pueden ser sólidos, líquidos o gaseosos. El tipo de combustible depende en gran medida del consumo y de la disponibilidad en el lugar. También condicionan la elección las disposiciones estatales referentes a niveles y calidades tolerables de contaminación emitida en los humos.

Los combustibles sólidos naturales son los carbones, la leña y los residuos tales como astillas de madera, cáscara de girasol, etc. La mayor parte de estos combustibles son inclasificables. Se puede intentar una clasificación de los carbones, según el grado de mineralización alcanzada en el proceso natural que genera el carbón, llamado carbonización. Se los suele clasificar a grandes rasgos en cinco tipos. A pesar de ello es difícil establecer los límites que separan una clase de otra, debido a que no es una clasificación basada en una escala cuantitativa sino en propiedades mas o menos difíciles de precisar. Los cinco tipos son, de mayor a menor antigüedad: la turba, el lignito, la hulla, la antracita y el grafito. Este último no se usa como combustible debido a que tiene mas valor como material para la fabricación de electrodos y otros usos diversos. La calidad (medida desde el punto de vista de su poder calorífico) de estos tipos de carbón aumenta a medida que avanzamos en su antigüedad; así la turba tiene un bajo poder calorífico (similar al de la madera), siendo mayor el del lignito, y así sucesivamente. De todos los tipos de carbón natural se puede obtener el coque o carbón artificial, que no es muy usado como combustible sino en metalurgia del hierro.

El principal contaminante del carbón es el azufre. No solo es un contaminante muy perjudicial cuando se emite como anhídrido sulfuroso en los humos, sino que perjudica el horno. El anhídrido sulfuroso es convertido en la atmósfera en anhídrido sulfúrico, que es el principal causante de la lluvia ácida, un fenómeno sumamente destructivo para la ecología.

Los combustibles líquidos se obtienen a partir del petróleo. Este es una mezcla de muchos hidrocarburos cuya composición depende de su origen. Los procesos de rectificación y refinación separan estos hidrocarburos en fracciones o cortes que tienen nombres de uso cotidiano tales como nafta o gasolina, fuel oil, etc.

Las naftas por lo general no se usan como combustible industrial debido a su costo. El gas oil es un corte de la destilación del petróleo situado por su curva de puntos de ebullición entre el keroseno y los aceites lubricantes. Es un combustible de mejor calidad que el fuel oil. Se denomina fuel oil a la fracción mas liviana de los cortes pesados situados en la cola de la destilación directa. Se trata de un producto bastante viscoso, de baja calidad por su mayor contenido de azufre y difícil de manejar debido a su elevada viscosidad.

Los combustibles gaseosos provienen casi exclusivamente de pozos naturales, aunque en lugares ricos en carbón también se pueden obtener por gasificación de la hulla. Este no es el caso de la Argentina, que es un país rico en gas natural y pobre en carbón. Su composición varía con el origen, pero siempre contiene los hidrocarburos más livianos, nitrógeno, vapor de agua, muy poco azufre y trazas de otros elementos. En lo sucesivo hablaremos del gas como sinónimo de gas de pozo, es decir proveniente de yacimientos. El gas se suele clasificar en gas natural y gas licuado de petróleo (GLP). También se clasifican en base al número de Wobbe, que es un valor dimensional que se define como sigue.

417

$$N_{Wo} = \Delta H_f \sqrt{\frac{\rho_a}{\rho_c}} \qquad\qquad (9\text{-}34)$$

Donde: ΔH_f = poder calorífico superior (calor de reacción de la combustión); ρ_a = densidad del aire; ρ_c = densidad del combustible. El número de Wobbe depende de las unidades usadas para ΔH_f y tiene sus mismas unidades, dado que el cociente de densidades es adimensional. Si ΔH_f se expresa en MJ/m^3 se obtienen los siguientes valores.

- Para gas combustible sintético: $20 < N_{Wo} < 30$.
- Para gas natural: $40 < N_{Wo} < 55$.
- Para GLP: $75 < N_{Wo} < 90$.

En la actualidad se tiende a usar combustibles gaseosos por su menor cantidad de impurezas. El gas natural se puede considerar integrado casi exclusivamente por metano, que se quema totalmente para dar agua y anhídrido carbónico. Si se usa un combustible sólido o impurificado con otros elementos se corre el peligro de incluir cantidades significativas de sustancias contaminantes en los gases de la chimenea.

Un contaminante muy peligroso que no forma parte del combustible sino que se produce durante la combustión es el monóxido de carbono. En un horno bien diseñado y correctamente operado se puede disminuir la emisión de monóxido de carbono al mínimo, usando un exceso de aire con respecto a la cantidad teórica. La reacción de oxidación del monóxido de carbono para dar dióxido de carbono se ve favorecida por la presencia de una abundante cantidad de oxígeno, que se obtiene mediante un exceso de aire.

Otros contaminantes riesgosos y prohibidos por muchas legislaciones ambientales son los óxidos de nitrógeno, que producen ácido nítrico en la atmósfera. Los óxidos de nitrógeno se suelen simbolizar con la fórmula química NO$_x$ donde x es un real igual a 1, 1.5 o 2.5. La mayor parte de las leyes de protección ambiental limitan las emisiones de monóxido de carbono y óxidos de nitrógeno. En un horno bien diseñado y operado pueden estar en niveles de 150 a 300 ppm en volumen de CO y de 30 a 80 ppm en peso de NO$_x$.

Algunas legislaciones prohíben la emisión de gases con un contenido de NO$_x$ mayor de 9 ppm en volumen.

En la actualidad los hornos no se construyen con paredes de refractario. El típico horno con paredes de refractario ha pasado a ser cosa que sólo se observa en instalaciones muy grandes, pero la mayor parte de las calderas pequeñas y medianas se construyen con paredes metálicas. En este tipo de horno las paredes metálicas tienen una membrana fina también metálica soldada a una distancia muy pequeña y por la parte interna de la chapa mas gruesa que actúa como respaldo y le da solidez estructural al conjunto. En el espacio que queda entre la membrana y la chapa se hace circular agua, que se precalienta antes de entrar a la caldera. De este modo se enfrían las paredes del horno, y se recupera el calor que en las paredes revestidas con refractario lo atraviesa y se pierde en el exterior. Un horno construido con paredes metálicas de membrana enfriada con agua tiene todas las paredes, techo y piso revestidos con metal, es decir, no tiene refractario. De este modo la expansión del conjunto es uniforme, y la llama queda completamente incluida en una caja cerrada con una sola entrada y una sola salida: la chimenea. Todo el conjunto es prácticamente hermético, cosa difícil o imposible de lograr con el revestimiento refractario.

Este sistema además de ser mas racional y aprovechar mejor el calor tiene otras ventajas. El refractario tiende a deteriorarse con el tiempo. Por efecto de las dilataciones y contracciones térmicas se quiebra, pierde capacidad aislante y se debilita, de modo que periódicamente es necesario parar con el objeto de hacer reparaciones, que no son baratas desde el punto de vista del costo de parada ni del costo de reparación. En cambio una pared metálica de membrana enfriada con agua no requiere reparaciones ya que es prácticamente inalterable. Los arranques en frío son mucho mas rápidos debido a que no existe la inercia térmica del refractario. Por otra parte, también tiene influencia en el nivel de emisiones contaminantes, particularmente en el nivel de NO$_x$. En un horno a gas natural, el exceso de aire típico es del orden del 5 al 15% operando a presiones moderadas, del orden de 30 a 40 pulgadas de agua, y con alta recirculación de los humos. Esto permite bajar considerablemente las emisiones de óxidos de nitrógeno y monóxido de carbono. Pero la mayor parte de los óxidos de nitrógeno se forman en una zona de la llama bastante cercana al quemador. Si el horno está revestido con refractario, la re irradiación que este produce levanta la temperatura de esa zona de la llama y esto aumenta la proporción de óxidos de nitrógeno.

Los fenómenos de combustión son muy complejos y no podemos estudiarlos en detalle por razones de espacio. En la combustión intervienen factores que tienen que ver con la cinética de las diversas reacciones químicas que se producen, que por sí solos merecen un tratamiento detallado y extenso. Además hay factores aerodinámicos que tienen una gran importancia, de modo que en beneficio de la brevedad solo mencionaremos algunos.

La combustión de una mezcla puede ser casi instantánea, sin propagación de llamas, como ocurre en las explosiones, o lenta con propagación de llamas. Una explosión se caracteriza porque los gases producidos por la combustión se desplazan con gran rapidez en todas direcciones formando una onda esférica de choque. Según sea la velocidad de esa onda de choque se clasifica las explosiones en deflagraciones y detonaciones. Una deflagración produce una onda de choque subsónica, es decir, que se desplaza a menor velocidad que el sonido. En cambio una detonación produce una onda de choque supersónica, que se desplaza a mayor velocidad que el sonido: de 1500 a 2500 m/seg.

La combustión con llama es un fenómeno dinámico en el que influyen muchas variables: la composición y estado físico del combustible, la temperatura, la presión, la existencia o ausencia de elementos metálicos capaces de disipar el calor en las vecindades de la llama, y otros factores. Según los valores que toman estas variables se puede producir una combustión estable, una deflagración o una detonación. Por ejemplo, la pólvora de un cartucho puede estar vencida (se ha degradado por vejez) o húmeda, o no tener la debida granulometría; en cualquiera de estos casos la combustión es defectuosa y el disparo no se produce correctamente, o directamente falla la ignición, no hay detonación.

En las aplicaciones que nos interesan en este capítulo tiene particular interés definir las condiciones que conducen a una combustión estable con llama, ya que se debe evitar una explosión. La llama debe ser estable para que no exista el riesgo de que se corte espontáneamente. Si la llama se corta hay peligro de que haya una explosión, que puede ser muy dañina. La estabilización de la llama puede ser aerodinámica, térmica o química. De ellas probablemente la mas importante sea la estabilización aerodinámica.

Cuando la velocidad de llegada del combustible al quemador es igual a la velocidad con que se aleja la llama del quemador se dice que es aerodinámicamente estable, o que está anclada al quemador.

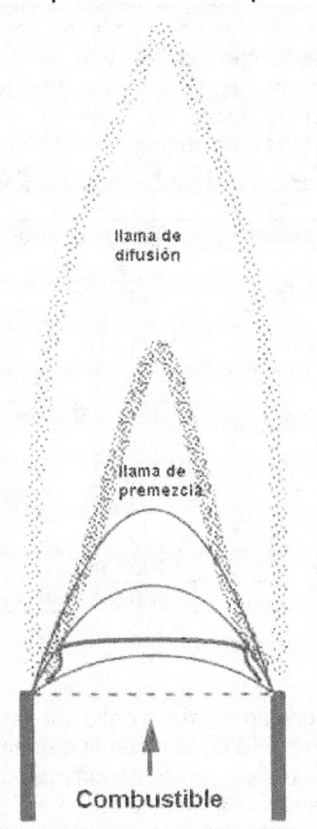

llama de difusión

llama de premezcla

Combustible

Supongamos que la combustión se produce en la boca de un tubo vertical del cual sale el combustible hacia una atmósfera normal. Como el combustible llena totalmente el tubo, la mezcla con el aire comienza en la boca del quemador. Si el caudal de combustible es insuficiente, no llena totalmente el tubo y la llama se puede producir en el interior del mismo. El tubo se recalienta, lo que puede ser perjudicial. A partir de ese punto se produce la llama, que podemos dividir en dos zonas. La zona mas cercana a la boca del quemador es llamada llama de premezcla o zona reductora, en tanto que la mas alejada se denomina llama de difusión o zona oxidante.

En el croquis vemos las dos zonas diferenciadas. A medida que nos alejamos de la boca del quemador aumenta la velocidad de los gases por el aumento de temperatura que produce una expansión. Como consecuencia de ello la densidad disminuye, lo que genera una fuerza ascensional (el tiraje) y la forma del perfil de velocidades, que era casi plano en el interior del tubo, se hace mas parabólico a medida que nos alejamos de la boca del mismo, debido al rozamiento con las zonas periféricas, mas frías y que se mueven mas lentamente. Además intervienen otros fenómenos que complican el análisis, como ser la conducción de calor desde la llama hacia sus adyacencias, la difusión de masa desde la periferia hacia el interior de la llama y viceversa, etc.

Si la velocidad de propagación de la llama fuese mayor que la velocidad de salida del gas, esta se mueve en dirección aguas arriba y se mete en el tubo (rechupe de la llama). En cambio si la velocidad de propagación de la llama es menor que la de salida del gas esta se aleja de la boca de salida y termina por cortarse, es decir, se apaga. Para que quede anclada al quemador es preciso que ambas velocidades sean iguales. En los quemadores industriales es prácticamente imposible usar este mecanismo para estabilizar la llama, porque debido a la

necesidad de generar grandes cantidades de calor se usan velocidades de combustible muy altas. Si se trata de estabilizar la llama solo por medios dinámicos resulta un fracaso porque se apaga. Entonces se debe recurrir a otros medios, como la estabilización mecánica o térmica. En esencia la estabilización mecánica consiste en dirigir la llama, obligarla a recircular o disminuir su energía cinética introduciendo obstáculos y elementos que la obliguen a efectuar cambios de dirección. Esto equivale a disminuir su velocidad y mantenerla confinada en un espacio limitado para evitar que se desprenda del quemador. La estabilización térmica consiste en someter a la llama a una radiación térmica que le agrega energía extra, de modo de compensar la que pierde por convección hacia el medio comparativamente mas frío que la rodea. Esto permite disminuir las corrientes convectivas que disipan energía y contribuyen a desestabilizar la llama. Un ejemplo de estabilización mecánica y térmica lo constituye la malla metálica que se observa en algunas estufas de pantalla a gas. Esta malla tiene la función de frenar el gas de modo que su velocidad no sea mucho mayor que la de propagación de la llama lo que constituye una estabilización mecánica, pero además está a muy alta temperatura de modo que irradia hacia la llama y la estabiliza térmicamente.

Se denomina *punto de ignición* o *temperatura de ignición* a la temperatura a la que se produce la llama sustentable. En la mayoría de los casos es un valor que depende del estado de las superficies con las que está

419

en contacto el combustible. Por ejemplo el hidrógeno se inflama a menor temperatura cuando se pone en contacto con esponja de platino, que actúa como un catalizador disminuyendo la energía de activación de la molécula de hidrógeno. La mayor parte de los gases combustibles están formados por hidrocarburos que tienen temperaturas de ignición superiores a los 500 °C, disminuyendo con el peso molecular. Los compuestos oxigenados se caracterizan por tener temperaturas de ignición menores que los hidrocarburos. La siguiente tabla proporciona algunos valores, y se pueden encontrar tablas muy completas, notablemente la del Servicio de Guardacostas de los EU o las de la NFPA.

TEMPERATURAS DE IGNICIÓN DE COMBUSTIBLES EN EL AIRE			
COMBUSTIBLE	$T\,°C$	COMBUSTIBLE	$T\,°C$
Polvo de carbón	160–190	Coque blando	420–500
Turba (seca al aire)	225–280	Coque duro	500–600
Lignito	250-450	Alquitrán de hulla	550–650
Madera (seca)	300-350	Keroseno	250–290
Hulla	320-450	Gas-oil	330–430
Antracita.	450-500	Fuel-oil	400–450

En los combustibles líquidos a menudo se usa un concepto algo diferente: el llamado *punto de inflamación* que a menudo es de 20 a 50 °C mas bajo que el punto de ignición. El *punto de inflamación* es la temperatura a la que se inflama la superficie del combustible cuando se pone en contacto con una llama pero la combustión no se mantiene una vez que se retira la llama. Este dato es muy importante. Cuanto mas bajo sea, tanto mayor es el riesgo de incendio y explosión en el almacenamiento y manipulación de sustancias inflamables. Se debe consultar la norma NFPA 30 para las condiciones de seguridad en el manejo.

LÍMITES DE INFLAMABILIDAD Y TEMPERATURAS DE IGNICIÓN DE COMBUSTIBLES EN EL AIRE				
	COMBUSTIBLE EN LA MEZCLA, VOL %			
COMBUSTIBLE	Límite inferior de inflamabilidad	Mezcla estequio-métrica	Límite superior de inflamabilidad	Temperatura de ignición
Hidrógeno	4,1–10	29,6	60–80	585
Hidrógeno (con O_2)	4,4–11,1	66,6	90,8–96,7	585
Monóxido de carbono	12,5–16,7	29,6	70–80	650
Metano	5,3–6,2	9,5	11,9–15,4	650–750
Etano	2,5–4,2	5,7	9,5–10,7	520–630
Etileno	3,3–5,7	6,5	13,5–25,6	545
Acetileno	1,5–3,4	7,7	46–82	425
Etanol	2,6–4,0	6,5	12,3–13,6	350 (en O_2)
Éter etílico	1,6–2,7	3,4	6,9–7,7	400 (en O_2)
Benceno	1,3–2,7	2,7	6,3–7,7	570 (en O_2)
Gasolina	1,4–2,4	–	4. 0–5,0	415 (en O_2)

9.7.1 Calor de combustión. Poder calorífico de un combustible

Se denomina calor de combustión al calor que produce la combustión de la unidad de masa del combustible al quemarse totalmente. Normalmente los combustibles que se usan contienen hidrógeno, que al quemarse produce agua. Si el agua producida está como vapor al medirse el poder calorífico, se los denomina poder calorífico inferior: PCI (o en inglés LHV) y si está como líquido se lo llama poder calorífico superior: PCS, o en inglés HHV. Este último es mayor que el otro porque el vapor al condensarse entrega una cantidad de calor dada por el calor latente de condensación, algo mas de 600 Kcal/Kg. En la gran mayoría de los casos de interés práctico las temperaturas son tan altas que no se puede condensar vapor y se usa el poder calorífico inferior. Damos una tabla con los calores de combustión de algunos combustibles usuales.

Calores de Combustión $\Delta H_{298°K}$ (Kcal/Kmol)				
Carbono	94.052	$n\text{-}C_nH_{2n+2}$	gas	57.909 + 157.443×n
Hidrógeno a H_2O vapor	57.798	$n\text{-}C_nH_{2n+2}$	líquido	57.430 + 156.236×n
Hidrógeno a H_2O líquida	68.317	$n\text{-}C_nH_{2n+2}$	sólido	21.900 + 157.000×n
Monóxido de Carbono	67.636	Benceno	líquido	781.0
Metano	212.79	Ciclohexano	líquido	936.4
Acetileno	310.6	Tolueno	líquido	934.5
Etano	372.8	Xileno	líquido	1088.0
Propano	530.8	Metanol	líquido	173.6
n-Butano	687.9	Etanol	líquido	326.66
n-Pentano	845.3	Éter etílico	líquido	651.7

Nota: C_nH_{2n+2} significa un hidrocarburo saturado (es decir, parafínico) con n = de 5 a 20. En cuanto a la primera "n" que se antepone a la fórmula significa "normal", esto es, de cadena recta. Si bien los valores son positivos en esta tabla, se debe entender que por convención todos tienen signo negativo.

Para una gran cantidad de combustibles líquidos derivados del petróleo se puede calcular el poder calorífico en Kcal/Kg mediante las siguientes ecuaciones.

$$PCI_{total} = 85.6 + 179.7 \times H\% - 63.9 \times S\% \qquad (9\text{-}35)$$

$$PCI_{neto} = 85.6 + 127 \times H\% - 63.9 \times S\% \qquad (9\text{-}36)$$

También se puede obtener de la siguiente gráfica con una exactitud del 1%.

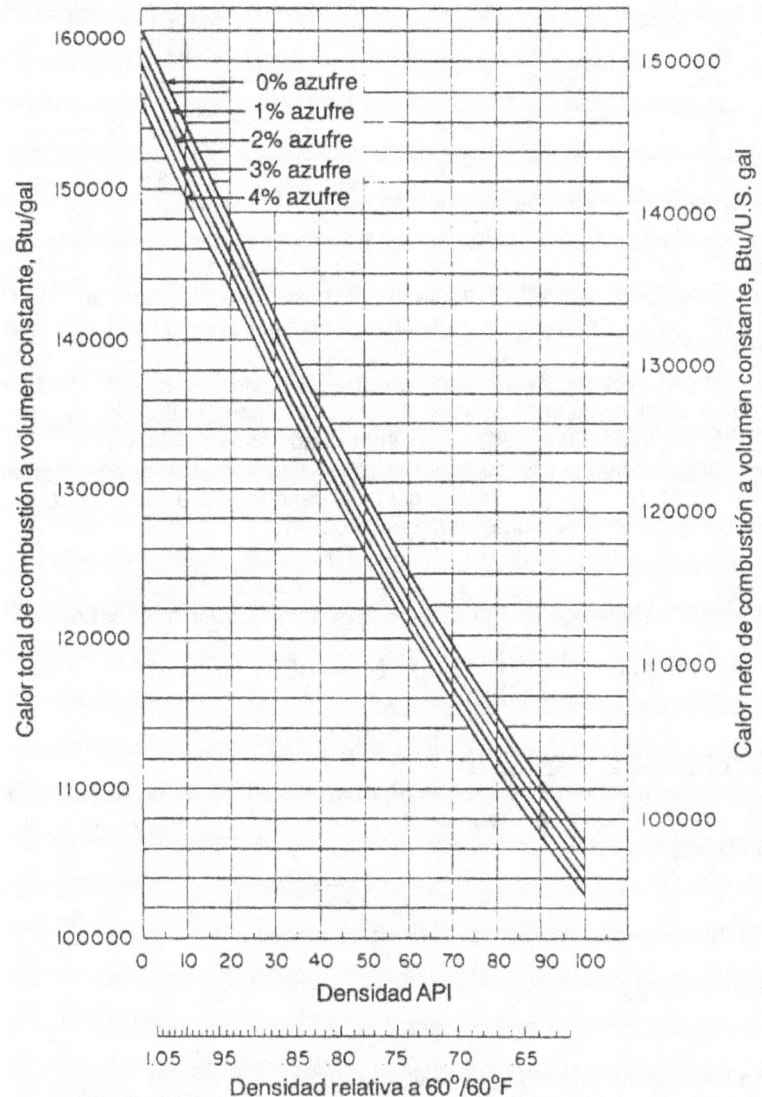

Se debe recordar que la densidad relativa es numéricamente igual a la densidad expresada en gr/cm^3. Para obtener el poder calorífico en KJ/m^3 se debe multiplicar por 278.7163.

El combustible líquido derivado del petróleo mas usado en los hornos industriales es el llamado Fuel oil #1 o #2, que es una denominación norteamericana que proviene de la norma ASTM D 396. Consultar la norma mencionada, o la tabla 9-9 del *Manual del Ingeniero Químico* de Perry. Los combustibles de clase #4 o #5 se consideran normalmente pesados, y a veces se los denomina impropiamente como "tipo bunker oil" mientras que los mas livianos se suelen clasificar como "combustibles para aviones" del tipo JP4 y similares, también llamado "querosén blanco". El combustible que llamamos querosén, que se podría clasificar como un combustible mas liviano que el fuel oil #1, no es considerado por la norma ASTM D 396, debido a que en los Estados Unidos está normado por una legislación federal. Tampoco se incluyen los combustibles usados para motores diesel, que en nuestro medio se denominan gas oil.

Los combustibles pesados tipo "bunker oil" se usan en motores marinos, y constituyen una clase mas pesada que el fuel oil #6. Los quemadores que usan este tipo de combustible, mas barato que los combustibles livianos, requieren un diseño especial y tienen mas problemas para el arranque, particularmente en climas fríos, debido a la viscosidad elevada que los caracteriza. Los denominados "bunker A" corresponden aproximadamente al fuel oil #5 y "bunker B o C" al #6 o mas pesado.

En el caso de los combustibles gaseosos se acostumbra informar el PCI en Kcal/m³ donde el volumen está medido en condiciones normales es decir a 18 ºC y 1 ata. La siguiente tabla proporciona algunos valores.

Calor de combustión de componentes gaseosos a 18° C		
GAS	Kcal/mol	Kcal/m³
H_2 Superior	68.3	2860
Inferior	57.8	2420
CO	67.4	2750
CH_4 Superior	212.8	8910
Inferior	191.8	8035
C_2H_2 Superior	310.6	13020
Inferior	300.1	12580
C_aH_b Superior	98.2×a + 28.2×b + 28.8	4115×a + 1180×b + 1210
Inferior	98.2×a + 23×b + 28.8	4115×a + 960×b + 1210

Se han determinado los valores de poder calorífico para gran cantidad de combustibles, que se encuentran tabulados en manuales y textos, pero si no se conoce es posible estimarlo conociendo la composición química del combustible. Este puede ser sólido, líquido o gaseoso pero siempre contiene C, H, O, S y humedad. Llamamos C%, H%, O% y S% a la composición centesimal del combustible (en peso) de los componentes carbono, hidrógeno, oxígeno y azufre. Además contiene humedad cuya proporción es Hum%.

Puesto que 1 Kg de carbono produce 8100 Kcal, 1 Kg de hidrógeno produce 28750 Kcal y 1 Kg de azufre produce 2500 Kcal no es difícil calcular el calor producido por la combustión de 1 Kg de combustible. Además, para evaporar 1 Kg de agua (humedad) se consumen aproximadamente 600 Kcal. Por otra parte hay que tener en cuenta el oxígeno que puede contener el combustible, que se debe considerar combinado con parte del hidrógeno de modo que hay que restarlo del hidrógeno total presente. Dado que 1 g de hidrógeno se combina con 8 g de oxígeno tenemos una simple regla de tres:

$$1\,g\,H \longrightarrow 8\,g\,O$$
$$x \longrightarrow O\% \quad \Rightarrow x = O\%/8$$

Esto es lo que hay que restar al hidrógeno. Por lo tanto el poder calorífico inferior es:

$$\boxed{PCI = 8100 \times C\% + 28750\left(H\% - \frac{O\%}{8}\right) + 2500 \times S\% - 600 \times Hum\%}$$

(9-36)

9.7.2 Aire necesario para la combustión

Sea un combustible de composición conocida, que se quema totalmente. Suponiendo que no haya aire en exceso, vamos a calcular la cantidad de aire necesaria. Para quemar 1 Kg de carbono se requieren 32 Kg de oxígeno según la ecuación:

$$C + O_2 \rightarrow CO_2$$

Pesos moleculares: 12 32 40

Por lo tanto para 1 Kg de carbono se requieren 32/12 Kg de oxígeno.

Para el hidrógeno la ecuación es:

$$H_2 + O \rightarrow H_2O$$

Pesos moleculares: 2 16 18

Por lo tanto para 1 Kg de hidrógeno se requieren 16/2 = 8 Kg de oxígeno.

Si el combustible contiene oxígeno, parte del hidrógeno se combina con el oxígeno por lo que a la cantidad de oxígeno necesaria para combinarse con el hidrógeno hay que restarle la octava parte del % de oxígeno presente en el combustible. Si el combustible contiene azufre, como para quemar 32 g de S se necesitan 32 g de oxígeno, para 1 Kg de S se necesita 1 Kg de oxígeno. La masa teórica de oxígeno necesario será:

$$\frac{32}{12}C\% + \frac{16}{2}\left(H\% - \frac{O\%}{8}\right) + S\% = 2.6666 \times C\% + 8 \times H\% - O\% + S\%$$

(9-37)

Como el aire contiene 23.1% de oxígeno en peso, para 1 Kg de combustible se necesita una masa teórica de aire:

$$M_t = \frac{1}{0.231}\left[2.6666 \times C\% + 8 \times H\% - O\% + S\%\right] = 11.59 \times C\% + 18.5 \times H\% + 4.33 \times (S\% - O\%)$$

La gráfica adjunta permite estimar la masa de aire, en Kg de aire por Kg de combustible para algunos combustibles sólidos en función del contenido de CO_2.

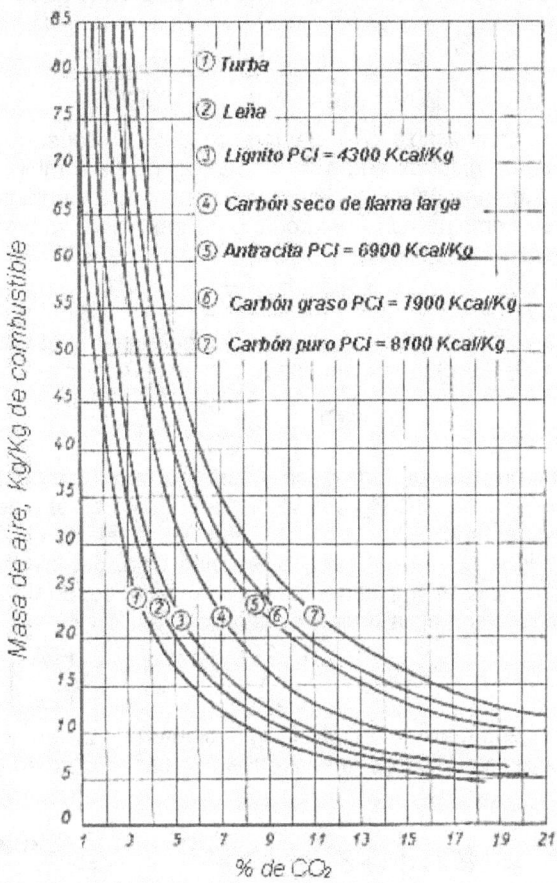

Puesto que la densidad del aire a 15 °C y 1 atm es 1.225 se deduce que el volumen teórico del aire necesario para quemar 1 Kg de combustible es:

$$V_t = \frac{1}{1.225}\left[11.59 \times C\% + 18.5 \times H\% + 4.33 \times (S\% - O\%)\right] \qquad (9\text{-}38)$$

En realidad para asegurar una combustión completa es preciso contar con abundancia de oxígeno, lo que significa que se requiere un exceso de aire. Sea el exceso de aire e (en tantos por uno). La masa de aire real es:

$$M_{real} = M_t + e \times M_t = M_t(1 + e) \qquad (9\text{-}39)$$

El valor de e depende de la naturaleza y composición del combustible, del diseño del horno y de la eficacia de los quemadores. Para carbón o lignito en bruto el valor de e va de 70 a 80% y puede llegar a 100%; en condiciones especialmente buenas es de 60%. Con fuel oil, gas oil y otros combustibles líquidos pesados va del 40 a 50% o mas. Con gas o carbón pulverizado e está en el 30-40% y en condiciones muy favorables es de 15-20%. El valor de e para cada combustible y estado operativo del horno se puede obtener de un análisis del gas a la salida de la cámara de combustión. Es fácil ver que el elemento de juicio mas importante es el CO_2, porque la reacción que corresponde a la combustión del monóxido de carbono es:

$$CO + \frac{1}{2}O_2 \leftrightarrow CO_2 + Q$$

Esta reacción es reversible, por lo que para asegurar una combustión completa del monóxido de carbono es necesario asegurar exceso de oxígeno. Por lo tanto el exceso de aire y el contenido de dióxido de carbono están directamente relacionados.

El volumen parcial del CO_2 producido ocupa el mismo espacio que el volumen parcial del oxígeno en el aire. El porcentaje en volumen del oxígeno del aire es 20.9%. Si el gas a la salida del horno tuviese 20.9% de CO_2 eso significaría que el oxígeno se combinó totalmente con el carbono para dar CO_2. Nótese que este porcentaje de CO_2 no toma en cuenta la variación de volumen del aire por efecto de otros gases producidos por la combustión, o sea que se calcula sobre la base de aire que entra y no sobre el humo a la salida. Si el porcentaje en volumen de CO_2 es menor de 20.9% y no hay monóxido de carbono (o sea que la combustión fue completa) sólo se puede deber a que el CO_2 está diluido por un exceso de aire.

Siendo %CO_2 el porcentaje de CO_2 en volumen en el humo, está en la misma relación con 0.209 como 1 con $(1 + e)$, es decir:

$$\frac{\%CO_2}{0.209} = \frac{1}{1+e} \Rightarrow 1+e = \frac{0.209}{\%CO_2}$$

Si tomamos en cuenta que el combustible casi siempre contiene hidrógeno, como 12 Kg de carbono se combinan con 32 Kg de oxígeno, mientras que 4 Kg de hidrógeno se combinan con igual cantidad (32 Kg de oxígeno) formando dos volúmenes de vapor de agua, se encuentra mediante simples reglas de tres que el volumen de oxígeno que se combina con el hidrógeno es tres veces mayor por unidad de peso que el que se combina con el carbono:

12 g C ——— 32 g O_2 24 g H_2 ——— 32 g O_2
1 g C ——— x = 32/12 = 8/3   1 g H_2 ——— x = 8

Como el volumen de oxígeno combinado con el carbono es igual (en %) al porcentaje de CO_2 en volumen en el humo, que llamamos %CO_2, el volumen combinado con el hidrógeno es:

$$\%CO_2 \times 3\frac{H\%}{C\%}$$

H% y C% son los porcentajes en peso de hidrógeno y carbono en el combustible. Para los hidrocarburos parafínicos gaseosos de fórmula general C_nH_{2n+2} el valor de H% está en el orden de 15%, y por supuesto el C% vale alrededor de 75%. De tal modo para estos combustibles la relación H%/C% vale aproximadamente 0.2. En los hidrocarburos líquidos la relación H%/C% es mas baja, del orden de 1/6, o sea 0.17. En los combustibles sólidos esta relación varía ampliamente según la clase, desde 0.12 hasta 0.007.

El volumen de oxígeno combinado con el carbono y el hidrógeno es:

$$\%CO_2 + \%CO_2 \times 3\frac{H\%}{C\%} = \%CO_2\left(1+3\frac{H\%}{C\%}\right)$$

Ahora, el volumen total de oxígeno consumido dividido el volumen de aire que interviene en la combustión (V_c) es igual al volumen de oxígeno que contiene el aire dividido por el volumen total de aire.

$$\frac{\%CO_2\left(1+3\frac{H\%}{C\%}\right)}{V_c} = \frac{0.209}{V_t} \Rightarrow \%CO_2\left(1+3\frac{H\%}{C\%}\right) = \frac{0.209 \times V_c}{V_t} = \frac{0.209}{V_t/V_c} = \frac{0.209}{\dfrac{V_c + e \times V_c}{V_c}} = \frac{0.209}{1+e} \Rightarrow$$

$$\Rightarrow \%CO_2\left(1+3\frac{H\%}{C\%}\right) = \frac{0.209}{1+e}$$

Aquí debemos volver a recalcar que %CO_2 identifica al porcentaje de CO_2 calculado en base al *aire que entra al horno*. En la práctica, como el análisis se hace sobre el humo, resulta útil determinar e con ese dato. Luego de operar resulta:

$$1+e = \frac{0.209}{\%CO_2"}\frac{1+3\frac{H\%}{C\%}\%CO_2"}{1+3\frac{H\%}{C\%}} \qquad e = \frac{3.76 \times O\%}{100 - \%CO_2" - 4.76 \times O\%} \qquad e = \frac{O\%}{0.266 \times N\% - O\%}$$

$$1+e = \frac{100 - (100 - \%CO_2")F}{4.76 \times \%CO_2"} \qquad e = \frac{O\% \times (4.76 - F)}{100 - 4.76 \times O\%} \qquad\qquad (9\text{-}40)$$

Donde:

$$F = \frac{\dfrac{H\%}{C\%}}{\dfrac{H\%}{C\%} + 4}$$

%$CO_2"$ es el porcentaje de CO_2 en volumen en los humos. O% es el porcentaje de O_2 en volumen en los humos y N% es el porcentaje de N_2 en volumen en los humos. H% y C% son los porcentajes en peso de C y de H en el combustible. El análisis de los humos que emite el horno se hacía primitivamente con el apara-

424

to volumétrico de Orsat. Por tradición, se suele llamar al resultado del análisis de humos el "análisis de Orsat" aunque el equipo usado hoy en día tenga otro fundamento.

9.7.3 Temperatura teórica de llama

La temperatura teórica de llama es una variable ficticia pero cómoda en un análisis idealizado, que no se puede medir en las combustiones reales debido a que en la práctica existe una serie de comportamientos no ideales y a que la combustión no es adiabática. También se conoce esta variable como temperatura adiabática de llama.

Si suponemos que la combustión es completa y adiabática y que se inicia a temperatura ambiente, el calor liberado por la combustión eleva la temperatura hasta un valor al que llamamos temperatura teórica de llama o temperatura adiabática de llama.

Puesto que una combustión no puede violar el Primer Principio de la Termodinámica, asumiendo que esta ocurre en un recinto cerrado y a presión constante obtenemos de la ecuación *(3-7")*:

$$Q = \Delta H - W \Rightarrow \Delta H = Q + W$$

Como el sistema no produce trabajo mecánico y la reacción es adiabática, tanto Q como W son nulos, y de ello resulta que ΔH también vale cero. De ello se deduce que la entalpía de los productos es igual a la de los reactivos. Pero recordemos que los reactivos se encuentran a la temperatura inicial, que es la atmosférica, mientras que los productos se encuentran a la temperatura adiabática de llama. Llamando T^* a la temperatura teórica de llama tenemos:

$$\Delta H = 0 \Rightarrow H_{r,T0} = H_{p,T*}$$

Pero por definición el calor de la reacción de combustión es la diferencia de las entalpías de los reactivos y los productos. Entonces tenemos que el calor de combustión es:

$$-\Delta H_R^\circ = H_{r,T0} - H_{p,T0} \tag{9-41}$$

Si despejamos la entalpía de los reactivos a la temperatura ambiente y la reemplazamos en la ecuación anterior obtenemos:

$$-\Delta H_R^\circ + H_{p,T0} = H_{p,T*} \Rightarrow -\Delta H_R^\circ + H_{p,T0} - H_{p,T*} = 0$$

La entalpía de los productos de la combustión se puede calcular si conocemos su caudal de masa y calor específico, de donde se puede obtener fácilmente la temperatura adiabática de llama. Reemplazando en la igualdad anterior obtenemos:

$$-\Delta H_R^\circ + \dot{m}_p Cp_p \left(T_0 - T^*\right) = 0 \Rightarrow T^* = T_0 - \frac{\Delta H_R^\circ}{\dot{m}_p Cp_p}$$

Si no se conoce el calor de combustión se puede reemplazar por el PCI del combustible.

Otra manera de plantear las cosas para poder calcular la temperatura teórica o adiabática de llama es la siguiente. Si se hace un balance de energía entre la cámara de combustión y el exterior con intercambio de calor Q en estado estacionario tenemos la siguiente igualdad.

$$\dot{Q}_g = \dot{Q}_i + \dot{H}_{r,T0} - \dot{H}_{p,T*} \Rightarrow \dot{Q}_g - \dot{Q}_i + \dot{H}_{p,T*} - \dot{H}_{r,T0} = 0$$

Podemos simplificar esta ecuación si asumimos despreciable el calor intercambiado con el medio, obteniendo:

$$\dot{Q}_g + \dot{H}_{p,T*} - \dot{H}_{r,T0} = 0$$

Esta es esencialmente la misma igualdad *(9-41)*. Puesto que el calor generado por combustión por unidad de tiempo es el PCI del combustible multiplicado por el caudal másico de combustible, obtenemos:

$$-\dot{m}_{comb} \times PCI + \dot{m}_p Cp_p \left(T_S - T_0\right) - \dot{m}_{aire} Cp_{aire} \left(T^* - T_0\right) - \dot{m}_{comb} Cp_{comb} \left(T^* - T_0\right) = 0$$

Despreciando la contribución del combustible en los reactivos cuando la relación aire/combustible es elevada (lo que es muy común) tenemos:

$$-\dot{m}_{comb} \times PCI + \dot{m}_p Cp_p \left(T^* - T_0\right) - \dot{m}_{aire} Cp_{aire} \left(T_e - T_0\right) = 0 \tag{9-42}$$

En esta ecuación el caudal de masa de los productos se puede medir en el escape, ya que es el caudal de masa de humos. T^* es la temperatura adiabática de llama, T_e es la temperatura de entrada del aire a la cámara de combustión y todos los demás componentes son conocidos.

9.7.4 Temperatura de combustión a presión constante

Como hemos explicado antes, la producción de vapor destinado a generación de electricidad se hace por medio del ciclo de Rankine, cuyo rendimiento aumenta con la temperatura máxima de recalentamiento del vapor. Por ello importa mucho conseguir temperaturas tan altas como sea posible en el horno, para que el recalentador de vapor alcance también temperaturas elevadas. La temperatura que alcanzan los humos en el horno depende de varios factores, tales como la naturaleza del combustible, la temperatura de entrada del aire al horno, del exceso de aire usado y de la naturaleza de las paredes del horno.

Cuando el horno se encuentra en régimen permanente, una parte de la energía liberada por la combustión se transmite por radiación a las paredes del horno, y el resto es absorbida por los humos producidos por la combustión, lo que hace que su temperatura aumente. De la porción que reciben las paredes, si estas están construidas de refractario una parte será re irradiada hacia el interior y el resto es conducida al exterior. Desde luego, si las paredes no son refractarias esto no sucede, como vemos en el caso de ciertos diseños modernos. En cualquier caso, las paredes absorben una parte de la energía que reciben, que llamaremos n. Se puede calcular la cantidad de calor que actúa sobre los humos para elevar su temperatura desde el valor t_o hasta t_1. Sea Cp el calor específico del humo. Se conoce el volumen real (esto es, incluido el exceso) de aire consumido por Kg de combustible, que llamamos V_p. Entonces la masa de aire consumido por Kg de combustible se obtiene multiplicando por la densidad del aire, que vale aproximadamente 1.23:

$$M = 1.23 \times V_p$$

El calor absorbido por el humo y empleado en elevar su temperatura es entonces:

$$Cp(M + 1)(t_1 - t_o)$$

Por cada Kg de combustible se produce una cantidad de calor Q, igual, dicho sea de paso, al poder calorífico del combustible. De modo que cuando el horno se encuentra en estado de régimen estable, todo el calor producido por Kg de combustible tiene que ser igual al que pasa al exterior mas el que se usa para aumentar la temperatura del humo. Es decir, planteando un balance similar al del apartado anterior:

$$Q = n \times Q + Cp(M + 1)(t_1 - t_o) \implies$$

$$\boxed{t_1 = t_0 + \frac{Q(1-n)}{Cp(M+1)}}$$

(9-43)

Ejemplo 9.10 <u>Cálculo de la temperatura operativa de un horno.</u>

En un horno revestido de paredes refractarias en el cual se quema carbón de alta calidad se arranca con una temperatura inicial t_o = 15 °C. Para este horno la relación de peso de aire a peso de combustible es 18 y podemos asumir un calor específico del humo Cp = 0.25 Kcal/(Kg °C). Asumiendo que en el arranque no se pierde calor al medio, calcular la temperatura final de régimen.

<u>Solución</u>

Para un carbón mineral de buena calidad podemos asumir un poder calorífico inferior del orden de 8000 Kcal/Kg. En consecuencia, aplicando la ecuación anterior tenemos:

$$t_1 = t_0 + \frac{Q(1-n)}{Cp(M+1)} = 15 + \frac{8000(1-0)}{0.25(18+1)} = 1700\,°C$$

En una condición mas realista, si en el arranque se pierde el 25% de la energía que reciben las paredes por efecto de la absorción, la temperatura resulta mucho menor. En efecto:

$$t_1 = t_0 + \frac{Q(1-n)}{Cp(M+1)} = 15 + \frac{8000(1-0.25)}{0.25(18+1)} = 1270\,°C$$

9.7.5 <u>Pérdidas de calor en la chimenea y cenizas</u>

Una cierta cantidad del calor liberado por la combustión se pierde irreversiblemente con los gases que escapan por la chimenea. Esto es inevitable, pero se puede disminuir esa cantidad tomando medidas apropiadas. La variable principal que gobierna la pérdida de calor en la chimenea es el exceso de aire. Si este es muy grande, el nitrógeno que contiene, que se comporta como un gas inerte porque no interviene en la combustión, se calienta inútilmente. Por lo tanto el control estrecho y permanente de la composición de los humos es esencial para un funcionamiento técnicamente correcto y económicamente sano.

La cantidad de calor perdido en la chimenea se puede calcular o medir. La medición de la pérdida de calor no está afectada por las idealizaciones introducidas en el modelo físico y matemático usado para el cálculo, que no toma en cuenta ciertos factores, por ejemplo, los cambios de régimen de marcha y las condiciones transitorias del arranque. Esta medición se puede concretar analizando la composición del humo y midiendo su caudal y temperatura. De tal modo se puede obtener una medida mas o menos continua de la cantidad de calor que se pierde en los gases. El cálculo de la cantidad de calor perdido en la chimenea es relativamente simple y se basa en la masa de humos producidos por la combustión de la unidad de masa de combustible. Puesto que el humo tiene una composición conocida a través del análisis de Orsat, se puede calcular su calor específico. El humo puede contener anhídrido carbónico (producto de la combustión del oxígeno), vapor de agua (producto de la combustión del hidrógeno), nitrógeno (que no resulta alterado por la combustión) y cantidades pequeñas de otras sustancias, que se desprecian. Suponiendo que el aire entra al horno con una temperatura de entrada t_e (que por lo general se toma igual a la temperatura atmosférica) y se calienta hasta la temperatura final de los humos t_f el calor perdido por la chimenea se puede calcular:

$$Q_p = Cp_h \left(t_f - t_e \right) M \tag{9-44}$$

Donde: Cp_h es el calor específico del humo, y M es la masa de humos producidos por Kg de combustible. El calor específico del humo se puede calcular mediante la ecuación *(2-58)* del apartado **2.3.1.1** del capítulo **2**. Es posible obtener una expresión porcentual de las pérdidas de calor en la chimenea si dividimos la expresión anterior por el poder calorífico inferior del combustible. Llamando Ppc a esta pérdida tenemos:

$$Ppc = 100 \frac{Cp_h \left(t_f - t_e \right) M}{PCI} \tag{9-45}$$

La masa de humos producidos depende del exceso de aire usado en el horno que viene dado como ya se dedujo en función del porcentaje de CO_2 en volumen en los humos $\%CO_2"$. Se puede encontrar entonces una relación de la forma general:

$$Ppc = f \left(Cp_h, \left(t_f - t_e \right), \%CO_2", PCI \right)$$

La figura adjunta muestra los valores aproximados de Ppc en función de la diferencia de temperatura y del contenido de CO_2 en los humos.

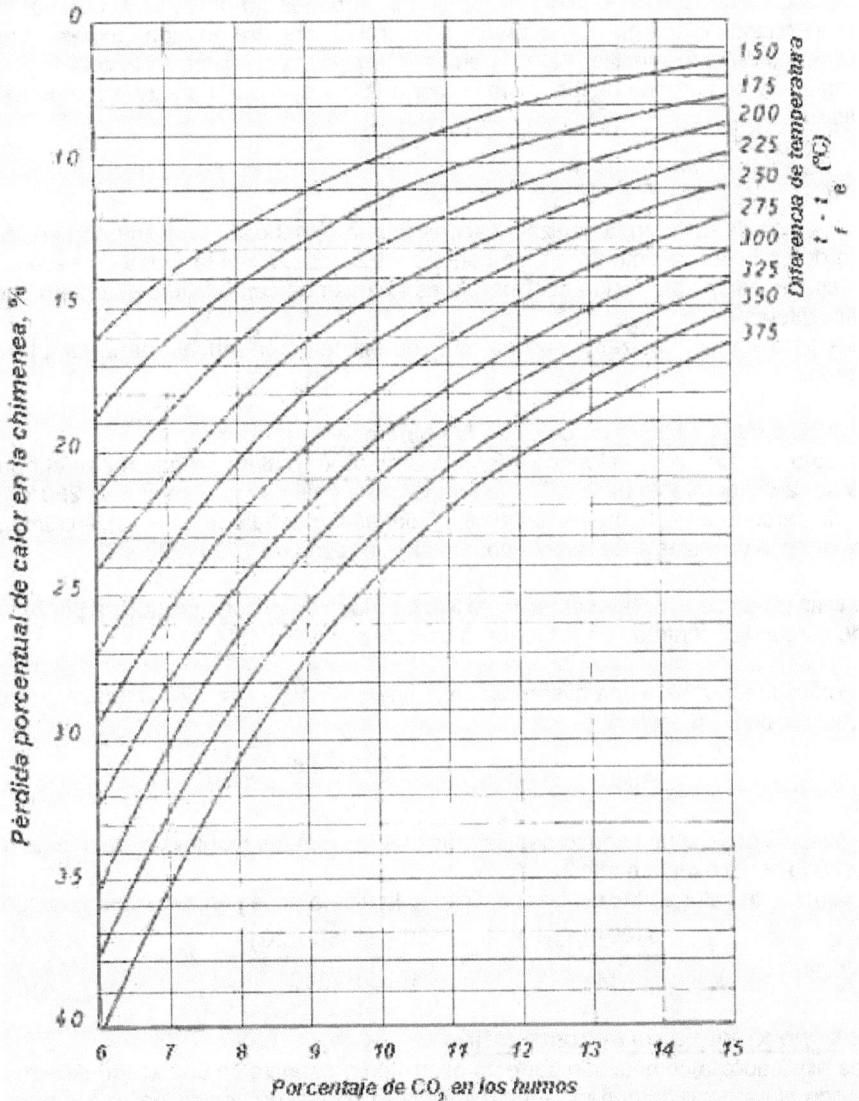

De la ecuación anterior se deducen varias ecuaciones empíricas que permiten calcular las pérdidas de calor en la chimenea. Una de ellas es la de Hassenstein:

$$Ppc = k \frac{t_f - t_e}{\%CO_2"} 100 \qquad\qquad (9\text{-}46)$$

k es un coeficiente empírico que depende del combustible y viene dado por la siguiente tabla.

Combustible	k
Antracita	0.684
Antracita magra	0.648
Coke	0.702
Lignito	0.653
Lignito xiloide	0.721
Turba	0.718
Leña	0.798
Fuel oil	0.562

Si comparamos la gráfica anterior con la ecuación de Hassenstein notamos una discrepancia evidente, ya que la gráfica no distingue entre distintos combustibles, en tanto que en la ecuación aparece el coeficiente empírico k que varía de un combustible a otro.

Las pérdidas de calor por eliminación de cenizas sólo aparecen en combustibles sólidos con elementos capaces de formar escoria y cenizas. Estos son todos los carbones, turba, leña, y combustibles residuales usados para recuperación de energía como cáscara de girasol, cáscara de maní, expeler, bagazo, astillas o virutas de madera, y otros por el estilo. Para determinar la pérdida de calor en la ceniza y escoria hay que determinar el contenido de carbono en las mismas, por análisis químico. La siguiente ecuación permite calcular esta pérdida.

$$Pi = \frac{8100\, r\,(R_e + R_c)}{M \times PCI} \qquad\qquad (9\text{-}47)$$

Donde: Pi es la pérdida de calor en la ceniza y escoria (como % del calor total liberado en la combustión), r es el porcentaje de carbono encontrado en las cenizas y escorias, R_e es la masa de escoria producida por hora, R_c es la masa de ceniza producida por hora, M es la masa de combustible quemado por hora y PCI es el poder calorífico inferior del combustible.

Normalmente las pérdidas por cenizas y escoria (cuando existen) son mucho menores a las que se producen en la chimenea.

Ejemplo 9.11 Cálculo de la pérdida de calor en la chimenea de un horno.

Una antracita magra con un poder calorífico inferior PCI = 7800 Kcal/Kg se quema en el horno de una caldera. La temperatura del ambiente es 20 °C, y la temperatura final de los humos t_f es 250 °C. La concentración de dióxido de carbono en el humo es del 10%. ¿Cuál es la pérdida de calor en la chimenea?. ¿Cuál es la pérdida de calor en las cenizas si se quema combustible a razón de 1000 Kg/hora?.

Datos
La masa de cenizas producida por hora es: R_c = 20 Kg. La masa de escoria producida por hora: R_e = 80 Kg. El porcentaje de carbono encontrado en las cenizas y escorias es: r = 12%.

Solución
De acuerdo al gráfico anterior para una diferencia de temperaturas $t_f - t_e$ = 230 °C tenemos: Ppc = 14.9%. Aplicando la ecuación de Hassenstein:

$$Ppc = k \frac{t_f - t_e}{\%CO_2"} 100 = \frac{0.648 \times 230}{10} = 14.9$$

Si bien en este caso se obtiene una concordancia muy buena entre los resultados de ambos métodos, esto no sucede a menudo ni tan exactamente.

En cuanto a la pérdida de calor en las cenizas, aplicando la última ecuación tenemos:

$$Pi = \frac{8100\, r\,(R_e + R_c)}{M \times PCI} = \frac{8100 \times 12\,(80 + 20)}{1000 \times 7800} = 1.25\%$$

9.7.6 Eficiencia y economía de la combustión

Como ya hemos explicado, la combustión perfecta ocurre en presencia de un exceso de aire que produce la conversión de todo el carbono, hidrógeno y eventualmente azufre presentes en el combustible en dióxido de carbono, agua y dióxido de azufre. Es decir, es esencial tener un exceso de aire porque de lo contrario se genera monóxido de carbono debido a una combustión incompleta, lo que es antieconómico y trae problemas por violación a las leyes de protección ambiental. Sin embargo, un "excesivo exceso" de aire es perjudicial para la eficiencia y la economía del funcionamiento porque el nitrógeno del aire es un gas inerte que hay que calentar sin beneficio alguno. De modo que la pregunta es ¿cuánto exceso de aire conviene usar?. Otra pregunta importante es ¿cuánta pérdida de calor en la chimenea se puede tolerar?.

La mejor medida del equilibrio justo en este y otros factores operativos es la eficiencia o rendimiento del conjunto de horno y caldera. Se define de la manera habitual.

$$\eta = \frac{\dot{m}_v (h_v - h_a)}{\dot{m}_c \times PCI}$$

(9-48)

Donde: $\dot{m}_v$ es la cantidad de masa de vapor producida por unidad de tiempo, h_v es la entalpía del vapor a la salida del último recalentador, h_a es la entalpía del agua a la entrada a la caldera, $\dot{m}_c$ es el gasto de combustible por unidad de tiempo y PCI es el poder calorífico inferior del combustible. En definitiva, es fácil ver que el rendimiento no es otra cosa que el cociente de la energía total que adquiere el vapor sobre la energía total liberada por el combustible. Como en cualquier otro equipo el objetivo es aumentar el rendimiento lo mas posible dentro de lo que resulte económicamente factible.

El siguiente método en unidades inglesas (T. Stoa, "Calculating Boiler Efficiency and Economics", *Chemical Engineering*, July 16, 1979, pág. 77-81) permite hacer rápidamente los cálculos de eficiencia a partir de muy pocos datos. El exceso de aire necesario para la combustión se calcula mediante la siguiente ecuación.

$$e = \frac{a \times O\%}{1 - 0.0476 \times O\%}$$

(9-49)

Donde a es un parámetro de ajuste que depende del tipo de combustible usado, y O% es el porcentaje de oxígeno en los gases de salida del horno, medido por un aparato de Orsat. Los valores del parámetro a se obtienen de la siguiente tabla.

Combustible	a
Gas natural	$4.55570 - (0.026942 \times O\%)$
Fuel oil # 2	$4.43562 + (0.010208 \times O\%)$

La eficiencia o rendimiento del conjunto de horno y caldera se puede expresar en función de la diferencia de temperaturas $\Delta t = t_f - t_e$. La siguiente expresión resulta, como la anterior, de un ajuste no lineal de distintos datos experimentales.

$$\eta = \frac{\Delta t - b}{m}$$

(9-50)

b y m son dos parámetros de ajuste no lineal. Los valores de estos parámetros se pueden obtener de las siguientes relaciones en función del porcentaje de aire en exceso e.

Gas natural: $\log(-m) = -0.0025767 \times e + 1.66403$

$\log(b) = -0.0025225 \times e + 3.6336$

Fuel oil # 2: $\log(-m) = -0.0027746 \times e + 1.66792$

$\log(b) = -0.0025225 \times e + 3.6336$

El cálculo debe seguir los siguientes pasos.

1. Determinar el porcentaje de oxígeno en el humo mediante el análisis de Orsat.
2. Determinar la diferencia de temperaturas Δt.
3. Calcular el porcentaje de aire en exceso e.
4. Calcular b y m.
5. Calcular la eficiencia del conjunto de horno y caldera.

El costo del vapor producido por la instalación se puede calcular mediante la siguiente relación.

$$Cv = \frac{8760 \times \dot{m}_v \times Cc \times h_v}{\eta}$$

(9-51)

Donde Cv es el costo del vapor en dólares por año, $\dot{m}_v$ es el caudal de vapor en Lb/hora, Cc es el costo del combustible en dólares por millón de BTU y h_v es la entalpía del vapor producido en BTU/Lb. En esta última ecuación el rendimiento debe estar expresado en tantos por uno.

Ejemplo 9.12 Cálculo de los parámetros económicos de una caldera.

El estudio de una instalación ha arrojado los siguientes datos. El porcentaje de oxígeno en el humo es 5%, y la diferencia de temperaturas Δt es de 550 ºF. Se estudia la posibilidad de instalar un economizador que supuestamente reducirá la diferencia de temperaturas en 200 ºF. ¿Cuál será el ahorro anual si el costo del combustible es de 2.79 dólares por millón de BTU, usando fuel oil # 2 y la capacidad de la caldera es de 100000 Lb/hora de vapor con una entalpía h_v de 1160 BTU/Lb?.

<u>Solución</u>

Hay varias formas de encarar la solución. Una de ellas consiste en calcular el rendimiento de la instalación con y sin economizador, para luego estimar el ahorro anual. Procedemos por pasos de la siguiente manera.

1. Rendimiento sin economizador.

$a = 4.43562 + (0.010208 \times 5) = 4.486602$

$$e = \frac{a \times O\%}{1 - 0.0476 \times O\%} = \frac{4.486602 \times 5}{1 - 0.0476 \times 5} = 29.44\%$$

$\log(-m) = -0.0027746 \times e + 1.66792 = 1.586237 \Rightarrow m = -38.568856$

$\log(b) = -0.0025225 \times e + 3.6336 = 3.5593376 \Rightarrow b = 3625.247$

$$\eta_1 = \frac{\Delta t - b}{m} = \frac{550 - 3625.247}{-38.568856} = 79.73\%$$

2. Rendimiento con economizador.

Los valores de a, e, m y b sin variaciones. El rendimiento cambia porque depende de Δt que antes valía 550 y que ahora vale 350 ºF.

$$\eta_2 = \frac{\Delta t - b}{m} = \frac{350 - 3625.247}{-38.568856} = 84.92\%$$

3. Cálculo de la economía de combustible.

$$\Delta Cv = 8760 \times \dot{m}_v \times Cc \times h_v \left(\frac{1}{\eta_1} - \frac{1}{\eta_2} \right) = 8760 \times 100000 \times 2.79 \times 10^{-6} \times 1160 \left(\frac{1}{0.7973} - \frac{1}{0.8492} \right) =$$

$$= 217321 \frac{\text{dólares}}{\text{año}}$$

9.8 Condensación del vapor

Todas las partes de un sistema de generación de vapor son importantes cualquiera sea el destino final del vapor, pero hay dos cuya importancia excede a la de los demás: la caldera y el condensador. La caldera es un equipo sumamente costoso que se debe preservar a toda costa de cualquier deterioro. No es nuestro propósito extendernos sobre esta cuestión que es mas bien un tema mecánico y excede los objetivos que nos hemos propuesto. En cambio la calidad del condensado cae dentro de nuestro interés específico.

El condensador es un equipo de la mayor importancia para el funcionamiento económico de una turbina de vapor. El objetivo del condensador es, como ya explicamos, producir una presión muy baja en el escape de la turbina.

También hemos explicado que los condensadores se dividen en condensadores de mezcla y de superficie. Las bombas requeridas para el funcionamiento de ambos tipos de condensador son las siguientes.

1. Condensadores de superficie: una bomba de agua de enfriamiento; una bomba de condensado; una bomba de vacío para extraer el aire en el arranque.
2. Condensadores de mezcla: una bomba de condensado; una bomba de vacío para extraer el aire en el arranque.

En el último caso hay una bomba menos, porque no existe la de impulsión del agua de enfriamiento, ya que esta entra al condensador absorbida por el vacío. Por lo general se suele usar un condensador de superficie combinado con un desaireador porque los condensadores de superficie permiten obtener presiones menores. Como ya se ha comentado, el objeto del desaireador es eliminar el aire que inevitablemente se mezcla con el vapor en circuitos largos de tuberías. El condensador de superficie se suele ubicar directamente debajo del escape de la turbina para evitar las pérdidas de vacío que podrían causar las tuberías de conexión entre los equipos si estuviesen separados. Algunos equipos tienen dos condensadores, de modo que uno está en espera por si hacen falta reparaciones, evitando así que haya que parar el equipo.

Los condensadores de superficie se encuentran en una gran variedad de diseños. Si bien son similares a los intercambiadores de casco y tubos que estudiaremos en un próximo capítulo, tienen una disposición diferente debido a que por las razones ya expuestas se instalan debajo de la descarga de la turbina. Por lo general usan tubos de 10 a 20 mm de diámetro, dispuestos en triángulo de modo de que el vapor que circula por el exterior de los tubos siga una trayectoria zigzagueante a través del haz de tubos. El agua de enfriamiento circula por el interior de los mismos. La coraza que contiene al haz de tubos se dispone a lo largo de la turbina e inmediatamente debajo. La razón de que el vapor circule por el exterior de los tubos es la siguiente. Si el vapor circulase por el interior de los tubos, los inundaría al condensarse y esto impediría la circulación del condensado y produciría una contrapresión excesiva, cuando lo que tratamos es justamente de disminuir todo lo posible la presión en la descarga de la caldera. El siguiente croquis muestra una disposición típica para un condensador de superficie.

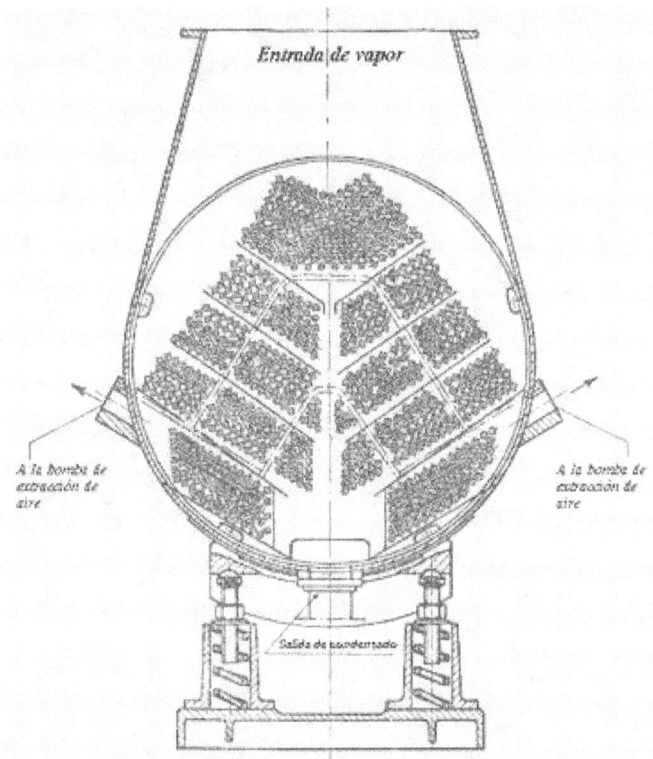

Entrada de vapor

A la bomba de extracción de aire

A la bomba de extracción de aire

Salida de condensado

La coraza externa que contiene el haz de tubos así como los tabiques para dirigir el flujo deben estar diseñados de modo de evitar los puntos de estancamiento, para que no se formen bolsas de incondensables.

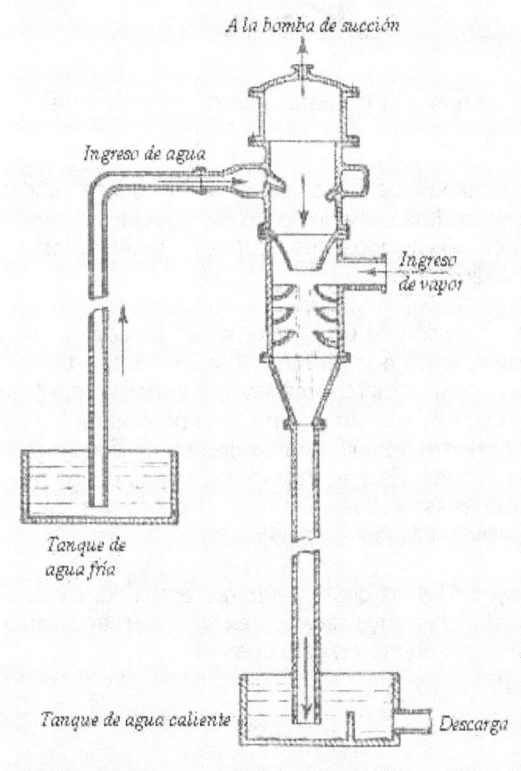

A la bomba de succión

Ingreso de agua

Ingreso de vapor

Tanque de agua fría

Tanque de agua caliente

Descarga

Croquis de un condensador barométrico

Los condensadores de mezcla se suelen instalar en combinación con una columna barométrica, que no es otra cosa que una columna de agua, teóricamente de 10.33 m de altura por lo menos, abierta y sumergida en la parte inferior en un reservorio o tanque colector de agua.

El conjunto se suele llamar condensador barométrico. El croquis de la izquierda muestra la disposición general de un condensador barométrico.

En la parte superior tenemos la succión de incondensables que puede ser mediante un eyector de una o mas etapas o con una bomba de vacío mecánica, o con una combinación de ambos.

Cuando se usa la disposición basada en eyector combinado con bomba mecánica de vacío, el eyector produce un bajo grado de vacío actuando como primera etapa y la bomba mecánica produce un vacío de mayor intensidad. Esta combinación puede funcionar también como desaireador.

Otras disposiciones producen un menor vacío mediante un eyector que puede ser de una, dos o tres etapas, como se puede apreciar en el croquis siguiente.

En este croquis se puede observar un condensador de mezcla barométrico dotado de eyector a vapor con una conexión *8* que viene del desaireador.

431

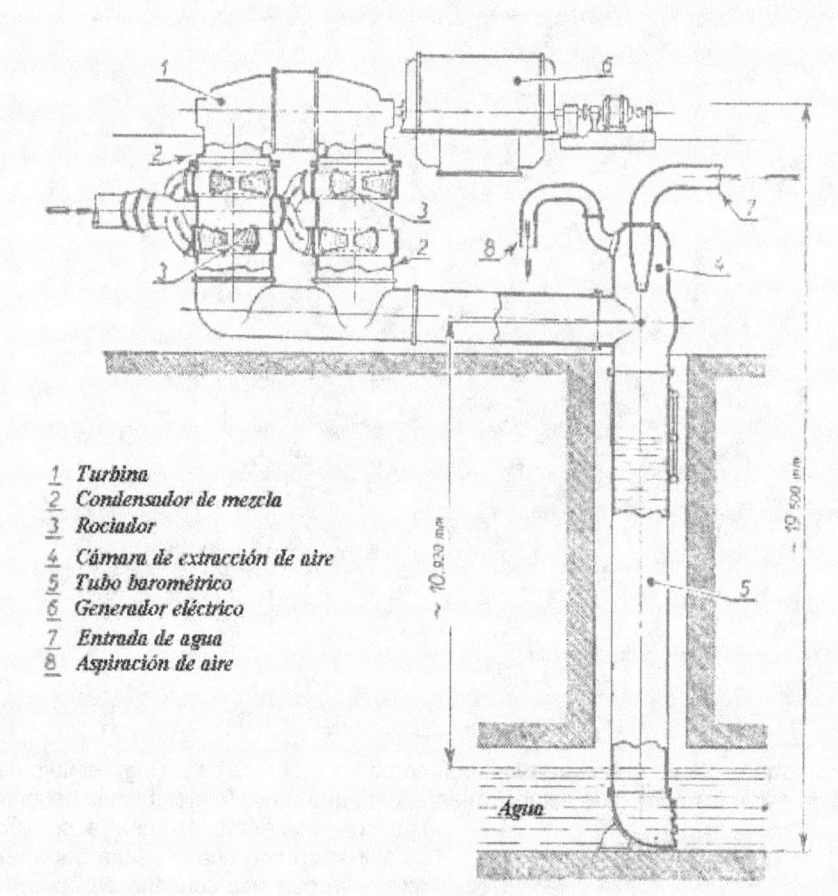

1 Turbina
2 Condensador de mezcla
3 Rociador
4 Cámara de extracción de aire
5 Tubo barométrico
6 Generador eléctrico
7 Entrada de agua
8 Aspiración de aire

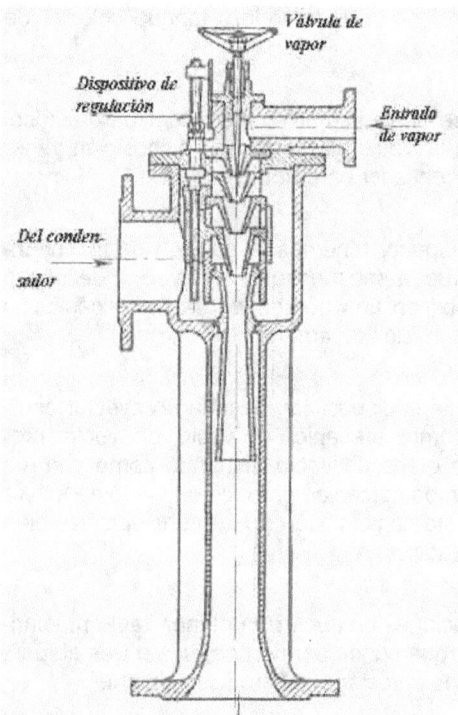

El croquis que vemos a la izquierda ilustra un diseño de eyector.

Si bien la Termodinámica ha establecido las bases teóricas sobre las cuales se basa el diseño de los eyectores, también existen otras consideraciones que se deben tener en cuenta, sobre todo fluidodinámicas.

En esencia, la operación de un eyector es un proceso de mezcla de dos fluidos, tema que ya fue tratado en el apartado **4.5** del capítulo **4**. Por su carácter fuertemente irreversible, el rendimiento del eyector es muy bajo. Una gran porción de la energía cinética del chorro del fluido motor se usa en vencer resistencias hidrodinámicas. Esta es la principal causa del bajo rendimiento, porque esas resistencias son responsables de mas del 80% de la irreversibilidad del equipo.

El diseño de eyectores es casi totalmente empírico. Debido a diversas circunstancias cuyo alcance excede nuestro propósito, no nos podemos detener en esta cuestión.

Existen numerosos diseños de condensadores de mezcla, la mayoría de los cuales no presentan diferencias apreciables de comportamiento en la práctica.

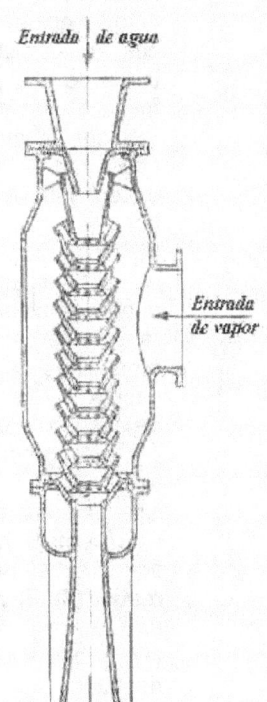

En el croquis de la izquierda se muestra un tipo de condensador de mezcla denominado a chorro de agua.

El concepto fundamental sobre el cual se basa este condensador es el de inclusión del vapor por impacto con el chorro. Este efecto combina la acción térmica propiamente dicha al poner en contacto el vapor con agua fría, con el efecto mas bien dinámico que se obtiene por choque del vapor con el chorro de agua, obteniendo así una condensación más eficaz.

La velocidad del chorro de agua es del orden de los 30 m/seg. La presión de la bomba inyectora de agua debe superar a la pérdida de carga en el chorro, que es del orden de 6 a 8 metros de columna de agua.

El vacío que se puede alcanzar con este tipo de condensador es del orden de 0.12 Kg$_f$/cm^2 absolutos.

La velocidad del vapor es muy elevada, debido a su baja densidad, pudiendo llegar a 100 – 200 m/seg. Con estas velocidades el vapor tiene una elevada energía cinética, que sumada al impacto producido por el chorro de agua facilita la condensación.

Por otra parte, la pérdida de carga en el vapor es mucho menor que en el agua a pesar de su alta velocidad, debido a que tiene muy baja densidad.

9.8.1 Recuperación del condensado

La recuperación del condensado es una operación necesaria por dos motivos. En primer lugar porque si se tira condensado se está tirando agua tratada cuyo costo es importante. En segundo término, el condensado que no está a la temperatura del medio ambiente contiene energía residual, que aunque sea en pequeñas cantidades siempre es valiosa.

Al tirar condensado se está desperdiciando energía, y por lo tanto aumentando los costos operativos. La instalación de un sistema de trampas de vapor es un buen comienzo para un programa de ahorro de energía, ya que permite ahorrar alrededor del 10% del costo del combustible necesario para producir vapor. Pero también es posible ahorrar otro 10% extra si se siguen algunas recomendaciones que explicamos en este apartado y en los que le siguen. Además en algunas industrias aun se podrá emplear el condensado como medio calefactor de bajo rendimiento, aumentando así aun más el ahorro de combustible.

9.8.2 Elementos básicos de un sistema de vapor

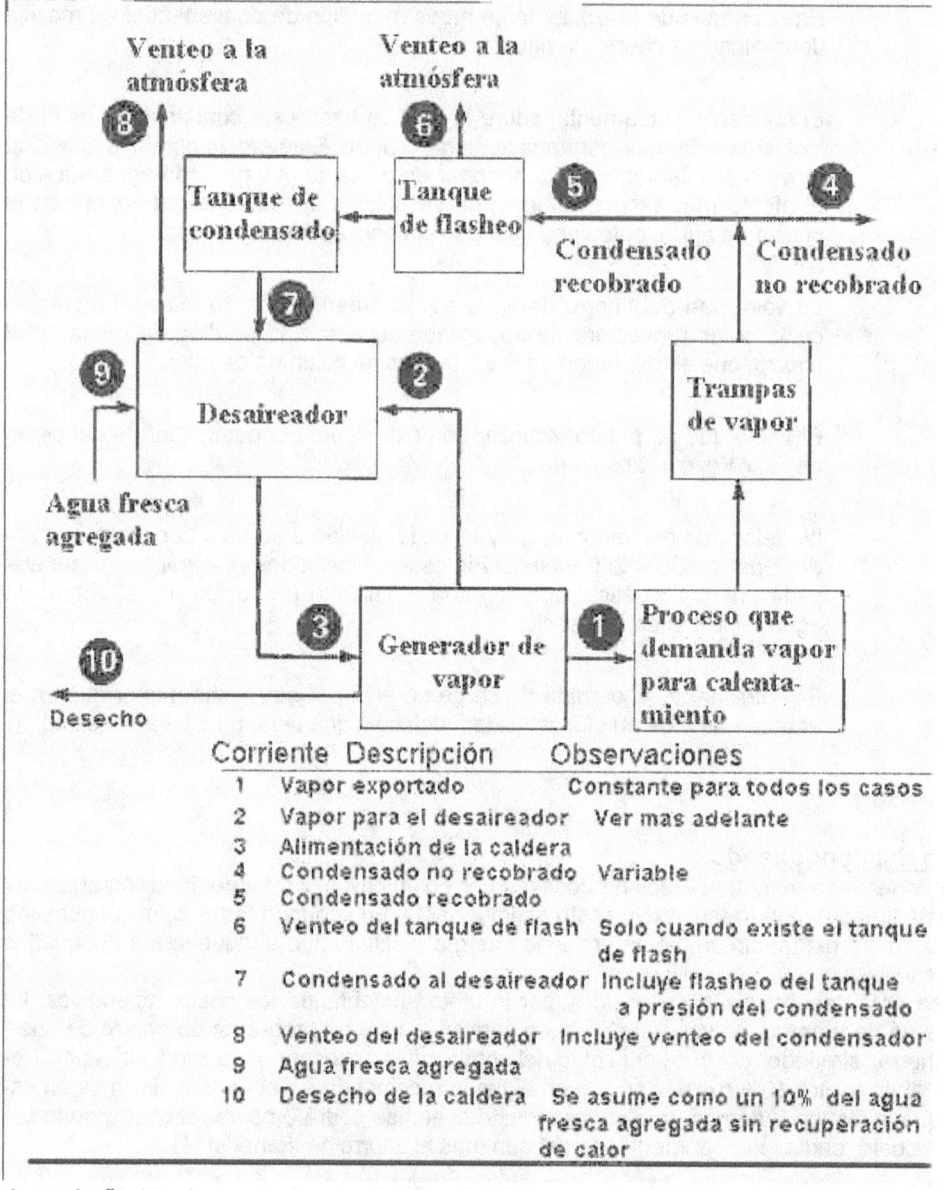

Corriente	Descripción	Observaciones
1	Vapor exportado	Constante para todos los casos
2	Vapor para el desaireador	Ver mas adelante
3	Alimentación de la caldera	
4	Condensado no recobrado	Variable
5	Condensado recobrado	
6	Venteo del tanque de flash	Solo cuando existe el tanque de flash
7	Condensado al desaireador	Incluye flasheo del tanque a presión del condensado
8	Venteo del desaireador	Incluye venteo del condensador
9	Agua fresca agregada	
10	Desecho de la caldera	Se asume como un 10% del agua fresca agregada sin recuperación de calor

En el esquema mostramos los componentes básicos de un sistema típico de una planta de vapor industrial que afectan la economía de la recuperación de vapor.

El vapor producido en una caldera se puede emplear para calentar y para otros fines de proceso (1) y se puede tirar lo que sobre del producido total (10).

Una pequeña parte se usa para hacer funcionar el desaireador (2). El vapor enviado al proceso (1) produce condensado que se separa en el sistema de trampas de vapor, el que se puede tirar (4) o recuperar (5).

El vapor recuperado se puede enviar a un tanque de flasheo, donde se produce vapor de baja presión que se puede tirar (6) o emplear para calefacción, si esto resulta posible y conviene. El condensado flasheado se envía a un tanque de almacenamiento o tanque de condensado, desde donde va al desaireador (7) junto con agua tratada fresca (9). En el desaireador se eliminan los gases incondensables (oxígeno y dióxido de carbono) que pueden perjudicar la caldera, y este condensado se envía nuevamente a la caldera previo precalentamiento (3).

Alternativamente, se puede eliminar el tanque de flasheo de condensado, de modo que el mismo pasa al desaireador a mayor presión. En este caso la cantidad de condensado que retorna a la caldera es mayor.

En cualquier caso es imprescindible pasar el condensado por el desaireador cuando se opera una caldera de alta presión porque los sistemas de trampas de vapor siempre están venteados a la atmósfera para evitar contrapresiones, lo que pone el condensado en contacto con el oxígeno y dióxido de carbono atmosféricos.

Contenidos tan bajos como unas pocas partes por millón de estos gases producen serios daños en las calderas de alta presión. En cambio, si la caldera es de media o baja presión (como es el caso de la mayoría de las calderas destinadas a producir vapor de calefacción) se puede tolerar la presencia de estos gases en cantidades grandes y no es necesario usar un desaireador. Por eso en los sistemas que combinan el uso de vapor para producir energía eléctrica y para calefacción en una caldera de alta presión casi siempre se tienen regeneradores cerrados y al menos uno abierto, que incluye al desaireador.

9.8.3 Economía de la recuperación de condensado

En la figura izquierda vemos la demanda de vapor requerido en el desaireador en función del porcentaje de condensado recuperado para dos situaciones básicas. Las curvas superiores corresponden a una instalación que cuenta con tanque de flasheo del condensado, y las inferiores corresponden a una instalación que no cuenta con el tanque de flasheo. Estas curvas representan la máxima cantidad teórica de condensado que se puede recuperar.

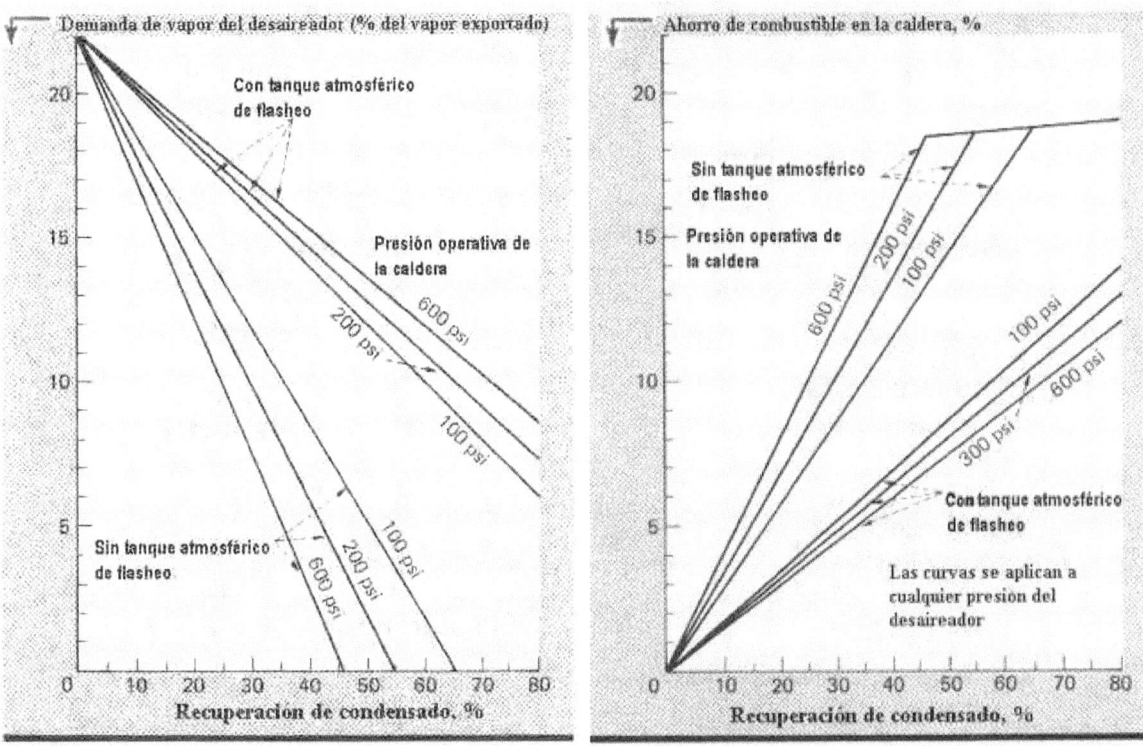

La figura derecha expresa los mismos hechos de otra manera. Muestra la máxima cantidad de combustible que se puede ahorrar por medio de ambas clases de sistema. Las curvas superiores representan un sistema sin tanque de flasheo y las inferiores un sistema con tanque de flasheo. Observamos que por ejemplo en un sistema que opera a 200 psi, para conseguir una reducción del 10% del consumo de combustible en la caldera se necesita recuperar el 30% del condensado sin tanque de flasheo, mientras se necesita alrededor del doble (60%) en un sistema con tanque de flasheo. Esto es bastante lógico, puesto que un sistema con tanque de flasheo está derivando parte del condensado recuperado ya sea a la atmósfera o hacia la calefacción, y no retorna a la caldera.

Volviendo al diagrama del sistema, la corriente **(2)** de vapor vivo de la caldera que alimenta el desaireador no produce trabajo ni calienta ninguna corriente de proceso, lo que no resulta aceptable desde el punto de vista económico. Hay varias alternativas de cogeneración para aprovechar este vapor. Por ejemplo, si el sistema produce energía eléctrica además de vapor para calefacción se puede usar vapor sangrado de la turbina, o el vapor exhausto de la salida de la turbina para operar el desaireador. Si la caldera sólo se utiliza para calefacción, el vapor que se envía al desaireador se puede usar para mover una bomba, o un ventilador, ya que el desaireador puede funcionar igualmente con vapor de baja presión. De hecho, si no queda otro remedio que usar vapor vivo en el desaireador, resulta conveniente bajar su presión para un mejor funcionamiento del mismo.

9.8.4 Funcionamiento del desaireador

El desaireador realiza dos funciones. En primer lugar, calentar el agua que se alimenta a la caldera hasta su punto de ebullición a la presión del desaireador. Esto se consigue gracias a la mezcla del agua y el vapor. En segundo lugar, el contacto entre el agua y el vapor cuyo contenido de gases incondensables es muy bajo produce la eliminación del oxígeno y el dióxido de carbono. Esta no se produce por dilución, sino por arrastre y expulsión con vapor del condensado. El vapor también desaloja los gases por efecto del calentamiento del condensado, ya que estos gases son poco solubles a elevada temperatura.

La siguiente figura muestra un croquis de un desaireador típico de tipo spray.

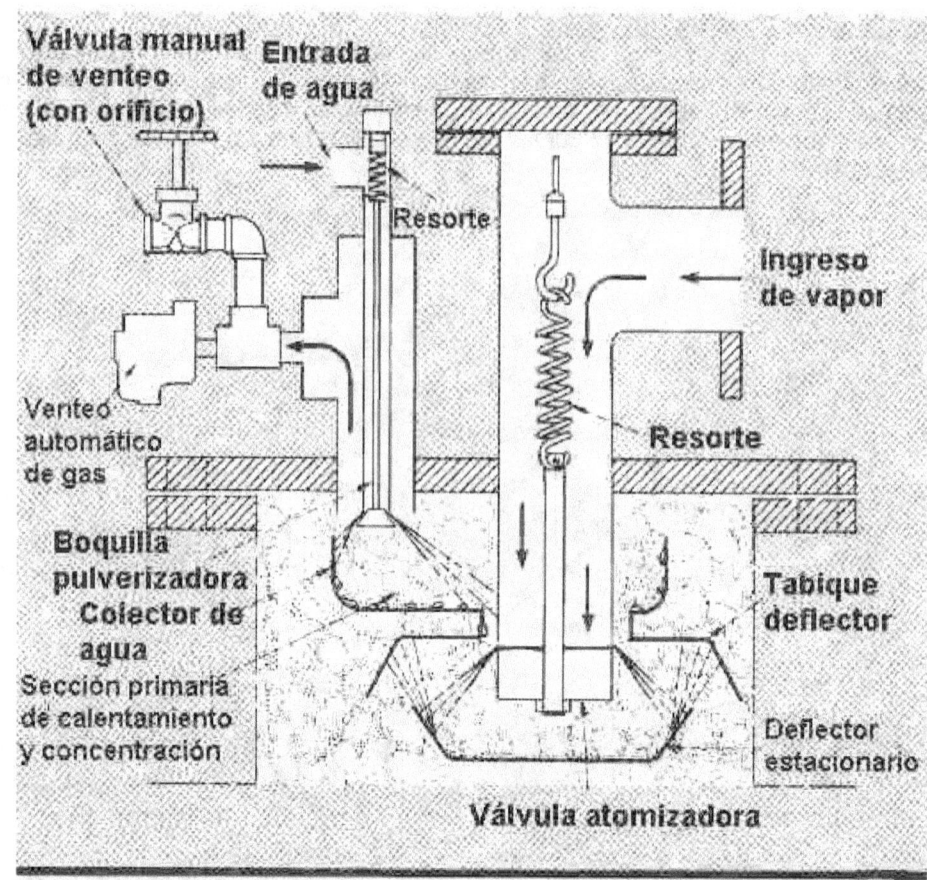

El agua ingresa por el tubo acodado superior donde es pulverizada por la boquilla y se calienta por efecto de la corriente de vapor que asciende debido al cambio de dirección que le imprime el tabique estacionario que encuentra a su paso, mientras el agua recorre un camino tortuoso impuesto por los tabiques deflectores. El vapor empleado para el calentamiento del agua se condensa en su mayor parte, permitiendo que los gases incondensables que se eliminan en la sección inferior se concentren. De este modo, la mezcla que sale por el tubo de venteo es rica en gases incondensables si bien también se pierde algo de vapor, lo que es inevitable. Esto funciona muy bien en unidades que tienen un alto consumo de agua fresca, es decir cuya proporción de condensado es baja, pero si la cantidad de condensado es alta, como este tiene una temperatura considerablemente mayor que la del agua fresca, requiere muy poco calentamiento. Como consecuencia, la eliminación de los gases incondensables es menor porque la cantidad de vapor condensado es mas pequeña, y la reducción de presión causada por la condensación también es menor. Para compensar esto es necesario aumentar bastante la cantidad de vapor, con lo que la cantidad que se pierde por venteo a la atmósfera aumenta lo que significa un desperdicio. Por lo tanto la economía que se esperaba obtener con la recuperación de condensado desaparece debido al aumento del consumo de vapor vivo en el desaireador. Esto se puede resolver mediante la disposición que se ilustra en el esquema siguiente.

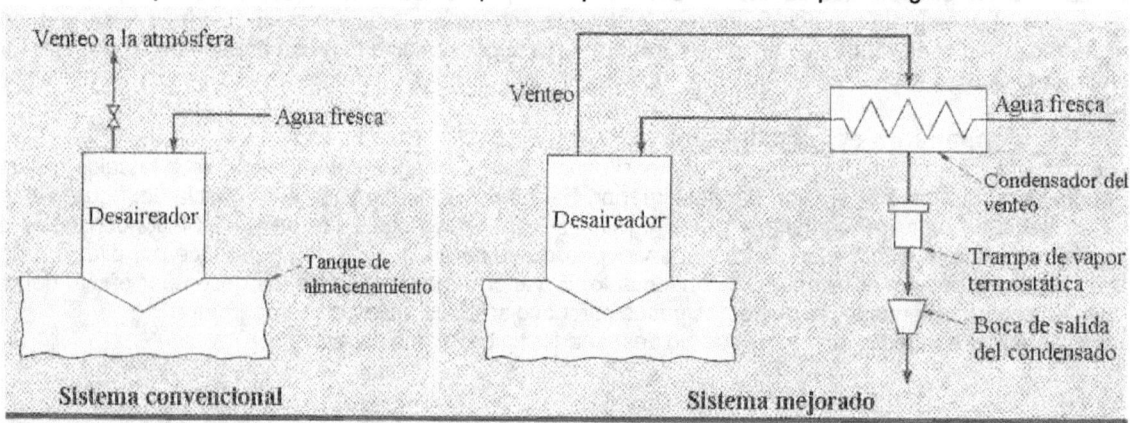

436

Si se agrega un condensador en la salida de la válvula de venteo de modo que el vapor sea condensado por el agua fresca que entra al desaireador, esta se calienta antes en el condensador y la función de eliminación de gases incondensables queda restablecida.

Esto puede parecer una paradoja puesto que el problema tiene su origen en el hecho de que el condensado aporta demasiado calor al desaireador. En realidad, la función de calentamiento se transfiere del desaireador al condensador, y la sección de calentamiento del desaireador se convierte en una sección de eliminación de gases incondensables debido a que la vaporización del agua fresca ocurre mucho antes. Todos los desaireadores modificados de esta manera funcionaron satisfactoriamente durante mucho tiempo.

Se debe hacer notar que el condensador se mantiene bajo presión constante por la acción reguladora de la trampa termostática, cuya salida de condensado va a descarte debido al alto contenido de gases incondensables que se eliminaron en el desaireador. Esto es, se descarta en el sentido de que no retorna a la caldera. Esto no significa que no se pueda usar para otros fines, como ser para calefacción, como veremos en el apartado siguiente. Si el agua fresca tiene un elevado contenido de dióxido de carbono o de carbonatos, puede ser recomendable usar dos desaireadores y dos condensadores separados, pero esto no debería ocurrir si el tratamiento del agua está funcionando correctamente.

9.8.5 Uso de vapor sobrante

Es muy posible que a pesar de las soluciones que se suelen emplear para aprovechar al máximo el vapor producido por la caldera pueda existir un exceso de vapor cuando la recuperación de condensado es alta. Desde el punto de vista de la conservación de la energía esto es un despropósito además de ser económicamente objetable. Por lo tanto será necesario aguzar el ingenio para encontrar maneras de aprovecharlo. Algunas de ellas son:

- Usar vapor de baja presión para calentamiento en el proceso o para acondicionamiento de aire.
- Usarlo para calentamiento de agua de consumo humano (por ejemplo de duchas).
- Precalentar el aire o combustibles líquidos de quemadores que puede haber en la planta.

Un ejemplo de utilización eficiente es una instalación donde el agua caliente que sale del desaireador se emplea para calefacción de una oficina. Si bien esto no aprovecha vapor sobrante, se ahorra energía que de otro modo sería necesario gastar en calefacción.

9.8.6 Economía del tanque de flasheo

El vapor que se tira en el tanque de flasheo por ventearlo a la atmósfera es un desperdicio de dinero que fatalmente se deberá considerar en algún momento. Para reducir la cantidad de vapor venteado hay dos posibles caminos. Uno pasa por el uso de vapor de calefacción de baja presión y el otro por el aprovechamiento del vapor proveniente del flasheo del condensado. Cada una de estas alternativas tiene ventajas y desventajas. La primera es mas aplicable en los casos en que se proyecta una instalación nueva, mientras la segunda es mas flexible y adaptable a instalaciones ya existentes.

9.8.6.1 Uso de vapor de media y baja presión

El vapor que se emplea para calefacción generalmente es vapor de alta presión. Hay varias razones que explican esto. En primer lugar, las calderas de baja presión son mas voluminosas y térmicamente menos eficientes que las de alta presión por lo que resultan mas caras. Por otra parte, el vapor de baja presión a menudo es mas húmedo que el de alta presión lo que produce menores coeficientes de intercambio de calor, y requiere por lo tanto intercambiadores mas grandes. Además el vapor húmedo a veces causa flujo bifásico intermitente con los consiguientes trastornos operativos.

No obstante, aunque la caldera genere vapor de alta presión siempre es posible reducirlo y emplear como medio calefactor vapor de media o baja presión. La pregunta que se plantea de inmediato es: ¿y esto en qué nos beneficia?.

Trataremos de demostrar que la reducción de presión conduce a una menor pérdida de vapor de venteo y por lo tanto a una disminución de los gastos operativos. Supongamos tener una instalación como la que ilustramos en el siguiente croquis.

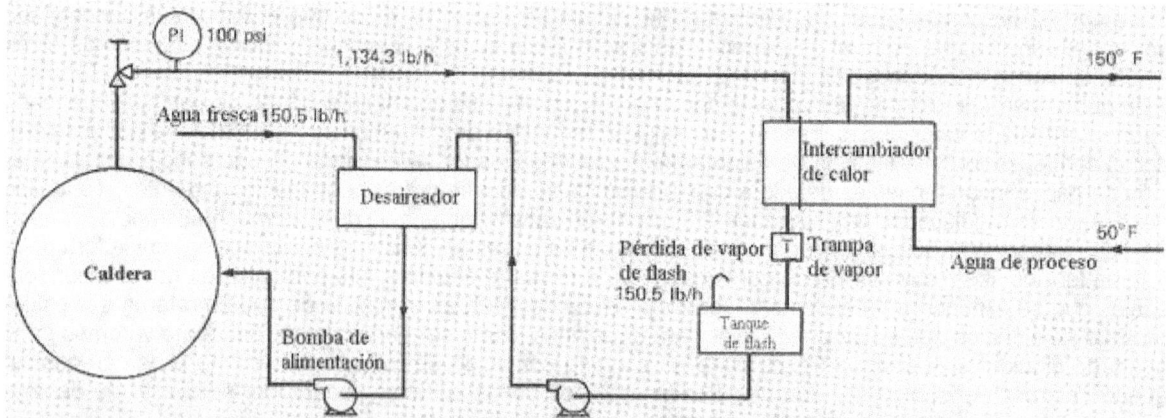

El vapor de 100 psig proveniente de la caldera se emplea en el intercambiador de calor para calentar agua de proceso desde 50 °F hasta 150 °F, condensándose a la temperatura de operación del equipo de intercambio de calor de 338 °F. Este condensado caliente y a presión es eliminado por la trampa de vapor y enviado al tanque de flasheo a presión atmosférica donde el vapor producido en la expansión se ventea. Esta disposición es antieconómica, y nos proponemos averiguar cuanto se pierde y cómo reducir ese desperdicio.

Cada libra de condensado a 100 psig tiene una entalpía de 309 Btu pero a la presión atmosférica su contenido de calor es de sólo 180.2 Btu. La diferencia se gasta en vaporizar alrededor de 0.1327 libras de condensado por cada libra que circula, dado que: (309–180.2)/970.6 = 0.1327. Esto significa que por libra de condensado se tiran a la atmósfera 152.7 Btu, de las 1150.8 Btu que tiene de entalpía cada libra de condensado a presión atmosférica.

La carga de calor transferido en el intercambiador de calor es 1000000 Btu/hora y como el calor latente del vapor a 100 psig es 881.6 Btu/Lb resulta que el flujo de vapor es de 1134.3 Lb/hora. Por lo tanto el calor venteado es 152.7 Btu/Lb×1134.3 Lb/hora = 173207 Btu/hora. Por otra parte, si se emplea el agua a 50 °F para alimentar la caldera, como esta agua contiene 2709 Btu/hora significa que la pérdida neta de calor es 173207 – 2709 = 170498 Btu/hora. Esto representa el 17% del calor total intercambiado.

¿Cuánto representa esta pérdida en términos monetarios?. Supongamos que el vapor cuesta 8$ por cada millón de Btu. Entonces la pérdida de calor significa el desperdicio de alrededor de 12000$ anuales.

¿Se puede reducir este desperdicio simplemente reduciendo la presión de vapor?. Supongamos que adoptamos una disposición tal como la ilustrada en el siguiente croquis, con dos intercambiadores en paralelo.

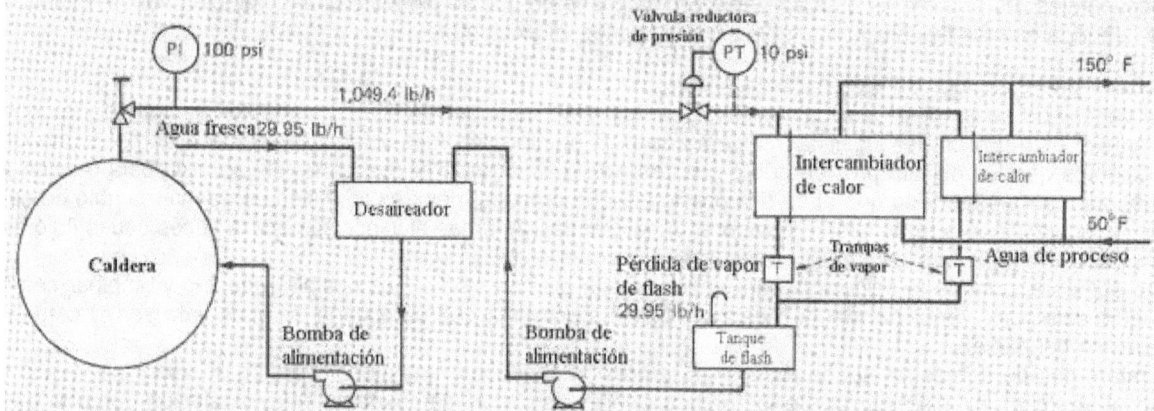

Como la carga de calor transferido en el intercambio de calor es la misma pero el calor latente del vapor es mayor (952.9 Btu/Lb) la cantidad de vapor es: 1000000/952.9 = 1049 Lb/hora de vapor. El porcentaje de condensado que flashea es ahora menor: 2.854%. Por lo tanto, si se tira todo el vapor flasheado en el tanque la pérdida de calor es menor: 34466 Btu/hora. La pérdida de calor neta es en consecuencia 33927 Btu/hora lo que representa el 3.39% del calor total intercambiado. Estimando el costo de la energía desperdiciada encontramos que hay una disminución de 9570$ anuales, lo que representa un ahorro sustancial. Sin embargo, esta es solo una faceta de la situación, ya que debemos tener en cuenta que la media de temperatura es menor que antes y como consecuencia se necesita un intercambiador mas grande. En efecto, la *MLDT* (diferencia media logarítmica de temperatura, véase definición en el apartado **18.1.2** del capítulo **18**) anterior era 234 °F pero ahora es 138.8 °F. Entonces habrá que aumentar la superficie en proporción al cociente de ambos valores de *MLDT* si suponemos que el coeficiente global *U* es constante. El coeficiente global U es el coeficiente global de intercambio de calor del intercambiador de calor, véase definición en el apartado **15.5.1** del capítulo **15**.

Por lo tanto el aumento será: 234/138.8 = 1.75. Suponiendo U = 150 Btu/(pie^2 hora °F) tenemos que el área del intercambiador es: $A = Q/\Delta t/U$ = 1000000/150/234 = 28.5 pie^2. Entonces ahora será 28.5×1.75 = 49.86 pie^2. Diferencia: unos 21.4 pie^2. Esto equivale en la práctica a otro intercambiador en paralelo con el que ya existía, como vemos en el croquis anterior. Pero comprar e instalar el nuevo intercambiador con todos sus equipos auxiliares significa un costo extra que se deberá pagar con el ahorro esperado de 12000$ anuales. Habrá que ver en cuanto tiempo se amortiza este costo con el producto del ahorro esperado de combustible, y si financieramente se justifica.

9.8.6.2 Aprovechamiento del vapor de flash

Dado el engorro que significa el planteo anterior con un resultado que en definitiva no sabemos como va a funcionar hasta que no se pone en práctica, se debe explorar la segunda alternativa que ofrecemos en el punto **9.8.6**: aprovechamiento del vapor proveniente del flasheo de condensado.

Supongamos que enviamos el condensado proveniente de la trampa de vapor instalada en la salida de vapor del intercambiador a un tanque de separación de líquido de tal manera que sólo el líquido proveniente de ese tanque vaya al tanque de flasheo, mientras que el vapor se usa para precalentar el agua antes de que ingrese al intercambiador. Puesto que este vapor está saturado, es seguro que condense totalmente en el precalentador y del mismo saldrá condensado que se enviará al tanque de flasheo. Véase el siguiente croquis.

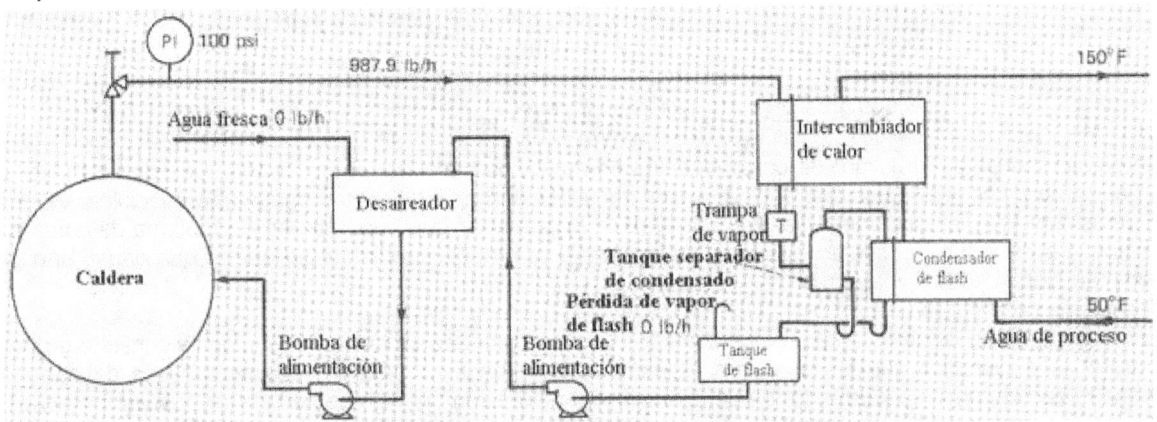

En estas condiciones tenemos los siguientes valores de las variables características del proceso. Presión de descarga del precalentador de agua: 0 psig. Calor latente del vapor vivo a 100 psig: 881.6 Btu/Lb. Calor latente de vapor flasheado: 970.6×0.1327 = 128.8 Btu/Lb. La suma de ambos da 1010.4 Btu/Lb que es el calor total entregado por el vapor vivo y el flasheado al agua. Por lo tanto el consumo total de vapor (vivo + flasheado) = 1000000/1010.4 = 989.7 Lb/hora.

La temperatura del agua se incrementa en el precalentador 12.75 °F, de modo que el agua sale a 62.75 °F. En cuanto a la carga de calor intercambiado, el precalentador entrega 127500 Btu/hora, mientras el intercambiador entrega al agua la cantidad de calor restante: 1000000 – 127500 = 872500 Btu/hora. Asumiendo que el coeficiente global U es el mismo que antes para ambos intercambiadores tenemos las siguientes superficies.

Para el primer intercambiador: $\Delta t = MLDT$ = 229 °F de donde:

$A = Q/\Delta t/U$ = 872500/150/229 = 25.4 pie^2.

Para el precalentador: $\Delta t = MLDT$ = 155.5 °F de donde:

$A = Q/\Delta t/U$ = 127500/150/155.5 = 5.5 pie^2.

Evidentemente, el primer intercambiador ahora está sobredimensionado. En una segunda aproximación, el primer intercambiador y la trampa de vapor que tienen una pérdida de presión no entregarán condensado a 100 psig, sino a presión un poco menor. Además el coeficiente global del precalentador probablemente no sea igual al del intercambiador de vapor vivo, de modo que un cálculo exacto posiblemente daría un resultado algo distinto, pero nuestros cálculos representan aproximadamente lo que sucede en la práctica. Como los costos del precalentador y del tanque de separación serán bastante pequeños esta opción parece ser mas atractiva que la anterior. Tenemos un costo de equipos que posiblemente esté en el orden del que insume implementar la reducción de presión que se propuso en el punto **9.8.6.1**, pero a diferencia de lo que sucedió entonces el desperdicio de vapor en el tanque de flasheo ha desaparecido. De hecho, puesto que el condensado sale a una presión casi exactamente igual a la atmosférica, podemos eliminar el tanque de flasheo por completo.

9.8.7 Calidad del condensado que retorna a la caldera

El condensado que retorna a la caldera debe tener la misma calidad que el agua tratada empleada para alimentarla. Según sean las especificaciones del fabricante, que dependen de la presión de operación de la caldera, se deberá monitorear la calidad del condensado. Esto es necesario porque el condensado retorna desde procesos en los que existe peligro de contaminación.

Por ejemplo, puede suceder que el condensado provenga de un intercambiador de calor en el que por una deficiente selección del equipo hay tensiones de origen térmico que producen filtraciones del fluido hacia el vapor. Este al condensarse incorpora pequeñas cantidades de ese fluido, independientemente de que este sea un gas o un líquido, y el condensado queda contaminado. Lo mas fácil de detectar es la contaminación por sustancias conductoras de la electricidad, ya que estas aumentan mucho la conductividad eléctrica del condensado. Si la conductividad llega a estar un 10% por encima de la máxima admisible en la caldera será necesario derivar esa corriente a desecho, ya que es riesgoso que retorne a la caldera. Será también necesario revisar el equipo sospechado de causar el problema para detectar y resolver la falla. Las sustancias no iónicas que no aumentan o aumentan muy poco la conductividad eléctrica del condensado plantean otro problema mas difícil. Las sustancias no iónicas que causan contaminación del condensado con mas frecuencia son los aceites. Otras sustancias que se suele encontrar contaminando condensado se listan en la tabla siguiente.

Sustancias contaminantes mas habituales en el condensado	
Azúcares	Fuel oil (calidad 1 al 6)
Grasas	Grasas y aceites animales y vegetales
Nafta	Aceites de máquina, cortes de petróleo
Kerosén	Aceites lubricantes
Hexanos	Licor negro (industria celulósica)
Ácidos grasos	Crudo topeado
Gasoil	Furfural

En ciertas industrias el peligro de contaminación es mayor que en otras, pero en todas existe en mayor o menor grado. Los problemas que origina la contaminación son múltiples y a menudo impredecibles. Vamos a mencionar los mas comunes para dar una idea de la gravedad que puede tener el problema de contaminación. Se debe tener presente que rara vez se presenta un solo problema, ya que lo que causa uno de ellos también puede originar otros.

Formación de espuma

Los hidrocarburos de cadena larga tales como los aceites naturales en los que la molécula contiene grupos hidrófobos e hidrófilos que les confieren propiedades tensioactivas pueden resultar capaces de generar grandes cantidades de espuma. Esto puede significar aceleración del flujo debido al mayor volumen ocupado en las tuberías, con peligro de erosión de las mismas. Es muy común que los aceites contengan detergentes, y si el agua es alcalina y hay presentes ácidos grasos se puede producir una reacción química entre el álcali y los ácidos grasos que produce jabones. Los jabones, aceites sulfonados, alcoholes, los hidrocarburos alifáticos o aromáticos sulfonados, las sales de amonio cuaternarias, los éteres y los esteres orgánicos no iónicos y algunas partículas sólidas finas actúan como emulsionantes y pueden causar o aumentar la formación de espuma.

Depósitos

Los aceites mezclados con agua dura producen la formación de depósitos mucho mas duros y adherentes que los que forma el agua dura, que resultan mas difíciles de eliminar. También interfieren en algunos procedimientos de ablandamiento químico como el de fosfato. Además los aceites pueden actuar como núcleos o promotores de incrustaciones en la caldera, porque cualquier partícula sólida que normalmente quedaría en suspensión o formando un barro fácil de eliminar por lavado al encontrarse con un aceite se recubre del mismo y se vuelve pegajosa y adherente; al pegarse en las paredes de los tubos, el aceite se evapora o carboniza y el sólido forma un depósito. Ocasionalmente, si hay presente aceite o grasa de rodamientos a bolillas se forma un depósito en las paredes de los tubos, que al desprenderse los pueden obturar.

Disminución del pH

Muchas sustancias orgánicas, particularmente los azúcares, se carbonizan completamente formando ácidos orgánicos. En sistemas de alta presión que usen procesos de ablandamiento con fosfato controlado por pH, estos ácidos pueden disminuir el pH a 3 o 4. Esto es gravísimo porque causa corrosión ácida en la caldera.

Contaminación de resinas de intercambio

Las sustancias orgánicas presentes en el condensado producirán la disminución de actividad de las resinas de intercambio iónico usadas para desmineralizar el agua cruda enviada a la caldera, e incluso pueden destruirlas o inutilizarlas por completo. El aceite por ejemplo las inutiliza de forma irreversible porque recubre los granos de resina tapando sus poros e inactivando su capacidad de intercambio de iones. Si se mezcla condensado con agua cruda y hay presente aceite en mínimas proporciones en cualquiera de los dos es inevitable que haya serios problemas con las resinas. Se han informado casos en la literatura de lechos de resina totalmente tapados, con pérdidas totales por valor de centenares de miles de dólares.

Otros problemas

La magnitud de los trastornos que puede causar la presencia de contaminantes en el condensado depende de su cantidad. También depende del tipo de proceso de ablandamiento que se use, como vimos en el párrafo anterior. Por ejemplo una cantidad muy grande de aceite en el condensado puede tapar las trampas de vapor o trabarlas causando la pérdida de vapor, y también puede obturar válvulas de control y aumentar la deposición de sólidos en la caldera.

9.8.7.1 Monitoreo del condensado

Se deben implementar dos controles básicos. Además del control de conductividad eléctrica se debe montar una celda de medición continua de transparencia o celda turbidimétrica. Esta mide constantemente la presencia de partículas sólidas o líquidas presentes en el condensado y controla el flujo para desviarlo a desecho si la turbidez excede los valores máximos. Como muchos de los contaminantes (en particular los aceites) son insolubles en agua, aumentan su turbidez. También es posible detectar visualmente la presencia de aceites (aun en proporciones minúsculas) por la iridiscencia que producen en la superficie libre del condensado.

Otros parámetros que se pueden monitorear son: el color, la fluorescencia (muchas sustancias orgánicas emiten luz en el rango visible al ser atravesadas por luz ultravioleta), la absorción en el infrarrojo y los análisis de laboratorio que requieren instrumentación mas sofisticada, como la cromatografía de fase gaseosa.

El monitoreo se debe hacer por ramales tratando de controlar la menor porción posible del retorno de condensado, para poder detectar con la mayor prontitud el origen de la contaminación. Lo ideal sería monitorear cada equipo para poder aislarlo de inmediato pero esto en general no es posible.

9.8.7.2 Medidas correctivas

Se puede impedir que el condensado contaminado ingrese a la caldera tomando las siguientes medidas correctivas.

Eliminar las fugas

Es la forma mas lógica y evidente aunque no siempre la mas fácil de implementar rápidamente. En grandes refinerías de petróleo, por ejemplo, donde hay cientos de intercambiadores de calor y rehervidores conteniendo miles de tubos de intercambiador, localizar y eliminar una fuga puede ser una tarea que demande días y a veces semanas. A veces el reemplazo del equipo fallado (cuando no es económica su reparación) puede llevar mucho tiempo, y en el ínterin es preciso hacer algo para impedir que se contamine la caldera o se pierdan grandes cantidades de condensado.

Tirar el condensado contaminado

Esto es lo primero que hay que hacer apenas se detecta la contaminación, hasta que se averigua su causa y se elimina o resuelve la misma. A veces es la única solución posible si el nivel de contaminación es tan grave que su eliminación se hace imposible o antieconómica. De todos modos teniendo en cuenta el impacto ambiental es probable que no se pueda continuar tirando indefinidamente el condensado, de modo que solo se la puede considerar como una solución provisoria.

9.8.7.3 Tratamiento del condensado

Siempre es posible implementar sistemas de tratamiento cuando las causas de la contaminación no se pueden prevenir total o definitivamente. El tipo de tratamiento a aplicar dependerá de consideraciones técnicas y económicas que varían en cada caso particular según el tipo de contaminación y su intensidad.

Coagulación y filtración

Esta técnica es una de las mas efectivas para eliminar aceites. Se suelen usar filtros prensa para eliminar casi totalmente los aceites y otros hidrocarburos. En esta técnica la consideración mas importante es la selección del medio filtrante, ya que deberá ser capaz de retener el contaminante con una caída de presión razonable. Los medios filtrantes mas comunes son tela de algodón, polímeros sintéticos, fibra de vidrio, celulosa, metal, fibra de carbono, materiales cerámicos y otros sólidos porosos, arena y otros sólidos granulares semejantes. La efectividad del filtro se puede mejorar agregando coadyuvantes de filtración.

Ultrafiltración

Esta técnica resulta exitosa en la separación de mezclas difíciles de separar, como aceite de máquina y agua. Una membrana actuando bajo presión separa un contaminante de su solvente si tiene la porosidad adecuada. Es posible separar muchos contaminantes si se colocan en serie membranas de diferente porosidad. La pureza del agua que sale de un filtro operando adecuadamente puede ser menor de 0.1 partes por millón (0.1 mg/litro) de aceite.

Resinas de adsorción

Se han desarrollado una serie de polímeros capaces de adsorber hidrocarburos emulsionados en agua. Pueden producir agua con contenidos menores de 1 parte por millón de aceite. Se pueden usar a temperaturas de hasta 100 °C. Su capacidad de adsorción es muchas veces superior a la del carbón activado en la remoción de hidrocarburos halogenados (como son muchos solventes industriales) y se pueden regenerar por dos mecanismos: por lavado con vapor vivo o con solventes, o con una mezcla de vapor de agua y de solvente. Son bastante mas caros que el carbón activado pero prestan un mejor servicio.

Sedimentadores por gravedad

Los separadores líquido-líquido son capaces de tratar grandes volúmenes de aguas contaminadas con aceites. La separación efectiva supera el 0.1% de la concentración original si las dos fases tienen una diferencia de densidades de 0.1 o menos. Sin embargo, sólo se pueden usar para separar emulsiones inestables, es decir aquellas que tienden a separarse espontáneamente en sus componentes. No son aplicables a mezclas de líquidos miscibles, emulsiones estabilizadas o emulsiones que contengan contaminación, particularmente de naturaleza gelatinosa. En el mejor de los casos pueden eliminar la mayor parte del contaminante pero no producen agua de calidad suficiente como para alimentar calderas. Un párrafo aparte merece el tratamiento de agua de enfriamiento. Por sedimentación es posible obtener concentraciones menores de 1 a 2 ppm de aceites en el agua. Esto permite su reutilización o su descarte ya que la reglamentación internacional vigente permite tirar agua con concentraciones menores de 8 ppm en los ríos, lagos o lagunas, hasta 25 ppm en aguas marinas costeras (150 millas de la costa) y hasta 30 ppm en alta mar (mas de 150 millas de la costa).

Lavado con vapor

Esta técnica se usa mucho en refinerías de petróleo. El proceso puede producir concentraciones de hidrocarburos menores de 50 partes por millón si la concentración original del contaminante en el agua es baja, pero en la mayoría de los casos es mucho mayor dependiendo del tipo de contaminante y de la concentración original del contaminante. No es un proceso barato y requiere equipos costosos.

Procesos de flotación

La flotación con aire puede ser un procedimiento efectivo si no hay presentes estabilizadores o emulsionantes químicos. El proceso involucra la disolución de aire en el agua. El aire disminuye la densidad del aceite y aumenta la velocidad de ascenso de las gotitas de aceite disperso.

Una forma de airear el agua es insuflando aire a través de platos distribuidores sumergidos. Otra utiliza un agitador a turbina para dispersar el aire que se disuelve en el agua bajo presión, y en la tercera se satura una parte del efluente con aire a 2-3 atmósferas de presión, para mezclarlo luego con el condensado sin tratar, y entonces la descompresión produce la liberación del aire en forma de minúsculas burbujas. No es un método capaz de producir agua de calidad suficientemente buena para alimentar a la caldera, pero se puede combinar con otros métodos de tratamiento. Es muy eficaz para separar rápidamente líquidos inmiscibles, como aceites e hidrocarburos.

9.9 Ciclos binarios

La sustancia de trabajo usada en casi todos los sistemas de vapor para generar energía es el vapor de agua. La principal razón es económica, al ser el agua la sustancia mas fácil de obtener en grandes cantidades con un razonable grado de pureza. Sin embargo, el vapor de agua está muy lejos de ser la sustancia ideal. Se ha gastado una considerable cantidad de tiempo y dinero en investigar posibles alternativas, en busca de una sustancia mas adecuada que permita mejorar el rendimiento del ciclo de Rankine para acercarlo mas al del ciclo de Carnot, sin tener que recurrir a complejos sistemas como el ciclo regenerativo.

Entre otros, se recurrió al mercurio como fluido de trabajo, pero existen varios problemas con esta sustancia. En primer lugar el precio, ya que es muy caro, y en segundo lugar el hecho de que sus vapores son sumamente tóxicos. No obstante, las experiencias realizadas con mercurio despertaron interés en los ciclos binarios. Un ciclo binario es un sistema que usa dos fluidos de trabajo, por ejemplo mercurio y agua.

Este sistema consiste en realidad de dos ciclos separados, uno que usa mercurio y el otro que usa agua como fluido de trabajo. La disposición física del sistema se puede observar en el siguiente croquis.

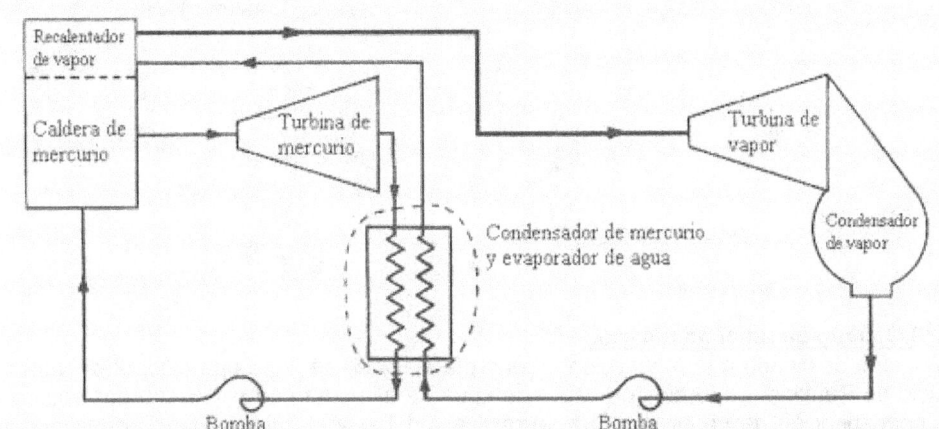

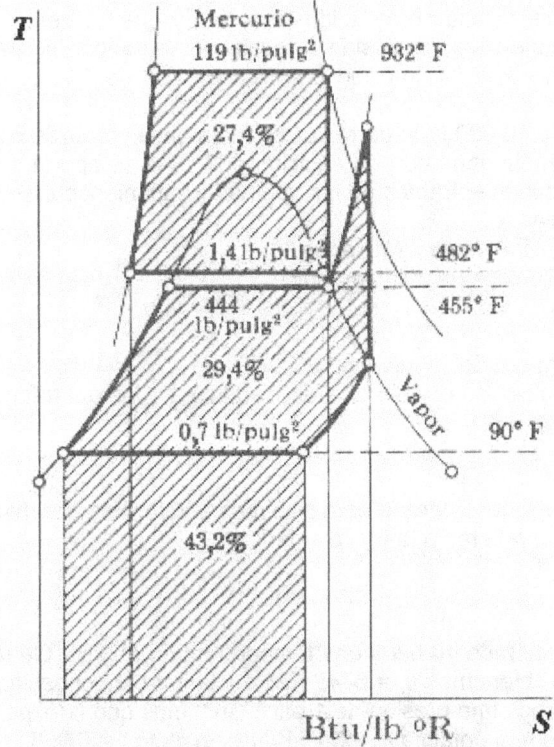

El mercurio se vaporiza en la caldera a 932 °F (500 °C) y se expande en forma isentrópica en su turbina. En el condensador intercambia calor con el agua líquida. Al condensarse el mercurio calienta y evapora al agua, pero sin alcanzar a recalentar el vapor, lo que se consigue en un recalentador situado en el horno de la caldera. El vapor de agua recalentado entra a una turbina separada de la del mercurio, donde se expande en forma isentrópica.

Para las condiciones operativas que se observan en el diagrama de la izquierda, el ciclo del mercurio suministra una potencia equivalente al 27.4% del calor total consumido, mientras que el ciclo del agua desarrolla una potencia equivalente al 29.4% del calor total consumido. La suma de ambas cifras es 56.8%, que equivale al rendimiento combinado del ciclo, y el 43.2% restante del calor consumido se desperdicia en el condensador de vapor.

Para tener un término de comparación, el ciclo de Carnot equivalente, es decir el ciclo que opera entre las temperaturas extremas de 500 °C y 32 °C tiene un rendimiento igual a: 100(1–305/773)= 60.5%. El cociente del rendimiento del ciclo binario sobre el rendimiento del ciclo de Carnot equivalente es: 0.94. Este es un muy buen índice de aprovechamiento de la energía, y por eso el ciclo binario de mercurio despierta tanto interés, a pesar de los inconvenientes citados.

Se ha experimentado con otras sustancias para reemplazar al mercurio. Los ciclos binarios se pueden clasificar según el papel que juega el vapor de agua. Cuando el vapor de agua se usa como fluido de baja temperatura (como en el caso del ciclo de mercurio y agua) se dice que es un ciclo de baja temperatura, y cuando el vapor de agua se usa como fluido de alta temperatura se dice que es un ciclo de alta temperatura. Hasta ahora en los intentos mas exitosos se ha usado vapor de agua como fluido de alta temperatura y un fluido orgánico como fluido de baja temperatura. En este enfoque el vapor de agua juega el mismo papel que el mercurio en el ciclo binario anterior, y el fluido orgánico es un líquido de bajo punto de ebullición, generalmente un hidrocarburo: propano, butano o alguno de los fluidos usados en ciclos frigoríficos.

Un ciclo binario de alta temperatura funciona de la misma forma que el ciclo mercurio-agua, solo que el agua ocupa el lugar del mercurio, y un hidrocarburo ocupa el lugar del vapor de agua en el ciclo binario de mercurio y agua. El vapor de agua se condensa en el condensador de vapor de agua intercambiando calor con el hidrocarburo líquido, que se vaporiza. El vapor de agua y el vapor de hidrocarburo impulsan turbinas distintas, produciendo trabajo por separado. El siguiente croquis muestra el sistema.

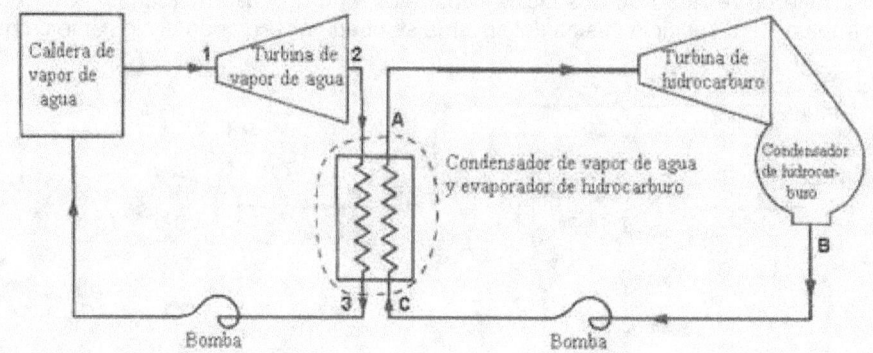

Ejemplo 9.13 Cálculo de un ciclo binario.

En un ciclo binario destinado a la producción de energía eléctrica se tiene una caldera de vapor que opera según un ciclo de Rankine. La turbina de vapor de agua se alimenta con vapor sobrecalentado a 40 bar y 500 °C. La condensación de vapor de agua se realiza a 1 bar y el calor retirado en la condensación se transfiere a un segundo ciclo de Rankine diseñado para operar a baja temperatura que usa R-134a como fluido de trabajo. El R-134a es un líquido orgánico que se usa como fluido frigorífico y que se describe detalladamente en el apartado **10.2.1** del capítulo **10**. Este ciclo opera sin sobrecalentamiento, por lo tanto el vapor del fluido orgánico está saturado a la entrada a la turbina con una temperatura de 80 °C. La condensación del R-134a se produce a 20 °C.

La potencia generada en el ciclo de vapor de agua es de 10.000 KW; parte se consume en la propia fábrica y el resto se aporta a la red eléctrica nacional. La potencia generada en el ciclo de R-134a se aporta a la red. Suponiendo que no hay pérdidas de calor, despreciando el trabajo de las bombas y suponiendo expansiones reversibles en las turbinas de ambos ciclos calcular:

1. El caudal de agua que circula por el ciclo de Rankine de vapor de agua.
2. El caudal de R-134a que circula por el ciclo de Rankine de fluido orgánico.
3. La potencia generada en el ciclo del R-134a.
4. Rendimiento térmico del ciclo del R-134a.
5. Rendimiento exergético del sistema si la temperatura del medio es 25 ºC.

Observaciones. Los datos del vapor de agua se encuentran en el Apéndice del capítulo **3** y los del refrigerante R-134a en el Apéndice del capítulo **10**.

Solución

1. Cálculo del caudal de agua.

   Haciendo un balance de energía por medio del Primer Principio para sistemas abiertos en la turbina tenemos la siguiente ecuación. Los subíndices se refieren a la figura anterior.

$$\dot{W} = \dot{m}(h_1 - h_2) \Rightarrow \dot{m} = \frac{\dot{W}}{h_1 - h_2}$$

Sabemos que el punto 1 corresponde a una presión de 40 bar y una temperatura de 500 °C. De tabla o gráfica de propiedades del vapor de agua obtenemos h_1 = 3445 KJ/Kg y la entropía específica es s_1 = 7.0909 KJ/(Kg °K). Para el punto 2 tenemos una presión de 1 bar. Asumimos que la expansión es isentrópica; entonces $s_2 = s_1$ y obtenemos una entalpía h_2 = 2576 KJ/Kg; el título x = 0.956. Por lo tanto:

$$\dot{m} = \frac{\dot{W}}{h_1 - h_2} = \frac{10000}{3445 - 2576} = 11.51 \frac{\text{Kg}}{\text{seg}}$$

2. Cálculo del caudal de R-134a.
   Para calcular este caudal establecemos un balance de energía en el condensador de vapor de agua, que también es el vaporizador de R-134a.

$$\dot{m}_{H_2O}\left(h_2 - h_3\right) = \dot{m}_{R\text{-}143a}\left(h_A - h_C\right) \Rightarrow \dot{m}_{R\text{-}143a} = \dot{m}_{H_2O}\,\frac{h_2 - h_3}{h_A - h_C}$$

En el punto 3 el agua se encuentra como líquido saturado a la presión de 1 bar, y su entalpía es h_3 = 417.51 KJ/Kg; la entropía específica es s_3 = 1.3027 KJ/(Kg °K). Para el punto A, a 80 °C y en condición de vapor saturado seco la entalpía del R-134a es h_A = 280.4 KJ/Kg y su entropía específica es s_A = 0.888 KJ/(Kg °K). Para el punto C a 20 °C y en condición de líquido saturado la entalpía del R-134a es h_C = 78.8 KJ/Kg y su entropía específica es s_C = 0.299 KJ/(Kg °K). En consecuencia:

$$\dot{m}_{R\text{-}143a} = \dot{m}_{H_2O}\,\frac{h_2 - h_3}{h_A - h_C} = 11.51\frac{2576 - 417.51}{280.4 - 78.8} = 123.235\,\frac{\text{Kg}}{\text{seg}}$$

3. Potencia generada en el ciclo del R-134a.
   La potencia generada se obtiene de un balance de energía en la turbina del R-134a.

$$\dot{W}_{R\text{-}143a} = \dot{m}_{R\text{-}143a}\left(h_A - h_B\right)$$

En el punto B el vapor del R-134a se encuentra a 20 °C y con la misma entropía del punto A puesto que asumimos que la expansión en la turbina es isentrópica. En tablas o gráficos de propiedades del R-134a obtenemos: h_B = 251.6 KJ/Kg con un título x = 0.947. En consecuencia:

$$\dot{W}_{R\text{-}143a} = \dot{m}_{R\text{-}143a}\left(h_A - h_B\right) = 123.235\left(280.4 - 251.6\right) = 3546\ \text{KW}$$

4. Rendimiento térmico del ciclo del R-134a.
   El calor que recibe el R-134a se puede calcular en función del caudal y la diferencia de entalpías.

$$Q_{R\text{-}143a} = \dot{m}_{R\text{-}143a}\left(h_A - h_C\right) = 123.235\left(280.4 - 78.8\right) = 24844.2\ \text{KW}$$

$$\eta = \frac{W}{Q} = \frac{3546}{24844.2} = 0.1427 \equiv 14.27\%$$

5. Rendimiento exergético del sistema.
   El rendimiento exergético del sistema se obtiene dividiendo el trabajo producido (que es la suma de la potencia de ambas turbinas) dividido las exergías consumidas, que es la variación de exergías del vapor de agua entre los estados 1 y 3. Entonces resulta:

$$\eta_{ex} = \frac{W_{H_2O} + W_{R\text{-}143a}}{\Delta B_{1\text{-}3}} = \frac{10000 + 3546}{\dot{m}_{H_2O}\left[\left(h_1 - h_3\right) - T_0\left(s_1 - s_3\right)\right]} =$$

$$= \frac{13546}{11.51\left[\left(3445 - 417.51\right) - 298\left(7.0909 - 1.3027\right)\right]} = 0.9035 \equiv 90.35\%$$

Este es un valor muy bueno, que indica un excelente aprovechamiento de las exergías disponibles. Note que la temperatura del medio es 25 °C a pesar de que la temperatura del condensador de vapor de R-134a es 20 °C. Esto muestra que la temperatura del medio no siempre es igual a la menor temperatura alcanzada en el sistema.

BIBLIOGRAFIA

- *"Termodinámica"* – V. M. Faires.

- *"Principios de los Procesos Químicos"* Tomo II (Termodinámica) – Houghen, Watson y Ragatz.

- *"Termodinámica para Ingenieros"* – Balzhiser, Samuels y Eliassen.

- IFC Secretariat, Verein Deutscher Ingenieure, *"Thermodynamic Property Values of Ordinary Water Substance"*, March 1968.

- *"Tratato Generale delle Macchine Termiche ed Idrauliche"* Tomo II – M. Dornig.

CAPITULO 10

CICLOS FRIGORIFICOS

10.1 Objeto y procesos de la refrigeración

La refrigeración se emplea para extraer calor de un recinto, disipándolo en el medio ambiente. Como esta puede ser también la definición del enfriamiento común, precisaremos un poco mas: se dice que hay refrigeración cuando la temperatura deseada es menor que la ambiente. En este aspecto un equipo frigorífico funciona como una bomba de calor, sacando calor de la fuente fría y volcándolo a la fuente cálida: aire, agua u otro fluido de enfriamiento. Es de gran importancia en la industria alimentaria, para la licuación de gases y para la condensación de vapores.

10.1. 1 Clases de procesos frigoríficos

La refrigeración se puede producir por los medios siguientes.

- Medios termoeléctricos.
- Sistemas de compresión de vapor.
- Expansión de gases comprimidos.
- Expansión estrangulada o expansión libre de gases comprimidos.

En la mayor parte de los sistemas industriales, comerciales y domésticos se usa la segunda opción, es decir, los sistemas por compresión de vapor. Por su difusión se destacan dos sistemas: la refrigeración por compresión de vapor y la refrigeración por absorción. Ambos tipos producen una región fría por evaporación de un fluido refrigerante a baja temperatura y presión. En la refrigeración por compresión se consume energía mecánica en un compresor que comprime el fluido de trabajo evaporado que viene del evaporador (cámara fría) de modo que el calor que tomó el fluido refrigerante en el evaporador pueda ser disipado a un nivel térmico superior en el condensador. Luego de ello el fluido pasa a un expansor que es una simple válvula o restricción (orificio capilar) de modo que el fluido condensado (líquido) a alta presión que sale relativamente frío del condensador al expandirse se vaporiza, con lo que se enfría considerablemente ya que para ello requiere una gran cantidad de calor, dada por su calor latente de vaporización, que toma precisamente del recinto refrigerado.

En la refrigeración por absorción, el calor que toma el fluido refrigerante a baja temperatura y presión es cedido a temperatura intermedia y alta presión luego de haber sido evaporado de una solución por medio de calentamiento. Se diferencia del anterior por no requerir energía mecánica (no hay compresor) y se puede usar cualquier fuente de calor que resulte económica.

10.1.2 Análisis exergético de los procesos frigoríficos

Los procesos frigoríficos se deben analizar con la ayuda del Segundo Principio de la Termodinámica para alcanzar una adecuada comprensión de su naturaleza y del motivo de que sean tan costosos. Ya hemos tratado esta cuestión cuando estudiamos la pérdida de capacidad de realizar trabajo en el apartado **5.10.4** del capítulo **5**. El enfoque que usamos allí se basaba en la ecuación de Gouy-Stodola. Ahora trataremos el problema desde el punto de vista del análisis exergético.

Como se recordará, en el apartado **5.14.2** del capítulo **5** se definió la exergía del calor Q_l intercambiado por el sistema con una fuente a temperatura T_l en la ecuación *(5-51)*, que reproducimos por comodidad.

$$B_q = Q_l - \frac{T_0}{T_l} Q_l = Q_l \left(1 - \frac{T_0}{T_l} \right) \qquad (5\text{-}51)$$

En esta ecuación T_0 es la temperatura del medio ambiente. De la misma se deduce que la exergía que se transmite a la temperatura T_0 vale cero. Esto significa que cuando T_l es igual a la temperatura del medio ambiente la exergía del calor es nula. ¿Qué sucede en los procesos frigoríficos, en los que el intercambio de calor se produce con una fuente a menor temperatura que la ambiente?. Basta examinar la ecuación *(5-51)* para deducir que en este caso la exergía del calor es negativa. ¿Qué significa un valor negativo de la exergía?. Significa que el flujo de exergía tiene una dirección opuesta a la que tendría el flujo espontáneo de calor. También tiene otra interpretación bastante inquietante. Como la exergía es la capacidad de producir trabajo de la energía disponible, un valor negativo representa un *consumo* de trabajo, lo que nos dice que para poder producir el flujo de energía hacia fuentes con menor temperatura que la ambiente es necesario entregar trabajo al sistema. Además, la magnitud del flujo exergético depende de la diferencia entre las temperaturas de la fuente fría y el ambiente, de modo que cuanto mas baja es la temperatura de la fuente fría tanto mas costosa resulta la refrigeración.

Para precisar el análisis, supongamos tener un sistema de refrigeración por compresión tal como el que se muestra en el esquema de la derecha, cuyo objeto es la extracción de calor Q_l de la fuente fría consumiendo trabajo W.

El balance exergético se puede plantear en la siguiente forma. La exergía que ingresa al sistema tiene que ser igual a la que sale mas la que se destruye. Es decir:

$$W + B_{ql} = B_{qo} + \sigma$$

En esta relación W representa la exergía del trabajo. Puesto que el trabajo es por definición exergía pura, son numéricamente iguales.

El término σ representa la destrucción de exergía causada por la irreversibilidad inherente al proceso. Puesto que no es posible crear exergía, se deduce que la destrucción de exergía debe ser siempre positiva (o a lo sumo nula, en el caso límite e ideal de que todo el proceso sea reversible) de donde se deduce que es siempre positiva.

Cuanto mayor sea σ tanto mas costosa será la operación, dado que la exergía del trabajo (que es proporcional al propio trabajo) aumenta con σ. Lamentablemente no podemos predecir el valor de σ. Pero conociendo la magnitud de las corrientes de energía intercambiadas por el sistema en forma de calor y trabajo es posible calcularla para sistemas específicos, lo que permite comparar la destrucción de exergía de los distintos sistemas.

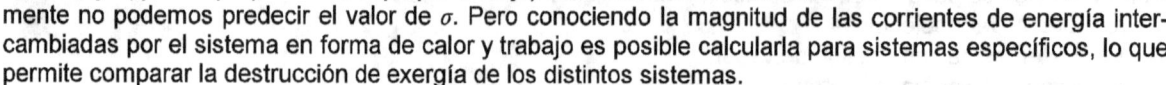

El análisis exergético no distingue entre exergía proveniente del calor y exergía proveniente del trabajo. Esto sugiere que se puede reemplazar la energía en forma de trabajo por energía en forma de calor. En el croquis que vemos a la izquierda se ilustra esta idea. En este esquema tenemos una fuente a una temperatura T_d mayor que la ambiente, que suministra energía en forma de calor Q_d al sistema. Una disposición de esta clase es típica de los procesos de absorción.

El balance exergético en este caso es el siguiente.

$$B_{qd} + B_{ql} = B_{qo} + \sigma$$

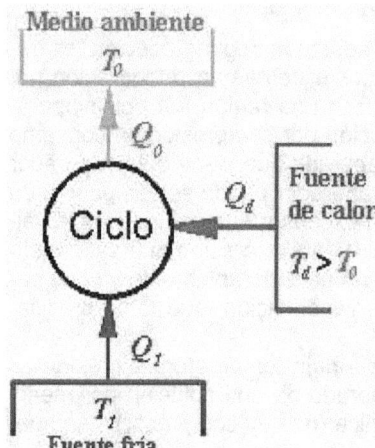

Puesto que el balance en este caso no difiere sustancialmente del anterior, podemos aplicar las mismas deducciones que antes. Poco importa la naturaleza de la fuente emisora de calor Q_d al sistema ya que en definitiva sólo nos interesa la naturaleza de las causas de las irreversibilidades que originan la destrucción de exergía, ya que esta es la que consume energía por la vía de su inutilización.

10.2 Refrigeración por compresión de vapor

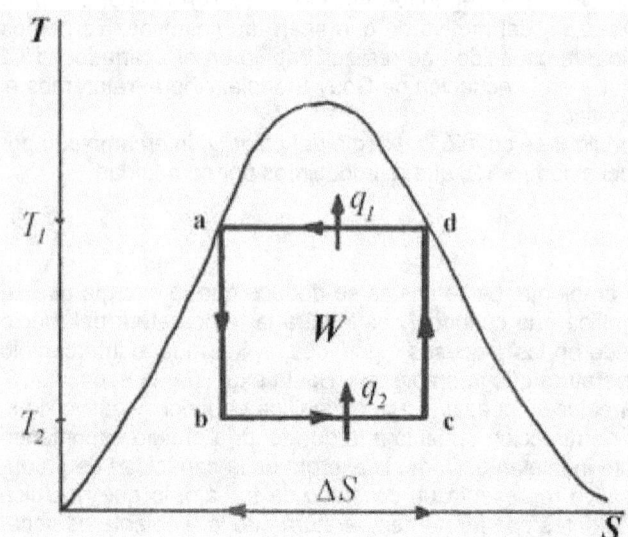

Recordemos el ciclo de Carnot. Aquí opera como máquina frigorífica, es decir que se recorre en sentido antihorario.

A lo largo de la trayectoria de expansión **b→c** se entrega calor q_2 al ciclo aumentando la calidad de vapor a temperatura constante T_2. Luego una compresión adiabática (isentrópica) a lo largo de **c→d** eleva su temperatura hasta T_1. Entonces se condensa el vapor a temperatura constante T_1 cediendo calor q_1. El líquido así obtenido se expande isentrópicamente a lo largo de **a→b**, enfriándose hasta la temperatura T_2. Lógicamente, como el proceso consume trabajo W el calor q_1 deberá ser mayor que el calor q_2. El rendimiento de una máquina frigorífica se mide en términos de lo obtenido (calor q_2 extraído de la zona fría) sobre lo gastado para ello, que en este caso es el calor $(q_1 - q_2)$ o sea el trabajo W.

En la realidad el proceso no es tan simple. Trataremos de visualizarlo con ayuda del siguiente croquis.

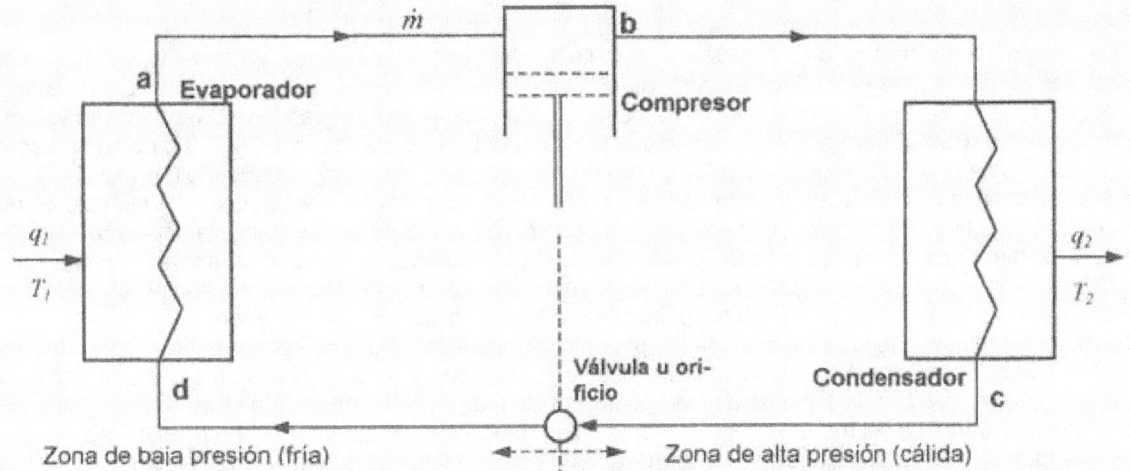

En el mismo por simplicidad se ha omitido el separador de líquido que normalmente se instala a la salida de la válvula. Este es un tanque o vasija donde se separa el gas del líquido. Este último va al evaporador mientras que el gas pasa directamente al compresor.

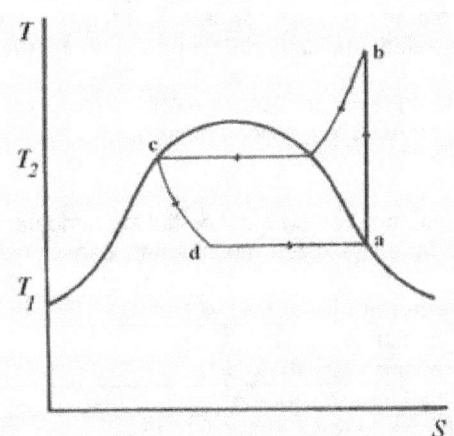

El condensador en los sistemas mas simples es un intercambiador de calor del tipo "radiador" a aire. Un ciclo típico por compresión de una sola etapa se puede ver en el diagrama T-S que vemos a la izquierda.

Las diferencias con el ciclo de Carnot se deben a los hechos siguientes:

a) La evaporación no es isentrópica porque se suele hacer a través de una restricción, o sea que resulta isentálpica, espontánea y por ello fuertemente irreversible, es decir, con aumento de entropía;

b) La compresión se lleva a cabo hasta que el vapor se recalienta.

El calor absorbido en el evaporador (la fuente fría) se obtiene de la siguiente ecuación.

$$Q_2 = \text{calor absorbido en el evaporador} = H_a - H_d \qquad (10\text{-}1)$$

Puesto que por lo general se conoce el calor que se debe eliminar en el evaporador, que suele ser un dato, podemos calcular el caudal de masa de fluido frigorífico que circula por el evaporador. El calor extraído por unidad de masa en el evaporador es:

$$q_2 = h_a - h_d \Rightarrow Q_2 = \dot{m} \times q_2 \Rightarrow \dot{m} = \frac{Q_2}{h_a - h_d}$$

$$Q_1 = \text{calor cedido en el condensador} = H_b - H_c \qquad (10\text{-}2)$$

W es el trabajo realizado en el compresor:

$$W = (H_b - H_c) - (H_a - H_d) \qquad (10\text{-}3)$$

Como la expansión **c→d** es casi isentrópica, es:

$$H_c = H_d \Rightarrow W = H_b - H_a \qquad (10\text{-}4)$$

Por lo tanto el Coeficiente de Eficiencia Frigorífica (**cef**) es:

$$\mathbf{cef} = \frac{Q_2}{W} = \frac{H_a - H_d}{H_b - H_a} \qquad (10\text{-}5)$$

En realidad, además de la pérdida de eficacia debida a la irreversibilidad de la expansión **c→d** tenemos que tener en cuenta que cuanto mayor es la relación de compresión tanto mayor es la eficacia del compresor. Para una sola etapa, rendimientos típicos de compresores alternativos de amoníaco vienen dados por las expresiones siguientes:

$$\eta_S = 0.86 - 0.038\left(\frac{P_f}{P_i}\right) \qquad \eta_V = 1.0 - 0.05\left(\frac{P_f}{P_i}\right)$$

Si bien estas expresiones sólo son aproximadamente válidas para compresores alternativos, se encuentran relaciones similares para otros tipos de compresor. Para compresores alternativos el rendimiento isentrópico oscila entre 0.85 para compresores chicos hasta 0.93 en compresores grandes. El rendimiento volumétrico va desde 0.6 a 0.7 para compresores chicos (hasta 10000 frig./hora) hasta 0.7 a 0.8 para compresores medianos (hasta 50000 frig./hora) hasta 0.8 a 0.88 en compresores grandes (> 50000 frig./hora).

Para instalaciones frigoríficas de gran tamaño se suelen usar compresores centrífugos. Por ejemplo en una instalación de 3,000,000 frigorías por hora funcionando con Freon 12 de temperatura de ebullición –40 °C el compresor debe aspirar alrededor de 20000 m³/hora de vapor. Empleando un compresor horizontal a pistón de dos etapas la primera etapa debería tener un diámetro de 1.5 m., mientras que un compresor centrífugo será mucho menos costoso, ya que su peso, incluido reductor, será siete veces menor.

Los compresores centrífugos son muy usados para ciclos frigoríficos. Pueden ser herméticamente cerrados, semiherméticos o abiertos. Los equipos herméticos tienen el motor y la caja del compresor integrados en un solo conjunto, lo que permite obtener dos ventajas. Por un lado se reducen las fugas de fluido al mínimo, y por otro el enfriamiento del motor lo hace el propio fluido refrigerante lo que permite un diseño mas compacto y económico. Todos los refrigeradores domésticos y comerciales chicos tienen esta disposición llamada de "equipo sellado".

Los compresores centrífugos semiherméticos tienen la ventaja de permitir un acceso mas fácil que los herméticos en caso de fallas. Muchos compresores de media capacidad son semiherméticos. En un compresor abierto el motor y el impulsor están instalados en cajas separadas, así que hay un eje que pasa a través de la caja del compresor lo que obliga a tener un sello para evitar fugas entre el eje y la caja. La razón de que sigan usándose es que consumen menos energía que los de tipo sellado, típicamente de un 2 a un 4% menos. Por ese motivo muchos equipos grandes son de tipo abierto.

En general, los compresores alternativos se están dejando de lado en favor de diseños rotativos (por ejemplo de tornillo) en instalaciones de mas de 500,000 frigorías/hora ya que su rentabilidad es mayor.

10.2.1 Fluidos frigoríficos

La siguiente tabla proporciona las siglas o formas abreviadas de los nombres de muchos fluidos refrigerantes usados en la actualidad. Además de las siglas que figuran en la tabla existen muchas denominaciones comerciales.

Sigla	Nombre químico	Sigla	Nombre químico
R-11	Triclorofluorometano – CCl_3F	R-227	Heptafluoropropano
R-12	Diclorodifluorometano – CCl_2F_2	R-290	Propano – $CH_3\text{-}CH_2\text{-}CH_3$
R-13	Clorotrifluorometano – $CClF_3$	R-C318	Octafluorociclobutano
R-13B1	Bromotrifluorometano – $CBrF_3$	R-407A	Mezcla de R-32, R-125 y R-134a (1)
R-14	Tetrafluoruro de carbono – CF_4	R-407B	Mezcla de R-32, R-125 y R-134a (2)
R-21	Diclorofluorometano – $CHCl_2F$	R-407C	Mezcla de R-32, R-125 y R-134a (3)
R-22	Clorodifluorometano – $CClF_2$	R-410A	Mezcla de R-32 y R-125 al 50% en peso
R-23	Trifluorometano – CHF_3	R-500	Azeótropo de R-12 y R-152a
R-32	Difluoroetano – $C_2H_4F_2$	R-502	Azeótropo de R-12 y R-115
R-40	Cloruro de metilo – $CClH_3$	R-503	Azeótropo de R-23 y R-13
R-40	Metano – CH_4	R-504	Azeótropo de R-32 y R-115
R-113	Triclorotrifluoroetano – $CCl_2F\text{-}CClF_2$	R-507	Mezcla de R-125 y R-143a 50% en peso
R-114	Diclorotetrafluoroetano – $CClF_2\text{-}CClF_2$	R-600	n-Butano
R-115	Cloropentafluoroetano – $CClF_2\text{-}CF_3$	R-600a	Isobutano
R-125	Pentafluoroetano – $CHF_2\text{-}CF_3$	R-717	Amoníaco – NH_3
R-134a	Tetrafluoroetano – $CHF_2\text{-}CHF_2$	R-744	Dióxido de carbono – CO_2
R-126	1,3-dicloro-1,12,2,3,3-hexafluoropropano	R-1150	Etileno – $CH_2=CH_2$
R-142b	Clorodifluoroetano	R-1270	Propileno
R-152a	Difluoroetano	HX4	Mezcla R-32, R-125, R-143m y R-134a (4)
R-170	Etano – $CH_3\text{-}CH_3$	MHC 50	Mezcla de R-290 y R-600a (5)
		CARE 50	Mezcla de R-170 y R-290 6/94 moles %

Notas aclaratorias

(1) R-407A es una mezcla de 19 a 21% en masa de R-32 + 38 a 42% en masa de R-125 + 38 a 42% en masa de R-134a.
(2) R-407B es una mezcla de 9 a 11% en masa de R-32 + 68 a 72% en masa de R-125 + 18 a 22% en masa de R-134a.

(3) R-407C es una mezcla azeotrópica ternaria de R-32, R-125 y R-134a en proporción 23/25/52% en peso. Límites: 22 a 24% en masa de R-32, 23 a 27% en masa de R-125 y 50 a 54% en masa de R-134a.

Los refrigerantes R-407 son un buen sustituto para el R-22 que, como veremos enseguida, está condenado a desaparecer de la mayor parte de las aplicaciones.

(4) HX4 es una mezcla de R-32, R-125, R-143m y R-134a en proporción 10/33/36/21% en peso.

(5) MHC 50 es una mezcla de 50% en peso de R-290 y R-600a.

Selección del fluido frigorífico

Cuando reflexionamos sobre el problema de la selección de un fluido frigorífico de compresión de vapor vemos de inmediato que la elección obvia es el vapor de agua, tanto desde el punto de vista del precio como de las características de sustancia inocua, comparativamente no corrosiva, facilidad de obtención al estado puro, estabilidad físico-química y seguridad de su empleo. Por desgracia, las propiedades termodinámicas del vapor de agua no lo convierten en la mejor elección aunque no sea imposible usarlo, como de hecho se usó en el pasado. La causa de que no se use extensivamente el vapor de agua en ciclos frigoríficos de compresión de vapor es la presión extremadamente pequeña que debe tener el evaporador para poder alcanzar las bajas temperaturas que nos interesan en la práctica.

Si la evaporación se hiciese a presión atmosférica habría una temperatura de 100 °C en el evaporador, difícilmente un valor aceptable en refrigeración. Supongamos ahora que estamos pensando en un sistema de refrigeración para el aire acondicionado de una oficina, donde nos proponemos mantener una temperatura del aire de 20 °C. Para que el sistema de aire acondicionado sea efectivo técnica y económicamente tiene que enfriar una parte del aire; por ejemplo la quinta parte, a una temperatura menor, digamos a unos 10 °C. A una temperatura de 10 °C en el evaporador la presión de vapor tendría que ser de alrededor de 12 mbar, o sea unos 0.0125 Kg_f/cm^2. Si queremos alcanzar una temperatura menor, como ser 0 °C para fabricar hielo, necesitaríamos operar el evaporador a una presión de 0.00623 Kg_f/cm^2.

Cuando enfrentamos el problema práctico de manejar grandes cantidades de masa de vapor de agua a tan bajas presiones se plantean de inmediato dos dificultades serias. La primera, es la propia presión, que es muy baja. Resulta complicado (¡y muy caro!) mantener estanco el sistema cuando funciona bajo vacío. La segunda es que a muy baja presión el vapor de agua tiene una densidad muy pequeña, o lo que es lo mismo un volumen específico demasiado grande, lo que demandaría un tamaño desmesurado de tuberías y compresor y un consumo gigantesco de energía en el compresor para poder manejar el caudal de masa necesario para alcanzar un efecto frigorífico adecuado. Vemos entonces que el fluido frigorífico apropiado no sólo debe tener un bajo punto de ebullición (que es el que determina la temperatura del evaporador, y por lo tanto de la cámara fría) sino también una densidad lo mas elevada que sea posible para que el consumo de energía en el compresor por unidad de masa de fluido que circula sea lo mas bajo posible. Esto requiere moléculas con peso molecular elevado, cosa que el agua no tiene, y el amoníaco mas o menos.

La necesidad de encontrar fluidos frigoríficos que cumplan estas condiciones impulsaron las investigaciones y se obtuvieron una limitada cantidad de fluidos que cumplen estos requisitos, además de otras propiedades que detallamos a continuación.

1. Temperatura y presión de ebullición en el evaporador. Conviene que la presión de ebullición sea mayor que la atmosférica para que el equipo no funcione al vacío, ya que cualquier filtración podría admitir aire y humedad al interior del circuito de fluido frigorífico, lo que sería muy perjudicial. Para evitar esa filtración, sería necesario que la pared de los tubos sea gruesa, lo que dificulta el intercambio de calor.

2. Temperatura de congelación. La temperatura de congelación del fluido refrigerante debe ser muy inferior a la mínima temperatura alcanzada por el sistema para alejar cualquier peligro de que se congele el fluido.

3. Temperatura y presión críticas. Conviene que el sistema funcione a presión y temperatura muy inferiores a los valores críticos. Si no fuese así sería difícil licuar el fluido refrigerante o el enfriador de vapor en la etapa posterior al compresor tendría dimensiones exageradas. Esto se debe a que el enfriamiento que se produce en el condensador ocurriría en la zona de gas, en lugar de ocurrir en la zona de coexistencia líquido-vapor, en la cual los coeficientes de intercambio de calor son mayores y en consecuencia habrá un intercambio de calor también mayor. Por otra parte, al ser menores los gradientes de temperatura requeridos, resulta también menor la irreversibilidad lo que mejora el rendimiento.

4. Presión media de operación del equipo. Los componentes críticos (el evaporador y el condensador de vapor) deben ser muy robustos si el equipo funciona a una presión elevada, lo que encarece el equipo. Además el consumo de energía en el compresor resulta demasiado grande.

5. Volumen específico pequeño (o densidad grande); como acabamos de explicar, es un requisito necesario para mantener acotado el consumo de energía del compresor. Esta propiedad está íntimamente ligada con el peso molecular, porque a mayor peso molecular mayor densidad del vapor, de modo que resultan preferibles los fluidos frigoríficos mas pesados.

6. Calor latente y calor específico del líquido. Conviene que el calor latente de vaporización del líquido sea elevado y el calor específico del líquido sea pequeño. La razón de este requisito es la siguiente: la expansión isentrópica en turbina no es rentable por lo que se realiza en una restricción (etapa c→d). En la restricción el fluido pasa de la presión P_c a la presión P_d y por cada kilogramo de fluido que la atraviesa se vaporiza una fracción x que requiere una cantidad de calor igual a $(x\,\lambda)$ que produce un enfriamiento desde la temperatura T_c hasta la temperatura T_d de modo que si por la estrangulación pasan $(1 + x)$ Kg de fluido el balance de calor resulta:

$$Cp(t_c - t_d) = \lambda x \Rightarrow x = \frac{Cp(t_c - t_d)}{\lambda}$$

La fracción x de líquido evaporado durante la estrangulación no proporciona frío útil en el evaporador y pasa por este sin utilidad alguna, debiendo ser comprimida posteriormente en el compresor, es decir, se comporta como un fluido inerte desde el punto de vista de su efecto frigorífico. Por lo tanto, es conveniente reducir esta fracción al mínimo. Para ello resulta preferible que el fluido tenga un bajo calor específico, o un alto calor latente, o ambos a la vez. De esta manera el caudal másico del refrigerante es menor, lo que redunda en beneficios por varias razones. En primer lugar, el costo del refrigerante es mas bajo. En segundo término, el compresor debe impulsar menor cantidad de fluido, lo que significa un menor tamaño del compresor y también por supuesto un menor costo de operación.

7. Temperatura máxima alcanzada en el compresor. Esta tiene una relación muy estrecha con el exponente adiabático o politrópico. Conviene que la temperatura máxima alcanzada en el compresor sea lo mas baja posible, para que el condensador tenga un tamaño pequeño. Además los fluidos frigoríficos que tienen temperaturas elevadas de salida del compresor presentan mayores problemas de formación de lodos y separación del aceite lubricante. La temperatura máxima alcanzada en el compresor tiene una relación muy estrecha con el exponente adiabático o politrópico. Cuanto mas elevado es el peso molecular tanto mas cercano a 1 resulta el exponente adiabático del gas y tanto menor resulta el valor de la temperatura máxima alcanzada en la descarga del compresor.

8. Entropía del vapor saturado. Esta debe permanecer constante o aumentar ligeramente con la presión para que el fluido pueda entrar al condensador como un vapor húmedo o saturado. De este modo el condensador tiene menor tamaño, y presenta menor resistencia al flujo.

9. Miscibilidad del fluido frigorífico. El fluido se debe poder mezclar con el aceite lubricante en una amplia gama de valores, para que el aceite pueda ser arrastrado hacia el compresor y haya una lubricación efectiva, particularmente en equipos industriales que usan compresores recíprocos.

10. Viscosidad baja. El fluido frigorífico está en constante circulación. La viscosidad elevada produce mayores pérdidas por fricción en las tuberías y válvulas, que deben ser compensadas por el compresor, que ve así incrementado su consumo de energía.

11. No toxicidad. Los fluidos frigoríficos no pueden ser tóxicos, para que no peligre la salud de los usuarios en la eventualidad de una fuga accidental del fluido al exterior. Además no pueden ser contaminantes del medio ambiente, ni se admite una toxicidad siquiera residual cuando están o pueden estar en contacto con alimentos.

12. Conductividad térmica. Conviene que el líquido tenga una gran conductividad térmica para que la operación del evaporador sea mas eficiente

13. Baja capacidad de corrosión. Cuanto mas inerte sea el fluido, tanto menor ataque produce en las partes críticas del compresor y del sistema.

14. Costo. El fluido debe ser económico y no debe ser explosivo.

15. Estabilidad. El fluido debe ser estable durante períodos prolongados.

Como solución de compromiso que aunque no satisface todas estas condiciones al menos satisface la mayor parte de las mismas, se encontraron tres sustancias: el amoníaco, el dióxido de azufre y el cloruro de metilo. Todos ellos son tóxicos, pero el amoníaco es el menos tóxico y todavía se continúa usando.

El amoníaco seco resulta particularmente atractivo debido a su elevado calor latente, a su bajo costo y a que sólo requiere presiones moderadas. La presión en el evaporador está por encima de la presión atmosférica en los ciclos de amoníaco seco que funcionan a temperaturas superiores a −28 ºF, o sea −33 ºC. No es corrosivo para las aleaciones ferrosas, aunque sí lo es para las aleaciones cuprosas, como el bronce y el latón, y en menor medida para el aluminio. Por ser una sustancia irritante muy activa para los ojos, pulmones y nariz, tiene un nivel de riesgo de medio a alto. Además en dosis masivas es tóxico y también es inflamable.

En el pasado se usaron derivados clorados de los hidrocarburos mas livianos, como el cloruro de metilo Debido a su toxicidad ya no se usa mas desde hace mas de cincuenta años. En su lugar se crearon otros derivados denominados cloro fluoro carburos, emparentados con el cloruro de metilo pero sin su elevada toxicidad.

Creación de los CFC

En la década de 1920 se produjeron una serie de accidentes graves y fatales por escapes de cloruro de metilo de tuberías en instalaciones frigoríficas que impulsaron un trabajo en el que participaron varias empresas privadas para buscar fluidos alternativos. Este culmina en 1928 cuando la General Motors patentó el primer hidrocarburo halogenado (CFC o Cloro Fluoro Carburos, es decir, derivados clorados, bromados y florados de hidrocarburos) lo que permite la construcción de los primeros acondicionadores de aire en 1932. Sin los CFC los acondicionadores de aire no podrían funcionar a los costos actuales.

Lamentablemente, la última propiedad de la lista anterior (número 14) es la responsable de una gran cantidad de problemas atmosféricos. Los cloro fluoro carburos (CFC) son tan estables que cuando se descargan a la atmósfera las moléculas se difunden hasta la estratosfera donde son descompuestas por la radiación ultravioleta, liberando átomos de cloro que destruyen la capa de ozono. Esta destrucción del ozono es uno de los factores causantes del efecto invernadero que produce el recalentamiento global. Además la atmósfera con menos ozono tiene menor capacidad para detener la radiación ultravioleta de alta energía (UV-B de 280 a 320 nm) que produce cáncer de piel y destruye los cultivos. Se ha descubierto que un solo átomo de cloro liberado en la alta atmósfera por los CFC puede destruir unas 100000 moléculas de ozono, como consecuencia de una serie de reacciones en cadena. La reacción está catalizada (entre otras sustancias químicas) por el bromo, razón por la cual los CFC que contienen bromo están en vías de desaparecer.

Nomenclatura de los fluidos refrigerantes

¿Qué significado tienen los nombres de los refrigerantes?. Tomemos por ejemplo el R-11. La R está designando obviamente a un refrigerante. Todos los refrigerantes contienen carbono y algunos pueden contener uno o mas halógenos: cloro, bromo o flúor. También pueden contener hidrógeno. De este modo, la fórmula general de los refrigerantes se puede escribir en forma condensada como sigue.

$$C_x H_y F_z Cl_n$$

Regla del 90

La regla del 90 establece que se debe cumplir la siguiente relación.

$$x \, y + 90 = x \, y \, z$$

En cuanto al valor de n se debe ajustar para que se cumplan las leyes de estructura química de estos compuestos. Se puede demostrar fácilmente que:

$$n = 2(x+1) - y - z$$

La forma de deducir la composición química de un refrigerante a partir de su nombre es la siguiente. Se aplica la regla del 90 al valor que sigue a la R del nombre; por ejemplo el R-11 nos da: 11+ 90=101, lo que significa que $x = 1$, $y = 0$, $z = 1$.

La cantidad de átomos de cloro se calcula entonces de inmediato: $n = 2(1+1) - 1 = 4 - 1 = 3$.

Finalmente, la fórmula química del R-11 es: $C_1 F_1 Cl_3 = CCl_3 F$.

Los fluidos comúnmente usados en las instalaciones grandes (mas de 50000 frigorías/hora) son el amoníaco y los CFC siendo mas usual el amoníaco. En instalaciones pequeñas y medianas se usan los CFC, que están cuestionados por ser perjudiciales para la capa de ozono. Los freones tienen temperaturas de ebullición del mismo orden que el amoníaco pero permiten operar a presiones menores, con lo que el costo de operación baja debido al menor costo de compresión. El amoníaco es tóxico y corrosivo, pero es mas usado en la actualidad en instalaciones grandes.

Los freones tienen varias ventajas sobre el amoníaco. No son tóxicos ni inflamables; por otro lado su costo es mayor. Se dividen según su composición química en cloro fluoro carburos (CFC), bromo fluoro carburos (BFC), hidro cloro fluoro carburos (HCFC) e hidro fluoro carburos (HFC).

Los más agresivos para el medio ambiente son los CFC y BFC, de modo que su fabricación está **prohibida** en todo el mundo a partir del año 2004. Menor impacto tienen los HFC. Por ese motivo, su producción está permitida pero se limita el uso a partir del año 2004. Otros fluidos que se pueden seguir usando son mezclas azeotrópicas de HCFC, como los refrigerantes R-400 y R-500 a R-504. Debido a los cuestionamientos que se hacen a los CFC y BFC, se puede usar otro gas de las mismas propiedades: el HFC-134a, químicamente 1,1,1,2 tetra flúor etano (un HFC), llamado normalmente "freón 134" o R-134a, que no perjudica tanto la capa de ozono.

El R-134a reemplaza al R-12. Fórmula química: CH_2F-CF_3. Sinónimos: 1,1,1,2-tetrafluoroetano, HFC-134a, Freon 134a, SUVA-134a, Genetron-134a, Forane-134a, KLEA-134a. Características físicas: se trata de un gas que se encuentra líquido bajo presión moderada, incoloro, con un olor ligeramente etéreo. No inflamable. Peso molecular: 102.03. Punto normal de ebullición: –26.1 °C = –15 °F. Temperatura crítica: 101.1 °C = 214 °F. Presión crítica: 4.06 MPa = 589 psia. Aplicaciones típicas: refrigeración de media temperatura, aire acondicionado. Esto lo incluye dentro de la inmensa mayoría de las aplicaciones en electrodomésticos y de refrigeración de vehículos. Índice de riesgo o peligrosidad (Índice Hazard Class): HC 2.2.

En el Apéndice al final de este capítulo se encuentran gráficas de propiedades termodinámicas de algunos fluidos refrigerantes, tanto antiguos como de bajo impacto ambiental.

La elección del fluido de trabajo depende de la temperatura que se desee obtener. Dentro de las temperaturas mas comunes (–5 a –40 °C) tenemos el amoníaco, el cloruro de metilo, varios freones, etano, etc. A temperaturas inferiores tenemos algunos freones, el propano etc.

La primera y principal cualidad que debe tener el fluido frigorífico es que su temperatura de ebullición debe coincidir con la temperatura que se desea obtener en la cámara fría, o ser algo menor. El gráfico que vemos a continuación muestra las temperaturas de ebullición de algunos fluidos frigoríficos en función de la presión.

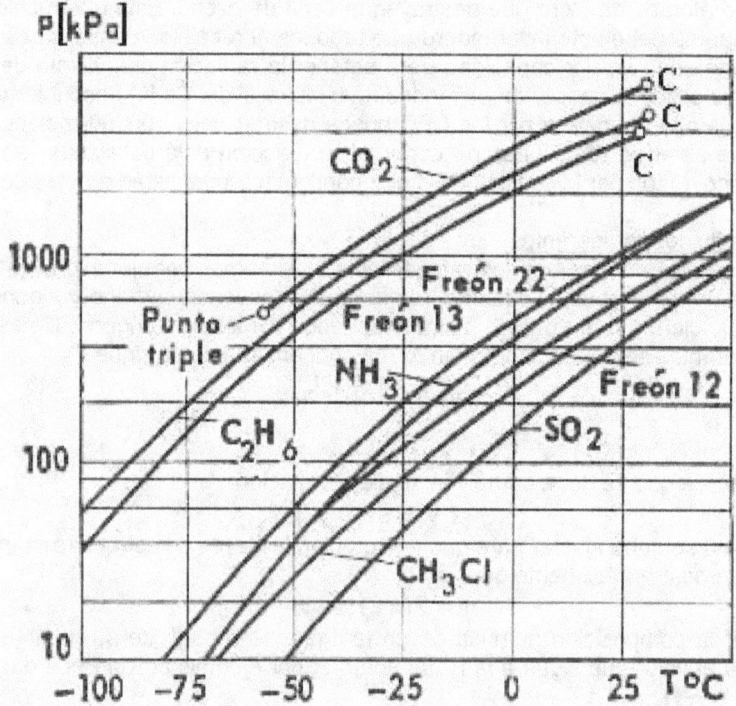

En el extremo derecho de las curvas de algunos fluidos se observa una letra C que simboliza la posición del punto crítico. Si se analiza esta figura se deducen algunas conclusiones interesantes. Por ejemplo el dióxido de carbono tiene una presión de vapor mucho más alta para la misma temperatura que cualquiera de los freones y que el amoníaco, y su punto triple está situado a una temperatura relativamente elevada. Esto hace que sea poco atractivo como fluido frigorífico para bajas temperaturas, sin contar con que su presión operativa es demasiado alta. Esto es malo, porque significa que se necesitan equipos mas robustos para poder soportar la mayor presión y un mayor costo de compresión para el mismo efecto que usando otros fluidos.

El siguiente gráfico muestra la curva de presión de vapor en función de la temperatura de ebullición de algunos fluidos.

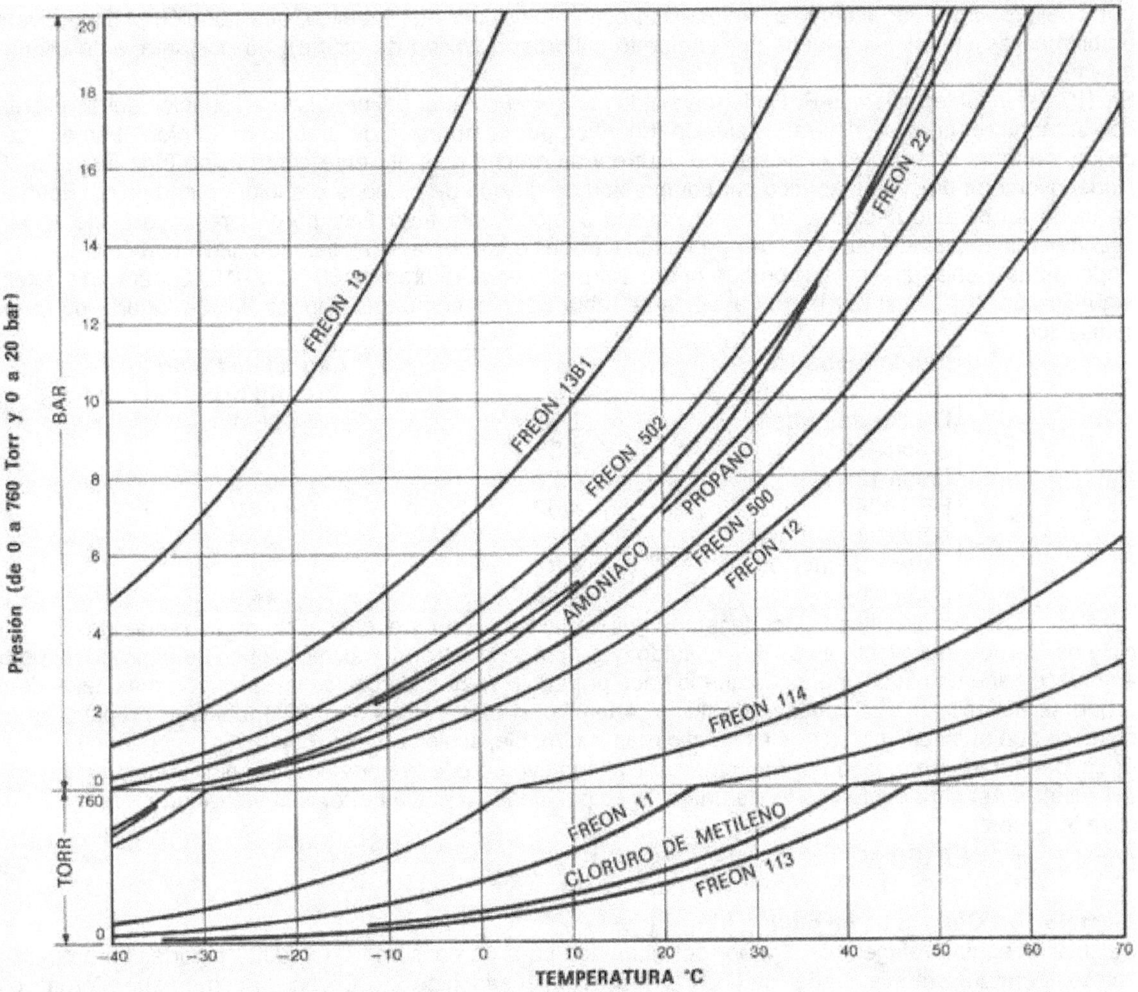

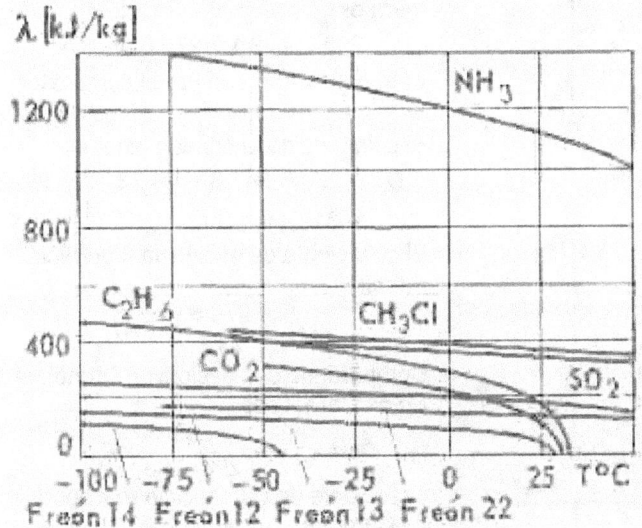

El fluido debe tener además varias otras propiedades: a la temperatura de trabajo debe tener temperaturas de ebullición y condensación muy parecidas para no recargar el compresor, baja temperatura de sobrecalentamiento de vapor durante la compresión, y una baja relación de calor específico sobre calor latente de ebullición.

A la izquierda observamos una gráfica de calor latente en función de la temperatura para diversos fluidos frigoríficos comunes. De los fluidos comunes, el amoníaco por ejemplo presenta un calor latente muy alto y esto es lo que lo hace tan usado.

Sin embargo no se puede comprimir con compresores centrífugos, lo que obliga a usar otros diseños. Con este fin se usan compresores de diversos diseños mecánicos, como compresores a tornillo.

Para procesos de amoníaco o fluidos frigoríficos parecidos las temperaturas normales de evaporador y condensador son de –5 a –20 y de 10 a 30 °C respectivamente. Otros agentes frigoríficos usados en instalaciones industriales son el etano y el propano, así como derivados florados de los hidrocarburos mas simples, como el HFC-134a, ya mencionado antes.

Desde el punto de vista histórico, el primer fluido frigorífico fue el éter etílico; la primera instalación frigorífica por compresión de vapor de éter etílico se puso en marcha en 1834. Mas tarde se reemplazó el éter etílico (muy peligroso por ser altamente explosivo al comprimirlo) por éter metílico, que también plantea diversos problemas de seguridad, y luego por anhídrido sulfuroso (dióxido de azufre); no obstante, este último es muy tóxico.

En 1874 el ingeniero alemán R. Linde (conocido por ser el creador del proceso de licuación del aire llamado con su nombre) creó la primera instalación frigorífica por compresión de amoníaco. Si bien el amoníaco es tóxico, no lo es tanto como el dióxido de azufre y es mucho mas eficiente como fluido frigorífico. En 1884 Linde inventó el proceso frigorífico por compresión de dióxido de carbono o anhídrido carbónico. Ese fluido ha caído en desuso debido a su menor calidad como agente frigorífico, pero el proceso Linde se sigue usando en la actualidad para producir anhídrido carbónico sólido, también llamado nieve carbónica.

Supongamos tener una instalación que opera entre las temperaturas de 30 °C y –15 °C para una potencia frigorífica de 3330 Kcal por hora. La siguiente tabla permite comparar algunos fluidos frigoríficos en esta instalación.

Fluido frigorífico	cef	Caudal de fluido [Kg/hr]
Dióxido de carbono	2.56	96.0
Amoníaco	4.85	11.2
Freon 12	4.72	106.8
HFC-134a	4.62	94.2
Anhídrido sulfuroso	4.74	39.4
Cloruro de metilo	4.67	39.6
Propano	4.88	44.9

Para comparar los distintos fluidos tenemos dos variables: el cef y el caudal de masa requerido. El cef del ciclo de Carnot equivalente es 5.74, y el fluido que mas se acerca al máximo teórico es el propano, pero el amoníaco tiene un caudal menor, lo que lo hace preferible ya que los costos iniciales son mas bajos debido a que se necesita menor cantidad de fluido. Además, si bien ambos son inflamables el propano es mas riesgoso que el amoníaco, ya que es *mucho* mas inflamable, si bien no es tóxico.

El caudal horario entregado por un compresor alternativo se puede obtener fácilmente de las dimensiones del cilindro. Así para compresores de una sola etapa, siendo d el diámetro, N la velocidad en rpm y c la carrera tenemos:

$$V = \eta_V(\pi/4)d^2\, 60\, Nc = 47.12\, \eta_V\, d^2\, Nc \qquad (10\text{-}6)$$

Ejemplo 10.1 Cálculo de un equipo frigorífico.

Calcular el equipo refrigerante a vapor de amoníaco para un consumo de 100000 frigorías/hora operando con temperatura del evaporador de –10 °C y del condensador de 25 °C con un compresor alternativo de una etapa (simple efecto).

Solución

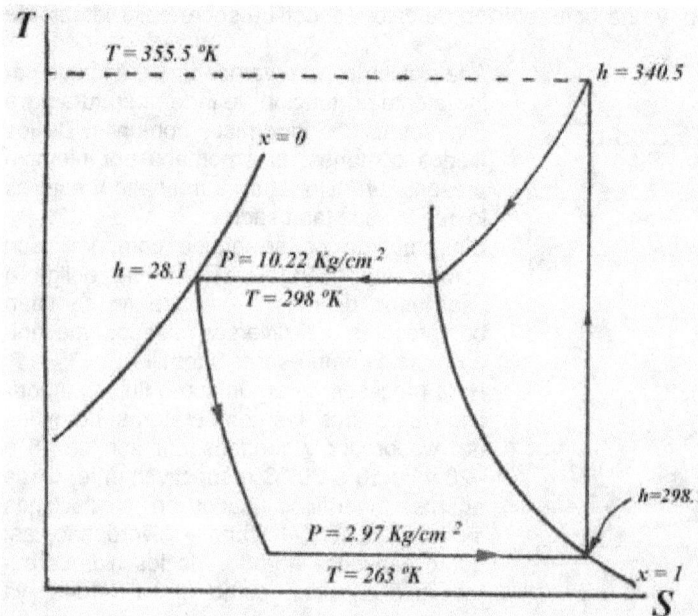

En un diagrama T-S del NH_3 trazamos el recorrido del ciclo.

El calor absorbido por el NH_3 en la cámara es:

$Q_1 = 298.7 - 28.1 = 270.6$ frig./hr.

El trabajo entregado por el compresor:

$W = 340.5 - 298.7 = 41.8$ frig./hr.

El calor cedido al condensador es:

$Q_2 = 270.6 + 41.8 = 340.5 - 28.1 =$

$= 312.4$ frig./hr.

El coeficiente de eficiencia frigorífica cef es:

$$cef = \frac{270.6}{41.8} = 6.47$$

Comparando con el ciclo de Carnot, el cef de Carnot es:

$$cef_{Carnot} = \frac{263}{298-263} = 7.51$$

El cociente de cef del ciclo real sobre el de Carnot es:

$$\frac{cef_{real}}{cef_{Carnot}} = \frac{6.47}{7.51} = 0.86$$

La cantidad de NH_3 necesaria la calculamos del cociente de la capacidad del equipo sobre el calor absorbido en la cámara:

$$\frac{100000 \ \dfrac{\text{frigorías}}{\text{hora}}}{270.6 \ \dfrac{\text{frigorías}}{\text{Kg}}} = 370 \ \text{Kg/hora de amoníaco}$$

El rendimiento isentrópico del compresor es:

$$\eta_S = 0.86 - 0.038\left(\frac{P_2}{P_1}\right) = 0.86 - 0.038\left(\frac{10.22}{2.97}\right) = 0.73$$

Entonces la potencia del compresor será:

$$\text{Potencia teórica:} \ \frac{370 \ \dfrac{\text{Kg}}{\text{hora}} \times 41.8 \ \dfrac{\text{frig.}}{\text{Kg}}}{633 \ \dfrac{\text{Kcal}}{\text{hora}}} = 24.5 \ \text{CV}$$

La potencia real es: $\text{Pot. real} = \dfrac{\text{Pot. teórica}}{\eta_S} = \dfrac{24.5}{0.73} = 33.5 \ \text{CV}$

En consecuencia, el rendimiento de la potencia instalada será:

$$\frac{100000 \ \dfrac{\text{frig.}}{\text{hora}}}{25 \ \text{CV}} = 4000 \ \frac{\text{frigorías}}{\text{CV} - \text{hora}}$$

Este rendimiento es un poco bajo; en realidad, probablemente el compresor debiera ser de dos etapas. Del diagrama entrópico del NH_3 obtenemos al inicio de la compresión ($P = 2.97$ Kg_f/cm^2, $T = 263$ °K, $x = 1$) que el volumen específico es: $v = 0.418$ m^3/Kg. Por lo tanto el caudal horario que debe manejar el compresor es:

$$V = 370 \ \text{Kg/hora} \times 0.418 \ m^3/\text{Kg} = 154.66 \ m^3/\text{hora}$$

De donde:

$$\eta_V = 1.0 - 0.05\left(\frac{P_2}{P_1}\right) = 1.0 - 0.05\left(\frac{10.22}{2.97}\right) = 1.0 - 0.05 \times 3.44 = 0.83$$

Adoptamos $c/d = 1.2$, $N = 320$ rpm y obtenemos de la *(10-6)*:

$$d = \sqrt{\frac{154.66}{47.12 \times 0.83 \times 320 \times 1.2}} = 217 \ \text{mm}$$

Por lo tanto $c = 261$ mm y el compresor tiene dimensiones razonables.

Ejemplo 10. 2 Cálculo de un equipo frigorífico.

Un sistema de refrigeración por compresión de vapor emplea Freón-12 con un caudal másico de 6 Kg/min. El refrigerante entra en el compresor como vapor saturado a 1,5 bar, y sale a 7 bar. El rendimiento isentrópico del compresor es del 70 %. El fluido abandona el condensador como líquido saturado. La temperatura de la cámara es de –10 °C, y la del ambiente 22 °C. No hay pérdidas de calor ni de presión en el circuito de refrigerante. Se pide:
a) Representar el proceso en los diagramas termodinámicos *T-S* y *P-H*.
b) Calcular el máximo coeficiente de eficiencia frigorífica de un equipo que opere entre estas dos fuentes.
c) Calcular el coeficiente de eficiencia frigorífica real de este ciclo.
d) Calcular la capacidad de refrigeración, en Kw.
e) Calcular el rendimiento exergético de la instalación.
Solución

El diagrama de flujo del sistema es el que vemos a continuación.

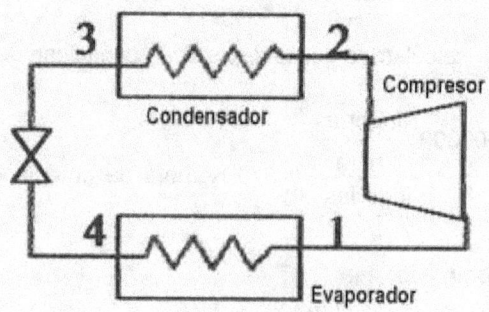

a) Los diagramas termodinámicos *T-S* y *P-H* se pueden observar a continuación.

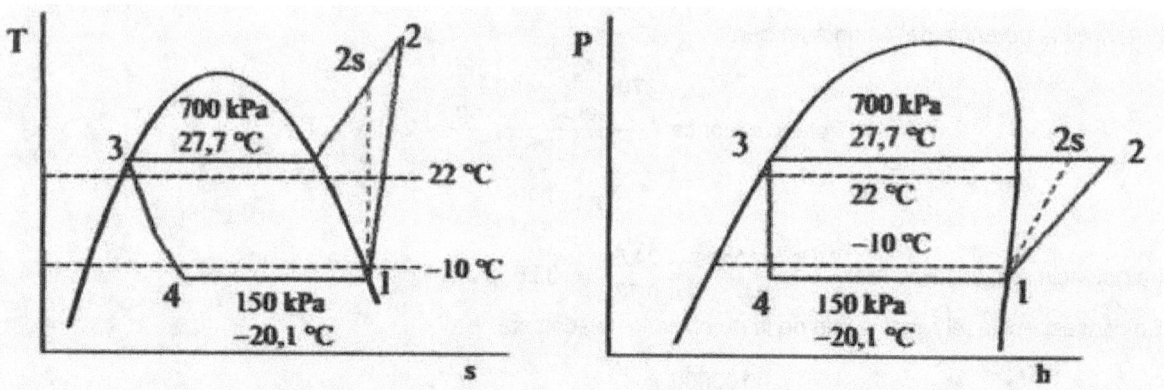

Las propiedades termodinámicas que corresponden a cada punto en los diagramas anteriores se muestran en la siguiente tabla. Los valores que definen el estado de cada punto se ven en negrita. Se obtuvieron de la gráfica de propiedades del R-12 que figura en el Apéndice al final de este capítulo.

Estado	P [KPa]	T [°C]	h [KJ/Kg]	s [KJ/Kg K]	x [adimensional]
1	**150**	**−20.1**	179.07	0.7103	**1**
2s	**700**		206.24	**0.7103**	-
2	**700**		217.88		-
3	**700**	27.7	62.24		**0**
4	**150**	−20.1		62.24	

b) El coeficiente de eficiencia frigorífica máximo para este sistema se calcula suponiendo un comportamiento de máquina de Carnot reversible, de modo que obtenemos:

$$\mathbf{cef}_{Carnot} = \frac{263}{22 - (-10)} = \frac{263}{32} = 8.22$$

c) El coeficiente de eficiencia frigorífica real de este ciclo se calcula a partir de los datos de la tabla.

$$\mathbf{cef} = \frac{\dot{Q}_2}{\dot{W}} = \frac{h_1 - h_4}{h_2 - h_1} = \frac{179.07 - 62.24}{217.88 - 179.07} = 3.01$$

d) La capacidad de refrigeración, en Kw se puede calcular a partir del balance de energía en el evaporador. Puesto que el calor tomado en la fuente fría debe ser igual a la variación del contenido de energía del fluido frigorífico, tenemos la siguiente igualdad.

$$\dot{Q}_2 = \dot{m}(h_1 - h_4) = \frac{6}{60}(179.07 - 62.24) = 11.68 \frac{KJ}{seg} = 11.68 \ KW$$

e) El rendimiento exergético de la instalación se calcula haciendo el cociente de las exergías obtenidas (que dependen del calor que cede la fuente fría en la cámara fría) sobre las exergías consumidas, que equivalen al trabajo del compresor. Es decir:

$$\eta_{ex} = \frac{\dot{B}_q}{\dot{W}}$$

En cuanto a las exergías obtenidas, se obtienen tomando en cuenta el intercambio de calor. Recordemos que se trató esta cuestión en el apartado **5.14.2** del capítulo **5**. Allí obtuvimos la ecuación *(5-51)* que nos permite calcular la exergía del calor.

$$\dot{B}_q = \dot{Q}_2 - \frac{T_1}{T_2}\dot{Q}_2 = \dot{Q}_2\left(1 - \frac{T_1}{T_2}\right)$$

En consecuencia, reemplazando tenemos:

$$\eta_{ex} = \frac{\dot{Q}_2\left(1 - \frac{T_1}{T_2}\right)}{\dot{W}} = cef\left(1 - \frac{T_1}{T_2}\right) = 3.01\left(1 - \frac{295}{263}\right) = 0.366$$

Es decir que el rendimiento exergético es el 36.6%.

Ejemplo 10.3 Cálculo de un equipo frigorífico.

Un proceso frigorífico por compresión que usa HFC-134a requiere eliminar 100000 frigorías por hora de la cámara fría, cuya temperatura debe ser de –10 °C. La temperatura del condensador (fuente cálida) es de 25 °C. Determinar la potencia del compresor, el caudal de masa de fluido refrigerante que circula por unidad de tiempo y el coeficiente de efecto frigorífico. Comparar con los resultados del ejemplo anterior.

Solución

La carga de calor a eliminar en unidades SI equivale a 116300 J/seg. Las temperaturas absolutas son: temperatura de salida del condensador = 298 °K; temperatura operativa del evaporador = 263 °K. En el diagrama de propiedades termodinámicas del HFC-134a que encontramos en el Apéndice al final de este capítulo se ubican los puntos siguientes: **1** al ingreso al compresor. **2** a la salida del compresor e ingreso al condensador. **3** a la salida del condensador e ingreso a la válvula expansora, y **4** a la salida de la válvula expansora e ingreso al evaporador. Las propiedades de interés para el cálculo en esos puntos son las siguientes.

Punto	Temperatura [°K]	Presión [Pa]	Entalpía [J/Kg]	Título [%]
1	263	200601	392866	0
2	303	666063	417455.7	0
3	298	666063	234643	0
4	263	200601	234643	23.24

Calculamos la potencia requerida del compresor, obteniendo 18.1 KW, lo que equivale a 24.2 HP. La cantidad de calor extraída en el condensador es: 134373.3 J/seg. El coeficiente de efecto frigorífico **cef** es: 6.435. El caudal de masa de HFC-134a es: 0.735 Kg/seg.

Comparando el comportamiento del equipo actual que usa refrigerante HFC-134a con el del equipo del ejemplo anterior, que para la misma carga calórica operaba con amoníaco, notamos que el **cef** obtenido es menor en el caso actual (6.345) comparado con el **cef** del equipo que funciona con amoníaco que vale 6.47. El caudal de masa de amoníaco que circula es del orden de 0.1 Kg/seg comparado con el caudal de 0.735 Kg/seg de refrigerante HFC-134a, siendo además que este último es mucho mas caro. El consumo de energía en el equipo que opera con refrigerante HFC-134a es algo menor (24.2 HP) comparado con el del que opera con amoníaco, que es del orden de 24.5, ambos en base teórica, sin considerar rendimientos del compresor.

10.2.2 Efecto de disminuir la temperatura operativa del condensador

¿Qué efecto tiene la disminución de la temperatura operativa del condensador?. Es fácil ver en la segunda figura del apartado **10.2** que si esta temperatura disminuye, el punto **c** se desplazará hacia la izquierda, y en consecuencia también lo hace el punto **d**, que se encuentra sobre la isoterma inferior, dando como resultado un título menor o sea menor proporción de vapor y mayor de líquido. Esto es beneficioso porque cuanto mayor sea la proporción de líquido tanto mayor será la cantidad de calor absorbida por el fluido refrigerante en la cámara fría.

Operativamente es posible disminuir la temperatura del condensador de tres maneras. Una es mediante un fluido de enfriamiento de menor temperatura. Por ejemplo en un condensador de aire es posible obtener una menor temperatura de funcionamiento si se puede usar agua, que por lo general está disponible a menor temperatura que el aire atmosférico.

La segunda forma es limpiar mas a menudo el condensador. El uso lo ensucia gradualmente. Esto es inevitable, pero si se limpia con frecuencia el efecto del ensuciamiento se hace menor.

Por último, la tercera forma es agrandando el condensador. Al haber mayor superficie de intercambio, el grado de enfriamiento es mayor y baja la temperatura de salida del condensador.

Ejemplo 10.4 Cálculo de un equipo frigorífico.
Un proceso frigorífico por compresión que usa HFC-134a requiere eliminar 100000 frigorías por hora de la cámara fría, cuya temperatura debe ser de –10 ºC. La temperatura del condensador (fuente cálida) es de 25 ºC. Debido a una combinación de limpieza mas frecuente y una menor temperatura del fluido de enfriamiento el condensador opera a 20 ºC (5 ºC menos que antes). Determinar la potencia del compresor, el caudal de masa de fluido refrigerante que circula por unidad de tiempo y el coeficiente de efecto frigorífico. Comparar los resultados con los del ejemplo anterior.
Solución
La carga de calor es la misma que en el punto anterior, pero la temperatura del condensador se modifica a 278 ºK. En el diagrama de propiedades termodinámicas del HFC-134a que encontramos en el Apéndice al final de este capítulo se ubican los puntos igual que antes obteniendo los siguientes valores.

Punto	Temperatura [ºK]	Presión [Pa]	Entalpía [J/Kg]	Título [%]
1	263	200601	392866	100
2	297	572259	414430.6	100
3	293	572259	227526	0
4	263	200601	227526	19.798

La entalpía de la mezcla líquido-vapor a la salida de la válvula de estrangulación se modifica disminuyendo coincidentemente, lo que resulta en una mayor capacidad de enfriamiento. Esto significa que se necesita menor caudal de fluido frigorífico, y como consecuencia el compresor es mas chico, consumiendo menor cantidad de energía: 15.2 KW, o sea un 16% menos. Esto es consecuencia del menor caudal de masa de HFC-134a que circula: 0.703 Kg/seg. El coeficiente de efecto frigorífico aumenta: 7.667. Note que se ha disminuido el consumo de energía del equipo, lo que se refleja en un cef mas alto. También notamos que el título del fluido (expresado como masa de vapor sobre masa total) a la salida de la válvula es menor, lo que es lógico ya que el punto **4** se encuentra desplazado hacia la izquierda. El equipo funciona mejor con la misma temperatura de cámara fría.

10.2.3 Efecto de subenfriar el líquido

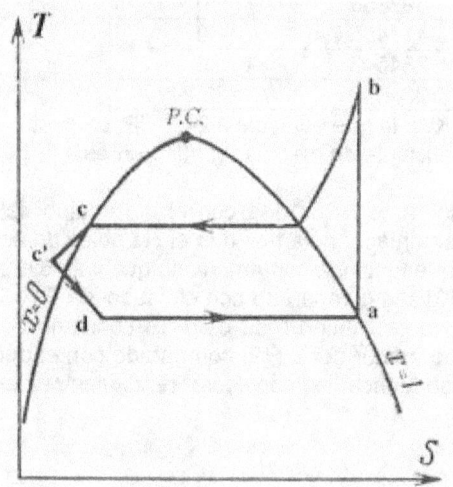

Como es sabido, la estrangulación del líquido que sale del condensador genera una pérdida de capacidad frigorífica porque la estrangulación, por ser un proceso isentálpico produce una mezcla de líquido y vapor de la que sólo el líquido es utilizable para extraer calor de la cámara fría. El vapor en cambio se comporta a los efectos prácticos como un fluido inerte, porque la extracción de calor en la cámara fría se produce gracias a la evaporación del líquido. Una manera de compensar esta disminución es subenfriar el líquido en el condensador.
Esto significa que en vez de salir del condensador en el estado saturado (condición **c**) lo hace como líquido subenfriado (condición **c'**) en el croquis. Siempre que sea posible, es mejor subenfriar el líquido en el condensador, porque aumenta el coeficiente de efecto frigorífico y disminuye la cantidad de fluido refrigerante que circula. Esto también influye sobre la potencia del compresor, ya que al circular menos fluido este resulta un poco mas chico. La ilustración muestra un ejemplo del gráfico *T-S* para una instalación frigorífica de este tipo.

El líquido sale del condensador en la condición **c'**, de modo que el punto **d** se encuentra mas a la izquierda, y el salto de entalpía en el evaporador es mayor para la misma masa de fluido frigorífico.

Ejemplo 10.5 Cálculo de un equipo frigorífico.
Un proceso frigorífico por compresión que usa HFC-134a requiere sacar 100000 frigorías por hora de la cámara fría, cuya temperatura debe ser de –10 ºC. La temperatura del condensador (fuente cálida) es de 25 ºC. Se subenfría el fluido desde 25 a 20 ºC. Comparar los resultados con los del ejemplo anterior.
Solución
La carga de calor es la misma que en el ejemplo anterior, pero subenfriando el fluido de 25 a 20 ºC. Ubicamos los puntos en el diagrama igual que antes, obteniendo los siguientes valores.

Punto	Temperatura [ºK]	Presión [Pa]	Entalpía [J/Kg]	Título [%]
1	263	200601	392866	100
2	303	666063	417455.7	100
3	293	572259	227526	0
4	263	200601	227526	19.798

El consumo de energía es menor que en el caso del equipo del segundo ejemplo, pero mayor que en el tercero: 17.3 KW. El caudal de masa de refrigerante es de 0.703 Kg/seg y el cef vale 6.724. Al igual que en el caso del ejemplo anterior, se obtiene una mejoría en el cef y el compresor opera con menor consumo de energía. No obstante, comparando los resultados de los dos últimos ejemplos con los del penúltimo observamos que el efecto de la disminución de la temperatura del condensador es mas marcado, obteniendo un beneficio mayor que con el subenfriamiento en el condensador.

10.2.4 Efecto de calentar el vapor a la entrada del compresor

En el ciclo clásico que ilustramos en el apartado **10.2** suponemos que el vapor entra al compresor en condiciones de saturación (punto **a** del diagrama). ¿Qué efecto tendría sobre el coeficiente de efecto frigorífico si entrara en condiciones de vapor sobrecalentado?.

Para responder a esta pregunta se deben tener en cuenta dos factores. En primer lugar el sobrecalentamiento desplaza el punto **a** hacia la derecha a presión constante. En consecuencia, tendrá mayor entropía al ingresar al compresor. Esto no es bueno porque el calor que absorbe el gas tendrá efecto sobre el compresor que descarga gas a mayor temperatura. El calor que absorbe el gas al sobrecalentarse se tiene que eliminar en el condensador, lo que significará una mayor carga calórica que se deberá compensar con mayor superficie del condensador, o bien con un mayor caudal de masa de fluido de enfriamiento.

En segundo lugar, al estar mas caliente el gas que ingresa al compresor, tendrá un mayor volumen específico y la tubería de admisión al compresor (tubería de succión) puede tener un diámetro insuficiente para operar correctamente en estas condiciones. La tubería de succión es uno de los componentes mas sensibles del compresor porque constituye el cuello de botella del mismo. Si su diámetro es insuficiente el compresor opera con una sobrecarga no prevista en su diseño que probablemente no se consideró al elegirlo.

Si se quiere que el compresor funcione correctamente será necesario cambiarlo por uno mas grande, con un consumo de energía proporcionalmente mayor, de modo que vemos que el sobrecalentamiento del vapor influye en dos integrantes clave del equipo: el condensador y el compresor. Ambas soluciones son costosas de donde concluimos que conviene evitar el sobrecalentamiento. Este se puede producir por contacto directo de la tubería de succión del compresor con el aire ambiente, que generalmente está a mayor temperatura, lo que permite el flujo de calor hacia el interior de la misma. Para evitarlo hay que asegurar que la aislación de esa tubería esté bien instalada y en buenas condiciones.

10.2.5 Refrigeración por compresión en varias etapas

La compresión se puede hacer en varias etapas (generalmente dos) consiguiendo una importante mejora en el rendimiento del compresor. La refrigeración por compresión en varias etapas se puede implementar de distintas maneras, según el objetivo. Una de las formas es mediante el enfriamiento entre las sucesivas etapas de compresión, tal como es normal en los compresores multietapa. Ver para tal fin el capítulo **4**, apartado **4.2.4**. Esta disposición es generalmente poco usada, como veremos a continuación. En su lugar se usa mas a menudo una disposición llamada de inyección, que aprovecha el propio fluido frigorífico como fluido de enfriamiento. Esto tiene la ventaja de que el funcionamiento del equipo se independiza de la temperatura del fluido refrigerante usado en el condensador. Téngase en cuenta que en cualquier caso esta depende de la temperatura atmosférica. En efecto, aunque se use agua como fluido de enfriamiento, esta a su vez se debe enfriar en una torre de enfriamiento (como veremos en el capítulo **12**) que en épocas muy calurosas sólo puede enfriar el agua hasta unos 30 ºC. Esto constituye una seria limitación operativa del equipo que resulta intolerable en los sistemas a escala industrial.

Se conocen dos variantes de la disposición de inyección, denominadas de inyección parcial y de inyección total. La idea básica de la disposición de inyección es usar el líquido frigorífico frío para refrigerar el vapor cálido que sale de la primera etapa de compresión de modo que ingresa a la segunda etapa con una temperatura muy inferior a la que alcanzaría si la compresión se realizase en una sola etapa. Esto permite ahorrar una cierta cantidad de energía y permite usar compresores algo mas pequeños. No obstante, se debe tener en cuenta que estas disposiciones complican el equipo, razón por la cual sólo se usan en instalaciones grandes. Además de la disposición de inyección tenemos otra variante, que se implementa cuando un mismo ciclo frigorífico debe alimentar a mas de una cámara fría, como es el caso de una instalación en la que se deben refrigerar sustancias distintas a diferentes temperaturas. Veamos a continuación las distintas variantes posibles.

10.2.5.1 Refrigeración por compresión en varias etapas con interenfriamiento

Un equipo en el que se enfría el fluido a la salida de cada etapa para disminuir los costos operativos y aumentar el coeficiente de eficiencia frigorífica tiene una disposición parecida a la que se observa en el siguiente croquis.

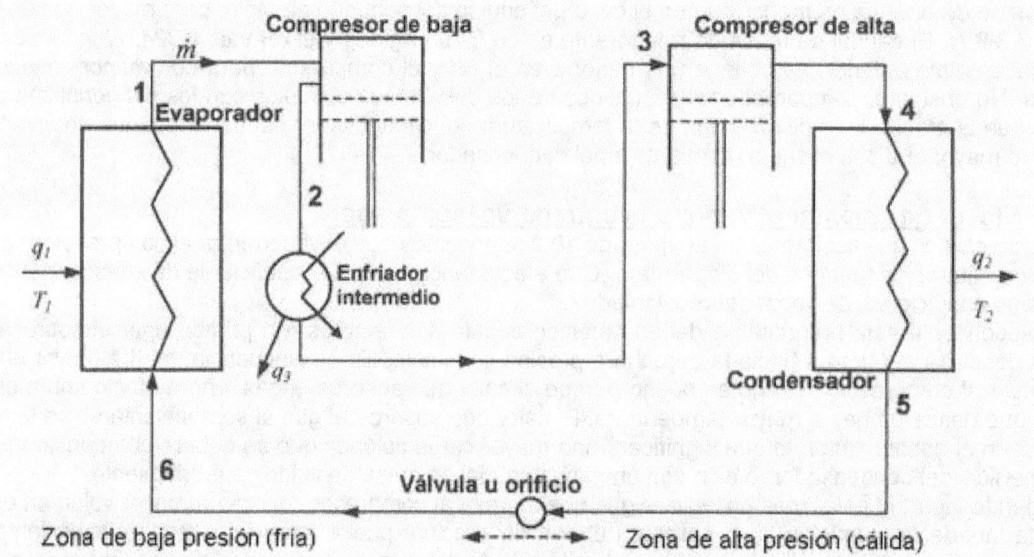

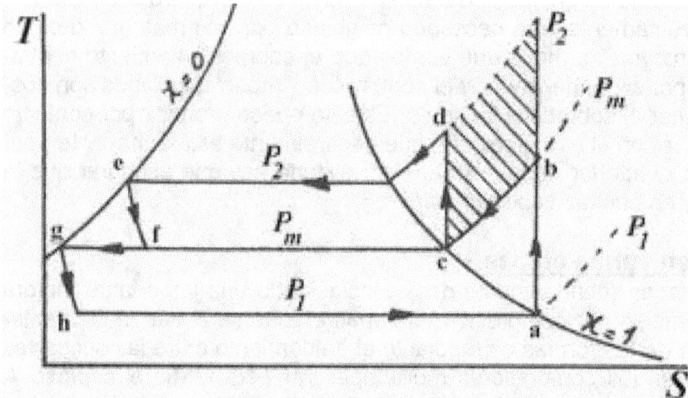

Nótese que se produce una sola expansión en la única válvula del equipo. El diagrama T-S del proceso se presenta a la izquierda. Se debe observar que la principal mejora en el cef proviene del ahorro de energía producido en el compresor, que viene representada por el área rayada. Pero esta se obtiene a expensas de una mayor complejidad constructiva y operativa. El cálculo de un equipo de estas características se basa en los mismos conceptos usados para analizar el ciclo por compresión en una etapa.

El calor absorbido por unidad de masa de fluido frigorífico en la cámara fría o evaporador es:

$$q_1 = h_1 - h_6 \tag{10-7}$$

La potencia frigorífica de la cámara fría, es decir la cantidad de calor que se debe eliminar en la cámara fría por unidad de tiempo es un dato. Se puede expresar de la siguiente forma.

$$\dot{Q}_1 = \text{calor absorbido en el evaporador} = \dot{m}\, q_1$$

En esta igualdad $\dot{Q}_1$ representa la potencia frigorífica del equipo y $\dot{m}$ el caudal de masa de fluido frigorífico que circula, expresado en unidades de masa por unidad de tiempo. En consecuencia es posible calcular el caudal de fluido que recorre el ciclo de la siguiente forma.

$$\dot{m} = \frac{\dot{Q}_1}{q_1} = \frac{\dot{Q}_1}{h_1 - h_6} \tag{10-8}$$

El intercambio de energía en el condensador se puede evaluar como sigue.

$$\dot{Q}_2 = \text{calor cedido en el condensador} = \dot{m}\, q_2$$

El calor que entrega en el condensador el fluido frigorífico por unidad de masa q_2 se puede obtener de la siguiente forma.

$$q_2 = h_4 - h_5$$

De esta manera el intercambio de energía por unidad de tiempo en el condensador resulta ser:

$$\dot{Q}_2 = \dot{m}(h_4 - h_5)$$

La etapa de baja presión toma gas a la presión P_1 y lo comprime hasta la presión P_m mientras que la etapa de alta presión toma gas a la presión P_m y lo comprime hasta la presión P_2. Puesto que el trabajo de cada etapa debe ser el mismo, la presión de salida de la primera etapa P_m debe cumplir de acuerdo a lo que se deduce en el apartado **4.2.4** del capítulo **4** la siguiente relación:

462

$$P_m = \sqrt{P_1 \times P_2} \tag{10-9}$$

En cuanto a la temperatura a la que sale el gas del enfriador intermedio, resulta imposible enfriarlo hasta la temperatura de entrada, porque en ese caso saldría del enfriador como una mezcla de líquido y vapor, que no se puede comprimir en la segunda etapa. Lo mas simple consiste en enfriarlo hasta la condición de saturación pero si se hiciese así la diferencia de entalpías por etapa no resultaría igual, y en consecuencia tampoco el trabajo entregado por cada etapa. Por lo tanto la temperatura de enfriamiento debe estar en un valor tal que se verifique la siguiente relación. La potencia de la etapa de baja presión es:

$$\dot{W}_B = \dot{m}(h_2 - h_1) \tag{10-10}$$

La potencia de la etapa de alta presión es:

$$\dot{W}_A = \dot{m}(h_4 - h_3) \tag{10-11}$$

Por lo deducido en el apartado **4.2.4** del capítulo **4** debe ser:

$$\dot{W}_A = \dot{W}_B \Rightarrow \dot{m}(h_4 - h_3) = \dot{m}(h_2 - h_1)$$

Despejando h_3 obtenemos:

$$h_3 = h_4 + h_1 - h_2 \tag{10-12}$$

Dado que conocemos la presión que corresponde al punto **3** y su entalpía, es posible obtener la temperatura que le corresponde. Ahora, una vez obtenidas las propiedades del fluido recalentado en el punto **3**, es evidente que el calor eliminado en el enfriador intermedio $\dot{Q}_3$ se puede obtener de la siguiente relación.

$$\dot{Q}_3 = \dot{m}(h_2 - h_3)$$

De tal modo, el coeficiente de eficiencia frigorífica es:

$$\mathbf{cef} = \frac{\dot{Q}_1}{\dot{W}_A + \dot{W}_B} = \frac{h_1 - h_6}{h_4 - h_3 + h_2 - h_1} \tag{10-13}$$

10.2.5.2 Refrigeración por compresión auto enfriada en varias etapas

En el esquema anterior tenemos un aprovechamiento poco eficiente del fluido frigorífico que normalmente se obtiene a temperaturas mucho menores que las mas bajas disponibles en los fluidos de enfriamiento comunes, que son aire o agua. Si el enfriamiento intermedio que se requiere para poder usar un compresor de dos o mas etapas se hace aunque sea parcialmente con el propio fluido frigorífico se obtienen tres ventajas.

a) Por un lado se evitan las conexiones que llevan el fluido de enfriamiento hasta el equipo, así como el sistema de impulsión de ese fluido. Por ejemplo si el fluido de enfriamiento fuese agua, al reemplazar una parte del agua por el fluido frigorífico se ahorra energía en la bomba impulsora, que además resulta mas chica.

b) Como el fluido frigorífico se encuentra disponible a temperaturas mucho mas bajas que el agua, lo que significa que el gradiente térmico (de temperaturas) es mayor, y como el intercambio de calor es directamente proporcional al gradiente térmico, el intercambiador de calor que se necesita es mas pequeño si permitimos que el fluido frigorífico frío que proviene de una segunda válvula de expansión se mezcle con el fluido frigorífico caliente que sale de la primera etapa del compresor. Esto obliga a instalar una segunda válvula de expansión, pero ello no significa un inconveniente ya que se obtiene un equipo mucho mas económico y de menor tamaño, puesto que la válvula es mas pequeña y de menor precio que un intercambiador de calor.

c) Por último, la instalación de una válvula expansora adicional presenta otra ventaja. Al hacer la expansión en dos etapas, el punto **6** del diagrama $T\text{-}S$ anterior se desplaza hacia la izquierda, dando como resultado que la mezcla que entra al evaporador sea mas rica en líquido. Esto es una mejora, ya que como hemos explicado anteriormente conviene que la cantidad de vapor en la mezcla sea lo mas baja posible.

El sistema que se emplea en estos casos es el siguiente.

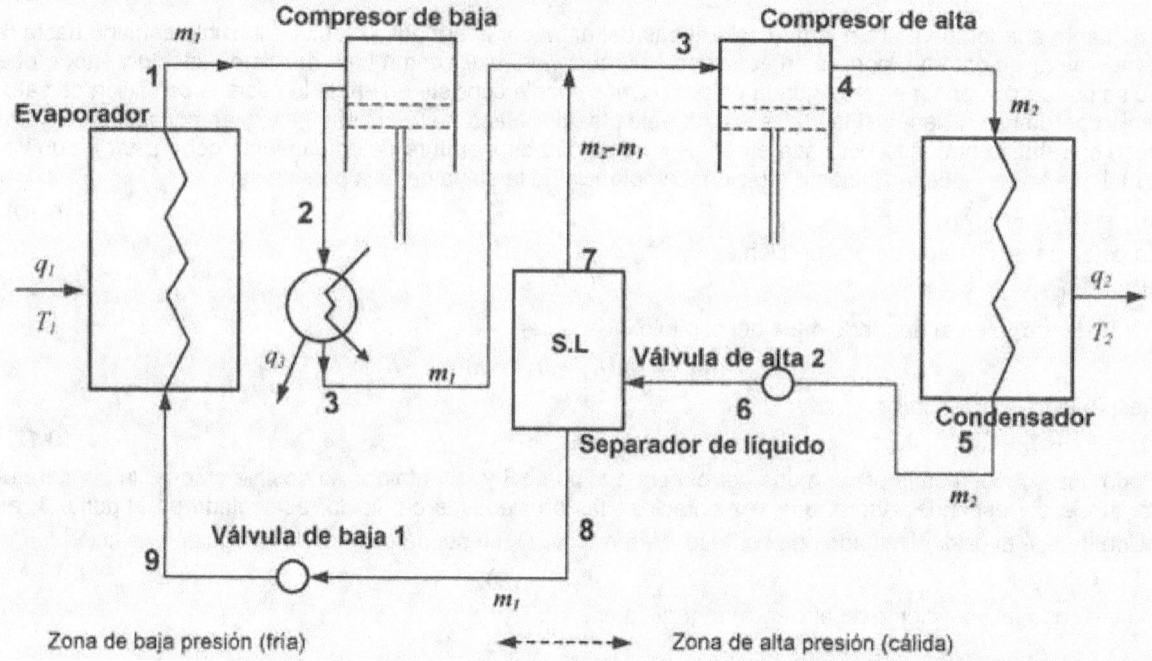

El proceso funciona de la siguiente forma. Una corriente $\dot{m}_1$ circula a través del compresor de baja presión.

Como consecuencia de la compresión su temperatura aumenta hasta el valor T_2. Se enfría hasta la temperatura T_3 en el enfriador intermedio, de donde sale para mezclarse con una corriente de gas proveniente del separador de líquido identificado como **S.L** en el croquis, que recibe una mezcla que proviene de la válvula expansora de alta presión **2**.

El líquido va a la válvula expansora **1** y al evaporador. En el punto **3** se juntan la corriente $\dot{m}_1$ que viene del enfriador intermedio y la corriente $(\dot{m}_2 - \dot{m}_1)$ que viene del separador dando como resultado la corriente $\dot{m}_2$ que ingresa al compresor de alta presión, desde donde se hace pasar por el condensador. El diagrama T-S que representa el ciclo correspondiente a esta disposición se observa a continuación.

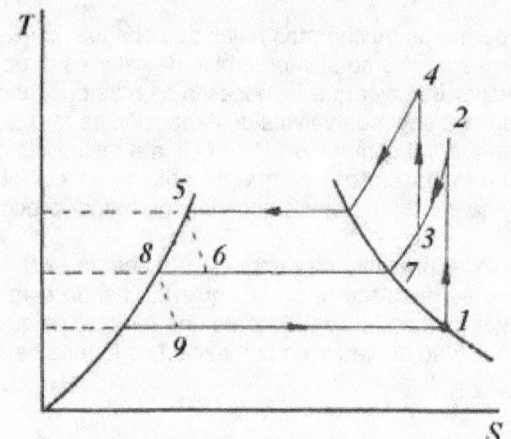

Lo primero que debemos hacer es discutir la cuestión de la temperatura de salida del enfriador intermedio. Este enfriador toma el vapor recalentado que sale de la primera etapa de compresión y lo enfría hasta la temperatura T_3.

La pregunta que se plantea es la siguiente: ¿qué valor debe tener esa temperatura para que el ciclo funcione en las mejores condiciones posibles?. Para responder a esta pregunta debemos analizar el ciclo. Refiriéndonos al ciclo que se muestra en el diagrama T-S anterior vemos que desde el punto de vista del compresor este funcionará mejor cuanto mayor sea el área rayada, que representa el ahorro de energía cuando se usan dos etapas con respecto a la compresión en una etapa.

Sin embargo, el compresor es sólo una parte del proceso y un análisis correcto se debe basar en todo el proceso y no en una parte del mismo.

Un balance total de energía en el proceso muestra lo siguiente.

$$\dot{Q}_1 + \dot{W}_A + \dot{W}_B = \dot{Q}_2 + \dot{Q}_3 \qquad (10\text{-}14)$$

La suma de los flujos de energía por unidad de tiempo a la izquierda del igual representa la energía que ingresa al sistema (considerado como el conjunto de los intercambiadores de calor y los compresores), mientras que la suma de los flujos de energía por unidad de tiempo a la derecha del igual representa la energía que sale del sistema.

El parámetro general mas importante para medir la eficacia en el uso de la energía que maneja el sistema es el coeficiente de eficiencia frigorífica, que es:

464

$$\text{cef} = \frac{\dot{Q}_I}{\dot{W}_A + \dot{W}_B}$$

(10-15)

Despejando $\dot{Q}_I$ de esta relación obtenemos: $\dot{Q}_I = \text{cef}(\dot{W}_A + \dot{W}_B)$

Reemplazando $\dot{Q}_I$ en el balance total de energía del proceso (10-14) obtenemos:

$$\text{cef}(\dot{W}_A + \dot{W}_B) + \dot{W}_A + \dot{W}_B = \dot{Q}_2 + \dot{Q}_3$$

Agrupando:

$$(\dot{W}_A + \dot{W}_B)(\text{cef} + 1) = \dot{Q}_2 + \dot{Q}_3$$

de donde:

$$\text{cef} + 1 = \frac{\dot{Q}_2 + \dot{Q}_3}{\dot{W}_A + \dot{W}_B} \Rightarrow \text{cef} = \frac{\dot{Q}_2 + \dot{Q}_3}{\dot{W}_A + \dot{W}_B} - 1$$

(10-17)

Ahora, si queremos que el ciclo frigorífico sea mas eficaz debemos buscar las condiciones que aumentan el valor del cef. Asumiendo que la carga de calor $\dot{Q}_2$ eliminada en el condensador es constante, esto se consi-

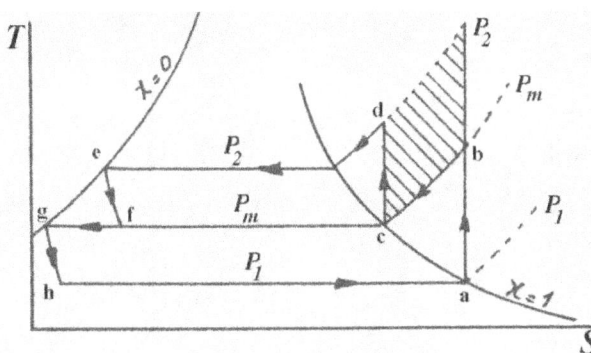

gue de dos maneras: aumentando el valor de $\dot{Q}_3$ todo lo que sea posible o disminuyendo la suma de trabajo consumido por ambas etapas todo lo que se pueda. Esto solo se consigue si el punto **3** y el punto **7** *coinciden*, porque entonces el área de trabajo ahorrado es máxima, y también lo es el calor $\dot{Q}_3$, teniendo en cuenta que no se puede enfriar el gas por debajo de la condición que corresponde al estado saturado.

El ciclo que describe esta disposición es el que se observa a la izquierda. El trabajo ahorrado equivale a la superficie rayada.

El sistema se describe en el siguiente croquis.

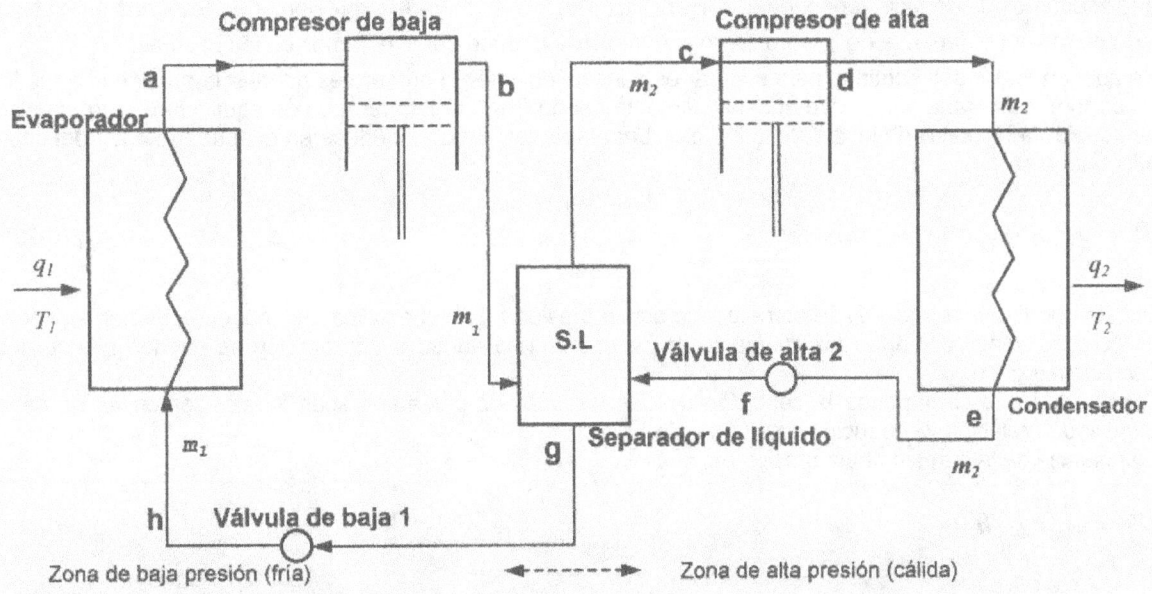

El análisis del proceso sigue lineamientos muy similares a los que se usaron en el caso anterior. Nótese que debido al hecho de que ambas etapas del compresor manejan distintos caudales de masa es difícil que tengan la misma potencia. En la práctica se deben instalar dos compresores distintos, que manejan diferentes relaciones de compresión, distintos caudales de masa, y por supuesto tienen potencias distintas. El calor absorbido por unidad de masa de fluido frigorífico en la cámara fría o evaporador es:

$$q_I = h_h - h_a$$

(10-18)

465

La potencia frigorífica de la cámara fría es conocida. Se puede expresar como lo hicimos antes.

$$\dot{Q}_1 = \dot{m}_1 \, q_1$$

En consecuencia, es fácil determinar el caudal de masa $\dot{m}_1$:

$$\dot{m}_1 = \frac{\dot{Q}_1}{q_1} = \frac{\dot{Q}_1}{h_h - h_a} \qquad (10\text{-}19)$$

El intercambio de energía por unidad de tiempo en el condensador se puede evaluar de la siguiente manera.

$$\dot{Q}_2 = \dot{m}_2 \, q_2$$

donde:

$$q_2 = h_d - h_e$$

Puesto que no conocemos la magnitud del caudal de masa $\dot{m}_2$ será necesario calcularlo.

Para ello podemos hacer un balance de energía en el separador de líquido que se alimenta con la mezcla que sale de la válvula expansora **2**. La mezcla de líquido y vapor que entra al separador en la condición **f** está en equilibrio con el vapor que sale en la condición **c** y con el líquido que sale en la condición **h**. En consecuencia:

$$\dot{m}_2 \, h_f = \dot{m}_1 \, h_g + (\dot{m}_2 - \dot{m}_1)h_c \qquad (10\text{-}20)$$

Reordenando:

$$\dot{m}_2 \, h_f - \dot{m}_2 \, h_c = \dot{m}_1 \, h_g - \dot{m}_1 \, h_c$$

Reagrupando y despejando $\dot{m}_2$:

$$\dot{m}_2 = \dot{m}_1 \frac{h_c - h_g}{h_c - h_f} \qquad (10\text{-}21)$$

Continuamos el análisis observando que la condición **c** es todavía desconocida, y que la expresión para $\dot{m}_2$ que acabamos de deducir depende de h_c. Por otra parte, volviendo a la expresión que obtuvimos antes para $\dot{m}_1$ notamos que depende de h_h pero como el punto **h** se deduce del **g**, estamos en las mismas.

Se pueden tomar dos caminos para superar este inconveniente. El primero es adoptar la presión intermedia P_m en forma arbitraria con lo que automáticamente queda fijada la temperatura de equilibrio. El otro camino es aceptar la hipótesis de igualdad de trabajos por etapa; tal como se deduce en el apartado **4.2.4** del capítulo **4** debe ser:

$$P_m = \sqrt{P_1 \times P_2} \qquad (10\text{-}22)$$

Puesto que la temperatura T_3 se corresponde con la presión P_m en el equilibrio, se pueden obtener fácilmente las condiciones **c** y **d**, de las cuales se deducen las condiciones **e** y **f**; también se pueden obtener las condiciones **g** y **h**.

Suponiendo que se imponga la condición de que los trabajos por etapa sean iguales, entonces se debe cumplir una relación ya deducida anteriormente.

La potencia de la etapa de baja presión es:

$$\dot{W}_B = \dot{m}_1 \left(h_b - h_a \right) \qquad (10\text{-}23)$$

La potencia de la etapa de alta presión es:

$$\dot{W}_A = \dot{m}_2 \left(h_d - h_c \right) \qquad (10\text{-}24)$$

De estos datos es fácil calcular el coeficiente de eficiencia frigorífica de la siguiente ecuación.

$$cef = \frac{\dot{Q}_l}{\dot{W}_A + \dot{W}_B}$$

(10-25)

El calor extraído del gas en el enfriador se calculará tomando la diferencia de entalpías de la corriente de vapor recalentado que sale de la primera etapa de compresión de caudal $\dot{m}_l$ que pasa por el enfriador intermedio.

$$\dot{Q}_3 = \dot{m}_l(h_b - h_c)$$

(10-26)

10.2.5.3 Refrigeración por compresión en varias etapas a inyección parcial

En el apartado anterior se sugiere que un uso mas eficaz del fluido frigorífico pasa por la disminución del papel que juega el enfriador intermedio, aprovechando el hecho de que el fluido frigorífico sale de la válvula de expansión a una temperatura mucho mas baja que la ambiente. Esta afirmación por supuesto sólo es válida en climas templados o cálidos, ya que en climas muy fríos puede suceder que el aire atmosférico se encuentre a temperaturas por debajo del cero centígrado, pero no es normal instalar un equipo frigorífico que opera a temperaturas de cámara fría comparables con la ambiente. En efecto, ¿qué sentido tendría construir un equipo frigorífico si la temperatura ambiente es igual o menor que la de la cámara fría?.

Avanzando un paso mas allá en nuestro razonamiento, el fluido frigorífico se podría usar para enfriar la corriente que sale de la primera etapa del compresor eliminando por completo el enfriador intermedio. Con esta disposición tendríamos un equipo mas compacto y sencillo, que por supuesto tiene menor costo inicial y operativo. Esta disposición es llamada *a inyección*. Se conocen dos variantes: la disposición a inyección parcial y la disposición a inyección total.

En la disposición a inyección parcial se produce la mezcla de una parte del líquido proveniente del condensador que recibe el vapor de la etapa de alta presión con el vapor caliente que proviene de la etapa de baja presión. El resto del líquido proveniente del condensador se envía a la válvula de expansión, de la que sale la mezcla de líquido y vapor que va al evaporador situado en la cámara fría. El esquema se observa a continuación.

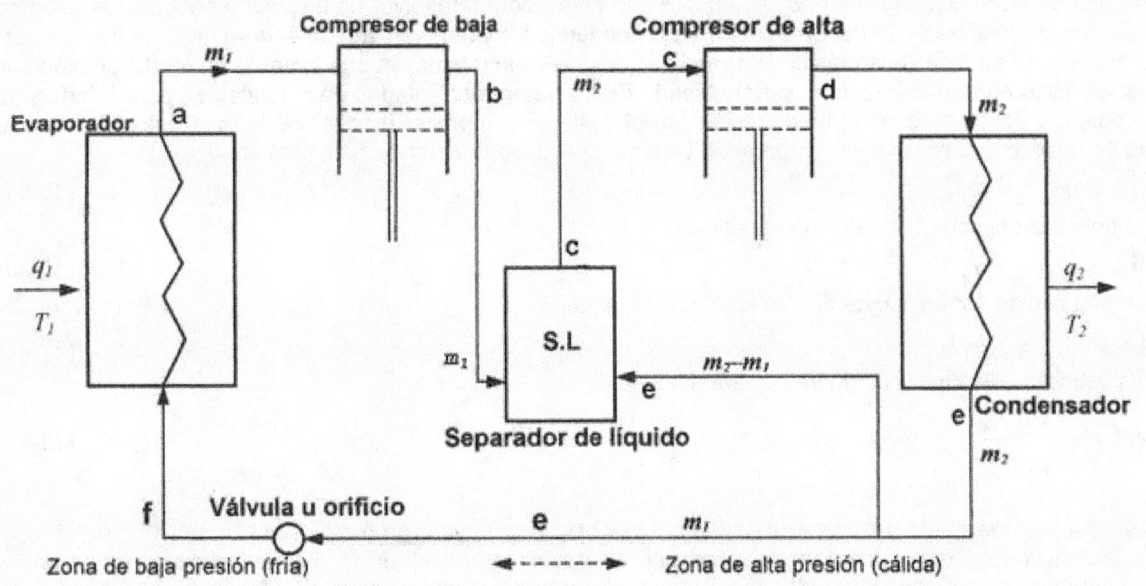

Como se puede apreciar en el croquis, de la totalidad del caudal de masa del fluido de trabajo sólo una parte circula por la válvula. Llamamos $\dot{m}_l$ a esta corriente. Puesto que la válvula sólo es atravesada por una parte del caudal (que llamamos $\dot{m}_2$) que pasa por el condensador, se deduce que $\dot{m}_2$ debe ser mayor que $\dot{m}_l$. Esto significa en otras palabras que los dos compresores, el de baja y el de alta presión, no manejan el mismo caudal, ya que el caudal $\dot{m}_l$ que atraviesa el compresor de baja es menor que el caudal $\dot{m}_2$. En consecuencia, el compresor no puede funcionar como un compresor en dos etapas tal como se describe en el apartado **4.2.4** del capítulo **4** sino que en realidad se trata de dos compresores independientes.

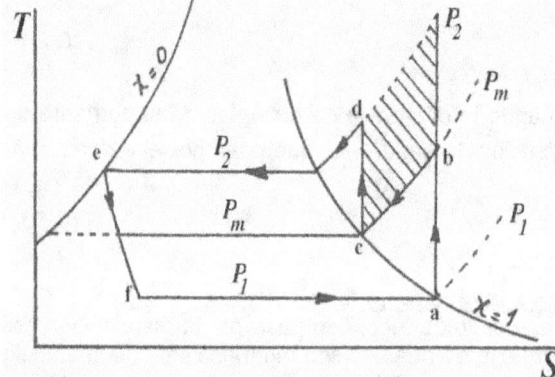

El ciclo que describe esta disposición es el que se observa a la izquierda.

El análisis del ciclo sigue lineamientos muy similares a los que se usaron en el apartado **10.2**, como vemos de inmediato.

El calor absorbido en el evaporador por unidad de masa es:

$$q_2 = \text{calor absorbido en el evaporador} = h_a - h_f$$

El calor cedido en el condensador por unidad de masa es:

$$q_1 = \text{calor cedido en el condensador} = h_d - h_e$$

La carga frigorífica total por unidad de tiempo en el evaporador es un dato de la instalación, ya que se sabe cuánto calor hay que extraer en la cámara fría.

Llamaremos $\dot{Q}_2$ a la carga frigorífica. Resulta evidente que:

$$\dot{Q}_2 = \dot{m}_1\left(h_a - h_f\right) \Rightarrow \dot{m}_1 = \frac{\dot{Q}_2}{h_a - h_f} \qquad (10\text{-}27)$$

Para obtener el caudal de masa $\dot{m}_2$ se debe plantear un balance de energía en la vasija de media presión, recipiente mezclador o separador de líquido. El balance es el siguiente.

$$\dot{m}_1\, h_b + \left(\dot{m}_2 - \dot{m}_1\right)h_f = \dot{m}_2\, h_c$$

En consecuencia, reordenando y despejando obtenemos:

$$\dot{m}_2 = \dot{m}_1\frac{h_b - h_f}{h_c - h_f} \qquad (10\text{-}28)$$

Analizando esta expresión vemos claramente que para poderla resolver es necesario conocer las temperaturas de operación T_1 y T_2 del evaporador y del condensador y también la temperatura de la vasija de media presión, o en su defecto la presión intermedia P_m lo que es lo mismo, ya que la vasija de media presión contiene líquido en equilibrio con su vapor. A partir de los valores calculados de caudales es posible encontrar la potencia del compresor de baja presión, la potencia del compresor de alta presión y el calor intercambiado por unidad de tiempo en el evaporador. La potencia del compresor de baja presión es:

$$\dot{W}_B = \dot{m}_1\left(h_b - h_a\right) \qquad (10\text{-}29)$$

La potencia del compresor de alta presión es:

$$\dot{W}_A = \dot{m}_2\left(h_d - h_c\right) \qquad (10\text{-}30)$$

El calor cedido por unidad de tiempo en el condensador es:

$$\dot{Q}_1 = \dot{m}_2\left(h_d - h_e\right) \qquad (10\text{-}31)$$

El coeficiente de eficiencia frigorífica será entonces:

$$\text{cef} = \frac{\dot{Q}_1}{\dot{W}_A + \dot{W}_B} \qquad (10\text{-}32)$$

10.2.5.4 Refrigeración por compresión en varias etapas a inyección total

A diferencia de lo que sucede en la disposición de inyección parcial, en la disposición de inyección total el líquido que se envía al evaporador se extrae de la vasija de media presión, que actúa en su doble función de separar el vapor y el líquido y como mezclador de las corrientes que provienen del cilindro de baja y del cilindro de alta. Esta disposición es mas eficiente que la de inyección parcial, y resulta preferible, por lo que es mas usada.

El esquema es el siguiente:

468

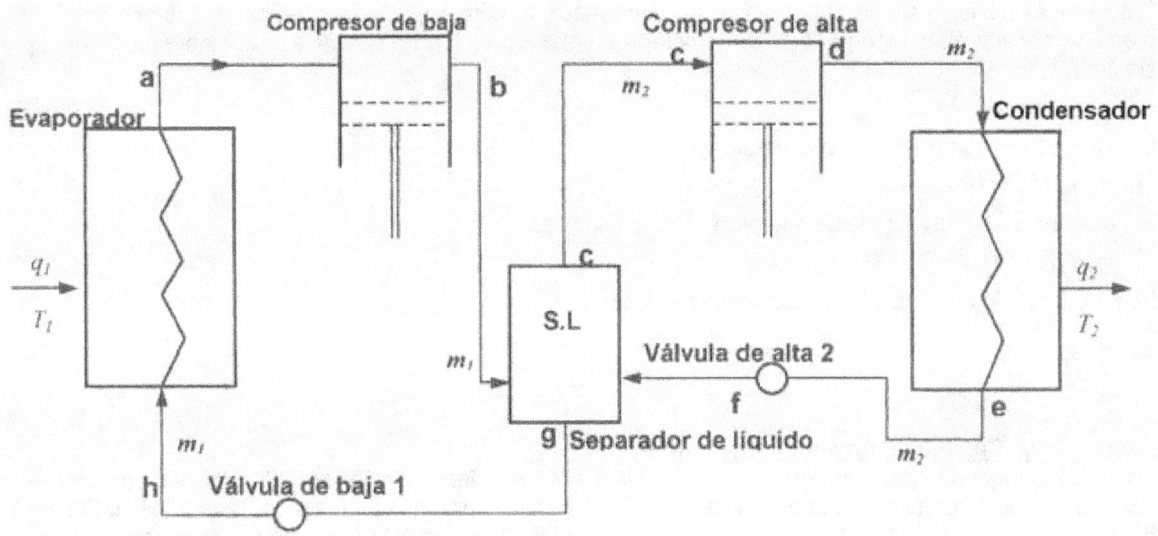

De un análisis del esquema del equipo se deduce que también en este caso el caudal que atraviesa ambas etapas es distinto por lo que los tamaños de los compresores y sus consumos de energía serán distintos.

Para poder resolver el ciclo se necesitará conocer las temperaturas operativas del evaporador T_1 y del condensador T_2, y la temperatura de la vasija de media presión, o en su defecto la presión intermedia P_m, por las mismas razones que hemos explicado en el caso del ciclo de inyección parcial.

El ciclo que describe la disposición de inyección total es el siguiente.

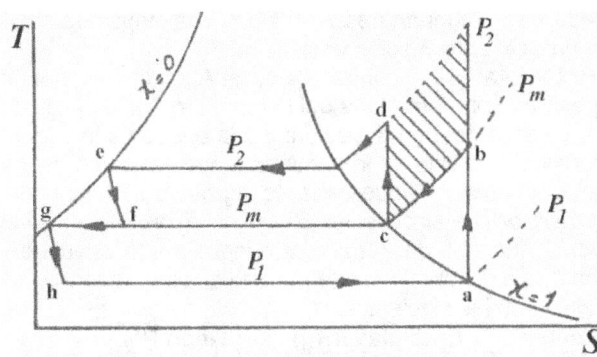

Nótese que parte de la expansión libre se produce en la vasija de media presión o separador de líquido con lo que el vapor que sale húmedo (mezclado con líquido) de la válvula de estrangulación en la evolución e→f se licua al entrar a un recinto mas espacioso (vasija de media presión). Esta no es una expansión isentálpica sino a presión constante y con intercambio de calor. Parte del líquido se evapora enfriando a otra parte de vapor que se licua. En el croquis se puede apreciar el área rayada que representa el trabajo ahorrado en la compresión al usar dos compresores con respecto al de un compresor de una sola etapa necesario para obtener la presión P_2. El análisis del ciclo es similar al que se hace en el apartado anterior. El calor absorbido por el fluido en el evaporador por unidad de masa es:

$$q_2 = h_h - h_a \tag{10-33}$$

El calor cedido en el condensador por unidad de masa es:

$$q_1 = h_d - h_e \tag{10-34}$$

La potencia frigorífica por unidad de tiempo $\dot{Q}_2$ de la instalación es un dato, y de la relación deducida anteriormente se obtiene el caudal de masa que circula por el evaporador $\dot{m}_1$:

$$\dot{m}_1 = \frac{\dot{Q}_2}{h_a - h_g} \tag{10-35}$$

Para obtener el caudal de masa $\dot{m}_2$ se plantea un balance de energía en la vasija de media presión:

$$\dot{m}_1 h_b + \dot{m}_2 h_f = \dot{m}_2 h_c + \dot{m}_1 h_g$$

Reordenando y despejando se obtiene:

$$\dot{m}_2 = \dot{m}_1 \frac{h_b - h_g}{h_c - h_f} \tag{10-36}$$

469

Entonces es posible calcular: la potencia del compresor de baja presión, la potencia del compresor de alta presión y el calor absorbido por unidad de tiempo en el evaporador. La potencia del compresor de baja presión es:

$$\dot{W}_B = \dot{m}_1 \left(h_b - h_a \right)$$ (10-37)

La potencia del compresor de alta presión es:

$$\dot{W}_A = \dot{m}_2 \left(h_d - h_c \right)$$ (10-38)

El calor cedido por unidad de tiempo en el condensador es:

$$\dot{Q}_1 = \dot{m}_2 \left(h_d - h_e \right)$$ (10-39)

El coeficiente de eficiencia frigorífica será entonces:

$$\mathbf{cef} = \frac{\dot{Q}_1}{\dot{W}_A + \dot{W}_B}$$ (10-40)

Ejemplo 10.6 Cálculo de un equipo frigorífico.

Un proceso frigorífico por compresión que usa HFC-134a requiere eliminar 100000 frigorías por hora de la cámara fría, cuya temperatura debe ser de –10 °C. La temperatura del condensador (fuente cálida) es de 25 °C. El ciclo funciona según el esquema de inyección total. Determinar la potencia del compresor, el caudal de masa de fluido refrigerante que circula por unidad de tiempo y el coeficiente de efecto frigorífico. Como en el ejemplo **4**, se subenfría el fluido desde 25 a 20 °C. La temperatura del separador-mezclador es de 0 °C.

Solución

El problema es el mismo del ejemplo **2**. La carga de calor a eliminar en unidades SI equivale a 116300 J/seg. Las temperaturas absolutas son: temperatura de salida del condensador = 298 °K; temperatura operativa del evaporador = 263 °K. La temperatura de subenfriamiento del líquido es de 293 °K (desde 25 a 20 °C como en el ejemplo **4**) y l a temperatura del separador-mezclador es de 273 °K. Hay dos etapas de compresión, sin enfriamiento intermedio ya que se trata de un ciclo de inyección total.

En el diagrama de propiedades termodinámicas del HFC-134a que encontramos en el Apéndice al final de este capítulo se ubican los puntos siguientes: **1** al ingreso a la primera etapa del compresor; **2** a la salida de la primera etapa del compresor e ingreso al separador o vasija de media presión; **3** a la entrada a la segunda etapa del compresor (vapor que sale del separador); **4** a la salida de la segunda etapa del compresor y entrada al condensador de donde sale subenfriado en la condición **5** que es la de ingreso a la válvula expansora de alta presión, y **6** a la salida de la válvula expansora de alta presión e ingreso al separador. En el circuito de baja presión tenemos líquido en la condición **7** que sale del separador e ingresa a la válvula expansora de baja presión de donde sale con la condición **8** que es también la de entrada al evaporador.

Las propiedades de interés para el cálculo en esos puntos son las siguientes.

Punto	Temperatura [°K]	Presión [Pa]	Entalpía [J/Kg]	Título [%]
1	263	200601	392866	100
2	275	292925	400431.1	100
3	273	292925	398803	100
4	301	666063	415526.6	100
5	298	666063	234634	0
5'	293	572259	227526	0
6	273	292925	227526	13.846
7	273	292925	200000	0
8	263	200601	200000	6.446

Calculamos la potencia requerida del compresor, obteniendo 4.6 KW para la 1ra etapa y 11.8 KW para la 2da. La cantidad de calor extraída en el condensador es 127672.3 J/seg. El coeficiente de efecto frigorífico **cef** vale 7.097. El caudal de masa que circula por la 1ra etapa es 0.603 Kg/seg y el que circula por la 2da etapa es 0.706 Kg/seg. Nótese que el coeficiente de efecto frigorífico tiene un valor mas alto que el que le correspondería al equipo si este tuviese una sola etapa sin inyección total, como vemos comparando este valor con el que se obtiene en el ejemplo **2**. Sin embargo es menor al que obtenemos en el ejemplo **3**.

470

10.2.5.5 Refrigeración por compresión en varias etapas a distintas temperaturas

En instalaciones frigoríficas grandes que tienen dos o mas cámaras frías a distintas temperaturas se suele usar una disposición con dos compresores y dos evaporadores, o mas si es necesario. Supongamos tener un equipo que opera con dos temperaturas distintas. Los compresores funcionan a distintas presiones, por lo que los seguiremos llamando compresor de alta y compresor de baja. La disposición física resulta análoga pero no igual a la de los casos anteriores, como vemos en el siguiente croquis.

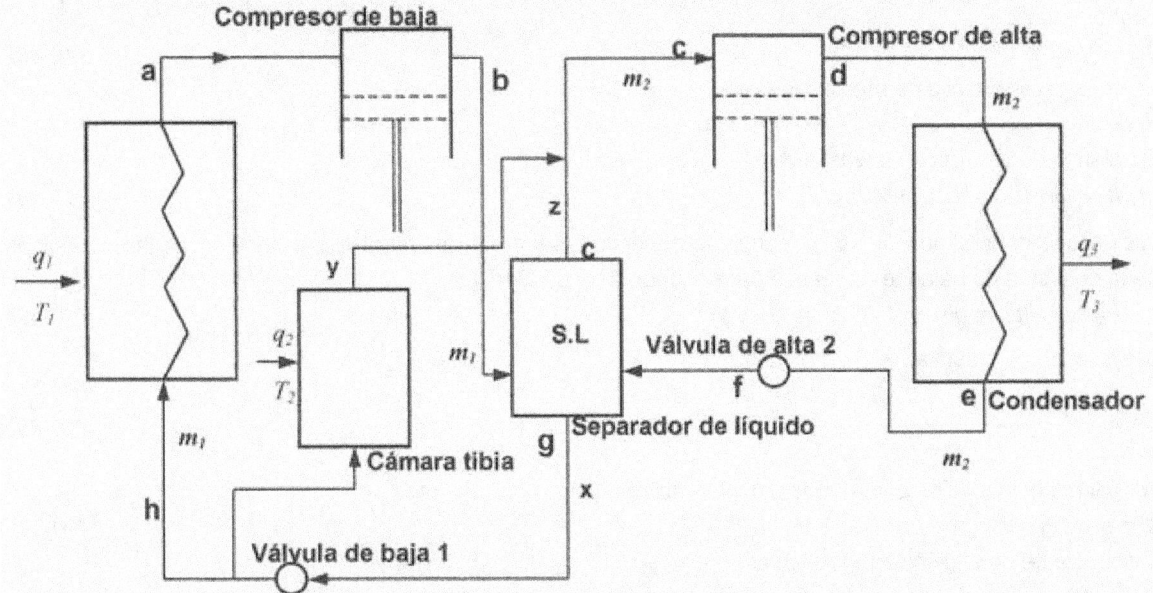

El diagrama T-S del ciclo es igual al del apartado anterior. Las diferencias en el sistema provienen del hecho de que tenemos tres corrientes que no conocemos relacionadas con la vasija de media presión. Llamaremos $\dot{x}$, $\dot{y}$, $\dot{z}$, a estas corrientes. La resolución de las incógnitas en este caso depende de un planteo de los balances de masa y energía en el sistema. Las variables que tenemos se pueden clasificar según su naturaleza en las tres categorías siguientes.

a) Potencia de los compresores: $\dot{W}_A$ y $\dot{W}_B$.

b) Energías intercambiadas entre el sistema y el medio como calor: $\dot{Q}_1$, $\dot{Q}_2$ y $\dot{Q}_3$.

c) Caudales de masa: $\dot{m}_1$, $\dot{m}_2$, $\dot{x}$, $\dot{y}$, $\dot{z}$.

De estas variables podemos considerar incógnitas todas menos dos: $\dot{Q}_1$ y $\dot{Q}_2$ que se conocen puesto que son las frigorías absorbidas por el equipo en ambas cámaras.

El análisis del ciclo se puede hacer en la siguiente forma. La potencia frigorífica por unidad de tiempo en cada una de las cámaras es un dato, de modo que podemos plantear para la temperatura T_1 la siguiente ecuación.

$$q_1 = h_a - h_h \tag{10-41}$$

La potencia frigorífica por unidad de tiempo a la temperatura T_1 es:

$$\dot{Q}_1 = \dot{m}_1 \, q_1 \Rightarrow \dot{m}_1 = \frac{\dot{Q}_1}{h_a - h_h} \tag{10-42}$$

De modo análogo para la temperatura T_2 podemos plantear:

$$q_2 = h_c - h_g \tag{10-43}$$

Puesto que la potencia frigorífica por unidad de tiempo a la temperatura T_2 es también un dato, resulta:

$$\dot{Q}_2 = \dot{y} \, q_2 \Rightarrow \dot{y} = \frac{\dot{Q}_2}{h_c - h_g} \tag{10-44}$$

En consecuencia, tenemos dos variables que podemos calcular. Quedan como incógnitas todos los caudales de masa, el calor que se disipa en el condensador y las potencias consumidas por los dos compresores. Para plantear los balances de masa identificamos dos nudos en los que confluyen corrientes; el nudo **1** corresponde al punto de llegada de la corriente $\dot{x}$, que se divide en dos: $\dot{m}_1$ e $\dot{y}$. El nudo **2** corresponde al punto de llegada de las corrientes $\dot{z}$ e $\dot{y}$, que sumadas dan como resultado la corriente $\dot{m}_2$. En consecuencia, los balances de masa son:

Para el nudo **1**:

$$\dot{X} = \dot{m}_l + \dot{y} \tag{10-45}$$

Puesto que tanto $\dot{m}_l$ como $\dot{y}$ son conocidos, $\dot{x}$ se puede calcular.

Para el nudo **2**:

$$\dot{m}_2 = \dot{y} + \dot{z} \tag{10-46}$$

Además para la vasija de media presión:

$$\dot{m}_l + \dot{m}_2 = \dot{X} + \dot{z} \tag{10-47}$$

El balance de energía en la vasija es:

$$\dot{m}_l\,h_b + \dot{m}_2\,h_f = \dot{X}\,h_g + \dot{z}\,h_c \tag{10-48}$$

Puesto que conocemos $\dot{m}_l$ e $\dot{y}$ conviene poner todas las demás variables en función de las conocidas. De la ecuación de balance de masas para el nodo **2** se deduce:

$$\dot{m}_l\,h_b + \dot{m}_2\,h_f = (\dot{m}_l + \dot{y})h_g + (\dot{m}_2 - \dot{y})h_c \tag{10-49}$$

Despejando $\dot{m}_2$ resulta:

$$\dot{m}_2 = \frac{\dot{m}_1 \times h_b + \dot{y} \times h_c - (\dot{m}_1 + \dot{y})h_g}{h_c - h_f} \tag{10-50}$$

Por último, la incógnita $\dot{z}$ se puede calcular fácilmente:

$$\dot{z} = \dot{m}_2 - \dot{y} \tag{10-51}$$

El coeficiente de eficiencia frigorífica es:

$$\mathbf{cef} = \frac{\dot{Q}_l + \dot{Q}_2}{\dot{W}_A + \dot{W}_B} \tag{10-52}$$

10.2.6 Refrigeración por compresión en cascada

Debido a la necesidad de obtener temperaturas muy bajas se han diseñado sistemas cuyo desempeño supera al de los ciclos frigoríficos comunes por compresión de un solo fluido. Un ejemplo es el proceso de licuación del aire, que requiere temperaturas bajísimas. Otro ejemplo lo encontramos en el uso de propano y otros hidrocarburos líquidos en la industria petroquímica. A este conjunto de procesos se los denomina "procesos criogénicos". El vocablo *criogénico* está en realidad mal elegido, porque proviene del griego *kryós* que significa frío, lo que no nos dice nada. Por lo general el término se aplica al conjunto de sistemas destinados a producir muy bajas temperaturas.

El examen de las propiedades termodinámicas de los refrigerantes comunes demuestra que no es posible obtener temperaturas menores a –185 ºC en un solo ciclo de compresión, y mucho menos de absorción. Prácticamente cualquier fluido frigorífico que no se congelara en el evaporador por efecto de la muy baja temperatura se encontraría por encima del punto crítico en el condensador, y no podría ser condensado, de modo que es imposible obtener temperaturas muy bajas con un ciclo que funcione con un solo fluido.

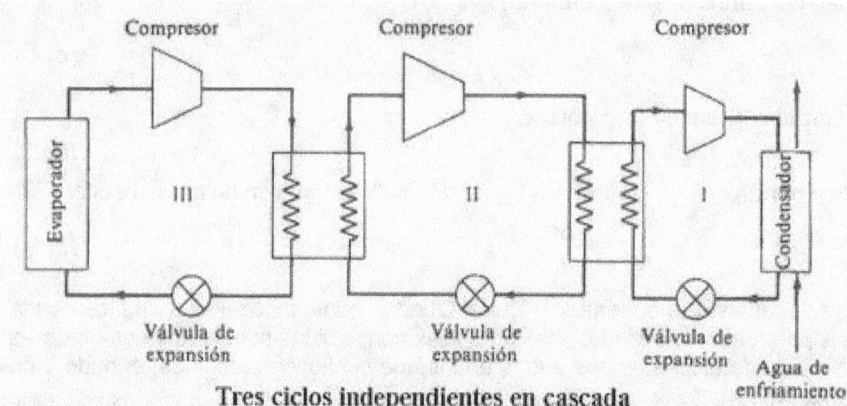

Tres ciclos independientes en cascada

La solución pasa por una disposición en cascada, en la que cada ciclo toma calor del anterior, de modo que el último produce la menor temperatura.
El croquis muestra tres ciclos en cascada, donde la menor temperatura se obtiene en el evaporador del ciclo **III**, mientras el ciclo **I** tiene su mayor temperatura en el condensador enfriado con agua.

El evaporador del ciclo **I** es el condensador del **II**, el evaporador del **II** es el condensador del **III**, y así sucesivamente. De esta manera el ciclo **III** está descargando calor en el ciclo **II**, y el ciclo **II** descarga calor en el ciclo **I**, que descarga calor al medio. En teoría es posible enganchar tantos ciclos en cascada como se quiera, pero en la práctica existen limitaciones de variada índole. Por este motivo, la mayor parte de estos sistemas opera con dos o tres ciclos en cadena. En un sistema de tres ciclos el fluido frigorífico del ciclo **I** debería tener su punto de ebullición a una temperatura aproximadamente la mitad entre la temperatura del agua de enfriamiento y la del evaporador del ciclo **II**. El fluido frigorífico del ciclo **II** debería tener su punto de ebullición a una temperatura del orden de la tercera parte de la diferencia entre la temperatura del agua de enfriamiento y la del evaporador del ciclo **III**. La temperatura del evaporador del ciclo **III** está fijada por el valor que se quiere obtener en la cámara fría. Por ejemplo, una combinación de fluidos que funciona muy bien es la siguiente: propano en el ciclo **I**, etileno en el ciclo **II** y metano en el ciclo **III**.

10.3 <u>Refrigeración por absorción</u>

Ya se ha mencionado que el trabajo consumido para impulsar un líquido es mucho menor del que se necesita para comprimir un gas. La refrigeración por absorción toma partido de esta ventaja haciendo innecesario el compresor. Esto significa un ahorro considerable de costo, tanto inicial como operativo. El precio que se debe pagar por esta mejora es una disminución del rango de temperaturas que se pueden alcanzar.

En el método de refrigeración por absorción se reemplaza el compresor por un par de equipos: el *generador* y el *absorbedor*. Al igual que en el método por compresión, refrigerante pasa del condensador a la válvula de expansión y de allí al evaporador, donde toma calor de la cámara fría. Pero en el sistema de refrigeración por absorción el vapor que proviene del evaporador, en vez de ir al compresor es absorbido en el absorbedor. Este es un recipiente en el que se pone en contacto el vapor con una solución diluida o débil del fluido refrigerante, formando una solución líquida mas concentrada o fuerte que se bombea al generador en el cual reina una presión mas elevada. En el generador se calienta la solución y el vapor así producido pasa al condensador donde se enfría, mientras que la solución débil que resulta de la evaporación del fluido refrigerante pasa al absorbedor. En el siguiente croquis vemos un esquema del ciclo de absorción.

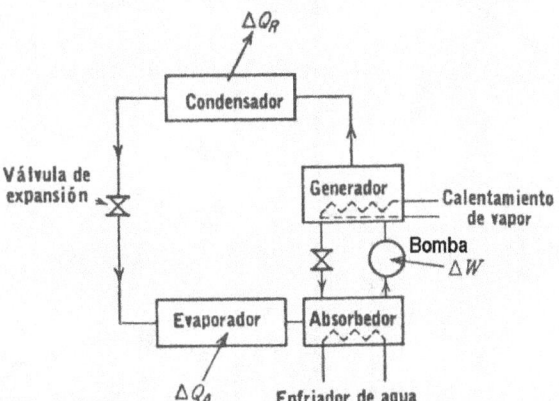

Si se compara este esquema con el del apartado **10.2** resulta fácil comprobar que la única diferencia entre ambos reside en el reemplazo del compresor por el generador y el absorbedor.

Si bien la cantidad de energía que se ahorra por la ausencia del compresor es importante, existe un consumo bastante grande de energía térmica en el generador que compensa esta ganancia. Además los requerimientos de enfriamiento de los equipos de absorción son mayores que los de compresión y generalmente son mas voluminosos y complicados, a pesar de tener menos partes móviles. Debido al consumo de energía térmica sólo se justifica económicamente el uso de equipos de absorción cuando se dispone de energía abundante y barata, como ser calor residual de proceso o que proviene de un sistema generador de potencia, como veremos en el apartado **11.9.3** del capítulo **11**.

Existen dos sustancias usadas comercialmente para equipos de refrigeración por absorción: el amoníaco y el bromuro de litio. En el primer caso el fluido frigorífico es el amoníaco y en el segundo es el vapor de agua. Ambas forman soluciones binarias con el agua. La mas ventajosa es la de agua-bromuro de litio, aunque el amoníaco es mas barato, porque tiene un alto calor de vaporización y una pequeña presión de vapor, permitiendo así usar equipos mas livianos y baratos, porque las paredes metálicas de los recipientes y tuberías pueden ser mas delgadas que si se usa amoníaco. Además y a diferencia del amoníaco el bromuro de litio no es inflamable ni tóxico. Como su solución acuosa no es volátil no requiere rectificación, es decir, no hay que purificar la sustancia de trabajo por destilación.

La refrigeración por absorción es mas limitada que la refrigeración por compresión en cuanto a las temperaturas mínimas que permite alcanzar. El amoníaco permite alcanzar temperaturas de 60 ºC bajo cero, y el bromuro de litio una temperatura mínima de sólo 5 ºC, por debajo de la cual se debe usar refrigeración por compresión.

Por lo general se enfría un fluido intermediario usado como fluido frío para intercambiar calor en distintos sectores del proceso donde haga falta. Existen varios fluidos apropiados para este fin, como las salmueras o soluciones salinas. El equipo frigorífico enfría al fluido intermediario y este se envía al proceso.

El nombre de refrigeración por absorción se usa por tradición pero no es el correcto, ya que se debiera llamar refrigeración por disolución. Se basa en las propiedades de las soluciones binarias. A diferencia de las sustancias puras, las soluciones tienen la propiedad de disolver el vapor de una composición con el líquido de otra composición distinta. En el diagrama temperatura-concentración que vemos a continuación, donde se grafica la temperatura y la fracción molar, observamos que a una temperatura determinada coexisten vapor mas rico en el componente mas volátil con líquido rico en el componente menos volátil.

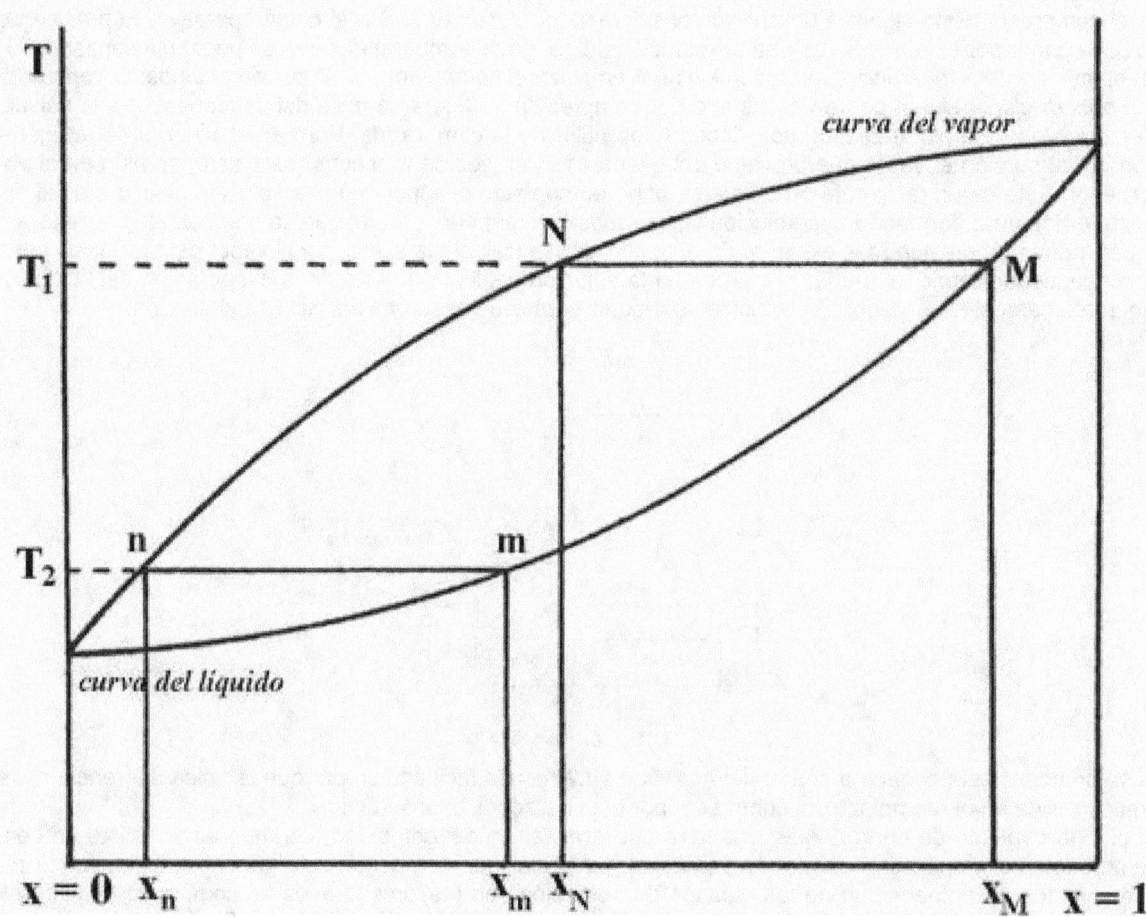

Por ejemplo a la temperatura T_1 tenemos vapor de composición x_N en equilibrio con líquido de composición x_M. A la temperatura T_2 tenemos líquido de composición x_m en equilibrio con vapor de composición x_n.

Si de alguna manera ponemos en contacto vapor de composición x_n con líquido de composición x_M, con respecto al cual el vapor está sobre enfriado (porque T_2 es menor que T_1) es evidente que el vapor se condensará. En principio el vapor y el líquido intercambian calor, es decir el vapor se calienta y el líquido se enfría (se entiende que a la misma presión) hasta una temperatura intermedia entre T_1 y T_2, a la que corresponde una composición intermedia entre x_m y x_N. Esto equivale a la compresión en el sistema por compresión, es decir, pasar el fluido de trabajo del estado de vapor al estado líquido.

10.3.1 Equipos que funcionan con amoníaco
Para comprender el funcionamiento de un equipo de absorción en el que el gas es amoníaco, nos referiremos al esquema que se observa a continuación.

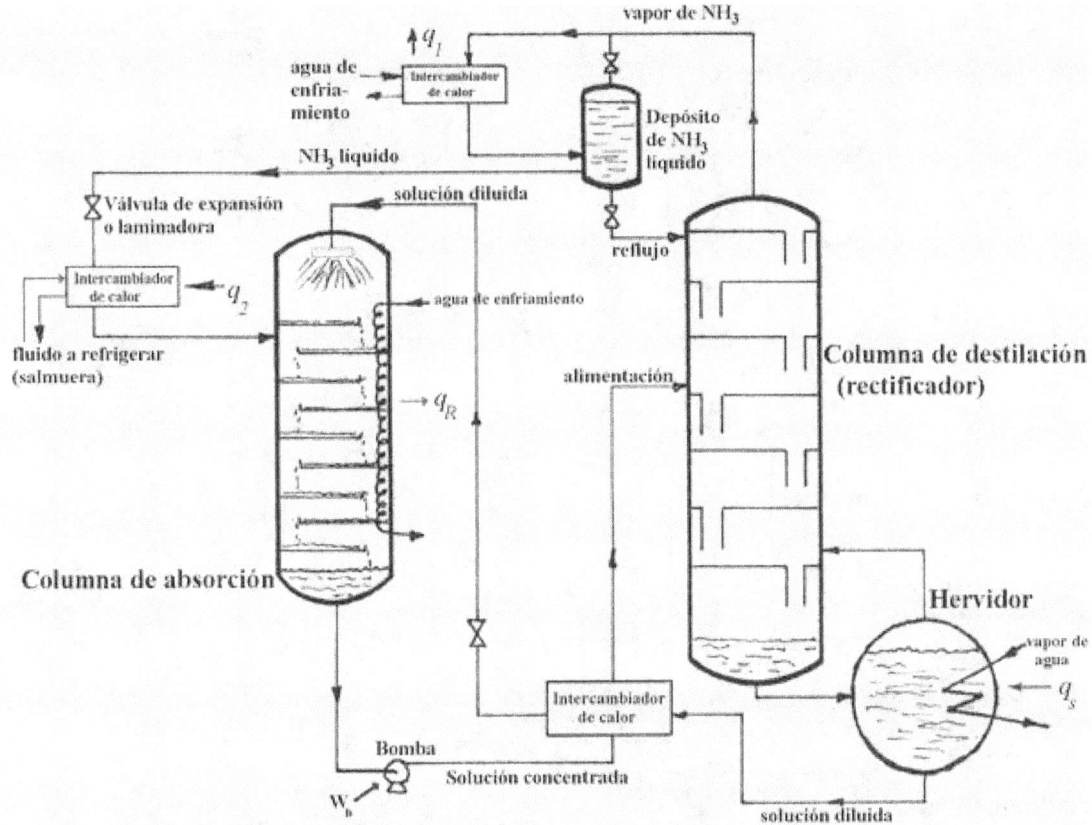

En este croquis se describe en forma muy esquemática y resumida una instalación industrial de refrigeración por absorción. En equipos mas pequeños el absorbedor y el rectificador no tienen la estructura que vemos en el croquis, ya que por razones de espacio deben ser mucho mas chicos.

El equipo funciona enfriando el fluido intermediario para proceso (entra calor q_2 al sistema) con lo que se calienta y evapora el NH_3 que pasa al absorbedor, donde se disuelve en una solución diluida de NH_3 y es enfriado con agua (sale calor q_R). La temperatura del líquido que entra al absorbedor es comparativamente baja (80 a 90 ºF, de 27 a 32 ºC) pero aumenta debido a que la disolución del amoníaco gaseoso libera calor, por eso es necesario enfriarlo. La solución concentrada que resulta se impulsa con una bomba (se entrega trabajo $-W_B$) y se calienta por intercambio de calor con la solución diluida caliente que viene del hervidor del generador. Así la solución concentrada ingresa al generador donde la fracción de fondos, rica en agua y pobre en NH_3 (solución diluida) se extrae para ir a alimentar el rociador del absorbedor previo calentamiento en el hervidor (entra calor q_S) hasta alcanzar unos 200 a 300 ºF o sea de 93 a 149 ºC.

De la cabeza del generador sale NH_3 casi puro que se enfría en un condensador (sale calor q_1), se almacena en un depósito (separador de líquido) del cual sale el NH_3 líquido que se expande en el estrangulamiento y enfría el fluido intermediario mientras otra parte refluye a la columna o rectificador. Como fluido intermediario se puede usar una solución acuosa de una sal inorgánica, así como fluidos térmicos patentados: Dowtherm y marcas similares.

El simple esquema que vemos mas arriba no se suele usar en instalaciones reales por motivos de espacio y eficiencia. El generador suele tener incorporado el hervidor en una sola unidad, de modo que resulta un equipo híbrido cuya parte de destilación se conoce como analizador. Se han diseñado varias disposiciones que dan buenos resultados en la práctica, con diferencias menores entre sí, que responden mas o menos a la estructura que vemos en el esquema anterior.

El siguiente croquis describe una estructura bastante representativa de la mayor parte de los equipos de absorción que usan amoníaco como fluido frigorífico.

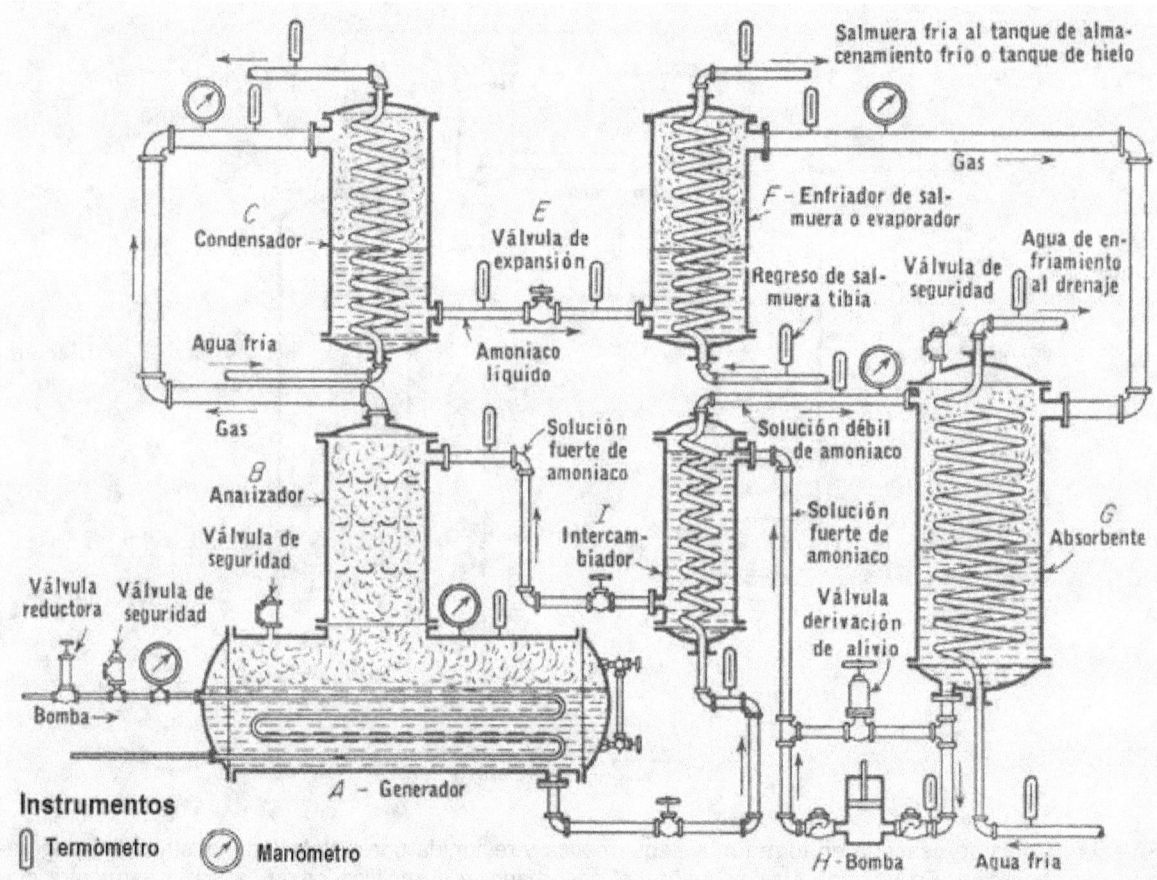

Instrumentos

▯ Termómetro ◎ Manómetro

La salmuera que sirve para enfriar en el proceso entra al evaporador *F* donde se enfría, produciendo la evaporación del amoníaco, que pasa como gas al absorbedor *G*. La solución fuerte (concentrada) que produce el absorbedor pasa por la bomba *H* que la impulsa a través de un intercambiador de calor *I* donde es enfriada por la solución débil que se dirige al absorbedor. Luego, la solución fuerte entra al "analizador" *B* donde se calienta con vapor u otro fluido cálido. De la parte superior (tope) del "analizador" sale amoníaco gaseoso, mientras que de la parte inferior se obtiene solución débil o diluida. El gas que abandona el "analizador" está formado casi exclusivamente por amoníaco con algo de vapor de agua y tiene una presión considerablemente mayor como consecuencia de la expansión que sufre durante la evaporación. Esta presión no puede ir en dirección aguas arriba porque se lo impide la bomba, que además tiene instalada en su descarga una válvula anti retorno, de modo que se descarga aguas abajo hacia el condensador *C*, donde se enfría el gas a presión suficientemente elevada como para que licue. Luego es impulsado por esa presión a través de la válvula de expansión *E* y sufre una expansión isentálpica. La mezcla líquido-vapor que resulta de esa expansión pasa al evaporador *F* donde se reinicia el ciclo.

El cálculo se debe realizar en base a balances de masa y energía por equipo obteniendo un sistema de ecuaciones con ayuda del diagrama de entalpía-concentración del NH_3 que se puede encontrar en casi todos los textos.

Como ya hemos explicado, a pesar de las ventajas del bromuro de litio, en instalaciones frigoríficas de muy bajas temperaturas el amoníaco es el fluido de trabajo mas usado porque permite alcanzar temperaturas mínimas mucho menores.

10.3.2 Equipos que funcionan con bromuro de litio

En instalaciones frigoríficas en las que la temperatura mínima está por encima de 0 °C y se quiere usar un ciclo de absorción es muy frecuente encontrar equipos de bromuro de litio, debido a las ventajas que se mencionan mas arriba. Además, como las soluciones de bromuro de litio no son volátiles a diferencia de lo que ocurre con las soluciones de amoníaco, no se requiere rectificación. Por ese motivo los equipos de absorción a bromuro de litio son mucho mas compactos que los de amoníaco.

Los equipos de refrigeración por absorción a bromuro de litio se clasifican en equipos de una o dos etapas, comúnmente denominados de simple y doble efecto. El equipo de una etapa es el mas común y se describe a continuación.

476

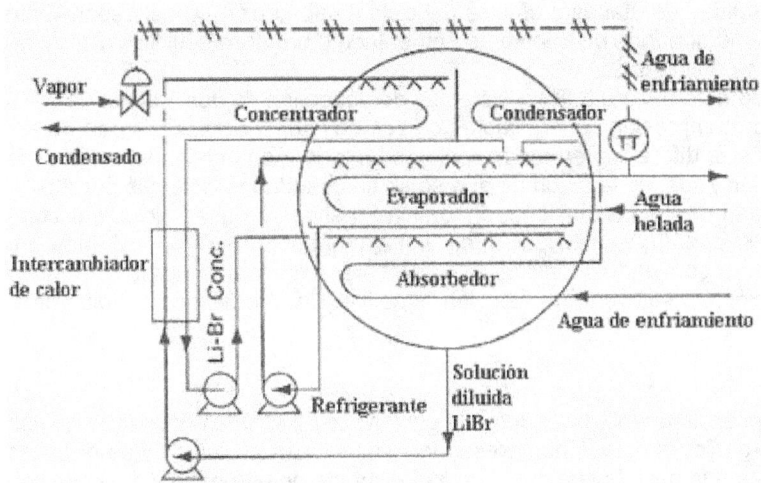

La absorción se produce en un recipiente herméticamente cerrado, del que se evacua todo el aire. En consecuencia, la presión en el recipiente es la presión de vapor de la solución a la temperatura operativa. Lo que esto significa en otros términos es que se puede regular la temperatura operativa del sistema a través de la presión. La presión en la sección del concentrador y del condensador es del orden de 0.1 atm y en la sección de evaporación y absorción es del orden de 0.01 atm.

Para el calentamiento se suele usar vapor de baja presión (alrededor de 1 bar) o agua caliente a unos 130 °C. En cambio los equipos de doble efecto usan vapor de media presión o agua a unos 175 °C.

Las cuatro secciones básicas de un equipo de absorción se dividen en dos: un volumen llamado de "alta presión" y otro de "baja presión", a pesar de que ambos operan al vacío. El concentrador y el condensador forman la zona de "alta presión" mientras que el evaporador y el absorbedor forman la zona de "baja presión". El agua caliente o el vapor fluyen a través de los tubos del concentrador y producen la evaporación del agua de la solución diluida por ebullición al vacío. El vapor de agua liberado de la solución diluida pasa del concentrador al condensador, donde se condensa por acción del agua de enfriamiento. El condensador opera a unos 32 °C. El agua así condensada cae en una bandeja y se envía a la sección del evaporador a través de un orificio reductor de presión, en el que sufre una expansión estrangulada. Como consecuencia del hecho de que la presión de operación en la zona del evaporador es menor (del orden de 7 milibares) y del efecto de Joule-Thomson la temperatura de esta sección es también menor: del orden de unos 3 °C. El calor que se necesita para el flasheo (evaporación parcial) del agua lo proporciona el agua helada que ingresa al equipo, por lo que esta se enfría. El vapor de agua que se produce en la zona del evaporador pasa entonces al absorbedor donde es absorbido por la solución concentrada de LiBr. Durante el proceso de absorción el líquido se calienta, debido al calor de disolución negativo de las soluciones concentradas de LiBr. El calor liberado en el absorbedor es eliminado del sistema por una corriente de agua de enfriamiento. La solución concentrada de LiBr que se pulveriza sobre los tubos del absorbedor toma el vapor de agua, y se diluye. Esta solución diluida es entonces bombeada al concentrador donde se completa el ciclo. Nótese que el fluido refrigerante en definitiva es el vapor de agua. Todo el proceso viene regulado por la temperatura del agua helada. En el croquis se observa el controlador de temperatura, que acciona la válvula de admisión de vapor por medio de una línea de aire comprimido. Al abrir la válvula de admisión de vapor cuando la temperatura del agua aumenta se incrementa la potencia frigorífica del equipo, dentro de límites razonables.

10.4 Comparación entre la refrigeración por compresión y por absorción

Podemos dar valores indicativos de capacidad pero teniendo en cuenta que los fabricantes se pueden apartar de esos valores en magnitudes variables. La capacidad de los equipos frigoríficos se mide en toneladas de refrigeración (TR) o KW de refrigeración (KWR), siendo 1 TR = 3.517 KWR.

Las capacidades típicas de equipos de absorción son: para equipos de una etapa: de 300 a 6000 KWR. Para equipos de dos etapas: de 300 a 8800 KWR. Las capacidades de los equipos de compresión varían según el tipo de compresor. Para compresores herméticos y semi herméticos: de 280 a 3600 KWR. Para compresores alternativos de pistón: de 280 a 1500 KWR. Para compresores centrífugos de una etapa: de 280 a 7000 KWR. Para compresores centrífugos de dos etapas: de 280 a 35000 KWR.

A los efectos de comparar el desempeño del ciclo de absorción con el de compresión conviene tener algún parámetro de comparación como el cef. Pero en el ciclo de absorción no se puede calcular el cef porque no se consume trabajo sino calor, de modo que reemplazando el trabajo por el calor consumido, y despreciando el trabajo consumido en la bomba de recirculación $-W_B$ y los calores de enfriamiento q_1 y q_R obtenemos el coeficiente de aprovechamiento del calor que definimos así.

$$cac = \frac{q_2}{q_s}$$

(10-53)

El valor típico del **cac** varía según la cantidad de etapas o efectos del ciclo de absorción, y es independiente del fluido de trabajo; en otras palabras, no depende de que se use amoníaco o bromuro de litio. Valores característicos son los que se consignan a continuación.

Para sistemas de absorción de una etapa: de 0.6 a 0.8. Para sistemas de absorción de dos etapas: de 0.9 a 1.2. Pero los ciclos de refrigeración por compresión tienen valores de **cef** muy superiores, del orden de 4 a 6. La pregunta que surge es entonces: si la diferencia en rendimiento es tan enormemente superior para los sistemas de refrigeración por compresión ¿cuál es la razón de que se sigan usando los sistemas por absorción?. Lo cierto es que en la mayor parte de las instalaciones frigoríficas grandes se usan ciclos por compresión, no sólo por razones de costos operativos sino por otras ventajas inherentes a los sistemas por compresión. No obstante, cuando existen cantidades considerables de calor excedente que de otro modo se desperdiciaría, los ciclos de absorción constituyen una elección atractiva. En el próximo capítulo volveremos sobre esta cuestión.

10.5 Licuación de gases

La necesidad de licuar el aire para obtener nitrógeno destinado a la elaboración de ácido nítrico (que en esa época se obtenía del nitrato natural orgánico) impulsó numerosas investigaciones en las últimas décadas del siglo XIX. Como es sabido, el aire es una mezcla compuesta principalmente de nitrógeno y oxígeno, con otros gases en menor proporción. Puesto que el nitrógeno es el componente menos volátil (T_b = 77.4 °K) mientras el oxígeno tiene un punto normal de ebullición mayor (T_b = 90.2 °K) el problema principal era licuar el aire para poder separar sus componentes por destilación. El método mas antiguo es el de Pictet (1887) que se basa en el concepto de refrigeración en cascada que estudiamos en el apartado **10.2.6**.

El proceso consta de cuatro ciclos en cascada que producen aire líquido en su punto más frío. Para la primera etapa se usaba amoníaco como agente frigorífico, para la segunda etileno, para la tercera oxígeno y para la cuarta el propio aire líquido. Si se pretende separar los componentes mas raros, como helio y neón, se debe implementar un proceso de no menos de cinco a seis etapas. El proceso puede producir aire líquido pero no es apto para una explotación industrial económica si se compara con los procesos posteriores, básicamente debido a la complejidad del proceso.

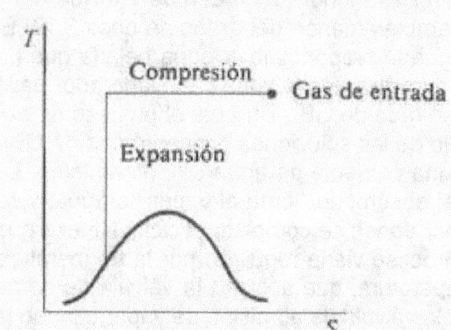

Una experiencia mas fructífera desde el punto de vista económico es la del francés Georges Claude a comienzos del siglo XX. El proceso Claude se aplica al aire y consiste en una compresión isotérmica hasta alcanzar una presión muy elevada, seguida de una expansión isentrópica con producción de trabajo hasta una temperatura lo suficientemente baja como para que el aire se condense. El diagrama muestra el proceso Claude. Si bien es el mas eficiente desde el punto de vista termodinámico (ya que la expansión adiabática es mas eficiente que la isentálpica) es difícil de aplicar en la práctica. El proceso Claude es antieconómico a escala industrial porque requiere presiones tan altas que los costos de compresión resultan demasiado elevados. El problema fue resuelto por el alemán Carl von Linde, también a comienzos del siglo XX. El proceso Linde es una aplicación del concepto de aprovechamiento de la capacidad de refrigeración del propio fluido frigorífico frío que examinamos en los apartados **10.2.5.3** y **10.2.5.4**. El esquema muestra la estructura del proceso Linde.

En síntesis el proceso Linde toma el gas (por ejemplo aire) y lo comprime en un compresor de múltiples etapas con enfriamiento intermedio.

Luego se enfría mediante un equipo frigorífico antes del enfriamiento profundo que se hace a contracorriente con el gas frío proveniente de la vasija de separación líquido-vapor.

Este viene de una expansión de Joule-

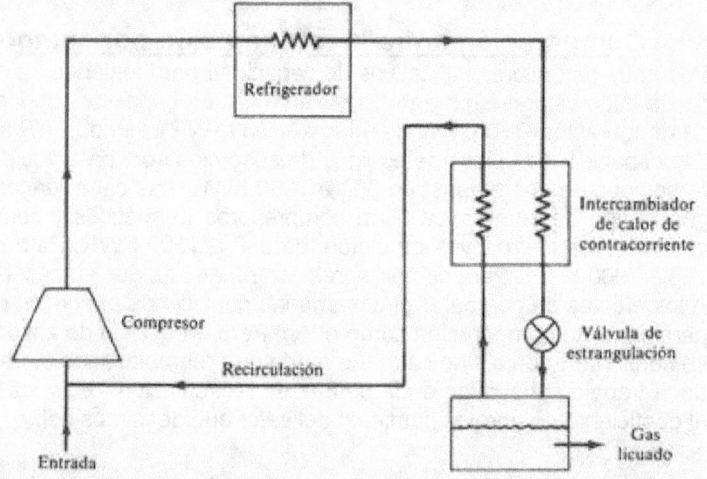

Thomson en la válvula de estrangulación y luego del intercambio de calor se mezcla con el aire fresco que ingresa al compresor, con el objeto de enfriarlo un poco antes de la compresión.

El croquis adjunto muestra el diagrama T-S del proceso. Nótese que el enfriamiento a contracorriente prepara el camino para el proceso de expansión estrangulada o de Joule-Thomson.

Es esencial que el enfriamiento a contracorriente lleve la temperatura cerca o por debajo del valor crítico, para que la expansión estrangulada alcance la zona de coexistencia de fases en una condición lo mas a la izquierda posible, para que la proporción de líquido sea elevada.

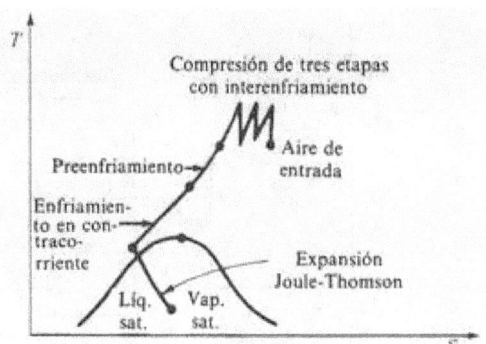

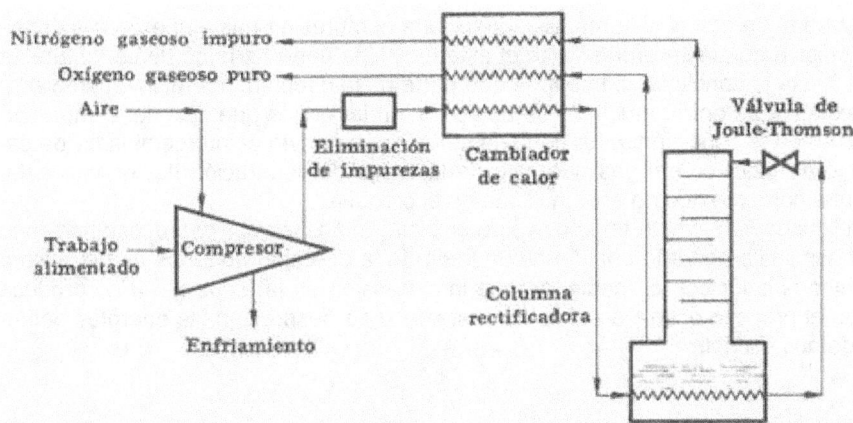

En el proceso de separación del aire en sus componentes se requiere una columna de destilación, que no figura en el croquis anterior. La destilación por lo menos debe separar los componentes principales: oxígeno y nitrógeno. Esto exige eliminar previamente las impurezas, como el vapor de agua y el dióxido de carbono. El esquema muestra el proceso Linde para producción de nitrógeno y oxígeno a partir del aire. El equipo de la extrema derecha es la columna rectificadora. Note que no requiere consumo de energía, ya que el hervidor se sustituye por una serpentina donde el aire relativamente caliente que ingresa a la torre entrega su calor al aire líquido y produce la ebullición. La salida de tope (parte superior) está enriquecida en el componente mas volátil, es decir, nitrógeno impurificado con algo de oxígeno mientras que el producto de cola tiene oxígeno con algo de nitrógeno. Se puede obtener mayor pureza con una rectificación posterior.

Se han desarrollado muchas variantes del proceso Linde. Una de ellas, conocida como proceso de Linde-Collins emplea un expansor isentrópico donde se enfría una parte del gas, que intercambia calor con el gas que sale del compresor, enfriándolo algo antes de pasar por otro intercambiador de calor.

En este se enfría mas aún, por intercambio de calor con el gas que sale muy frío de la vasija de separación líquido-vapor. A continuación un diagrama T-S del proceso.

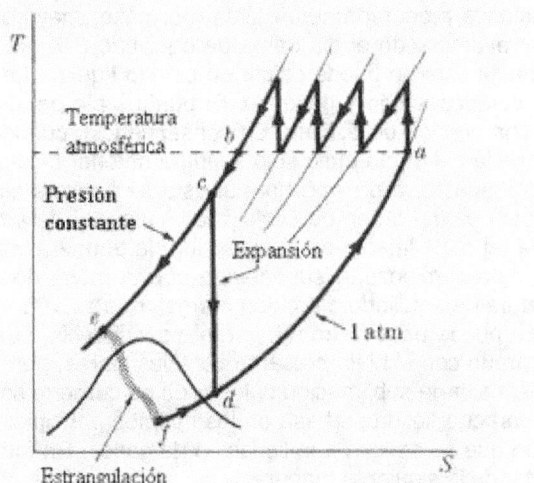

Todo el proceso (muy simplificado) se puede apreciar en el siguiente croquis.

479

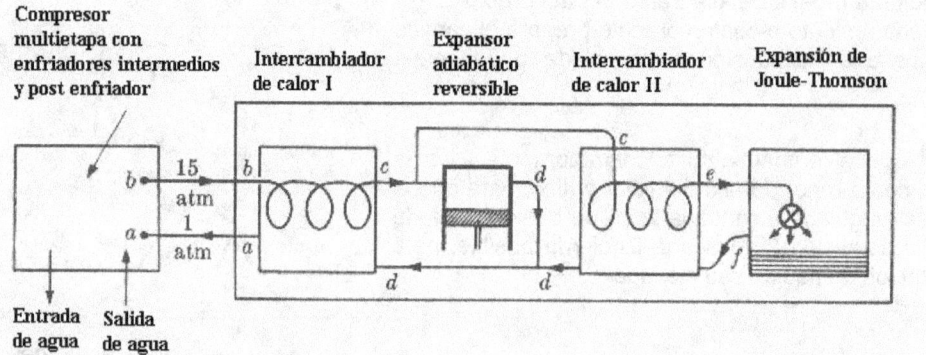

El punto a corresponde a la entrada de gas al sistema. Este sufre una compresión hasta el estado b donde ingresa al intercambiador de calor I, donde se enfría hasta el estado c. Una parte de la corriente de aire se expande en forma isentrópica hasta la condición d, mientras otra parte pasa directamente al intercambiador de calor II. La parte que se expande se enfría mucho, y se usa para enfriar el gas que sale del compresor, volviendo a la succión del mismo en la condición a. En tanto, la parte que se envía al intercambiador de calor II se enfría por intercambio de calor con el gas que sale de la vasija de separación líquido-vapor. La fracción licuada se extrae en una corriente que no está indicada en el croquis.

Es posible calcular la fracción licuada x mediante un balance de energía. Si analizamos el proceso haciendo caso omiso del compresor, y nos limitamos a la porción recuadrada de la derecha, notamos que la misma no intercambia trabajo mecánico ni calor con el medio, porque la expansión en la etapa $c \to d$ no produce trabajo. En consecuencia, todo el proceso ocurre a entalpía constante si se desprecian las energías potencial y cinética. Por lo tanto podemos escribir:

$$h_b = x\,h_f + (1-x)h_a \Rightarrow x = \frac{h_a - h_b}{h_a - h_f}$$

Analizando los factores que condicionan al valor de x vemos que depende fundamentalmente de h_b ya que el punto a representa la condición atmosférica (que no podemos cambiar), y el punto f representa la condición de temperatura de ebullición del gas licuado, que viene fijado por las condiciones del diseño, y de presión operativa de la vasija, que también viene fijada por las condiciones del diseño. Pero puesto que h_b depende de la presión y la temperatura (que es igual a la atmosférica) basta fijar la presión de b para determinar la fracción de gas licuado.

Si se analiza detenidamente la expresión anterior, se deduce que el máximo valor de la fracción de gas licuado x corresponde al menor valor de h_b.

10.6 Producción de dióxido de carbono sólido

El dióxido de carbono o anhídrido carbónico (CO_2) no puede existir a bajas temperaturas (digamos menos de 216 °K o –55 °C) y a presiones moderadamente altas (por caso, mayores de 6 ata) como líquido. La causa de esto la encontramos examinando el diagrama de equilibrio P-T. Recordemos que por debajo del punto triple de cualquier sustancia esta no puede existir en estado líquido. La curva de equilibrio es de sublimación, ya que separa los estados sólido y gaseoso. El punto triple del dióxido de carbono está a una temperatura de 216.7 °K y a una presión de 5.1 ata. En consecuencia, cuando se trata de licuar el dióxido de carbono a presión mayor que la del punto triple sólo se logra obtener dióxido de carbono sólido, también llamado nieve carbónica. Por supuesto, a presión normal esta se sublima sin pasar por el estado líquido porque la presión de sublimación es del orden de 5 ata, muy superior a la ambiente. Puesto que en la sublimación se consume energía (el calor latente de sublimación) la temperatura del dióxido de carbono desciende en el instante en que esta comienza, y suponiendo que la masa de dióxido de carbono sólido es grande, baja hasta la temperatura de equilibrio a presión normal, que es 195 °K o –78 °C. Esto significa que el dióxido de carbono sólido se puede usar como refrigerante sacrificable, puesto que el gas sublimado se pierde en la atmósfera. Comparado con el hielo presenta ventajas claras, porque el calor de fusión del hielo es casi un 60% mas bajo que el calor de sublimación del dióxido de carbono sólido.

La fabricación del dióxido de carbono sólido se basa en los mismos principios de compresión, enfriamiento y expansión de Joule-Thomson que se aplican a la licuación de gases. En forma sumamente esquemática, el proceso se puede representar de la siguiente manera.

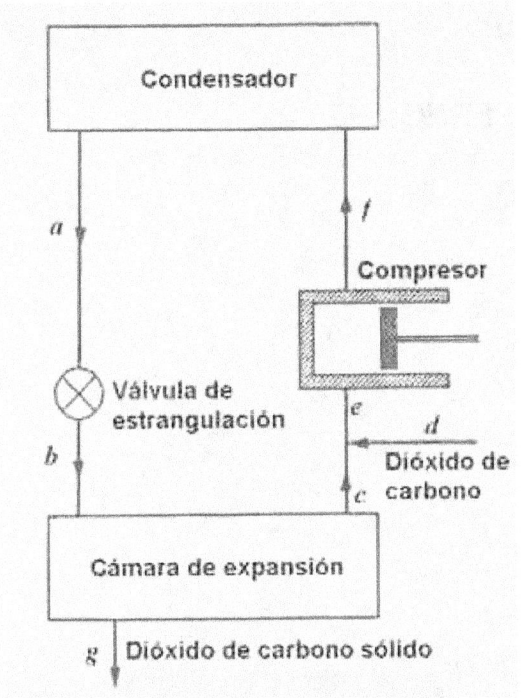

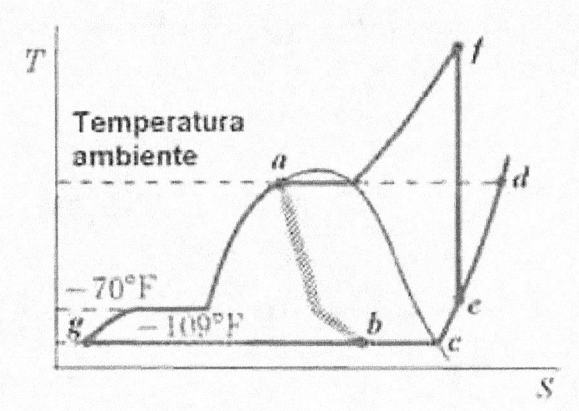

El dióxido de carbono que ingresa a temperatura ambiente en la condición *d* se mezcla con el dióxido de carbono saturado seco que sale de la cámara de expansión, dando como resultado de la mezcla la condición *e*. Este gas entra al compresor, de donde sale con la condición *f*. Pasa al condensador donde es enfriado hasta la temperatura ambiente (condición *a*) y pasa por la válvula de estrangulación donde sufre una expansión de Joule-Thomson que lo lleva hasta la condición *b* a mucha menor temperatura, de donde pasa a la cámara de expansión (que también sirve para separar el sólido del gas) donde se separa gas con la condición *c* y sólido con la condición *g*.

En la práctica esta disposición resulta antieconómica porque la energía consumida es grande (alrededor de 320 KWH por tonelada). Introduciendo enfriadores intermedios en el compresor y dividiendo la etapa de expansión en varios pasos (usando múltiples válvulas y cámaras de expansión) se puede reducir el costo a la mitad. Aunque esto complica y encarece tanto el costo inicial del equipo como su mantenimiento, se compensa ampliamente por la reducción de costo de producción, particularmente en cantidad. Notamos la similitud de este enfoque con el del ciclo de Rankine regenerativo o con el ciclo de Brayton regenerativo. La razón de que se produzca una disminución tan drástica de costo operativo es que disminuimos fuertemente las irreversibilidades del proceso, que están concentradas en las etapas de compresión politrópica y de expansión isentálpica.

APENDICE

DIAGRAMA *H-P* DEL FREON-12

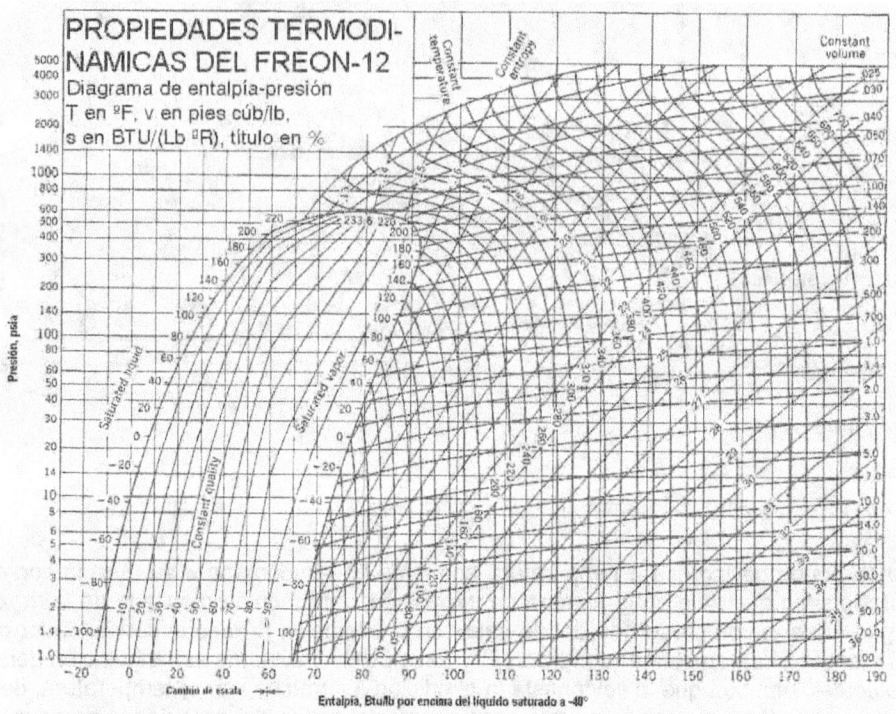

DIAGRAMA *H-P* DEL FREON-22

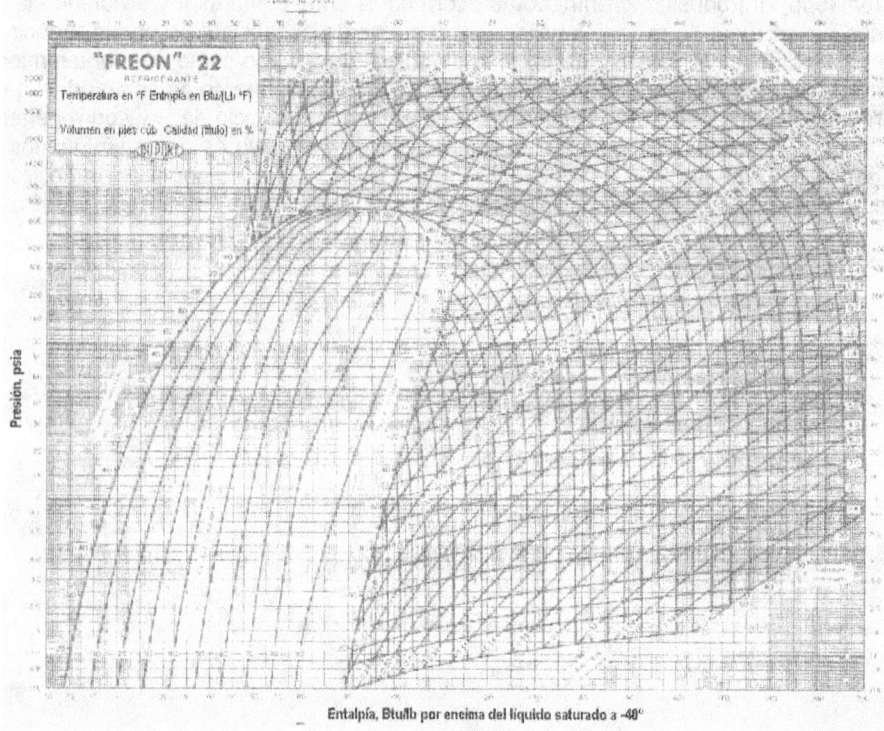

DIAGRAMA *H-P* DEL FREON-503

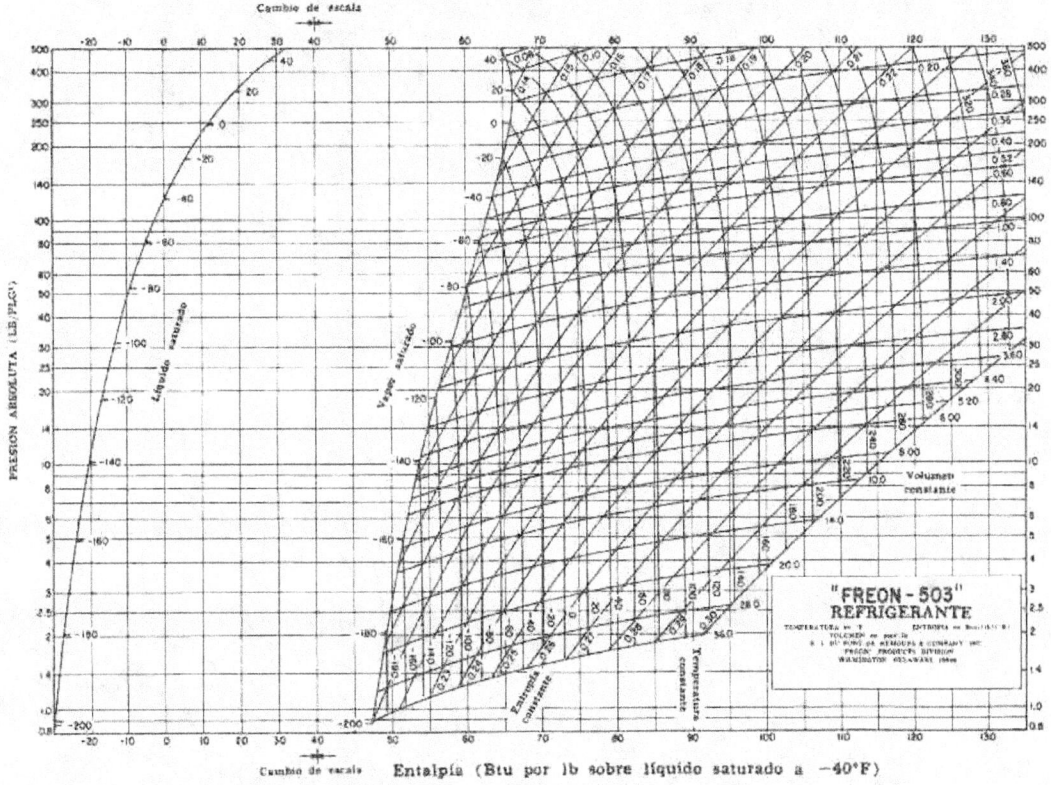

DIAGRAMA *H-P* DEL HFC-134a

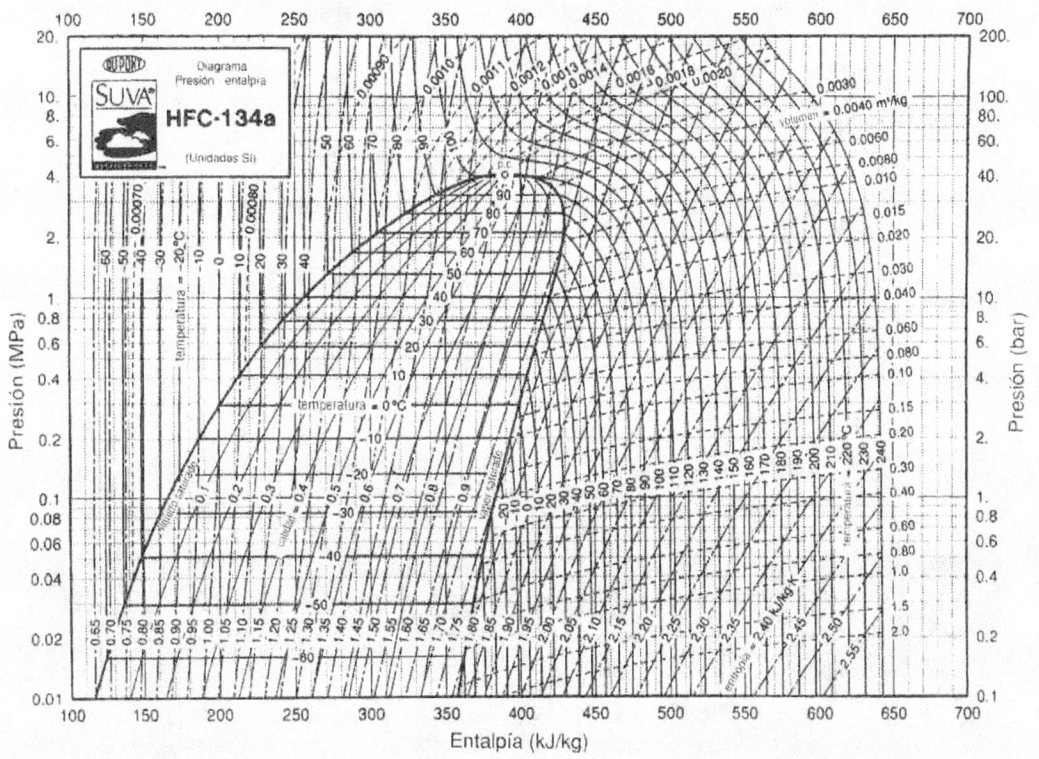

DIAGRAMA *H-P* DEL R-717 (AMONIACO)

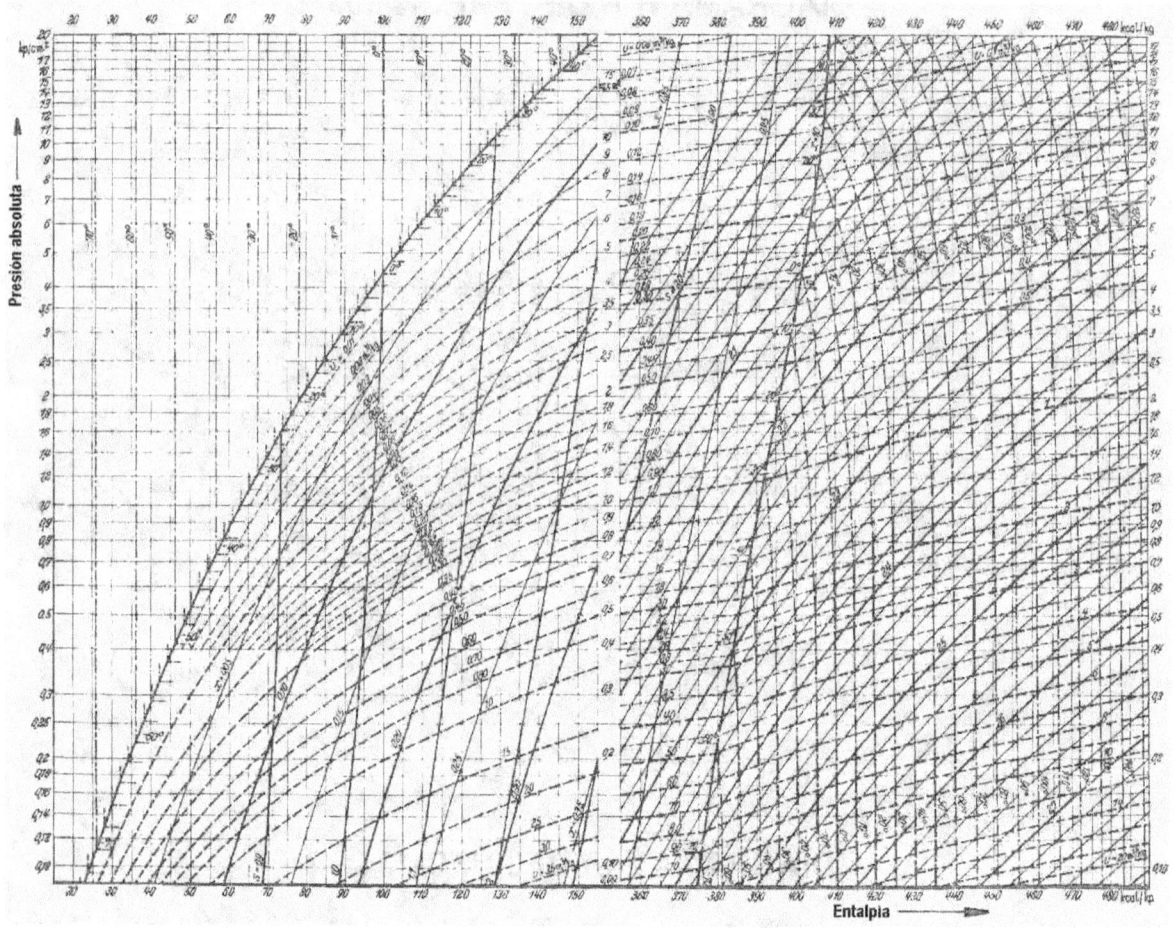

DIAGRAMA *H-P* DEL R-507

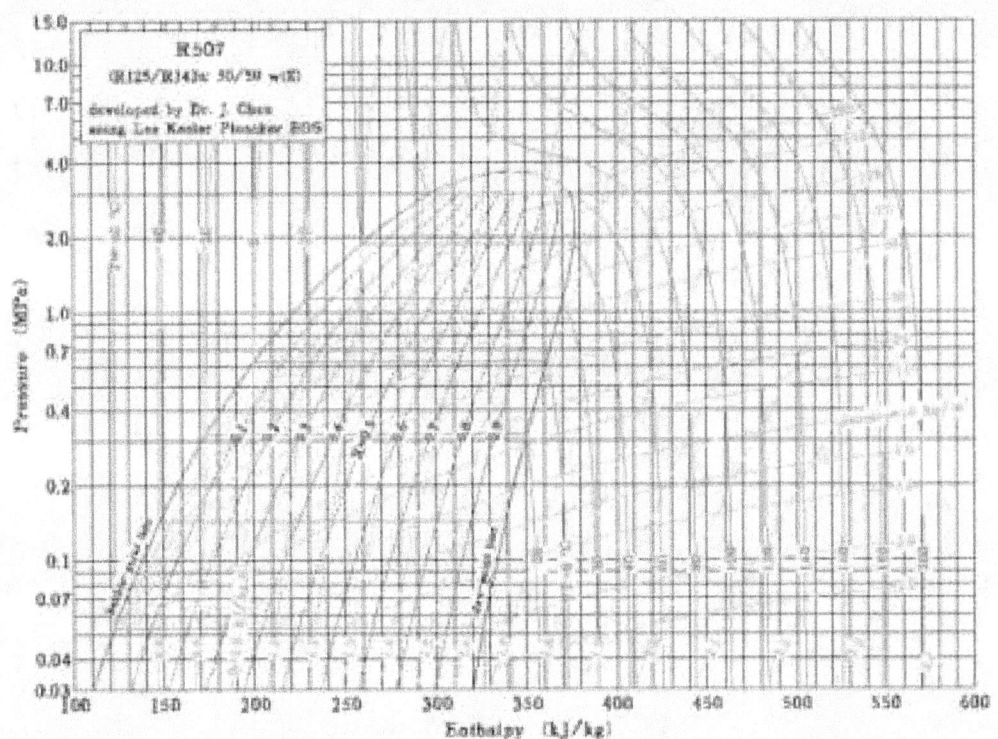

DIAGRAMA *H-P* DEL R-410A

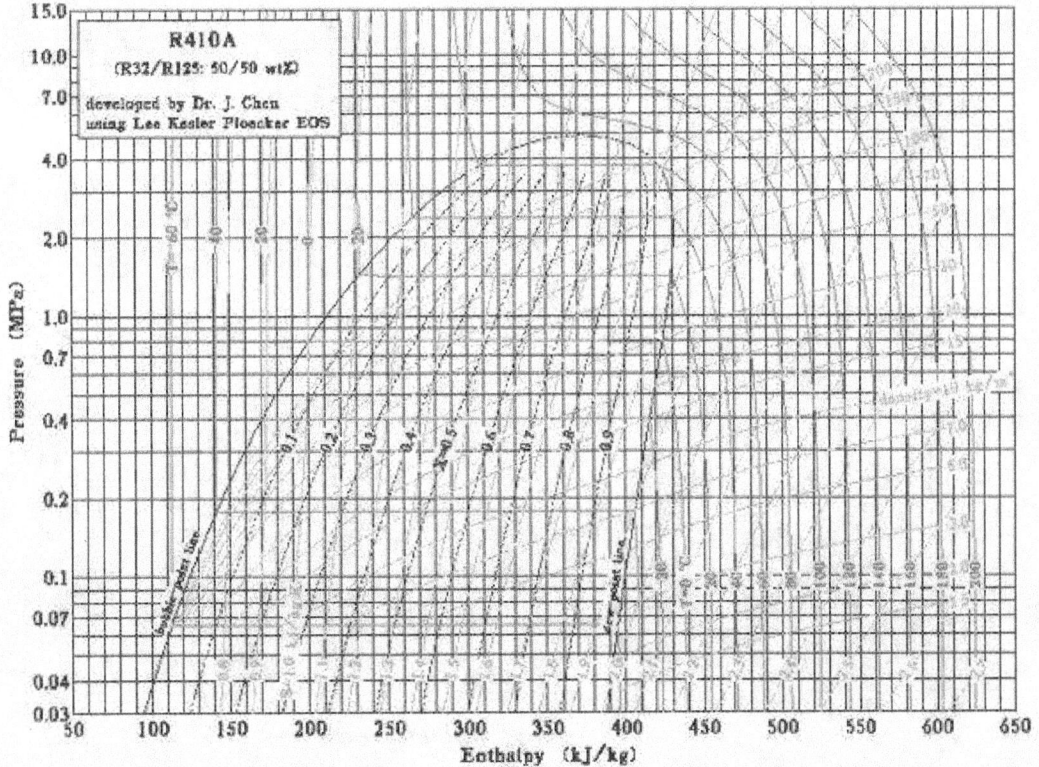

DIAGRAMA *H-P* DEL CARE 50

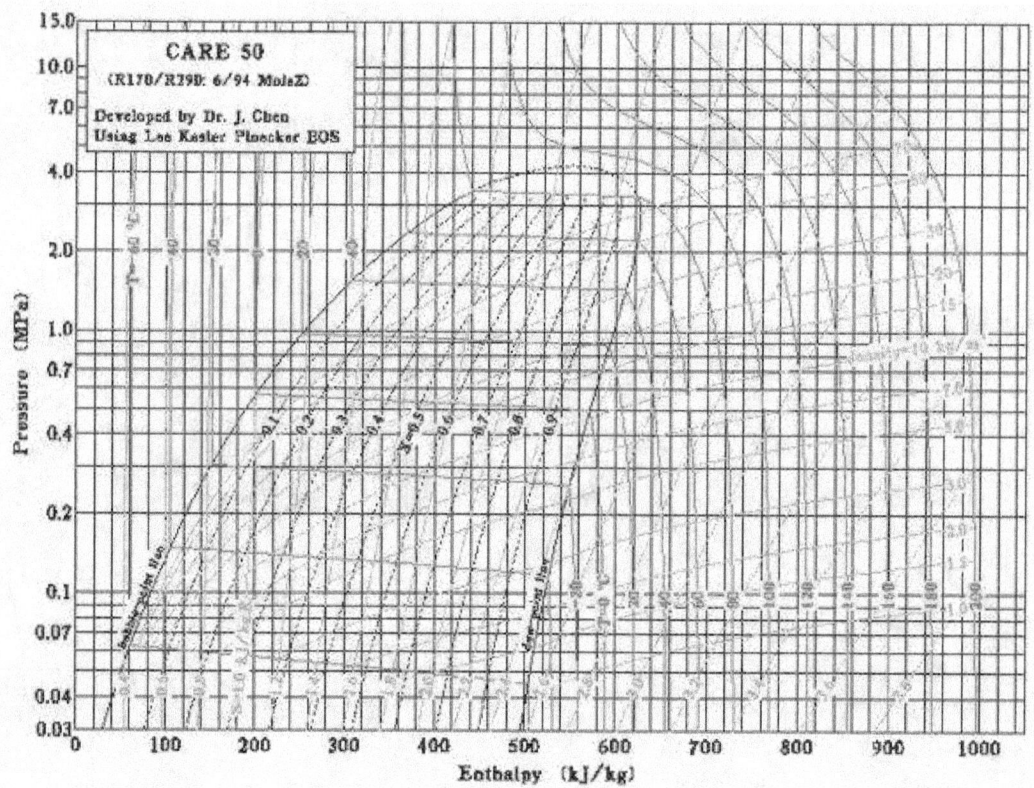

DIAGRAMA *H-P* DEL HX4

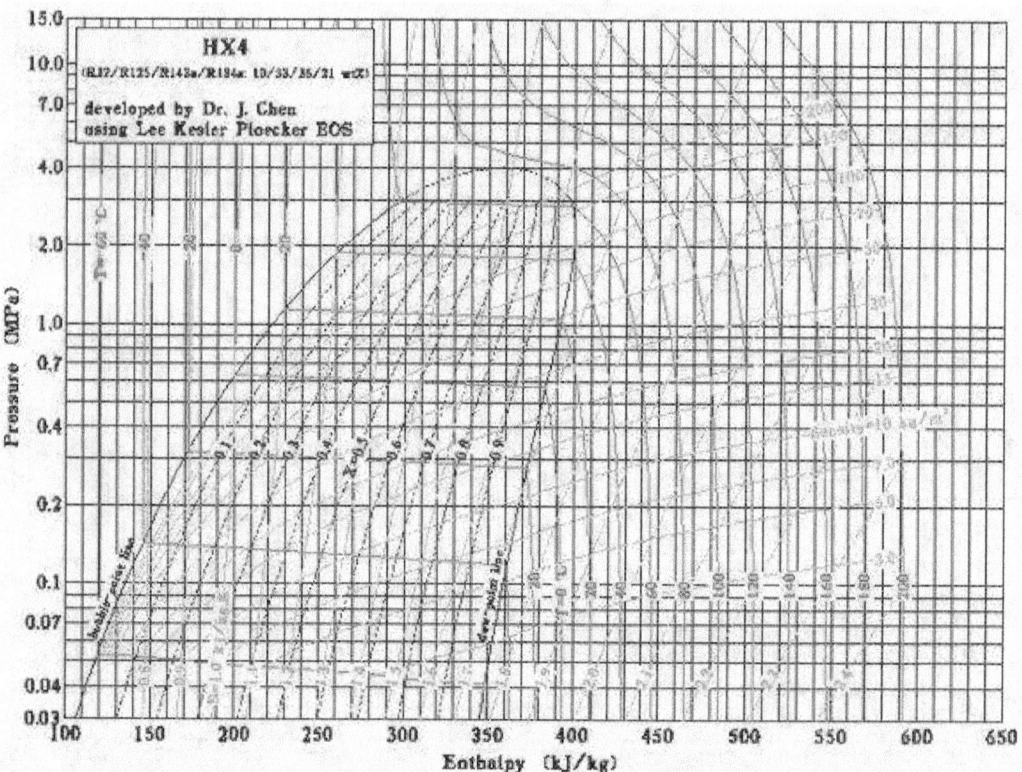

486

DIAGRAMA *H-P* DEL MHC 50

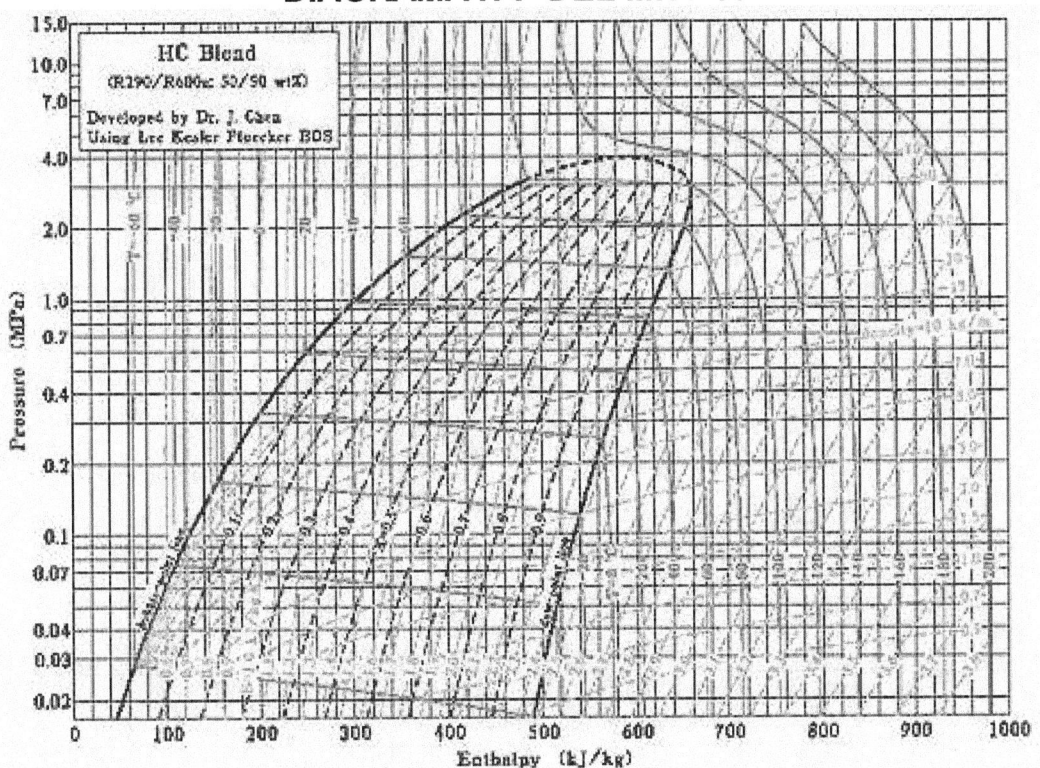

DIAGRAMA *H-S* DEL R-290

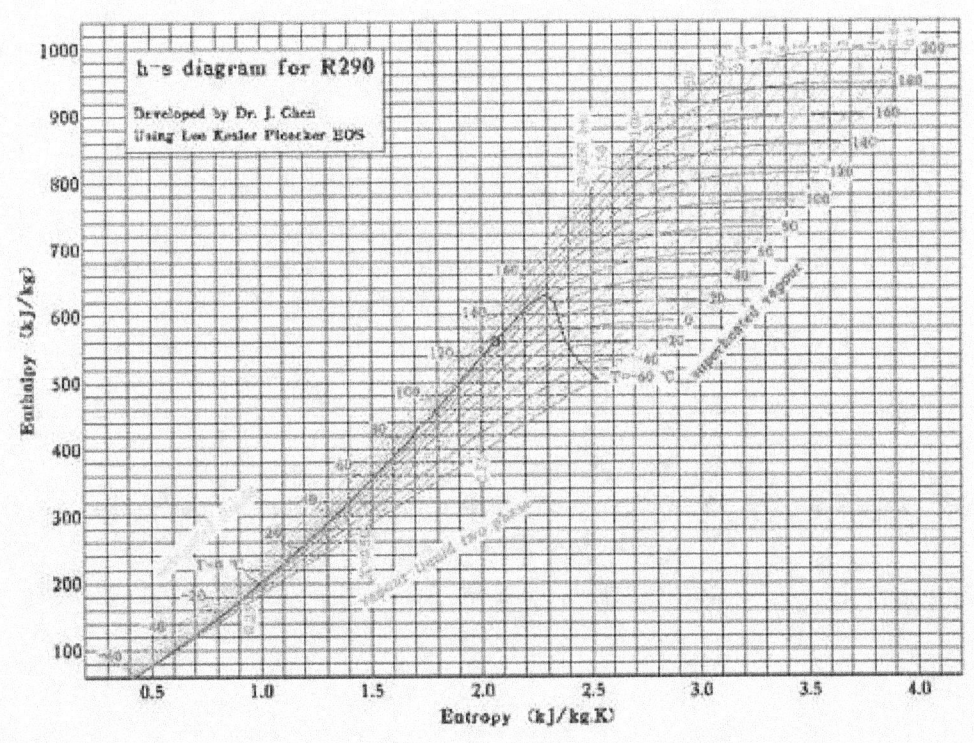

DIAGRAMA *H-x* DE LA MEZCLA R-23/R-134a

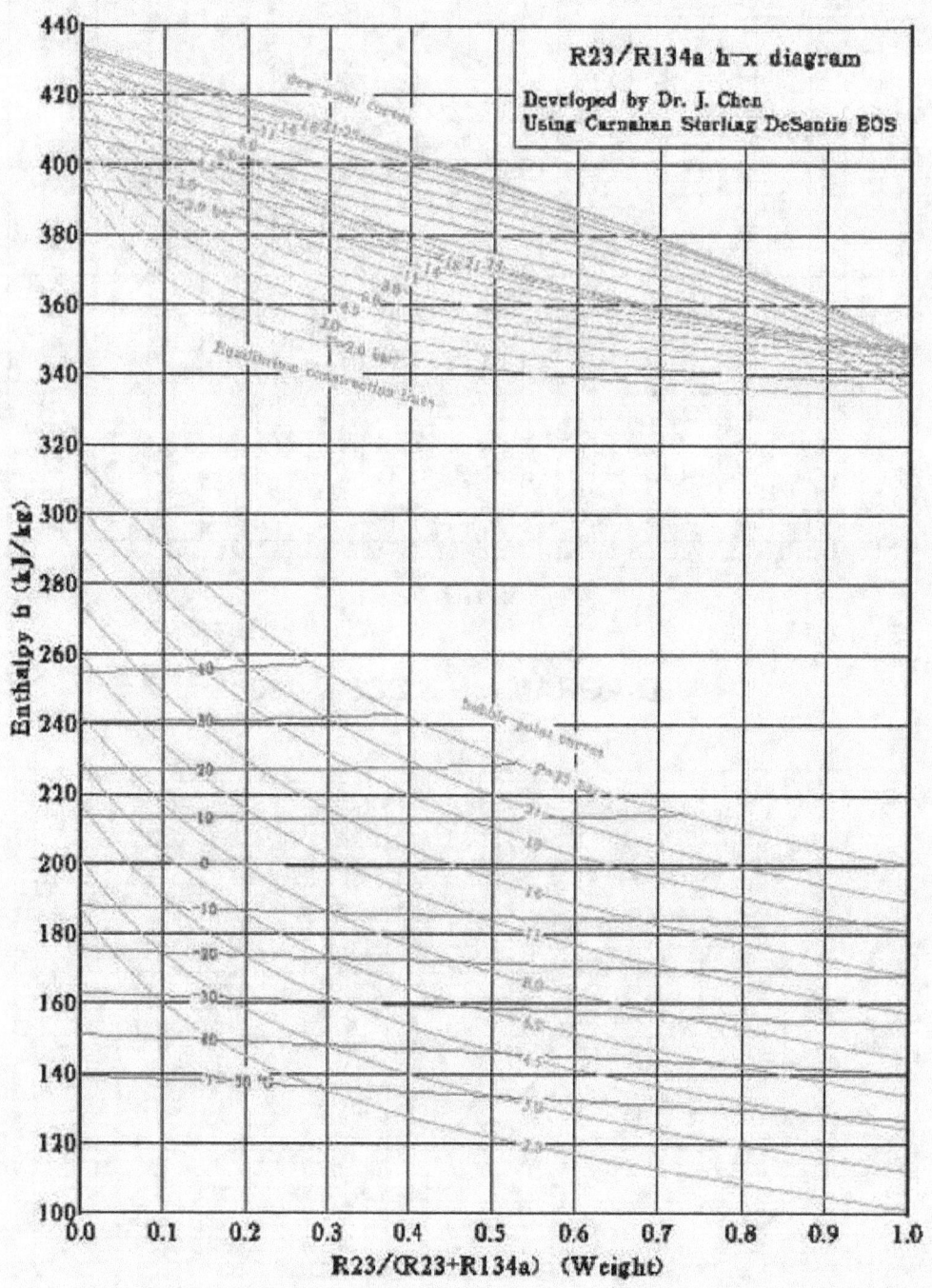

BIBLIOGRAFIA

- *"Introducción a la Termodinámica en Ingeniería Química"* – Smith y Van Ness.

- *"Termodinámica"* – V. M. Faires.

- *"Termodinámica para Ingenieros"* – Balzhiser, Samuels y Eliassen.

- *"Principios de los Procesos Químicos"* Tomo II (Termodinámica) – Houghen, Watson y Ragatz.

CAPITULO 11

CICLOS DE GAS

Los ciclos de gas se caracterizan porque, a diferencia de los ciclos de vapor, el fluido de trabajo no experimenta cambios de fase. Se implementan en motores que pueden ser de combustión interna o externa, según donde ocurra esta. Cuando se produce en el interior del recinto de expansión se dice que es interna.

11.1 Los motores de combustión interna

En época tan temprana como el año 1816 un sacerdote inglés llamado Stirling ocupó mucho tiempo y esfuerzo en experimentar con un motor de combustión externa que usaba aire. Su fracaso, a pesar de su innegable ingenio y habilidad mecánica, se debió principalmente a los rudimentarios elementos e inadecuados materiales con que contaba. Actualmente, versiones modificadas del motor de aire Stirling funcionan con altos rendimientos.

En 1856 el francés Beau de Rochas sugiere y discute un ciclo de motor de combustión interna pero no lo construye. Recién en 1860 aparece el primer motor de combustión interna de cierto éxito comercial, pero duró poco debido a la aparición de una máquina a pistón libre debida a Otto y Langen desarrollada en 1867 cuyo rendimiento era superior. Posteriormente en 1876 aparece el motor "silencioso" de ciclo Otto, cuya denominación se justificaba no porque fuera precisamente insonoro, sino porque comparado con el diseño de pistón libre era menos ruidoso.

Un poco antes el ingeniero sueco (posteriormente nacionalizado norteamericano) Ericsson construyó en Inglaterra un motor de aire de combustión externa que no tuvo aceptación debido a la falta de materiales capaces de resistir eficazmente las altas temperaturas desarrolladas, y eso fue el fin del motor de gas de combustión externa por un tiempo. Hoy despierta interés por su baja contaminación y mejor rendimiento.

En todo el resto del siglo XIX hasta la aparición del motor Diesel no se habló mas de motores de combustión interna. A partir de la aparición del motor Diesel la máquina de vapor estuvo condenada a desaparecer. Si la segunda mitad del siglo XVIII y todo el siglo XIX son la era del vapor y del carbón, el siglo XX es la era del motor de combustión interna y del petróleo, que origina la agudización de la lucha por el predominio económico y político cuya crisis se evidencia en la cadena de conflictos armados desde 1914 en adelante.

Las razones del éxito del motor de combustión interna sobre la máquina de vapor son varias: la máquina de vapor como planta de potencia portable es mas grande por ser mas ineficaz, ya que requiere una cámara de combustión desde donde se transfiere calor al agua que se vaporiza y luego se transporta a la cámara de expansión donde se realiza trabajo útil. El motor de combustión interna, en cambio, tiene estos dos elementos sintetizados en uno solo ya que el combustible al quemarse constituye el fluido de trabajo. La combustión se realiza en el mismo recinto donde ocurre la expansión, eliminando la transferencia de calor, con su carácter fuertemente irreversible y por lo tanto nefasto para el rendimiento.

Esto, aunque parezca tener solo un interés teórico, resulta de la mayor importancia práctica. Por ejemplo, una máquina alternativa de vapor es demasiado voluminosa para ser portátil, ya que pesa en promedio unos cincuenta kilos por caballo de potencia generada. Semejante peso no podría ser soportado por ningún vehículo aéreo, de modo que no es posible construir aviones o helicópteros impulsados por vapor. Tampoco es posible tener embarcaciones chicas de vapor, digamos por caso una piragua a motor.

En la actualidad hay dos versiones de motor de combustión interna, que responden a grandes rasgos a las características originales de los motores Otto y Diesel, pero también hay muchos diseños intermedios que están, por decirlo así, en la frontera entre ambas categorías, por ejemplo los motores de ciclo Otto con inyección de combustible.

Existe también un ciclo debido a Brayton, un norteamericano que construyó un motor con dos pistones alrededor de 1873, pero siguiendo un ciclo ya sugerido por Joule, por lo que también se lo denomina ciclo Joule. El motor de Brayton era muy inferior al Otto, que lo desplazó, pero actualmente se emplea el ciclo Brayton en plantas de energía eléctrica a turbina de gas, y en vehículos terrestres y aviones, pero no con pistones sino con turbina, razón por la cual también se lo denomina ciclo de turbina de gas. Lo trataremos mas adelante ya que tal como está implementado actualmente es un ciclo de combustión interna. Ahora trataremos las dos clases principales de ciclo de combustión interna alternativos: el tipo Otto o de encendido a chispa y el tipo Diesel o de auto ignición.

11.2 Descripción de los ciclos de encendido a chispa

Habitualmente se pueden encontrar dos versiones: de dos y cuatro "tiempos". Se denomina *tiempos* a los desplazamientos del pistón que se requieren para completar un ciclo. Veamos primero el motor de dos tiempos.

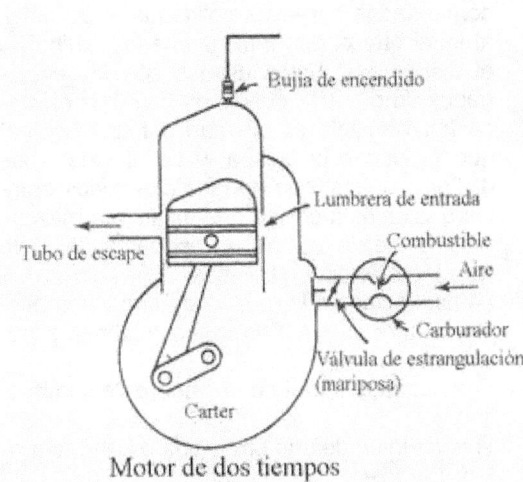

Motor de dos tiempos

En el motor de dos tiempos la mezcla ingresa al cilindro a través de las lumbreras de admisión. Una vez producida la chispa ocurre la ignición de la mezcla de vapor de combustible y aire (comburente) y simultáneamente la expansión de los gases (tiempo de expansión o embolada de potencia). Finalizada esta, se produce la admisión de la mezcla que desaloja los gases exhaustos, debido a que en el carter el pistón al bajar durante el tiempo de expansión comprime algo los gases frescos lo que los fuerza a entrar cuando se abren las lumbreras de admisión. Note que la forma trapezoidal de la culata facilita la expulsión. Luego se inicia el tiempo de compresión. El pistón sube tapando las lumbreras de admisión y escape y lleva la mezcla fresca a la presión adecuada para la explosión. Durante este tiempo el pistón produce al subir una depresión en el carter y absorbe mezcla fresca del carburador. El motor de dos tiempos tiene una elevada relación de peso sobre la potencia del motor comparado al de cuatro tiempos porque da una embolada de potencia por cada revolución. Pero como no tiene válvulas de escape es imposible impedir las pérdidas de mezcla fresca en la etapa de admisión cuando esta desplaza a los gases exhaustos, lo que inevitablemente hace bajar el rendimiento del combustible y causa el típico olor de estos motores. No obstante, es un motor barato y sencillo, pequeño e ideal para vehículos livianos. Veamos ahora el motor de cuatro tiempos.

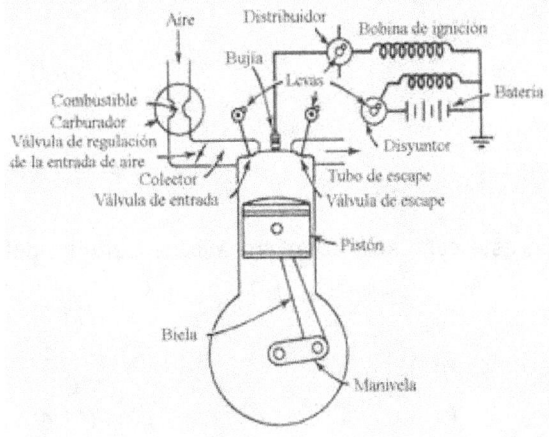

Motor de cuatro tiempos

El motor de cuatro tiempos tiene los siguientes movimientos: en el *tiempo de aspiración* el pistón se desplaza hacia abajo con la válvula de admisión abierta y la de escape cerrada. Luego se invierte la dirección y comienza el *tiempo de compresión*; un poco antes de llegar al punto muerto inferior se cierra la válvula de admisión y la de escape permanece cerrada, quedando así durante el *tiempo o carrera de compresión*. Un poco antes del punto muerto superior se produce la ignición (salta la chispa, en un instante determinado por el distribuidor de acuerdo a la velocidad del motor) y comienza el *tiempo de expansión*. Al aproximarse el pistón al punto muerto inferior se abre la válvula de escape y se iguala la presión con la externa. Es entonces cuando se inicia la *etapa o tiempo de expulsión* al retornar el pistón hacia el punto muerto superior evacuando los gases exhaustos a través de la válvula de escape cuya posición viene determinada por un mecanismo de sincronización (árbol de levas) y así se completa el ciclo. El siguiente croquis muestra los tiempos de un motor de encendido a chispa.

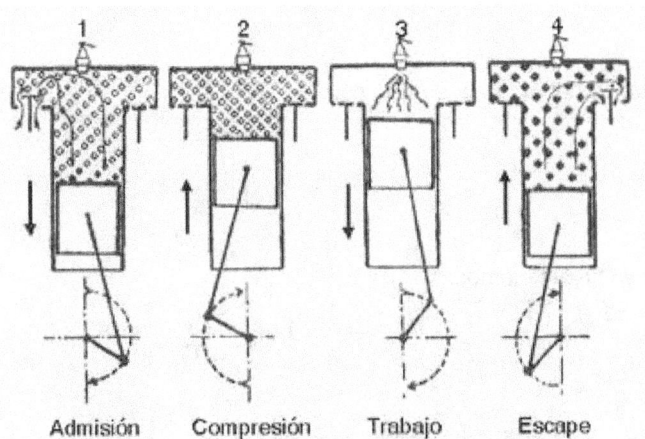

Admisión   Compresión   Trabajo   Escape

La potencia y velocidad se regulan con una válvula estranguladora tipo mariposa ubicada en el carburador. Los motores modernos de ciclo Otto usan inyección directa de combustible en cada cilindro, lo que elimina el carburador. La mezcla se produce en el propio cilindro, característica que comparten con los motores Diesel.

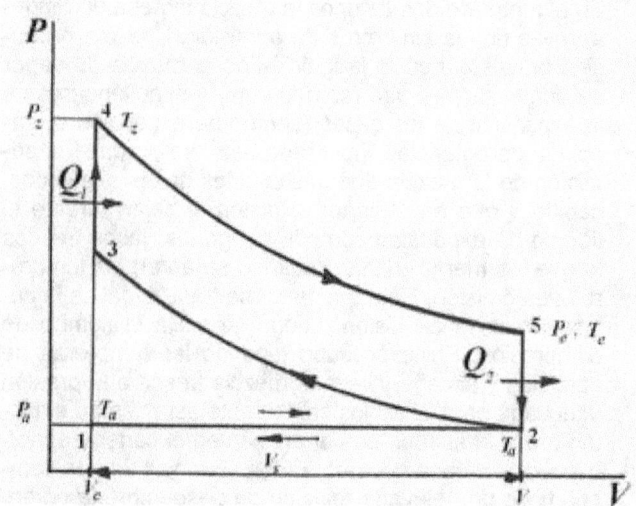

Las válvulas de admisión y escape están comandadas por levas solidarias al cigüeñal, al igual que el disyuntor (llamado "platino") y el distribuidor. Estos últimos son los encargados de producir pulsos de corriente eléctrica (cuyo voltaje es elevado por una bobina) que producen la chispa, y de dirigirla a las distintas bujías, que son los electrodos entre los que salta la chispa que inflama la mezcla. A la izquierda vemos un esquema del ciclo Otto ideal de cuatro tiempos.

La aspiración de la mezcla de aire y combustible ocurre de 1 a 2 en forma isobárica e isotérmica.

V_c = volumen inicial de la cámara de combustión.

V_s = volumen de una embolada o cilindrada.

$V = V_c + V_s$ = volumen total.

De **2** a **3** ocurre la compresión que suponemos adiabática. En realidad es politrópica con exponente $k = 1.34$ a 1.35 dependiendo de la mezcla. De **3** a **4** se produce la compresión a volumen constante. En **3** se produce el encendido e ingresa calor Q_1 como consecuencia de la combustión. De **4** a **5** se produce la expansión que es la única embolada de potencia del ciclo (una en cuatro); la suponemos también adiabática. En **5** se abre la válvula de escape y de **5** a **2** a **1** sale (espontáneamente de **5** a **2** y por acción del pistón de **2** a **1**) el gas quemado exhausto. De **2** a **3** tenemos:

$$P_a V^{\gamma} = P_c V_c^{\gamma} \Rightarrow P_c = P_a\left(\frac{V}{V_c}\right)^{\gamma} \tag{11-1}$$

$$T_c V_c^{\gamma-1} = T_a V^{\gamma-1} \Rightarrow T_c = T_a\left(\frac{V}{V_c}\right)^{\gamma-1} \tag{11-2}$$

Advertencia: no confundir T_c con la temperatura crítica. En este caso solo se refiere a la temperatura del punto **3**. De **3** a **4** tenemos:

$$Q_1 = Cv\left(T_z - T_c\right) \tag{11-3}$$

De **4** a **5** tenemos:

$$P_z V_c^k = P_e V^k \Rightarrow P_e = P_z\left(\frac{V_c}{V}\right)^k \tag{11-4}$$

$$T_e V^{k-1} = T_z V_c^{k-1} \Rightarrow T_e = T_z\left(\frac{V_c}{V}\right)^{k-1} \tag{11-5}$$

De **5** a **2** tenemos:

$$Q_2 = Cv\left(T_e - T_a\right) \tag{11-6}$$

El rendimiento termodinámico del ciclo viene dado por:

$$\eta = \frac{W}{Q_1} \tag{11-7}$$

siendo:

$$W = Q_1 - Q_2 \tag{11-8}$$

De las ecuaciones *(11-3)* y *(11-6)* tenemos:

$$\eta = \frac{Cv\left(T_z - T_c\right) - Cv\left(T_e - T_a\right)}{Cv\left(T_z - T_c\right)} = \frac{\left(T_z - T_c\right) - \left(T_e - T_a\right)}{T_z - T_c} = 1 - \frac{T_e - T_a}{T_z - T_c} \tag{11-9}$$

Pero de la ecuación *(11-2)*:

$$T_c = T_a \left(\frac{V}{V_c} \right)^{\gamma-1}$$

y de la ecuación *(11-5)*:

$$T_e = T_z \left(\frac{V_c}{V} \right)^{k-1} = \frac{T_z}{\left(\dfrac{V}{V_c} \right)^{k-1}}$$

Llamando **r** al cociente $\left(\dfrac{V}{V_c} \right)$ (relación de compresión volumétrica) y suponiendo $\gamma = k$:

$$\eta = 1 - \frac{\dfrac{T_z}{\mathbf{r}^{k-1}} - T_a}{T_z - T_a \mathbf{r}^{k-1}} = 1 - \frac{1}{\mathbf{r}^{k-1}} \frac{T_z - \mathbf{r}^{k-1} T_a}{T_z - T_a \mathbf{r}^{k-1}} = 1 - \frac{1}{\mathbf{r}^{k-1}} \qquad (11\text{-}10)$$

De la ecuación *(11-10)* se deduce que para el ciclo Otto de cuatro tiempos el rendimiento sólo depende de la relación de compresión volumétrica y del coeficiente politrópico de la curva de expansión. Para muchos motores **r** varía de 5 a 7; en motores de auto se tienen relaciones aún mayores. Tomando k de 1.3 a 1.4 se pueden calcular valores de rendimiento que no superan 0.55. Estos valores no son muy altos y en la realidad son aún menores, pero constituyen una mejora enorme sobre los rendimientos de ciclos de vapor que en vehículos raramente superan el 15%.

Ejemplo 11.1 <u>Cálculo del rendimiento de un motor ciclo Otto.</u>
En un motor de ciclo Otto la temperatura de la mezcla de aire-combustible es de 28 °C y la temperatura al final de la compresión es de 290 °C. Asumiendo $k = 1.4$ determinar **r** y el rendimiento.
<u>Solución</u>
Refiriéndonos a la figura anterior y empleando la misma notación:

$$\frac{T_c}{T_a} = \mathbf{r}^{k-1}; \quad T_c = 273 + 290 = 563\ °K; \quad T_a = 273 + 28 = 301\ °K$$

$$\mathbf{r} = \left(\frac{T_c}{T_a} \right)^{1/(k-1)} = \left(\frac{563}{301} \right)^{1/(1.4-1)} = 4.785$$

$$\eta = 1 - \frac{1}{\mathbf{r}^{k-1}} = 1 - \frac{1}{4.785^{0.4}} = 0.465 \qquad \eta = 46.5\ \%$$

El diagrama anterior se debe considerar ideal, porque se ha trazado suponiendo que existe un intercambio de calor perfecto entre el aire que ingresa al motor y los humos de escape. En la práctica esto no es fácil de implementar. Significa una complicación porque se debe hacer pasar los humos por un intercambiador en el que se enfrían entregando calor al aire atmosférico que ingresa. Para que el intercambio de calor sea perfecto se necesitaría un intercambiador de superficie infinita, lo que por supuesto es imposible. En la mayoría de los casos (y particularmente en los motores de vehículos) el tamaño del intercambiador está seriamente limitado por las exigencias de espacio y peso, de modo que en la mayor parte de los vehículos simplemente no existe. En estos casos el aire entra al motor con su temperatura normal, y el humo de escape se enfría en una expansión que podemos considerar adiabática ya que ocurre con gran rapidez. Es posible calcular la temperatura media que alcanzan los gases de escape de un motor de combustión interna de encendido a chispa eléctrica analizando esta evolución adiabática. Para ello, consideremos el siguiente croquis.

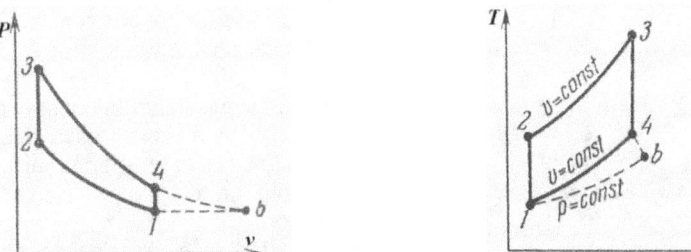

En la práctica el proceso de 4 a 1 no existe, sino que se producen dos evoluciones: de 4 a *b* y de *b* a 1. La evolución de 4 a *b* es la salida de los gases de escape que se expanden en forma adiabática (pero no isentrópica) hasta la presión atmosférica, y la evolución de *b* a **1** es la de enfriamiento isobárico hasta la temperatura atmosférica. En el diagrama de la derecha observamos las mismas evoluciones representadas en el par de ejes *T-S*. La temperatura de salida a la atmósfera es la que corresponde al punto *b* que llamamos t_b. ¿Cuál será el valor de esta temperatura?. Para responder a esta pregunta es necesario representar cuantitativamente la evolución de **4** a *b*. Para ello asumiremos ciertas simplificaciones, como ser comportamiento de gas ideal y evolución adiabática. Si bien reconocemos el carácter de aproximado que tendrá entonces el cálculo, el error cometido no será demasiado grande porque en la condición **4** la presión no es demasiado grande en tanto que la temperatura es bastante mayor que la atmosférica, de modo que la hipótesis de comportamiento ideal se puede sostener sin dificultades. En cuanto a la hipótesis de evolución adiabática, la expansión es rápida y se puede asumir que sucede de esa forma.

Puesto que es una evolución adiabática podemos plantear por el Primer Principio de la Termodinámica para sistemas abiertos la siguiente igualdad.

$$u_4 - u_b = P_b(v_b - v_4)$$

Pero puesto que la presión P_b es igual a la presión atmosférica P_1 y dado que el volumen v_4 es igual al volumen v_1 tenemos la siguiente igualdad equivalente a la anterior.

$$u_4 - u_b = P_1(v_b - v_1)$$

Dado que el gas se comporta idealmente, esta igualdad se puede reducir a la siguiente

$$Cv(T_4 - T_b) = R(T_b - T_1) \Rightarrow \frac{R}{\gamma - 1}(T_4 - T_b) = R(T_b - T_1) \Rightarrow$$

$$\Rightarrow \frac{T_4}{\gamma - 1} - \frac{T_b}{\gamma - 1} = T_b - T_1 \Rightarrow T_b\left(1 + \frac{1}{\gamma - 1}\right) = T_1 + \frac{T_4}{\gamma - 1} \Rightarrow$$

$$\Rightarrow \frac{\gamma T_b}{\gamma - 1} = T_1 + \frac{T_4}{\gamma - 1} \Rightarrow T_b = T_1\frac{\gamma - 1}{\gamma} + \frac{T_4}{\gamma} = \frac{T_4}{\gamma}\left[1 + (\gamma - 1)\frac{T_1}{T_4}\right]$$

Esta relación permite calcular la temperatura de los humos a la salida del escape. Eventualmente, como ya hemos dicho, estos gases se mezclan con la atmósfera y pierden temperatura hasta enfriarse por completo.

Ejemplo 11.2 Cálculo de la temperatura de escape de los humos.

Determinar la temperatura media de los humos a la salida del escape de un motor de combustión interna que funciona según el ciclo Otto si la temperatura del aire al entrar al cilindro es t_1 = 50 °C y al salir del cilindro es t_4 = 675 °C. Suponer que el exponente adiabático de los humos es igual al del aire, es decir, 1.4.

Solución

Aplicando la ecuación anterior tenemos el siguiente valor.

$$T_b = T_1\frac{\gamma - 1}{\gamma} + \frac{T_4}{\gamma} = \frac{T_4}{\gamma}\left[1 + (\gamma - 1)\frac{T_1}{T_4}\right] = \frac{948}{1.4}\left[1 + 0.4\frac{323}{948}\right] = 769\ °K \Rightarrow t_b = 486\ °C$$

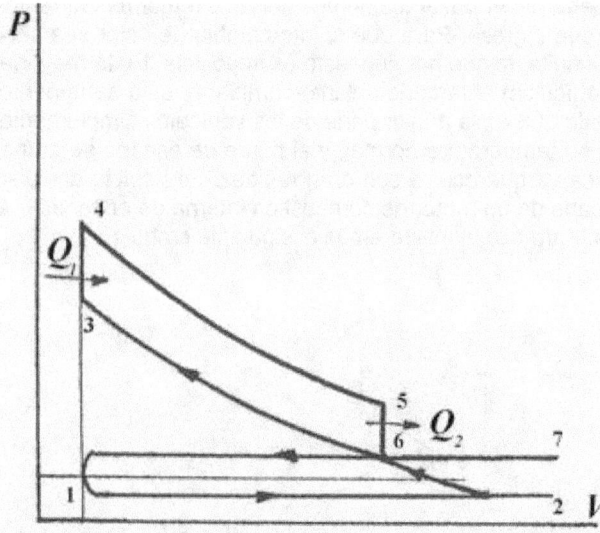

El ciclo ideal del motor Otto de dos tiempos se puede sintetizar como sigue.

La admisión (y expulsión simultánea de los gases residuales) ocurre de **7** a **2**.
De **2** a **3** se produce la compresión adiabática y de **3** a **4** la combustión; de **4** a **5** se produce la expansión adiabática y en **5** se alcanza la lumbrera de escape; el gas residual escapa de **5** a **6** a volumen constante.

El pistón sigue bajando hasta el punto muerto inferior **7**, y la mezcla fresca desaloja los gases residuales hasta **1** y llena el cilindro hasta **2**, momento en el que se cierra la lumbrera de admisión.
En realidad se cierra algo después y se desperdicia algo de mezcla.

11.3 Descripción de los ciclos de autoencendido o autoignición

Este tipo de motor fue inventado por Diesel, quien tenía el propósito de emplear como combustible carbón pulverizado, pero al experimentarlo encontró dificultades causadas por la ceniza que deterioraba los cilindros, por lo que pasó al combustible líquido.

En los motores de ignición por chispa eléctrica, si se usa combustible de mala calidad o si el motor está muy desgastado o, como se suele decir, desajustado o "desinflado" (es decir que pasa aceite lubricante a la cámara de combustión) se producen depósitos de carbón en la parte superior del cilindro que se ponen al rojo a poco de andar, lo que origina la combustión antes de saltar la chispa, de modo que el encendido queda *avanzado*. Esto ocurre especialmente en motores de alta relación de compresión en los que la ignición ocurre a los 5/8 aproximadamente del recorrido de compresión, lo que origina desincronización entre los cilindros, tensiones en el cigüeñal, pérdida de potencia y notable disminución del rendimiento. Externamente se percibe golpeteo, una vibración anormal, "pistoneo", y no para el motor con el corte de corriente eléctrica sino que continúa andando un rato.

El combustible de un motor de encendido por chispa eléctrica debe entonces ser muy resistente a la autoignición. La capacidad de resistencia a la autoignición se mide por el índice de octano. Cuanto mayor es el índice de octano de un combustible tanto mejor se comporta en un motor de encendido eléctrico, en particular los motores modernos de elevada relación de compresión y alta velocidad que requieren un combustible de mayor octanaje que los motores mas grandes y lentos, de ahí la nafta "especial" o "super".

Esta característica debe ser totalmente la opuesta en un combustible para motores de autoignición en los que la facilidad de encenderse espontáneamente por compresión es esencial. Esto se mide por el índice de cetano y cuanto mayor sea éste tanto mayor es el rendimiento y mejor el funcionamiento de un motor de autoencendido.

11.3.1 Ciclo Diesel

En el ciclo Diesel se inyecta el combustible a elevada presión en el cilindro mediante una bomba inyectora. El aire ingresa sin mezclar, puro. En general los motores de ciclo Diesel puro suelen ser de dos tiempos, debido a que en esta versión se obtiene una embolada de potencia por cada revolución, mientras que en el de cuatro tiempos se produce una embolada de potencia por cada dos revoluciones, lo que obliga a duplicar la cantidad de cilindros y bombas para la misma potencia.

En este tipo de motores la velocidad y potencia se controlan variando la cantidad de combustible inyectado, generalmente variando la carrera de la bomba inyectora cuando esta es lineal, o estrangulando el paso de combustible cuando es rotativa. En algunas versiones (versión "turbo") se usa un compresor para facilitar el barrido de gases exhaustos, precalentando el aire y comprimiéndolo antes de ingresar al cilindro, lo que aumenta el rendimiento.

Existen infinidad de diseños diferentes de culatas del cilindro y tapa de cilindro, algunos con huecos donde incide el chorro del combustible ("célula de combustión"), resistencias auxiliares de precalentamiento, y otras variantes que dependen del tamaño y la potencia del motor. Veamos el ciclo Diesel.

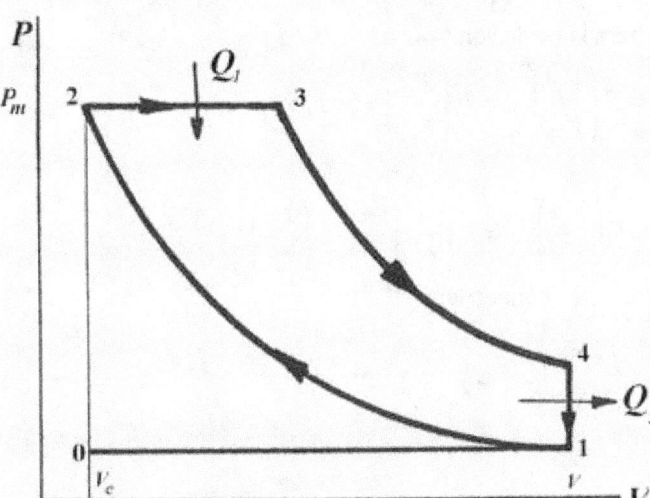

De **0** a **1** se produce la aspiración de aire. En **1** se cierra la lumbrera de admisión en la versión de dos tiempos (o la válvula de admisión en la versión de cuatro tiempos) y comienza la compresión del aire hasta **2**. Por tratarse de aire se puede usar $\gamma = 1.4$. En **2** se inyecta el combustible que a esa elevada temperatura se inflama espontáneamente. La combustión ocurre a presión constante. Por lo tanto:

$$Q_1 = Cp(T_3 - T_2)$$

De **2** a **3** se mueve el pistón aumentando el volumen de la cámara. En **3** se quemó todo el combustible y comienza la embolada de potencia con una expansión que suponemos adiabática. En **4** se produce la apertura de la válvula (o lumbrera) de escape perdiéndose en los gases de escape calor Q_2. Por ser la evolución **4** a **1** a volumen

Por ser la evolución **4** a **1** a volumen constante es:

$$Q_2 = Cv(T_4 - T_1)$$

En el ciclo Diesel además de la relación de compresión volumétrica $\mathbf{r}_1 = \left(\dfrac{V}{V_c} \right)$ definiremos la relación de combustión $\mathbf{r}_2 = \left(\dfrac{V_3}{V_2} \right)$ y también la relación de expansión $\mathbf{r}_3 = \left(\dfrac{V_4}{V_3} \right)$. El significado de $\mathbf{r}_1$ es claro y no requiere mayor explicación. La relación de combustión $\mathbf{r}_2$ nos da la influencia en el ciclo del aumento de volumen debido a la combustión y $\mathbf{r}_3$ el efecto en el ciclo de la embolada de potencia. Se ha de observar que:

$$\mathbf{r}_1 = \mathbf{r}_2 \times \mathbf{r}_3$$

El rendimiento del ciclo se puede calcular de la ecuación *(11-7)*:

$$\eta = \frac{W}{Q_1}$$

El trabajo se obtiene admitiendo que no se consume trabajo en la admisión **0** a **1** y que tampoco hay pérdidas en el escape **1** a **0**. Entre **1** y **2** se consume trabajo, de modo que se lo debe restar del obtenido entre **2** y **4**.

De **2** a **3** se realiza trabajo a presión constante P_m:

$$W_{2 \to 3} = P_m (V_3 - V_2)$$

De **1** a **2** y de **3** a **4** la evolución es adiabática. Por el Primer Principio para sistemas cerrados:

$$Q = \Delta U + W = 0 \;\Rightarrow\; -\Delta U = W \;\Rightarrow\; W_{1 \to 2} = U_2 - U_1; \quad W_{3 \to 4} = U_3 - U_4$$

El calor producido por combustión de **3** a **2** lo calculamos por la diferencia de entalpías:

$$Q_1 = H_3 - H_2$$

Para n moles de gas:

$$\eta = \frac{(U_3 - U_4) + P_m(V_3 - V_2) - (U_2 - U_1)}{H_3 - H_2} = \frac{n(u'_3 - u'_4) + nR'(T_3 - T_2) - n(u'_2 - u'_1)}{n(h'_3 - h'_2)} =$$

$$= \frac{Cv'(T_3 - T_4) + R'(T_3 - T_2) - Cv'(T_2 - T_1)}{Cp'(T_3 - T_2)} = \frac{(Cv' + R')(T_3 - T_2) - Cv'(T_4 - T_1)}{Cp'(T_3 - T_2)} =$$

$$= \frac{Cv' + R'}{Cp'} - \frac{Cv'}{Cp'} \frac{T_4 - T_1}{T_3 - T_2}$$

Pero si: $R' = Cp' - Cv' \Rightarrow Cp' = Cv' + R'$ y además $\gamma = \dfrac{Cp'}{Cv'}$ por lo tanto:

$$\eta = 1 - \frac{1}{\gamma} \frac{T_4 - T_1}{T_3 - T_2}$$

Por estar **1** y **2** y **3** y **4** sobre curvas adiabáticas, para la evolución **1→2** es:

$$T_2 V_2^{\gamma - 1} = T_1 V_1^{\gamma - 1} \Rightarrow T_2 = T_1 \left(\frac{V_1}{V_2} \right)^{\gamma - 1} = T_1 \left(\frac{V}{V_c} \right)^{\gamma - 1} = T_1 \times \mathbf{r}_1^{\gamma - 1}$$

Para la evolución **3→4** es:

$$T_4 V_4^{\gamma - 1} = T_3 V_3^{\gamma - 1} \Rightarrow T_4 = T_3 \left(\frac{V_3}{V_4} \right)^{\gamma - 1} = T_3 \left(\frac{1}{\mathbf{r}_3} \right)^{\gamma - 1} = T_3 \left(\frac{\mathbf{r}_2}{\mathbf{r}_1} \right)^{\gamma - 1}$$

Además los puntos **2** y **3** se hallan sobre una isobara, en consecuencia:

$$P_m V_2 = nR'T_2 \quad \text{y} \quad P_m V_3 = nR'T_3 \Rightarrow \frac{V_3}{V_2} = \frac{T_3}{T_2} \Rightarrow T_3 = T_2 \frac{V_3}{V_2} = T_2 \times \mathbf{r}_2$$

Por otra parte:

$$T_2 = T_1 \times \mathbf{r}_1^{\gamma - 1} \Rightarrow T_3 = T_2 \times \mathbf{r}_2 = T_1 \times \mathbf{r}_1^{\gamma - 1} \times \mathbf{r}_2$$

En consecuencia:

$$T_4 = T_3 \left(\frac{\mathbf{r}_2}{\mathbf{r}_1} \right)^{\gamma - 1} = T_1 \times \mathbf{r}_1^{\gamma - 1} \times \mathbf{r}_2 \left(\frac{\mathbf{r}_2}{\mathbf{r}_1} \right)^{\gamma - 1} = T_1 \times \mathbf{r}_2^{\gamma}$$

Resumiendo y volviendo a la expresión anterior del rendimiento:

$$\eta = 1 - \frac{1}{\gamma}\frac{T_4 - T_1}{T_3 - T_2} = 1 - \frac{1}{\gamma}\frac{T_1 \mathbf{r}_2{}^\gamma - T_1}{T_1 \mathbf{r}_1{}^{\gamma-1}\mathbf{r}_2 - T_1 \mathbf{r}_1{}^{\gamma-1}}$$

$$\eta = 1 - \frac{1}{\gamma}\frac{T_4 - T_1}{T_3 - T_2} = 1 - \frac{1}{\mathbf{r}_1{}^{\gamma-1}}\frac{\mathbf{r}_2{}^\gamma - 1}{\gamma(\mathbf{r}_2 - 1)} \qquad\qquad (11\text{-}11)$$

Como se ve, el rendimiento teórico de un ciclo Diesel ideal depende no sólo de la relación de compresión volumétrica $\mathbf{r}_1$ y de γ, sino también de $\mathbf{r}_2$, que es una medida indirecta del tiempo que dura la presión máxima de combustión P_m. Los valores de $\mathbf{r}_1$ varían entre 13 y 18 para muchos motores, y $\mathbf{r}_2$ suele ser de 2 a 5. De tal modo, admitiendo que $\gamma = 1.4$ se obtienen valores del rendimiento ideal que están entre 0.49 y 0.62. Mucho mayores, claro está, que en el ciclo Otto. En la práctica los valores del rendimiento real son algo menores que los citados.

Ejemplo 11.3 Cálculo del rendimiento de un motor ciclo Diesel.

Determinar el rendimiento teórico de un ciclo Diesel que opera con una presión máxima de 40 Kg$_f$/cm^2 y una presión de entrada de 1 Kg$_f$/cm^2. La temperatura de ingreso es 50 °C y la relación de compresión volumétrica $\mathbf{r}_1 = 13.34$. La combustión aporta 400 cal.

Solución

$$T_2 P_2{}^{\frac{\gamma-1}{\gamma}} = T_1 P_1{}^{\frac{\gamma-1}{\gamma}} \Rightarrow T_2 = T_1\left(\frac{P_2}{P_1}\right)^{\frac{\gamma-1}{\gamma}} = 323\left[40^{0.4/1.4}\right] = 926.7 \text{ °K} \Rightarrow t_2 = 654\,°C$$

Estimamos un valor medio para Cp y Cv entre T_1 y T_2. $Cp = 0.291$; $Cv = 0.208$.

$$Q_1 = Cp(T_3 - T_2) \Rightarrow T_3 = T_2 + \frac{Q_1}{Cp} = 927 + \frac{400}{0.291} = 2301 \text{ °K}$$

$$\frac{V_3}{V_2} = \mathbf{r}_2 = \frac{T_3}{T_2} = \frac{2301}{927} = 2.48 \qquad \gamma = \frac{0.291}{0.208} = 1.4$$

$$\eta = 1 - \frac{1}{1.4}\frac{2.48^{1.4} - 1}{13.34^{0.4}(2.48 - 1)} = 0.56 \qquad (\eta = 56\%)$$

11.4 El motor Wankel

Tanto el motor de combustión interna de encendido a chispa (ciclo Otto) como el de autoencendido (ciclo Diesel) tienen un inconveniente fundamental. Como son motores que funcionan por medio de pistones, no hay otra forma de obtener movimiento rotativo en el eje del motor que convertir el movimiento lineal de los pistones en movimiento circular. Esto exige un complicado sistema de biela y cigüeñal, lo que significa entre otras cosas mayor complejidad mecánica, vencer la inercia en el cambio de dirección del movimiento alternativo de los pistones, y mayor peso. Como en definitiva todo esto se traduce en mayor peso, la potencia del motor por unidad de peso se ve considerablemente reducida. En el motor de dos tiempos esto no es tan serio como en el de cuatro tiempos, pero no obstante sigue siendo una de los mayores defectos de este tipo de motor. El motor Wankel (1954) es rotativo, por lo que no tiene este inconveniente. No tiene pistones, válvulas, cigüeñal, manivelas ni bielas, sino un rotor triangular equilátero llamado pistón rotatorio, aunque la denominación es engañosa porque no es un pistón. Este se encuentra montado en posición ligeramente excéntrica en una caja de forma epicicloidal. Esta disposición permite que se formen tres cavidades de volumen variable entre el rotor y la caja, como vemos en el croquis.

Las cavidades, identificadas como A, B y C, cumplen la función de los movimientos del pistón o "tiempos" de los motores alternativos.

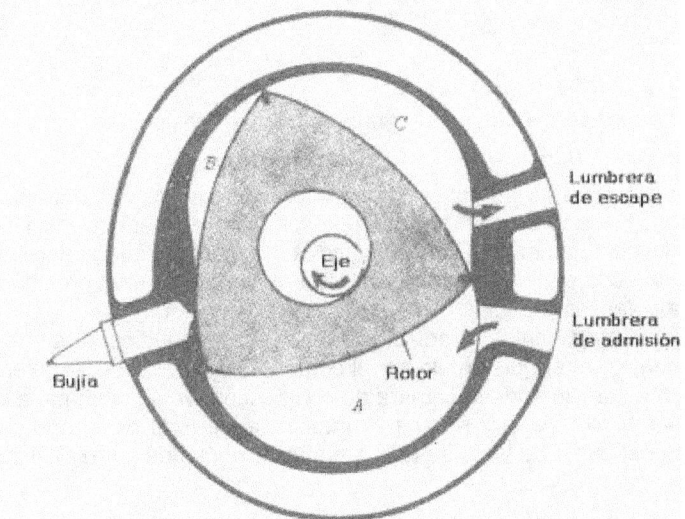

497

De tal modo los cuatro eventos principales del motor se hacen sin movimientos lineales, lo que elimina una cantidad importante de componentes. Durante el tiempo de admisión la cavidad A se llena con la mezcla de aire y combustible, que ingresa por la lumbrera de admisión. Como el eje gira en el sentido de las agujas del reloj, la cavidad A se achica, y la mezcla se comprime. Al llegar a la bujía salta la chispa, y se produce la combustión. Luego continúa su evolución, esta vez de expansión porque el espacio libre se agranda. En ese punto ocupa la posición que rotulamos B. Luego continúa girando hasta que se conecta con la lumbrera de escape en la posición C. Los detalles mecánicos son complicados, y no tienen interés para la Termodinámica. No obstante, es en los detalles mecánicos donde reside el mayor atractivo de este motor. Un motor lineal típico puede tener algo así como 350 a 400 partes móviles, dependiendo del diseño. Por comparación, un motor Wankel de potencia similar tiene 150 partes móviles.

11.5 Comparación entre automotores y motores industriales

Los grandes motores industriales se diferencian de los motores usados en vehículos automóviles en varios aspectos. Por supuesto, la diferencia principal proviene de que ambos están diseñados para fines distintos, y de ahí se desprenden todas las demás. Los motores destinados a ser usados en vehículos (autos, motos, camiones, locomotoras, embarcaciones y aviones) tienen que funcionar en una amplia variedad de regímenes de marcha, por lo que por regla general tienen una velocidad máxima mucho mas alta que los industriales. Estos últimos normalmente están destinados a funcionar a menor cantidad de vueltas por segundo, y con una potencia generalmente mayor. Esto permite diseñarlos con mayor detalle por lo que suelen tener rendimientos mayores, del orden del 35%, en tanto que los motores mas rápidos y pequeños no suelen alcanzar esos valores. Además son constructivamente mas robustos lo que se refleja en el mantenimiento. Un motor de auto, por ejemplo, tiene un tiempo medio de uso entre reparaciones del orden de 2000 a 5000 horas promedio, en tanto que un motor industrial puede funcionar durante 30000 horas como mínimo antes de requerir mantenimiento. Esto se debe también a que los motores industriales son mas lentos y tienen menos desgaste. Al ser mas lentos pueden usar combustibles mas pesados y baratos. En contraste, por supuesto el costo de un motor industrial es mayor, del orden de cinco veces por HP de potencia al freno, y los costos y tiempos de mantenimiento son también proporcionalmente mayores.

11.6 Ciclo Brayton o Joule. Turbina de gas

Como ya hemos dicho, el ciclo Brayton se ha implementado en turbinas para impulsar vehículos y para instalaciones fijas de energía eléctrica. La principal ventaja que presenta el ciclo Brayton es que se puede implementar en una máquina de movimiento rotativo, eliminando las desventajas de los motores alternativos.

11.6.1 Descripción de la turbina de gas

La turbina de gas está constituida esencialmente por un turbocompresor y una turbina montados sobre un mismo eje. La turbina recibe gas caliente a alta velocidad y a presión y convierte la energía térmica, cinética y de presión del gas en energía cinética de las paletas o alabes, que al girar impulsan el eje a gran velocidad. Las pérdidas de calor se pueden despreciar, por lo que suponemos que la evolución es adiabática. Por el Primer Principio de la Termodinámica para sistemas abiertos tenemos:

$$\Delta h + \frac{\Delta \mathcal{V}^2}{2 g_c} + \frac{g}{g_c} \Delta z = \sum q - w_0 \quad \text{pero} \quad \sum q = 0 \quad \text{y} \quad \Delta z = 0 \Rightarrow w_0 = -\Delta h - \frac{\Delta \mathcal{V}^2}{2 g_c}$$

$$w_0 = h_1 - h_2 + \frac{\mathcal{V}_1^2 - \mathcal{V}_2^2}{2 g_c}$$

Si no hay diferencia de velocidades, o sea si sólo se aprovecha la energía térmica y de presión, es:

$$w_0 = h_1 - h_2$$

Existen dos versiones de ciclo de turbina de gas. Cuando el gas exhausto (humo) se envía al medio ambiente se está ante el ciclo abierto o Brayton. En este ciclo el turbocompresor toma aire atmosférico, lo comprime y lo envía a una cámara donde se inyecta gas natural y se produce la combustión, que genera un aumento de presión y temperatura que se aprovecha en la turbina, de donde se envía el gas a un precalentador que sirve para precalentar el aire que sale del compresor.

Si los gases de combustión fuesen corrosivos, contaminantes o radiactivos o pudiesen perjudicar a la turbina, se debe usar un fluido de trabajo (generalmente aire) que circula por el compresor y la turbina; es calentado por intercambio de calor con el gas caliente que viene de la cámara de combustión, va a la turbina, a la salida de esta se enfría en el precalentador, va al compresor y retorna al precalentador. Este es el ciclo cerrado o ciclo Joule. Ambos son idénticos desde el punto de vista de las transformaciones que sufre el fluido de trabajo.

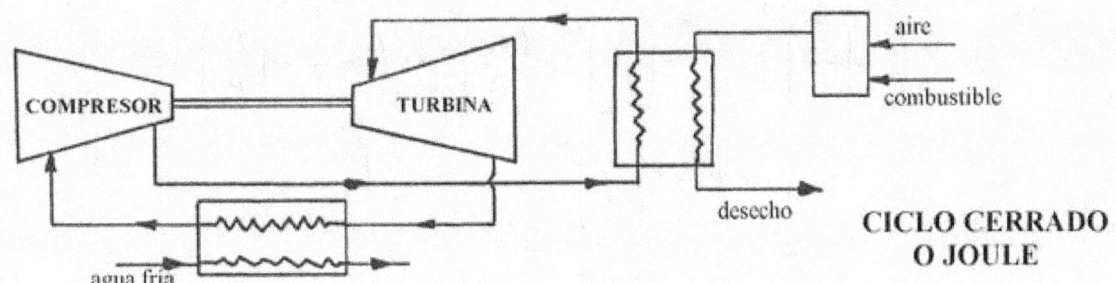

CICLO CERRADO O JOULE

Existe también un sistema llamado turbina libre en el que el compresor es movido por una turbina auxiliar; la potencia útil se obtiene en otra turbina, montada sobre un eje independiente. Los gases de la combustión van primero a la turbina auxiliar y luego a la de potencia. Así el compresor puede funcionar a plena capacidad aunque la turbina de potencia esté parada. Esto significa poder acelerar la turbina de potencia a pleno en poco tiempo, con un gasto de combustible mayor que en los sistemas convencionales. Este sistema se usa en los aviones.

11.6.2 Ciclo Brayton

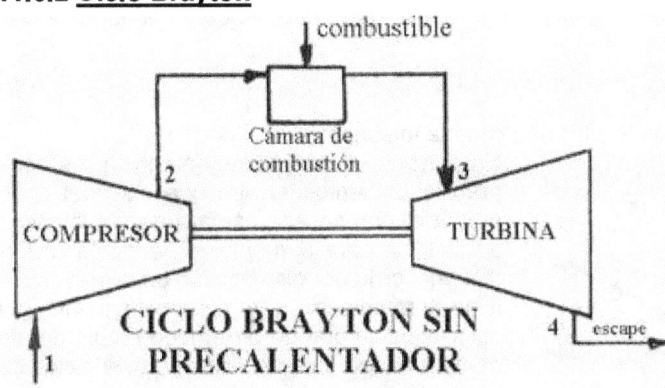

CICLO BRAYTON SIN PRECALENTADOR

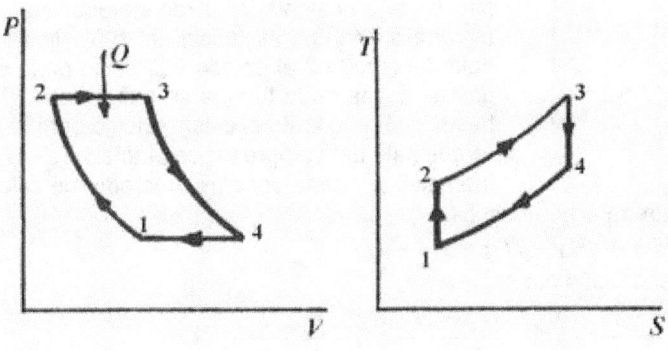

La compresión **1-2** y la expansión **3-4** se pueden considerar adiabáticas e isentrópicas. De **2** a **3** el gas sufre una evolución a presión constante. De **4** a **1** hay una evolución que en el ciclo abierto es imaginaria y en el ciclo cerrado ocurre en el intercambiador enfriador. Este tipo de ciclo también se llama "de presión constante" porque las evoluciones de combustión y escape se producen a presión constante.

El rendimiento térmico ideal de una turbina de gas es la relación entre el trabajo neto entregado y el poder calorífico del combustible.

La turbina debe usar elevadas relaciones de aire a combustible en el ciclo abierto para diluir al máximo los gases de combustión que pueden perjudicarla. Normalmente se usa mas de cuatro veces la cantidad teórica necesaria de aire, de modo que el error cometido al considerar a la mezcla como aire puro es pequeño.

El trabajo neto es la diferencia (trabajo en la turbina – trabajo del compresor):

$$W_s = W_t - W_c = (H_3 - H_4) - (H_2 - H_1)$$

Si no hay regeneración:

$$Q = H_3 - H_2$$

El rendimiento es:

$$\eta = \frac{W_s}{Q} = \frac{(H_3 - H_4) - (H_2 - H_1)}{H_3 - H_2} = \frac{(H_3 - H_2) - (H_4 - H_1)}{H_3 - H_2} =$$

$$= 1 - \frac{H_4 - H_1}{H_3 - H_2} = 1 - \frac{Cp(T_4 - T_1)}{Cp(T_3 - T_2)}$$

Si el Cp varía poco con la temperatura:

$$\eta = 1 - \frac{T_4 - T_1}{T_3 - T_2}$$

Como los puntos **1** y **2** y los puntos **3** y **4** están sobre dos adiabáticas es:

499

$$\frac{T_2}{T_1} = \left(\frac{P_2}{P_1}\right)^{\frac{\gamma-1}{\gamma}} \quad \frac{T_3}{T_4} = \left(\frac{P_3}{P_4}\right)^{\frac{\gamma-1}{\gamma}} = \left(\frac{P_2}{P_1}\right)^{\frac{\gamma-1}{\gamma}} \Rightarrow \frac{T_2}{T_1} = \frac{T_3}{T_4} = \left(\frac{P_2}{P_1}\right)^{\frac{\gamma-1}{\gamma}}$$

$$\therefore T_4 = T_3 \left(\frac{P_1}{P_2}\right)^{\frac{\gamma-1}{\gamma}} \quad T_1 = T_2 \left(\frac{P_1}{P_2}\right)^{\frac{\gamma-1}{\gamma}}$$

$$\eta = 1 - \frac{T_4 - T_1}{T_3 - T_2} = 1 - \frac{T_3 \left(\frac{P_1}{P_2}\right)^{\frac{\gamma-1}{\gamma}} - T_2 \left(\frac{P_1}{P_2}\right)^{\frac{\gamma-1}{\gamma}}}{T_3 - T_2} = 1 - \left(\frac{P_1}{P_2}\right)^{\frac{\gamma-1}{\gamma}}$$

$$\boxed{\eta = 1 - \left(\frac{P_1}{P_2}\right)^{\frac{\gamma-1}{\gamma}}}$$

(11-12)

Este es el rendimiento ideal del ciclo Brayton sin regeneración. Nótese que no depende de la temperatura. A medida que aumenta P_2/P_1 también aumenta η.

11.6.3 Turbina de gas regenerativa

En el caso de la turbina de gas con regeneración la situación cambia totalmente.

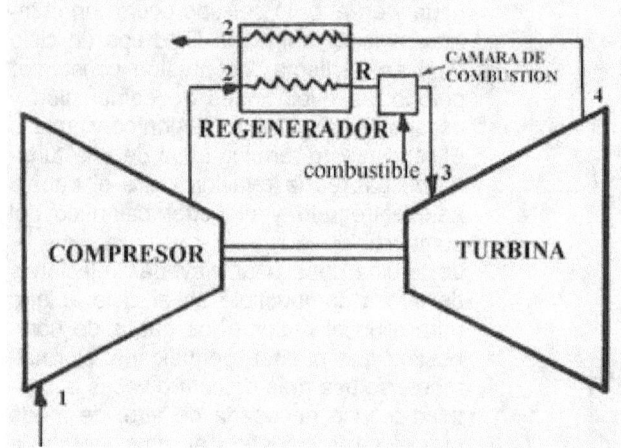

En principio el uso de regeneración (es decir precalentamiento del aire que sale del compresor e ingresa a la cámara de combustión) se justifica para aumentar el rendimiento térmico del ciclo por disminución de la irreversibilidad termodinámica y aprovechamiento del calor residual que de otro modo se pierde, de modo análogo a como ocurre en los ciclos de vapor. Se supone que el calor suministrado al aire en el precalentador o regenerador se intercambia con una eficiencia del 100% llevándolo del estado **2** al estado **R**. Por su parte el gas de salida de la turbina se enfría desde T_4 hasta T_2. Por lo tanto el calor recibido por el aire que sale del compresor es el total $(H_3 - H_2)$ menos el aportado por el recuperador de calor que es $(H_4 - H_2)$, lo que nos da el calor que entrega el combustible.

$$q = (H_3 - H_2) - (H_4 - H_2) = H_3 - H_4$$

En consecuencia el rendimiento ideal con regeneración es:

$$\eta_{IR} = \frac{(H_3 - H_4) - (H_2 - H_1)}{H_3 - H_4} = 1 - \frac{H_2 - H_1}{H_3 - H_4} = 1 - \frac{T_2 - T_1}{T_3 - T_4}$$

Esto es válido asumiendo que Cp no varía con T. Pero por las razones antes comentadas:

$$T_2 = T_1 \left(\frac{P_2}{P_1}\right)^{\frac{\gamma-1}{\gamma}} \quad T_4 = T_3 \left(\frac{P_1}{P_2}\right)^{\frac{\gamma-1}{\gamma}} \quad \text{Llamando } x \text{ a } \left(\frac{P_2}{P_1}\right)^{\frac{\gamma-1}{\gamma}} \text{ es:}$$

$$\eta_{IR} = 1 - \frac{T_2 - T_1}{T_3 - T_4} = 1 - \frac{T_1 x - T_1}{T_3 - \frac{T_3}{x}} = 1 - \frac{T_1 (x-1)}{T_3 \left(1 - \frac{1}{x}\right)} = 1 - \frac{T_1}{T_3} x$$

$$\boxed{\therefore \eta_{IR} = 1 - \frac{T_1}{T_3} \left(\frac{P_2}{P_1}\right)^{\frac{\gamma-1}{\gamma}}}$$

(11-13)

Comparando las ecuaciones *(11-12)* y *(11-13)* que proporcionan los rendimientos ideales del ciclo sin y con regeneración vemos que el efecto del aumento de la relación de presiones P_2/P_1 en el ciclo no regenerativo es aumentar el rendimiento.

En cambio en el ciclo regenerativo este disminuye con el aumento de esa relación, pero en cambio aumenta con la temperatura de entrada a la turbina T_3. Esto tiene una gran importancia práctica ya que permite mejores rendimientos con menor presión máxima P_2. Como el compresor *resta* potencia a la turbina, esto significa que una menor presión de salida del compresor P_2 es beneficiosa. Dada una relación de presiones baja, para un valor alto de T_3 resulta un rendimiento regenerativo η_{IR} mucho mayor al no regenerativo η.

11.6.4 Características de funcionamiento del ciclo regenerativo real

En la figura siguiente vemos las curvas de rendimiento en función de la relación de presiones P_2/P_1 tanto para el ciclo no regenerativo como para el ciclo regenerativo, en forma de curvas paramétricas. Cada una de ellas corresponde a un valor distinto de la temperatura de entrada a la turbina T_3.

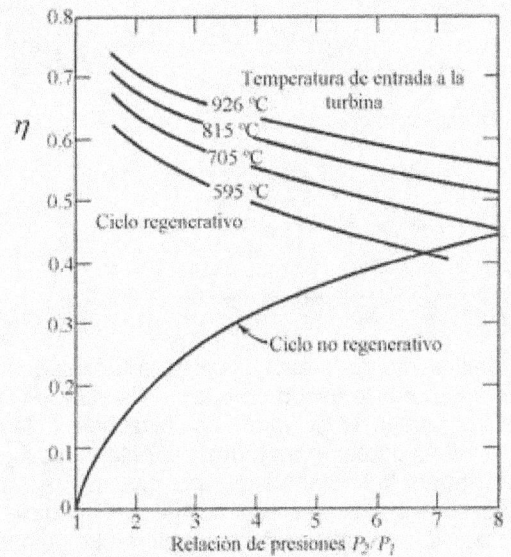

Todas estas curvas se basan en una temperatura del aire atmosférico t_1 = 21 °C.

El rendimiento indicado del compresor se define como la relación del incremento de entalpía ideal isentrópico dividido por el incremento de entalpía real.

$$\eta_C = \frac{(H_2 - H_{1'})_S}{H_{2'} - H_{1'}} \qquad (11\text{-}14)$$

Los términos que llevan prima representan las condiciones reales. El subíndice S indica entropía constante. Son valores habituales de rendimiento 75% < η_C < 85%.

El rendimiento de la turbina se define como la relación de la disminución de entalpía que se encuentra en la realidad sobre la disminución isentrópica ideal de entalpía.

$$\eta_T = \frac{H_{3'} - H_{4'}}{(H_2 - H_{1'})_S} \qquad (11\text{-}15)$$

Existen pérdidas por rozamiento de turbina y compresor, que se engloban en un rendimiento mecánico que suele ser alto, del orden del 96-98% y se define como la potencia real al freno sobre la ideal.

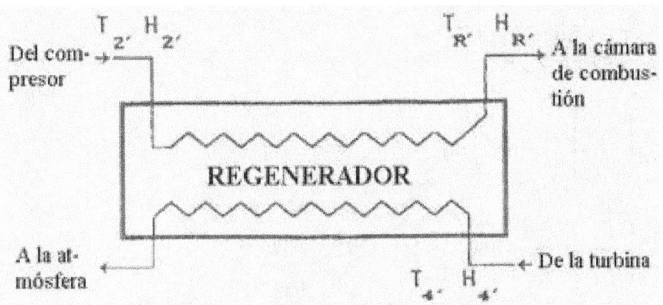

La combustión nunca es completa a pesar del enorme exceso de aire, y además en la cámara de combustión se pierde algo de calor; el rendimiento de la combustión suele ser del 95%. En el regenerador el intercambio de calor tampoco es un 100% eficiente. Hay un salto de temperatura en el regenerador, dado por la diferencia entre la temperatura del aire que entra en el regenerador proveniente de la turbina, T_4 y la temperatura del aire que sale del regenerador proveniente del compresor, $T_{R'}$. El rendimiento del regenerador viene dado por el cociente del incremento de entalpía del aire del compresor (frío) sobre el incremento total de entalpía que tendría el gas caliente (proveniente de la turbina) si se enfriase hasta la temperatura T_2.

$$\eta_R = \frac{H_{R'} - H_{2'}}{H_{4'} - H_{2'}}$$

(11-16)

11.6.5 Enfriamiento y combustión por etapas en turbinas de gas

Ya se ha comentado cuando se trató la compresión de gases que es mejor usar enfriamiento intermedio del gas. Esto se hace en el turbocompresor con lo que se consigue aumentar el rendimiento de la compresión.

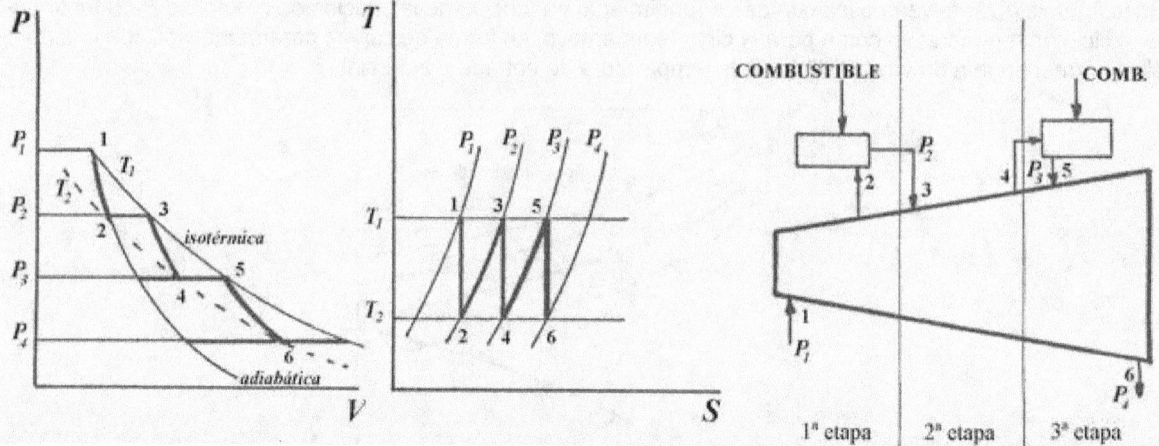

También se puede aumentar el rendimiento de la expansión en la turbina quemando el gas por etapas, de modo análogo al recalentamiento regenerativo usado en el ciclo Rankine de vapor. Una turbina grande en una central termoeléctrica puede tener hasta 15 quemadores ubicados a lo largo de la turbina. La combustión por etapas se hace porque no se puede hacer en forma perfectamente isotérmica. Ello implicaría realizar la combustión en el interior mismo de la turbina, lo que por diversas razones no es conveniente. Igualmente el enfriamiento intermedio del gas en el compresor lleva a una condición que se aproxima escalonadamente a una isoterma. La combinación de ambos efectos mejora el rendimiento global del sistema. Veamos con un ejemplo como influyen ambos efectos sobre el rendimiento en la práctica.

Ejemplo 11.4 Cálculo de una turbina de gas ciclo Brayton.

Se tiene una turbina de gas en la que ingresa aire a 60 °F y 14.7 psia al turbocompresor, que tiene una relación de compresión de 5. El aire entra a la turbina a 1500 °F y se expande hasta la presión atmosférica. Determinar el cociente W_t/W_c y el rendimiento para las siguientes condiciones: a) reversible isentrópica; b) con una eficiencia del compresor de 0.83 y un rendimiento de la turbina de 0.92; c) en las condiciones del punto anterior se introduce además un regenerador con un rendimiento de 0.65; d) y además de lo anterior un interenfriador del aire en el compresor que toma al aire a 35 psia y lo enfría hasta 60 °F; f) ambos dos, el interenfriador del compresor y el recalentador están en funcionamiento, en las mismas condiciones impuestas para puntos anteriores.

Solución

a)

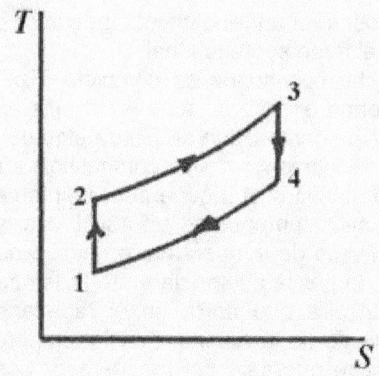

$t_1 = 60$ °F; $T_1 = 60 + 460 = 520$ °R

$t_{3'} = 1500$ °F $T_{3'} = 1960$ °R $r = \dfrac{P_2}{P_1} = 5$

$P_1 = P_4 = 14.696$ Lb$_f$/plg^2
$P_2 = P_3 = 5P_1 = 73.5$ psia.

$$T_2 = T_3\left(\frac{P_2}{P_1}\right)^{\frac{\gamma-1}{\gamma}} = 520 \times 5^{0.4/1.4} = 824 \text{ °R}$$

$$T_4 = T_3\left(\frac{P_1}{P_2}\right)^{\frac{\gamma-1}{\gamma}} = 1960\left(\frac{1}{5}\right)^{\frac{0.4}{1.4}} = 1238 \text{ °R}$$

$w_t = Cp\,(T_3 - T_4) = 0.24(1960 - 1238) = 173$ BTU/lb.

$w_c = Cp\,(T_2 - T_1) = 0.24(824 - 520) = = 73$ BTU/lb.

$\dfrac{w_t}{w_c} = \dfrac{173}{73} = 2.37$

$q = Cp\,(T_3 - T_2) = 0.24(1960 - 824) = 272$ BTU/lb.

$\eta_I = \dfrac{w_t - w_c}{q} = \dfrac{173 - 73}{272} = 0.37$ o también $\eta_I = 1 - \left(\dfrac{P_1}{P_2}\right)^{\frac{\gamma-1}{\gamma}} = 1 - \left(\dfrac{1}{5}\right)^{\frac{0.4}{1.4}} = 0.37$

b)

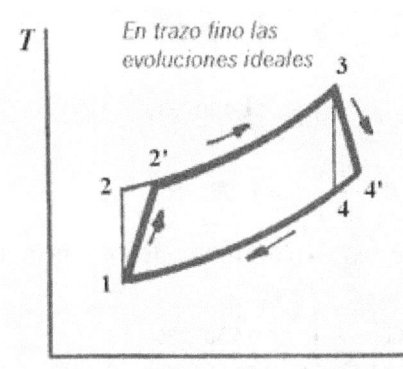

En trazo fino las evoluciones ideales

Teniendo en cuenta las eficiencias:

$\eta_c = \dfrac{(h_2 - h_{1'})_S}{h_{2'} - h_{1'}} = \dfrac{Cp(T_2 - T_{1'})_S}{Cp(T_{2'} - T_{1'})} = \dfrac{T_2 - T_{1'}}{T_{2'} - T_{1'}}$

$\therefore T_{2'} = \dfrac{T_2 - T_{1'}}{\eta_c} + T_{1'} = 520 + \dfrac{824 - 520}{0.83} = 886\ °R$

$\eta_T = \dfrac{h_{3'} - h_{4'}}{(h_{3'} - h_{1'})_S} = \dfrac{Cp(T_{3'} - T_{4'})}{Cp(T_{3'} - T_{1'})_S} \Rightarrow$

$\Rightarrow T_{4'} = T_{3'} - \eta_T(T_{3'} - T_{1'})_S = 1960 - 0.92(1960 - 1238) = 1296\ °R$

$w_t = Cp(T_{3'} - T_{4'}) = 0.24(1960 - 886) = 159$ BTU/lb.

$w_c = Cp(T_{2'} - T_{1'}) = 0.24(886 - 520) = 88$ BTU/lb.

$q = Cp(T_{3'} - T_{2'}) = 0.24(1960 - 886) = 258$ BTU/lb.

$\dfrac{w_t}{w_c} = \dfrac{159}{88} = 1.307$

$\eta_I = \dfrac{w_t - w_c}{q} = \dfrac{159 - 88}{258} = 0.28$(comparar con apartado a)

c) Según la definición dada antes de la eficiencia del recuperador de calor:

$\eta_R = \dfrac{h_{R'} - h_{2'}}{h_{4'} - h_{2'}} = \dfrac{Cp(T_{R'} - T_{2'})}{Cp(T_{4'} - T_{2'})} = \dfrac{T_{R'} - T_{2'}}{T_{4'} - T_{2'}} \Rightarrow T_{R'} = T_{2'} + \eta_R(T_{4'} - T_{2'}) =$

$= 886 + 0.65(1296 - 886) = 1152\ °R$

El calor agregado o sea el producido por la combustión es el incremento total de entalpía de 2 a 3 menos el incremento del regenerador, o sea:

$q = h_{3'} - h_{2'} - (h_{R'} - h_{2'}) = Cp(T_{3'} - T_{R'}) = 0.24(1960 - 1152) = 194$ BTU/lb.

$\eta_I = \dfrac{w_t - w_c}{q} = \dfrac{159 - 88}{194} = 0.37$ (comparar con a y con b)

d)

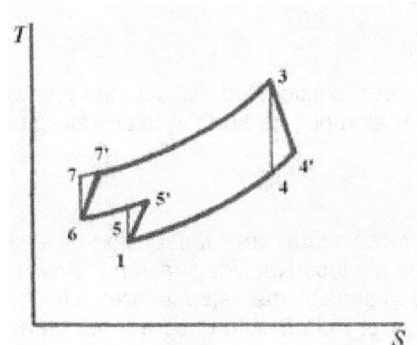

$P_5 = P_{5'} = P_6 = 35$ psia $P_3 = P_7 = P_{7'} = 75.7$ Lb$_f$/plg^2

$T_5 = T_1\left(\dfrac{P_5}{P_1}\right)^{\frac{\gamma-1}{\gamma}} = 520\left(\dfrac{35}{15}\right)^{\frac{0.4}{1.4}} = 666\ °R$

$T_{5'} = T_{1'} + \dfrac{T_5 - T_1}{\eta_c} = 520 + \dfrac{666 - 520}{0.83} = 696\ °R$

$t_6 = 60\ °F;\ T_6 = 520\ °R$

$T_7 = T_6\left(\dfrac{P_2}{P_5}\right)^{\frac{\gamma-1}{\gamma}} = 520\left(\dfrac{73.5}{35}\right)^{\frac{0.4}{1.4}} = 643\ °R$

$$T_{7'} = T_6 + \frac{T_7 - T_6}{\eta_C} = 520 + \frac{843 - 520}{0.83} = 668 \text{ °R}$$

$T_{R'} = T_{7'} + \eta_R(T_{4'} - T_{7'}) = 668 + 0.65(1296-668) = 1076 \text{ °R}$

$w_c = h_{5'} - h_{1'} + h_{7'} - h_6 = Cp(T_{5'} - T_{1'} + T_{7'} - T_6) = 0.24(696-520+668-520) = 78 \text{ BTU/lb}$

w_t no cambia respecto de c)

$$\left. {}^{w_t}\middle/{}_{w_c} \right. = {}^{159}\!\!\big/\!{}_{78} = 2.04$$

$$\eta_1 = \frac{w_t - w_c}{q} = \frac{159 - 88}{212} = 0.38 \text{ (comparar con } a, b)$$

e)

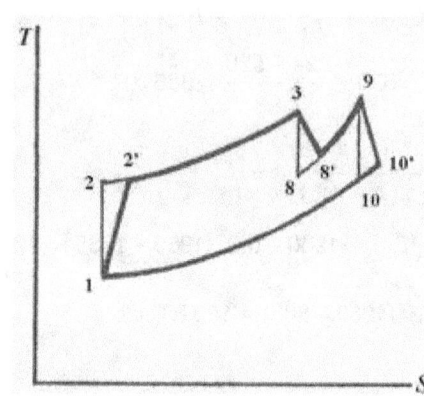

$P_8 = P_{8'} = 35 \text{ psia} \quad P_{10} = P_{10'} = P_1 = 14.696 \text{ psia}$

$$T_8 = T_3\left(\frac{P_2}{P_1}\right)^{\frac{\gamma-1}{\gamma}} = 1960\left(\frac{35}{15}\right)^{\frac{0.4}{1.4}} = 1586 \text{ °R}$$

$T_{8'} = T_{3'} - \eta_T(T_{3'} - T_{8'}) = 1960 - 0.92(1960 - 1530) = 1616 \text{ °R}$

$$T_{10} = T_9\left(\frac{P_1}{P_2}\right)^{\frac{\gamma-1}{\gamma}} = 1960\left(\frac{15}{35}\right)^{\frac{0.4}{1.4}} = 1530 \text{ °R}$$

$T_{10'} = T_9 - \eta_T(T_9 - T_{10}) = 1960 - 0.92(1960 - 1530) = 1327 \text{ °R}$

$T_{R'} = T_{2'} + \eta_R(T_{10'} - T_{2'}) = 886 + 0.65(1564-886) = 1327 \text{ °R}$

$w_t = h_3 - h_{8'} + h_9 - h_{10'} = Cp(T_3 - T_{8'} + T_9 - T_{10'}) = 0.24(1960 -$

1616 + 1960 - 1564) = 178 BTU/lb $\quad \therefore \left. {}^{w_t}\middle/{}_{w_c} \right. = {}^{178}\!\!\big/\!{}_{88} = 2.02$

$q = h_3 - h_{R'} + h_9 - h_{8'} = Cp(T_3 - T_{R'} + T_9 - T_{8'}) = 0.24(1960-1327+1960 - 1616) = 234.5 \text{ BTU/lb} \Rightarrow$

$$\eta = \frac{w_t - w_c}{q} = \frac{178 - 88}{234.5} = 0.38$$

f) Ahora, la situación mas cercana al ciclo real.

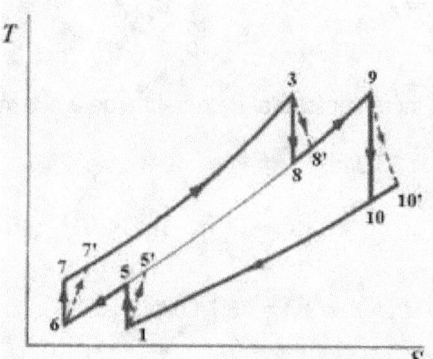

Se usarán los resultados parciales obtenidos anteriormente para los casos d) y e), es decir:

$T_7 = 643 \text{ °R}$, $T_{7'} = 668 \text{ °R}$, $T_8 = 1586 \text{ °R}$, $T_{8'} = 1616 \text{ °R}$, $T_{10} = 1530 \text{ °R}$, $T_{10'} = 1564 \text{ °R}$, $w_t = 178 \text{ BTU/lb}$, $w_c = 78 \text{ BTU/lb}$.

$T_{R'} = T_{7'} + \eta_R(T_{10'} - T_{7'}) = 668 + 0.65(1564-668) = T_{R'} = 1250 \text{ °R}$

$$\left. {}^{w_t}\middle/{}_{w_c} \right. = {}^{178}\!\!\big/\!{}_{78} = 2.28$$

$q = h_3 - h_{R'} + h_9 - h_{8'} = Cp(T_3 - T_{R'} + T_9 - T_{8'}) = 0.24(1960 - 1250 + 1960 - 1616) = 253 \text{ BTU/lb}$

$$\eta = \frac{w_t - w_c}{q} = \frac{178 - 88}{253} = 0.40$$

Estos cálculos usando entalpías aproximadas no se pueden considerar exactos. Un cálculo mas preciso se debe hacer estimando las entalpías por métodos mas exactos. Por ejemplo, se pueden usar funciones interpoladoras basadas en las tablas de entalpías del aire.

11.6.6 Causas del éxito de las turbinas de gas

En los últimos años se han eliminado muchas centrales de vapor destinadas a la producción de energía eléctrica y se han reemplazado por turbinas de gas o por ciclos combinados Rankine-Brayton. La causa de este fenómeno es económica. Los rendimientos del ciclo Brayton son sensiblemente superiores a los del ciclo Rankine de vapor de agua. La causa reside en el hecho de que el ciclo Brayton opera a temperaturas mayores que el Rankine. Recordemos la ecuación (5-20) del apartado 5.10.2 en el capítulo 5.

$$W_{máx} = Q\frac{T - T_0}{T}$$

En esta ecuación $W_{máx}$ representa el trabajo teórico máximo que puede realizar un ciclo de potencia reversible que opera entre las temperaturas extremas T y T_0, siendo T la temperatura máxima y T_0 la temperatura del medio ambiente, intercambiando calor Q con el medio ambiente. Es evidente que cuanto mayor sea el valor de la temperatura máxima T tanto mayor será $W_{máx}$.

Por otra parte, en el ciclo Brayton no hay intercambio de calor, porque a diferencia del ciclo Rankine de vapor, que es una máquina de combustión externa, la turbina de gas es una máquina de combustión interna y no hay intercambio de calor entre los gases calientes de la combustión y el fluido de trabajo. El único intercambio de calor ocurre en el regenerador, pero esto es *después* de que el fluido de trabajo haya producido la mayor parte del trabajo útil en la turbina. Esto elimina una de las mayores causas de irreversibilidad que es el intercambio de calor, como vimos en el apartado **5.9.3** del capítulo **5**.

Puesto que constantemente se experimenta con nuevos revestimientos de turbina que permitirían operar con temperaturas aún mayores, es de esperar que la brecha que separa los rendimientos de ambos ciclos se agrande mas en el futuro. Además de estos argumentos de orden puramente termodinámico existen otras ventajas en el uso de turbinas de gas. El hecho de que la turbina sea un motor rotativo la hace muy atractiva para usarla como fuente de potencia en vehículos, por las mismas razones expuestas en el apartado **11.4**. La relación de compresión (cociente de presiones) del compresor (y en consecuencia de la turbina) suele variar de 10 a 15. De la ecuación *(11-13)* se deduce que el rendimiento mejora con el aumento de la temperatura operativa y de la relación de compresión.

11.7 <u>El ciclo Stirling</u>

Este ciclo está formado por dos evoluciones isócoras y dos evoluciones isotérmicas. La forma del ciclo se puede observar en la siguiente ilustración.

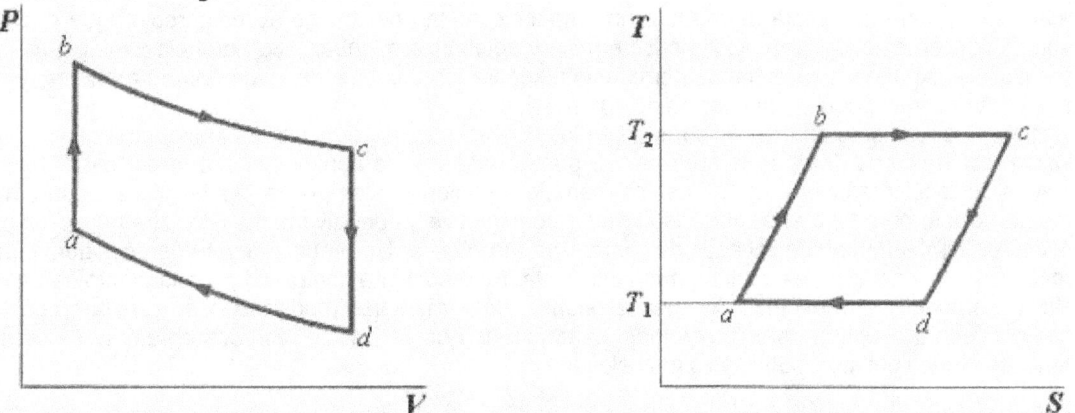

El fluido de trabajo experimenta una compresión isócora en la etapa $a{\to}b$ en la que ingresa calor Q_{ab}. La etapa $b{\to}c$ es una expansión isotérmica durante la cual ingresa otra cantidad de calor Q_{bc} al sistema, que toma de la fuente cálida a temperatura T_2. Luego tenemos una expansión isócora en la etapa $c{\to}d$ durante la cual el sistema cede calor Q_{cd}, seguida por la etapa $d{\to}a$ de compresión isotérmica en la que sale calor del sistema a la fuente fría a temperatura T_1.

Operativamente esto se puede conseguir de la siguiente manera. Es necesario contar con un intercambiador de calor reversible (regenerador) capaz de tomar y ceder calor. Este regenerador tiene que absorber todo el calor Q_{cd} y entregarlo al sistema en la etapa $a{\to}b$ de modo que: $Q_{cd} = Q_{ab}$. Es importante notar que el regenerador no es la fuente fría ni la fuente cálida. Desde el punto de vista constructivo, la fuente fría es la atmósfera y la fuente cálida es la cámara de combustión.

Vale la pena hacer notar que el motor Stirling es un motor de combustión externa, en el que el gas de trabajo (aire) no experimenta cambio de composición.

La clave del funcionamiento exitoso de este motor está en el regenerador. En la época en que Stirling lo puso a prueba, el recuperador no tenía suficiente resistencia mecánica a los cambios cíclicos de temperaturas extremas, y se deterioraba rápidamente. Con modernos materiales cerámicos de alta resistencia y baja inercia térmica, el motor Stirling desarrolla rendimientos muy superiores a los que se pueden obtener en el ciclo Otto y Diesel. Veamos porqué.

El rendimiento del ciclo se obtiene como siempre dividiendo el trabajo obtenido sobre el calor consumido. El ciclo produce trabajo en dos etapas: la expansión isotérmica $b{\to}c$ y la expansión isócora $c{\to}d$. Consume trabajo durante las otras dos etapas: la compresión isotérmica $d{\to}a$ y la compresión isócora $a{\to}b$.

Se supone que el trabajo que se consume en la compresión isócora $a{\to}b$ es igual al que se produce durante la expansión isócora $c{\to}d$. En consecuencia, el trabajo neto producido por el ciclo es:

$$W_n = W_{bc} + W_{cd} - W_{da} - W_{ab} = W_{bc} - W_{da}$$

En cuanto al calor consumido, es la suma de dos magnitudes: el calor que ingresa en la compresión isócora $a{\to}b$ y el que ingresa en la expansión isotérmica $b{\to}c$. Entonces el calor que ingresa resulta ser:

$$Q = Q_{ab} + Q_{bc}$$

Pero si hay una regeneración ideal, todo el calor que ingresa en la etapa $a{\to}b$ lo provee el regenerador que se calienta durante la etapa $c{\to}d$, por lo tanto el calor Q_{ab} no debe ser tenido en cuenta. Desde el punto de vista neto, no es realmente calor ingresante, sino calor que está contenido en el motor y pasa del gas al regenerador y vuelve de nuevo del regenerador al gas.

Por lo tanto, el rendimiento es:

$$\eta = \frac{W_n}{Q} = \frac{W_{bc} - W_{da}}{Q_{ab} + Q_{bc}} = \frac{W_{bc} - W_{da}}{Q_{bc}} = \frac{R'T_2 \, ln\dfrac{V_c}{V_b} - R'T_1 \, ln\dfrac{V_d}{V_a}}{R'T_2 \, ln\dfrac{V_c}{V_b}}$$

Pero puesto que $V_c = V_d$ y $V_b = V_a$ tenemos por último:

$$\eta = \frac{T_2 - T_1}{T_2} \qquad\qquad\qquad (11\text{-}17)$$

Sorprendentemente, este es el rendimiento del ciclo de Carnot equivalente.

La razón de este asombroso resultado es que al asumir las idealizaciones que se admitieron previamente, como la existencia de regeneración ideal, lo que hemos hecho en esencia es suponer que el ciclo de Stirling es idealmente reversible, de modo que no resulta absurdo el resultado, porque en definitiva es lo que se supone también en el ciclo de Carnot.

El ciclo Stirling tiene la ventaja de requerir una menor cantidad de trabajo de compresión que el ciclo de Carnot, ya que en este la compresión es isotérmica y adiabática mientras que en el ciclo Stirling es isotérmica e isócora. Al haber una etapa de compresión isócora los cambios de volumen son menores, y por lo tanto también es mas pequeña la relación de compresión.

El principal inconveniente de este ciclo reside en las operaciones isotérmicas. Es sabido que conseguir una evolución isotérmica es difícil en la práctica. Se puede obtener una aproximación que es "casi" isotérmica por medio de recalentadores, haciendo el intercambio de calor a bajos gradientes térmicos y con otros recursos parecidos, pero todo ello complica el motor constructiva y operativamente. Por otra parte, los procesos isócoros también son complicados de realizar en la práctica. Un proceso a volumen constante implica una evolución casi estática, es decir, sumamente lenta. Esto conspira contra el funcionamiento de un motor de alto desempeño. No obstante, diversas versiones experimentales modificadas se prueban constantemente en busca de superar estos problemas. La causa de que se gasten recursos en esa tarea es que el rendimiento teórico del motor Stirling es muy elevado.

11.8 El ciclo Ericsson

Este ciclo está formado por dos evoluciones isobáricas y dos isotérmicas. En ese aspecto difiere del ciclo Brayton en que reemplaza la compresión y la expansión adiabática reversible (isentrópica) por una compresión y expansión isotérmicas. La forma del ciclo se puede observar en la siguiente ilustración.

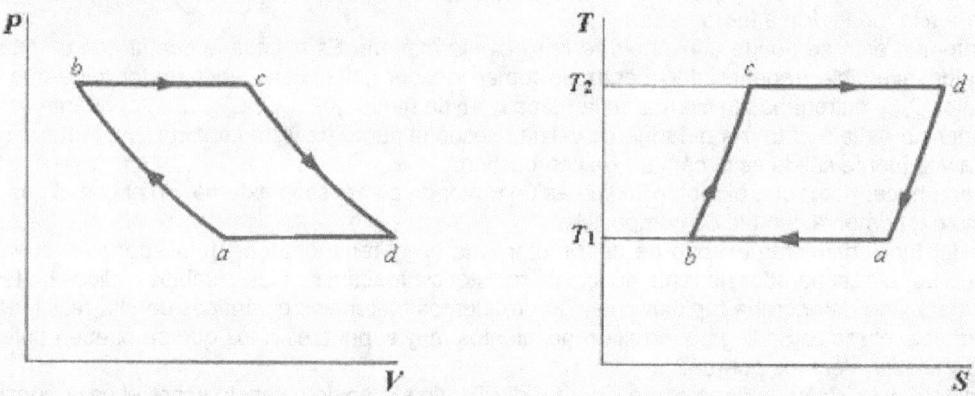

En la etapa $a{\to}b$ se produce la compresión isotérmica en la cual sale calor del sistema. La etapa $b{\to}c$ es la expansión isobárica, durante la cual ingresa calor Q_{bc} al sistema. Luego tenemos una expansión isotérmica en la etapa $c{\to}d$ durante la cual también ingresa calor Q_{cd} al sistema, y por último una compresión isobárica en la etapa $d{\to}a$, durante la cual sale calor del sistema. Llamaremos Q_1 al calor total que ingresa al sistema; es evidente que: $Q_1 = Q_{bc} + Q_{cd}$

El rendimiento del ciclo Ericsson se puede calcular fácilmente como es habitual.

$$\eta = \frac{W}{Q_1} = \frac{W_{bc} + W_{cd} - W_{da} - W_{ab}}{Q_{bc} + Q_{cd}}$$

Pero por las mismas razones que en el apartado anterior, es fácil ver que:

$$W_{bc} = W_{da}$$

Entonces se obtiene:

$$\eta = \frac{W}{Q_1} = \frac{W_{bc} - W_{ab}}{Q_{bc} + Q_{cd}}$$

Pero si hay una regeneración ideal, el calor que ingresa en la etapa $b{\rightarrow}c$ lo provee el regenerador de modo que, igual a como hicimos en el apartado anterior y por las mismas razones, el rendimiento se puede expresar:

$$\eta = \frac{W_{bc} - W_{ab}}{Q_{cd}} = \frac{R'T_2 \ln {P_c}/{P_d} - R'T_1 \ln {P_b}/{P_a}}{R'T_2 \ln {P_c}/{P_d}}$$

Puesto que $P_c = P_b$ y $P_d = P_a$ tenemos simplificando:

$$\eta = \frac{T_2 - T_1}{T_2} \qquad\qquad (11\text{-}18)$$

Nuevamente obtenemos el rendimiento del ciclo de Carnot, debido a las simplificaciones e idealizaciones usadas al deducirlo. De hecho, cuando usamos regeneración en el ciclo de Brayton lo que estamos intentando es aproximarnos al ciclo de Ericsson. La cantidad de etapas de regeneración y de enfriamiento intermedio depende de un balance económico entre el costo de capital incrementado y el costo operativo que disminuye a medida que aumenta la cantidad de etapas.

11.9 Cogeneración

Se denomina cogeneración a las disposiciones en las que se usa la energía sobrante de un sistema para operar otros sistemas distintos. La cogeneración es lo que se emplea en el ciclo binario de mercurio y agua que se estudió en el capítulo 9, apartado 9.7. Otra acepción comúnmente usada del término es en aquellas aplicaciones en las que se ahorra energía combinando dos funciones: la generación de electricidad y el calentamiento de procesos. Esta aplicación se denomina también aprovechamiento de energía de tope, y ya se ha estudiado en el apartado 9.5 del capítulo 9. Otra aplicación es la que estudiamos aquí, donde se trata el aprovechamiento de la energía residual que tienen los gases calientes de salida de una turbina de gas. A esta forma también se la llama aprovechamiento de energía de fondo. Se pueden concebir tanto en teoría como en la práctica muchos sistemas combinados de este tipo. Nosotros estudiaremos solo tres, sin pretender con ello agotar las posibles aplicaciones.

11.9.1 Cogeneración combinando ciclos de gas y vapor de agua

Una de las combinaciones mas eficaces es la que reúne la turbina de gas del ciclo Brayton con el ciclo de vapor de Rankine. La principal ventaja de este sistema combinado es que permite aprovechar el calor residual de los gases de escape de la turbina de gas, que salen a elevadas temperaturas (típica: unos 700 °K) para precalentar el agua y generar vapor saturado. Posteriormente el vapor se recalienta en la misma cámara de combustión usada para el ciclo de gas. El proceso se puede visualizar en el esquema siguiente.

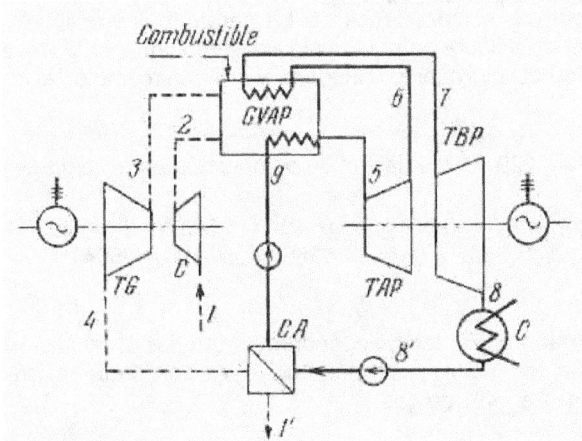
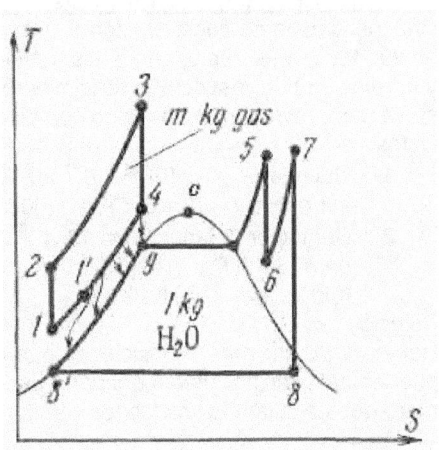

El aire entra en el estado *1* al compresor *C*, donde es llevado al estado *2* al cual entra al horno del generador de vapor de alta presión *GVAP*; sale en el estado *3* para entrar a la turbina de gas, de la cual sale en la condición *4*. Entonces el aire de salida de la turbina entra al calentador de agua *CA* de donde se desecha a la atmósfera en el estado *1'*. Durante el intercambio de calor que se produce, el gas entrega calor al agua lo que se simboliza en el diagrama *T-S* con una serie de flechitas desde el ciclo Brayton hacia el ciclo de Rankine. Este es el circuito del gas. Alrededor del 25% de la energía del combustible se transforma en trabajo de eje en la turbina de gas, un 55% sale en los gases de escape, y un 20% se pierde por fricción. Del 55% que sale por el escape de la turbina de gas, un 50% se aprovecha en el calentador de agua *CA* en tanto que el 5% restante se pierde

En cuanto al agua, esta sale del calentador de agua *CA* en condición de líquido saturado al punto de ebullición, pasa al generador de vapor de alta presión *GVAP* donde se vaporiza y recalienta, y entra en el estado *5* a la turbina de alta presión *TAP* donde se expande isentrópicamente hasta el estado *6*. Luego se envía al recalentador del cual sale al estado *7* con el cual entra a la turbina de baja presión *TBP* donde se expande en forma isentrópica hasta el estado *8*. A continuación pasa al condensador *C* que lleva el agua hasta el estado *8'* al cual entra al calentador de agua *CA*.

Pensemos en un sistema en el que por cada Kg de agua que circula por el circuito del agua hay una cantidad de masa *m* de gas que circula por el circuito del gas.

Para obtener el valor de *m* es necesario hacer el balance de energía del calentador de agua *CA*.

$$m(h_4 - h_{1'}) = 1(h_9 - h_{8'}) \Rightarrow \quad m = \frac{h_9 - h_{8'}}{h_4 - h_{1'}} \qquad (11\text{-}19)$$

El aumento de entalpía que sufre el agua se puede calcular a partir del calor específico, es decir:

$$h_4 - h_{1'} = Cp'(T_4 - T_{1'})$$

El trabajo producido por el ciclo Brayton es:

$$W_{TG} = m(h_3 - h_4)$$

El trabajo *neto* producido por el ciclo de gas, se obtiene restando el trabajo consumido en el compresor.

$$W_B = W_{TG} - W_C = m(h_3 - h_4) - m(h_2 - h_1)$$

El trabajo producido por el ciclo de Rankine (despreciando el trabajo de bombeo) es para 1 Kg de agua:

$$W_R = (h_5 - h_6) + (h_7 - h_8)$$

El consumo de energía en forma de calor del sistema es la suma del calor usado para el gas y el calor usado para el recalentamiento del vapor. El primero es:

$$Q_G = m(h_3 - h_2)$$

El segundo es la suma del calor consumido en la etapa *9→5* y el calor consumido en la etapa *6→7*:

$$Q_V = (h_5 - h_9) + (h_7 - h_6)$$

Entonces el calor total consumido por el sistema es:

$$Q_1 = Q_G + Q_V = m(h_3 - h_2) + (h_5 - h_9) + (h_7 - h_6)$$

El rendimiento térmico ideal del ciclo combinado es:

$$\eta = \frac{W_B + W_R}{Q_1} = \frac{m(h_3 - h_4) - m(h_2 - h_1) + (h_5 - h_6) + (h_7 - h_8)}{m(h_3 - h_2) + (h_5 - h_9) + (h_7 - h_6)} \qquad (11\text{-}20)$$

Ejemplo 11.5 Cálculo de una instalación de ciclo combinado gas-vapor.

Una instalación de cogeneración a ciclo combinado vapor-gas se caracteriza por los parámetros que figuran en los datos mas abajo, donde los subíndices se refieren a la figura anterior. Calcular el rendimiento térmico y la relación con respecto al rendimiento del ciclo de Carnot equivalente. Suponer que el intercambio térmico, la compresión y la expansión son ideales.

Datos

1. Del gas: $P_1 = 1 \times 10^5$ Pa; $t_1 = 20$ °C; $t_3 = 800$ °C; $t_{1'} = 120$ °C; la relación de compresión en el compresor es $r = P_2/P_1 = 8$; $Cp' = 1.005$ KJ/(Kg °K).

2. Del vapor de agua: $P_5 = 13 \times 10^6$ Pa; $t_5 = 565$ °C; $P_6 = P_7 = 30$ bar = 3×10^6 Pa; $t_7 = 565$ °C; $P_8 = 0.03$ bar = 3000 Pa; $h_9 = 1532$ KJ/Kg; $h_{8'} = 101$ KJ/Kg; $h_5 = 3506$ KJ/Kg; $h_6 = 3061$ KJ/Kg; $h_7 = 3604$ KJ/Kg; $h_8 = 2200$ KJ/Kg.

Solución

Haremos las mismas suposiciones que en el ejemplo anterior. Es decir, supondremos que las entalpías se pueden calcular por medio del calor específico a presión constante, y además que *Cp* es constante. Lo primero que calculamos son las temperaturas desconocidas del ciclo de gas.

$$T_2 = T_1 \left(\frac{P_2}{P_1}\right)^{\frac{\gamma-1}{\gamma}} = 293.8 \times 8^{0.4/1.4} = 531 \ °K$$

$$T_4 = T_3 \frac{T_1}{T_2} = 1073 \frac{293}{531} = 592 \ °K$$

Ahora calculamos la masa de gas que circula por el sistema. Aplicando la ecuación *(11-19)* tenemos:

$$m = \frac{h_9 - h_{8'}}{h_4 - h_{1'}} = \frac{h_9 - h_{8'}}{Cp'(T_4 - T_{1'})} = \frac{1532 - 101}{1.005(592 - 393)} = 7.153 \ \frac{Kg \ gas}{Kg \ agua}$$

Estamos entonces en condiciones de calcular el rendimiento térmico. De la ecuación *(11-20)* tenemos:

$$\eta = \frac{W_B + W_R}{Q_1} = \frac{m(h_3 - h_4) - m(h_2 - h_1) + (h_5 - h_6) + (h_7 - h_8)}{m(h_3 - h_2) + (h_5 - h_9) + (h_7 - h_6)} =$$

$$= \frac{m[Cp(T_3 - h_4) - Cp(T_2 - T_1)] + (h_5 - h_6) + (h_7 - h_8)}{m \times Cp(T_3 - T_2) + (h_5 - h_9) + (h_7 - h_6)} =$$

$$= \frac{7.153[1.005(1073 - 592) - 1.005(531 - 293)] + (3506 - 3061) + (3604 - 2200)}{7.153 \times 1.005(1073 - 531) + (3506 - 1532) + (3604 - 3061)} = 0.561$$

Vale la pena observar que en el apartado **9.3** del capítulo **9** vimos las diversas formas usadas para aumentar el rendimiento del ciclo de vapor, llegando a la conclusión de que no era económicamente posible sobrepasar el techo de 0.50. Aquí vemos como influye un aprovechamiento mas completo y racional de la energía en el rendimiento del sistema. El rendimiento del ciclo de Carnot equivalente es:

$$\eta_C = \frac{T_3 - T_8}{T_3} = 1 - \frac{T_8}{T_3} = 1 - \frac{297}{1093} = 0.723$$

La relación de rendimiento ideal al rendimiento de Carnot es:

$$\frac{\eta}{\eta_C} = 0.78$$

Ejemplo 11.6 Cálculo de una instalación de ciclo combinado gas-vapor.

En el croquis vemos el diagrama de un ciclo combinado gas–vapor (ciclo Brayton – ciclo Rankine) que consume gas natural (metano) como combustible. El ciclo opera de la siguiente manera: se comprime adiabáticamente aire del ambiente (condición **0**), desde T_0 = 25 °C y P_0 = 1 bar hasta 15 bar (condición **1**), con un rendimiento isentrópico de 0,90. El aire comprimido se mezcla en la cámara de combustión con el combustible (condición **2**); la mezcla aire/combustible tiene un gran exceso de aire. La combustión puede suponerse adiabática e isobárica. Los productos de combustión (condición **3**) salen de la cámara de combustión a 1000 °C con un caudal de 8 Kg/seg, y se expanden en una turbina adiabática hasta 1 bar y 380 °C (condición **4**). Para aprovechar su elevado poder calorífico residual, antes de verter los humos a la atmósfera, alimentan el generador de vapor de un ciclo de Rankine, saliendo a la condición **5** a 120 °C.

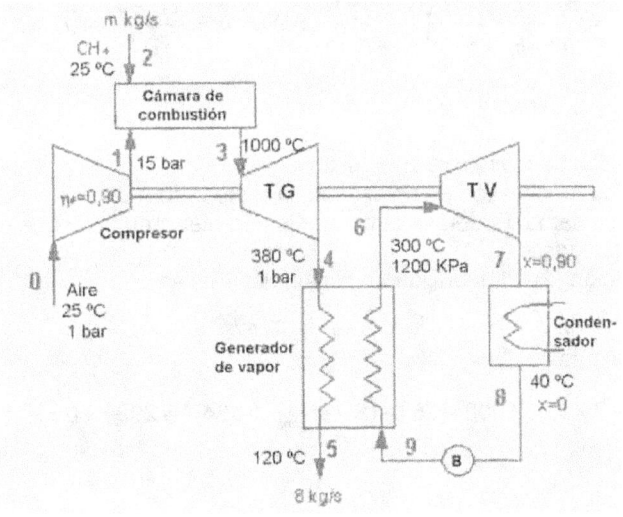

El generador de vapor produce vapor a 1200 KPa y 300 °C (condición **6**), que se expande en una turbina adiabática hasta la presión del condensador con un título de 0.90 (condición **7**); sale del condensador como líquido saturado a 40 °C, condición **8**. Se desprecia el trabajo de la bomba.

Datos y suposiciones:

- No hay pérdidas de presión ni de calor en ningún punto del sistema.
- La combustión del metano es total debido al gran exceso de aire.
- Se considera el aire como gas ideal, con Cp = 1.00 KJ/(Kg °K), γ = 1.4.
- Se supone que los humos de combustión son también un gas ideal, con Cp = 1.05 KJ/(Kg °K) y R = 0.35 KJ/(Kg °K).
- El poder calorífico inferior del metano es PCI = 50140 KJ/Kg.

Calcular:

1. Potencia disponible en los gases de escape (es decir su exergía, en unidades de energía por unidad de tiempo) en las condiciones de entrada al generador de vapor.
2. Temperatura de entrada del aire en la cámara de combustión.
3. Relación de masa aire/combustible en la cámara de combustión.
4. Caudal másico de agua en el ciclo de Rankine.
5. Potencia neta obtenida en la instalación (KW).
6. Rendimiento térmico de la instalación en función del PCI del metano y rendimiento exergético del ciclo de Rankine en función de la exergía del gas de escape de la turbina de gas.
7. Temperatura de rocío de los humos a la salida del generador de vapor.

Solución

1. Cálculo de la exergía en el punto **4**.

$$\Delta B_4 = \Delta H_4 - T_0 \Delta S_4 = \dot{m}_{gas}\left[(h_4 - h_0) - T_0(s_4 - s_0)\right] =$$

$$= \dot{m}_{gas}\left[Cp(T_4 - T_0) - T_0\left(Cp \times ln\frac{T_4}{T_0} - R \times ln\frac{P_4}{P_0}\right)\right] =$$

$$= 8\left[1.05(380 - 25) - 298\left(1.05 \times ln\frac{653}{298} - 0.35 \times ln\frac{1}{1}\right)\right] = 1018.3 \ \text{KW}$$

2. Cálculo de la temperatura en el punto **1**.

Teniendo en cuenta que el compresor es adiabático irreversible, primero se calcula la temperatura del punto **1s** que corresponde a la posición de un punto asumiendo evolución isentrópica, o sea adiabática reversible, con la ecuación de un proceso adiabático ideal ($PV^\gamma = cte$) o con la ecuación de la variación de entropía entre **0** y **1s** asumiendo que esta es nula. De la ecuación *(5-32)*:

$$\Delta s = Cp \times ln\frac{T_{1s}}{T_0} - R \times ln\frac{P_{1s}}{P_0} = 0 \Rightarrow 1 \times ln\frac{T_{1s}}{298} - \frac{2}{7} \times ln\frac{15}{1} = 0 \Rightarrow 1 \times ln\frac{T_{1s}}{298} = \frac{2}{7} \times ln\frac{15}{1} \Rightarrow$$

$$\Rightarrow T_{1s} = 298 e^{\frac{2}{7}ln15} = 646 \ °\text{K}$$

Puesto que conocemos el rendimiento isentrópico del compresor podemos calcular la temperatura real del punto **1**. De la ecuación *(11-14)* tenemos:

$$\eta_C = \frac{(H_1 - H_0)_S}{H_1 - H_0} = \frac{h_{1s} - h_0}{h_1 - h_0} = \frac{Cp(T_{1s} - T_0)}{Cp(T_1 - T_0)} = 0.9 \Rightarrow T_1 = \frac{T_{1s} - T_0}{0.9} + T_0 =$$

$$= \frac{646 - 298}{0.9} + 298 = 684.7 \ °\text{K}$$

3. Cálculo de la relación de masa aire/combustible.

Como la cámara de combustión es adiabática, la temperatura de salida de los gases será la temperatura adiabática de llama. Podemos suponer sin cometer gran error que esta es igual a la temperatura de salida de los gases.

Aplicando la ecuación *(9-42)* deducida en el capítulo **9** tenemos:

$$-\dot{m}_{comb} \times PCI + \dot{m}_p Cp_p(T^* - T_0) - \dot{m}_{aire} Cp_{aire}(T_e - T_0) = 0$$

Reemplazando valores:

$$-\dot{m}_{comb} \times 50140 + 8 \times 1.05(1000 - 25) - (8 - \dot{m}_{comb})(684.7 - 298) = 0 \Rightarrow \dot{m}_{comb} = 0.1024 \ \frac{\text{Kg}}{\text{seg}}$$

En consecuencia: $\dot{m}_{aire} = 8 - \dot{m}_{comb} = 8 - 0.1024 = 7.8976 \dfrac{Kg}{seg}$

Entonces la relación másica aire/combustible es: $RAC = \dfrac{7.8976}{0.1024} = 77.125 \dfrac{Kg\ aire}{Kg\ comb}$

4. Cálculo del caudal de agua.
   En el generador de vapor el agua se calienta a expensas del calor que entregan los humos de salida de la turbina de gas. El balance de energía es:

   $\dot{m}_{gas}\left(h_4 - h_5\right) = \dot{m}_{agua}\left(h_6 - h_9\right) = \dot{m}_{agua}\left(h_6 - h_8\right)$ (por despreciar el trabajo de la bomba)

   De las tablas de vapor obtenemos $h_8 = 167.45$ KJ/Kg. Igualmente, para el punto **6**: $P_6 = 1200$ KPa y $t_6 = 300$ ºC de donde resulta $h_6 = 3046.9$ KJ/Kg. Sustituyendo en la expresión anterior tenemos:

   $8 \times 1.05\left(380 - 120\right) = \dot{m}_{agua}\left(3046.9 - 167.45\right) \Rightarrow \dot{m}_{agua} = 0.76 \dfrac{Kg}{seg}$

5. Cálculo de la potencia neta obtenida en la instalación.
   La potencia neta es la suma del trabajo neto producido (por unidad de tiempo) por la turbina de gas y por la turbina de vapor, al que hay que restar el consumido por el compresor. Las propiedades del estado **7** se obtienen de las tablas de vapor: $h_7 = 2333.71$ KJ/Kg.

   $\dot{W}_n = \dot{W}_{6\text{-}7} + \dot{W}_{3\text{-}4} - \dot{W}_{0\text{-}1} = \dot{m}_{agua}\left(h_6 - h_7\right) + \dot{m}_{gas}\left(h_3 - h_4\right) - \dot{m}_{aire}\left(h_1 - h_0\right) =$

   $= 0.76\left(3046.9 - 2333.71\right) + 8 \times 1.05\left(1000 - 380\right) - 7.8976 \times 1\left(684.7 - 298\right) =$

   $= 2696.26$ KJ/seg

6. Cálculo del rendimiento térmico de la instalación.
   El rendimiento es el cociente de la potencia producida sobre el calor generado.

   $\eta = \dfrac{\dot{W}_n}{\dot{m}_{comb} \times PCI} = \dfrac{2696.26}{0.1024 \times 50140} = 0.525$ (52.5 %)

   El rendimiento exergético se obtiene dividiendo el trabajo producido en la turbina por la exergía disponible en la misma.

   $\eta_{ex} = \dfrac{\dot{W}_{6\text{-}7}}{\Delta B_4} = \dfrac{0.76\left(3046.9 - 2333.71\right)}{1018.3} = 0.532$ (53.2 %)

7. Cálculo de la temperatura de rocío de los humos a la salida del generador de vapor.
   La temperatura de rocío no es otra que la temperatura de saturación para la presión parcial del vapor de agua de la mezcla. Por lo tanto, primero hay que calcular cual es la presión parcial del agua en la mezcla de los gases de salida. Para ello se plantea la reacción teórica:

   $\dfrac{0.1024}{16} CH_4 + \dfrac{7.8976}{29 \times 4.76}\left(O_2 + 3.78 N_2\right) \to a\,CO_2 + b\,H_2O + d\,N_2 + e\,O_2$

   Ajustando los coeficientes estequiométricos para cada una de las sustancias se obtiene:
   $a = 6.4 \times 10^{-3}$; $b = 0.0128$; $d = 0.21512$; $e = 0.0444$.
   De la ley de Dalton se sabe que la presión parcial de un gas en una mezcla de gases ideales es igual al producto de la fracción molar (número de moles de esa sustancia sobre número de moles totales) por la presión total de la mezcla:

   $P_{H2O} = \dfrac{n_{H2O}}{N} P = \dfrac{0.0128}{0.0064 + 0.0128 + 0.044} 100 = 4.6$ KPa

Una alternativa usada en muchos casos de plantas industriales es el uso del vapor generado no para producir energía eléctrica sino para calefacción. Ya tratamos esta cuestión en el apartado **9.5** del capítulo 9.
En los casos en los que las temperaturas de calefacción son demasiado altas para usar vapor como medio calefactor, se pueden usar los gases de escape de la turbina. Otros usos para los gases de escape de la turbina son para secado y para ciclos de refrigeración. Esta última alternativa se denomina trigeneración y se estudia en el apartado **11.9.3**.

11.9.2 Cogeneración con ciclos de gas y vapores orgánicos

En el apartado anterior estudiamos los sistemas basados en el vapor de agua como fluido de trabajo. En los últimos tiempos se ha experimentado mucho con fluidos orgánicos, que presentan algunas ventajas sobre el vapor de agua para generar energía eléctrica. Debido a que los fluidos orgánicos usados para estos fines tienen un calor latente de vaporización comparativamente pequeño, la tasa de generación de vapor que se obtiene es mucho mayor que si se usase vapor de agua. Se han propuesto ciclos combinados que usan butano, isobutano y otros hidrocarburos de bajo peso molecular. La siguiente gráfica muestra el perfil de temperaturas del vapor de agua y de un líquido orgánico en función del porcentaje de calor transferido, mostrando también la curva de variación de temperatura del gas de salida de la turbina a medida que se enfría.

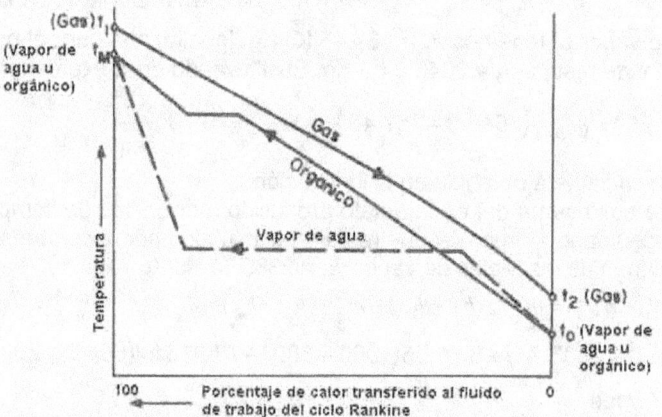

Como es posible observar, la curva de variación de temperatura del fluido orgánico se aproxima mas a la curva del gas. Esto significa en definitiva un intercambio de calor con menores gradientes de temperatura, lo que disminuye la irreversibilidad del intercambio de calor, que como ya sabemos es la causa principal del bajo rendimiento que se obtiene en el ciclo Rankine con vapor de agua.

La principal aplicación de los fluidos orgánicos es en aquellos casos en los que la cantidad de energía disponible como desecho es pequeña, como en la salida de los gases de una turbina de gas, salida de gases de hornos y casos similares. El siguiente croquis muestra una instalación de ciclo combinado Rankine-Brayton en la que el ciclo Rankine usa un fluido orgánico como fluido de trabajo.

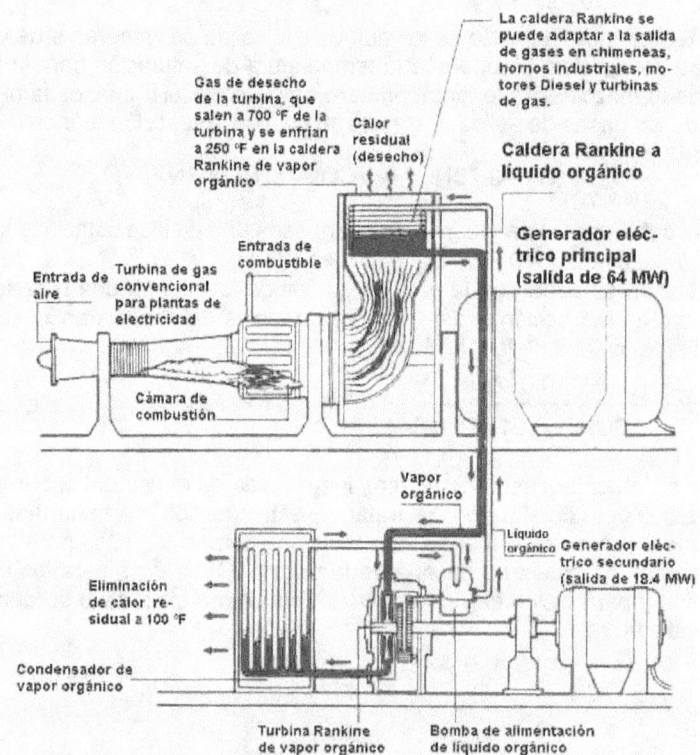

La eficacia combinada de un sistema de este tipo ronda el 47%.

512

11.9.3 Trigeneración

Se denomina trigeneración a cualquier sistema destinado a producir energía eléctrica, vapor para calefacción y ahorro de energía aprovechando calor excedente en un ciclo frigorífico. Otra interpretación que se le suele dar al término se refiere a las configuraciones en las que se produce energía eléctrica, refrigeración y se aprovecha un cierto excedente de potencia generada. Las posibles aplicaciones de la trigeneración son mas limitadas que las que ofrece la cogeneración, debido a que sólo se puede usar en industrias o procesos en los que se necesite usar refrigeración. No obstante, hay varios casos en los que esto es posible.

Existen diferentes configuraciones que habitualmente se asocian con la trigeneración. Posiblemente la mas habitual sea aquella en la que se usa la siguiente combinación de equipos: turbina de gas para producir electricidad, generación de vapor para calefacción y refrigeración. Sin entrar en un amplio análisis que por su nivel de especialización excede nuestro propósito, nos concentraremos en las configuraciones mas frecuentes.

Empezaremos por una configuración destinada a producir vapor de calefacción de baja presión (150 psig), energía eléctrica y refrigeración. Tenemos dos opciones representadas en el croquis **A** por un sistema sin

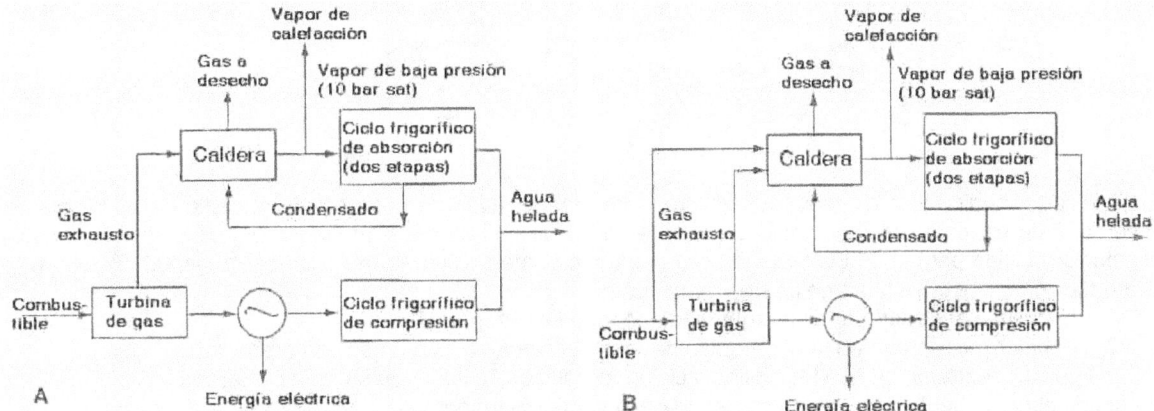

post combustión, y en el **B** por un sistema con post combustión. En ambos casos parte de la energía eléctrica producida se usa para operar un ciclo frigorífico por compresión. Parte del vapor de baja presión también se usa en el ciclo frigorífico por absorción.

Alternativamente, en muchas aplicaciones se necesita vapor de alta presión (600 psig y 400 °C) que se produce en conjunto con energía eléctrica y refrigeración.

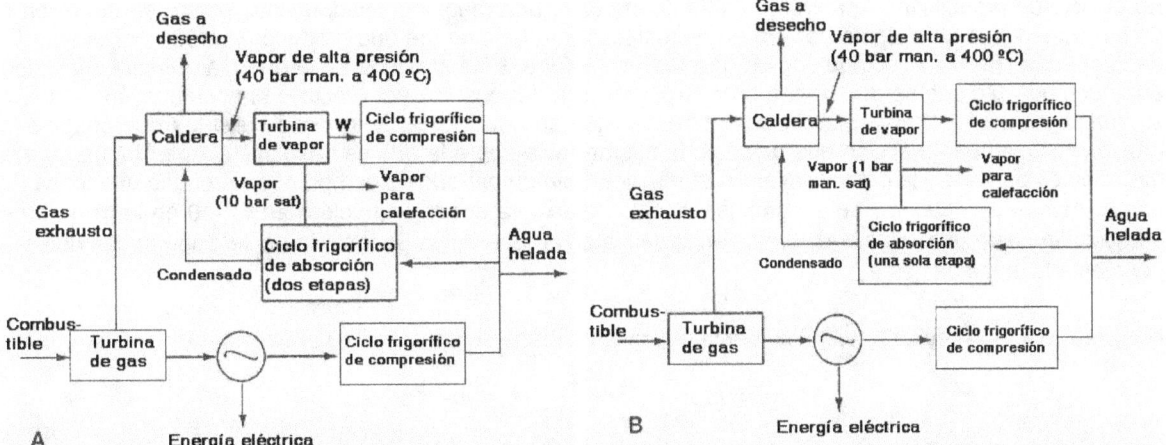

Nuevamente tenemos dos opciones, para producir vapor de alta presión, energía eléctrica y refrigeración. El vapor se usa para mover una turbina del tipo a contrapresión que impulsa el compresor de un ciclo frigorífico de compresión. En la opción **A** el ciclo frigorífico de absorción es de dos etapas y el vapor de calefacción se entrega a 10 bar manométricos mientras que en la opción **B** es de una sola etapa y el vapor de calefacción se entrega a 1 bar manométrico.

Otra alternativa es usar el vapor producido por la caldera para impulsar una turbina que proporciona potencia a un ciclo frigorífico de compresión, en tanto que el vapor de calefacción se enfría y expande en un desobrecalentador. Esta disposición se observa en el esquema siguiente.

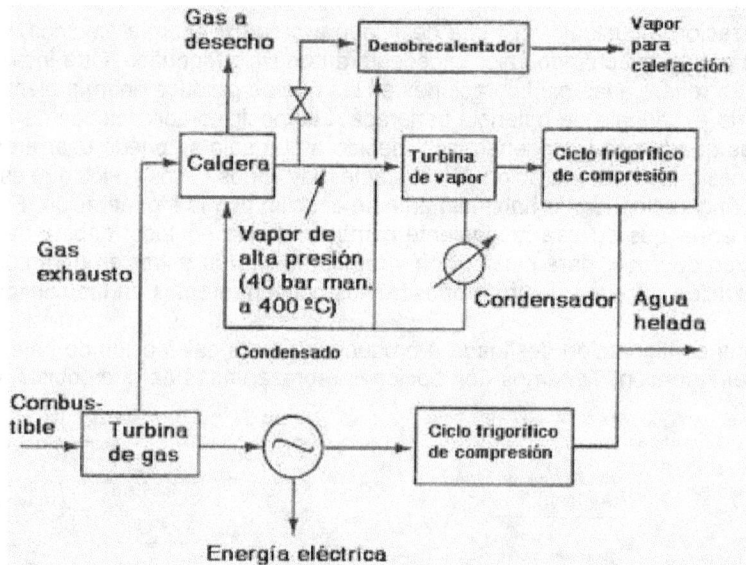

El análisis termodinámico de todos los sistemas de trigeneración se basa en el concepto de eficiencia del sistema. Esta es, como se recordará, el cociente de lo que se obtiene sobre lo gastado. Es posible conocer el calor producido por la combustión, que representa lo gastado; llamemos Q_1 a esa magnitud. En cuanto a lo producido, consiste en la suma de tres magnitudes.

1. El trabajo entregado al generador eléctrico, que llamaremos E.
2. El calor recuperado en la generación de vapor para calefacción, que llamaremos Q_2.
3. El calor extraído en el o los distintos ciclos frigoríficos, si los hubiese, que llamaremos Q_3.

Entonces el rendimiento del sistema se define de la siguiente manera.

$$\eta = \frac{E + Q_2 + Q_3}{Q_1}$$

(11-21)

11.10 Ciclos de propulsión a reacción

En el ciclo de propulsión a reacción se trata de impulsar una máquina voladora (que puede ser un avión o un misil) mediante un sistema basado en reemplazar el trabajo de eje que produce un motor por el empuje de la energía cinética adquirida por los gases en el escape. Esta proviene de la energía química contenida en el combustible que se transforma en energía térmica y mecánica por efecto de la combustión, la que a su vez se convierte en energía cinética por expansión en una tobera. Los gases calientes que despide la tobera producen una reacción que actúa en la misma recta sobre la que se desplaza el aparato, pero cuya dirección es opuesta a la del movimiento del mismo. Si en un período de tiempo $\Delta\tau$ se produce una masa de gas m_g como consecuencia de la combustión, esta se acelera desde una velocidad $\mathcal{V}_g = 0$ en la cámara de combustión hasta una velocidad $\mathcal{V}_g = \mathcal{V}_g$ en la salida de la tobera. Por lo tanto la aceleración media que experimenta la masa de gas es:

$$a_g = \mathcal{V}_g/\Delta\tau$$

De acuerdo a la 1ra ley de Newton, la fuerza reactiva que hace el gas sobre el vehículo será:

$$F_g = m_g \times a_g = \frac{m_g \times \mathcal{V}_g}{\Delta\tau} = \dot{m}_g \times \mathcal{V}_g$$

Los motores de reacción se clasifican en dos categorías: los motores cohete y los motores de chorro. Los motores cohete llevan consigo el combustible y el comburente u oxidante requerido para la combustión, de modo que pueden operar fuera de la atmósfera porque no necesitan quemar el oxígeno atmosférico. Se usan en los misiles que impulsan cargas útiles fuera de los límites de la atmósfera, como astronaves, satélites y cargas militares. En cambio los motores de chorro sólo llevan el combustible, y dependen del oxígeno atmosférico para su funcionamiento.

11.10.1 Ciclo de los motores de chorro

Los motores de chorro se puede clasificar en motores con compresor y motores sin compresor. Los motores de chorro con compresor tienen una turbina que se alimenta con los gases procedentes de la cámara de combustión, adonde llega el aire impulsado por el compresor. Este tipo de motor también se denomina de *turborreactor*.

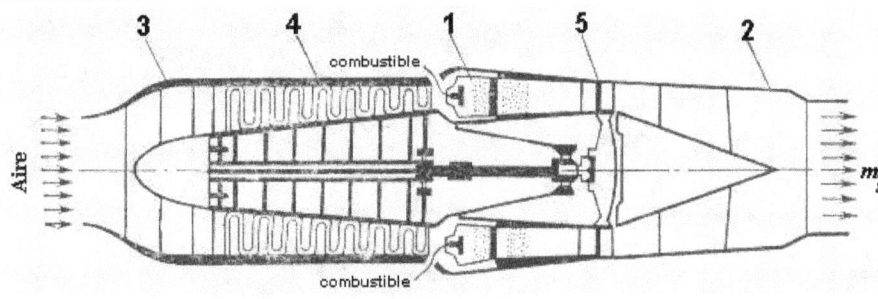

El combustible líquido que proviene de los tanques situados fuera del motor (y no indicados en el croquis) se mezcla con el aire impulsado y comprimido por el compresor en la cámara de combustión. El único objeto del compresor es enriquecer la concentración de oxígeno en la mezcla que entra a la cámara de combustión, ya que de otro modo el aparato no podría funcionar bien en zonas de gran altitud, donde la cantidad de oxígeno disponible en la atmósfera es menor. El movimiento del vehículo es de derecha a izquierda, de modo que el aire entra por la toma de la izquierda, forzado a través del difusor **3** donde es tomado por el compresor **4.** Este puede ser axial o centrífugo, según la altura a la que debe funcionar. En grandes alturas se emplea un compresor centrífugo. El aire se mezcla con el combustible e ingresa a la cámara de combustión **1** donde sufre una expansión que le permite impulsar la turbina de gas **5** cuya única función consiste en suministrar la potencia necesaria para el funcionamiento del compresor. Luego la masa de gases escapa por la tobera **2**.

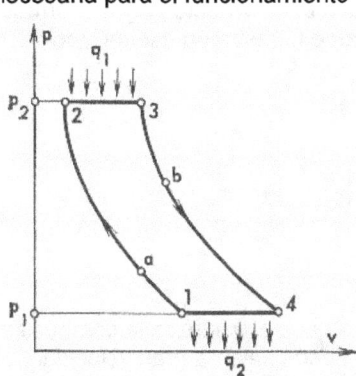

El ciclo del motor de chorro de turborreactor se puede seguir en el gráfico P-v de la izquierda. La compresión del aire atmosférico, que se encuentra en la condición que corresponde al punto **1**, se produce en parte en el difusor (desde el punto **1** hasta el punto **a**) y en parte en el compresor (desde el punto **a** hasta el punto **2**), entre la presión atmosférica P_1 y la presión P_2 siguiendo la evolución adiabática 1→**2**. En ese momento se mezcla con el combustible, y la mezcla ingresa en la cámara de combustión donde se quema siguiendo la evolución isobárica **2**→**3**. Ingresa calor q_1 al sistema. A continuación los gases se expanden en forma adiabática; esto pasa en parte en la turbina y en parte en la tobera, según la evolución **3**→**4**. Esta evolución se puede considerar compuesta de dos partes. De **3** hasta **b** se produce la expansión en la turbina, y desde **b** hasta **4** se produce la expansión en la tobera.

La evolución **4**→**1** representa una etapa en realidad ficticia, puesto que los gases se mezclan con la atmósfera y retornan en forma irreversible a la presión normal atmosférica. Esta etapa se supone que transcurre en forma isobárica, y durante ella se entrega calor residual q_2 a la atmósfera.

Si comparamos el diagrama del ciclo de turborreactor con el diagrama de la turbina de gas (ciclo Brayton) que vemos en el apartado **11.6.2** notamos que son iguales. Esto no nos debe extrañar, puesto que si se consideran las operaciones que integran ambos ciclos, se verifica que son las mismas. En consecuencia todas las relaciones que se deducen para la turbina de gas de ciclo Brayton son válidas para el caso que nos ocupa en este momento.

El diagrama T-S que representa el ciclo se puede observar a la derecha.

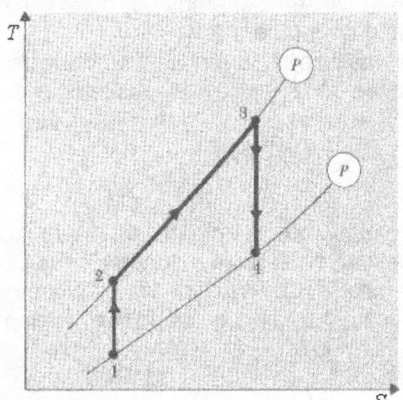

Una variante de uso militar es el motor a turbina de gas con post quemador. Este no es mas que un recalentador de gases, que tiene la misión de expandir mas el gas que acaba de pasar por la turbina. De tal modo el trabajo producido por la turbina se usa solamente para impulsar el compresor, mientras que el empuje adicional proporcionado por el post quemador produce mayores velocidades de las que se podrían alcanzar con una turbina. El siguiente croquis muestra un motor turborreactor con post quemador.

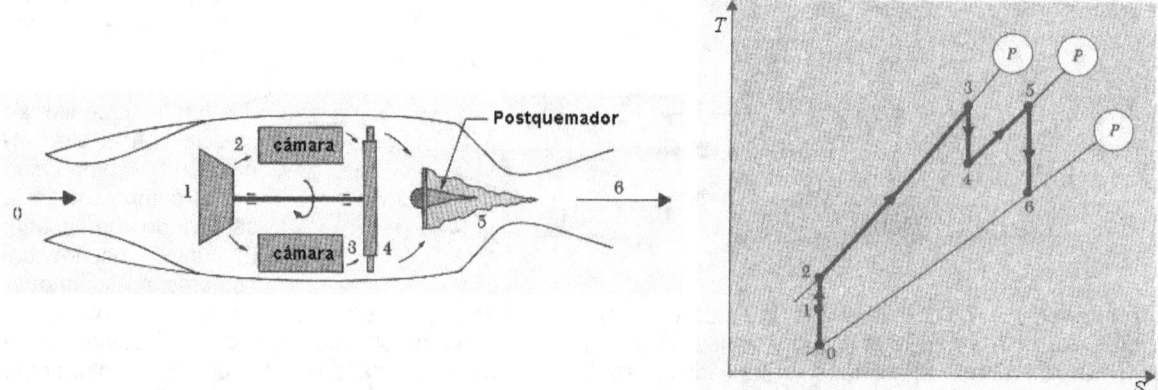

Como hemos explicado, en los motores de chorro sin compresor se reemplaza el compresor por la acción compresiva producida por el avance del vehículo. Este produce la deceleración del aire que irrumpe en el difusor. Es evidente que para poder funcionar necesitan una concentración mínima de oxígeno, lo que significa que no pueden operar en atmósferas muy enrarecidas.

Los motores de chorro sin compresor se dividen en dos clases, denominados *estatorreactores* y *pulsorreactores*. Los mas usados en la actualidad son los primeros. El esquema siguiente muestra un estatorreactor.

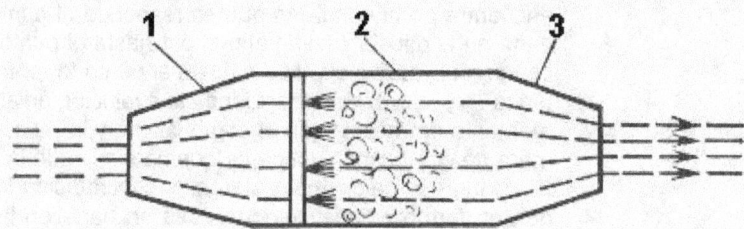

El aire se comprime en el difusor **1** hasta alcanzar la presión necesaria para que se produzca la combustión en la cámara **2**. Los gases son impulsados y acelerados en la tobera **3** de donde salen a gran velocidad. El ciclo sigue siendo el de Brayton, ya que sólo se ha reemplazado el compresor por una compresión estática en el difusor. Sin embargo, no existen ni el compresor ni la turbina. En lugar de la turbina, la expansión se hace en la tobera **3**.

Si analizamos el rendimiento del ciclo Brayton tal como se expresa en la ecuación *(11-12)* vemos que depende de la relación de presiones P_2/P_1:

$$\eta = 1 - \left(\frac{P_1}{P_2}\right)^{\frac{\gamma-1}{\gamma}}$$

(11-12)

De modo que cuanto mayor sea P_1 tanto mayor será el rendimiento. ¿Qué significa esto en términos de capacidad de empuje del motor?. Puesto que la presión a la entrada del difusor depende de la velocidad del vehículo, cuanto mayor sea esta tanto mayor será la presión y esto mejora el rendimiento y el empuje.

Puesto que la ecuación de la evolución adiabática es:

$$\frac{T_1}{T_2} = \left(\frac{P_1}{P_2}\right)^{\frac{\gamma-1}{\gamma}}$$

Se deduce que:

$$\eta = 1 - \frac{T_1}{T_2}$$

(11-22)

Esto nos dice que cuanto mas frío sea el aire atmosférico tanto mayor será el empuje. Esto tiene una gran importancia práctica, pues el aire mas frío se encuentra a mayor altura. La razón de que el aire mas frío proporcione un mayor rendimiento es que cuanto mas frío se encuentra menos energía se requiere para comprimirlo. En consecuencia, tanto el estatorreactor como el turborreactor son mas eficientes a mayores alturas.

Es posible obtener una expresión para el rendimiento en función de la velocidad de vuelo, de la siguiente forma. Llamando $\mathcal{V}_2$ a la velocidad del aire a la entrada de la cámara de combustión y $\mathcal{V}_1$ a la velocidad del vehículo, de un balance de energía aplicado al aire tenemos la siguiente igualdad.

$$\Delta\left[h+\frac{\mathcal{V}^2}{2}\right]\dot{m}=0 \Rightarrow \frac{\mathcal{V}_2^2-\mathcal{V}_1^2}{2}=h_1-h_2=Cp(T_1-T_2) \Rightarrow T_1-T_2=\frac{\mathcal{V}_2^2-\mathcal{V}_1^2}{2Cp}$$

En consecuencia:

$$T_1\left(1-\frac{T_2}{T_1}\right)=\frac{\mathcal{V}_2^2-\mathcal{V}_1^2}{2Cp} \Rightarrow 1-\frac{T_2}{T_1}=\frac{\mathcal{V}_2^2-\mathcal{V}_1^2}{2CpT_1} \Rightarrow \frac{T_2}{T_1}=1-\frac{\mathcal{V}_2^2-\mathcal{V}_1^2}{2CpT_1}=1+\frac{\mathcal{V}_1^2-\mathcal{V}_2^2}{2CpT_1}$$

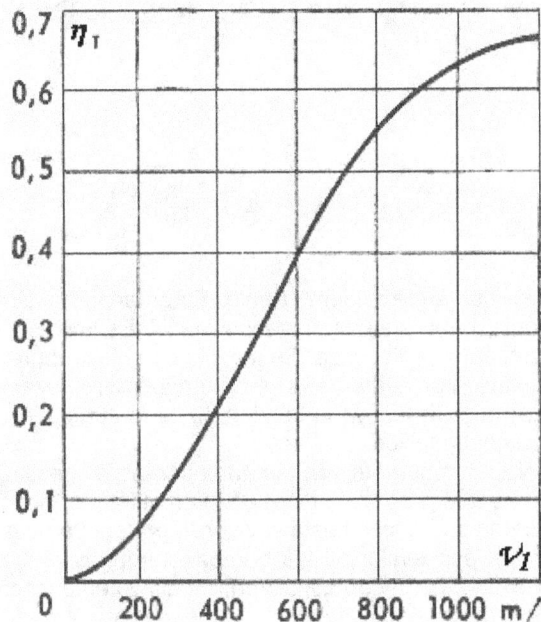

Y finalmente: $\dfrac{T_1}{T_2}=\dfrac{1}{1+\dfrac{\mathcal{V}_1^2-\mathcal{V}_2^2}{2CpT_1}}$

De esta igualdad, y de las ecuaciones *(11-12)* y *(11-22)* se deduce inmediatamente:

$$\eta=1-\frac{1}{1+\dfrac{\mathcal{V}_1^2-\mathcal{V}_2^2}{2CpT_1}}=\frac{1}{1+\dfrac{2CpT_1}{\mathcal{V}_1^2-\mathcal{V}_2^2}}$$

Puesto que la velocidad del aire a la entrada de la cámara de combustión es mucho menor que la velocidad del vehículo, despreciando $\mathcal{V}_2$ frente a $\mathcal{V}_1$ tenemos:

$$\eta=\frac{1}{1+\dfrac{2CpT_1}{\mathcal{V}_1^2}} \qquad (11\text{-}23)$$

La ecuación *(11-23)* permite construir la gráfica de rendimiento que se observa a la izquierda.

Es interesante observar que cuando el vehículo está parado, el aire no entra en la cámara de combustión y por lo tanto no hay empuje, es decir, el motor no funciona. Para el arranque es necesario contar con un medio independiente de propulsión, como un cohete auxiliar de despegue.

El pulsorreactor es un sistema de impulsión por descarga intermitente de gases de combustión. Se usó durante la Segunda Guerra Mundial para bombardear Londres con la bomba V1 alemana.

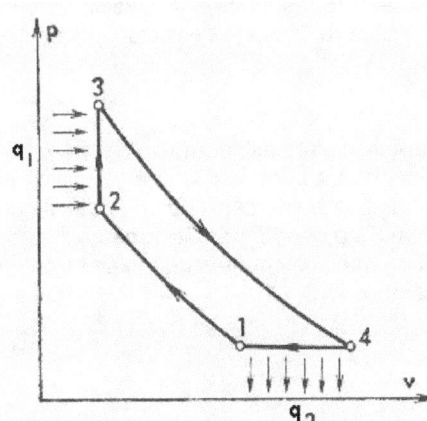

En este diseño la combustión se realiza en una cámara separada de la entrada y salida de gases. El objetivo de esta modificación consiste en estabilizar la combustión, ya que los diseños previos no conseguían evitar que la combustión se interrumpiera, con lo que el misil caía sin alcanzar su objetivo. Puesto que la combustión en el pulsorreactor se hace con la cámara aislada del resto del circuito, esta ocurre a volumen constante. A la izquierda se observa el diagrama *P-v* del ciclo de un pulsorreactor.

Se puede demostrar que el rendimiento térmico de un ciclo como este, en el que la combustión ocurre a volumen constante, es mayor que el de un ciclo en el que la combustión ocurre a presión constante. Sin embargo, el pulsorreactor ha caído en desuso debido a la mayor complejidad de su diseño comparado con el estatorreactor.

11.10.2 Ciclo de los motores cohete

Los motores cohete pueden ser de combustible líquido o de combustible sólido. Ambos, combustible y comburente (oxidante) se cargan en el cohete. De este modo el cohete no necesita usar el oxígeno atmosférico y puede operar en el vacío. A continuación vemos un croquis que muestra la disposición de las partes componentes de un cohete a combustible líquido.

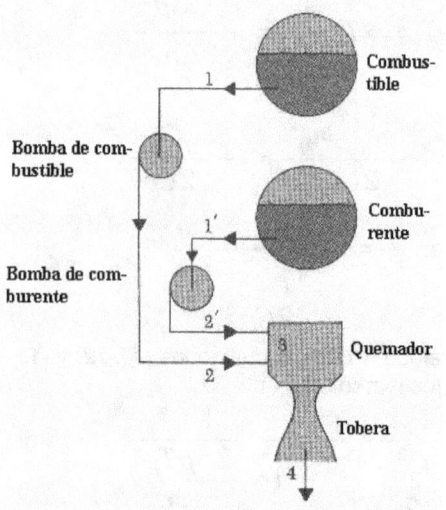

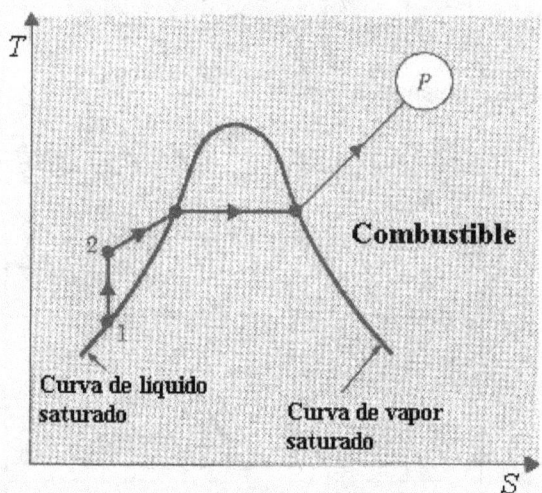

En el diagrama de la derecha se muestran las evoluciones que sufre el combustible. En el tanque está al estado líquido en equilibrio con su vapor, por tratarse generalmente de una sustancia volátil. Es impulsado al estado líquido por la bomba de combustible, y en el quemador se vaporiza. Se mezcla con el comburente, y se produce la combustión a presión constante. La evolución posterior en la tobera no se representa en el diagrama. Corresponde a una recta vertical (isentrópica) que disminuye la presión hasta la atmosférica. El diagrama P-v que corresponde al ciclo ideal se observa a continuación.

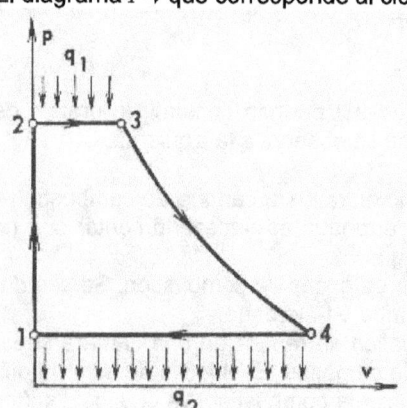

El combustible y el comburente son tomados por las respectivas bombas inyectoras a la presión P_1 que tienen en el interior de los tanques y aumentan su presión hasta el valor P_2 por efecto de las bombas. Como en esa evolución las bombas comprimen líquidos, la evolución 1→2 se puede considerar prácticamente isócora.

Luego se mezclan e ingresan a la cámara de combustión o quemador a la presión P_2. En el punto 2 se produce la combustión que resulta en la liberación de una cantidad de calor q_1 y en el punto 3 los gases pasan a la tobera, donde sufren una expansión adiabática reversible (es decir isentrópica) hasta alcanzar la presión exterior. La evolución 4→1 corresponde a la mezcla irreversible de los gases con la atmósfera. En esta evolución el sistema disipa calor q_2.

Los cohetes de combustible sólido tienen muchas ventajas sobre los de combustible líquido. Al no tener compartimentos separados, el combustible y el comburente no se tienen que bombear lo que simplifica el sistema. Por otro lado, la principal desventaja de los cohetes de combustible sólido consiste en lo difícil que resulta controlar la combustión y lograr que sea gradual y no explosiva. Esto quedó dramáticamente ilustrado en los diversos accidentes que se han producido en lanzamientos de muchos cohetes que explotaron en vuelo como consecuencia de fallas de los sistemas de control de la combustión.

El esquema muestra un cohete de combustible sólido en el que la mezcla de combustible y comburente en el depósito **1** se quema en la zona de combustión **2** (que progresa de derecha a izquierda) produciendo gases que se expanden en la tobera **3**. A la derecha vemos el diagrama P-v del proceso que sufre el gas.

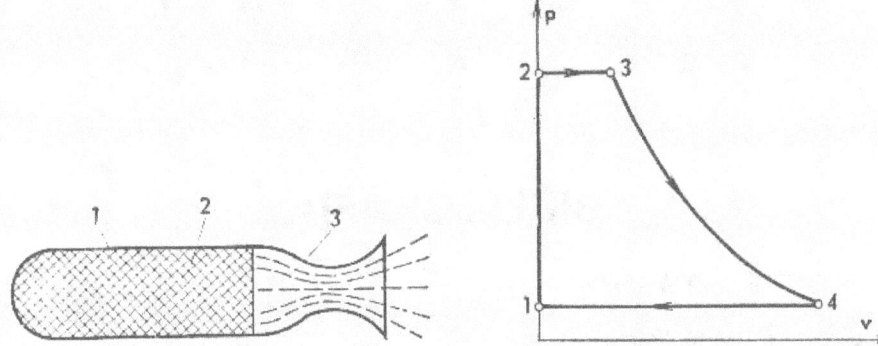

Supongamos que el motor funciona en la atmósfera. La presión P_1 será entonces la atmosférica. Al iniciarse la combustión la presión aumenta bruscamente desde el valor P_1 hasta P_2 que es el valor máximo que soporta el recipiente del motor. Esta puede ser del orden de varias decenas hasta varios centenares de atmósferas. Como el empuje es proporcional al área encerrada por el ciclo, cuanto mas alta sea la presión máxima tanto mayor será el rendimiento del motor. Esta elevación de presión es casi instantánea, de modo que se puede considerar que ocurre a volumen constante. Los gases pasan luego a la tobera en una evolución que es prácticamente isobárica desde **2** a **3**. En la tobera sufren una expansión que podemos considerar adiabática e idealmente reversible (es decir isentrópica) desde **3** a **4**. En la etapa **4→1** el gas pasa a la atmósfera con la cual se mezcla y como consecuencia se enfría.

Independientemente de la naturaleza del combustible, el rendimiento de un motor cohete se puede calcular en función de las cantidades de calor q_1 y q_2. Es evidente que la energía que proporciona el empuje debe ser igual a la diferencia de ambas cantidades de calor, por lo tanto:

$$\eta = \frac{q_1 - q_2}{q_1} = 1 - \frac{q_2}{q_1} \tag{11-24}$$

La cantidad de calor q_1 se puede calcular fácilmente: $q_1 = h_3 - h_2$

Por otra parte, es claro que: $q_2 = h_4 - h_1$

En consecuencia, resulta:

$$\eta = 1 - \frac{q_2}{q_1} = 1 - \frac{h_4 - h_1}{h_3 - h_2} = \frac{h_3 - h_2 - (h_4 - h_1)}{h_3 - h_2} = \frac{h_3 - h_4 - (h_2 - h_1)}{h_3 - h_2}$$

La diferencia de entalpías $(h_2 - h_1)$ se puede despreciar frente a la diferencia $(h_3 - h_4)$ que es mucho mayor, de modo que en definitiva tenemos:

$$\eta \approx \frac{h_3 - h_4}{h_3 - h_2}$$

Pero por otra parte la diferencia de entalpías $(h_3 - h_4)$ se transforma en energía cinética por unidad de masa de gases expulsados $v^2/2$ de manera que se obtiene:

$$\eta \approx \frac{v^2}{2(h_3 - h_2)} \tag{11-24'}$$

En la práctica, debido a las altas velocidades de escape de los gases, la evolución en la tobera no es isentrópica. Por razones aerodinámicas, resulta imposible evitar el despegue de la capa límite lo que produce disipación turbulenta de energía cinética, con la pérdida consiguiente de empuje útil.

Debido a su escasa masa inerte un motor cohete tiene una capacidad de impulsión muy elevada. Fueron usados por ejemplo para proporcionar empuje extra en el despegue de aviones en pistas muy cortas, como las de los primeros portaaviones, que eran barcos mucho mas pequeños que los actuales.

519

BIBLIOGRAFIA

- *"Thermodynamics"* – Lee y Sears.

- *"Termodinámica"* – V. M. Faires.

- *"Principios de los Procesos Químicos"*. Tomo II (Termodinámica) – Houghen, Watson y Ragatz.

CAPITULO 12

AIRE HUMEDO

12.1 Humedad

El aire es una mezcla de nitrógeno, oxígeno y vapor de agua. El aire seco es la parte de la mezcla compuesta solamente por nitrógeno y oxígeno, y el vapor de agua es lo que se denomina humedad. Existen dos estados extremos del aire atmosférico: el aire seco en el que no hay absolutamente nada de vapor de agua, y el aire saturado de humedad en el que la mezcla contiene todo el vapor de agua que puede absorber el aire seco a esa temperatura. El aire saturado seco puede absorber mas vapor de agua si se lo calienta, y condensa agua líquida en forma de gotitas si se lo enfría. Esto es lo que causa las nieblas, que son suspensiones de gotitas que absorben partículas de polvo o humo (*smog*) impidiendo su sedimentación. Cuando la condensación ocurre sobre una superficie sólida en cambio origina el rocío. Por eso se suele denominar punto de rocío a la temperatura a la que se condensa un vapor.

Hay dos formas de expresar la humedad: como humedad *absoluta* y como humedad *relativa*.

12.1.1 Humedad absoluta

Es la relación entre la masa de vapor de agua y la de aire seco que hay en el aire húmedo.

Se suele expresar en $\dfrac{\text{Kg agua}}{\text{Kg aire seco}}$ o $\dfrac{\text{g agua}}{\text{Kg aire seco}}$.

$$\boxed{\mathcal{H} = \frac{m_v}{m_a}} \tag{12-1}$$

Donde: $\mathcal{H}$ = humedad absoluta; m_v = masa de vapor; m_a = masa de aire seco. También se puede expresar la masa como número de moles, con lo que tenemos la humedad absoluta molar.

$$\mathcal{H}_m = \frac{n_v}{n_a} \tag{12-2}$$

Puesto que: $n_v = \dfrac{m_v}{PM_v} = \dfrac{m_v}{18}$ y $n_a = \dfrac{m_a}{PM_a} = \dfrac{m_a}{29}$ tenemos:

$$\mathcal{H}_m = \frac{m_v}{m_a} \frac{29}{18} \implies \mathcal{H}_m = \frac{29}{18} \mathcal{H} \tag{12-3}$$

12.1.2 Humedad relativa

Se define como la masa de vapor que contiene una masa de aire seco a una cierta temperatura sobre la que tendría a la misma temperatura si estuviese saturado. Se suele expresar en forma porcentual. La razón por la cual siempre se refiere a masa de aire seco es que en todos los procesos de humidificación, des humidificación, enfriamiento, calentamiento, etc. la masa de aire seco es invariante o sea constante.

El aire está saturado cuando el agua líquida está en equilibrio con el vapor a esa temperatura y presión. Es decir, la presión o tensión de vapor del líquido (que es la tendencia al escape de las moléculas de la superficie del líquido y no se debe confundir con la presión parcial del vapor) es igual a la presión parcial del vapor en la mezcla aire-vapor de agua. A la presión atmosférica la mezcla de aire seco y vapor de agua se comporta como ideal y se pueden aplicar las leyes de Dalton y de los gases ideales.

$$P_{aire} = x_a \times P = \frac{n_a}{N} \times 1\,\text{ata} \implies n_a = \frac{P_{aire} \times N}{P} \qquad \text{donde } N = n_a + n_v$$

$$P_{agua} = x_v \times P = \frac{n_v}{N} \times 1\,\text{ata} \implies n_v = \frac{P_{agua} \times N}{P}$$

$$\mathcal{H}_m = \frac{n_v}{n_a} = \frac{P_v}{P_a} \qquad P_v + P_a = P \;\Rightarrow\; P_a = P - P_v$$

$$\therefore \mathcal{H} = \frac{18}{29}\mathcal{H}_m = \frac{18}{29}\frac{P_v}{P - P_v} \;\Rightarrow\; \boxed{\mathcal{H} = 0.62\frac{P_v}{P - P_v}} \tag{12-4}$$

Si admitimos en lo sucesivo que el subíndice s indica la condición de saturación la humedad relativa se puede escribir:

$$\varphi = \frac{\mathcal{H}}{\mathcal{H}_s} = \frac{m_v}{m_{vs}} = \frac{n_v}{n_{vs}} = \frac{P_v}{P_{vs}} \tag{12-5}$$

De donde se deduce:

$$P_v = \varphi \times P_{vs} \tag{12-5'}$$

De aquí podemos encontrar de inmediato la presión parcial de vapor si se conoce la humedad relativa, ya que P_{vs} se puede obtener fácilmente de una tabla de propiedades del vapor saturado para la temperatura en cuestión. También la podemos obtener a partir de una de las varias ecuaciones propuestas en el apartado **8.8** del capítulo **8**. La siguiente ecuación tipo Antoine propuesta por Wexler (*J. Res. Nat. Bur. Stand.* 80A (1976), 775-785) permite calcular la presión del vapor saturado en mbar en función de la temperatura en °C.

$$ln\,P_{vs} = 19.016 - \frac{4064.95}{t + 236.25} \tag{12-5''}$$

Esta ecuación es válida en el rango de temperaturas 0.01 °C < t < 70 °C y la siguiente es válida en el rango −50 °C < t < 0.01 °C:

$$ln\frac{P_{vs}}{611.657} = 22.509\left(1 - \frac{273.16}{t}\right) \tag{12-5'''}$$

P_{vs} está en Pa y t en °C.

12.2 Volumen específico

La base del cálculo de todos los procesos de acondicionamiento de aire es, como ya dijimos, la masa de aire seco porque es lo único que permanece constante a través de todas las operaciones. Es también la base del volumen específico, que en lo sucesivo se entiende como volumen por unidad de masa de aire seco. Aplicando la ley de gases ideales para mezclas siendo N es el número total de moles tenemos:

$$PV = NR'T = (n_v + n_a)R'T = R'T\left(\frac{m_v}{PM_v} + \frac{m_a}{PM_a}\right) \qquad (m_v \text{ y } m_a \text{ en Kg})$$

Si m_a = 1 Kg, dividiendo por m_a resulta: $m_v/m_a = \mathcal{H}$ (en [Kg agua]/[Kg aire seco]).

$$PV = R'T\left(\frac{m_v}{PM_v} + \frac{m_a}{PM_a}\right) \Rightarrow \boxed{v = \frac{R'T}{P}\left(\frac{\mathcal{H}}{PM_v} + \frac{1}{PM_a}\right)} \tag{12-6}$$

Nótese que el volumen específico *aumenta* con la humedad, es decir el aire húmedo tiene menor densidad que el aire seco. Por eso las nubes están normalmente tan altas en la atmósfera.

12.3 Temperatura de saturación adiabática. Entalpía y calor específico

Podemos definir la entalpía de una mezcla de aire y vapor de agua en función de una temperatura de referencia, T_0. El calor latente de evaporación del agua vale λ_0 = 595 Kcal/Kg. Supongamos tener una masa de agua m_v a la temperatura T_0 de referencia a la que su entalpía se fija arbitrariamente como cero. Normalmente se toma la temperatura de referencia T_0 = 0 °C. Se requieren: ($m_v\,\lambda_0$) Kcal para evaporarla.

Supongamos ahora tener una masa de aire seco m_a que se calienta desde T_0 hasta T mediante una cantidad de calor: $$Q_a = Cp_a\,m_a(T - T_0)$$

Para elevar la temperatura del vapor desde T_0 hasta T se necesita una cantidad de calor:

$$Q_v = Cp_v\,m_v(T - T_0)$$

Por lo tanto si mezclamos la masa de aire seco y la de vapor a la temperatura T en forma isentrópica e isentálpica tenemos aire húmedo cuyo contenido de calor a la temperatura T será la suma de todas las cantidades de calor aportadas desde la temperatura T_0 (a la cual la entalpía se fija como cero) hasta la temperatura T. Llamemos H a esa cantidad de calor, que no es otra cosa que la entalpía del aire húmedo a la temperatura T.

$$H = m_v \, \lambda_0 + Cp_v \, m_v(T - T_0) + Cp_a \, m_a(T - T_0)$$

Dividiendo por m_a obtenemos el contenido de calor de la masa de aire húmedo a la temperatura T, que definimos como su entalpía a esa temperatura.

$$h = \frac{m_v}{m_a}\lambda_0 + \frac{m_v}{m_a}Cp_v(T - T_0) + Cp_a(T - T_0) =$$

$$h = \mathcal{H}\,\lambda_0 + [\mathcal{H}\,Cp_v + Cp_a](T - T_0) \qquad\qquad (12\text{-}7)$$

La expresión: $\qquad\qquad\qquad\qquad C = \mathcal{H}\,Cp_v + Cp_a$

se suele llamar calor específico del aire húmedo.
Siendo: $Cp_a = 0.24 \qquad Cp_v = 0.46$ resulta:

$$C = 0.24 + 0.46\,\mathcal{H} \qquad\qquad (12\text{-}8)$$

$$h = \lambda\,\mathcal{H} + C(T - T_0) \qquad\qquad (12\text{-}9)$$

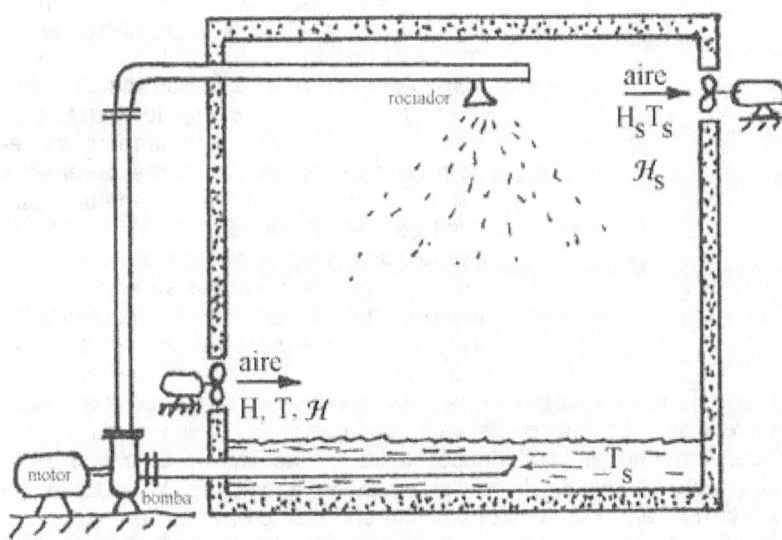

Supongamos tener una cámara aislada adiabáticamente en la que se inyecta agua que está a la temperatura T_s por medio de un rociador que la pulveriza en finísimas gotitas para facilitar su evaporación. T_s es la temperatura de saturación del aire, a la que la presión parcial del vapor del aire húmedo es igual a la presión de vapor del agua líquida, es decir no habrá variación de temperatura del agua porque está en equilibrio con el aire a la humedad de saturación $\mathcal{H}_s$. Dicho en otras palabras, el calor que se requiere para evaporar el agua que incrementa la humedad del aire desde el valor $\mathcal{H}$ de entrada hasta el valor $\mathcal{H}_s$

de salida lo suministra el propio aire al enfriarse desde la temperatura T de entrada hasta la temperatura T_s de salida. Queda claro entonces que $T > T_s$. Despreciando el trabajo de la bomba y de los ventiladores, la cámara no recibe ni entrega calor por ser adiabática, por lo tanto la entalpía del aire que entra es igual a la del aire que sale. Tomando una temperatura de referencia $T_0 = T_s$, tenemos aplicando la ecuación *(12-9)* y por ser un proceso adiabático:

$$\begin{bmatrix}\text{Entalpía del}\\\text{aire}\\\text{que sale}\end{bmatrix} = \begin{bmatrix}\text{Entalpía del}\\\text{aire}\\\text{que entra}\end{bmatrix}$$

$$\lambda_s\,\mathcal{H}_s + C(T_s - T_s) = \lambda_s\,\mathcal{H} + C(T - T_s)$$

$$\therefore \lambda_s(\mathcal{H}_s - \mathcal{H}) = C(T_s - T) \Rightarrow \boxed{\mathcal{H} - \mathcal{H}_s = -\frac{C}{\lambda_s}(T - T_s)} \qquad\qquad (12\text{-}10)$$

En un gráfico $T\text{-}\mathcal{H}$ la ecuación *(12-10)* es la ecuación de una recta con pendiente negativa, como vemos en la siguiente figura.

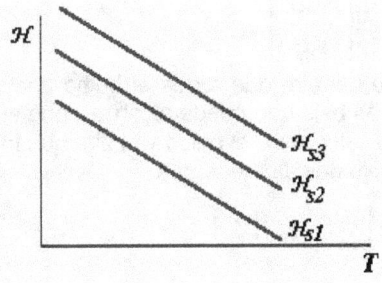

En general, para la mayoría de las aplicaciones prácticas se puede tomar para el cálculo de entalpías:

$$h_a = 0.24\,t \qquad h_v = \mathcal{H}(0.46t + 595)$$

$$h_{aire\ húmedo} = h_a + h_v = 0.24\,t + \mathcal{H}\left(0.46t + 595\right) \tag{12-11}$$

Esta es la ecuación de una recta de pendiente negativa en el gráfico $T\text{-}\mathcal{H}$.

12.4 Temperatura de bulbo seco y temperatura de bulbo húmedo

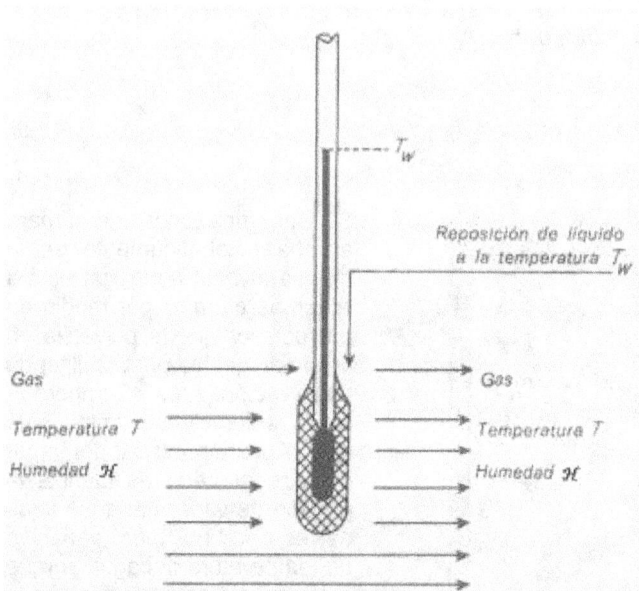

El termómetro de bulbo húmedo es un simple termómetro de mercurio rodeado con tela, algodón o esponja en su parte inferior (bulbo) empapada de agua y colocado en una corriente de aire: se lo hace girar al extremo de un hilo, o se coloca frente a un ventilador. En el momento de la lectura el termómetro *debe estar húmedo*. Después de algunos segundos de exposición a la corriente el líquido alcanza la temperatura de bulbo húmedo, que es la que marca el termómetro. Por supuesto, esta temperatura es menor que la que marca un termómetro seco porque la corriente de aire seca el agua del bulbo, que al evaporarse toma una cantidad de calor dada por su calor latente de evaporación, y quien entrega ese calor es el bulbo del termómetro, que se enfría. El fenómeno de evaporación es relativamente simple, pero intervienen en él varios mecanismos que complican algo el análisis.

Por un lado tenemos un proceso de transferencia de masa que es la evaporación en sí, ya que el agua pasa de la zona del bulbo a la masa de aire. Podemos decir que el vapor de agua pasa desde una zona inmediata al bulbo, de pequeño espesor, que llamamos película donde el aire se encuentra prácticamente estancado, hacia la masa de aire en movimiento. En la película se puede suponer que el aire está saturado de humedad. La fuerza impulsora de esta transferencia de masa es la diferencia de presiones de vapor entre la película, cuya presión parcial de vapor denominaremos P_w y la presión parcial de vapor del aire, P_v. En la película, como el aire está saturado, la presión parcial de vapor es igual a la presión de vapor del agua a la temperatura de la película, que consideramos igual a la que marca el termómetro de bulbo húmedo. Evidentemente $P_w > P_v$ puesto que el agua se evapora. Existirá una resistencia a la transferencia de masa que dependerá del espesor de la película, de la constante de difusión del vapor en el aire y de otras características del sistema que englobamos en un coeficiente de conductividad de transporte de materia que llamamos k_g.

Por otro lado también tenemos un fenómeno de transporte de calor que ocurre en forma simultánea, desde el seno del aire que está a mayor temperatura hacia el bulbo que está mas frío. Aquí tenemos una analogía entre ambos fenómenos de transporte, porque la mayor resistencia al intercambio de calor la ofrece la película, siendo la fuerza impulsora la diferencia de temperatura entre la película (cuya temperatura llamamos t_w) y el aire que está a una temperatura t. La resistencia de la película depende de varios factores propios del sistema, tales como la conductividad térmica del aire, velocidad del mismo, etc. que englobamos en un coeficiente de conductividad superficial de calor h_c. El calor necesario para producir la evaporación por hora y por m^2 de superficie será igual al calor latente multiplicado por la evaporación horaria en Kg por m^2 de superficie.

La ecuación, con sus unidades entre corchetes, es:

$$\dot{Q}\left[\frac{Kcal}{hora \times m^2}\right] = \dot{W}\left[\frac{Kg}{hora \times m^2}\right] \times \lambda\left[\frac{Kcal}{Kg}\right] \tag{12-12}$$

Este calor proviene del enfriamiento del aire que rodea al bulbo una vez que el bulbo se ha enfriado y se llega al equilibrio a la temperatura mas baja que puede alcanzar, que es t_w.

Puesto que existe un intercambio de calor entre el bulbo y el aire que lo rodea, considerando el fenómeno desde el punto de vista del intercambio de calor tenemos:

$$\dot{Q}\left[\frac{Kcal}{hora \times m^2}\right] = h_c\left[\frac{Kcal}{hora \times m^2 \times {}^\circ C}\right] \times (t - t_w)[{}^\circ C] \tag{12-13}$$

524

Donde: h_c es el coeficiente de intercambio de calor superficial que gobierna la película que rodea al bulbo, t es la temperatura del aire (temperatura de bulbo seco) y t_w es la temperatura de bulbo húmedo que marca el termómetro húmedo.

También se puede analizar el fenómeno desde el punto de vista de la difusión de vapor de agua desde el bulbo húmedo al seno del aire que lo rodea. Entonces la cantidad de agua que se evapora por hora y por unidad de superficie viene dada por:

$$\dot{W}\left[\frac{Kg}{hora \times m^2}\right] = k_g\left[\frac{Kmoles}{hora \times m^2 \times atmosfera}\right] \times PM_v\left[\frac{Kg}{Kmol}\right] \times (P_w - P_v) \qquad (12\text{-}14)$$

PM_v = 18 (es el peso molecular del vapor) y el resto de los símbolos son conocidos. Reemplazando W de la ecuación (12-14) en la ecuación (12-12) e igualando con la ecuación (12-13) resulta:

$$\lambda \times k_g \times PM_v \times (P_w - P_v) = h_c(t - t_w) \Rightarrow P_w - P_v = \frac{h_c}{\lambda\, k_g\, PM_v}(t - t_w) \qquad (12\text{-}15)$$

En el caso de las mezclas de aire y vapor de agua el factor multiplicador de la diferencia de temperaturas vale:

$$\frac{h_c}{\lambda\, k_g\, PM_v} = 0.5\frac{mm\ Hg}{°C}$$

La ecuación de Carrier es generalmente considerada mas exacta que la (12-15). La ecuación de Carrier es la siguiente.

$$P_w = P_v - \frac{P_a - P_v}{2755 - 1.28 \times t_w}(t - t_w) \qquad (12\text{-}15')$$

P_a es la presión atmosférica, o la presión total a la que se encuentra sometido la masa de aire húmedo. Las unidades usadas para esta ecuación son británicas. Las temperaturas se expresan en °F, y las presiones en psia. Esta es una ecuación en parte racional y en parte empírica, a la que se le han incorporado correcciones para tomar en cuenta el efecto de la radiación y de la conducción producida en el termómetro. En la realidad las diferencias entre ambas ecuaciones no son significativas para los fines prácticos.

En la práctica, t_w y la temperatura de saturación adiabática difieren tan poco que se pueden considerar iguales, de modo que todo lo dicho para la saturación adiabática vale aquí, es decir que en un gráfico T-$\mathcal{H}$ las gráficas de las isotermas de bulbo húmedo constante son rectas a pendiente negativa, y a temperatura húmeda constante corresponde entalpía constante.

Ejemplo 12.1 Cálculo de la humedad y del punto de rocío del aire húmedo.

Una masa de aire a 760 mm Hg y a una temperatura de bulbo seco de 30 °C tiene una temperatura de bulbo húmedo de 17.5 °C. Hallar la humedad absoluta, la humedad relativa y el punto de rocío, es decir la temperatura a la que enfriando a humedad constante comienza a condensar la humedad.

Solución

De la ecuación (12-15): $P_v = P_w - 0.5(t - t_w)$

Nuestro problema es hallar la presión de vapor P_w que corresponde a la temperatura de bulbo húmedo t_w = 17.5 °C. En una tabla de propiedades del vapor de agua saturado tal como la que encontramos al final del capítulo 3:

t [°C]	P_v [Kg_f/cm^2]
...	...
15	0.017376
20	0.023830
...	...

Por lo tanto, interpolando linealmente tenemos para t_w = 17.5 °C: $P_w = \dfrac{0.01737 + 0.02383}{2} = 0.0206$ Kg_f/cm^2

1 Kg_f/cm^2 = 760 mm Hg $\Rightarrow \dfrac{0.0206 \times 760}{1.033}$ = 15.13 mm Hg. De la ecuación anterior:

P_v = 15.13 – 0.5(30 – 17.5) = 8.88 mm Hg.

Por lo tanto, de la ecuación (12-4): $\mathcal{H} = 0.62\dfrac{P_v}{P - P_v} = 0.62\dfrac{8.88}{769 - 8.88}$ = 0.00733[Kg agua]/[Kg aire seco]

En la misma tabla de propiedades del vapor saturado encontramos a 30 °C (temperatura de bulbo seco) una presión de vapor saturado equivalente a 31.8 mm Hg. $\varphi = \dfrac{P_v}{P_{v_s}} = \dfrac{8.88}{31.8} = 0.28$ (equivale a 28%)

Por último, en la tabla de presiones de vapor hallamos que la temperatura a la cual la tensión de vapor es 8.9 mm Hg es 10 °C, por lo tanto enfriando la masa de aire hasta 10 °C comenzará a condensar vapor porque a esa temperatura la presión de vapor de 8.9 mm Hg corresponde al estado saturado, o sea que 10 °C es el punto de rocío.

12.5 Diagrama de temperatura-humedad o carta psicrométrica

No vamos a hacer una descripción detallada de cómo se construye la carta psicrométrica, lo que se puede encontrar en algunos textos, sino que vamos a describir cómo usarla.

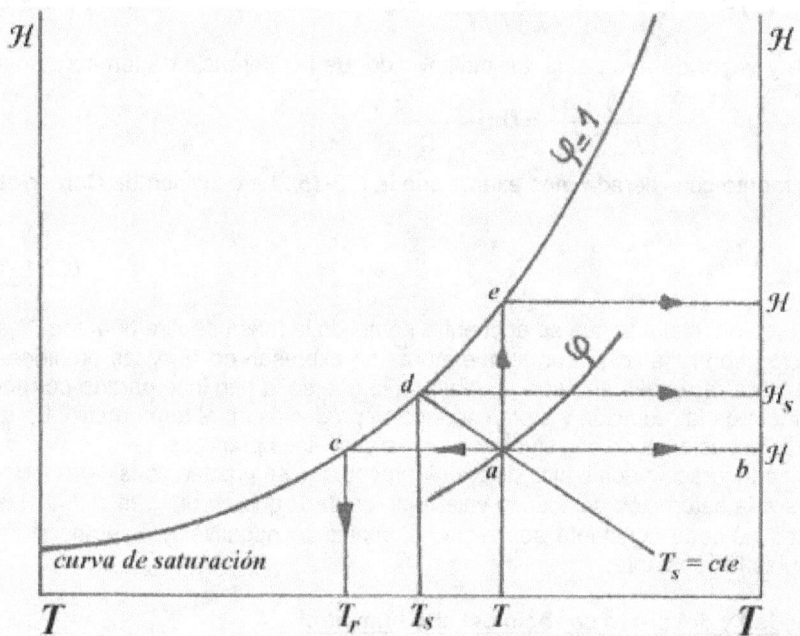

Dada la temperatura de bulbo seco del aire T y la temperatura de bulbo húmedo T_s, se busca T_s en la escala horizontal de temperaturas y se traza una línea vertical hasta cortar a la curva de humedad relativa $\varphi = 1$ (100%) donde en la mayoría de las cartas también hay una escala de T_s y luego se continúa paralelamente a las rectas oblicuas, que son isotermas de bulbo húmedo, hasta cortar una vertical que pasa por T.

En ese punto se halla por interpolación la curva que corresponde a la humedad relativa φ (punto a del croquis) y todas las demás propiedades, ya que el punto a es el que describe el estado del sistema, que viene determinado por los parámetros T y T_s.

Siguiendo con una horizontal desde a hasta cortar el eje vertical se halla la humedad absoluta $\mathcal{H}$. Si partiendo de a enfriamos el vapor a humedad constante se llega al punto c que representa el punto de rocío del aire húmedo sobre la curva de saturación ($\varphi = 1$) y verticalmente se halla la temperatura del punto de rocío T_r.

Siguiendo la línea de saturación adiabática (isoterma húmeda) desde a se llega a la curva de saturación en d, y sobre la vertical que pasa por d tenemos T_s, que podemos determinar cuando la condición a viene dada por T y φ. Si se satura el aire de humedad a temperatura constante, es decir se sigue una vertical que pasa por a (lo que en la práctica no es usual) se llega a la curva de saturación en e de donde se puede determinar la humedad absoluta de saturación a temperatura de bulbo seco T constante buscándola sobre la horizontal que pasa por e.

Existe una cierta variación entre distintas curvas publicadas. En la mayoría de ellas las curvas de volumen húmedo son rectas oblicuas de mucha mayor pendiente que la de las isotermas húmedas. Los valores de entalpías suelen estar sobre una escala auxiliar o directamente sobre la curva de saturación.

También hay cartas con escalas suplementarias como la curva de confort, el coeficiente de calor sensible, etc. Estos diagramas se usan para cálculos de acondicionamiento de aire. Alternativamente, se puede obtener software capaz de presentar en pantalla la carta psicrométrica y que simplifica los cálculos que involucran aire húmedo. A continuación se observa un diagrama de temperatura-humedad del aire a presión normal.

En esta carta psicrométrica se observan dos escalas importantes para cálculos de acondicionamiento de aire. Una es la escala de entalpías del aire húmedo saturado que podemos ver en las rectas perpendiculares a las rectas de temperatura de bulbo húmedo constante, que se encuentran por encima de la curva de saturación.

La otra es la escala de coeficiente de calor sensible situada a la derecha del diagrama. El uso de esta escala se explicará mas adelante; véase el apartado **12.7.2.2**.

CARTA PSICROMÉTRICA

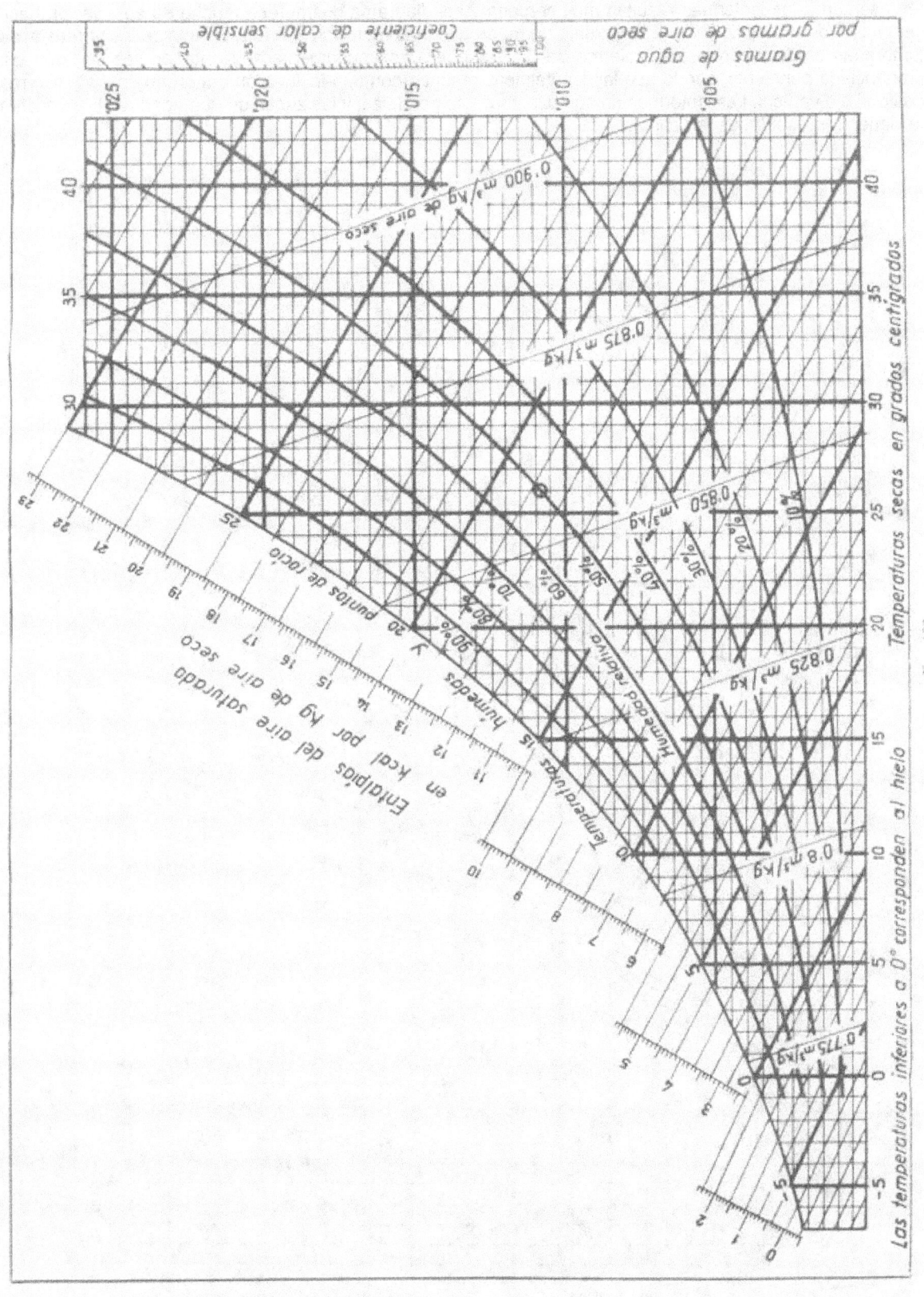

12.6 Diagrama entalpía-humedad

Si el diagrama entalpía-humedad se construye manteniendo un ángulo de 90° entre los ejes, las curvas que representan a las isotermas resultan muy cercanas y el diagrama desmerece mucho en apreciación hasta ser inútil. Por eso es costumbre construirlo de modo que la apreciación sea mayor. Una de las formas acostumbradas es de modo que la isoterma de 0 °C quede aproximadamente horizontal en vez de tener una pronunciada pendiente, con lo que las isentálpicas resultan con una inclinación del orden de 135° con respecto al eje vertical. Las isotermas no son exactamente paralelas, y las zonas de humedad relativa constante vienen representadas por curvas.

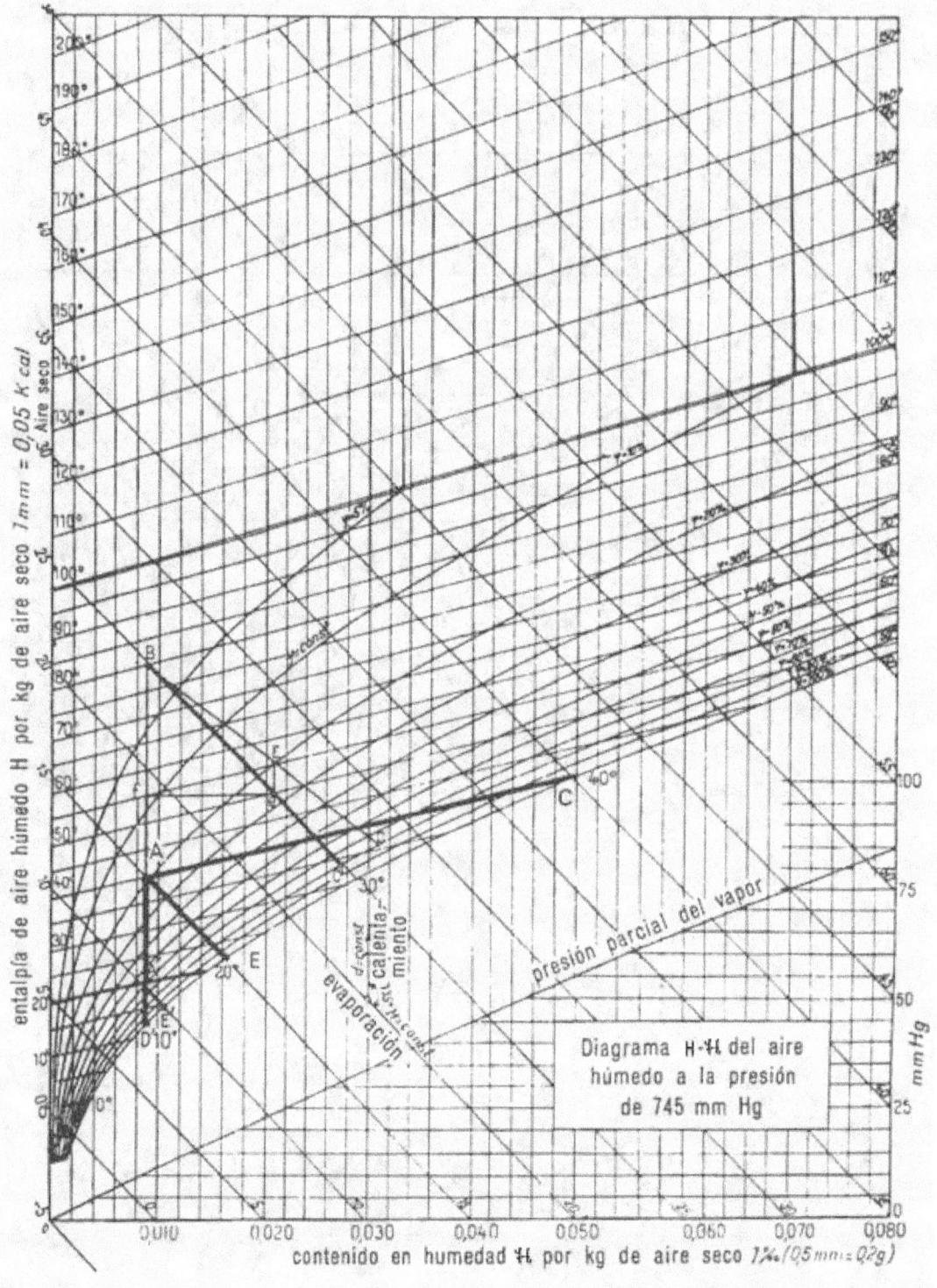

El gráfico que ilustramos aquí está preparado para una presión atmosférica de 745 mm Hg, pero se puede usar con confianza para un rango de presiones atmosféricas de 745 ± 20 mm Hg, ya que las diferencias son insignificantes en cálculos reales. Por ejemplo a 745 mm Hg la temperatura de ebullición del agua es 99.4 °C, lo que constituye una diferencia despreciable con 100 °C a 760 mm Hg para todos los efectos prácticos. En el diagrama se representa un punto **A** a partir del cual obtenemos por enfriamiento a humedad constante el punto **D** que corresponde al punto de rocío. Si humedecemos el aire desde **A** a entalpía constante (humidificación a saturación adiabática) se obtiene en la intersección con la curva de saturación el punto **E** que nos indica la máxima humedad obtenible por este método. Es obvio que **C** tiene mayor humedad absoluta que **E**, pero a costa de mayor gasto de energía que viene dado por su mayor entalpía, equivalente a 35 Kcal/Kg de aire seco en exceso en **C** con respecto a **E**.

12.7 <u>Acondicionamiento de aire</u>

Es el proceso de tratamiento de aire que controla la temperatura, la humedad, la limpieza y cualquier otra propiedad relacionada con la calidad del aire en una vivienda o local. Si se controla sólo la temperatura máxima, se habla de acondicionamiento de verano o refrigeración. Cuando se controla únicamente la temperatura mínima, se trata de acondicionamiento de invierno o calefacción. Los parámetros usados para definir la calidad del aire acondicionado son los llamados parámetros de confort. Los mas importantes son la temperatura y la humedad. En nuestro país, la temperatura de confort recomendada para el verano se sitúa en 25 °C, con un margen habitual de 1 °C. La temperatura de confort recomendada para invierno es de 20 °C, y suele variar entre 18 y 21 °C según el uso que se da al local. Además podemos citar la velocidad del aire al abandonar el equipo y entrar al recinto, y la limpieza del aire.

La humedad del aire también debe ser controlada. Cuando la humedad del aire es muy baja se resecan las mucosas de las vías respiratorias y el sudor se evapora demasiado rápidamente lo que causa una desagradable sensación de frío. Por el contrario una humedad excesiva dificulta la evaporación del sudor dando una sensación pegajosa. También puede llegar a producir condensación sobre las paredes o el piso. Los valores entre los que puede oscilar la humedad relativa están entre el 30 y el 65%. Este parámetro sufre variaciones mayores debido a que en distintas épocas del año se debe ajustar a las necesidades del confort, y a que sus valores normales varían ampliamente con el clima local.

Otra variable importante es el movimiento del aire. El aire de una habitación nunca está completamente quieto. Por la presencia de personas en movimiento y por los efectos térmicos, no se puede hablar casi nunca de aire en reposo. El movimiento es necesario para renovar el aire, y lo produce el ventilador del equipo. Debe tener suficiente fuerza como para remover el aire estancado que se puede acumular en los rincones y puntos de estancamiento del local. No debe ser tan intenso sin embargo como para que llegue a molestar a las personas situadas cerca de las bocas de salida de aire acondicionado. Por ese motivo, las bocas de salida se suelen ubicar a cierta altura.

La limpieza y renovación del aire acondicionado es necesaria porque los seres humanos consumen oxígeno del aire y exhalan anhídrido carbónico, vapor de agua, microorganismos, y "aromas corporales". El polvo que siempre podemos encontrar en el aire que respiramos constituye otro punto importante de la calidad del aire, así como el humo en los locales que pueden tener fuentes de humo como sahumerios, hornos, cocinas etc. Por estas razones, se impone la renovación del aire y su limpieza o la necesidad de filtrarlo cuando sea necesario. Por otra parte, una razón de peso suficiente para justificar la filtración del aire es la necesidad de eliminar el polvo atmosférico para evitar que se acumule sobre las superficies de los equipos de intercambio de calor que integran el sistema de acondicionamiento. Como es obvio, los filtros se deben limpiar periódicamente. En los equipos de cierto tamaño se puede usar un sistema de lavado con corriente de agua o aceite en vez de filtros. Este sistema tiene la ventaja de no requerir un mantenimiento tan frecuente.

Componentes principales del equipo de acondicionamiento de aire

El equipo de acondicionamiento de aire se encarga de producir frío o calor y de impulsar el aire tratado al interior de la vivienda o local. Generalmente, los acondicionadores de aire funcionan según un ciclo frigorífico similar al de los frigoríficos y congeladores domésticos. Al igual que estos electrodomésticos, los equipos de acondicionamiento poseen cuatro componentes principales:

- Evaporador.
- Compresor.
- Condensador.
- Válvula de expansión.

Todos estos componentes aparecen ensamblados en el esquema del circuito frigorífico que vemos a continuación.

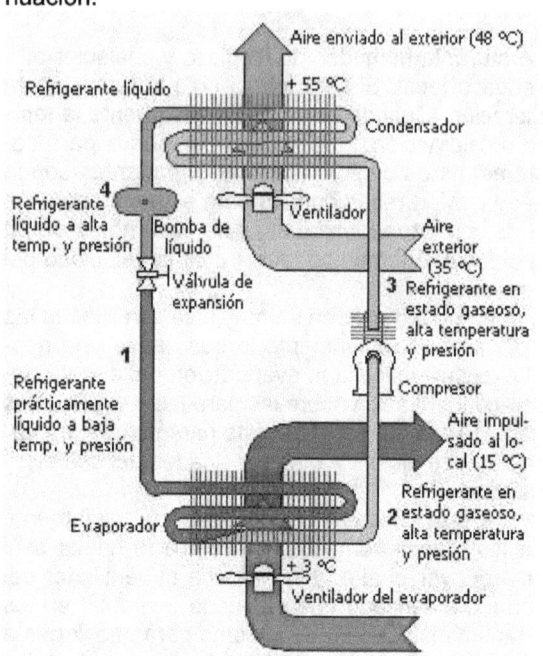

El ciclo que sigue el fluido frigorífico se inicia en el estado líquido a baja temperatura (**1**). Este se usa para enfriar el aire del exterior (corriente roja, se supone a una temperatura máxima de 35–40 °C) o del local en el evaporador, que está a unos 3 °C. El aire así enfriado (corriente azul) ingresa al local a una temperatura cercana a los 15 °C.

En el evaporador se evapora el fluido frigorífico que pasa como gas (**2**) al compresor. Toma calor del aire, que se enfría.

Como consecuencia del aumento de presión que experimenta en el compresor (**3**), el gas se calienta, de modo que pasa al condensador (que está operando a unos 55 °C) donde es enfriado (corriente amarilla) por el aire que proviene del exterior.

El líquido que sale del condensador es impulsado por una bomba (**4**) a través de la válvula de expansión, donde sufre una evolución isentálpica que produce un considerable enfriamiento produciendo líquido a la condición **1**.

La disposición física del aparato suele ser similar a la que vemos a continuación.

En este croquis el local al que ingresa el aire acondicionado está situado a la izquierda de la pared en color amarillo, y el medio ambiente exterior está situado a la derecha de la misma.

Se supone que una parte del aire del local (aire de retorno, corriente roja) se recircula nuevamente al mismo luego de haber sido enfriado en el evaporador, volviendo como aire de impulsión.

Debido a la necesidad de renovar el aire en parte, se admite aire externo (corriente amarilla) en una proporción fijada por la compuerta de regulación del aire exterior.

Parte del mismo se usa para enfriar el fluido refrigerante en el condensador y es enviado al exterior (flecha roja), mientras que la otra parte, que no pasa por el evaporador (flecha amarilla mas pequeña) se mezcla con el aire de retorno.

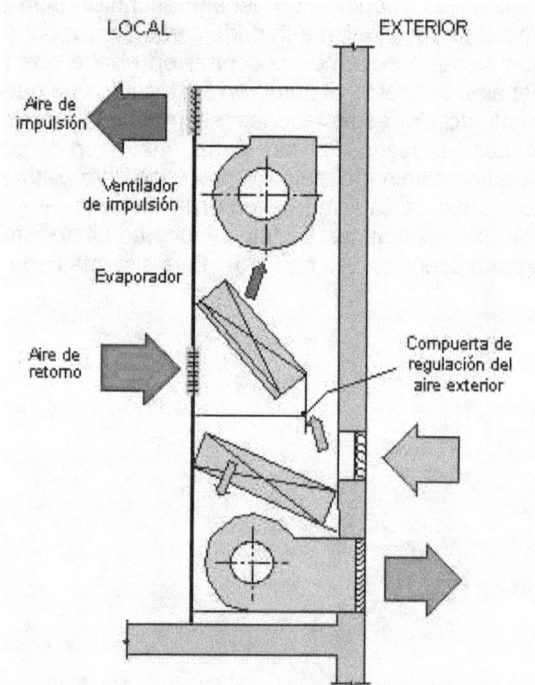

El acondicionamiento de aire se usa no solo para el confort humano sino también industrialmente para materiales que se deben almacenar en condiciones controladas de humedad y temperatura: semillas, cueros, textiles, papel, tabaco, drogas, componentes electrónicos, etc. A veces se usa como paso previo al secado intensivo, y en casos tales como el secado de materiales inflamables o explosivos o que se descomponen a bajas temperaturas, el aire seco y a temperatura controlada es el medio ideal para obtener un secado de alta seguridad. El acondicionamiento de aire es un proceso que tiene por fin obtener aire de una "condición" determinada, o sea con una humedad y temperatura seca prefijada, a partir de aire atmosférico. Esto puede requerir humidificación o des humidificación, según sea necesario, que puede ocurrir con calentamiento o enfriamiento.

12.7.1 Humidificación
La humidificación se realiza por medio del contacto del aire con agua líquida a fin de llevarlo a la humedad absoluta requerida. Hay mas de una forma de obtenerla, cada una de ellas adecuada a ciertas situaciones, y con ventajas y desventajas.

12.7.1.1 Humidificación por saturación no adiabática

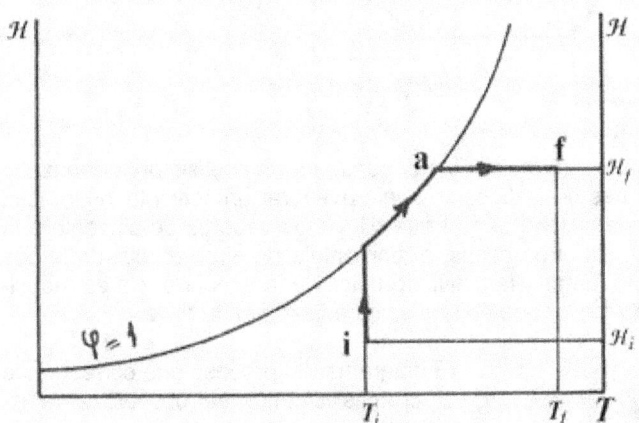

En este método se ajusta la temperatura del agua que se ha de poner en contacto con el aire al valor para el cual la humedad absoluta de equilibrio del aire sea la deseada. Esta temperatura del agua es superior a la de saturación adiabática que pasa por la condición inicial (T_i, $\mathcal{H}_i$) de modo que el agua entrega algo de calor al aire, que luego se puede seguir calentando aún mas hasta la temperatura de bulbo seco final T_f. El calor suplementario se puede obtener de la diferencia de entalpía:

$$h_f - h_a$$

El aire se calienta hasta la temperatura T_a por contacto directo con el agua caliente, y adquiere humedad desde $\mathcal{H}_i$ hasta $\mathcal{H}_f$. La ventaja de este método reside en que solo se requiere controlar la temperatura del agua, lo que es relativamente fácil. Por supuesto, hay que monitorear también la humedad.

12.7.1.2 Humidificación por saturación adiabática

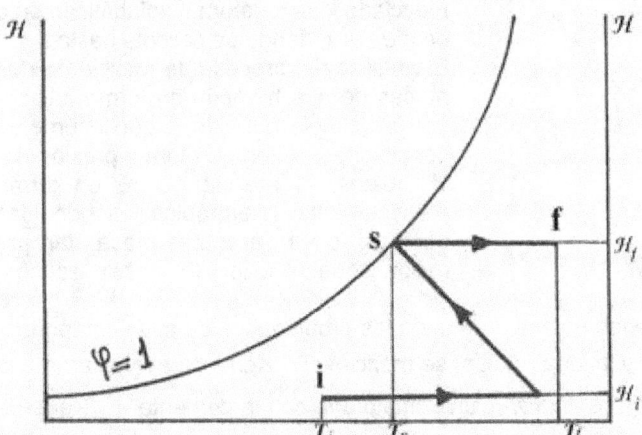

En este método se calienta el agua hasta la temperatura de bulbo húmedo (o sea de saturación adiabática) T_s que corresponde a la humedad absoluta final $\mathcal{H}_f$. Esta evolución se representa en el croquis por el trazo horizontal inferior de la Z invertida.

En esta condición se lo pone en contacto con agua a la temperatura de saturación adiabática T_s; durante este contacto el aire absorbe humedad y se enfría ya que su temperatura de bulbo seco desciende hasta T_s. Posteriormente se calienta el aire (de ser necesario) hasta llegar a la temperatura final deseada T_f.

12.7.1.3 Humidificación con mezcla o recirculación
En varias aplicaciones industriales se tira el aire ya usado para evitar acumulación de vapores riesgosos o por otros motivos. No obstante, esto implica un desperdicio de dinero que se debe evitar cuando sea posible. En acondicionamiento de ambientes para personas también es necesario renovar el aire viciado, pero resulta deseable mezclar una cantidad de aire ambiente con el que se introduce fresco; a esto se lo denomina recirculación. A continuación un croquis de las operaciones en este tipo de proceso.

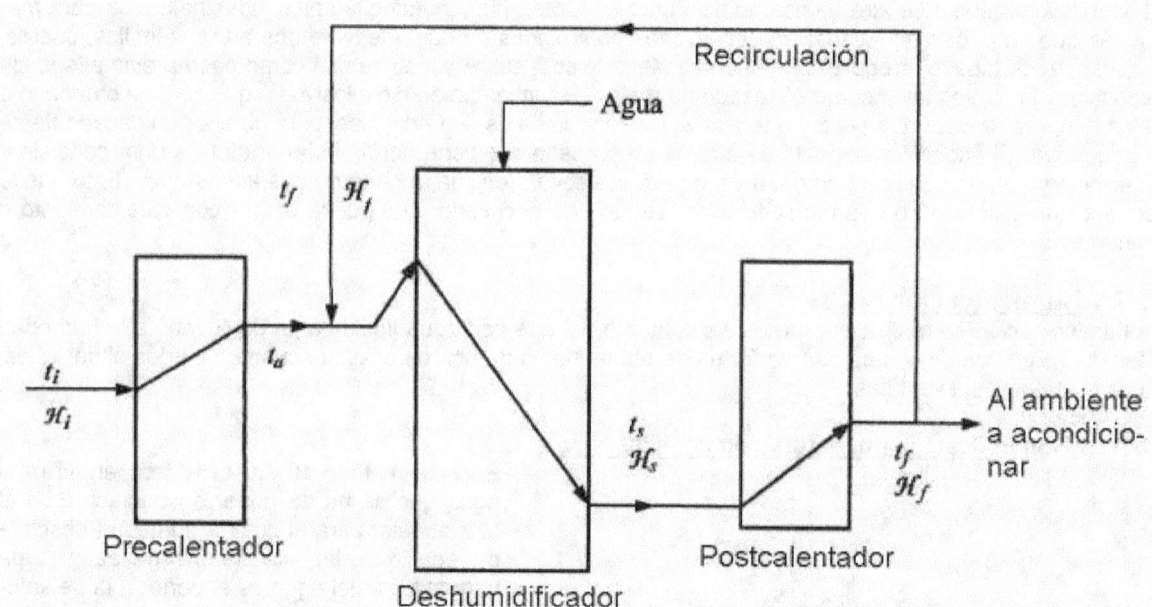

El criterio a seguir con respecto al porcentaje de aire que recirculará depende de un análisis pormenorizado de cada caso. Por ejemplo en un secado de pinturas o plásticos se suele evaporar un solvente inflamable. En este caso el porcentaje de recirculación permitido debe ser tal que diluya los vapores de solvente a la salida de modo que no haya riesgo de explosión. En otros casos, el porcentaje de aire recirculado puede ser considerable. En un cine, donde está prohibido fumar y la actividad física de la concurrencia es reducida, el porcentaje de recirculación puede ser mucho mayor que en una sala de fiestas o de baile.

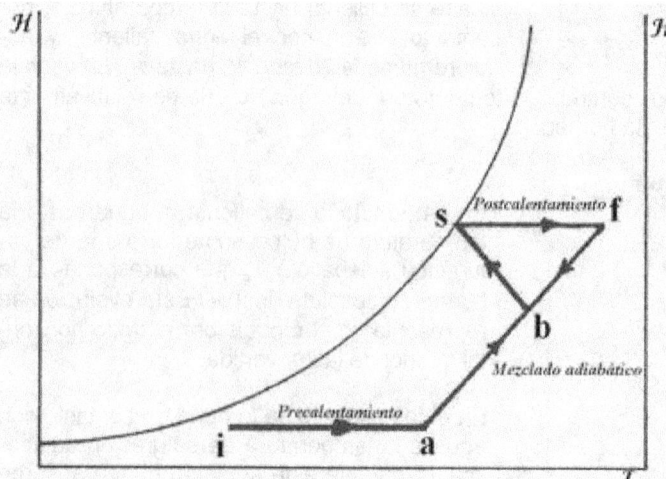

El diagrama del proceso que corresponde al croquis anterior se observa a la izquierda. El aire externo ingresa al estado **i**, se precalienta desde **i** hasta **a**, donde se mezcla adiabáticamente con aire recirculado del local, y la mezcla se debe realizar de **a** a **b** y de **f** a **b**. Luego el aire mezclado se satura adiabáticamente desde **b** a **s**, donde se calienta hasta **f**.

El análisis del proceso de mezcla de dos masas de aire húmedo en forma adiabática es simple. Debido a que ocurre en condiciones de temperatura y presión casi iguales, la mezcla ocurre en forma prácticamente isentrópica siendo las composiciones de ambas masas tan parecidas que el calor de mezcla es despreciable.

Por lo tanto las propiedades de la mezcla se pueden obtener sumando las propiedades de cada componente, ya que se comporta como un proceso de mezcla ideal. Así, si se mezclan $\dot{m}_1$ Kg/hr de aire externo con una temperatura de bulbo seco T_1, una humedad absoluta $\mathcal{H}_1$ y una entalpía h_1 con la corriente $\dot{m}_2$ Kg/hr de aire recirculado que tiene una temperatura T_2, humedad $\mathcal{H}_2$ y entalpía h_2, resultan de la mezcla $\dot{m}_m$ Kg/hr de aire mezclado con temperatura T_m, humedad $\mathcal{H}_m$ y entalpía h_m de modo que:

$$\dot{m}_1 + \dot{m}_2 = \dot{m}_m \tag{12-16}$$

$$T_m = \frac{\dot{m}_1 \times T_1 + \dot{m}_2 \times T_2}{\dot{m}_m} \tag{12-17}$$

$$\mathcal{H}_m = \frac{\dot{m}_1 \times \mathcal{H}_1 + \dot{m}_2 \times \mathcal{H}_2}{\dot{m}_m} \qquad (12\text{-}18)$$

$$h_m = \frac{\dot{m}_1 \times h_1 + \dot{m}_2 \times h_2}{\dot{m}_m} \qquad (12\text{-}19)$$

De las ecuaciones *(12-16)* y *(12-18)* tenemos:

$$\mathcal{H}_m = \frac{\dot{m}_1 \times \mathcal{H}_1 + \dot{m}_2 \times \mathcal{H}_2}{\dot{m}_m} = \frac{\dot{m}_1 \times \mathcal{H}_1 + \dot{m}_2 \times \mathcal{H}_2}{\dot{m}_1 + \dot{m}_2} \Rightarrow$$

$$\Rightarrow \dot{m}_1 \times \mathcal{H}_m + \dot{m}_2 \times \mathcal{H}_m = \dot{m}_1 \times \mathcal{H}_1 + \dot{m}_2 \times \mathcal{H}_2 \Rightarrow$$

$$\Rightarrow \dot{m}_1 \left(\mathcal{H}_m - \mathcal{H}_1\right) = \dot{m}_2 \left(\mathcal{H}_2 - \mathcal{H}_m\right) \Rightarrow$$

$$\Rightarrow \frac{\dot{m}_1}{\dot{m}_2} = \frac{\mathcal{H}_2 - \mathcal{H}_m}{\mathcal{H}_m - \mathcal{H}_1}$$

Por otra parte, de las ecuaciones *(12-16)* y *(12-19)* tenemos:

$$h_m = \frac{\dot{m}_1 \times h_1 + \dot{m}_2 \times h_2}{\dot{m}_m} = \frac{\dot{m}_1 \times h_1 + \dot{m}_2 \times h_2}{\dot{m}_1 + \dot{m}} \Rightarrow$$

$$\Rightarrow \dot{m}_1 \times h_m + \dot{m}_2 \times h_m = \dot{m}_1 \times h_1 + \dot{m}_2 \times h_2 \Rightarrow$$

$$\Rightarrow \dot{m}_1 \left(h_m - h_1\right) = \dot{m}_2 \left(h_2 - h_m\right) \Rightarrow$$

$$\Rightarrow \frac{\dot{m}_1}{\dot{m}_2} = \frac{h_2 - h_m}{h_m - h_1}$$

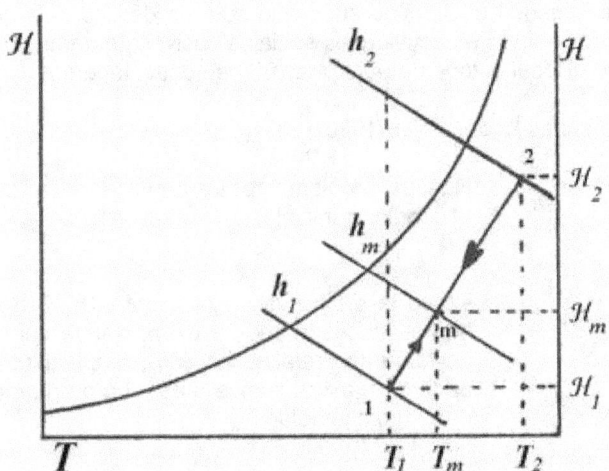

En el esquema se observa que $(h_2 - h_m)$ es la distancia $\overline{2m}$, $(h_m - h_1)$ es la distancia $\overline{m1}$, y que el cociente:

$$\frac{\overline{2m}}{\overline{m1}} = \frac{\mathcal{H}_2 - \mathcal{H}_m}{\mathcal{H}_m - \mathcal{H}_1}$$

Esto es por el teorema de Thales de las rectas paralelas. Estas relaciones facilitan el cálculo gráfico mediante el diagrama psicrométrico. Igualmente:

$$\frac{\overline{2m}}{\overline{m1}} = \frac{T_2 - T_m}{T_m - T_1}$$

Ejemplo 12.2 Cálculo de una instalación de aire acondicionado.

Debemos hacer el acondicionamiento del suministro de aire de una sala de baile en Bariloche. Los estudios de confort realizados demuestran que la mayoría de las personas están bien en invierno (la época de mayor uso de la sala) con una temperatura de 21 °C (bulbo seco) y una humedad relativa de 30%. Un estudio minucioso del local demuestra que las pérdidas de calor por paredes (según orientación), aberturas, piso y techo son del orden de las 22700 Kcal/hr. Despreciamos el aporte realizado por calor animal e iluminación. El aire externo está a 18 °C bajo cero y tiene alrededor del 80% de humedad relativa. Dar toda la información pertinente obtenible sobre la instalación.

Solución

Del diagrama psicrométrico, si el aire del local está a 21 °C y a 30% de humedad relativa obtenemos una entalpía de 8.05 Kcal/Kg y una humedad absoluta de 4.75 gramos de agua por Kg de aire seco. Como el local pierde calor constantemente, el aire deberá entrar a mayor temperatura que la que reina en el interior, para suplir las pérdidas. Fijamos las condiciones de ingreso del aire al local como: t = 38 °C, $\mathcal{H}$ = 4.75 gramos de agua por Kg de aire seco, h = 12.2 Kcal/Kg aire. La temperatura se fija en forma arbitraria, teniendo en cuenta que el aire ingresante no esté tan caliente como para incomodar a las personas que se ubiquen frente a una salida de aire. Puesto que el aire ingresante debe reponer la pérdida de calor del local, y se enfría desde una entalpía de entrada h = 12.2 Kcal/Kg hasta h = 8.05 Kcal/Kg de ambiente, el peso de aire seco que se debe introducir (que consideramos igual al peso de aire húmedo, ya que la diferencia es insignificante) debe ser:

$$\frac{22700\dfrac{Kcal}{hora}}{(12.2-8.05)\dfrac{Kcal}{Kg\ aire\ seco}} = 5470\frac{Kg}{hora}\ \text{de aire a 38 °C y con } \mathcal{H} = 4.7$$

Podemos estimar el volumen de aire que debe ingresar al local: en la carta psicrométrica, el volumen específico está entre la recta de 0.875 m³/Kg y la de 0.9 m³/Kg. Midiendo con regla en forma perpendicular a las rectas de volumen específico vemos que están separadas 36.5 mm mientras que desde la recta de 0.875 m³/Kg al punto considerado hay una distancia de 11.5 mm. Por lo tanto:

$$\frac{v-0.875}{0.9-0.875} = \frac{11.5}{36.5} \Rightarrow v = 0.875 + \frac{11.5}{36.5}(0.9-0.875) = 0.883\ \text{m}^3/\text{Kg}.$$

También podemos calcular el volumen específico por medio de la EGI:

$$v = \frac{R'T}{P}\left(\frac{\mathcal{H}}{18}+\frac{1}{29}\right) = 0.886\ \text{m}^3/\text{Kg}.$$

Por ello el caudal que debe ingresar al local es:

$$0.883\frac{\text{m}^3}{\text{Kg}} \times 5470\frac{\text{Kg}}{\text{hora}} = 4830\frac{\text{m}^3}{\text{hora}}.$$

Vamos a estimar ahora la cantidad de aire que se debe tomar del exterior. No hay que confundirla con el valor anterior. Los 4830 m³/hora de aire ingresante se componen de una parte de aire externo y de otra de aire recirculado. La experiencia aconseja renovar el aire a razón de 0.14 a 0.2 m³/min para ocupantes no fumadores y de 0.7 a 1.15 m³/min para ocupantes fumadores. Considerando que se trata de una sala de baile y que el consumo de tabaco se da con mayor intensidad en actividades sociales pasivas, tomamos un valor medio: 0.4 m³/min por persona. Estimando que el local al tope da para unas 80 personas, tenemos:

$$0.4\frac{\text{m}^3}{\text{min}\times\text{persona}} \times (80\ \text{personas}) \times 60\frac{\text{min}}{\text{hora}} = 1920\frac{\text{m}^3}{\text{hora}}$$

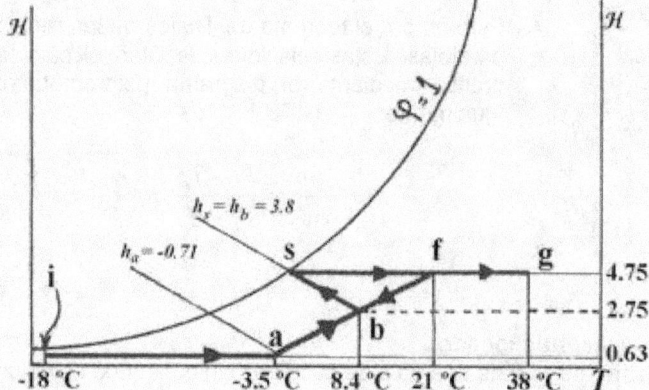

Nuestro problema reside ahora en localizar la condición inicial **i**.

Como la gráfica no llega hasta −18 °C debemos necesariamente extrapolar la curva de humedad relativa de 80%, emplear una carta de mayor alcance o usar un programa de rango extendido.

Extrapolando estimamos que a −18 °C la curva determina una humedad absoluta $\mathcal{H}_i$ = 0.63. Por lo tanto:

$$v_i = 0.082(273-18)\left(\frac{6.3\times10^{-4}}{18}+\frac{1}{29}\right) = 0.722\frac{\text{m}^3}{\text{Kg}}$$

En consecuencia la cantidad de aire exterior que se debe ingresar es:

$$\frac{1920\dfrac{\text{m}^3}{\text{hora}}}{0.722\dfrac{\text{m}^3}{\text{Kg}}} = 2550\frac{\text{Kg}}{\text{hora}}\ \text{de aire externo}$$

Entonces, si sabemos que al local ingresan 5470 Kg/hr de aire, de los cuales 2550 Kg/hr son de aire externo, la cantidad que recirculará la obtenemos restando ambas cantidades: 5470 – 2550 = 2920 Kg/hr de aire a recircular. Ahora el aire externo se debe precalentar desde i hasta a. Se conoce la posición de f pero no la de a ni la de b. Conocemos la humedad de a que es la de i.

$$\mathcal{H}_b = \frac{\dot{m}_1 \times \mathcal{H}_1 + \dot{m}_2 \times \mathcal{H}_2}{\dot{m}_1 + \dot{m}_2} = \frac{2550 \times 0.63 + 2920 \times 4.75}{2550 + 2920} = 2.33 \frac{\text{g agua}}{\text{Kg aire seco}}$$

Además la mezcla se debe saturar adiabáticamente desde b hasta el punto de rocío correspondiente a f, o sea el punto s. Gráficamente hallamos el punto s que está ubicado a una temperatura de 3.2 °C y cuya entalpía es también la de b: $h_s = h_b = 3.8$ (Kcal/Kg.a.s). Con este dato hallamos la entalpía del punto a.

$$h_b = \frac{\dot{m}_1 \times h_a + \dot{m}_2 \times h_f}{\dot{m}_1 + m_2} \Rightarrow h_a = \frac{h_b(\dot{m}_1 + \dot{m}_2) - \dot{m}_2 \times h_f}{\dot{m}_1} = \frac{3.8 \times 5470 - 2920 \times 8.05}{2550} = -1.07 \text{ Kcal/Kg.}$$

Ahora es fácil determinar el punto a puesto que conocemos su humedad absoluta y su entalpía. Hallamos gráficamente la posición de a que corresponde a –8 °C con una entalpía $h_a = -1.07$ Kcal/Kg y una humedad absoluta $\mathcal{H}_a = 0.63$ (g agua)/(Kg aire seco). Con esta información es posible calcular el calor necesario en precalentador, y luego el calor de postcalentador, requerimiento de agua del saturador, etc.

12.7.2 Deshumidificación

Es una operación necesaria en el acondicionamiento en climas cálidos y húmedos. Se puede lograr de dos maneras: por enfriamiento mediante un intercambiador de calor (deshumidificación con superficie de enfriamiento) o por contacto directo del aire con agua previamente enfriada. Así como la humidificación casi siempre viene acompañada de calentamiento, la deshumidificación se asocia con enfriamiento. En verano la mayoría de las personas está mas cómoda con temperaturas del orden de 25 °C y humedades del orden del 50% aunque según el diagrama de confort que se acompaña también pueden estar confortables a temperaturas del orden de 24 °C y humedades relativas del orden de 70%. La elección se hace en función de la estructura de costos operativos. La siguiente es una gráfica de confort.

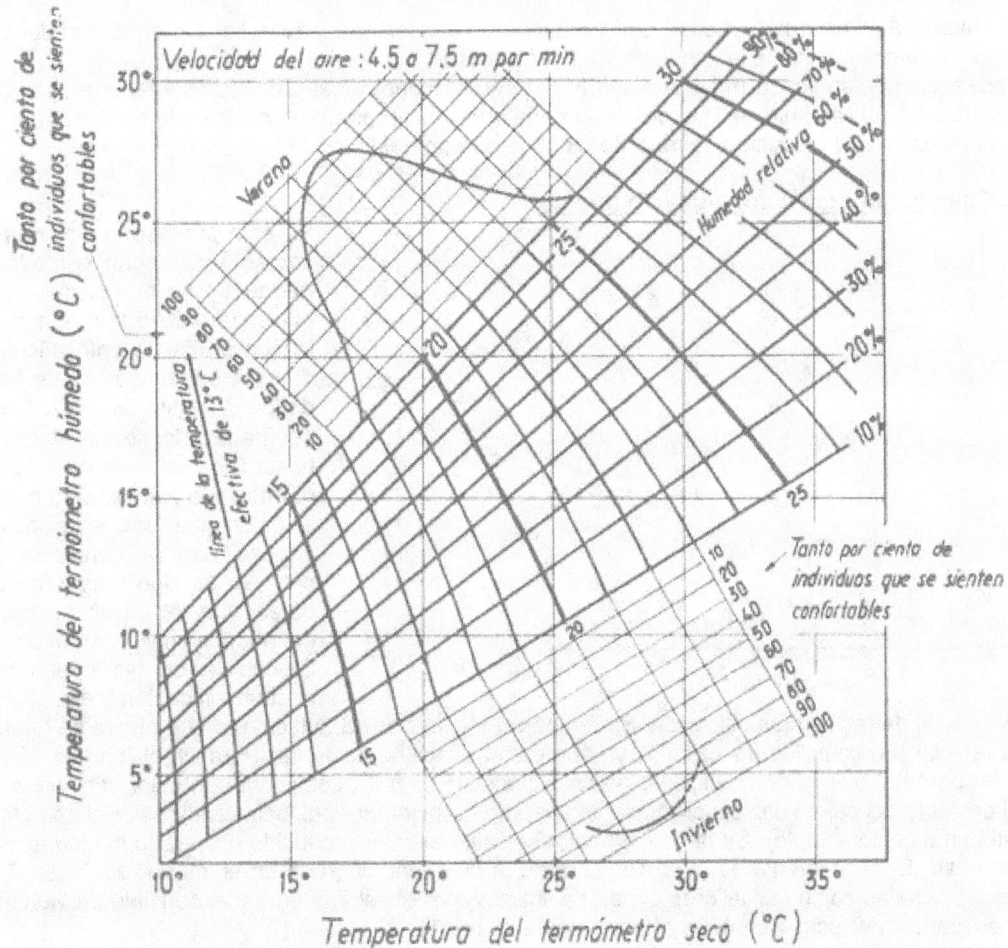

Se deben hacer algunas observaciones con respecto a esta gráfica. En primer término la curva para invierno sólo es válida en recintos calentados por convección y no se debe usar para recintos calentados con estufas radiantes. En segundo término, se ha obtenido con sujetos experimentales caucásicos en los Estados Unidos, y su aplicación a personas cuya contextura física sea muy diferente puede dar resultados dudosos. Por último, la curva para el verano solo se aplica a personas que han alcanzado a estar en el recinto un período de tiempo suficiente como para habituarse al ambiente acondicionado.

12.7.2.1 Deshumidificación por intercambiador enfriador
En este sistema el aire externo se pone en contacto con un intercambiador de calor (generalmente de tubos aletados) por el que circula un refrigerante, que lo enfría a humedad constante desde i hasta s.

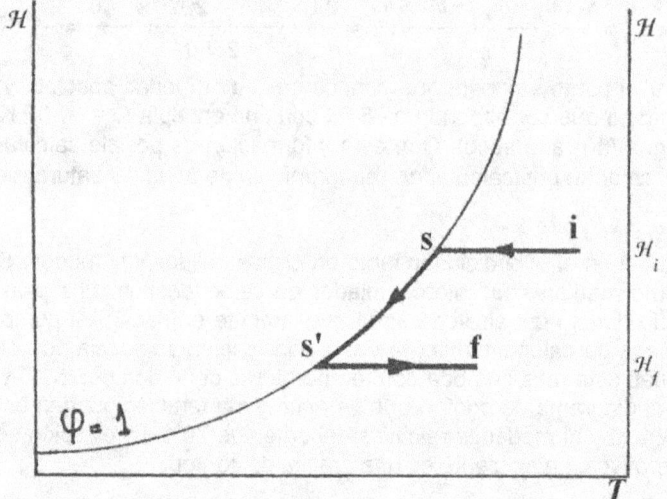

Allí se comienza a eliminar la humedad que condensa en el intercambiador y lleva la condición del aire hasta s'. Desde s' se calienta hasta la condición f de ser preciso.

Otras veces, cuando se desea mantener una temperatura acondicionada a valores inferiores a la temperatura ambiente, se envía el aire al interior con la condición s' a fin de mantener baja la temperatura. Este es el tipo de evolución que produce un acondicionador de aire doméstico.

12.7.2.2 Deshumidificación por contacto directo

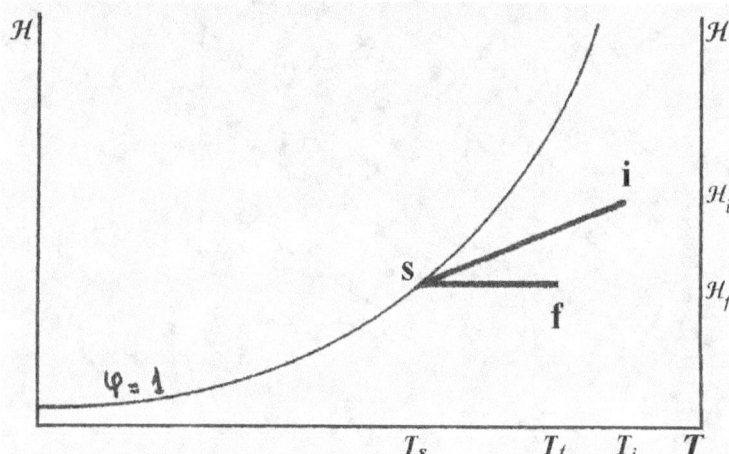

En este proceso el aire se pone en contacto con agua enfriada a temperatura algo menor que T_s que se pulveriza para que al tomar contacto con el aire lo enfríe, lo que produce la condensación de humedad desde $\mathcal{H}_i$ hasta $\mathcal{H}_f$, en s. Luego, de ser necesario se recalienta el aire hasta f, o sino si se desea que el aire entre frío al local para compensar el calor generado en el mismo, se ingresa con la condición s. Este proceso es algo mas difícil de controlar que el anterior, pero mas económico en su operación.

El cálculo de las operaciones de deshumidificación es algo mas complejo que el de las de humidificación. Sin embargo el aire de recirculación (o sea el que se toma del local para reciclar) no complica los cálculos ya que es mas fácil de controlar. Para simplificar los cálculos se emplea un parámetro llamado coeficiente de calor sensible (*ccs*). El coeficiente de calor sensible se define como el cociente del calor sensible producido o liberado en el interior del local dividido por el calor total (calor sensible mas calor latente). Se denomina calor sensible al calor producido o liberado sin tomar en cuenta la humedad. El calor latente es el proveniente de la humedad liberada en el interior del local. Salvo los casos excepcionales como ser talleres donde se libera vapor el calor latente y el sensible provienen de los propios ocupantes del local. Se puede estimar mediante una tabla.

$$ccs = \frac{\text{calor sensible}}{\text{calor total}} = \frac{0.24(t_r - t_a)}{h_r - h_a} \qquad (12\text{-}20)$$

Donde: t_r = temperatura del local; t_a = temperatura del aire que ingresa al local; h_r = entalpía del aire húmedo del local; h_a = entalpía del aire que ingresa al local.

Clase de actividad	Clase de local	Calor producido por los ocupantes			
		Calor total Adultos Kcal/hr	Calor total hombres Kcal/hr	Calor sensible Kcal/hr	Calor latente cálculo Kcal/hr
Sentados, en reposo	Teatros, tarde	95	80	45	35
	Teatros, noche	95	85	48	37
Sentados, trabajo muy ligero	Despachos, hoteles, viviendas	115	100	48	52
Trabajo moderado	Idem anterior	120	115	50	65
De pie, trabajo ligero o andando despacio	Almacenes y negocios minoristas	140	115	50	65
Andando, sentados, o andando despacio	Farmacias, bancos	140	125	50	75
Trabajo sedentario	Restaurantes	125	140	55	85
Trabajo en mesa	Talleres de montaje	200	190	55	135
Danza suave	Salones de baile	225	215	60	155
Marcha a 5 KPH o trabajo algo pesado	Fábricas	250	250	75	175
Juego de bowling o trabajos pesados	Gimnasios Fábricas	375	365	115	250

El coeficiente de calor sensible es útil cuando se desea hallar el punto de rocío del equipo enfriador por contacto directo con agua o por enfriamiento por intercambiador enfriador en casos en que se introduce el aire al local tal como sale del deshumectador, sin recalentamiento.

Ejemplo 12.3 Cálculo de una instalación de aire acondicionado.
En un local destinado a soldadura el sindicato ha entablado demanda judicial para declarar insalubres las tareas que allí se realizan y exigir el pago de un suplemento por calorías. Se considera mas económico acondicionar el local. Un cómputo preliminar arroja 20000 Kcal/hr de calor sensible producido y 5750 Kcal/hr de calor latente. Se dispone en verano y en los días mas agobiantes de aire externo a 35 °C de bulbo seco, 25 °C de bulbo húmedo, con entalpía h_i = 18.6 Kcal/Kg y humedad $\mathcal{H}_i$ = 0.0165 Kg agua/Kg a.s.
Solución

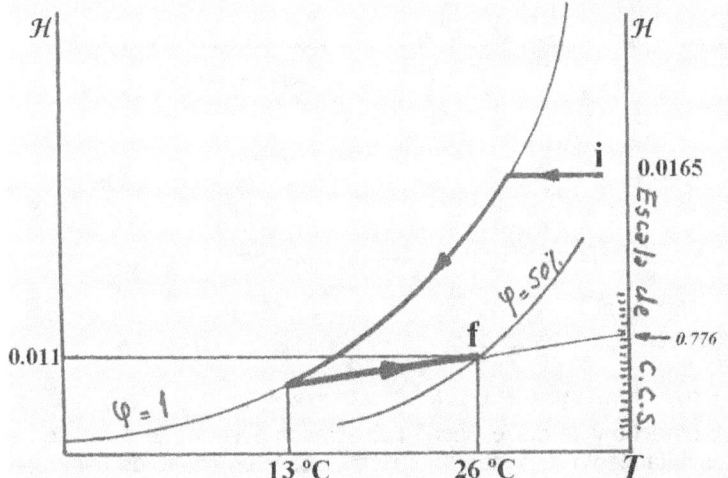

Elegimos en la gráfica de confort una condición del local dada por:
t = 26 °C, φ = 0%, h_f = 12.95 Kcal/Kg, $\mathcal{H}_f$ = 0.011 (Kg agua)/(Kg a.s).
El coeficiente de calor sensible vale:

$$ccs = \frac{20000}{25756} = 0.776.$$

Uniendo f en el gráfico psicrométrico con el valor 0.776 en la escala de ccs y prolongando dicha línea hasta cortar la curva de saturación en el punto s encontramos el punto de rocío del equipo (es decir, su temperatura deberá ser inferior a 13 °C de bulbo seco) para que el aire entre al local con una temperatura tal que produzca la condición deseada en su interior.

537

12.7.3 Bomba de calor

Ya hemos comparado un equipo frigorífico con una bomba de calor, que extrae calor de la fuente fría y lo vuelca en la fuente cálida. El término "bomba de calor" también se usa para referirse a lo que comúnmente se conoce como equipo de aire acondicionado central, es decir un equipo que permite refrigerar, humidificar, deshumidificar y calefaccionar un recinto. Desde nuestro punto de vista actual, que tiene que ver mas con la función de refrigeración y calefacción, nos ocuparemos exclusivamente de estos dos aspectos, dejando de lado el estudio de los aspectos que tienen que ver con el acondicionamiento de la humedad del aire.

En términos sencillos, una máquina frigorífica es una máquina térmica que funciona como extractor de calor de la fuente fría, en este caso un recinto, volcándolo en el exterior. Si la máquina fuese invertible, podría funcionar tomando calor del exterior y enviarlo al interior del recinto, funcionando como calefactor. Esta simple idea es la base de los sistemas integrados de aire acondicionado. Sin embargo, el uso de este tipo de sistemas depende mucho de la fuente de energía disponible para su funcionamiento, que en la inmensa mayoría de los casos es eléctrica. Si la máquina está funcionando en invierno como calefactor, el consumo de energía eléctrica para calefacción se hace antieconómico comparado con la combustión. En efecto, la electricidad que se usa para hacer funcionar el equipo proviene de una fuente termoeléctrica, nucleoeléctrica o hidroeléctrica. Suponiendo que tenga origen termoeléctrico, resulta ridículo quemar combustible en la usina generadora, producir electricidad con un sistema cuyo rendimiento nunca puede ser del 100% para luego usar esa electricidad en la calefacción. Es mucho mas eficiente (y en consecuencia mas barato) quemarlo directamente en el equipo calefactor, perdiendo menos energía útil Se puede argumentar que la energía puede tener otro origen, como ser nucleoeléctrica o hidroeléctrica. Sin embargo, para poder disponer de ella es preciso transportarla. Las pérdidas de energía en tránsito pueden ser considerables, dependiendo de la distancia, y de cualquier modo siempre hay que pagar el costo de la infraestructura de transporte y distribución y de su mantenimiento, mas el beneficio del transportista. Por lo general, se considera poco apropiado usar un equipo de acondicionamiento integral (es decir, refrigerador-calefactor) cuando los requerimientos son escasos. Por ejemplo, resulta mucho mas barato en costo inicial y operativo instalar un acondicionador que sólo refrigera y deshumidifica para el verano, con una estufa de gas para el invierno, cuando se trata de una o dos habitaciones. En general, un equipo de estas características sólo se justifica en el caso de ambientes muy grandes, viviendas completas o instalaciones comerciales. El siguiente croquis representa el circuito de una bomba de calor funcionando como calefactor.

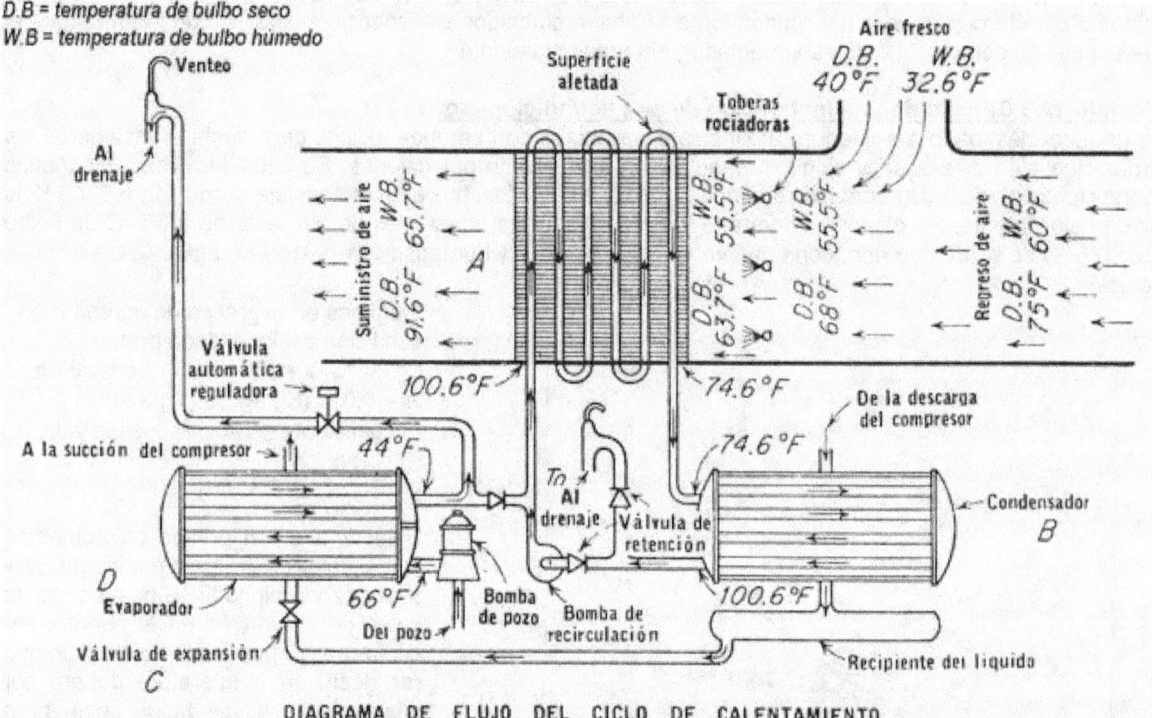

DIAGRAMA DE FLUJO DEL CICLO DE CALENTAMIENTO

El aire del local entra por el ramal superior derecho y se mezcla con el aire fresco externo. La corriente de aire pasa entonces por la serpentina de calentamiento *A*, donde se calienta por intercambio de calor con agua, luego de haber recibido un rociado de agua para humedecerlo. Esta operación es necesaria porque por lo general el aire muy frío se encuentra considerablemente seco, de modo que si no se humedeciera resultaría inconfortable. El agua pasa entonces al condensador *B*, donde recibe calor del gas caliente que sale del compresor (no indicado en el esquema) y lo enfría. El circuito del refrigerante es: compresor, condensador, válvula de expansión y evaporador, de donde retorna al compresor. El evaporador es abastecido con agua de pozo.

El siguiente croquis muestra el circuito de una bomba de calor funcionando como refrigerador.

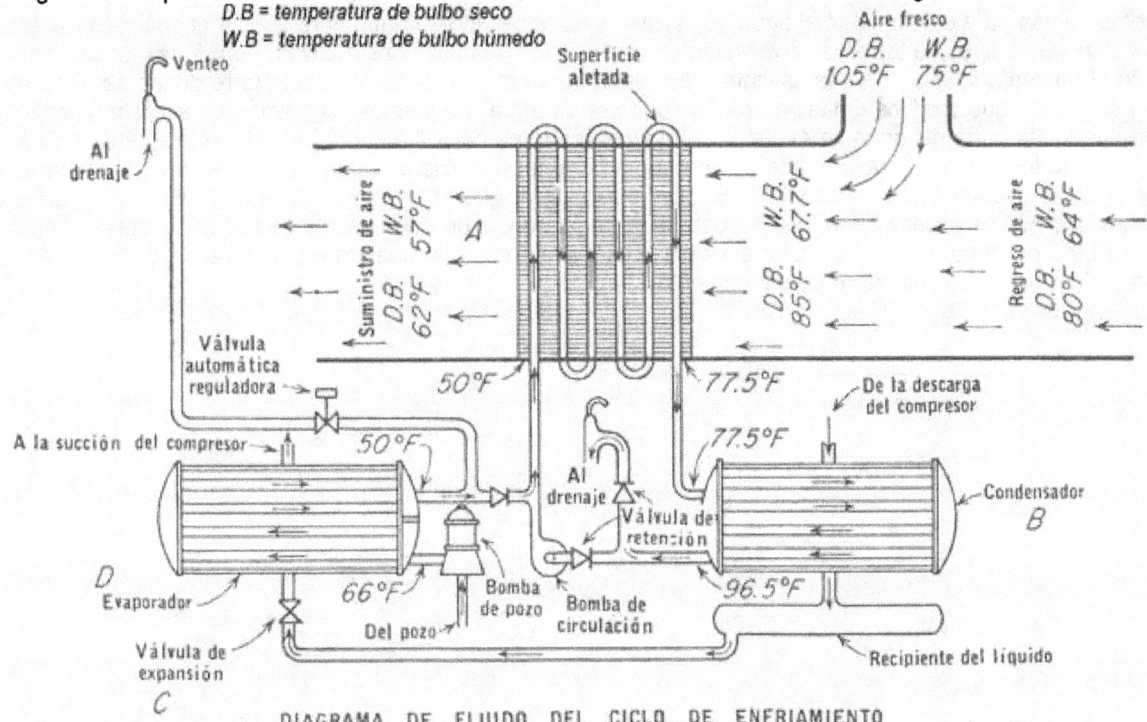

DIAGRAMA DE FLUIDO DEL CICLO DE ENFRIAMIENTO

En el ciclo de enfriamiento, el agua de enfriamiento del evaporador se enfría porque entrega calor al fluido frigorífico que se evapora y entra fría al intercambiador de calor, donde enfría al aire. Luego pasa al condensador donde vuelve a calentarse antes de cerrar el circuito.

Este sistema, basado en agua, tiene el inconveniente de que depende del agua de pozo como fuente de agua a temperatura constante. En los climas comparativamente benignos en los que los inviernos no son muy crudos se puede usar un sistema basado en aire, que no tiene este inconveniente, eliminando el costo adicional del pozo de agua. En un sistema basado en aire se usa el aire atmosférico como fuente de calor y para enfriar el condensador. El ciclo frigorífico es mas sencillo y el costo operativo es menor, ya que se evita el costo de bombeo del agua de pozo. El siguiente croquis muestra un sistema basado en aire.

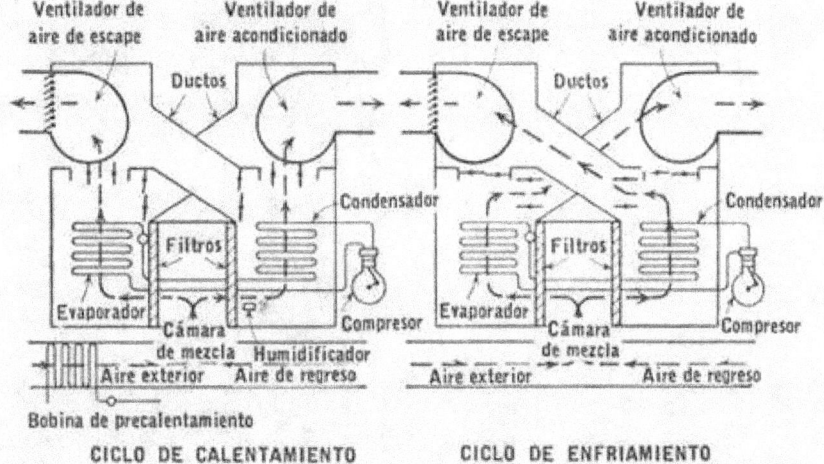

CICLO DE CALENTAMIENTO   CICLO DE ENFRIAMIENTO

El equipo funciona de modo similar al mostrado en el apartado **12.7**. En climas muy fríos se pueden tener serios problemas de funcionamiento originados por la formación de escarcha en los tubos del evaporador, sin contar con el hecho de que la capacidad requerida para calentamiento resulta mucho mayor que para enfriamiento.

12.8 Torres de enfriamiento

Las torres de enfriamiento son equipos usados para enfriar agua. En muchísimas industrias el agua empleada para enfriar otros fluidos se trata químicamente para prevenir la corrosión de los equipos y la formación de incrustaciones. El agua así tratada es demasiado cara para desecharla, por lo que se recicla, pero como se usa para enfriamiento el agua se calienta y es necesario enfriarla para que se pueda volver a usar. Existen varios tipos de torres de enfriamiento, con distintos detalles constructivos, pero todas funcionan según el mismo principio. El agua caliente proveniente de la planta se bombea a la torre donde se distribuye en el relleno, que produce gotitas o una fina película de agua. Se pone en contacto con aire atmosférico, y una pequeña parte del agua se evapora. Al evaporarse toma calor latente del líquido, que se enfría. El aire sale de la torre con un mayor contenido de humedad que el ambiente. Idealmente, debiera salir saturado, pero en la práctica sale *casi* saturado. Se suele considerar que aproximadamente del 80% al 90% del enfriamiento que se obtiene en la torre se debe a la transferencia de calor latente (o sea por evaporación) y el 10 a 20% por transferencia de calor sensible. El siguiente croquis muestra un sistema de enfriamiento de agua de proceso con una torre de enfriamiento.

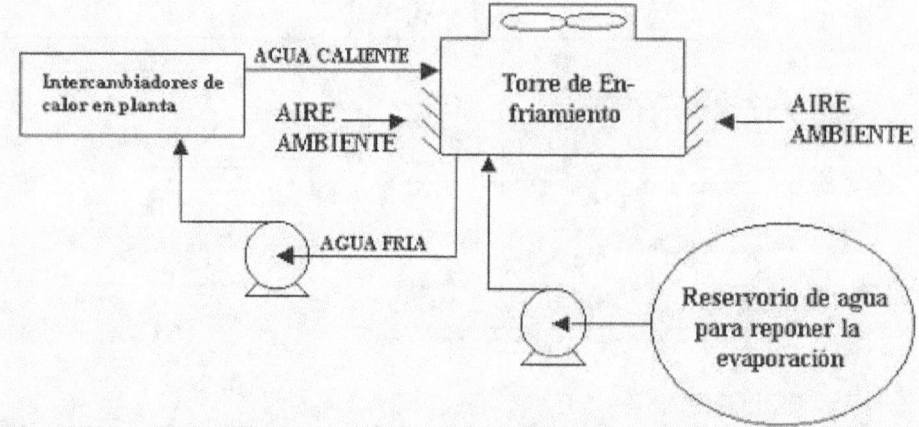

La operación eficaz de la torre depende de que haya un íntimo contacto entre el agua y el aire. El relleno desempeña aquí un papel importante al distribuir el agua en forma pareja y uniforme, hacer que se desplace siguiendo un camino sinuoso, y conseguir que se forme una película de gran superficie o disminuir el tamaño de las gotas. Las torres antiguas suelen tener un relleno formado por listones planos de madera o fibrocemento. Posteriormente se introdujo el listón con forma de V invertida para finalmente aparecer el relleno conformado, que es el que se usa actualmente. El croquis de la izquierda muestra la distribución de agua que produce el relleno de listones. A la derecha se observa el relleno en V.

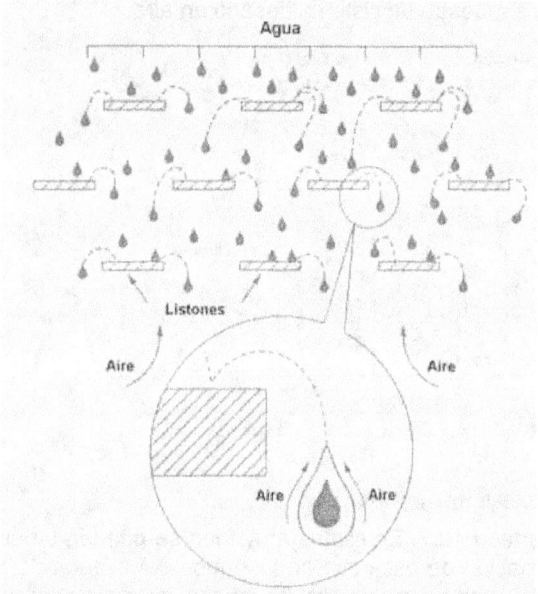

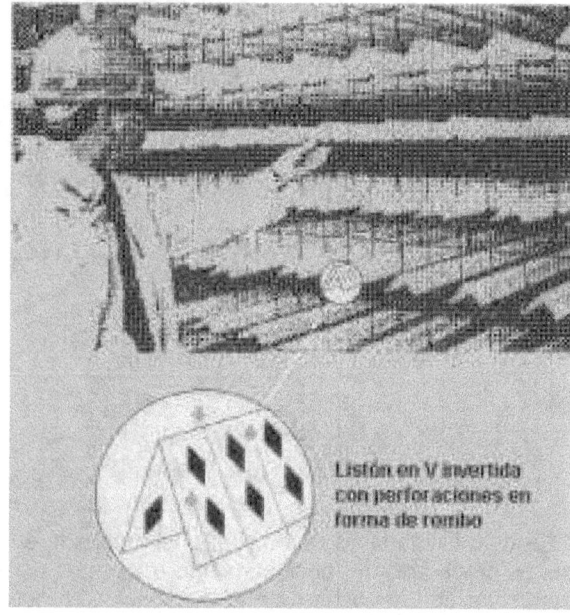

A medida que van envejeciendo, se sacan de servicio los rellenos de diseño viejo y se instalan rellenos celulares conformados. Hay varios diseños, en la siguiente figura mostramos uno.

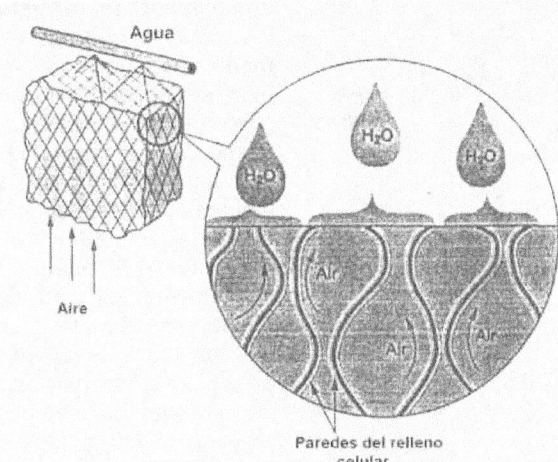

Los rellenos de tipo celular funcionan mejor que los de listones porque distribuyen el agua en forma de película con una superficie mucho mayor que la de las gotas formadas con los rellenos de listones. Como el intercambio de calor y de masa que tiene lugar durante la evaporación es un fenómeno controlado por la superficie, al aumentar la superficie de contacto con el uso de rellenos celulares se consigue un enfriamiento mas rápido y eficiente. Como prueba de ello, si tenemos dos torres de igual capacidad, es decir que manejan caudales iguales con el mismo enfriamiento, la pérdida de carga que presenta la torre con relleno de listones es mas de un 50% mayor que en la torre con relleno celular.

El material usado para el relleno celular depende de la temperatura operativa de la torre. En las torres en las que la temperatura operativa no excede los 55 ºC se usa el PVC, pero por encima de esta temperatura y hasta los 71 ºC se recomienda el CPVC o PVC clorado; por encima de 71 ºC se debe usar el polipropileno.

Como la mayoría de los solventes orgánicos son sumamente destructivos para los rellenos plásticos, se deben extremar las precauciones para evitar el ingreso de corrientes de agua contaminadas con solventes a las torres equipadas con rellenos plásticos. Aunque hay una variedad de polipropileno resistente a la mayoría de los solventes, el costo se eleva tanto que resulta prohibitivo.

Se debe tener en cuenta que hay muchas formas de relleno celular. No todos los tipos son tan eficientes como dicen sus fabricantes, ya que la experiencia demuestra que algunos tienen peor comportamiento que los rellenos de listones en V con aberturas romboidales. Al parecer los listones en V con aberturas romboidales forman película y gotitas, lo que produciría una combinación que funciona mejor. No se debe suponer que un relleno nuevo tiene que ser por fuerza mejor nada más que por ser nuevo. Si el fabricante no es capaz de sustentar sus afirmaciones con referencias reales y comprobables en la práctica industrial, tenga en cuenta que el comportamiento en laboratorio o planta piloto no siempre es el mismo que a escala completa.

A continuación veremos los tipos principales de torre de enfriamiento.

12.8.1 Torres a eyección

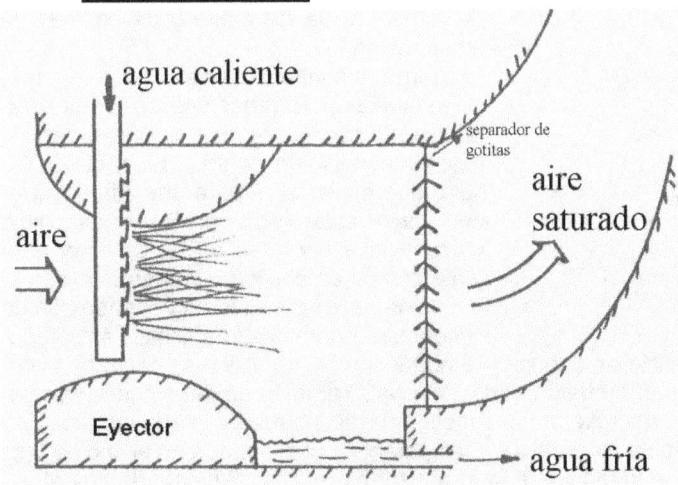

Se basan para funcionar en el principio del tubo Venturi. Esto evita el costo del impulsor de aire que produce su movimiento. Este equipo no tiene relleno distribuidor de flujo de aire y agua y por ello ofrece menor resistencia al flujo de aire, pero el agua se debe bombear a presión, mientras en otros tipos no. No son muy comunes en nuestro medio. Tienen la ventaja de no requerir limpieza tan a menudo como los otros tipos. Debido al hecho de que no tienen partes móviles, carecen de problemas de ruido y vibración. Además, al no contener relleno, no es necesario limpiarlo, lo que reduce considerablemente los gastos de mantenimiento.

12.8.2 Torres de tiro forzado

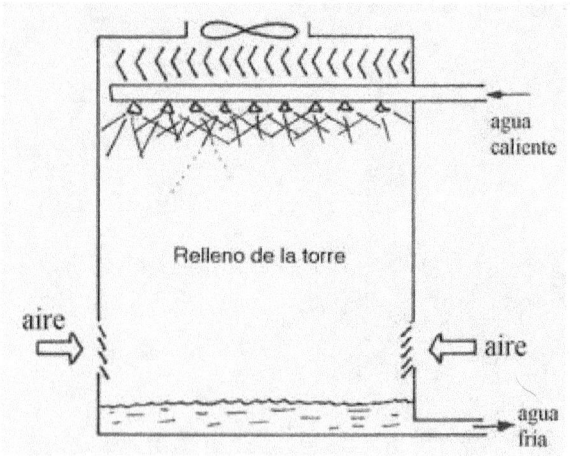

Este tipo de torre, muy común en nuestro país, tiene en su interior un relleno de listones de madera (o en los modelos mas nuevos, de plástico) cruzados de modo de formar un zig-zag en sentido vertical. También se pueden encontrar rellenos de tipo celular conformados en plástico con formas mas complejas. Como ya hemos explicado, la función del relleno es aumentar el tiempo y el área de contacto entre el aire y el agua. En este tipo de torre son usuales velocidades de aire de 60 a 120 m/min y requieren alrededor de 10 m/min de aire por tonelada de agua de capacidad. Pueden ser verticales y horizontales; en general el tipo vertical se ve mas en torres grandes (mas de 300 toneladas de capacidad). Son comparativamente pequeñas y mas baratas en costo inicial pero el costo de funcionamiento es mayor que en las torres atmosféricas, debido a que estas no usan ventiladores.

Normalmente una torre está integrada por varias unidades como las que vemos en el croquis, llamadas células. Estas células o celdas se pueden añadir o quitar de servicio según sea necesario. Operan en paralelo.

12.8.2.1 Torres de tiro forzado a contracorriente
La denominación proviene del hecho de que el aire se mueve de abajo hacia arriba, mientras que el agua desciende a lo largo de la torre.

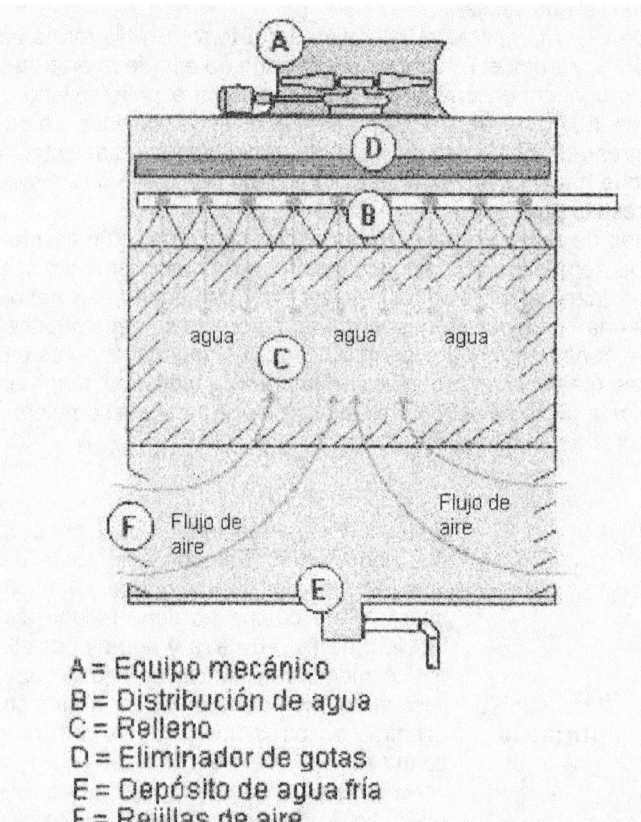

A = Equipo mecánico
B = Distribución de agua
C = Relleno
D = Eliminador de gotas
E = Depósito de agua fría
F = Rejillas de aire

Las torres a contracorriente usan un sistema de distribución del agua caliente que consiste en una serie de toberas o picos que producen un fino spray para distribuir el agua en todo el relleno. Estos picos de agua se deben inspeccionar y a veces hay que limpiarlos lo que no es tarea fácil debido a la ubicación de los mismos. Debido a que la presión que impulsa el agua a través de las toberas o picos depende del caudal, la calidad de la distribución se ve afectada por los cambios de caudal de agua caliente.
La principal ventaja de esta disposición de flujos es el hecho de que el agua que entra a su máxima temperatura se pone en contacto con el aire mas húmedo, y a medida que se enfría encuentra a su paso aire mas seco, lo que produce una alta tasa promedio de transferencia de masa y de calor en la evaporación.
Las torres a contracorriente son por lo general mas altas y delgadas que las torres a flujo cruzado por lo que ocupan una superficie algo menor. Como contrapartida, la bomba tiene que elevar el agua a una altura mayor con mayor presión que en las torres a flujo cruzado, que son mas bajas. Un error bastante común en el diseño y operación de este tipo de torres consiste en usar bombas de condensado demasiado chicas. Esto produce un flujo de agua desigual, con la consecuencia de que la torre no funciona bien. Además como cada célula tiene una tubería propia para elevar el agua, aumenta el costo inicial. También se debe considerar como una desventaja el hecho de que el aire debe atravesar un espesor de relleno mayor lo que produce una mayor resistencia, y como consecuencia el ventilador debe ser mas potente y costoso que en el tipo de flujo cruzado. Esto significa un mayor costo inicial y operativo de la torre. Por otra parte, el hecho de que el es-

pesor de relleno atravesado sea mayor puede producir mala distribución de flujos. Por lo común las torres de contracorriente que usan relleno de tipo celular tienen menor altura para el mismo volumen de torre que las que usan rellenos de listones. Esto permite disminuir algo los costos de bombeo.

Las ventajas que presentan las torres a contracorriente son las siguientes. a) Gracias a su altura pueden acomodar mejor diferencias de temperatura mayores (rango o intervalo), lo que redunda en menor aproximación. Esta ventaja proviene de que en definitiva son termodinámicamente mas eficientes. b) Debido a que las gotitas son mas pequeñas, el intercambio de calor con el aire es mas eficaz

12.8.2.2 Torres de tiro forzado a flujo cruzado

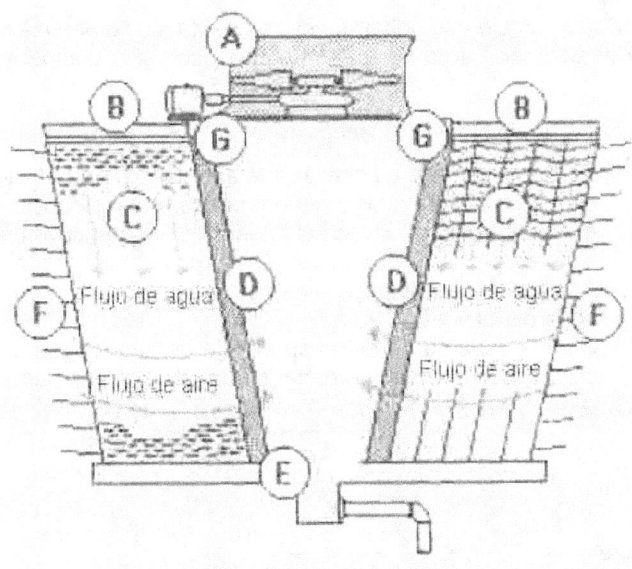

A = Equipamiento mecánico
B = Distribución de agua
C = Relleno
D = Eliminadores de gotas
E = Pileta de agua fría
F = Registros de entrada de aire
G = Area de distribución

Por supuesto, las torres a flujo cruzado tienen un sistema de distribución de aire y de agua totalmente distinto al de las torres a contracorriente. El agua caliente se distribuye bajando por gravedad, alimentada a través de orificios que tiene la bandeja **B** situada en la parte superior de la torre, como vemos en el croquis. El flujo de aire también es distinto, porque en este tipo de torre el aire se mueve en dirección horizontal hacia el sector central, atravesando el relleno. La bomba que impulsa el agua en este tipo de torre tiene menor consumo de energía, porque en las de contracorriente se pierden 5 o 6 psig en vencer la resistencia que le ofrecen los picos pulverizadores, que no existen en la torre a flujo cruzado. En consecuencia la bomba que requiere una torre de flujo cruzado es mas chica y mas económica. Los costos operativos son también menores.

Las ventajas que presentan las torres a flujo cruzado si se las compara con las de contracorriente son las siguientes. a) la menor demanda de energía de bombeo; b) menor pérdida de agua por arrastre; c) menor recirculación, es decir que el aire sigue un camino mas directo; d) como el espesor de relleno que atraviesa el aire es menor, la circulación en volumen por HP de ventilador instalado es mayor; e) debido a su mayor diámetro es posible usar ventiladores mas grandes, por lo que se necesita menor cantidad de celdas

para el mismo tamaño de torre; f) tienen menor costo operativo debido a la menor demanda de energía. g) tienen menor costo de mantenimiento, porque no hay picos pulverizadores de difícil acceso que se obstruyan o que haya que cambiar.

La principal desventaja que trae aparejado el flujo de aire horizontal se presenta en climas muy fríos porque al tener mayor cantidad de aberturas de entrada de aire y con mayor superficie se hace mas difícil controlarlas e impedir que se obstruyan con hielo. Además, son algo mas susceptibles a la contaminación con algas y bacterias debido a que la base es mucho mas ancha y como el reservorio receptor de agua está en la base tiene mayor superficie de contacto con el aire, que es donde se produce la contaminación adicional, ya que el tiempo de residencia en el relleno es mas o menos el mismo en los dos tipos, de contracorriente y de flujo cruzado.

12.8.2.3 Comparación entre las torres de tiro forzado a contracorriente y a flujo cruzado

Las torres de tiro forzado a contracorriente y a flujo cruzado presentan ventajas y desventajas inherentes a sus respectivas disposiciones de distribución de aire y de agua. En cada aplicación encontramos que una u otra configuración presenta ventajas que la hacen mas efectiva y menos costosa.

Las torres de tiro forzado a flujo cruzado se deben preferir cuando son importantes las siguientes limitaciones y criterios específicos.

- Para minimizar el costo de bombeo de agua.
- Para minimizar el costo inicial de impulsor y tuberías.

- Para minimizar el costo total operativo.
- Cuando esperamos una gran variación de caudal de agua.
- Cuando deseamos tener menos problemas de mantenimiento.

Las torres de tiro forzado a contracorriente se deben preferir cuando son importantes las siguientes limitaciones y criterios específicos.

- Cuando existe poco o ningún espacio disponible al pie de la torre, o la altura está limitada.
- Cuando es probable que por bajas temperaturas se puedan congelar los ingresos de aire.
- Cuando el sistema de impulsión se debe diseñar con alta presión de descarga por alguna razón.

Nunca se debe reemplazar una torre ya existente de flujo cruzado por otra a contracorriente sin una evaluación de la capacidad disponible de bombeo instalada.

Además de las razones ya expuestas en este apartado, también se deben tener en cuenta los comentarios que hemos hecho antes sobre la mayor eficiencia termodinámica de las torres de contracorriente comparadas con las de flujo cruzado.

12.8.3 Torres de tiro inducido

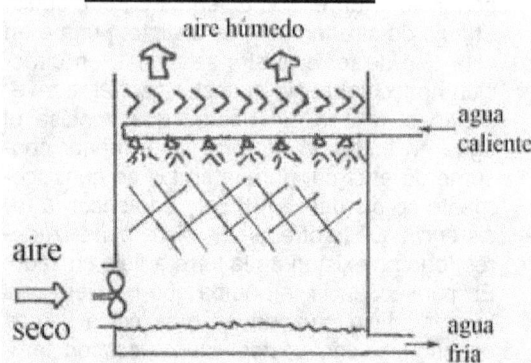

Este tipo de torre es similar a la anterior pero su eficacia es un poco mayor porque produce una distribución mas uniforme del aire en el interior del relleno cuyo diseño es el mismo que se usa en el tipo de tiro forzado. Además tiene menor pérdida por arrastre de gotitas de agua por el ventilador.

En una variante de este tipo el flujo de aire y agua es cruzado en sentido horizontal en vez de serlo en senti-

do vertical, vale decir, tiene entrada y salida de aire por el costado como vemos en el croquis a la derecha. Esta disposición no es tan eficaz como la de flujo cruzado vertical porque el tiempo de contacto es menor, pero tiene en cambio la ventaja de poder operar con ayuda del viento si se orienta adecuadamente en dirección normal a los vientos dominantes.

12.8.4 Torres a termocirculación o a tiro natural

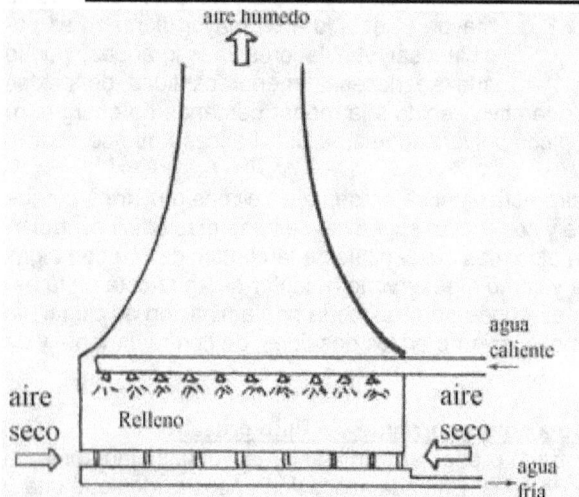

Es fácil ver en la ecuación (12-6) que el volumen específico del aire húmedo aumenta con la humedad, es decir que un aire seco tendrá mayor densidad que un aire húmedo, y cuanto mas húmedo está el aire, menor densidad tiene; esto también se puede verificar en el diagrama psicrométrico. Por lo tanto el aire cálido y húmedo tiende a ascender mientras el aire frío y seco tiende a descender, por lo que el aire frío y seco que entra por la parte inferior desplaza al aire cálido y húmedo hacia arriba, estableciéndose un tiraje natural como el de una chimenea. El perfil de la parte superior, o chimenea, es hiperbólico.

Este tipo de torre tiene costos iniciales elevados por lo que solo se usan para caudales grandes de agua, pero su costo de operación es mas bajo que todos los otros tipos de torre.

Son bastante sensibles a los vientos variables o en rachas, que afectan algo su capacidad, pero menos que las de tipo atmosférico. Las torres de tiro natural suelen ser *muy* grandes: alrededor de 150 m de altura, con unos 120 m de diámetro en la base. Por ese motivo solo resultan económicamente útiles cuando el caudal de agua a enfriar es realmente grande, del orden de 45000 m^3/hora o superior. Por lo general sólo se usan en grandes plantas de generación de electricidad, de otro modo no justifican la inversión inicial.

12.8.5 Torres a dispersión o atmosféricas

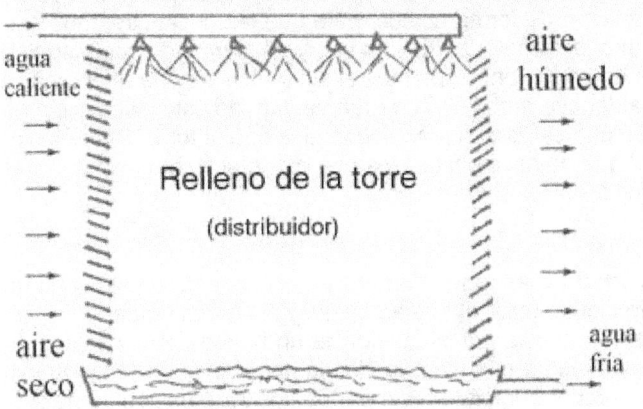

Este tipo es muy económico de operar, aunque su costo inicial es mayor que la de tipo tiro inducido o forzado.

Son largas, los vientos dominantes toman a la torre de costado y la atraviesan. Son necesarios vientos mayores de 5 KPH con funcionamiento óptimo a velocidades del orden de 8 a 9 KPH o mayores.

Requieren grandes espacios despejados de obstáculos para su instalación y funcionamiento adecuado, ya que cualquier cosa que obstaculice el viento afecta seriamente su operación.

12.8.6 Lagunas y piletas de enfriamiento

En ciertos casos en los que las exigencias del servicio demandan el enfriamiento de cantidades muy grandes de agua, puede ser necesario instalar piletas de enfriamiento, debido a que resulta mas económico que instalar una gran cantidad de torres. Cuando la cantidad de agua es realmente muy grande o cuando existe una laguna natural aprovechable, es preferible usar una laguna de enfriamiento, que en definitiva no es mas que una pileta de grandes dimensiones. De no existir se puede inundar una zona adecuada, excavando de ser necesario. Para ello basta construir un dique de tierra de 1.8 a 3 m de altura, en una zona donde el suelo sea fácil de impermeabilizar para evitar la filtración de las sales de cromo que contiene el agua como consecuencia del tratamiento anticorrosión. Por lo general basta revestirla con membrana plástica enterrada, sellada herméticamente para formar una superficie continua que contiene el agua. El film de PVC de 5 micras funciona muy bien. Para lograr una buena circulación del agua conviene que el piso sea lo mas regular que sea posible, de lo contrario se forman cortocircuitos en vez de haber una corriente pareja. La superficie requerida de laguna es casi independiente de su profundidad. Por lo común basta tener una profundidad superior a 0.9 m. Como dijimos se debe evitar la canalización para que el flujo sea uniforme.

Las lagunas o estanques de enfriamiento funcionan por la combinación de transferencia de calor hacia la atmósfera por tres mecanismos: evaporación, conducción y convección. Además el agua recibe calor del sol por radiación. En condiciones normales el equilibrio que se alcanza iguala el calor entregado y recibido.

Para lograr que el agua se enfríe hasta la temperatura de bulbo húmedo del aire, que sería la temperatura mínima teórica de equilibrio, se necesitaría una laguna de superficie infinita (es decir muy grande) con un espesor mínimo (por ejemplo del orden de unos pocos milímetros) o un caudal de agua infinitamente pequeño. Como esto es impracticable, la diferencia entre las temperaturas de salida del agua y la temperatura de bulbo húmedo del aire atmosférico (aproximación) suele ser del orden de 3 a 4 °F (1.7 a 2.2 °C) para lagunas con un tiempo de residencia de unas ocho horas. El tiempo de residencia se define como el cociente entre el volumen de agua que contiene la laguna y el caudal, o sea el tiempo que tarda en llenarse. Para un tiempo de residencia de 24 horas la temperatura del agua a la salida varía alrededor de 1 °C con respecto al promedio lo que es prácticamente una temperatura constante. Esto se debe a que la mayor evaporación durante el día (debida al calentamiento solar) se compensa con la menor temperatura nocturna. Asumiendo un tiempo de residencia de 24 horas la variación de temperatura del agua a la salida es de 1 °C con respecto al promedio para una profundidad media de 1.5 m y de 1.7 °C para una profundidad media de 0.9 m.

El principal inconveniente que plantean los estanques de enfriamiento es la contaminación del agua ya que al ser estructuras abiertas están mas expuestos a la suciedad arrastrada por el viento. Otro inconveniente puede ser el congelamiento de la superficie, pero sólo en climas muy fríos o con temperaturas bajo cero. Por otra parte pueden causar nieblas en días húmedos porque, a diferencia de las torres que emiten un penacho de vapor hacia arriba, los estanques de enfriamiento producen masas de aire húmedo saturado que se desplazan a ras del suelo. Esto puede ser un inconveniente porque puede plantear problemas de seguridad para la circulación de vehículos en las cercanías. Por supuesto, el espacio que demanda un estanque de enfriamiento es mucho mayor que el requerido para la instalación de un grupo de torres de capacidad equivalente, pero su costo es muchísimo menor.

El rendimiento de una laguna de enfriamiento se puede mejorar mucho si se pulveriza el agua mediante un sistema de rociado como el que se usa en las torres de enfriamiento. Este tipo se conoce como laguna de rociado, y se suele usar cuando la superficie útil para la instalación de la laguna o pileta es escasa. Por supuesto, su instalación y operación resulta mas costosa, ya que se debe implementar un sistema de rociado y suministrarle energía.

El estanque de enfriamiento de rociado funciona pulverizando el agua mediante chorros dirigidos verticalmente hacia arriba, impulsados por varias bombas centrífugas. Los chorros son emitidos por boquillas de aspersión que producen un chorro abierto en abanico o de forma cónica, para que las gotitas sean pequeñas y tengan un tiempo de caída mayor, a fin de proveer una superficie mayor y un tiempo de contacto con el aire mas prolongado. Cuando la pileta funciona en condiciones óptimas, el agua alcanza una temperatura ligeramente superior a la de saturación adiabática del aire ambiente. La gran ventaja de esta disposición es el costo menor de capital inicial, ya que la pileta es una estructura mas económica que la torre. Para funcionar bien necesita estar situada en una posición tal que no haya obstáculos que paren el viento y en un lugar donde el viento sea constante y de regular intensidad.

12.8.7 Torres a circuito cerrado

La principal diferencia entre las torres a circuito cerrado y las torres comunes y piletas está en el hecho de que en una torre a circuito cerrado no hay contacto alguno entre el aire ambiente y el agua a enfriar.

En las torres a circuito cerrado el agua que se enfría circula por el interior de un banco de tubos lisos de modo que no existe ninguna posibilidad de que se evapore el agua que circula por el interior de los tubos, por eso se las llama de circuito cerrado. Esto elimina por completo las mermas por evaporación y arrastre. Además, debido a que no tiene contacto con el aire atmosférico, no existe ninguna posibilidad de contaminación del agua por efecto del polvillo y esto impide la formación de algas o bacterias. Este puede ser un factor muy importante en el costo si el agua puede tener contacto aunque sea accidental con materiales sensibles a la contaminación biológica.

Por otra parte, las torres convencionales están específicamente diseñadas para enfriar agua. En cambio las torres de enfriamiento a circuito cerrado se pueden usar para enfriar cualquier líquido, incluyendo sustancias volátiles, inflamables, tóxicas o peligrosas.

La estructura de las torres a circuito cerrado se ilustra en la figura. El agua usada para enfriar en este tipo de torres puede ser agua cruda sin tratar porque al no tener contacto con otros equipos que no sean la propia torre no tiene que estar tratada con anticorrosivos ni biocidas. Si se está dispuesto a pagar el precio de paradas frecuentes para limpiar la torre, puede ser agua sucia, barrosa o salada. En este último caso se deben tomar precauciones al elegir los materiales para evitar la corrosión de los elementos claves de la torre.

Las torres a circuito cerrado (también llamadas de superficie húmeda) operan por transferencia de calor sensible y/o de calor latente. En el primer caso el agua del rociador no se evapora, sino que funciona como un medio de intercambio de calor. Toma calor de los tubos y lo transfiere al aire, de modo que al pasar por los tubos se calienta, va al tanque en donde es tomado por la bomba que la impulsa por el rociador, en el rociador se divide en finas gotitas y se enfría, transfiriendo su calor al aire. Este sale con la misma humedad que la ambiente. En el segundo caso el agua se evapora, como consecuencia se enfría y el aire sale con mayor humedad que la ambiente. Una interesante característica de estas torres es que en lugares donde hay acceso fácil y barato al agua de enfriamiento a baja temperatura se pueden obtener temperaturas unos pocos grados por encima de la del agua. Si el agua está sucia o tiene alto contenido de sales, no se aconseja enfriar fluidos cuya temperatura exceda los 55 ºC porque la evaporación de la película de agua que recubre los tubos puede producir sarro y depósitos salinos. Estos igualmente se producirán a la larga, a menos que el agua usada tenga una calidad excepcional. Los depósitos y suciedad externa en los tubos son perjudiciales porque disminuyen el flujo de calor. Para resolver este problema se puede usar limpieza mecánica, química o una combinación de las dos.

12.8.8 Teoría de las torres de enfriamiento

Antes de iniciar el análisis de la teoría básica conviene definir algunos términos comunes en el campo del cálculo, selección y operación de torres de enfriamiento. Los siguientes términos se usan con gran frecuencia.

Rango o intervalo: diferencia entre las temperaturas de entrada y salida del agua a la torre. R = $(T_1 - T_2)$.

Aproximación: es la diferencia entre la temperatura de salida del agua de la torre y la temperatura de bulbo húmedo del aire atmosférico. $\Delta t = (T_2 - T_w)$.

El transporte simultáneo de masa y energía a través de la película que rodea a las gotitas de agua en contacto con el aire en el interior de una torre de enfriamiento ya fue estudiado en el apartado **12.4**. Entonces planteamos la ecuación *(12-13)* para el flujo de energía como calor y la ecuación *(12-14)* para el flujo de masa. Se ha desarrollado una ecuación conocida como ecuación de Merkel para representar el flujo de energía como calor. La forma de la ecuación de Merkel es la siguiente.

$$\frac{K\,a\,V}{L} = \int_{T2}^{T1} \frac{dT}{h_w - h_a}$$

(12-21)

Donde: K = coeficiente de transferencia de masa [Lb agua/(hora pie^2)];

$\quad\quad\quad a$ = área de contacto dividida por el volumen de la torre [pie^{-1}];

$\quad\quad\quad V$ = volumen activo por unidad de superficie de relleno de la torre [pie];

$\quad\quad\quad L$ = caudal superficial de agua [Lb agua/((hora pie^2)].

El grupo de la izquierda del igual en la ecuación de Merkel es adimensional, y constituye una característica propia de cada torre. Nótese además que el término de la derecha se expresa en función de las propiedades termodinámicas del agua y del aire y es independiente de las dimensiones y del tipo de torre.

Las otras variables de la ecuación de Merkel son:

$\quad\quad\quad T$ = temperatura del agua [ºF];

$\quad\quad\quad T_1$ = temperatura de entrada a la torre del agua caliente [ºF];

$\quad\quad\quad T_2$ = temperatura de salida de la torre del agua fría [ºF];

$\quad\quad\quad T$ = temperatura del agua en el interior de la torre (es la variable de integración) [ºF];

$\quad\quad\quad h_w$ = entalpía del aire húmedo a la temperatura T [Btu/Lb];

$\quad\quad\quad h_a$ = entalpía del aire húmedo a la temperatura de bulbo húmedo del aire atmosférico [Btu/Lb].

La ecuación de Merkel se puede deducir de la siguiente manera. Puesto que la operación de una torre de enfriamiento (sea cual fuere su mecanismo de tiraje) se basa en la evaporación del agua, debemos plantear en forma simultánea las ecuaciones de balance de materia en la transferencia de masa y de balance de energía. Planteando la ecuación de balance de materia en la transferencia de masa tenemos:

$$G\,d\mathcal{H} = k_g \times \mathcal{H} \times a \times PM_v (\mathcal{H}_i - \mathcal{H})dZ$$

Donde: k_g es el coeficiente de conductividad de transporte de materia, G es el caudal de masa de aire, Z es la altura de la torre, a es el área específica (área de contacto dividida por el volumen de la torre), PM_v es el peso molecular del vapor = 18, $\mathcal{H}_i$ es la humedad del aire en equilibrio con el agua en la interfase, mientras que $\mathcal{H}$ es la humedad del aire a la temperatura ambiente de bulbo húmedo.

La ecuación de balance de energía es:

$$G \times C \times dT_g = h_c \times a (T_i - T_g)$$

Donde: T_g es la temperatura del aire húmedo en contacto con el agua en la interfase, C es el calor específico del aire húmedo definido en la ecuación *(12-8)*, y T_i es la temperatura del agua en la interfase.

Multiplicando la primera ecuación por el calor latente de vaporización λ y sumando el resultado a la segunda tenemos lo siguiente.

$$G\left(C \times dT_g + \lambda \times d\mathcal{H}\right) = k_g \times a \times \mathcal{H} \times PM_v \left[\frac{h_c}{k_g \times \mathcal{H} \times PM_v}(T_i - T_g) + \lambda(\mathcal{H}_i - \mathcal{H}) \right]dZ$$

Se puede deducir que el calor específico del aire húmedo es igual al grupo que figura en el término de la derecha multiplicando a la diferencia de temperaturas en la ecuación anterior, es decir:

$$\frac{h_c}{k_g \times \mathcal{H} \times PM_v} = C$$

En consecuencia, la última ecuación se puede escribir:

$$G(C \times dT_g + \lambda \times d\mathcal{H}) = k_g \times a \times \mathcal{H} \times PM_v[C \times T_i + \lambda \times \mathcal{H}_i - (C \times T_g + \lambda \times \mathcal{H})]dZ$$

En la práctica la temperatura de la interfase T_i es igual a la temperatura del agua T. También podemos reemplazar la humedad de la interfase $\mathcal{H}_i$ por la humedad del aire en equilibrio con el agua $\mathcal{H}$. Estas suposiciones son casi exactamente ciertas porque la resistencia que ofrece el agua tanto a la transferencia de masa como a la de calor es despreciable comparada con la que hace el aire. De tal modo, la última ecuación se puede escribir:

$$G(C \times dT_g + \lambda \times d\mathcal{H}) = k_g \times a \times \mathcal{H} \times PM_v[C \times T_i + \lambda \times \mathcal{H} - (C \times T_g + \lambda \times \mathcal{H})]dZ$$

En esta última ecuación la cantidad entre corchetes es casi exactamente igual a la diferencia de entalpías del aire entre el aire saturado a la temperatura T del agua y el aire a la temperatura de bulbo húmedo del aire atmosférico. Reemplazando en la ecuación estas dos variables nos queda:

$$G(C \times dT_g + \lambda \times d\mathcal{H}) = k_g \times a \times \mathcal{H} \times PM_v(h_w - h_a)dZ$$

El balance de entalpías nos proporciona la siguiente ecuación.

$$C \times L \times T = G \times C \times dT_g + G \times \lambda \times d\mathcal{H}$$

Si combinamos estas dos últimas ecuaciones obtenemos:

$$C \times G \times dT = k_g \times a \times \mathcal{H} \times PM_v(h_w - h_a)dZ$$

Reordenando e integrando:

$$\int_{T2}^{T1} \frac{dT}{h_w - h_a} = \frac{k_g \times a}{L} \times \int_0^L \frac{PM_v \times \mathcal{H}}{C} dZ$$

La integral de la derecha tiene las unidades de una longitud, y generalmente se interpreta como el volumen de relleno activo por unidad de superficie de relleno de la torre, y se simboliza con la letra V, de modo que lo que nos queda es lo siguiente.

$$\frac{KaV}{L} = \int_{T2}^{T1} \frac{dT}{h_w - h_a}$$

Esta relación es la *(12-21)* y se conoce como ecuación de Merkel. Una forma algo distinta de esta ecuación se puede encontrar en el libro de D. Q. Kern, *"Procesos de Transferencia de Calor"*, capítulo 17, especialmente en el ejemplo 17.2.

Esta ecuación integral se puede resolver por varios métodos. Uno muy usado en Cálculo Numérico es el de Chebyshev. La siguiente expresión permite calcular la ecuación de Merkel con la fórmula de Chebyshev de cuatro puntos. Véase el *"Manual del Ingeniero Químico"* de Perry sección 12.

$$\frac{KaV}{L} = \int_{T2}^{T1} \frac{dT}{h_w - h_a} \cong \frac{T_1 - T_2}{4}\left(\frac{1}{\Delta h_1} + \frac{1}{\Delta h_2} + \frac{1}{\Delta h_3} + \frac{1}{\Delta h_4}\right)$$

Donde: Δh_1 = valor de la diferencia $(h_w - h_a)$ a la temperatura $T = T_2 + 0.1(T_1 - T_2)$;
Δh_2 = valor de la diferencia $(h_w - h_a)$ a la temperatura $T = T_2 + 0.4(T_1 - T_2)$;
Δh_3 = valor de la diferencia $(h_w - h_a)$ a la temperatura $T = T_1 - 0.4(T_1 - T_2)$;
Δh_4 = valor de la diferencia $(h_w - h_a)$ a la temperatura $T = T_1 - 0.1(T_1 - T_2)$.

Planteando un balance de energía y despreciando las pérdidas, se deduce que en el interior de la torre toda la energía entregada por el agua en forma de calor debe ser absorbida por el aire. En consecuencia:

$$L \times Cp_{agua}(T_1 - T_2) = G(h_2 - h_1) \Rightarrow \frac{L}{G} = \frac{h_2 - h_1}{Cp_{agua}(T_1 - T_2)}$$

Donde: G = caudal superficial de aire [Lb aire/((hora pie^2)];
h_2 = entalpía del aire húmedo a la temperatura T_2 [Btu/Lb];
h_1 = entalpía del aire húmedo a la temperatura T_1 [Btu/Lb].

Es claro que en esta relación el cociente L/G representa la pendiente de la curva de operación del aire en la torre en un diagrama entalpía–temperatura. La siguiente figura muestra un diagrama de esta clase.

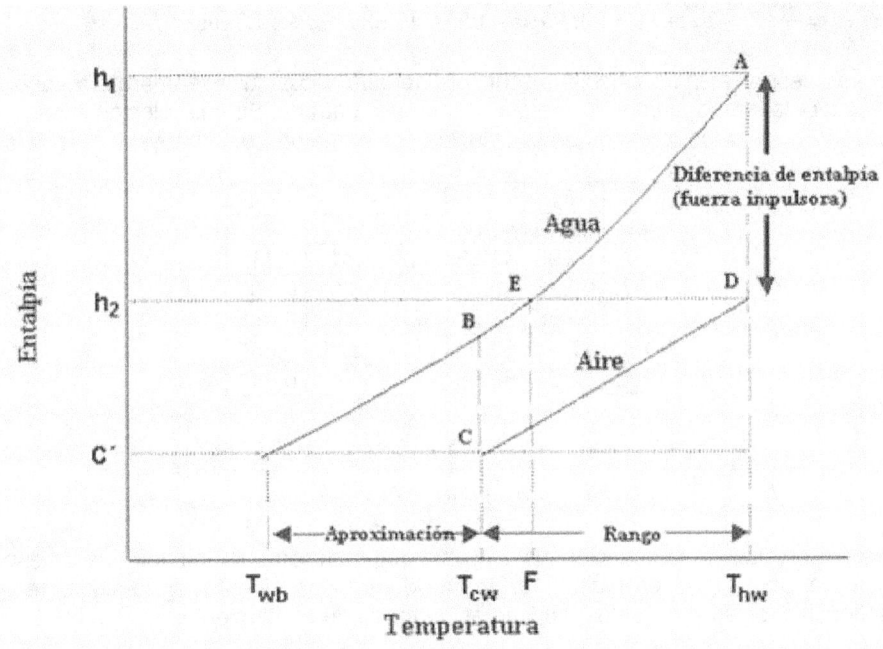

El significado de las leyendas en esta figura es el siguiente.

C' = entalpía del aire que ingresa a la torre, medida a la temperatura de bulbo húmedo T_w;

BC = diferencia de entalpías al comienzo del proceso de enfriamiento (fuerza impulsora inicial);

CD = recta de operación del aire, cuya pendiente es igual al cociente L/G;

DE y EF = segmentos auxiliares que muestran como, proyectando el punto de salida del aire sobre la curva del agua y bajando hasta el eje horizontal, se encuentra la temperatura de bulbo húmedo de salida del aire;

T_{cw} = temperatura de bulbo húmedo de entrada del aire;

T_{hw} = temperatura de bulbo húmedo de salida del aire.

La curva de operación del agua (curva AB) se especifica por las temperaturas de entrada y salida del agua en la torre, que en general hemos llamado T_1 y T_2.

Es interesante observar que la ecuación *(12-21)* nos da el área encerrada entre la curva de saturación o del agua y la recta de operación. Esta área es la delimitada por los puntos ABCD. Representa la capacidad para la transferencia de calor del agua al aire. Evidentemente para maximizar esta área sólo podemos aumentar la diferencia de entalpías del aire y del agua, puesto que las temperaturas extremas vienen fijadas por las condiciones del proceso. Otra observación que se desprende de la figura es que puesto que la fuerza impulsora es la diferencia de entalpía resulta preferible la disposición de flujos a contracorrientes. En esta disposición a la entrada el aire mas frío se encuentra en contacto con el agua mas fría, obteniendo la máxima diferencia de entalpías y por lo tanto un intercambio de calor mas eficaz.

¿Qué efectos tiene una variación en la cantidad de agua a enfriar o en su temperatura?. Si por ejemplo aumenta la temperatura del agua, se alarga la recta de operación, es decir, la posición del punto D se desplaza hacia la derecha, debido al aumento en T_{hw}. También se desplazan hacia la derecha los valores de las temperaturas de entrada y salida del agua a la torre. Esto hace aumentar el rango y la aproximación. El aumento que se verifica en el valor de la integral de la ecuación *(12-21)* es del orden del 2% por cada 10 °F de aumento de temperatura del agua por encima de 100 °F.

Ejemplo 12.4 Cálculo de los parámetros de diseño de una torre de enfriamiento.

Determinar el valor del grupo adimensional de la izquierda de la ecuación de Merkel necesario para producir en una torre un enfriamiento del agua desde 105 °F hasta 85 °F. La temperatura de bulbo húmedo es de 78 °F y la relación L/G vale 0.97.

Solución

De acuerdo a la notación que usamos en la ecuación de Merkel tenemos los siguientes datos.

T_1 = 105 °F: T_2 = 85 °F; en condiciones ambientes la entalpía es h_a = 41.58 Btu/Lb.

La humedad del aire a la salida de la torre se puede calcular en base a la ecuación de balance de energía. En efecto:

$$\frac{L}{G} = \frac{h_2 - h_1}{T_1 - T_2} \Rightarrow h_2 = \frac{L}{G}(T_1 - T_2) + h_1 = 0.97(105 - 85) + 41.58 = 60.98 \text{ BTU/Lb}$$

Esta ecuación se puede usar para calcular la entalpía del aire a cualquier temperatura conociendo la relación de caudales L/G, la temperatura y la entalpía del aire a la entrada. Es una relación lineal.

Ahora es necesario evaluar los términos de la solución por el método de Chebyshev. En la siguiente tabla se resumen los resultados parciales.

$T\ °F$	h_w	h_a	$h_w - h_a$	$1/\Delta h$
85	49.43	41.58		
87	51.93	41.52	$\Delta h_1 = 8.41$	0.119
93	60.25	49.34	$\Delta h_2 = 10.91$	0.092
97	66.55	53.22	$\Delta h_3 = 13.33$	0.075
103	77.34	59.04	$\Delta h_4 = 18.30$	0.055
105	81.34	60.98		0.341

Entonces obtenemos:

$$\frac{K\,a\,V}{L} \cong \frac{T_1 - T_2}{4}\left(\frac{1}{\Delta h_1} + \frac{1}{\Delta h_2} + \frac{1}{\Delta h_3} + \frac{1}{\Delta h_4}\right) = \frac{105 - 85}{4}\,0.341 = 1.71$$

Muchos analistas no resuelven la ecuación *(12-21)* sino que recurren a las curvas que se encuentran en el libro *"Blue Book"* del Cooling Tower Institute, de la que damos una muestra en la siguiente figura. Figuras similares se obtienen directamente de los fabricantes de torres de enfriamiento.

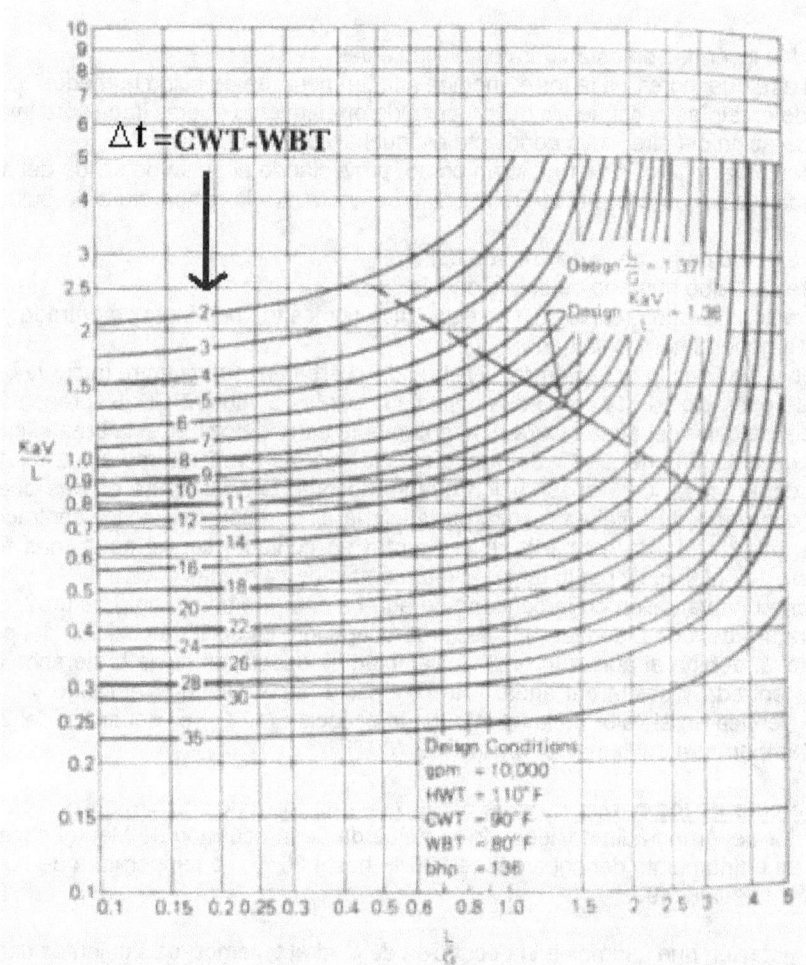

En la figura vemos el grupo ($K\,a\,V/L$) en función de la pendiente de la recta de operación y de la diferencia de temperaturas Δt, es decir de la aproximación. El gráfico permite obtener el valor del grupo ($K\,a\,V/L$). De estas figuras se pueden deducir tres conclusiones importantes. En primer lugar, el valor del grupo ($K\,a\,V/L$) es comparativamente insensible a cambios de la temperatura de bulbo húmedo del aire atmosférico, porque

550

también se verifica una variación concomitante de la temperatura de salida del agua es decir que la aproximación permanece casi constante. En segundo lugar, un cambio del rango tampoco cambia en magnitud apreciable el valor del grupo ($K a V/L$). Por último, una modificación del valor de L/G produce inmediatamente un cambio muy marcado en el valor del grupo ($K a V/L$). Esto es muy importante, porque nos indica que el parámetro clave del equipo es el valor del cociente L/G. En la mayoría de los equipos comerciales este valor está alrededor de 1.

La línea recta que se observa en la figura anterior se construye tomando un cociente L/G constante, manteniendo constante el caudal de aire G y variando el caudal de agua L. La pendiente de esta recta depende del tipo de relleno de la torre, pero a menudo se puede suponer igual a –0.6.

Si se observa el punto de diseño para la torre que se trata en la figura, notamos que para los parámetros de diseño elegidos, la aproximación es de 10 ºF. Por ejemplo, si la temperatura de bulbo húmedo en la zona en la que está instalada la torre es de 67 ºF en promedio, el usuario podrá esperar que el agua salga de la torre a una temperatura no inferior de 77 ºF.

Los pasos a seguir para la selección de la torre son los siguientes.

1. Defina las variables clave del agua: caudal y temperaturas de entrada y salida.
2. Seleccione una configuración apta para manejar esta situación en las peores condiciones (verano).
3. Seleccione el tamaño de torre en función de las siguientes variables: rango, caudal de agua, temperatura de bulbo húmedo, velocidad del aire y altura de la torre.

Para poder cumplir con el tercer paso de la selección de la torre deberá responder a las siguientes preguntas.

a. ¿Cuál es la temperatura de bulbo húmedo mas elevada que se puede presentar en ese lugar?.
b. ¿Cuál es la aproximación que desea obtener?. Ponga valores sensatos. No puede esperar una aproximación menor de 5 ºF, o sea unos 3 ºC. Tenga también en cuenta los costos: cuanto menor sea la aproximación tanto mas grande tiene que ser la torre, porque la aproximación tiende a cero con la superficie tendiendo a infinito.
c. ¿Cuál es el caudal y el rango o intervalo del agua?. Esto determina la cantidad de calor que debe eliminarse en la torre por evaporación. También determina el caudal de aire, para lo que es conveniente fijar un valor del cociente L/G que se pueda alcanzar con una torre comercialmente disponible a un costo razonable. Los valores típicos del cociente L/G en torres comerciales van desde 0.75 hasta 1.5.

Acto seguido busque en los catálogos de fabricantes de torres de enfriamiento una unidad *standard* que cumpla con los requisitos de operación obtenidos. Para ello debe encontrar un tipo de relleno con un valor del grupo ($K a V/L$) que coincida con el valor del grupo ($K a V/L$) previamente calculado. En el catálogo del fabricante se encuentran los valores de cociente L/G de las torres que corresponden a ese tipo de relleno, así como sus dimensiones en función del caudal de agua y del rango.

Puede comprobar la exactitud de sus estimaciones solicitando al proveedor una selección basada en los mismos datos. Esto de paso le sirve para asegurarse de que el proveedor no recomiende una torre inadecuada.

La siguiente tabla se puede usar como guía para la altura de la torre.

Aproximación (ºF)	Rango (ºF)	Altura (pies)
15-20	25-35	15-20
10-15	25-35	25-30
5-10	25-35	35-40

Un error común a muchos ingenieros que se encuentran con este tema por primera vez es consecuencia del aspecto "casero" que tiene la selección de una torre de enfriamiento. Como se basa mucho en criterios empíricos, algunos se sienten tentados a buscar métodos de cálculo mas rigurosos, basados en las correlaciones desarrolladas para calcular torres de relleno, como la de Shulmann. Esto es un grave error. Las torres de relleno y las de enfriamiento difieren en mas de un aspecto, pero la cuestión central es que las torres de relleno se basan en maximizar el intercambio de masa por medio de la superficie útil de la torre. En cambio las torres de enfriamiento se basan en maximizar el intercambio de masa por medio de la velocidad del aire y de los altos tiempos de contacto; esta es la causa de que sean tan voluminosas. Por eso el comportamiento de las torres de relleno es tan sensible a los cambios de tipo de relleno, mientras que una torre de enfriamiento con relleno de listones en V no difiere tanto en su comportamiento de la misma torre con relleno de listones planos. Por eso también un cambio en la relación L/G causa una variación inmediata e importante en el valor del grupo adimensional ($K a V/L$) como ya hemos recalcado en el comentario que sigue al gráfico anterior.

12.8.9 Operación de las torres de enfriamiento

Todas las torres de enfriamiento operan por evaporación del agua en forma de finas gotas o películas que empapan el relleno de la torre. La evaporación depende de la temperatura de bulbo húmedo, que siempre es menor que la temperatura de bulbo seco, excepto si el aire está saturado, en cuyo caso son iguales y la torre prácticamente no puede operar a menos que el aire atmosférico esté a temperatura muy baja. Por lo tanto, es posible enfriar el agua aún si su temperatura es menor que la del aire, siempre que el aire esté seco. En la práctica, por lo común el aire generalmente está mas frío que el agua. Cuando no es así el funcionamiento de la torre se pone pesado. En verano es muy difícil conseguir que la temperatura del agua que abandona la torre sea menor de 30 ºC. Normalmente se puede esperar que el aire salga de la torre con una humedad relativa del orden del 90 al 92%. La temperatura del agua fría a la salida de la torre es 2 o 3 °C mayor que la de bulbo húmedo, aunque una torre nueva o recién limpiada puede alcanzar una diferencia menor de 1.2 ºC si ha sido bien elegida. A medida que se va ensuciando por efecto del polvo atmosférico y crecimiento de algas va perdiendo eficacia. La diferencia de temperaturas de entrada y salida del agua (llamada rango o intervalo) suele ser del orden de 10 °C aunque puede ser mayor. Por lo general la torre se diseña y construye asumiendo que esa diferencia de temperaturas (el intervalo) es del orden de 15 °F (8.3 ºC). El volumen de relleno (y por lo tanto el tamaño de la torre) depende de esa diferencia según lo indica la siguiente tabla.

Intervalo °F (°C)	5(2.8)	15(8.3)	25(13.9)
Volumen relativo	2.4	1.0	0.55

Las pérdidas por evaporación son del orden de 2% por cada 15 °C de intervalo. En las torres de tiro forzado hay pérdidas por arrastre del ventilador del orden de 0.2 a 0.5%, y en las torres de tiro inducido se pierde entre el 0.1 y 0.2%. Estas dos pérdidas sumadas, si no se compensan producirían con el tiempo un aumento de concentración de sales que se debe prevenir. Para tal fin se suele agregar un 2.5 a 3% del caudal circulante en forma de agua tratada fresca, en concepto de reposición.

La reposición se puede estimar mediante la siguiente relación.

$$\text{Reposición} = 0.00085 \times (\text{Caudal de agua})(T_1 - T_2)$$

El caudal de agua y la reposición están expresados en gpm. Las temperaturas son de entrada y salida del agua en °F. La reposición se puede hacer en forma continua o discontinua. Si se reponen las pérdidas en forma discontinua, la duración del ciclo de operación entre dos reposiciones sucesivas se puede calcular en función de la concentración tolerable de sales (generalmente expresadas como cloruros) en el agua.

Las torres de enfriamiento generalmente operan a temperaturas medias del orden de algo menos de 40 °C. A esas temperaturas ocurren fenómenos indeseables. Esta temperatura facilita la proliferación de bacterias (en particular las que usan el Fe^{++} en su metabolismo), hongos y algas, que originan crecimientos en el relleno, llegando a obstruir los espacios entre listones. La mayor parte de los rellenos celulares son mas sensibles a la obstrucción que los de listones. Esto no se puede evitar porque el aire atmosférico contiene esporas de todo tipo, pero se pueden aminorar sus efectos agregando biocidas que retardan el crecimiento de bacterias y algas.

El cálculo completo de las dimensiones de una torre de enfriamiento es un tema complejo cuya extensión excede este tratamiento. Nos limitaremos a estudiar su operación, cosa que podemos hacer fácilmente mediante balances de masa y energía.

El funcionamiento de una torre es aproximadamente adiabático, de modo que el calor entregado por el agua al enfriarse se emplea totalmente en evaporar parte del agua e incrementar la entalpía del aire.

$$\dot{Q} = \dot{m}_{agua}\left(t_e - t_s\right) = \dot{m}_{ev} \times \lambda_m + \dot{m}_{aire}\left(h_s - h_a\right) \qquad (12\text{-}22)$$

Donde: $\dot{Q}$ = calor intercambiado, [Kcal/hr]: $\dot{m}_{agua}$ = caudal másico del agua que ingresa a la torre, [Kg/hr];

$\quad t_e$, t_s = temperaturas de entrada y salida del agua, [°C];

$\quad \dot{m}_{ev}$ = caudal de agua evaporada [Kg/hr].

$\quad \lambda_m$ = calor latente de evaporación a la temperatura media $t_m = \dfrac{t_e + t_s}{2}$;

$\quad \dot{m}_{aire}$ = caudal de aire, [Kg/hr]; h_s, h_e = entalpías de salida y entrada del aire, [Kcal/Kg].

El agua que se evapora se incorpora al aire como humedad, de modo que se puede plantear el siguiente balance de masa para el agua:

$$\dot{m}_{ev} = \dot{m}_{aire}\left(\mathcal{H}_s - \mathcal{H}_a\right) \qquad (12\text{-}23)$$

Donde: $\mathcal{H}_s$ = humedad de salida del aire (Kg agua)/(Kg a.s).

$\quad \mathcal{H}_a$ = humedad del aire atmosférico, o de entrada (Kg agua)/(Kg a.s).

Ejemplo 12.5 Cálculo de los parámetros operativos de una torre de enfriamiento.
Se trata de enfriar de 55 °C a 30 °C el agua tratada de una planta. El aire ambiente se encuentra a una temperatura promedio de 25 °C y a una humedad relativa de 60%. El consumo de aire es tal que abandona la torre en estado saturado a 40 °C. Determinar el consumo de aire y el consumo de agua evaporada.
Solución
Mediante una tabla de propiedades del vapor saturado encontramos las siguientes propiedades:

t (°C)	entalpía de vapor	entalpía de líquido	φ	$\mathcal{H}$	entalpía de aire húmedo
25	608.2	25	0.6	0.012	13
40	614	40	1	0.049	40

Nos planteamos la ecuación *(12-22)* observando que se trata de una ecuación con tres incógnitas: $\dot{m}_{agua}$, $\dot{m}_{ev}$ y $\dot{m}_{aire}$ ya que los otros elementos de la misma son datos o deducibles de los datos. Podemos dividir la *(12-22)* por $\dot{m}_{agua}$ y de esa manera podríamos resolver por unidad de masa de agua circulando por la torre. Entonces los resultados los podemos multiplicar luego por el caudal de agua circulante para esta torre en particular y según la demanda de agua funcionará mas o menos bien dentro de límites razonables. Quedan dos incógnitas: $\dot{m}_{ev}$ y $\dot{m}_{aire}$. El primero se puede estimar de la variación de humedad del aire, ya que al evaporarse el agua se incorpora al aire como humedad. Entonces planteamos la *(12-23)*:

$$\dot{m}_{ev} = \dot{m}_{aire}\left(\mathcal{H}_s - \mathcal{H}_a\right)$$

El calor latente λ_m se puede obtener de la semisuma o promedio de las diferencias de entalpías de vapor y líquido para las dos temperaturas:
A 25 °C $\lambda_1 = 608.2 - 25 = 583.2$ A 40 °C $\lambda_2 = 614 - 40 = 574$

$$\lambda_m = \frac{\lambda_1 + \lambda_2}{2} = \frac{583.2 + 574}{2} = 578.6 \frac{\text{Kcal}}{\text{Kg}}$$

Entonces, resolviendo la *(12-22)*:

$$t_e - t_s = \frac{\dot{m}_{ev}}{\dot{m}_{agua}}\lambda_m + \frac{\dot{m}_{aire}}{\dot{m}_{agua}}\left(h_e - h_s\right) = \frac{\dot{m}_{aire}\left(\mathcal{H}_s - \mathcal{H}_e\right)}{\dot{m}_{agua}}\lambda_m + \frac{\dot{m}_{aire}}{\dot{m}_{agua}}\left(h_e - h_s\right) \Rightarrow$$

$$\Rightarrow 55 - 30 = \frac{\dot{m}_{aire}}{\dot{m}_{agua}}\left(0.049 - 0.012\right)578.6 + \frac{\dot{m}_{aire}}{\dot{m}_{agua}}\left(40 - 13\right) \Rightarrow \frac{\dot{m}_{aire}}{\dot{m}_{agua}} = 0.563 \frac{\text{Kg aire}}{\text{Kg agua}}$$

Por otra parte:

$$\frac{\dot{m}_{ev}}{\dot{m}_{agua}} = \frac{\dot{m}_{aire}}{\dot{m}_{agua}}\left(\mathcal{H}_s - \mathcal{H}_e\right) = 0.563\left(0.049 - 0.012\right) = 0.021 \frac{\text{Kg agua evaporada}}{\text{Kg de agua circulante}}$$

Estos resultados son lo mejor que podemos obtener, para el tipo de problema que tenemos entre manos, puesto que la cantidad de incógnitas supera a la cantidad de relaciones que se pueden plantear. Si conocemos la cantidad de agua a enfriar podemos resolver el problema en forma completa.

La operación de una torre de enfriamiento de tiro mecánico se puede controlar mediante la velocidad del ventilador. El diámetro del ventilador por supuesto también influye, pero no es una variable que se pueda modificar con facilidad y eso limita la utilidad que puede tener como medio de control. En algunas instalaciones se prefiere usar ventiladores de velocidad constante, variando en cambio la inclinación de las paletas. Esto es mecánicamente un poco mas complicado, y requiere mas mantenimiento. En cambio, tienen la ventaja de que no pueden funcionar nunca a velocidades críticas. Se denomina velocidad crítica de un sistema rotativo a los valores de velocidad en los que se presentan fenómenos de vibración fuerte. En los sistemas que usan variación de velocidad, existe el peligro de que alguna velocidad coincida con la crítica.
Otra forma interesante de dar flexibilidad a una instalación es agregar o quitar células de servicio, cosa que por supuesto sólo es posible cuando existen varias células en paralelo.
Las torres de enfriamiento de tiro mecánico son relativamente inmunes a los efectos de las variaciones de intensidad y dirección del viento, siempre que sean normales. Los vientos muy intensos pueden afectar seriamente el desempeño de la torre, por lo que se recomienda protegerla de modo tal que no se puedan colar ráfagas en la descarga. Otro factor que se debe tener en cuenta en la operación de estos equipos es que cuando se disponen varias células en una batería se debe evitar que la descarga de una de ellas pueda ser absorbida por otra. Esto es particularmente probable que suceda cuando están situadas a distintas alturas, porque entonces la célula superior puede estar succionando aire húmedo de la descarga de una cé-

lula inferior. Si no existe ninguna forma de colocarlas al mismo nivel, se recomienda construir una chimenea en la descarga de las inferiores para que el aire húmedo no pueda ser absorbido por las superiores.

12.8.10 Cálculo de la superficie de lagunas y piletas de enfriamiento

La superficie del estanque o laguna de enfriamiento se puede calcular mediante la siguiente ecuación ("*Operaciones Básicas de la Ingeniería Química*", G. G. Brown y otros) que proporciona la cantidad de agua evaporada por unidad de tiempo con el aire en calma.

$$w = 167.5 + 0.183 \frac{T_1 + T_2}{2}\left(P^* - P\right) + 3.25\left(P^* - P\right) \qquad (12\text{-}24)$$

En esta ecuación w representa la tasa de evaporación de agua por unidad de superficie, en gr/(hr m^2); T_1 es la temperatura de entrada al estanque (°C); T_2 es la temperatura de salida del estanque (°C); P^* es la presión de vapor del agua a la temperatura media $(T_1 + T_2)/2$ en mm de Hg; P es la presión de vapor del agua a la temperatura de bulbo húmedo en mm de Hg.

Por otra parte, como resulta obvio, la masa de agua que se evapora en la pileta es la responsable de la mayor parte del enfriamiento. La masa de agua evaporada en la pileta se puede calcular de la siguiente manera. El calor latente de evaporación del agua es el cociente del calor disipado por unidad de tiempo y la masa de agua evaporada, de donde se puede obtener esta última. Se puede calcular el calor disipado el caudal L de agua que circula por la pileta a partir del descenso de temperatura $(T_1 - T_2)$. Es decir:

$$\dot{Q} = L \times Cp_{agua}\left(T_1 - T_2\right) \quad \lambda_m = \frac{\dot{Q}}{\dot{W}} \Rightarrow \dot{Q} = \lambda_m \times \dot{W} \quad \text{Igualando y despejando} \quad \dot{W} = \frac{L \times Cp_{agua}\left(T_1 - T_2\right)}{\lambda_m}$$

Por último, la tasa de evaporación de agua por unidad de superficie w se puede calcular como el cociente de la masa de agua que se evapora sobre la superficie de la pileta. De esta relación es fácil obtener la superficie de la pileta.

$$w = \frac{\dot{W}}{a} \Rightarrow a = \frac{\dot{W}}{w}$$

El rendimiento de una laguna de enfriamiento se puede mejorar mucho si se pulveriza el agua mediante un sistema de rociado como el que se usa en las torres de enfriamiento. Este tipo se conoce como laguna de rocío, y se suele usar cuando la superficie útil para la instalación de la laguna o pileta es escasa. Por supuesto, su instalación y operación resulta mas costosa, ya que se debe implementar un sistema de rociado y suministrarle energía.

El diseño físico, dimensiones y condiciones de operación de las lagunas de rocío varían enormemente y es difícil desarrollar una teoría que comprenda todos los factores en juego. Lo que se suele hacer para diseñar una laguna de rocío es basarse en datos empíricos de lagunas en funcionamiento con buen desempeño. La tabla 12-3 del *"Manual del Ingeniero Químico"* de Perry sección 12. proporciona una guía para el diseño.

12.9 Efectos de la variación de presión sobre el aire húmedo

La variación de la presión a la que se encuentra sometida una masa de aire húmedo es un evento que nunca ocurre durante las operaciones de acondicionamiento, como ya hemos explicado anteriormente. No obstante, se usa en algunos procesos de secado y por supuesto es una consecuencia inevitable (de hecho, deseada) de la compresión del aire atmosférico.

Cuando decimos que varía la presión nos referimos a un aumento o disminución de la presión total de la mezcla, en el sentido en que esta se define en el apartado **2.3.1** del capítulo **2**. Por lo general sólo tiene interés práctico el aumento de presión, ya que la disminución de presión no se da con tanta frecuencia.

La variación de la presión total puede ocurrir por tres causas.

1. En el caso de la compresión del aire atmosférico, el aumento de la presión se debe a la acción mecánica que ocurre en el interior del compresor a masa total constante. Es decir, ingresa una cierta masa de aire atmosférico al compresor y sale la misma masa del mismo.

2. El otro caso de interés práctico es la inyección de una cierta masa de un gas inerte seco (que puede ser aire) a una masa de aire húmedo a volumen constante, lo que aumenta la presión.

3. Por último, la presión puede disminuir por una expansión a masa constante de la mezcla de un vapor con un gas inerte. Como ejemplo, esto es lo sucede en una aeronave cuya cabina se despresuriza en forma súbita.

12.9.1 Efecto de la compresión sobre la presión de vapor del aire húmedo

En este apartado analizaremos el caso general, en el que se altera la presión de vapor del agua por el efecto de la variación de la presión. Esta variación puede ser un aumento o una disminución. Como se deduce en el apartado **7.3** del capítulo **7** la condición de equilibrio de fases en un sistema de varios componentes se puede describir en términos de la ecuación *(7-18)* que establece que los potenciales químicos de los distintos componentes en las distintas fases deben ser iguales. De lo contrario, el sistema no está en equilibrio. En este caso tenemos para el componente vapor y líquido la siguiente igualdad.

$$\mu'_l = \mu'_v$$

En esta igualdad μ'_l representa el potencial químico molar de la fase líquida, y μ'_v representa el potencial químico molar de la fase vapor. De acuerdo a la definición de potencial químico estudiada en el apartado **7.2** del capítulo **7** sabemos que:

$$\mu'_l = \left(\frac{\partial G'}{\partial n_l}\right)_{P,T,n}$$

Luego cada uno de los potenciales químicos es una función de la presión, de la temperatura y de la composición. Si esta última permanece constante, sólo dependen de la presión y de la temperatura. De ello se deduce que el potencial químico de la fase vapor dependerá solamente de la temperatura y de la presión de vapor. Igualmente, el potencial químico de la fase líquida sólo depende de la temperatura y de la presión total. Es decir:

$$\mu'_l = f(P,T) \qquad \mu'_v = f(P_v,T)$$

Supongamos que se aumenta la cantidad de gas inerte, por ejemplo inyectando gas en el recinto a temperatura y volumen constantes. Si se alcanza un nuevo estado de equilibrio, los potenciales químicos de este nuevo estado deberán ser iguales, y tenemos:

$$\mu'_l = \mu'_v \Rightarrow d(\mu'_l) = d(\mu'_v) \Rightarrow \left(\frac{\partial \mu'_l}{\partial P}\right)_T dP = \left(\frac{\partial \mu'_v}{\partial P}\right)_T dP_v$$

Pero dado que el potencial químico molar de cada una de las especies químicas presentes sólo depende de la presión y la temperatura, tenemos:

$$\left(\frac{\partial \mu'_l}{\partial P}\right)_T = \left(\frac{\partial g'_l}{\partial P}\right)_T \qquad \left(\frac{\partial \mu'_v}{\partial P}\right)_T = \left(\frac{\partial g'_v}{\partial P}\right)_T$$

Como se deduce en el apartado **6.4** del capítulo **6** (relaciones de Maxwell) de la ecuación *(6-17)* se obtiene:

$$\left(\frac{\partial g'_l}{\partial P}\right)_T = v'_l \qquad \left(\frac{\partial g'_v}{\partial P}\right)_T = v'_v$$

De ello resulta:

$$v'_l \, dP = v'_v \, dP_v \Rightarrow$$

$$\boxed{dP_v = \frac{v'_l}{v'_v} dP}$$

(12-25)

¿Cuál es el significado de esta igualdad?. O mejor dicho: ¿de qué manera nos puede ayudar a comprender mejor el comportamiento de una mezcla de un gas inerte con un vapor cuando se varía la presión del gas inerte?. En primer lugar, observamos que relaciona dos incrementos de modo que como ambos volúmenes molares son positivos, el signo del incremento de la presión del vapor está determinado por el signo del incremento de la presión del gas inerte. Es decir que si uno aumenta también lo hace el otro, y si uno disminuye también disminuye el otro. Puesto que el volumen molar del líquido *siempre* es menor que el del vapor, la variación de la presión parcial del vapor es siempre menor que la variación de la presión total de la mezcla. Por otra parte, la magnitud del cambio en la presión del vapor depende (para una variación determinada de la presión del gas inerte) de las magnitudes relativas de los volúmenes molares. Si el volumen molar del vapor es muy grande en comparación con el volumen molar del líquido, como sucede a temperaturas y presiones bajas y moderadas, el cambio de la presión del vapor será muy pequeño comparado con el cambio de la presión del gas inerte. En cambio para condiciones muy alejadas de las normales, cuando la presión del gas inerte es muy elevada, el cociente de los volúmenes molares se aproxima mas a 1 y el incremento de la presión parcial del vapor es considerable.

Si expresamos el volumen de vapor por medio de la ecuación de gas ideal, el error que se comete no es muy grande para presiones bajas y moderadas. Entonces tenemos, de la última relación:

$$v'_v \, dP_v = v'_l \, dP \Rightarrow \frac{R'T}{P} dP_v = v'_l \, dP$$

Integrando:

$$R'T \, ln\frac{P_{v2}}{P_{vl}} = v'_l\left(P_2 - P_l\right) \Rightarrow$$

$$\frac{P_{v2}}{P_{vl}} = e^{\frac{v'_l\left(P_2-P_l\right)}{R'T}}$$

(12-26)

Cabe acotar que estas ecuaciones no sólo son válidas para el aire húmedo, sino también para cualquier líquido en equilibrio con su vapor al cual se le añade un gas inerte, puesto que en la deducción anterior no se especifica ninguna restricción o condición limitante. Son pues totalmente generales.

Ejemplo 12.6 Cálculo del efecto de la compresión sobre el aire húmedo.

Un recipiente contiene aire húmedo saturado en equilibrio con agua líquida a 60 °F. La presión inicial de vapor es la de equilibrio, que según una tabla de vapor es a esa temperatura igual a 0.256 psia. El volumen específico molar del agua líquida a esa temperatura es 0.288 pies^3/mol. La presión se eleva hasta una atmósfera. Calcular la presión de vapor.

Solución

De acuerdo a la ecuación *(12-26)* tenemos:

$$\frac{v'_l\left(P_2 - P_l\right)}{R'T} = \frac{0.288\times144\left(14.7 - 0.256\right)}{1545\times520} = 7.456\times10^{-4} \Rightarrow \frac{P_{v2}}{P_{vl}} = e^{\frac{v'_l\left(P_2-P_l\right)}{R'T}} = e^{7.456\times10^{-4}} = 1.0007458$$

Por lo tanto: P_{v2} = 1.0007458×0.256 = 0.25619 lo que equivale a un aumento menor al 0.1%.

12.9.2 Efecto de la compresión sobre la humedad del aire

Cuando se comprime aire húmedo la humedad absoluta varía. Analicemos una compresión isotérmica, o lo que es lo mismo desde el punto de vista del estado final (aunque no de la energía consumida) una politrópica seguida de un enfriamiento de la mezcla vapor-gas hasta su temperatura inicial. Como acabamos de ver en el apartado anterior, una variación de la presión total de una mezcla de vapor y gas inerte produce una variación menor y del mismo signo de la presión parcial del vapor. En el caso que nos ocupa, se produce un aumento de la presión total. Esto significa de acuerdo a la ecuación *(12-25)* que el vapor sufre un incremento en su presión parcial. Nos interesa determinar de qué manera influye esto en la humedad de la mezcla. Asumiendo que la mezcla cumple con la ley de Dalton (véase el apartado **2.3.1.1** del capítulo **2**) se tiene:

$$P = P_g + P_v \Rightarrow P_g = P - P_v$$

Si pensamos que como consecuencia del aumento de presión total el incremento de la presión parcial del vapor es menor que el incremento de presión total, se deduce por imperio de la ecuación *(12-4)* que se produce una disminución de la humedad. En efecto, planteando la humedad antes y después de la compresión tenemos:

$$\mathcal{H}_i = 0.62 \frac{P_{vi}}{P_i - P_{vi}} \qquad \mathcal{H}_f = 0.62 \frac{P_{vf}}{P_f - P_{vf}}$$

Puesto que la diferencia $(P_f - P_{vf})$ es mucho mayor que la diferencia $(P_i - P_{vi})$ tenemos como consecuencia de la compresión una *disminución* de la humedad absoluta. A causa de esta disminución se condensa la diferencia de humedad entre ambos estados. En compresores de varias etapas, para impedir la entrada de agua líquida en la siguiente etapa es necesario intercalar un separador que puede ser de tipo ciclón (centrífugo) o de malla de alambre entre el enfriador y la siguiente etapa.

Ejemplo 12.7 <u>Cálculo del efecto de la compresión sobre el aire húmedo.</u>

Se comprime aire atmosférico, originalmente a una temperatura de bulbo seco de 80 ºF, con una temperatura de bulbo húmedo de 70 ºF y a una presión de 14.45 psia, en forma isotérmica, hasta una presión final de 100 psia. En realidad, como ya explicamos da lo mismo que la compresión no sea isotérmica, siempre y cuando al final de la misma se lleve en forma isobárica la masa de aire a la temperatura inicial de 80 ºF. La evolución que sufre el aire húmedo se representa en dos diagramas T-S como se puede observar en el siguiente croquis. A la izquierda vemos el diagrama T-S del aire seco y a la derecha el diagrama T-S del vapor de agua. Calcular el agua que se condensa y la temperatura final.

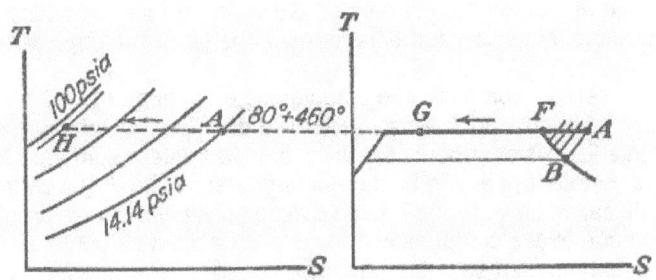

Solución

En primer lugar veamos el diagrama del aire en la figura de la izquierda. El estado inicial corresponde al punto A (aire atmosférico) y al final de la evolución tenemos el estado H. En el diagrama de la derecha vemos la evolución del vapor de agua, que partiendo del estado A se desplaza hacia la izquierda hasta que llega al punto F sobre la curva de puntos de rocío. Una parte del vapor de agua se condensa, y la compresión prosigue hasta el estado final G. La masa de humedad que se condensa en la compresión se puede calcular fácilmente. La presión de vapor del aire atmosférico se determina en forma analítica o mediante tablas de vapor saturado, y es: $P_v = 0.3108$ psia. Entonces la presión parcial del aire vale: $14.45 - 0.3108 = 14.1392$ psia. Esta es la presión parcial inicial (estado A) del vapor presente en aire atmosférico. De la ecuación *(12-4)* se calcula la humedad absoluta en el estado A:

$$\mathcal{H} = 0.62 \frac{P_v}{P - P_v} = 0.62 \frac{0.3108}{14.45 - 0.3108} = 0.62 \frac{0.3108}{14.1392} = 0.01363 \frac{\text{Lb agua}}{\text{Lb aire seco}}$$

Después de la compresión, en el estado final el aire se encuentra saturado. La presión de vapor de saturación que le corresponde es $P_{vs} = 0.5069$ psia. En estas condiciones, la humedad absoluta es:

$$\mathcal{H} = 0.62 \frac{P_v}{P - P_{vs}} = 0.62 \frac{0.5069}{100 - 0.5069} = 0.62 \frac{0.5069}{99.4931} = 0.00316 \frac{\text{Lb agua}}{\text{Lb aire seco}}$$

En consecuencia, ha habido una considerable disminución de humedad. La humedad al final de la compresión es sólo el 23% de la humedad original, y el 77% restante se condensa durante el proceso. En una compresión adiabática el estado del vapor de agua y del aire no necesitan calcularse por separado si se considera al aire húmedo como una mezcla ideal. La constante particular de la mezcla de aire y vapor de agua se calcula mediante la ecuación *(2-63)* del apartado **2.3.1.2** del capítulo 2.

$$R = \frac{1}{m} \sum_{i=1}^{C} m_i R_i = \frac{0.01363 \times 85.7 + 1 \times 53.34}{0.01363 + 1} = 53.775 \frac{\text{Lb}_f \times \text{pie}}{\text{Lb °R}}$$

De igual forma calculamos el calor específico a presión constante con una forma modificada de la *(2-58)*:

$$Cp_m = \frac{1}{m} \sum_{i=1}^{C} m_i \times Cp_i = \frac{0.01363 \times 0.46 + 1 \times 0.24}{0.01363 + 1} = 0.243 \ \frac{BTU}{Lb \ °R}$$

$$Cp_m - Cv_m = R_m \Rightarrow Cv_m = Cp_m - R_m = 0.243 - \frac{53.775}{778} = 0.1738 \ \frac{BTU}{Lb \ °R}$$

A partir de este valor y del Cp_m se puede calcular el exponente adiabático γ: $\gamma = \dfrac{Cp_m}{Cv_m} = \dfrac{0.243}{0.1738} = 1.398$

Cabe observar que este valor es prácticamente idéntico al que le corresponde al aire seco.
La temperatura final de la compresión adiabática se obtiene de la ecuación *(4-9')* apartado **4.1.4** capítulo **4**:

$$T_i \ P_i^{\frac{\gamma-1}{\gamma}} = T_f \ P_f^{\frac{\gamma-1}{\gamma}} \Rightarrow T_f = T_i \left(\frac{P_f}{P_i} \right)^{\frac{\gamma-1}{\gamma}} = 540 \left(\frac{100}{1} \right)^{\frac{1.398-1}{1.398}} = 540 \left(\frac{100}{14.45} \right)^{0.2847} = 937 \ °R$$

Esto equivale a unos 477 °F. En estas condiciones el vapor claro está se encuentra recalentado.

¿Qué conclusiones podemos extraer de los conceptos que se han explicado en este apartado?. Hemos establecido algunos hechos relevantes relacionados con la compresión del aire húmedo. En primer lugar, el aumento de presión produce un aumento de la presión del vapor. En segundo lugar, podemos deducir que la temperatura del punto de rocío también aumenta, puesto que la misma depende directamente de la presión de vapor.

En una compresión real multietapa, como las que estudiamos en el apartado **4.2.4** del capítulo **4**, se produce una compresión aproximadamente adiabática, a la salida de la cual tenemos aire húmedo que contiene su vapor al estado recalentado. Posteriormente viene un enfriador intermedio, que funciona a la presión de salida de la primera etapa. Este enfría el aire hasta una temperatura del orden de la atmosférica o, en todo caso, mucho menor a la de salida de la primera etapa. Como consecuencia, se produce la condensación de la humedad excedente, porque el aire comprimido tiene una capacidad de contener humedad mucho menor que el aire atmosférico. Esta humedad se debe separar a la salida del enfriamiento para evitar que ingrese a la segunda etapa del compresor, ya que lo podría perjudicar. En cada etapa posterior se produce un salto de presión y un enfriamiento, y en cada una de ellas se condensa mas humedad que se debe separar.

Como consecuencia de este proceso, el aire comprimido está mucho mas seco que el aire atmosférico, es decir, contiene mucho menos humedad *absoluta*. Esto no quiere decir claro está que su humedad relativa sea *baja*, ya que puede estar incluso saturado con un contenido de agua mucho menor que el aire atmosférico.

Como dijimos antes en el apartado **12.9**, si se inyecta una cierta masa de un gas inerte a una masa de aire húmedo se produce una modificación del contenido de humedad. Desde el punto de vista práctico, da lo mismo que la evolución de compresión sea a masa total constante o por inyección de aire seco, es decir, a volumen constante. En el último caso es evidente que la compresión ocurre con una disminución de la humedad absoluta del aire. En efecto, de la definición dada por la ecuación *(12-1)* tenemos:

$$\mathcal{H} = \frac{m_v}{m_a}$$

Está claro que si inyectamos aire seco en la mezcla manteniendo constante la masa de vapor la humedad absoluta disminuye. En cuanto a la humedad relativa, tenemos el efecto de dos factores separados. En primer lugar tenemos el efecto de la compresión, que como acabamos de ver produce una saturación debido a la disminución de la capacidad de contener humedad. Por otro lado el ingreso de una masa de aire seco contrarresta ese efecto. No se pueden extraer conclusiones genéricas por lo que habrá que analiza cada caso en forma individual, pero en general la influencia del primer factor será menor y como consecuencia la humedad relativa disminuye.

12.9.3 <u>Efecto de la expansión sobre la humedad del aire</u>

La frecuencia de aparición en la práctica de los fenómenos que involucran una expansión de aire húmedo es muchísimo menor que la de los fenómenos de compresión. Imaginemos una situación concreta como la expansión de aire húmedo para enfriar un recinto, digamos por ejemplo un vehículo espacial. Sean las condiciones originales de presión, volumen específico y temperatura P_0, v_0 y T_0, que corresponden aproximadamente a las condiciones atmosféricas normales. Para enfriar el vehículo se deja escapar algo de aire al espacio exterior (en una expansión libre, es decir, contra una presión nula) hasta que la presión baja a un valor P_1. Si la diferencia de presiones no es muy grande, podemos usar la ecuación de gases ideales sin cometer un error excesivo.

$$\frac{P_0 \, v_0}{T_0} = \frac{P_1 \, v_1}{T_1}$$

Suponiendo que la variación de presión no es demasiado grande, podemos considerar al volumen específico como constante, si bien cometiendo un pequeño error. En ese caso, lo que resulta se suele llamar ley de Charles-Gay-Lussac y tiene la siguiente forma.

$$\frac{P_0}{T_0} = \frac{P_1}{T_1} \Rightarrow T_1 = T_0 \frac{P_1}{P_0}$$

Como se ve claramente de esta relación, la disminución de presión trae como consecuencia una disminución de temperatura. Admitiendo que esta simplificación sea suficientemente exacta para nuestros fines, queda por determinar el efecto que tiene esta disminución de presión y temperatura sobre la humedad del aire. Como la presión disminuye, podemos esperar que el efecto producido sea el inverso del que se verificaba durante la compresión isotérmica (ver apartado **12.9.2**) es decir que la humedad debiera aumentar. Pero como también disminuye la temperatura, y dado que la presión de vapor del agua es mas sensible a las variaciones de temperatura que a las variaciones de presión, lo que resulta es un aumento de la humedad relativa. Si se continúa la disminución de presión y de temperatura se produce la condensación de parte del vapor de agua presente en el aire, es decir, se forma una niebla. Eventualmente, cuando el descenso de temperatura hace que ésta baje a menos de 0 °C, las gotitas de agua se congelan. Estas deducciones están de acuerdo con las observaciones experimentales hechas por astronautas en actividad extra vehicular.

BIBLIOGRAFIA

- *"Termodinámica"* – Holman.

- *"Termodinámica técnica"* – R. Vichnievsky.

- *"Termodinámica para Ingenieros"* – Balzhiser, Samuels y Eliassen.

- *"Procesos de Transferencia de Calor"* – D. Q. Kern.

- *"Cooling Tower Institute Blue Book"* – Cooling Tower Institute.

- *"Operaciones Básicas de la Ingeniería Química"* – G. G. Brown y otros

CAPITULO 13

FLUJO DE FLUIDOS

13.1 Introducción

En este capítulo nos ocuparemos de un tema de la Termodinámica que también es tratado por la Mecánica de los Fluidos y la Hidráulica. Se trata de aplicar un enfoque termodinámico a un problema que trasciende los límites de nuestra materia. No nos extenderemos en la justificación rigurosa de los elementos teóricos que tomaremos "prestados" de la Mecánica de los Fluidos, limitándonos a una exposición de esos elementos, cuya justificación detallada se debe buscar en los textos especializados.

Durante toda la discusión que encaramos en este capítulo supondremos que el flujo ocurre en régimen estable o permanente, en los términos definidos en el capítulo **3**.

13.1.1 Efecto de la viscosidad en el flujo de fluidos

La viscosidad se puede definir como una medida de la resistencia de un fluido a ponerse en movimiento. Se puede considerar a nivel microscópico como efecto de las fuerzas de atracción intermoleculares. Matemáticamente se define (y también se puede medir físicamente) por el esfuerzo cortante requerido para producir una cierta velocidad respecto de una superficie sólida en reposo. Esta definición operativa conduce a la analogía con un factor de rozamiento entre el fluido y la superficie sólida, pero dicha analogía es sólo un aspecto engañoso del problema ya que como dijimos la viscosidad está ligada a fuerzas de atracción entre partículas y por lo tanto su efecto se manifiesta aún en ausencia de superficies sólidas o en zonas muy alejadas de las mismas; por ejemplo es la que produce los torbellinos y vientos en la atmósfera a distancias enormes de la causa que los origina.

Cuando un fluido que está en contacto con una superficie sólida se pone en movimiento sufre un retardo debido a la viscosidad que se puede considerar similar a un rozamiento. Las que están en contacto con la pared están en reposo; las partículas inmediatamente cercanas tienen velocidad casi nula, y a medida que nos alejamos de la pared la velocidad crece. En las inmediaciones de la superficie la forma de flujo está organizada siguiendo los contornos de la superficie, y las partículas siguen un esquema ordenado deslizándose en láminas o capas con movimiento uniforme y velocidad igual para todas las partículas que pertenecen a una misma capa, es decir, las velocidades se distribuyen en niveles isocinéticos a distancias fijas e iguales de la superficie. Esta pauta de flujo se denomina flujo laminar o viscoso por ser característica de los fluidos muy viscosos como la miel o el aceite. Si representamos las partículas como esferas la situación es análoga a la siguiente:

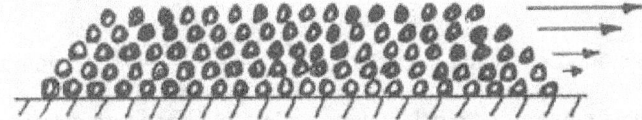

flujo estratificado, laminar o viscoso

Cuando nos alejamos de la superficie, algunas partículas son arrancadas de la lámina externa debido a la existencia de elevados esfuerzos cortantes, produciéndose perturbaciones en la pauta ordenada, pequeños vórtices o torbellinos, es decir, minúsculas zonas donde el movimiento es desordenado porque en lugar de deslizarse suavemente sobre la capa inferior, las partículas "saltan".

Un poco mas lejos los torbellinos son abundantes. Si llamamos V_{max} a la mayor de todas las velocidades que tiene el fluido y $\bar{V}$ es la velocidad media, dada por la expresión $\bar{V} = Q/A$ (o sea caudal volumétrico sobre sección transversal del conducto) entonces el cociente $\left(\dfrac{\bar{V}}{V_{max}}\right)$ nos da una medida de cómo está organizado el flujo en toda la gama de velocidades.

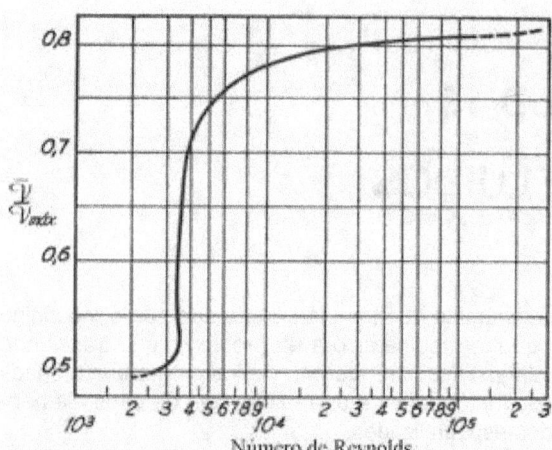

Si se estudia como varía este cociente con el número de Reynolds $\left(N_{Re} = \dfrac{D\,\mathcal{V}\,\rho}{\mu} \right)$ se observa que para un valor del número de Reynolds < 2500 el cociente $\left(\dfrac{\overline{\mathcal{V}}}{\mathcal{V}_{max}} \right)$ es menor de 0.5. Para valores del N_{Re} en el orden de 2500 se nota una variación muy brusca del cociente de velocidades, que salta de menos de 0.5 a mas de 0.7 y a $N_{Re} > 10^4$ el cociente de velocidades es mayor de 0.8. Esto se describe diciendo que hay dos regímenes de flujo, uno laminar a N_{Re} < 2000 donde la velocidad media $\overline{\mathcal{V}}$ es aproximadamente el 50% de la máxima, y otro turbulento a N_{Re} >> 2000 donde la velocidad media es del orden del 80% de la máxima, o mas. La ilustración muestra la variación del cociente adimensional de velocidades en función del número de Reynolds.

El régimen laminar se caracteriza por un perfil parabólico de velocidades, sin torbellinos. El régimen turbulento que rige a N_{Re} >> 2000 se caracteriza por la presencia masiva de torbellinos que emparejan el perfil de velocidades. Esto se puede observar en el croquis, que representa un corte de una tubería mostrando los distintos regímenes.

Régimen laminar. N_{Re} < 2000, perfil parabólico de velocidades.

Zona de transición. Aparecen algunos torbellinos en el centro. $N_{Re} \cong 2000$.

Régimen turbulento. Torbellinos en toda la masa excepto en la capa laminar inmediata a la pared. $N_{Re} > 2000$.

En resumen: en la zona laminar (N_{Re} < 2000) el flujo es estratificado, las moléculas se mueven en filetes o capas de velocidad constante. En régimen turbulento el flujo es desordenado, el perfil de velocidades mas parejo, excepto en una zona inmediata a la pared denominada zona laminar que es la capa en la que las velocidades son menores del 1% de la velocidad media. Esta capa es responsable de la mayor parte de la resistencia a los fenómenos de transporte de cantidad de movimiento, de masa y de calor.

¿Qué es el número de Reynolds?

El número de Reynolds es un número adimensional proporcional al cociente $\dfrac{\text{fuerzas dinámicas}}{\text{fuerzas viscosas}}$. El numerador del número de Reynolds depende de la velocidad promedio del fluido y por lo tanto tiene una estrecha relación con la energía cinética. En consecuencia, podemos afirmar que está ligado a las fuerzas dinámicas que se ponen en juego como consecuencia del movimiento. El denominador es la viscosidad de la cual dependen las fuerzas de resistencia que se *oponen* al movimiento. Los fenómenos dinámicos de los fluidos se pueden visualizar como situaciones complejas en las que hay un balance entre las fuerzas dinámicas que producen el movimiento (o que resultan del mismo) y las fuerzas viscosas que se oponen al movimiento.

13.1.2 Conductos cerrados

En este apartado estudiaremos el flujo en conductos cerrados totalmente llenos. En ciertos textos se suele identificar a los conductos cerrados totalmente llenos como "conductos bajo presión", pero esta designación no parece apropiada porque limita el campo de estudio a las tuberías que están sometidas a presiones distintas de la atmosférica, cuando en realidad las técnicas que vamos a desarrollar son igualmente aplicables a sistemas que operan bajo cualquier presión. Es probable que esta denominación se derive del hecho de que se suele usar tubería capaz de soportar presión porque es mas robusta, ya que la tubería incapaz de soportar presiones tiene paredes muy finas. Estas tuberías no resultarían aplicables por su debilidad estructural. Sería imposible instalarlas porque son demasiado frágiles.

562

Como vemos, casi sin quererlo hemos comenzado a referirnos a los conductos cerrados como tuberías, que normalmente es un término reservado para designar los conductos de sección circular. Sin embargo, los conceptos que desarrollamos en este apartado se pueden aplicar a conductos cerrados de cualquier sección transversal. Lo que sucede es que la tubería de sección circular es mas barata y se usa mas frecuentemente que cualquier otra forma de conducto. La tubería mas usada para una gran diversidad de aplicaciones es la de acero común al carbono, que en general se fabrica siguiendo la norma ANSI B36.19 en lo referente a diámetros y espesores. En los textos de Mecánica de los Fluidos y el el *"Manual del Ingeniero Químico"* se reproducen las tablas de diámetros usados para tubería comercial de acero común e inoxidable. Estas tablas hacen referencia a la calidad o "Schedule". Esto se suele traducir como "lista" o "calibre". Es una medida del espesor de pared y por lo tanto de la resistencia estructural que tiene el tubo a la corrosión y a la presión. De menor a mayor espesor, el calibre o Schedule es: 10, 20, 30, 40, 60, 80, 100, 120, 140, 160, XS y XXS. Los dos últimos calibres corresponden a las clases extra fuerte y doble extra fuerte que son las de mayor espesor. La tubería de acero inoxidable se obtiene en los calibres: 5S, 10S, 40S y 80S. La tubería con costura soldada por soldadura eléctrica, por fusión o sin costura es normalmente satisfactoria para la inmensa mayoría de los servicios. En los casos en que se transportan fluidos no corrosivos con presiones de hasta 400 psig (27 atmósferas técnicas manométricas) con tuberías de 4" de diámetro o mas, en el 90% de los casos se puede especificar Schedule 40 sin inconvenientes. Por eso el tubo de calibre 40 es el mas abundante y fácil de obtener en diversos tamaños. Para tubería de 3" de diámetro o menos es mas práctico especificar lista 80. El espesor adicional de pared con respecto al calibre 40 proveerá una mayor vida útil, y permitirá ahorrar capital en el largo plazo. Esta salvaguarda se suele tomar porque si se usara lista 40 para diámetros pequeños, el espesor de pared resultaría insuficiente para resistir golpes, machucones o pinchaduras. En lo sucesivo, nos referiremos a la tubería de acero que responde a esas características como tubería standard. El intervalo de números de lista va de 10 a 160, en sentido creciente de espesor de pared, y por lo tanto de resistencia a la presión. Por convención, todos los calibres de tubo de un determinado tamaño nominal tienen el mismo diámetro externo, de donde se deduce que para un cierto diámetro nominal los calibres mas grandes tienen un diámetro interno mas pequeño. Los distintos calibres no tienen la misma cantidad de diámetros nominales disponibles, por causa de los métodos de fabricación. Las dos series mas completas, es decir que tienen mayor cantidad de tamaños de tubo, son la 40 y la 80. Los tubos de número de lista mayores son mas caros debido a su mayor peso por unidad de longitud.

13.2 Flujo incompresible con fricción

En esta unidad estudiaremos los fundamentos teóricos del flujo de fluidos incompresibles con fricción. Se considera fluidos incompresibles a todos los líquidos y a los gases cuya densidad no varía apreciablemente a consecuencia del flujo.

13.2.1 Ecuación de Darcy-Weisbach

Para estudiar el modelo matemático que rige el flujo de fluidos incompresibles con fricción debemos emplear el Análisis Dimensional. No podemos hacer mas que rozar el tema, que requiere mucho espacio para tratarlo seriamente, de modo que nos limitaremos a explicar brevemente que el Análisis Dimensional es una herramienta teórica que permite construir un modelo matemático a partir de las variables que intervienen en un fenómeno físico. Este modelo se debe ajustar en base a datos experimentales para hallar expresiones matemáticas operativas que permitan calcular. Las dos técnicas mas usadas en Análisis Dimensional son el método algebraico y el teorema de Pi o de Buckingham. Aquí usaremos una forma simplificada del teorema de Pi para deducir la forma de la ecuación de Darcy-Weisbach. El teorema de Buckingham establece que en un modelo matemático de un sistema físico se pueden agrupar cierto número de variables en números adimensionales (es decir, cuyas dimensiones o unidades se cancelan mutuamente) siendo el número de grupos adimensionales igual al número de variables que intervienen en el fenómeno menos el número de dimensiones (o sea unidades básicas fundamentales) usadas para expresarlas. Las constantes dimensionales se cuentan entre las variables. Nuestro problema consiste en lo siguiente: dado un fluido incompresible que fluye por un conducto cerrado que suponemos en principio circular, de diámetro uniforme D y de longitud L, se produce una pérdida de presión estática ΔP que deseamos evaluar. Las características del conducto son: diámetro D, longitud L, rugosidad superficial ε (o sea la altura promedio de las imperfecciones de la superficie del conducto). Las características del fluido son: viscosidad μ, densidad ρ, velocidad $\mathcal{V}$, y además tomamos una constante dimensional g_c para convertir de Newton a Kg fuerza. Esto sólo es necesario si se usa un sistema de unidades no racional, pero innecesario en el Sistema Internacional. Véase el capítulo 1, apartado 1.5. Todas las variables son descriptibles mediante una base dimensional compuesta por tres unidades fundamentales que son: longitud (L), fuerza (F) y tiempo τ. Entonces podemos construir una ecuación dimensional mediante una función Φ que desconocemos.

$$\Phi(\Delta P, D, \mu, \rho, L, \mathcal{V}, g_c, k) = 1 \quad \text{donde: } k = \frac{\varepsilon}{D} \tag{13-1}$$

Hay tres magnitudes físicas fundamentales en la base y siete variables. Por lo tanto el número de grupos adimensionales que se pueden formar es: 7 – 3 = 4. Vamos a ver como formamos los grupos adimensionales. Usamos el signo igual en el sentido puramente dimensional, es decir, que "=" simboliza que las unidades de lo que está situado a su izquierda son las mismas que las de lo que está situado a su derecha.

$$\Delta P = \frac{F}{L^2} \Rightarrow F = \Delta P \times L \qquad g_c = \frac{ML}{F\,\tau^2} \Rightarrow F = \frac{M}{\tau^2}\frac{L}{g_c}$$

$$\rho = \frac{M}{L^3} \Rightarrow M = \rho \times L^3 \qquad \mathcal{V} = \frac{L}{\tau} \Rightarrow \tau^2 = \frac{L^2}{\mathcal{V}^2}$$

$$\therefore \Delta P \times L^2 = \frac{\rho L^3\, L}{\dfrac{L^2}{\mathcal{V}^2}\,g_c} = \frac{\rho L^3\,\mathcal{V}^2}{g_c} \Rightarrow \boxed{\Pi_1 = \frac{\Delta P\, g_c}{\rho\,\mathcal{V}^2}}\ \text{(número de Euler)} \qquad (13\text{-}2)$$

$$\boxed{\Pi_2 = \frac{D\,\mathcal{V}\,\rho}{\mu}}\ \text{(número de Reynolds)} \qquad (13\text{-}3)$$

$$\boxed{\Pi_3 = \frac{L}{D}} \qquad\qquad (13\text{-}4) \qquad\qquad \boxed{\Pi_4 = k = \frac{\varepsilon}{D}} \qquad (13\text{-}5)$$

Entonces la función se puede escribir luego de alguna transformación:

$$\Phi\!\left(\frac{D\,\mathcal{V}\,\rho}{\mu}, \frac{\Delta P\, g_c}{\rho\,\mathcal{V}^2}, \frac{L}{D}, \frac{\varepsilon}{D}\right) = 1 \Rightarrow \frac{\Delta P\, g_c}{\rho\,\mathcal{V}^2} = \Phi_1\!\left(\frac{D\,\mathcal{V}\,\rho}{\mu}, \frac{L}{D}, \frac{\varepsilon}{D}\right) \Rightarrow$$

$$\Rightarrow \frac{\Delta P}{\rho} = 2\frac{\mathcal{V}^2}{2\,g_c}\Phi_1\!\left(\frac{D\,\mathcal{V}\,\rho}{\mu}, \frac{L}{D}, \frac{\varepsilon}{D}\right) \Rightarrow \frac{\Delta P}{\rho} = \frac{L}{D}\frac{\mathcal{V}^2}{2\,g_c}\Phi_2\!\left(\frac{D\,\mathcal{V}\,\rho}{\mu}, \frac{\varepsilon}{D}\right)$$

Tomando un factor de "fricción" $f = \Phi_2\!\left(\dfrac{D\,\mathcal{V}\,\rho}{\mu}, \dfrac{\varepsilon}{D}\right)$ tenemos: $\boxed{\Delta P = f\,\rho\,\dfrac{L}{D}\dfrac{\mathcal{V}^2}{2\,g_c}} \qquad (13\text{-}6)$

f es el llamado "factor de fricción" que se puede obtener de la gráfica de Moody que está en todos los textos de Mecánica de Fluidos. La siguiente figura es la forma mas usada del gráfico de Moody.

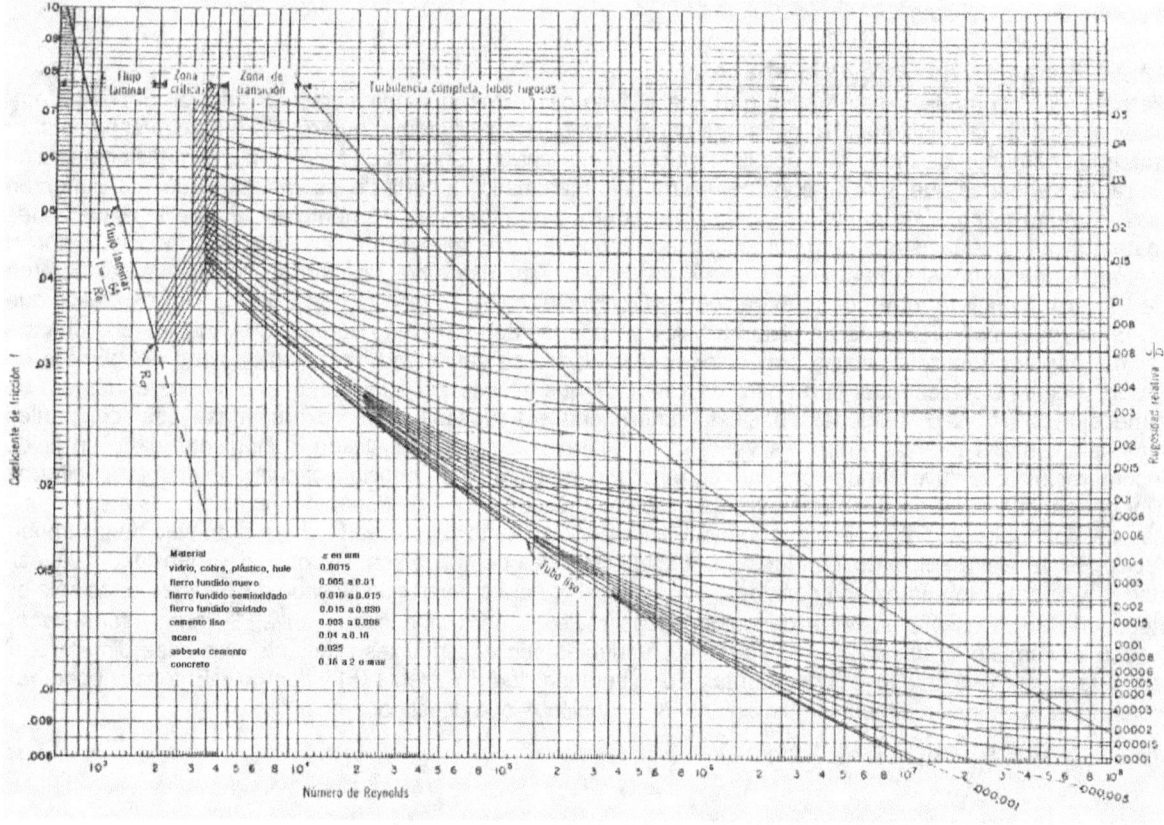

564

También se puede calcular por medio de funciones obtenidas por métodos de ajuste no lineal. La mejor fórmula es la de S.W. Churchill (*Chemical Engineering*, nov. 7, 1977 pág. 91-92) apta tanto para régimen laminar o turbulento.

$$f = \left\{ \left(\frac{8}{N_{Re}} \right)^{12} + \left[\left(\frac{37530}{N_{Re}} \right)^{16} + \left(-2.457 \times ln \left[\left(\frac{7}{N_{Re}} \right)^{0.9} + \frac{0.27 \times \varepsilon}{D} \right] \right)^{16} \right]^{-1.5} \right\}^{1/12}$$ (13-7)

Alternativamente, se puede usar la siguiente fórmula sólo para régimen laminar:

$$f = \frac{64}{N_{Re}}$$ (13-7')

Para régimen turbulento, se puede usar la fórmula de Colebrook y White:

$$\frac{1}{\sqrt{f}} = -2 \times \log_{10} \left[\frac{\varepsilon}{3.7 \times D} + \frac{2.51}{N_{Re} \sqrt{f}} \right]$$ (13-7'')

También para régimen turbulento da muy buenos resultados la fórmula de Moody que tiene la ventaja sobre la anterior de no exigir cálculos iterativos:

$$f = 0.0055 \left[1 + \left(20000 \frac{\varepsilon}{D} + \frac{10^6}{N_{Re}} \right)^{1/3} \right]$$ (13-7''')

El factor f también se puede estimar por medio de la gráfica de Moody que da valores muy similares a los que proporciona la ecuación (13-7'').

Ejemplo 13.1 Cálculo de la pérdida de carga de una tubería recta.

Determinar la pérdida de carga en 300 m de tubería de acero galvanizado de 15 cm de diámetro en la que fluyen 50 litros/seg de agua a 15 °C.

Datos

1) del fluido: $\rho = 10^3 \dfrac{Kg}{m^3}$ $v = 1.14 \times 10^{-6} \dfrac{m^2}{seg}$

2) de la tubería: adoptamos $\varepsilon = 0.015$ cm $\Rightarrow \dfrac{\varepsilon}{D} = \dfrac{0.015}{15} = 1 \times 10^{-3}$

Solución

Cálculo de v. $v = \dfrac{Q}{A} = \dfrac{4Q}{\pi D^2} = 2.83 \dfrac{m}{seg} \Rightarrow N_{Re} = \dfrac{D\,v}{v} = \dfrac{0.15 \times 2.83}{10^{-3}} = 37200$

De la gráfica de Moody: $f = 0.021$

De la ecuación de Darcy: $h_f = f \dfrac{L}{D} \dfrac{v^2}{2g} = 0.021 \dfrac{300}{0.15} \dfrac{2.83^2}{2 \times 9.8} = 17$ m

13.2.2 Conductos de sección no circular

Si bien hemos deducido la ecuación de Darcy para conductos de sección circular, se puede aplicar a casos en que la sección tiene otra forma mediante el concepto de diámetro equivalente. Se define el diámetro equivalente por:

$$D_e = 4 \frac{\text{Area transversal de flujo}}{\text{Perímetro mojado}}$$ (13-8)

Así para un conducto circular de diámetro uniforme totalmente lleno el diámetro equivalente resulta:

$$D_e = 4 \frac{\pi D^2}{4 \pi D} = D$$

Este método no es exacto para secciones de forma muy compleja, especialmente en la zona de régimen laminar, pero se puede aplicar sin inconvenientes en secciones simples tales como rectángulos, cuadrados etc.

En el caso de conductos rectangulares en la zona laminar los valores de pérdida de carga obtenidos basándose en el diámetro equivalente se deben corregir multiplicando por:

$$0.9 + 0.6\left(\frac{a-b}{a+b}\right)$$ donde a y b son lados del rectángulo, $a > b$.

Los valores calculados de diámetro equivalente dan mejores resultados en régimen laminar si se los multiplica por 1.25, con la excepción de los conductos rectangulares en los que conviene usar la corrección anterior. No se requiere corrección para régimen turbulento.

Ejemplo 13.2 Cálculo del diámetro equivalente de tuberías de diversas formas.
Hallar las expresiones para calcular el diámetro equivalente de los siguientes conductos totalmente llenos:
a) circular de diámetro D; b) cuadrado de lado L; c) anular de diámetros D_1 y D_2, siendo $D_1 < D_2$; d) rectangular de lados a y b, siendo $a > b$.
Solución
Por definición $D_e = 4A/P$. Aplicamos esta fórmula a cada caso.

a) $D_e = 4\dfrac{\dfrac{\pi D^2}{4}}{\pi D} = D$

b) $D_e = 4\dfrac{L^2}{4L} = L$

c) $D_e = 4\dfrac{\dfrac{\pi D_2^2}{4} - \dfrac{\pi D_1^2}{4}}{\pi D_2 + \pi D_1} = \dfrac{D_2^2 - D_1^2}{D_2 + D_1} = D_2 - D_1$

d) $D_e = 4\dfrac{ab}{2(a+b)} = \dfrac{2ab}{a+b}$

13.2.3 Resistencias producidas por accesorios

La influencia de accidentes en tuberías (codos, reducciones de sección, válvulas y otros accesorios) se toma en cuenta asignando una longitud equivalente de tubería recta a cada accidente, según tabulaciones realizadas en base a datos experimentales que se pueden consultar en manuales y textos. La longitud equivalente sería la longitud de tubería recta que produciría la misma caída de presión que un accesorio si se lo reemplaza por tubería. Por lo tanto, en el término L quedan englobados no sólo la longitud real de tubería sino la suma de longitud real y todas las longitudes equivalentes a accesorios. La longitud L corresponde a la suma de la longitud real de tubo recto L_t mas la longitud equivalente a los accesorios L_e. La pérdida de carga por efecto de los accesorios y del tubo recto (sin accesorios) es:

$$\frac{\Delta P}{\rho} = f\frac{L}{D}\frac{v^2}{2g_c} = f\frac{L_t + L_e}{D}\frac{v^2}{2g_c}$$

Otra forma de evaluar la influencia de accidentes en tuberías es por medio del método de las "cargas de velocidad". El método de las cargas de velocidad consiste en asignar a cada accesorio un valor k tal que al multiplicarlo por la carga de velocidad circulante por la tubería sea igual a la pérdida de carga debida al accesorio.
Luego se suman todos los valores para el conjunto de accesorios presentes en la tubería.
Una carga de velocidad se define como la energía cinética por unidad de masa circulante, es decir:

$$\frac{v^2}{2g_c}$$

Entonces la pérdida de carga del conjunto de accesorios mas tubería recta es:

$$\frac{\Delta P}{\rho} = \frac{v^2}{2g_c}\sum k + \frac{fL_t}{D}\frac{v^2}{2g_c} = \left[\frac{fL_t}{D} + \sum k\right]\frac{v^2}{2g_c}$$

Adjuntamos varias gráficas que permiten calcular pérdidas secundarias.

Las gráficas del *Hydraulics Institute* para el método de las cargas de velocidad son generalmente aceptadas como suficientemente exactas para la mayor parte de los cálculos de ingeniería.

COEFICIENTES DE RESISTENCIA PARA VALVULAS, UNIONES Y ACOPLES

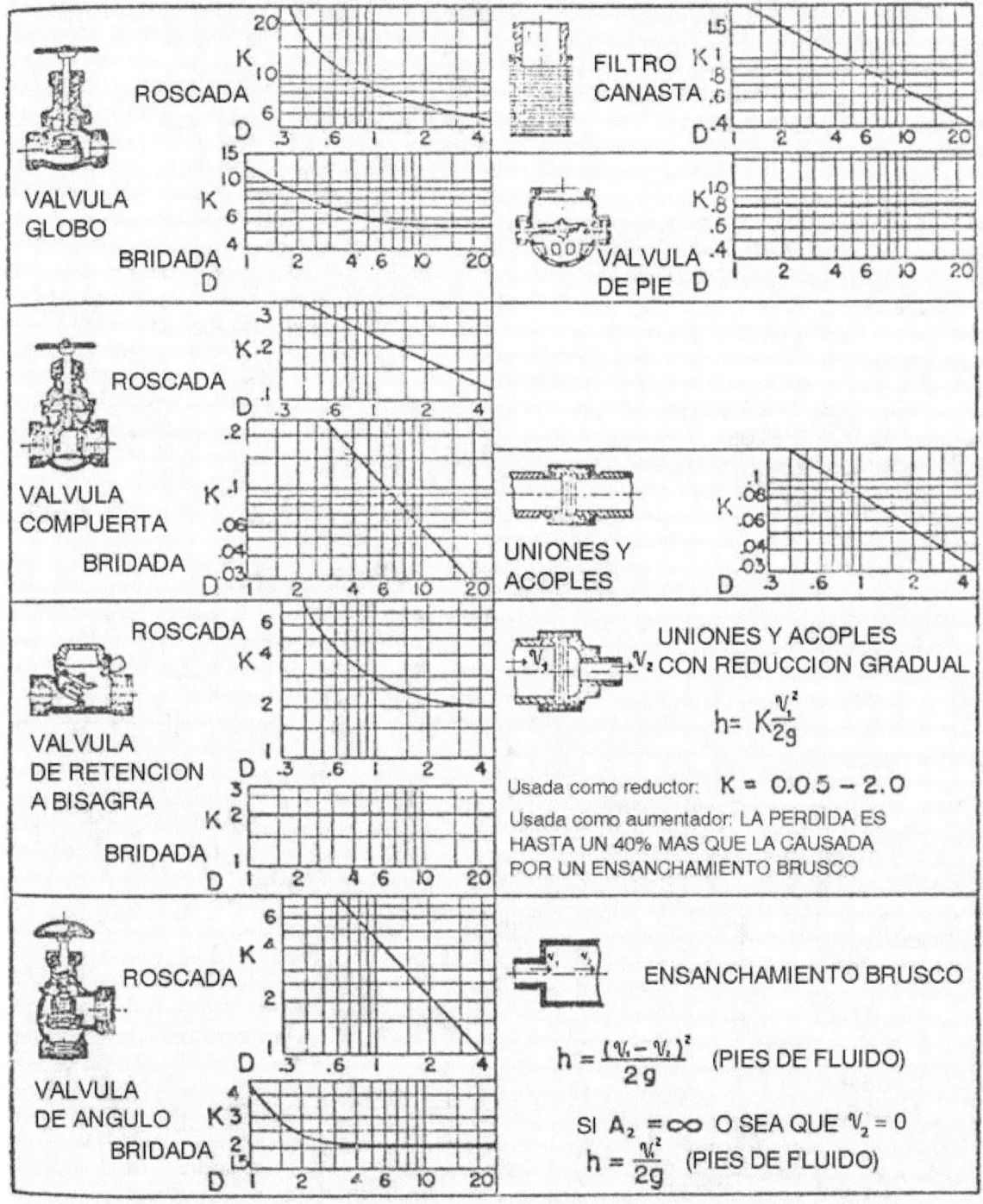

COEFICIENTES DE RESISTENCIA PARA ENTRADAS, CODOS y CURVAS

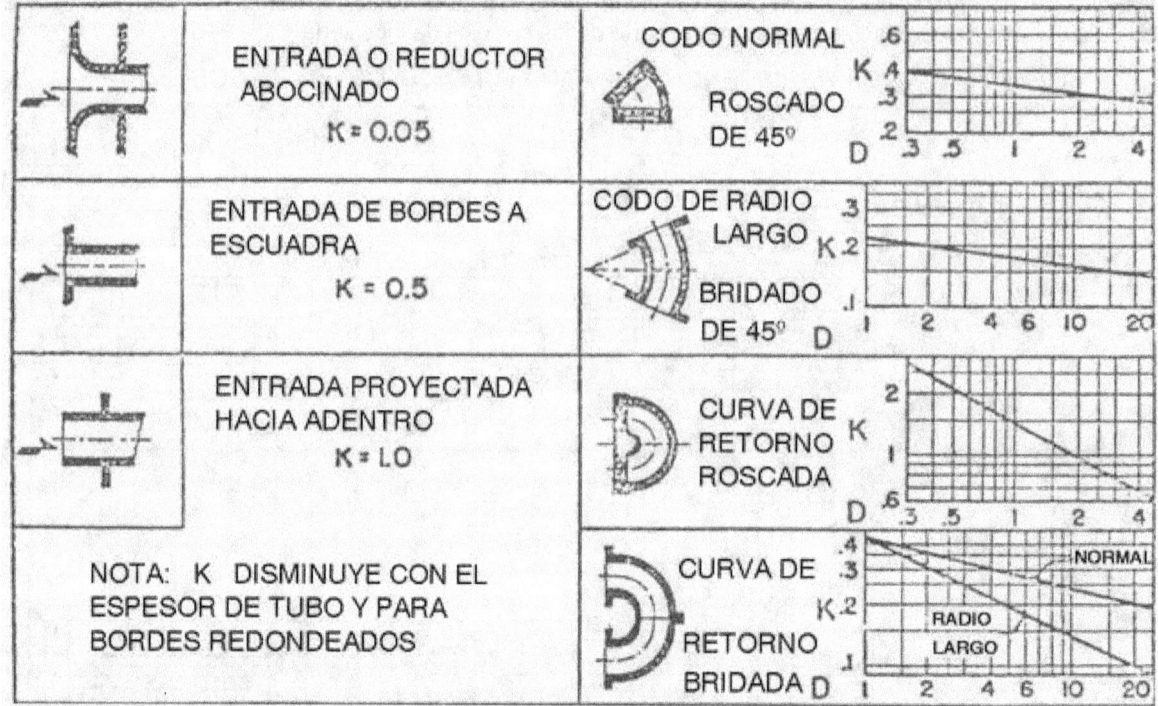

COEFICIENTES DE RESISTENCIA PARA CODOS Y TES

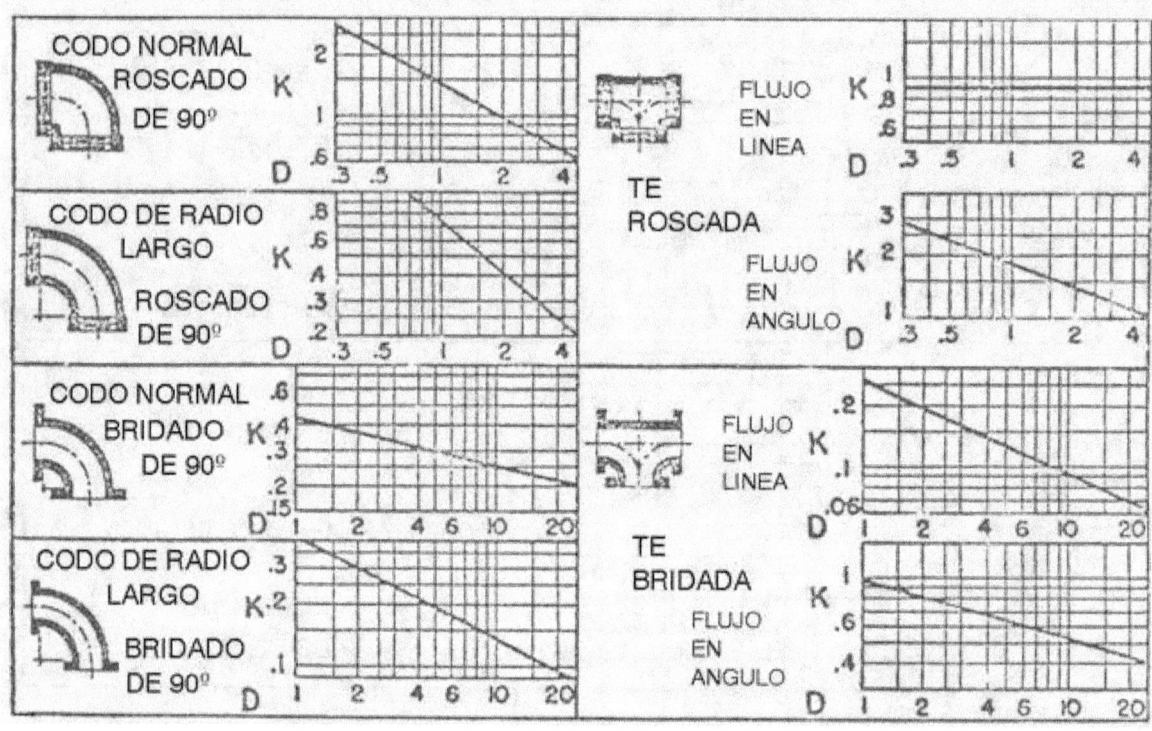

La gráfica de *Crane Co.* para cálculo de longitudes equivalentes se continúa usando aún hoy. Se observa en la página siguiente en forma de nomograma.

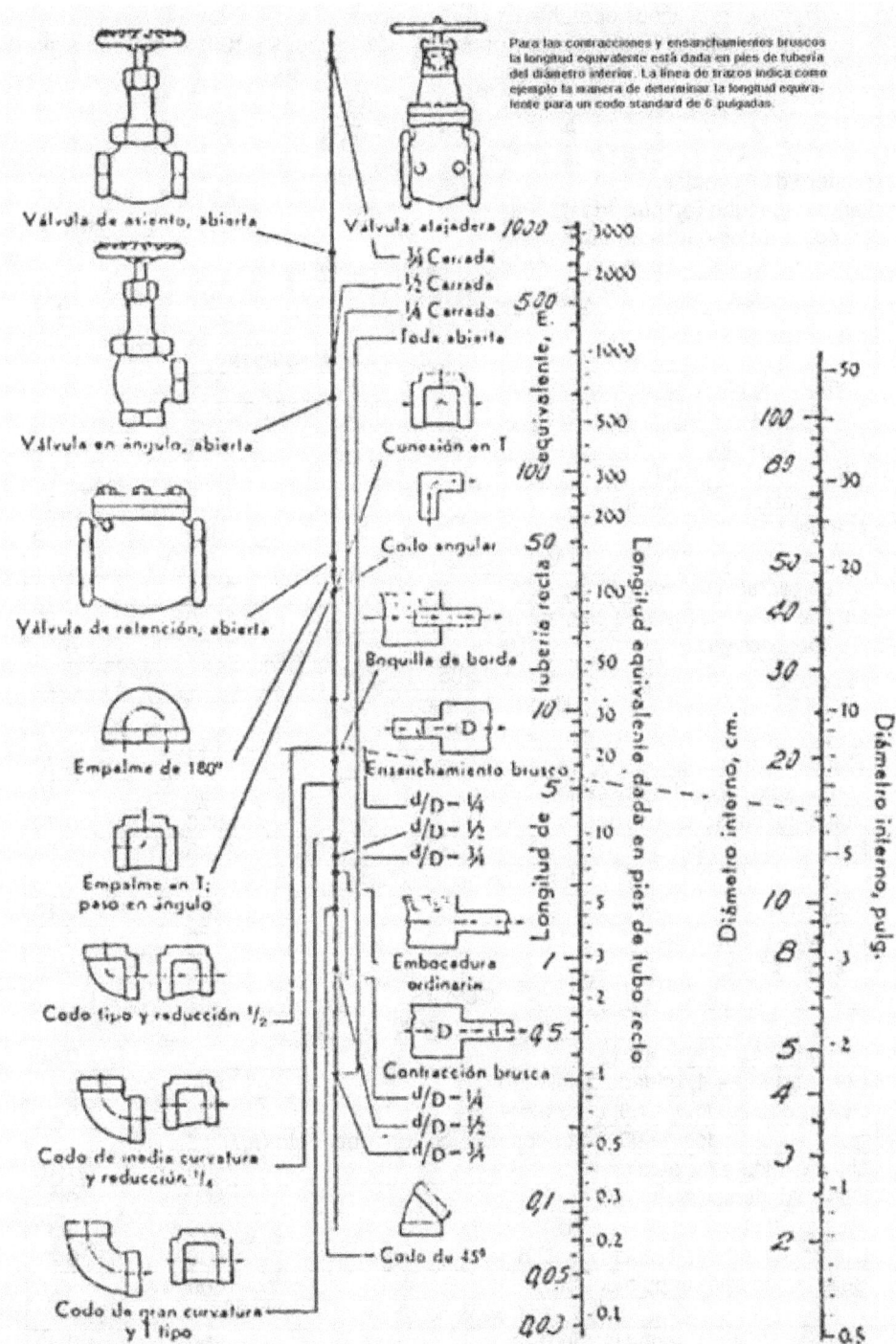

Cabe aclarar que tanto en el caso del nomograma de Crane como en el de los datos del *Hydraulics Institute* los diámetros están en pulgadas, y son nominales. En teoría, ambos métodos debieran dar resultados comparables. Igualando las dos ecuaciones se deduce:

$$f\frac{L_t + L_e}{D}\frac{\mathcal{V}^2}{2g_c} = \left[\frac{f\,L_t}{D} + \sum k\right]\frac{\mathcal{V}^2}{2g_c}$$

de donde:

$$f\frac{L_t + L_e}{D} = \left[\frac{f\,L_t}{D} + \sum k\right] \Rightarrow f\frac{L_e}{D} = \sum k \Rightarrow L_e = \frac{D\sum k}{f}$$

569

Sin embargo proporcionan resultados diferentes.
De acuerdo a Hooper (*Chemical Engineering*, August 24, 1981, pág. 96-100) el método siguiente describe con mayor exactitud el comportamiento de accesorios.

$$K = \frac{K_1}{N_{Re}} + K_2\left(1 + \frac{1}{D}\right)$$

donde: N_{Re} = número de Reynolds.

D = diámetro de tubo (en pulgadas).

K_1, K_2 = coeficientes dados en tablas.

Los valores de K_1 y K_2 se pueden obtener de la siguiente tabla.

TIPO DE ACCIDENTE	K_1	K_2
VÁLVULAS		
Válvulas de compuerta, esférica, de robinete		
Tamaño de línea completa, β = 1.0	300	0.10
Tamaño reducido, β = 0.90	500	0.15
Globo, standard	1500	4.00
Globo, tipo Y o ángulo	1000	2.00
Diafragma, tipo atajadera	1000	2.00
Mariposa	800	0.25
Válvulas de retención		
De tipo vertical (asiento de elevar)	2000	10.00
De tipo charnela (asiento pivotante)	1500	1.50
De tipo disco giratorio	1000	0.50
TE		
Usada como codo → ⊤ ↓		
Standard, roscadas	500	0.70
Largo radio R/D = 1.5, roscadas	800	0.40
Standard, bridadas o soldadas	800	0.80
Para enchufar	1000	1.00
Usada como tubo → ⊤ →		
Roscadas	200	0.10
Bridadas o soldadas	150	0.50
Para enchufar	100	0.00
CODOS		
Codos de 90°		
Standard R/D = 1, roscado	800	0.40
Standard R/D = 1, bridado o soldado	800	0.25
De largo radio, R/D = 1.5, cualquier tipo	800	0.20
Codos de 90° soldados hechos con tubo recto (R/D = 1.5)		
Una soldadura (ángulo de 90°)	1000	1.15
Dos soldaduras (ángulo de 45°)	800	0.35
Tres soldaduras (ángulo de 30°)	800	0.30
Cuatro soldaduras (ángulo de 22.5°)	800	0.27
Seis soldaduras (ángulo de 18°)	800	0.25
Codos de 45°		
Standard R/D = 1, todos los tipos	500	0.20
Largo radio R/D = 1.5, todos los tipos	500	0.15
Soldado, 1 soldadura, 45°	500	0.25
Soldado, 2 soldaduras, 22.5°	500	0.15
Codos de 180°		
Standard R/D = 1, roscados	1000	0.60
Standard R/D = 1, bridados o soldados	1000	0.35
Largo radio R/D = 1.5, todos los tipos	1000	0.30

Nota: R/D = relación del radio de curvatura de codo o curva al diámetro de tubo.

Son excepciones los siguientes casos: reducciones de sección, ensanchamientos de sección y orificios. En este caso, Hooper (*Chemical Engineering* November 7 1988, pág. 89-92) recomienda el siguiente método.

1–Reducciones de sección de tubería.

1.a–Reducción brusca o cuadrada

$$K = \left(1.2 + \frac{160}{N_{Re1}}\right)\left(\beta^4 - 1\right) \qquad \text{(Para } N_{Re1} \leq 2500\text{)}$$

$$K = \left(0.6 + 0.8f\right)\left(\beta^2 - 1\right)\beta^2 \qquad \text{(Para } N_{Re1} > 2500\text{)}$$

1.b–Reducción abocinada o en ángulo (θ = ángulo de convergencia)

$$K = \left(1.2 + \frac{160}{N_{Re1}}\right)\left(\beta^4 - 1\right)\sqrt{1.6 \times \text{sen}\left(\theta/2\right)} \qquad \text{(Para } 0° \leq \theta \leq 45°\text{)}$$

$$K = \left(1.2 + \frac{160}{N_{Re1}}\right)\left(\beta^4 - 1\right)\sqrt{\text{sen}\left(\theta/2\right)} \qquad \text{(Para } 45° \leq \theta \leq 180°\text{)}$$

1.c–Reducción abocinada redondeada

$$K = \left(0.1 + \frac{50}{N_{Re1}}\right)\left(\beta^4 - 1\right)$$

Nota: (en todos los casos N_{Re1} se refiere al número de Reynolds calculado en base al diámetro mayor). $\beta = D_1/D_2$ (relación de diámetro *mayor* a *menor*); f es el factor de fricción de la ecuación de Darcy.

2–Orificios.

2.a–Orificio de paredes finas

$$K = \left(2.72 + \beta^2\left[\frac{120}{N_{Re1}} - 1\right]\right)\left(1 - \beta^2\right)\left(\beta^4 - 1\right) \qquad \text{(Para } N_{Re1} \leq 2500\text{)}$$

$$K = \left(2.72 + \beta^2\left[\frac{4000}{N_{Re1}} - 1\right]\right)\left(1 - \beta^2\right)\left(\beta^4 - 1\right) \qquad \text{(Para } N_{Re1} > 2500\text{)}$$

2.b–Orificio de paredes gruesas

$$K = \left(2.72 + \beta^2\left[\frac{120}{N_{Re1}} - 1\right]\right)\left(1 - \beta^2\right)\left(\beta^4 - 1\right)\left[0.584 + \frac{0.0936}{\left(L/D_2\right)^{1.5} + 0.225}\right]$$

Nota: $\beta = D_1/D_2$ (relación de diámetro mayor a menor); L = longitud de pared del orificio grueso. Válido para $L/D_2 < 5$, caso contrario analizar como reducción y ensanchamiento.

3–Ensanchamientos de sección de tubería.

3.a–Ensanchamiento brusco o cuadrado

$$K = 2\left(1 - \beta^4\right) \qquad \text{(Para } N_{Re1} \leq 4000\text{)}$$

$$K = \left(1 + 0.8f\right)\left(1 - \beta^2\right)^2 \qquad \text{(Para } N_{Re1} > 4000\text{)}$$

3.b–Ensanchamiento abocinado o en ángulo

$$K = 2\left(1 - \beta^4\right)C \qquad \text{(Para } N_{Re1} \leq 4000\text{)}$$

$$K = \left(1 + 0.8f\right)\left(1 - \beta^2\right)^2 C \qquad \text{(Para } N_{Re1} > 4000\text{)}$$

$$C = 1 \qquad \text{Para } \theta > 45°$$

$$C = 2.6 \times \text{sen}(\theta/2) \qquad \text{Para } \theta \leq 45°$$

3.c–Ensanchamiento abocinado redondeado

$$K = 2\left(1 - \beta^4\right) \qquad \text{(Para } N_{Re1} \leq 4000\text{)}$$

$$K = \left(1 + 0.8f\right)\left(1 - \beta^2\right)^2 \qquad \text{(Para } N_{Re1} > 4000\text{)}$$

Ejemplo 13.3 Cálculo de la pérdida de carga debida a accesorios.
Calcular la pérdida de carga de un tramo de tubería de 1000 m de longitud, 30 cm de diámetro, que transporta agua a 15 °C con una velocidad de 1.5 m/seg. La tubería tiene los siguientes accesorios: una válvula de asiento abierta, 4 codos de 90° de media curvatura y una te recorrida en paso directo. La tubería es de acero comercial lista 40.

Datos

1) del fluido: $\rho = 10^3 \dfrac{\text{Kg}}{\text{m}^3}$ $v = 1.14 \times 10^{-6} \dfrac{\text{m}^2}{\text{seg}}$

2) de la tubería: adoptamos $\varepsilon = 0.009$ m $\Rightarrow \dfrac{\varepsilon}{D} = \dfrac{0.009}{0.3} = 3\times 10^{-4}$

Solución

a) cálculo del número de Reynolds. $N_{Re} = \dfrac{D\,\mathcal{V}}{v} = \dfrac{0.3\times 1.5}{1.14\times 10^{-6}} = 395000$

    Calculamos por la ecuación *(13-7")* $f = 0.0167$

b) cálculo por el método de longitudes equivalentes. Con el nomograma obtenemos:

    1 válvula de asiento abierta, c/u 106 m   106 m
    4 codos de 90° de media curvatura, c/u 8.5 m   34 m
    1 T paso directo, c/u 7 m   7 m

    TOTAL $\sum l_e =$ 147 m

$$\frac{\Delta P}{\rho} = f\frac{L_t}{D}\frac{\mathcal{V}^2}{2g_c} + f\frac{L_e}{D}\frac{\mathcal{V}^2}{2g_c} = 0.0167\frac{1000}{0.3}\frac{1.5^2}{2\times 9.8} + 0.0167\frac{147}{0.3}\frac{1.5^2}{2\times 9.8} =$$

$$= 6.39\frac{\text{Kg}_f\times\text{m}}{\text{Kg}} + 0.94\frac{\text{Kg}_f\times\text{m}}{\text{Kg}}$$

Por lo tanto: ΔP de tubería recta $= 0.639\dfrac{\text{Kg}_f}{\text{cm}^2}$; ΔP de accesorios $= 0.094\dfrac{\text{Kg}_f}{\text{cm}^2}$

c) cálculo por el método de las cargas de velocidad. De las gráficas obtenemos:

    1 válvula de asiento abierta, c/u 0.2   0.2
    4 codos de 90° de media curvatura, c/u 0.6   2.4
    1 T paso directo, c/u 0.46   0.46

    TOTAL $\sum k =$ 3.06

$$\frac{\Delta P}{\rho} = f\frac{L}{D}\frac{\mathcal{V}^2}{2g_c} + \sum k\frac{\mathcal{V}^2}{2g_c} = 6.39 + 3.06\frac{1.5^2}{2\times 9.8} = 6.39 + 0.35$$

Por lo tanto: ΔP de tubería recta $= 0.639\dfrac{\text{Kg}_f}{\text{cm}^2}$; ΔP de accesorios $= 0.035\dfrac{\text{Kg}_f}{\text{cm}^2}$

La diferencia entre los resultados de ambos métodos es importante.

d) cálculo por el método de Hooper. $K = \dfrac{K_1}{N_{Re}} + K_2\left(1 + \dfrac{1}{D}\right)$

Puesto que D tiene que estar en pulgadas, tenemos: $D = 30/2.54 = 11.81"$

    De las tablas obtenemos:

Accesorio	K_1	K_2	K	Total
válvula de asiento abierta	1500	4.00	4.34	4.34
codos de 90° de media curvatura	800	0.25	0.273	1.09
T paso directo	800	0.80	0.87	0.87

    TOTAL $\sum k =$ 6.3

$$\frac{\Delta P}{\rho} = f\frac{L}{D}\frac{\mathcal{V}^2}{2g_c} + \sum k\frac{\mathcal{V}^2}{2g_c} = 6.39 + 6.3\frac{1.5^2}{2\times 9.8} = 6.39 + 0.72$$

Por lo tanto: ΔP de tubería recta $= 0.639\dfrac{\text{Kg}_f}{\text{cm}^2}$; ΔP de accesorios $= 0.072\dfrac{\text{Kg}_f}{\text{cm}^2}$

Este resultado (que consideramos el mas exacto) muestra que los métodos mas antiguos dan resultados erráticos. Si bien la diferencia en este caso es pequeña porque los accesorios son pocos en una tubería de 1 kilómetro, en casos de tuberías llenas de accesorios la diferencia es significativa.

Las resistencias ofrecidas por accesorios en la zona laminar se deben corregir ya que los valores de longitud equivalente tabulados corresponden en su totalidad a experiencias realizadas primordialmente en la zona turbulenta. Por lo general no se suele proyectar tuberías para que funcionen en régimen laminar, pero en ciertos casos esto no se puede evitar, como cuando hay que transportar un líquido muy viscoso.
Walker, Lewis, McAdams y Gilliland (*"Principles of Chemical Engineering"* McGraw-Hill, 1937 pág. 85-86) recomiendan usar la siguiente corrección:

$$L_l = \frac{N_{Re}}{1000} L_t$$

Donde: L_t es la longitud equivalente para $N_{Re} > 1000$ (turbulento);
L_l es la longitud equivalente para $N_{Re} < 1000$ (laminar).

13.3 Velocidad del sonido en fluidos compresibles. Número de Mach

La velocidad del sonido es la velocidad con que se propagan en un medio continuo las pequeñas variaciones en su densidad que produce una perturbación. Se consideran pequeñas perturbaciones a aquellas cuya amplitud, es decir la magnitud de la desviación local de la presión con respecto a la velocidad media, es minúscula.
Sea una perturbación que se propaga en un fluido compresible en reposo, gas o líquido. Si bien los líquidos son muy poco compresibles, tienen una compresibilidad que se manifiesta en que son capaces de transmitir el sonido. Esta perturbación es producida por un émbolo que en un instante se mueve muy rápidamente con una velocidad $d\mathcal{V}$, como un diafragma al que se golpea con el dedo. Esto produce una compresión en la capa de fluido que está en contacto directo con el émbolo, que transmite su presión a la capa siguiente y así sucesivamente, produciéndose un frente de onda que se mueve con celeridad c.

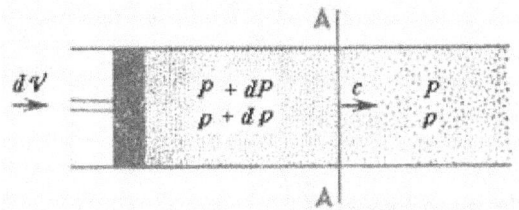

Supongamos que en un instante $d\tau$ el frente de onda llegó hasta la posición indicada como **A** en el croquis. Por delante del frente de onda (a su derecha) el fluido no está perturbado, tiene una presión P y una densidad ρ. Por detrás el fluido tiene una presión $P + dP$ y una densidad $\rho + d\rho$, y se mueve con una velocidad $d\mathcal{V}$ hacia la derecha. Es muy importante distinguir la velocidad del frente de onda (c) que se debe a un mecanismo de propagación por compresión y descompresión, de la velocidad de las moléculas aceleradas por el pistón, que no puede exceder a la velocidad del propio pistón ($d\mathcal{V}$). La masa de fluido no perturbado contenido en el espacio recorrido por el frente de onda en el instante $d\tau$ viene dada por la sección A del conducto, la densidad no perturbada ρ y la velocidad c del frente:

$$dM_n = c \, d\tau \, \rho \, A$$

O sea, espacio recorrido por el frente multiplicado por densidad por sección.
La masa de fluido perturbado que la sección deja atrás en su movimiento en el tiempo $d\tau$ será también densidad del medio perturbado por velocidad del frente respecto del medio por sección por tiempo; pero como el medio perturbado se mueve hacia la derecha con una velocidad $d\mathcal{V}$ la velocidad del frente respecto al medio no es c sino $(c - d\mathcal{V})$ de donde resulta:

$$dM_p = (\rho + d\rho) \, A \, (c - d\mathcal{V}) \, d\tau$$

Ahora bien, como la cantidad de masa contenida en el volumen que queda entre el pistón y el frente de onda es única, debe ser: $dM_n = dM_p$ o sea:

$$\rho \, A \, c \, dt = (\rho + d\rho) \, A \, (c - d\mathcal{V}) \, dt \Rightarrow \rho c = (\rho + d\rho)(c - d\mathcal{V}) \tag{13-9}$$

En esta ecuación tenemos dos incógnitas: $\mathcal{V}$ y c. Para resolverlas necesitamos otra ecuación que esté en función de $\mathcal{V}$ y c. Esta ecuación es la de conservación de la cantidad de movimiento dada en función del impulso y la variación de la cantidad de movimiento, es decir, la variación de la cantidad de movimiento de un cuerpo de masa M es igual al impulso que recibe bajo la acción de una fuerza F.
En el tiempo $d\tau$ la velocidad de la masa no perturbada de fluido dM_n varía desde cero hasta $d\mathcal{V}$. Por lo tanto, la variación de la cantidad de movimiento de esta masa es: $dM_n \, d\mathcal{V}$.
En cuanto a la fuerza que actúa sobre esta masa es igual al producto del área transversal del tubo A por la diferencia de presiones entre derecha e izquierda de la sección considerada, es decir dP. Por lo tanto el impulso de la fuerza será: $A \, dP \, d\tau$.

573

Por lo tanto igualando:

$$A \, dP \, d\tau = dM_n \, dV = \rho \, A \, c \, d\tau \, dV \Rightarrow dP = \rho \, c \, dV \qquad (13\text{-}10)$$

Operando con la ecuación *(13-9)*:

$$\rho c = (\rho + d\rho)(c - dV) = \rho c - \rho dV + c d\rho - d\rho \, dV \Rightarrow c d\rho - \rho dV - d\rho dV = 0$$

Pero de la ecuación *(13-10)*: $\quad \rho \, dV = \dfrac{dP}{c} \Rightarrow c \, d\rho - \dfrac{dP}{c} - d\rho \, dV = 0 \;\therefore\; c^2 \, d\rho - dP - c \, d\rho \, dV = 0$

Despreciando ($d\rho \, dV$) por ser un diferencial de segundo orden tenemos:

$$dP = c^2 \, d\rho \Rightarrow \boxed{c = \sqrt{\frac{dP}{d\rho}}} \qquad (13\text{-}11)$$

Esta ecuación tiene un gran interés histórico porque fue usada en 1687 por Isaac Newton para calcular la velocidad del sonido en los gases. Newton supuso que la transmisión del sonido ocurría isotérmicamente, entonces empleó la ley de Boyle y Mariotte (1666):

$$PV = K.$$

De ella se deduce: $\qquad PV = \dfrac{P}{\rho} = K \Rightarrow P = \rho \times K \Rightarrow \left(\dfrac{\partial P}{\partial \rho}\right)_T = K = \dfrac{P}{\rho}$

Ahora, los valores calculados por Newton eran un 20% menores que los medidos en la realidad, lo que increíblemente indujo al gran Isaac Newton a falsear sus resultados experimentales para que se ajustaran con su teoría, en uno de los casos mas antiguos de deshonestidad científica de los que se tenga noticia.

Laplace interpretó este hecho como una falla del razonamiento de Newton, ya que como las ondas de presión viajan muy rápido, no dan tiempo a establecer intercambio de calor con el medio, de modo que la derivada se debería calcular para un proceso adiabático, es decir:

$$c = \sqrt{\left(\frac{dP}{d\rho}\right)_S} \qquad (*)$$

Considerando ahora un proceso adiabático tenemos:

$$PV^\gamma = \frac{P}{\rho^\gamma} = \text{constante} \Rightarrow P = \rho^\gamma \times \text{constante} \Rightarrow$$

$$\Rightarrow \left(\frac{\partial P}{\partial \rho}\right)_S = \gamma \rho^{\gamma-1} \times \text{constante} = \gamma \rho^{\gamma-1} \times \frac{P}{\rho^\gamma} = \frac{\gamma P}{\rho}$$

Por una cuestión de unidades, para poder usar el sistema de unidades "usuales" escribimos la ecuación (*):

$$c = \sqrt{g_c \left(\frac{dP}{d\rho}\right)_S} \qquad (**)$$

Para un gas ideal es:

$$\rho = \frac{PM \, P}{R' \, T}$$

donde *PM* es el peso molecular.

Entonces tenemos reemplazando arriba:

$$c = \sqrt{\frac{\gamma \, g_c \, R' \, T}{PM}} \qquad (13\text{-}12)$$

El número de Mach es el cociente de la velocidad con que se mueve un fluido respecto de un sistema en reposo (o la velocidad con que se mueve un objeto en el seno de un fluido en reposo) dividida por la velocidad del sonido en ese fluido. Por lo tanto, el número de Mach es:

$$N_M = \frac{V}{c} = \frac{V}{\sqrt{\gamma \, g_c \, R \, T}} \qquad (13\text{-}13)$$

13.4 Flujo compresible sin fricción

Estudiaremos ahora el flujo compresible de gases y vapores sin fricción. Sea un sistema integrado por un conducto de sección transversal uniforme por el que circula un gas o vapor. La circulación se produce como consecuencia de la diferencia de presiones que hay en el interior del conducto. Como sabemos, los fluidos se desplazan desde los sectores de mayor presión hacia los de menor presión, una evolución que en el caso de fluidos compresibles siempre viene acompañada de una expansión. El gas o vapor se expande a medida que avanza por el conducto, disminuyendo su densidad (y aumentando su volumen específico) desde la entrada a la salida del conducto. A medida que se expande, aumenta su velocidad porque se ve acelerado por el efecto de la fuerza resultante de la diferencia de presiones, o si se quiere se ve "empujado" por la mayor presión que tiene a sus espaldas a medida que avanza.

Ahora, la pregunta clave es la siguiente. Si el gas o vapor está sujeto a una aceleración constante que proporciona la diferencia de presiones, en un conducto suficientemente largo podría teóricamente alcanzar cualquier velocidad. Llevando este razonamiento al límite, si el conducto fuese infinitamente largo podría llegar a tener una velocidad infinita. Sin embargo, sabemos por la Teoría de la Relatividad que la velocidad de la luz es la máxima alcanzable en la práctica, así que ese razonamiento hace agua. Resulta evidente que debe haber una velocidad máxima mucho menor, y en consecuencia, finita.

La Termodinámica proporciona una explicación a esta paradoja. Sabemos que la velocidad del sonido en un medio es la velocidad con que se propaga una perturbación en ese medio, como hemos visto en el apartado anterior. Además, agregaremos que la velocidad del sonido es la velocidad *máxima* con la que se puede desplazar una perturbación en ese medio, porque si suponemos que se puede desplazar con una velocidad mayor, esa sería la velocidad del sonido. Mas adelante demostraremos que la velocidad del sonido es la máxima velocidad que puede alcanzar el gas o vapor en una expansión libre. En estas condiciones, de acuerdo a la ecuación *(13-13)* el número de Mach vale uno.

En la práctica, dado que la viscosidad de los gases y vapores es muy pequeña comparada con la viscosidad de los líquidos, la hipótesis de flujo sin fricción no es descabellada para muchas condiciones reales. Por ejemplo, puede describir bastante exactamente el flujo real de gases en condiciones tales que el efecto de la fricción sea despreciable si se lo compara con el de la expansión. Esto es lo que sucede en el caso de tener tramos cortos de tubería o cuando el diámetro del conducto es grande o el gas circula a baja velocidad.

Podemos usar dos hipótesis o modelos básicos para representar el flujo compresible sin fricción. La primera hipótesis es suponer que el flujo es isotérmico, y la segunda es suponer que es adiabático. Ambas representan condiciones límite o idealizaciones. En la realidad probablemente las condiciones de flujo están en una situación intermedia entre ambos modelos ideales, con variaciones de temperatura moderadas y algo de transporte de calor a través de las paredes del conducto.

13.4.1 Flujo isotérmico compresible sin fricción

La situación real que mas se aproxima al modelo ideal de transporte de gases o vapores sin fricción en condiciones isotérmicas es el flujo a bajas velocidades y en tramos largos. Al ser a baja velocidad, el gas tiene tiempo de intercambiar calor con el medio, a menos que el conducto se encuentre muy bien aislado.

De la ecuación del Primer Principio de la Termodinámica para sistemas abiertos tenemos (ecuación *(4-13)* de Bernoulli) del apartado **4.2.1** del capítulo **4**:

$$\frac{\Delta P}{\rho} + \frac{\Delta \mathcal{V}^2}{2\,g_c} + \frac{g}{g_c}\Delta z = -\sum w_0$$

Para nuestras condiciones, el trabajo distinto del de expansión vale cero. Asimismo, por tratarse de gases o vapores la diferencia de energía potencial se puede despreciar. En consecuencia, la ecuación *(4-13)* queda reducida a la siguiente.

$$\frac{\Delta P}{\rho} + \frac{\Delta \mathcal{V}^2}{2\,g_c} = 0$$

Expresando la ecuación anterior en forma diferencial y recordando que $1/\rho = v$ se obtiene:

$$v\,dP + \frac{d\mathcal{V}^2}{2\,g_c} = 0$$

Observamos que en la ecuación anterior se mantiene la homogeneidad dimensional. En efecto, si se usa un sistema racional de unidades como el SIMELA, entonces g_c vale 1 sin unidades por lo que obtenemos para el segundo sumando de la ecuación anterior las unidades (m/seg)^2. Esto es lo mismo que las unidades (Nw×m)/Kg, que se obtienen del primer sumando. Analizando las unidades del primer sumando tenemos:

$$[v\,dP] = [v][dP] = \frac{m^3}{Kg}\frac{Newtons}{m^2} = \frac{m^3}{Kg}\frac{Kg\frac{m}{seg^2}}{m^2} = \frac{m^2}{seg^2}$$

Si usamos un sistema de unidades "usuales" es: $g_c = 9.8\dfrac{Kg\times m}{Kg_f \times seg^2}$

Entonces se deduce: $\left[\dfrac{\mathcal{V}^2}{g_c}\right] = \dfrac{\dfrac{m^2}{seg^2}}{\dfrac{Kg\times m}{Kg_f \times seg^2}} = \dfrac{Kg_f \times m}{Kg}$ que son unidades de trabajo por unidad de masa.

Además tenemos: $[v\,dP] = \dfrac{m^3}{Kg}\dfrac{Kg_f}{m^2} = \dfrac{Kg_f \times m}{Kg}$

Retornando al análisis de la ecuación anterior, tomamos el primer término que es:
$$v\,dP = d(Pv) - P\,dv$$

Asumiendo que el gas se comporta como un gas ideal, tenemos de la EGI:
$$P\,v = R\,T$$

En consecuencia, para una evolución isotérmica: $P = \dfrac{R\,T}{v} \Rightarrow dP = -\dfrac{R\,T}{v^2}dv$ y $v\,dP = -\dfrac{R\,T}{v}dv$

Por lo tanto, reemplazando en la anterior obtenemos:
$$\frac{d\mathcal{V}^2}{2\,g_c} - R\,T\frac{dv}{v} = 0$$

Reordenando: $d\mathcal{V}^2 = 2\,g_c R\,T\dfrac{dv}{v}$

Integrando: $\displaystyle\int_1^2 d\mathcal{V}^2 = 2\,g_c R\,T\int_1^2 \frac{dv}{v} \Rightarrow \mathcal{V}_2^{\,2} - \mathcal{V}_1^{\,2} = 2\,g_c R\,T\,ln\frac{v_2}{v_1}$

Esta expresión se puede modificar para expresar la diferencia de los cuadrados de las velocidades en función del cociente de presiones en vez del cociente de volúmenes. Recordando que de la EGI es:
$$\frac{P_1\,v_1}{T} = \frac{P_2\,v_2}{T} \Rightarrow \frac{v_2}{v_1} = \frac{P_1}{P_2}$$

De esta manera:

$$\boxed{\mathcal{V}_2^{\,2} - \mathcal{V}_1^{\,2} = 2\,g_c R\,T\,ln\frac{P_1}{P_2}}\qquad\qquad (13\text{-}14)$$

Esta ecuación permite calcular la velocidad en cualquier punto, siempre que se conozca la presión en ese punto y la presión y la velocidad en otro punto de referencia. Por lo general se conocen las condiciones de entrada o de salida del fluido y en ciertos casos incluso ambas. Por lo tanto normalmente se puede aplicar esta ecuación sin dificultad. Volvemos a recalcar que el límite de velocidad que se puede alcanzar en la práctica es la velocidad del sonido para el gas o vapor en cuestión a la temperatura constante de flujo, calculada por la ecuación (13-12).

Observemos atentamente la ecuación (13-14). Tiene un aspecto familiar. Despierta un eco en la memoria. Si retrocedemos hasta el capítulo 4, encontramos en el apartado 4.1.3 la ecuación (4-6) que permite calcular el trabajo desarrollado o consumido por una evolución isotérmica ideal en un sistema cerrado. Reproducimos la ecuación (4-6) por comodidad y la comparamos con la (13-14), notando el parecido.

$$W_{1\rightarrow 2} = nR'T_1\,ln\frac{P_1}{P_2}\qquad\qquad (4\text{-}6)$$

$$\frac{\mathcal{V}_2^{\,2} - \mathcal{V}_1^{\,2}}{2\,g_c} = R\,T\,ln\frac{P_1}{P_2}\qquad\qquad (13\text{-}14)$$

Esta semejanza no es casual, ya que el primer término de la ecuación *(13-14)* tiene unidades de energía sobre unidades de masa, y representa la variación de energía cinética (por unidad de masa circulante) que se produce en el gas a lo largo de un cierto trayecto, como consecuencia de la expansión isotérmica. Es lógico que esta variación de energía sea igual al trabajo mecánico de expansión en condiciones isotérmicas, puesto que en definitiva el sistema aumenta su contenido de energía cinética a expensas de su contenido de energía de presión que disminuye, y este aumento se puede interpretar como una expansión que se realiza en la boca de salida del conducto. Esta energía se recupera si el gas se mueve contra una presión aguas abajo. Por ejemplo, imaginemos que el gas circula en condiciones isotérmicas y sin fricción por un conducto que desemboca en un recipiente cerrado lleno con el mismo gas. Está claro que el movimiento del gas en el conducto produce una compresión del gas que contiene el recinto de descarga. Como el gas en el recipiente está en reposo, toda la energía cinética se gasta en vencer la fuerza elástica del gas contenido en el recipiente, por eso es igual al trabajo isotérmico de compresión.

13.4.2 Flujo adiabático compresible sin fricción

Supongamos tener un conducto de sección transversal constante por el que circula un gas de propiedades conocidas. El conducto se encuentra aislado, de modo que podemos asumir el modelo de flujo adiabático sin fricción. El siguiente croquis muestra las condiciones, con las fronteras 1 y 2 del sistema.

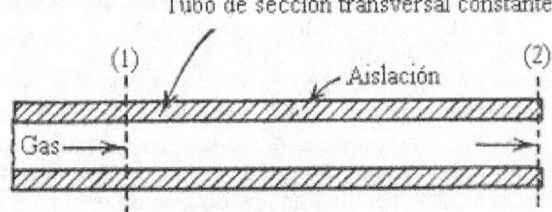

Como la evolución es adiabática podemos aplicar las ecuaciones *(4-9')* deducidas en el capítulo **4**, apartado **4.1.4**. Esto no significa que la evolución sea isentrópica. En efecto, aunque es adiabática se produce generación de entropía en el sistema porque este sufre una evolución irreversible, y por lo tanto ocurre con aumento de entropía.

Aplicando la ecuación *(3-12)* del apartado **3.5.2** del capítulo **3** (Primer Principio de la Termodinámica) obtenemos para flujo adiabático, despreciando el efecto de la energía potencial y en ausencia de trabajo mecánico:

$$\Delta h + \frac{\Delta \mathcal{V}^2}{2 g_c} = 0 \Rightarrow h_2 - h_1 + \frac{\mathcal{V}_2^2}{2 g_c} - \frac{\mathcal{V}_1^2}{2 g_c} = 0$$

Además, de la ecuación de continuidad *(3-10)* del apartado **3.5.1** del capítulo **3** obtenemos:

$$\dot{m}_1 = \dot{m}_2 \Rightarrow (\rho \times \mathcal{V} \times A)_1 = (\rho \times \mathcal{V} \times A)_2$$

Pero como el conducto tiene sección transversal constante, obtenemos simplificando:

$$\frac{\mathcal{V}_1}{v_1} = \frac{\mathcal{V}_2}{v_2} = \text{constante} \Rightarrow \mathcal{V}_2 = \mathcal{V}_1 \frac{v_1}{v_2}$$

Además, asumiendo comportamiento de gas ideal:

$$h_2 - h_1 = Cp(T_2 - T_1)$$

Reemplazando estas relaciones en el balance de energía obtenemos:

$$Cp(T_2 - T_1) + \left(\frac{v_2}{v_1}\right)^2 \frac{\mathcal{V}_1^2}{2 g_c} - \frac{\mathcal{V}_1^2}{2 g_c} = 0$$

Por otra parte, asumiendo comportamiento de gas ideal tenemos

$$\frac{P_2 v_2}{T_2} = \frac{P_1 v_1}{T_1}$$

Introduciendo esta expresión en la ecuación anterior y despejando P_2 se obtiene:

$$\boxed{P_2 = P_1 \frac{T_2}{T_1} \frac{\mathcal{V}_1}{\sqrt{\mathcal{V}_1^2 + 2 g_c Cp(T_1 - T_2)}}}$$ *(13-15)*

Esta ecuación se puede usar para representar la evolución a lo largo de la tubería conocidas las condiciones de presión y temperatura en un punto. Por ejemplo, si conocemos la presión y temperatura en la condición 1 podemos dar valores a T_2 lo que permite calcular P_2.

No obstante, el modelo no está completo porque se basa solamente en el Primer Principio de la Termodinámica. Para poder obtener una imagen mas realista conviene incluir el Segundo Principio, dado que como ya hemos dicho la expansión no es isentrópica. La variación de entropía (asumiendo condición de gas ideal y evolución reversible) se rige por la ecuación (5-28) del apartado **5.11**, capítulo **5**.

$$ds' = Cp'\frac{dT}{T} - R'\frac{dP}{P} \tag{4-28}$$

Integrando para las condiciones extremas 1 y 2:

$$s_2 - s_1 = Cp\,ln\frac{T_2}{T_1} - R\,ln\frac{P_2}{P_1} \tag{13-16}$$

Las ecuaciones (13-15) y (13-16) se pueden resolver en forma simultanea dando valores a T_2 como se explicó precedentemente. Puesto que la evolución 1→2 es espontánea e irreversible, los valores de la variación de entropía $(s_2 - s_1)$ que se obtienen son crecientes a medida que disminuye P_2. La curva que se obtiene alcanza un máximo y luego comienza a disminuir, lo que indica una situación irreal porque la entropía no puede disminuir en una evolución espontánea. Por lo tanto la evolución que realmente tiene lugar en la práctica viene representada por los valores de presión que van desde P_1 hasta la presión correspondiente al máximo de la curva. Llamaremos P_m a esta presión. Esto significa que independientemente de la presión que reina aguas debajo de la sección del conducto que corresponde a este máximo, la presión no puede ser menor que P_m porque esto produciría una *disminución* de entropía. Como sabemos, por ser la evolución un proceso espontáneo e irreversible, sólo puede progresar produciendo un *aumento* de entropía. De esto se deduce que cualquier presión menor que P_m no puede existir en la realidad, o dicho de otra manera, P_m es la menor presión que se puede alcanzar por expansión del gas en el interior de la tubería.

Ejemplo 13.4 Cálculo de la presión de descarga de un gas en flujo adiabático sin fricción.

Por un tubo largo de diámetro constante circula aire en condiciones aproximadamente adiabáticas. Las condiciones de presión, temperatura y velocidad en la sección 1 son conocidas: P_1 = 7.031 Kg$_f$/cm^2, T_1 = 21.1 °C, $\mathcal{V}_1$ = 91.4 m/seg. El tubo descarga a la presión atmosférica. Determinar la presión real de descarga.

Datos

Cp = 0.241 Kcal/(Kg °C) R = 29.27 $\dfrac{Kg_f\,m}{°K\,Kg}$

Solución

La velocidad $\mathcal{V}_1$ en las condiciones de entrada es un dato, por lo que de la ecuación (13-15):

$$P_2 = P_1\frac{T_2}{T_1}\frac{\mathcal{V}_1}{\sqrt{\mathcal{V}_1^2 + 2\,g_c\,Cp(T_1 - T_2)}}$$

Dando valores a T_2 se calculan los valores de P_2 correspondientes.

De la ecuación (13-16): $s_2 - s_1 = Cp\,ln\dfrac{T_2}{T_1} - R\,ln\dfrac{P_2}{P_1} = 0.241\,ln\dfrac{T_2}{T_1} - 29.27\,ln\dfrac{P_2}{P_1}$

Con los valores de T_2 y de P_2 calculados antes se obtienen los valores de la diferencia de entropía. Se construye una gráfica en la que se representa esta diferencia en función de la presión, como se observa a continuación.

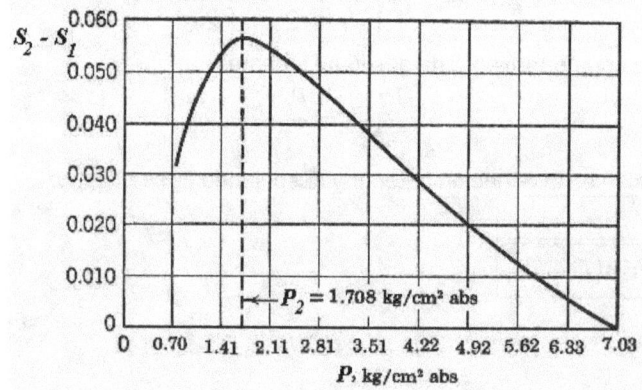

578

El máximo de la curva de diferencia de entropías corresponde a una presión P_2 = 1.708 Kg$_f$/cm², a la que se tiene una temperatura de 245 °K (–28 °C) y una velocidad de 313.9 m/seg.

¿Qué conclusiones se pueden extraer de este resultado?. Veamos qué nos dice la teoría con respecto al proceso de expansión libre. Afirmamos sin demostrarlo que la máxima velocidad que puede alcanzar un gas o vapor que se expande libremente en un conducto es la sónica. Veamos si esto es cierto. Calculamos la velocidad del sonido mediante la ecuación *(13-12)*.

$$c = \sqrt{\frac{\gamma \, g_c \, R' \, T}{PM}} = \sqrt{1.4 \times 9.81 \times 29.27 \times 245} = 313.8 \, \text{m/seg}$$

En consecuencia, comprobamos que la velocidad que corresponde al punto de máxima entropía es la sónica.

13.5 Flujo compresible con fricción

Estudiaremos ahora el flujo compresible para gases y vapores con fricción, es decir cuando se manifiestan los efectos de la viscosidad.

13.5.1 Flujo compresible isotérmico con fricción a baja velocidad

A menudo el transporte de gases y vapores se puede hacer a baja velocidad que requiere pequeñas diferencias de presión para su impulsión. En general, un fluido compresible se puede suponer que se comporta como incompresible cuando:

a) La pérdida de presión $\Delta P = P_1 - P_2$ es menor que alrededor del 10% de la presión de entrada P_1. En este caso se puede aplicar la ecuación de Darcy usando la densidad medida en las condiciones de entrada P_1 o de salida P_2, cualquiera sea la conocida, con resultados razonables.

b) La pérdida de presión $\Delta P = P_1 - P_2$ es mayor que el 10% pero menor que el 40% de la presión de entrada P_1. Entonces se puede aplicar la ecuación de Darcy usando la densidad promedio entre las condiciones de entrada y de salida con buenos resultados, según lo aconsejado por Crane (*"Flow of Fluids"*, Crane Technical Paper 410).

Estos criterios son sólidos y razonables pero tienen el inconveniente de requerir una estimación previa de ΔP, lo que difícilmente signifique una ganancia en términos de simplicidad. Es preferible emplear un criterio debido a A. H. Shapiro (*"The Dynamics and Thermodynamics of Compressible Fluid Flow"*, Ronald Press Co, 1953): El error cometido al no tener en cuenta el efecto de las variaciones de densidad en el cálculo de ΔP para fluidos compresibles es del orden de la cuarta parte del cuadrado del número de Mach.

$$\varepsilon = \frac{N_M^2}{4} \tag{13-17}$$

Según vimos, el número de Mach es el cociente de la velocidad con que se mueve un fluido respecto de un sistema en reposo (o la velocidad con que se mueve un objeto en el seno de un fluido en reposo) dividida por la velocidad del sonido en ese fluido.

Ejemplo 13.5 Cálculo del error cometido al despreciar la compresibilidad.

Estimar la velocidad de transporte de aire a 21 °C que produce un error del 10% si se considera el flujo como incompresible.

Datos

γ = 1.4 T = 294 °K PM = 29 $\dfrac{\text{Kg}}{\text{Kmol}}$

Solución

Cálculo de c:

$$c = \sqrt{\frac{\gamma \, g_c \, R' \, T}{PM}} = \sqrt{\frac{1.4 \times 9.8 \times 847.8 \times 294}{29}} = 343 \, \text{m}\!\!\Big/\!\!_{\text{seg}}$$

$$0.1 = \frac{N_M^2}{4} \Rightarrow N_M = 0.63246 \Rightarrow \mathcal{V} = c \times N_M = 343 \times 0.63246 = 218 \, \text{m}\!\!\Big/\!\!_{\text{seg}}$$

Normalmente esta velocidad está completamente fuera de lo acostumbrado de modo que se puede usar la ecuación de Darcy y estamos dentro de un error menor del 10% en el cálculo de ΔP.

Por lo común en la práctica industrial los fluidos se transportan con N_M < 0.7 de modo que el error cometido es del orden de 0.7²/4 = 12% como máximo.

En el apartado siguiente estudiaremos el flujo isotérmico y adiabático de gases y vapores en conductos de sección uniforme con fricción, cuando la velocidad es suficientemente alta como para que el error al considerarlo incompresible no sea tolerable.

13.5.2 Flujo compresible isotérmico con fricción

Vamos a tratar aquí el caso de flujo isotérmico de gases que corresponde aproximadamente a la situación que sucede en la realidad en el transporte de gases y vapores en tuberías largas no aisladas térmicamente, donde la longitud de la tubería garantiza intercambio de calor y flujo isotérmico, o bien en tramos cortos de tuberías perfectamente aisladas donde la temperatura es uniforme en toda su longitud.

De la ecuación del Primer Principio para sistemas abiertos tenemos (ecuación *(4-13)* o ecuación de Bernoulli) del apartado **4.2.1** del capítulo **4**, Consecuencias y Aplicaciones del Primer Principio:

$$\frac{\Delta P}{\rho} + \frac{\Delta \mathcal{V}^2}{2\,g_c} + \frac{g}{g_c}\Delta z = -\sum w_0$$

Pero por ser $\rho = 1/v$ tenemos, pasando a notación diferencial:

$$v\,dP + \frac{d\mathcal{V}^2}{2\,g_c} + \frac{g}{g_c}\,dz + \delta w_0 = 0$$

El término δw_o se desglosa en dos, uno que represente el trabajo "de fricción" necesario para que el fluido pueda vencer las resistencias causadas por la viscosidad y otro trabajo que pueda estar presente. Si no existe trabajo distinto del "de fricción" entonces $\delta w_o = \delta w_f$. Por otra parte, el efecto de las diferencias de altura es despreciable en los gases, de modo que la ecuación anterior se puede escribir:

$$v\,dP + \frac{d\mathcal{V}^2}{2\,g_c} + \delta w_f = 0 \qquad (13\text{-}18)$$

Pero por la ecuación de Darcy-Weisbach:

$$\delta w_f = f\,\frac{\mathcal{V}^2}{2\,g_c\,D_e}\,dL$$

<u>Nota</u>: Observemos que en las dos ecuaciones anteriores se mantiene la homogeneidad dimensional. En efecto, si se usa un sistema racional de unidades como el SIMELA, entonces g_c vale 1 sin unidades, por lo que obtenemos para cada término de la ecuación *(13-18)* las unidades $(m/seg)^2$ que es lo mismo que $(Nw \times m)/Kg$, dado que cada término se expresa como energía por unidad de masa circulante:

$$\frac{\text{Newtons} \times m}{Kg} = \frac{Kg \times m}{seg^2}\frac{m}{Kg} = \frac{m^2}{seg^2}$$

Estas también son las unidades de δw_f que nos da la ecuación de Darcy-Weisbach.

Por otra parte, si empleamos un sistema de unidades "usuales" resulta ser:

$$g_c = 9.8\,\frac{Kg \times m}{Kg_f \times seg^2}$$

En consecuencia:

$$[\delta w_f] = \frac{m^2 \times Kg_f \times seg^2}{seg^2 \times Kg \times m} = \frac{Kg_f \times m}{Kg}$$

Retomando el razonamiento anterior recordemos que:

$$v\,dP = d(Pv) - P\,dv$$

Por otra parte, de la ecuación de continuidad *(3-10)* del apartado **3.5.1** del capítulo **3** que establece el principio de conservación de la masa (es decir, toda la masa que ingresa por un extremo de la tubería debe necesariamente salir por el otro extremo, puesto que la masa no se crea ni se destruye en su interior ni, en régimen estable, tampoco se acumula):

$$\boxed{\rho \times \mathcal{V} \times A = \dot{m}}$$

Donde: $\dot{m}$ = caudal de masa; $[\dot{m}] = \dfrac{Kg}{seg}$

$\quad A$ = área de flujo, transversal al mismo; $[A] = m^2$

$\quad \rho$ = densidad; $[\rho] = \dfrac{Kg}{m^3}$

Definimos la masa velocidad o masa velocidad superficial como:

$$G = \rho \times \mathcal{V} = \frac{\dot{m}}{A} \qquad (13\text{-}19)$$

Donde: G = masa velocidad; $[G] = \dfrac{\text{Kg}}{\text{m}^2\,\text{seg}}$

ρ = densidad; $[\rho] = \dfrac{\text{Kg}}{\text{m}^3}$

A = área de flujo, transversal al mismo; $[A] = \text{m}^2$.

Si el conducto es uniforme (es decir, tiene diámetro constante) el área de flujo es constante. Si A es constante entonces G es constante porque $\dot{m}$ es constante en régimen estable. En consecuencia:

$$\mathcal{V} = \frac{G}{\rho} = G\,v \;\Rightarrow\; \mathcal{V}^2 = G^2\,v^2 \;\Rightarrow\; d\mathcal{V}^2 = G^2\,dv^2 = 2\,G^2\,v\,dv$$

Reemplazando en la ecuación (13-18):

$$\frac{G^2\,v\,dv}{g_c} + d(Pv) - P\,dv + f\,\frac{G^2\,v^2}{2\,g_c\,D_e}\,dL = 0$$

Pero esto se puede escribir también de la siguiente manera:

$$\frac{G^2\,v\,dv}{g_c} + d(Pv) - P\,v\,\frac{dv}{v} + f\,\frac{G^2\,v^2}{2\,g_c\,D_e}\,dL = 0$$

Para un gas real:

$$P\,v = Z\,R\,T$$

de modo que:

$$\frac{G^2}{g_c}\,v\,dv + d(ZRT) - ZRT\,\frac{dv}{v} + f\,\frac{G^2\,v^2}{2\,g_c\,D_e}\,dL = 0$$

Para flujo isotérmico y si no varía demasiado la presión es:

$$Z\,R\,T = \text{constante.}$$

Entonces:

$$\frac{G^2}{g_c}\,v\,dv - ZRT\,\frac{dv}{v} + f\,\frac{G^2\,v^2}{2\,g_c\,D_e}\,dL = 0$$

Dividiendo todo por v^2 resulta:

$$\frac{G^2}{g_c}\,\frac{dv}{v} - ZRT\,\frac{dv}{v^3} + f\,\frac{G^2}{2\,g_c\,D_e}\,dL = 0$$

Integrando para una longitud L entre los valores extremos del volumen específico v_1 y v_2 obtenemos:

$$\frac{G^2}{g_c}\,ln\frac{v_2}{v_1} + \frac{ZRT}{2v_1^{\,2}}\left[\frac{v_1^{\,2}}{v_2^{\,2}} - 1\right] + \frac{f\,G^2}{2\,g_c\,D_e}\,L = 0$$

Pero si:

$$v_1 \cong v_2 \;\Rightarrow\; Z_1 \cong Z_2 \;\Rightarrow\; P_1 v_1 = P_2 v_2 \;\Rightarrow\; \frac{P_2}{P_1} = \frac{v_1}{v_2}$$

Por lo tanto:

$$\frac{G^2}{g_c}\,ln\frac{P_1}{P_2} - \frac{ZRT}{2v_1^{\,2}}\left[1 - \left(\frac{P_2}{P_1}\right)^2\right] + \frac{f\,G^2}{2\,g_c\,D_e}\,L = 0$$

Puesto que:

$$G = \mathcal{V}_1\,\rho_1$$

es:

$$\frac{\mathcal{V}_1^{\,2}\,\rho_1^{\,2}}{g_c}\,ln\frac{P_1}{P_2} - \frac{ZRT}{2v_1^{\,2}}\left[1 - \left(\frac{P_2}{P_1}\right)^2\right] + \frac{f\,\mathcal{V}_1^{\,2}\,\rho_1^{\,2}}{2\,g_c\,D_e}\,L = 0$$

Pero como $\rho_l = 1/v_l$ tenemos:

$$\frac{\mathcal{V}_l^2}{v_l^2 \, g_c} \ln \frac{P_1}{P_2} - \frac{ZRT}{2v_l^2}\left[1 - \left(\frac{P_2}{P_l}\right)^2\right] + \frac{f \, \mathcal{V}_l^2}{2 \, g_c \, v_l^2} \frac{L}{D_e} = 0$$

Multiplicando por v_l^2 resulta:

$$\frac{\mathcal{V}_l^2}{g_c} \ln \frac{P_1}{P_2} - \frac{ZRT}{2}\left[1 - \left(\frac{P_2}{P_l}\right)^2\right] + \frac{f \, \mathcal{V}_l^2}{2 \, g_c} \frac{L}{D_e} = 0$$

$$\therefore \frac{ZRT}{2}\left[\frac{P_l^2 - P_2^2}{P_l^2}\right] = \frac{f \, \mathcal{V}_l^2}{2 \, g_c} \frac{L}{D_e} + \frac{2 \, \mathcal{V}_l^2}{2 \, g_c} \ln \frac{P_1}{P_2}$$

De donde, multiplicando por 2: $\displaystyle ZRT\left[\frac{P_l^2 - P_2^2}{P_l^2}\right] = \frac{f \, \mathcal{V}_l^2}{g_c} \frac{L}{D_e} + \frac{2 \, \mathcal{V}_l^2}{g_c} \ln \frac{P_1}{P_2}$

Pero: $\displaystyle ZRT = P_l v_l = \frac{P_l}{\rho_l} \Rightarrow \left[\frac{P_l^2 - P_2^2}{P_l \, \rho_l}\right] = \frac{f \, \mathcal{V}_l^2}{g_c} \frac{L}{D_e} + \frac{2 \, \mathcal{V}_l^2}{g_c} \ln \frac{P_1}{P_2}$

y en definitiva:

$$P_l^2 - P_2^2 = \frac{P_l \, \rho_l \, \mathcal{V}_l^2}{g_c}\left[\frac{f \, L}{D_e} + 2\ln \frac{P_1}{P_2}\right] \qquad (13\text{-}20)$$

Esta ecuación se puede simplificar mucho para tuberías largas (de mas de 60 metros de largo) o cuando la relación de presiones es relativamente pequeña (por ejemplo, ambas presiones no difieren entre sí mas de un 10-15%) obteniendo al despreciar el logaritmo:

$$P_l^2 - P_2^2 = \frac{P_l \, \rho_l \, \mathcal{V}_l^2}{g_c} \frac{f \, L}{D_e} \qquad (13\text{-}21)$$

de donde se puede despejar cualquiera de las incógnitas.

La solución de la ecuación (13-20) se debe encarar por un método de aproximaciones sucesivas. Una técnica que generalmente funciona bien es estimar a partir de una presión (por ejemplo supongamos conocida P_l) la otra presión de la ecuación (13-21) lo que proporciona un valor inicial de P_2, que se usa en la ecuación (13-20) para calcular un segundo valor, y así se continúa en forma recursiva.

Ejemplo 13.6 Cálculo de la pérdida de carga de un flujo isotérmico compresible con fricción.

Una tubería nueva de fundición de 10 cm de diámetro transporta 0.34 Kg/seg de aire seco a 32 °C en condiciones aproximadamente isotérmicas con una presión de entrada de 3.5 Kg$_f$/cm². El tubo tiene 540 m de longitud. Calcular la presión a la salida.

Datos
$$\mu = 18.62\times10^{-6} \, \frac{\text{Kg}}{\text{m seg}} \qquad \frac{\varepsilon}{D} = 9\times10^{-4} \qquad R = 28.3 \frac{\text{Kg}_f \times \text{m}}{\text{Kg} \times °\text{K}}$$

Solución

Si tratamos de resolver este problema desconociendo la densidad del aire es necesario elaborar un poco las ecuaciones usadas. Por ejemplo, en el caso del número de Reynolds tenemos:

$$N_{Re} = \frac{D \, \mathcal{V} \, \rho}{\mu} = \frac{D \, \dot{m}/A}{\mu} = \frac{D \, \dot{m}}{\mu \, A} = \frac{4 D \, \dot{m}}{\mu \, \pi D^2} = \frac{4 \, \dot{m}}{\mu \, \pi D} = \frac{4\times 0.34}{18.62\times10^{-5} \times 3.14 \times 0.1} = 23250$$

$$f = 55\times10^{-4}\left[1 + \left(20000\frac{\varepsilon}{D} + \frac{10^6}{N_{Re}}\right)^{1/3}\right] = 0.0247$$

Calcularemos usando la ecuación (13-21) como primera aproximación para luego usar su resultado en afinar la puntería mediante la ecuación (13-20). Despejando:

$$P_2^2 = P_l^2 - \frac{P_l \, \rho_l \, \mathcal{V}_l^2}{g_c} \frac{f \, L}{D_e}$$

Pero: $P_1 = \dfrac{RT}{v_1} = \rho_1 RT \Rightarrow P_1 \rho_1 \mathcal{V}_1^2 = RT \rho_1^2 \mathcal{V}_1^2 = RT \left[\dfrac{\dot{m}}{A}\right]^2 = RT \dfrac{16\,\dot{m}^2}{\pi^2 D^4}$

Por lo tanto:

$$P_2^{\,2} = P_1^{\,2} - RT \dfrac{16\,\dot{m}^2}{\pi^2 D^4 g_c}\,\dfrac{f\,L}{D_e} = \left(3.5\times10^4\right)^2 - \dfrac{16\times0.34^2}{3.14^2\times0.1^4\times9.8}\,\dfrac{0.0247\times540}{0.1} =$$

$$= 1.225\times10^9\,\dfrac{Kg_f^{\,2}}{m^4} \Rightarrow P_2 = 3.49996\,\dfrac{Kg_f}{cm^2}$$

Ahora recalculemos mediante la ecuación *(13-20)*:

$$P_1^{\,2} - P_2^{\,2} = \dfrac{P_1 \rho_1 \mathcal{V}_1^2}{g_c}\left[\dfrac{f\,L}{D_e} + 2\,ln\,\dfrac{P_1}{P_2}\right]$$

Comparando $\dfrac{f\,L}{D_e}$ y $2\,ln\,\dfrac{P_1}{P_2}$ tenemos:

$$\dfrac{f\,L}{D_e} = \dfrac{0.021\times540}{0.1} = 133.76 \qquad\qquad 2\,ln\,\dfrac{P_1}{P_2} = 2\times ln\,\dfrac{3.5}{3.49996} = 2.28\times10^{-5}$$

Dado que el término logarítmico es despreciable no vale la pena tenerlo en cuenta. Por otro lado puesto que la diferencia de presión $P_1 - P_2 = 3.5 - 3.49996 = 0.00004$ es menos del 10% de P_1 se deduce que se hubiese podido suponer flujo incompresible sin cometer un error excesivo. El error se puede estimar a través del número de Mach. Para ello necesitamos calcular $\mathcal{V}$.

De la ecuación de continuidad:

$$\mathcal{V} = \dfrac{\dot{m}}{\rho\,A}\quad\text{y de la ecuación de gas ideal}\quad \rho = \dfrac{P}{RT} \Rightarrow \mathcal{V} = \dfrac{4\,\dot{m}\,RT}{P\,\pi\,D^2}$$

$$\mathcal{V} = \dfrac{4\times0.34\times28.3\times305}{3.5\times10^4\times3.14\times0.1^2} = 10.676\,\dfrac{m}{seg}$$

Por otro lado la velocidad del sonido es:

$$c = \sqrt{\dfrac{\gamma\,g_c\,R'\,T}{PM}} = \sqrt{\dfrac{1.4\times9.8\times847.8\times305}{29}} = 349.8\,\dfrac{m}{seg}\quad y\quad N_M = \dfrac{\mathcal{V}}{c} = \dfrac{11}{350} = 0.03$$

Por ser el error $= N_M^2/4$ es: error $= 0.03^2/4 = 0.02\%$. Esto confirma que podemos usar la ecuación de Darcy ya que el gas se comporta como un fluido incompresible.
De la ecuación de Darcy:

$$\dfrac{\Delta P}{\rho} = \dfrac{P_1 - P_2}{\rho} = f\dfrac{L}{D}\dfrac{\mathcal{V}^2}{2g_c} \Rightarrow P_2 = P_1 - \rho f\dfrac{L}{D}\dfrac{\mathcal{V}^2}{2g_c} = P_1 - \left[\dfrac{\dot{m}}{A}\right]^2 \dfrac{f\,L}{D\,P_1}\dfrac{1}{2g_c} \Rightarrow$$

$$\Rightarrow P_2 = P_1 - \dfrac{8\,\dot{m}^2\,f\,L\,R\,T}{\pi^2 D^5 g_c P_1} = 3.5\times10^4 - \dfrac{8\times0.34^2\times0.025\times540\times28.3\times305}{3.14^2\times0.1^5\times9.8\times\left(3.5\times10^4\right)} =$$

$$= 3.2\times10^4\,\dfrac{Kg_f}{m^2} = 3.2\,\dfrac{Kg_f}{m^2}$$

Ambos resultados son muy parecidos, pero por supuesto no son iguales. Nunca podrán ser iguales porque las estructuras de las ecuaciones usadas para calcularlos son diferentes.

13.5.3 Flujo adiabático compresible con fricción en conductos uniformes

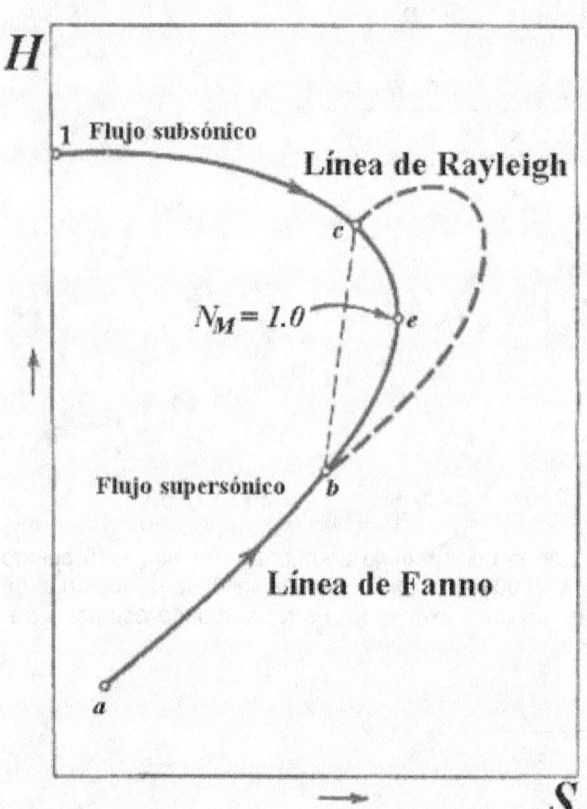

El flujo adiabático de fluidos compresibles en conductos uniformes se rige por el Primer Principio de la Termodinámica, la ecuación de continuidad o principio de conservación de la masa, la ecuación de la energía mecánica con rozamiento, el Segundo Principio de la Termodinámica y el número de Mach.

Si incorporamos estos elementos en las ecuaciones que definen las variables de entalpía y entropía, después de algunas transformaciones estamos en condiciones de describir la evolución del fluido en un diagrama H-S. La curva así descrita se denomina *curva de Fanno* y depende de las condiciones de entrada al conducto (condición **1**) y del caudal másico. Si el fluido ingresa al conducto en las condiciones iniciales **1** su estado sigue la línea de Fanno (ver croquis). Esta es una curva experimental que también se puede obtener por cálculo. El efecto es el de una expansión porque el gas a medida que avanza lo hace desde zonas de mayor presión hacia zonas de menor presión, y lógicamente su velocidad aumenta así como su volumen específico. Desde otro punto de vista el efecto del rozamiento es análogo al que produciría una disminución de sección del conducto.

Este progreso a lo largo del conducto es espontáneo y como todos los procesos espontáneos ocurre con aumento de entropía. El aumento de velocidad continúa hasta llegar al límite establecido por la velocidad del sonido. Esta es la máxima velocidad que puede alcanzar una perturbación espontánea en el seno de un fluido. Si una onda se pudiera mover a una velocidad mayor que la del sonido, entonces su velocidad sería la del sonido y esto es un contrasentido, o bien no puede ser un proceso espontáneo.

Por lo tanto el proceso sigue la curva de Fanno desde **1** hasta e donde el número de Mach vale uno y la velocidad del fluido es la máxima que puede alcanzar espontáneamente. Un incremento mayor de velocidad no puede ocurrir espontáneamente pues ello supondría una *disminución* de la entropía. Supongamos ahora que en el conducto introducimos una reducción de sección (boquilla o tobera) en un punto del diagrama ubicado en la condición a. Esta reducción de sección produce un aumento de velocidad no espontáneo en virtud de la ecuación de continuidad y la condición a resulta supersónica. El fluido tiende a evolucionar espontáneamente con aumento de entropía sobre la curva de Fanno hasta e. Esta evolución ocurre con aumento en la presión, densidad y temperatura y disminución de velocidad. Una vez en e, una disminución mayor de velocidad requeriría una disminución de entropía que no puede ocurrir espontáneamente.

En otra disposición física, supongamos ahora que en el conducto quito la boquilla de la entrada (que llevaba el fluido hasta la condición a) y la coloco en un punto del medio de modo que al llegar a ella el fluido tenga la condición c. Nuevamente aumenta la velocidad en forma no espontánea llevando el fluido a un régimen supersónico, de c a b. Desde b tiende al flujo subsónico es decir con disminución de energía cinética (que se emplea en aumentar la entropía) pero si en b hay flujo supersónico y en e hay número de Mach uno, el retorno a la condición c implica un salto energético que se manifiesta como perturbación turbulenta de carácter disipativo denominada onda de choque, que es responsable de la disipación de energía cinética. Esta perturbación es estacionaria, es decir, se encuentra impedida de avanzar aguas abajo pues el gas ha alcanzado la máxima velocidad, ni aguas arriba donde el número de Mach sería mayor. Esta perturbación actúa como una barrera, ya que si por cualquier medio disminuimos la presión aguas abajo de la tobera esto no origina ninguna modificación del flujo porque la variación de presión no se puede propagar aguas arriba a velocidad mayor que la sónica. La evolución que sufre el fluido en la onda de choque viene representada por la curva de Rayleigh.

Esta evolución no respeta las condiciones de adiabaticidad, excepto en el punto b donde la curva de Rayleigh corta a la de Fanno. Por lo tanto los cambios entre b y c representados por la curva de Rayleigh ocurren *con intercambio de calor*. La curva de Rayleigh disipa la energía dada por la diferencia de entalpías entre ambos puntos mediante un efecto de compresiones y expansiones súbitas que caracterizan la situación esbozada y son muy violentas. Como esta situación constituye una efectiva barrera, se dice que el fluido está estrangulado y a las propiedades del gas en ese estado se las llama críticas por ser especialmente importantes en el flujo adiabático, aunque nada tienen que ver con el estado del punto crítico.

Esto tiene especial importancia en el vuelo supersónico, en el diseño de toberas y en el transporte de fluidos a muy alta velocidad. Si se transporta un fluido en un conducto uniforme, la expansión tiene lugar en forma espontánea como explicamos, siguiendo la línea de Fanno hasta alcanzar la velocidad sónica. La longitud de tubería recta necesaria para que en el extremo o boca de salida se produzca flujo sónico se llama longitud crítica, y en la boca se produce el flujo estrangulado o crítico con una onda de choque instalada en ese punto. Esto no es grave, porque una onda de choque instalada en la salida de la tubería disipa su energía en el medio ambiente, a menos que la tubería descargue en un recipiente. En cambio si la onda de choque está confinada dentro de la tubería el efecto es perjudicial. Si se excede la longitud crítica (se alarga el tubo) las condiciones de flujo empeoran con vibraciones que perjudican a la tubería y que se deben evitar. Igualmente, cualquier aumento de presión a la entrada (o disminución de presión a la salida) se traduce en un aumento de intensidad de los efectos disipativos, y la energía de presión aplicada se desperdicia totalmente. También si se ingresa el fluido en condiciones de flujo supersónico por medio de una tobera (por ejemplo condición *a*) el fluido sigue la curva de Fanno hasta *e*, pero si se excede la longitud crítica inevitablemente ocurre la condición estrangulada.

Por todo lo expuesto, es importantísimo calcular la longitud crítica de tubo, o sea la longitud a la que se presenta estrangulación. Una variante es el cálculo del diámetro crítico, cuando la longitud viene fijada. Hay varias aproximaciones a este problema. Una de las mas efectivas es la expuesta por Irving H. Shames - *"Mecánica de los Fluidos"*. Otra es la usada por Houghen, Watson y Ragatz - *"Principios de los Procesos Químicos"*, tomo II, Termodinámica. Vamos a exponer aquí una forma modificada de este último tratamiento.

Fundamentos
13.5.3.1 Primer Principio

$$\frac{d\mathcal{V}^2}{2g_c} + du + d(Pv) + \frac{g}{g_c}dz - \delta w - \delta q = 0 \tag{13-22}$$

Para los gases en los que no hay otro trabajo que el de circulación, en flujo adiabático y despreciando la contribución de la energía potencial:

$$du + d(Pv) = dh = -\frac{d\mathcal{V}^2}{2g_c}$$

Introduciendo la masa velocidad superficial:

$$G = \rho \times \mathcal{V} \Rightarrow \mathcal{V} = \frac{G}{\rho} = G \times v$$

$$\therefore dh = -\frac{d(Gv)^2}{2g_c} = -G^2\frac{v\,dv}{2g_c} \tag{13-23}$$

Pero por otra parte:

$$dh = Cp\,dT = \frac{R\gamma}{\gamma-1}dT = \frac{\gamma}{\gamma-1}d(ZRT)$$

Observe que en este último paso está implícita la suposición que Z es constante.
Si $Z = 1$ (gas ideal) entonces:

$$dh = \frac{\gamma}{\gamma-1}d(Pv) \tag{13-24}$$

(Esto último significa aceptar la hipótesis de gas ideal).
Igualando *(13-23)* y *(13-24)*:

$$\frac{\gamma}{\gamma-1}d(Pv) = -G^2\frac{v\,dv}{2g_c}$$

$$\therefore d(Pv) + \frac{\gamma-1}{\gamma}G^2\frac{v\,dv}{2g_c} = 0 \tag{13-25}$$

Integrando:

$$P_1 v_1 + \frac{\gamma-1}{\gamma}\frac{G^2 v_1^2}{2g_c} = P_2 v_2 + \frac{\gamma-1}{\gamma}\frac{G^2 v_2^2}{2g_c} = Pv + \frac{\gamma-1}{\gamma}\frac{G^2 v^2}{2g_c} = \text{constante} \tag{13-25'}$$

$$\therefore Pv = P_1 v_1 + \frac{\gamma-1}{\gamma}\frac{G^2 v_1^2}{2g_c} - \frac{\gamma-1}{\gamma}\frac{G^2 v^2}{2g_c} \tag{13-25''}$$

De la ecuación (13-25'):

$$\frac{P_2 v_2}{P_1 v_1} = \frac{T_2}{T_1} = 1 + \frac{\gamma-1}{\gamma}\frac{G^2}{2g_c P_1 v_1}\left(v_1^2 - v_2^2\right) =$$

$$\frac{P_2 v_2}{P_1 v_1} = 1 + \frac{\gamma-1}{\gamma}\frac{G^2 v_1^2}{2g_c P_1 v_1}\left[1 - \left(\frac{v_2}{v_1}\right)^2\right] \tag{13-26}$$

13.5.3.2 Número de Mach

$$N_M = \frac{\mathcal{V}}{\sqrt{\gamma\, g_c\, RT}} = \frac{Gv}{\sqrt{\gamma\, g_c\, RT}} \Rightarrow N_{M1}^2 = \frac{G^2 v_1^2}{\gamma\, g_c\, RT_1}$$

Pero si:

$P_1 v_1 = RT_1$ (asumiendo $Z = 1$, gas ideal) entonces:

$$N_{M1}^2 = \frac{G^2 v_1^2}{\gamma\, g_c\, P_1 v_1} \tag{13-27}$$

Reemplazando (13-27) en (13-26) tenemos:

$$\frac{P_2 v_2}{P_1 v_1} = \frac{T_2}{T_1} = 1 + \frac{\gamma-1}{2}N_{M1}^2\left[1 - \left(\frac{v_2}{v_1}\right)^2\right] \tag{13-28}$$

13.5.3.3 Ecuación de la energía mecánica con rozamiento

No es otra cosa en realidad que la ecuación del Primer Principio donde se toma en cuenta que la energía degradada por "fricción" (englobando en este término a los efectos disipativos viscosos) se disipa en forma de calor, o sea:

$$\delta w_f = \delta q_1 = du + P\, dv \Rightarrow du = \delta w_f - P\, dv$$

Reemplazando du en la expresión del Primer Principio tenemos:

$$\frac{d\mathcal{V}^2}{2g_c} + du + d(Pv) = 0 \Rightarrow \frac{d\mathcal{V}^2}{2g_c} + \delta w_f - Pdv + Pdv + vdP = 0 \Rightarrow$$

$$\Rightarrow \frac{d\mathcal{V}^2}{2g_c} + vdP + \delta w_f = 0$$

Recordemos que:

$$\mathcal{V} = Gv \Rightarrow d\mathcal{V}^2 = d(Gv)^2 = G^2 d(v^2) = 2G^2\, dv$$

Pero además:

$$\delta w_f = f\frac{G^2 v^2}{2g_c D_e}dL \quad \text{(de la ecuación de Darcy)}$$

$$\therefore vdP + \frac{G^2 dv^2}{2g_c} + f\frac{G^2 v^2}{2g_c D_e}dL = 0 \tag{13-29}$$

Pero:

$$vdP = d(Pv) - Pdv = d(Pv) - Pv\frac{dv}{v}$$

$$\therefore \frac{G^2 \, dv^2}{2g_c} + d(Pv) - Pv\frac{dv}{v} + f\frac{G^2 \, v^2}{2g_c \, D_e}dL = 0$$

De la ecuación *(13-25)* tenemos:

$$d(Pv) = -\frac{\gamma - 1}{\gamma}G^2 \, \frac{dv^2}{g_c} \Rightarrow$$

$$\Rightarrow \frac{G^2 \, vdv}{g_c} - \frac{\gamma - 1}{\gamma}G^2 \, \frac{dv^2}{g_c} + f\frac{G^2 \, v^2}{2g_c \, D_e}dL - Pv\frac{dv}{v} = 0$$

Reemplazando *Pv* de la ecuación *(13-25")* en la anterior queda:

$$\frac{G^2}{g_c}vdv - \frac{\gamma - 1}{\gamma}\frac{G^2}{g_c}vdv + f\frac{G^2v^2}{2g_cD_e}dL - P_1v_1\frac{dv}{v} - \frac{\gamma - 1}{\gamma}\frac{G^2v_1^2}{2g_c}\frac{dv}{v} + \frac{\gamma - 1}{\gamma}\frac{G^2v_1^2}{2g_c}\frac{dv}{v} = 0$$

Multiplicando por: $\dfrac{2\gamma g_c}{G^2 v^2}$ y reagrupando:

$$2\frac{dv}{v} - \left[\frac{2\gamma g_c P_1 v_1}{G^2} + (\gamma - 1)v_1^2\right]\frac{dv}{v^3} + (\gamma - 1)\frac{dv}{v} + \frac{\gamma \, f}{D_e}dL = 0$$

Integrando entre v_1 y v_2 y (asumiendo que *f* es constante) entre 0 y *L*:

$$2\int_{v1}^{v2}\frac{dv}{v} - \left[\frac{2\gamma g_c P_1 v_1}{G^2} + (\gamma - 1)v_1^2\right]\int_{v1}^{v2}\frac{dv}{v^3} + (\gamma - 1)\int_{v1}^{v2}\frac{dv}{v} + \frac{\gamma \, f}{D_e}\int_0^L dL = 0$$

Resolviendo las integrales:

$$2ln\frac{v_2}{v_1} + \frac{1}{2}\left[\frac{2\gamma g_c P_1 v_1}{G^2} + (\gamma - 1)v_1^2\right]\left(\frac{1}{v_2^2} - \frac{1}{v_1^2}\right) + (\gamma - 1)ln\frac{v_2}{v_1} + \frac{\gamma \, f}{D_e}L = 0$$

De donde:

$$\frac{f \, L}{D_e} = \frac{1}{2\gamma}\left[\frac{2\gamma g_c P_1 v_1}{G^2 v_1^2} + (\gamma - 1)\right]\left(\frac{1}{v_2^2} - \frac{1}{v_1^2}\right) + \frac{\gamma - 1}{2\gamma}ln\left(\frac{v_2}{v_1}\right)^2$$

Reemplazando de la ecuación *(13-27)* N_{M1}^2 en la anterior:

$$\frac{f \, L}{D_e} = \frac{1}{2\gamma}\left[\frac{2}{N_{M1}^2} + \gamma - 1\right]\left(\frac{1}{v_2^2} - \frac{1}{v_1^2}\right) + \frac{\gamma - 1}{2\gamma}ln\left(\frac{v_2}{v_1}\right)^2 \qquad\qquad (13\text{-}30)$$

Retomando el número de Mach por un momento y recordando que de la ecuación *(13-27)*:

$$N_M = \frac{Gv}{\sqrt{\gamma g_c RT}} \Rightarrow G = \frac{N_M\sqrt{\gamma g_c RT}}{v} = \text{constante}$$

$$\frac{N_{M1}\sqrt{\gamma g_c RT_1}}{v_1} = \frac{N_{M2}\sqrt{\gamma g_c RT_2}}{v_2} \Rightarrow N_{M1}\frac{\sqrt{T_1}}{\dfrac{RT_1}{P_1}} = N_{M2}\frac{\sqrt{T_2}}{\dfrac{RT_2}{P_2}} \Rightarrow$$

$$N_{M2} = N_{M1}\left(\frac{T_2}{T_1}\right)^{1/2}\frac{P_1}{P_2} \qquad\qquad (13\text{-}31)$$

Por otra parte, de la definición de masa velocidad:

$$G = \rho \times \mathcal{V} = \frac{\mathcal{V}}{v} = \text{constante}$$

$$\therefore \frac{\mathcal{V}_1}{v_1} = \frac{\mathcal{V}_2}{v_2} \Rightarrow \mathcal{V}_2 = \mathcal{V}_1\frac{v_2}{v_1} = \mathcal{V}_1\frac{\dfrac{RT_2}{P_2}}{\dfrac{RT_1}{P_1}} = \mathcal{V}_1\frac{T_2}{T_1}\frac{P_1}{P_2}$$

$$\therefore \mathcal{V}_2 = N_{MI}\sqrt{\gamma g_c R T_I}\,\frac{T_2}{T_I}\frac{P_I}{P_2} \tag{13-32}$$

13.5.3.4 Desarrollo

Apoyándonos en los fundamentos expuestos vamos a abordar el cálculo de la longitud crítica de un conducto así como las condiciones críticas que ocurren en flujo estrangulado. Sea esa longitud L. El siguiente croquis muestra el problema.

De la ecuación *(13-31)*: $N_{M2} = N_{MI}\left(\dfrac{T_2}{T_I}\right)^{1/2}\dfrac{P_I}{P_2} = 1 \Rightarrow N_{MI} = \left(\dfrac{T_I}{T_2}\right)^{1/2}\dfrac{P_2}{P_I}$

De la ecuación *(13-26)*:

$$\frac{P_2 v_2}{P_I v_I} = \frac{T_2}{T_I} \Rightarrow \frac{P_2}{P_I} = \frac{T_2 v_I}{T_I v_2} \Rightarrow N_{MI} = \left(\frac{T_I}{T_2}\right)^{1/2}\frac{T_2 v_I}{T_I v_2} = \left(\frac{T_2}{T_I}\right)^{1/2}\frac{v_I}{v_2}$$

$$\therefore N_{MI}{}^2 = \frac{T_2}{T_I}\left(\frac{v_I}{v_2}\right)^2 \tag{13-33}$$

y también:

$$N_{MI}{}^2 = \frac{T_2 v_I}{T_I v_2}\frac{v_I}{v_2} = \frac{P_2}{P_I}\frac{v_I}{v_2} \tag{13-34}$$

Reemplazando $N_{MI}{}^2$ de la ecuación anterior en la ecuación *(13-28)* y denominando Y a $\left(\dfrac{v_I}{v_2}\right)^2$ por razones de comodidad y economía en la notación tenemos la *(13-28)* escrita de la siguiente forma:

$$\frac{P_2 v_2}{P_I v_I} = 1 + \frac{\gamma-1}{2}N_{MI}{}^2 \Rightarrow \frac{P_2}{P_I} = \frac{v_I}{v_2}\left\{1 + \frac{\gamma-1}{2}N_{MI}{}^2\left[1-\left(\frac{v_2}{v_I}\right)^2\right]\right\}$$

$$\frac{P_2}{P_I} = \sqrt{Y}\left\{1 + \frac{\gamma-1}{2}\frac{P_2}{P_I}\frac{v_I}{v_2}\left[1-\frac{1}{Y}\right]\right\} = \sqrt{Y}\left\{1 + \frac{\gamma-1}{2}\frac{P_2}{P_I}\sqrt{Y}\left[1-\frac{1}{Y}\right]\right\} =$$

$$= \sqrt{Y} + \frac{\gamma-1}{2}\frac{P_2}{P_I}Y\frac{Y-1}{Y} = \sqrt{Y} + \frac{\gamma-1}{2}\frac{P_2}{P_I}\left(Y-1\right)$$

En consecuencia:

$$\frac{P_2}{P_I}\left[1 - \frac{\gamma-1}{2}\left(Y-1\right)\right] = \sqrt{Y} \Rightarrow \frac{P_2}{P_I} = \frac{\sqrt{Y}}{1 + \dfrac{\gamma-1}{2}\left(1-Y\right)} \tag{13-35}$$

De modo análogo, reemplazando $N_{MI}{}^2$ de la ecuación *(13-34)* en la ecuación *(13-30)* es:

$$\frac{fL}{D_e} = \frac{1}{2\gamma}\left[\frac{2}{N_{MI}{}^2} + \gamma - 1\right]\left(\frac{1}{v_2{}^2} - \frac{1}{v_I{}^2}\right) + \frac{\gamma-1}{2\gamma}ln\left(\frac{v_2}{v_I}\right)^2 = \left(\frac{1}{\gamma\dfrac{P_2}{P_I}\sqrt{Y}} + \frac{\gamma-1}{2\gamma}\right)\left(1-Y\right) + \frac{\gamma+1}{2\gamma}lnY =$$

$$= \frac{P_1}{P_2 \gamma \sqrt{Y}}(1-Y) - \frac{\gamma-1}{2\gamma}(1-Y) + \frac{\gamma+1}{2\gamma} lnY \Rightarrow$$

$$\Rightarrow \frac{P_1}{P_2} = \frac{\dfrac{fL}{D_e}\gamma\sqrt{Y}}{1-Y} - \frac{\gamma-1}{2}\sqrt{Y} - \frac{(\gamma+1)\sqrt{Y}}{2(1-Y)}lnY$$

de ello se deduce:

$$\frac{P_2}{P_1} = \cfrac{1}{\cfrac{\dfrac{fL}{D_e}\gamma\sqrt{Y}}{1-Y} - \dfrac{\gamma-1}{2}\sqrt{Y} - \dfrac{(\gamma+1)\sqrt{Y}}{2(1-Y)}lnY}$$

También de la ecuación *(13-35)*:

$$\frac{P_2}{P_1} = \frac{\sqrt{Y}}{1+\dfrac{\gamma-1}{2}(1-Y)}$$

Igualando con la anterior tenemos:

$$\cfrac{1}{\cfrac{\dfrac{fL}{D_e}\gamma\sqrt{Y}}{1-Y} - \dfrac{\gamma-1}{2}\sqrt{Y} - \dfrac{(\gamma+1)\sqrt{Y}}{2(1-Y)}lnY} = \cfrac{\sqrt{Y}}{1+\dfrac{\gamma-1}{2}(1-Y)}$$

$$\therefore \cfrac{1}{\cfrac{\dfrac{fL}{D_e}\gamma}{1-Y} - \dfrac{\gamma-1}{2} - \dfrac{\gamma+1}{2}\dfrac{lnY}{1-Y}} = \cfrac{Y}{1+\dfrac{\gamma-1}{2}(1-Y)}$$

Reordenando obtenemos:

$$Y = \cfrac{1+\dfrac{\gamma-1}{2}(1-Y)}{\cfrac{\dfrac{fL}{D_e}\gamma}{1-Y} - \dfrac{\gamma-1}{2} - \dfrac{\gamma+1}{2}\dfrac{lnY}{1-Y}} \qquad (13\text{-}36)$$

Esta ecuación se puede resolver numéricamente mediante métodos conocidos obteniendo Y que se usa en la ecuación *(13-35)* para calcular la relación de presiones, resultando de inmediato de la ecuación *(13-26)*:

$$\frac{T_2}{T_1} = \frac{P_2}{P_1}\frac{1}{\sqrt{Y}} \qquad (13\text{-}26')$$

Sin embargo, esto tiene la limitación de requerir el conocimiento previo del valor de L. Puede no ser así en ciertos casos y puede en cambio conocerse o fijarse P_2 pero entonces no se puede usar la ecuación *(13-36)* ya que los métodos de resolución numérica divergen porque el factor de la derecha de la última ecuación presenta un cero que singulariza la función cuando aparece como divisor lo que se hace muy difícil de manejar. Intentando buscar una solución a este problema, continuamos el desarrollo.
Despejando N_{MI}^2 de la ecuación *(13-30)* tenemos:

$$N_{MI}^2 = \cfrac{1}{\cfrac{\dfrac{fL}{D_e}\gamma - \dfrac{\gamma+1}{2}lnY}{1-Y} - \dfrac{\gamma-1}{2}} \qquad (13\text{-}37)$$

Por otro lado, de la *(13-28)*:

$$N_{M1}^2 = \frac{\dfrac{P_2}{P_1}\sqrt{Y} - Y}{\dfrac{\gamma-1}{2}(Y-1)}$$

(13-38)

Igualando ambas y reordenando:

$$\frac{1}{\dfrac{\dfrac{fL}{D_e}\gamma - \dfrac{\gamma+1}{2}lnY}{1-Y} - \dfrac{\gamma-1}{2}} - \frac{\dfrac{P_2}{P_1}\sqrt{Y} - Y}{\dfrac{\gamma-1}{2}(Y-1)} = 0$$

(13-39)

Esta ecuación es de la forma: f(Y) – g(Y) = 0. El algoritmo modificado de aproximaciones sucesivas a emplear es el siguiente:

$$Y'' = Y' + \frac{f(Y) - g(Y)}{K} \qquad \text{con K de 2 a 5}$$

Esta metodología permite obtener fácil y rápidamente la solución Y.

Ejemplo 13.7 Cálculo de la pérdida de carga de un flujo adiabático compresible con fricción.

En un conducto circular de diámetro uniforme de 2 pulgadas y 20 pies de longitud ingresa aire a temperatura t_1 = 300 °F. La presión de salida es P_2 = 1 ata.
Estimamos el factor de "fricción" f = 0.02. Calcular:

1) La relación límite de presiones.
2) La presión máxima de entrada que no cause estrangulación.
3) La velocidad másica máxima.
4) El número de Mach de entrada máximo N_{M1}.
5) La velocidad lineal $\mathcal{V}$ a la salida con un 50% de la caída máxima admisible de presión.
6) La velocidad másica, N_{M1} y N_{M2} en las mismas condiciones que 5.

Solución
1) De la ecuación (13-36):

$$Y = \frac{1 + \dfrac{\gamma-1}{2}\left(1-Y\right)}{\dfrac{\dfrac{fL}{D_e}\gamma}{1-Y} - \dfrac{\gamma-1}{2} - \dfrac{\gamma+1}{2}\dfrac{lnY}{1-Y}}$$

Puesto que:

$$\frac{fL}{D_e} = \frac{0.02 \times 20}{\dfrac{2}{12}} = 2.4 \quad \text{y} \quad \gamma = 1.4 \quad \text{tenemos} \quad \frac{\gamma-1}{2} = 0.2 \quad \text{y} \quad \frac{\gamma+1}{2} = 1.2$$

Por lo tanto: $Y = \dfrac{1 + 0.2\left(1-Y\right)}{\dfrac{3.36 - 1.2 \times lnY}{1-Y}} \Rightarrow Y = 0.1816266$

De la ecuación (13-35):

$$\frac{P_2}{P_1} = \frac{\sqrt{Y}}{1 + \dfrac{\gamma-1}{2}\left(1-Y\right)} = 0.36623356$$

2) $P_1 = \dfrac{P_2}{0.366} = 40.14$ psia

3) De la ecuación (13-26'):

$$\frac{T_2}{T_1} = \frac{P_2}{P_1}\frac{1}{\sqrt{Y}} = 0.8593467 \Rightarrow T_2 = 653.1 \text{ °R.}$$

$$v_1 = \frac{RT_1}{P_1} = \frac{10.731 \dfrac{\text{psia pie}^3}{\text{Lbmol °R}}\, 760\ °R}{29 \dfrac{\text{Lb}}{\text{Lbmol}}\, 40.14\,\text{psia}} = 7\,\frac{\text{pie}^3}{\text{Lb}} \Rightarrow v_2 = \frac{v_1}{\sqrt{Y}} = 16.44\,\frac{\text{pie}^3}{\text{Lb}}$$

$$N_{M2} = \frac{G\,v_2}{\sqrt{\gamma\,g_c\,RT_2}} = 1 \Rightarrow G = \frac{\sqrt{\gamma\,g_c\,RT_2}}{v_2} = \frac{\sqrt{\dfrac{1.4 \times 32.2 \times 1542 \times 653}{29}}}{16.44} = 75.969\,\frac{\text{Lb}}{\text{pie}^2\,\text{seg}}$$

4) De la ecuación (13-31):

$$N_{M1} = N_{M2}\left(\frac{T_1}{T_2}\right)^{1/2}\frac{P_2}{P_1} = 0.395069$$

o, también de la ecuación (13-27):

$$N_{M1} = \frac{G\,v_1}{\sqrt{\gamma\,g_c\,RT_1}} = 0.395068$$

5) Llamamos P_1' a la presión a la entrada con el 50% de la caída máxima de presión. Entonces:

$$P_1' = \frac{40.14 - 14.7}{2} + 14.7 = 27.42\,\text{psia} \Rightarrow \frac{P_2}{P_1'} = \frac{14.7}{27.42} = 0.536124$$

Resolviendo la ecuación (13-39) obtenemos:
$$Y = 0.325978.$$
De la ecuación (13-37) o de la (13-38) obtenemos: $N_{M1} = 0.384029$.
De la ecuación (13-26'):

$$\frac{T_2}{T_1} = \frac{P_2}{P_1}\frac{1}{\sqrt{Y}} = 713.65\ °R.$$

De la ecuación (13-31):

$$\mathcal{V}_2 = N_{M1}\sqrt{\gamma\,g_c\,RT_1}\,\frac{T_2}{T_1}\frac{P_1}{P_2} = \sqrt{\frac{1.4 \times 32.2 \times 1542 \times 760}{29}}\,\frac{0.939012}{0.536124} = 907.84\,\frac{\text{pies}}{\text{seg}}$$

6) $$G = \frac{\mathcal{V}_2}{v_2} = \frac{\mathcal{V}_2}{\dfrac{RT_1}{P_1'}\dfrac{1}{\sqrt{Y}}} = \frac{907.84}{\dfrac{10.731 \times 760}{29 \times 27.419}}\,0.57094 = 50.53\,\frac{\text{Lb}}{\text{pie}^2\,\text{seg}}$$

De la ecuación (13-31):

$$N_{M1} = N_{M2}\left(\frac{T_1}{T_2}\right)^{1/2}\frac{P_1'}{P_2} = 0.694$$

13.6 Flujo de fluidos compresibles a través de toberas

Se analiza con apoyo de la ecuación de energía mecánica con rozamiento.

$$v\,dP + \frac{d\mathcal{V}^2}{2\,g_c} + \frac{g}{g_c}\,dz + \delta w_f + \delta q = 0 \qquad\qquad (13\text{-}40)$$

En un gas el término de energía potencial es despreciable. Si además suponemos flujo adiabático $\delta q = 0$. Para diseños adecuados se consigue que el trabajo de "fricción" sea también despreciable. Por lo tanto:

$$\int \frac{d\mathcal{V}^2}{2\,g_c} = -\int v\,dP \Rightarrow \mathcal{V}_2^{\,2} - \mathcal{V}_1^{\,2} = 2\,g_c \int_{P2}^{P1} v\,dP = 2\,g_c\,v\left(P_1 - P_2\right) \qquad\qquad (13\text{-}41)$$

La hipótesis de flujo adiabático es sólida y se apoya en el hecho de que el recorrido de una tobera generalmente es tan corto que no permite el flujo de energía. A menudo la velocidad en la entrada es muy pequeña comparada con la velocidad en la garganta, por lo que se puede despreciar resultando:

$$\mathcal{V}_2 = \sqrt{2\,g_c\,v\,\Delta P} \qquad\qquad (13\text{-}41')$$

Alternativamente, analizando el flujo isentrópico de gases a partir del Primer Principio de la Termodinámica para sistemas abiertos es:

$$\int v\, dP = -\Delta H_s \Rightarrow \mathcal{V}_2 = \sqrt{2\, g_c \left(H_1 - H_2\right)_s + \mathcal{V}_1^{\,2}} \qquad (13\text{-}42)$$

Por otra parte sabemos que:

$$\gamma = \frac{Cp}{Cv} = \frac{Cp}{Cp - \dfrac{R'}{PM}} \Rightarrow \gamma Cp - \frac{\gamma R'}{PM} = Cp \Rightarrow Cp = \frac{\gamma R'}{PM(\gamma - 1)} \qquad (13\text{-}43)$$

Además: $H_1 - H_2 = Cp(T_1 - T_2) = Cp\left[1 - \left(\dfrac{T_2}{T_1}\right)\right]$ \qquad (13-44)

Pero de la ecuación de la evolución adiabática sabemos que:

$$\frac{T_2}{T_1} = \left(\frac{P_2}{P_1}\right)^{\frac{\gamma - 1}{\gamma}} \qquad (13\text{-}45)$$

y además: $\quad \dfrac{T_2}{T_1} = \left(\dfrac{v_1}{v_2}\right)^{\gamma - 1}$

de donde, combinando *(13-42)*, *(13-43)*, *(13-44)* y *(13-45)* resulta:

$$\mathcal{V}_2 = \sqrt{\frac{2\,\gamma\, g_c\, R'\, T_1}{PM(\gamma - 1)}\left[1 - \left(\frac{P_2}{P_1}\right)^{\frac{\gamma - 1}{\gamma}}\right] + \mathcal{V}_1^{\,2}} \qquad (13\text{-}46)$$

Es importante notar que si el gas se expande en el vacío es $P_2 = 0$ de donde resulta que la velocidad máxima en la garganta de la tobera es:

$$\mathcal{V}_{2máx} = \sqrt{\frac{2\,\gamma\, g_c\, R'\, T_1}{PM(\gamma - 1)} + \mathcal{V}_1^{\,2}} \qquad (13\text{-}47)$$

De esto se deduce que la velocidad máxima que puede alcanzar un gas en la garganta de la tobera es sólo función de su temperatura de entrada y de Cp y su peso molecular, es decir, del tipo de gas. Puesto que la velocidad máxima es inversamente proporcional al peso molecular del gas, es evidente que los gases mas livianos alcanzan velocidades mayores que los mas pesados. Es interesante observar que si comparamos la ecuación *(13-47)* con la ecuación *(13-12)* se deduce que para una relación de presiones muy pequeña (o lo que es lo mismo, cuando P_2 es mucho mayor que P_1) la velocidad es superior a la sónica. Esto se deduce de las curvas de Fanno y de Rayleigh, pero conviene confirmarlo en forma analítica.

Para deducir la forma de una tobera imaginemos que recibe gas de un recipiente grande a una presión elevada y uniforme P_1 y lo entrega a otro recipiente a baja presión P_2. A la entrada la velocidad de flujo es despreciable o muy pequeña porque el gas en el recipiente grande está estancado. A medida que ocurre la expansión y la velocidad aumenta es obvio que la sección de la tobera se debe reducir, o sea debe ser convergente como un embudo. Pero a medida que la expansión prosigue, pequeñas disminuciones de presión producen incrementos relativamente grandes de volumen por lo que se necesita un área transversal creciente o sea una sección divergente, y entre ambas está la garganta. Esta tobera fue ideada por De Laval para su turbina de vapor y la práctica ha demostrado que no existe otro diseño mejor.

13.6.1 Velocidad crítica y relación crítica de presiones en toberas

En la ecuación *(13-46)*, y considerando la ecuación de la evolución adiabática *(13-45)*:

$$\frac{T_2}{T_1} = \left(\frac{v_1}{v_2}\right)^{\gamma - 1}$$

Si reemplazamos esta última ecuación en la *(13-46)* tenemos:

$$\frac{\mathcal{V}_2^{\,2} - \mathcal{V}_1^{\,2}}{2\, g_c} = \frac{\gamma\, R'\, T_1}{PM(\gamma - 1)}\left[1 - \left(\frac{v_1}{v_2}\right)^{\gamma - 1}\right] \qquad (13\text{-}48)$$

De la ecuación de continuidad es evidente que: $\dot{m} = \dfrac{A \times \mathcal{V}}{v}$

Donde: $\dot{m}$ es el caudal másico $\left[\dfrac{Kg}{seg}\right]$, A = área transversal [m^2], v = volumen específico $\left[\dfrac{m^3}{Kg}\right]$.

Por lo tanto:

$$v = \dfrac{A \times \mathcal{V}}{\dot{m}}$$

Teniendo esto en cuenta, la ecuación *(13-48)* se convierte en:

$$\frac{\mathcal{V}_2{}^2 - \mathcal{V}_1{}^2}{2\,g_c} = \frac{\gamma\,R'\,T_1}{PM(\gamma - 1)}\left[1 - \left(\frac{A_1 \mathcal{V}_1}{A_2 \mathcal{V}_2}\right)^{\gamma - 1}\right] \qquad (13\text{-}48')$$

Llamando C a $\dfrac{PM(\gamma - 1)}{2\gamma\,g_c\,R'\,T_1}$ y despejando el área de la garganta A_2:

$$A_2 = \frac{A_1 \mathcal{V}_1}{\mathcal{V}_2}\left[1 - C\left(\mathcal{V}_2{}^2 - \mathcal{V}_1{}^2\right)\right]^{\frac{1}{\gamma - 1}}$$

Para obtener la velocidad en la garganta es necesario pensar en la garganta como punto de mínima sección por lo que será necesario encontrar el mínimo de A_2 expresado como función de $\mathcal{V}_2$. Para ello es preciso derivar:

$$\frac{\partial A_2}{\partial \mathcal{V}_2} = \frac{-2\,C\,A_1 \mathcal{V}_1}{1 - \gamma}\left[1 - C\left(\mathcal{V}_2{}^2 - \mathcal{V}_1{}^2\right)\right]^{\frac{1}{1-\gamma}} - \frac{A_1 \mathcal{V}_1}{\mathcal{V}_2{}^2}\left[1 - C\left(\mathcal{V}_2{}^2 - \mathcal{V}_1{}^2\right)\right]^{\frac{1}{1-\gamma}} = 0$$

$$\Rightarrow \frac{2\,C\,A_1 \mathcal{V}_1}{1 - \gamma}\left[1 - C\left(\mathcal{V}_2{}^2 - \mathcal{V}_1{}^2\right)\right]^{\frac{1}{1-\gamma}} = -\frac{A_1 \mathcal{V}_1}{\mathcal{V}_2{}^2}\left[1 - C\left(\mathcal{V}_2{}^2 - \mathcal{V}_1{}^2\right)\right]^{\frac{1}{1-\gamma}} \Rightarrow$$

$$\Rightarrow \frac{2\,C\,\mathcal{V}_2{}^2}{1 - \gamma}\left[1 - C\left(\mathcal{V}_2{}^2 - \mathcal{V}_1{}^2\right)\right]^{\frac{1}{1-\gamma}} = -1 \Rightarrow \frac{2\,C\,\mathcal{V}_2{}^2}{1 - \gamma} = C\left(\mathcal{V}_2{}^2 - \mathcal{V}_1{}^2\right) - 1$$

Despreciando la velocidad de entrada $\mathcal{V}_1$, empleando el subíndice g para la condición que impera en la garganta (es decir llamando $\mathcal{V}_g$ a $\mathcal{V}_2$) y el subíndice i para la condición de entrada tenemos:

$$\mathcal{V}_g{}^2 = \frac{1 - \gamma}{2C}C\left(\mathcal{V}_g{}^2 - 1\right) \Rightarrow \mathcal{V}_g{}^2\left(1 - \frac{C(\gamma - 1)}{2C}\right) = \frac{\gamma - 1}{2C} \Rightarrow$$

$$\Rightarrow \mathcal{V}_g{}^2\left(\frac{2 - 1 + \gamma}{2}\right) = \frac{\gamma - 1}{2C} \Rightarrow \mathcal{V}_g{}^2 = \frac{\gamma - 1}{2C}\frac{2}{\gamma + 1} = \frac{\gamma - 1}{C(\gamma + 1)}$$

$$\mathcal{V}_g{}^2 = \frac{\gamma - 1}{\gamma + 1}\frac{2\gamma\,g_c\,R'\,T_i}{PM(\gamma - 1)} = \frac{2\gamma\,g_c\,R'\,T_i}{PM(\gamma + 1)} \Rightarrow \mathcal{V}_g = \sqrt{\frac{2\gamma\,g_c\,R'\,T_i}{PM(\gamma + 1)}} \qquad (13\text{-}49)$$

Esta ecuación merece una consideración cuidadosa ya que se ve que para un gas ideal, en la expansión isentrópica en una tobera la velocidad en la garganta sólo depende de la temperatura de entrada del gas, el Cp y el peso molecular del gas y es constante e independiente de las presiones.

Como generalmente es posible conocer las condiciones en la entrada, llamando P_i, T_i y v_i a las propiedades en la entrada tenemos de la ecuación *(13-49)*:

$$\frac{\mathcal{V}_g{}^2\,PM}{2\,g_c\,\gamma\,R'\,T_i} = \frac{1}{\gamma + 1} \qquad (13\text{-}50)$$

Reemplazando en la ecuación *(13-46)* y substituyendo los subíndices *1* y *2* por *i* y *g* respectivamente obtenemos despreciando la velocidad de entrada:

$$\frac{1}{\gamma + 1} = \frac{1}{\gamma - 1}\left[1 - \left(\frac{P_g}{P_i}\right)^{\frac{\gamma - 1}{\gamma}}\right] = \frac{1}{\gamma - 1}\left[1 - \left(\frac{v_i}{v_g}\right)^{\gamma - 1}\right] = \frac{1}{\gamma - 1}\left[1 - \frac{T_g}{T_i}\right] \qquad (13\text{-}51)$$

$$\therefore \frac{\gamma-1}{\gamma+1}=1-\left(\frac{P_g}{P_i}\right)^{\frac{\gamma-1}{\gamma}} \Rightarrow \frac{P_g}{P_i}=\left(\frac{2}{\gamma+1}\right)^{\frac{\gamma}{\gamma-1}}$$

(13-52)

$$\frac{\gamma-1}{\gamma+1}=1-\left(\frac{v_i}{v_g}\right)^{\gamma-1} \Rightarrow \frac{v_i}{v_g}=\left(\frac{2}{\gamma+1}\right)^{\frac{1}{\gamma-1}}$$

(13-53)

$$\frac{\gamma-1}{\gamma+1}=1-\frac{T_g}{T_i} \Rightarrow \frac{T_g}{T_i}=\frac{2}{\gamma+1}$$

(13-54)

Nótese que la ecuación *(13-52)* nos proporciona la relación *mínima* de presiones, obtenida a partir de la ecuación *(13-49)* que nos da la velocidad máxima. Se la llama relación *crítica* de presiones. No depende de la temperatura y de la presión en la entrada. Sólo depende de Cp y Cv, es propia de cada gas.

Lo mismo ocurre con las demás relaciones críticas *(13-52)* a *(13-54)*. El término mínimo aquí se emplea en el sentido de la sección mínima de la garganta. Si se reemplaza T_i tal como resulta de calcular por la ecuación *(13-54)* en la ecuación *(13-49)* se observa que la velocidad en la garganta es precisamente <u>la velocidad sónica</u>, lo que nos indica que en estas condiciones de flujo límite máximo el flujo es sónico. Esto no impide superar la velocidad sónica en el interior de una tobera, como ya hemos explicado.

La tobera De Laval con una presión P_i en la zona de entrada a la boquilla convergente se puede esquematizar del siguiente modo.

Veamos los números que obtenemos para gases y vapor de agua.

vapor saturado $\quad \gamma = 1.135 \rightarrow P_{min} = 0.577 P_i$ $\qquad V_g = 3.227\sqrt{P_i\,v_i}$ (*)

vapor recalentado $\quad \gamma = 1.3 \rightarrow P_{min} = 0.545 P_i$ $\qquad V_g = 3.345\sqrt{P_i\,v_i}$

aire y gases biatómicos $\gamma = 1.4 \rightarrow P_{min} = 0.527 P_i$ $\qquad V_g = 3.387\sqrt{P_i\,v_i}$

Por lo tanto, cuando la presión P_2 es menor de la mitad de la presión inicial P_i, la tobera de De Laval está funcionando estrangulada.

Esta discusión está enfocada desde el punto de vista ideal pero si tenemos en cuenta el rozamiento en la ecuación *(13-49)* la velocidad verdadera tiene entre un 3 y un 6% menos que la teórica así que hay que afectar por un factor de corrección de 0.94 a 0.97 dependiendo del diseño y la calidad de la terminación.

Notemos también que comparando la ecuación *(13-49)* y la ecuación (*) para vapor saturado la velocidad en la garganta se acerca peligrosamente a la velocidad sónica para pequeñas variaciones de P_i, lo que por suerte no ocurre con valores de γ mayores de 1.135. De todos modos no es normal usar vapor saturado en una boquilla cinética, y en el peor de los casos el título nunca es menor del 80% en una turbina valor para el cual el vapor está casi exhausto y la presión de entrada asegura no alcanzar la velocidad sónica.

Para distintas relaciones de presiones se puede calcular la relación de secciones A_2/A_{min} en función de γ. Así por ejemplo para vapor saturado ($\gamma = 1.135$) es:

P_1/P_2	1.732	2	4	6	8	10	20	50	80	100
A_2/A_{min}	1	1.015	1.349	1.716	2.069	2.436	3.966	7.9	1.55	13.8

Para vapor recalentado ($\gamma = 1.3$):

P_1/P_2	1.832	10	20	50	100
A_2/A_{min}	1	2.075	3.214	5.958	9.68

La experiencia demuestra que para velocidades no muy superiores a la velocidad crítica (por ejemplo 600-700 m/seg para el vapor) las pérdidas de la expansión libre son pequeñas por lo que la forma del difusor

594

puede ser poco o nada divergente (podría muy bien ser un tubo recto) y la diferencia en rendimiento con respecto a una tobera divergente es despreciable. En el caso del vapor de agua el ángulo de divergencia se puede fijar entre 5 y 10° dependiendo la elección del grado de pérdida por fricción que se está dispuesto a tolerar.

Ejemplo 13.8 Cálculo de las dimensiones de una tobera de De Laval.

Determinar las dimensiones de una tobera de De Laval que sea capaz de transportar 360 Kg/hr de vapor entre las presiones de 10 Kg_f/cm^2 y 0.1 Kg_f/cm^2, suponiendo que circula vapor saturado seco.

Solución

En una tabla de vapor encontramos para el vapor saturado seco $v = 0.194$ m³/Kg.

De la ecuación (*) tenemos:
$$\mathcal{V}_g = 3.227\sqrt{P_i\,v_i} = 3.227\sqrt{10^5 \times 0.194} = 453\,\frac{m}{seg}$$

De la ecuación (13-53):
$$v_g = v_i\left(\frac{\gamma+1}{2}\right)^{\frac{1}{\gamma-1}} = 0.194\left(\frac{1+1.135}{2}\right)^{\frac{1}{0.135}} = 0.315\,\frac{m^3}{Kg}$$

En la sección de salida tenemos por la ecuación (13-46) despreciando $\mathcal{V}_1$:

$$\mathcal{V}_2 = \sqrt{\frac{2\gamma g_c P_1 v_1}{\gamma-1}\left[1-\left(\frac{P_2}{P_1}\right)^{\frac{\gamma-1}{\gamma}}\right]} = \sqrt{\frac{2\times1.135\times9.8\times10^5\times0.194}{0.135}\left[1-\left(\frac{0.1}{10}\right)^{\frac{0.135}{1.135}}\right]} =$$

$$\mathcal{V}_2 = 1161\,\frac{m}{seg}$$

De la ecuación de la evolución adiabática tenemos:
$$v_2 = v_{tu}\left(\frac{P_1}{P_2}\right)^{\frac{1}{\gamma}} = 0.194\left(\frac{10}{.1}\right)^{\frac{1}{1.135}} = 11.21\,\frac{m^3}{Kg}$$

En la garganta:
$$A_g = \frac{\dot{m}\times v_g}{\mathcal{V}_g} = \frac{\dfrac{360\ Kg}{3600\ seg}\times0.315\dfrac{m^3}{Kg}}{453\dfrac{m}{seg}} = 6.95\times10^{-5}\ m^2$$

El diámetro de garganta es:
$$D_g = \sqrt{\frac{4}{\pi}A_g} = \sqrt{\frac{4}{3.14}69.53} = 9.4\ mm$$

A la salida:
$$A_2 = \frac{\dot{m}\times v_2}{\mathcal{V}_2} = \frac{0.1\dfrac{Kg}{seg}\times11.21\dfrac{m^3}{Kg}}{1161\dfrac{m}{seg}} = 9.655\times10^{-4}\ m^2$$

El diámetro es:
$$D_2 = \sqrt{\frac{4}{\pi}A_2} = \sqrt{\frac{4}{3.14}965} = 3.5\ mm$$

Si el ángulo de la sección divergente es α tenemos que la longitud es:
$$L = \frac{D_2 - D_g}{2\,tg\,\alpha}$$

Asumiendo $\alpha = 10°$ tenemos: $L = \dfrac{35.06 - 9.4}{2\,tg\,10°} = 72.8\ mm$

13.7 Salida de gas por un orificio de un recipiente

Existen dos casos de interés práctico en este problema: cuando la relación de presiones es moderada y cuando es elevada. Veamos el primer caso.

El tanque es grande, contiene gas en condiciones P_1, T_1 con volumen específico v_1 y podemos suponer que la salida de gas no afecta a la presión P_1 que suponemos constante.

Despreciando la velocidad en el interior del tanque (donde el gas está estancado) respecto de la de salida, aplicamos la ecuación *(13-46)* despreciando el efecto de la velocidad inicial, que por ser la que corresponde al interior del recipiente se puede considerar nula.

$$\mathcal{V} = \sqrt{\frac{2\,\gamma\,g_c\,R'\,T_1}{PM(\gamma-1)}\left[1-\left(\frac{P_2}{P_1}\right)^{\frac{\gamma-1}{\gamma}}\right]}$$

El caudal másico es:

$$\dot{m} = \frac{A \times \mathcal{V}}{v_2} \qquad\qquad\qquad\qquad (13\text{-}55)$$

Donde: A es la sección del orificio, y v_2 es el volumen específico en las condiciones de salida. Pero, por la ecuación de la evolución adiabática es:

$$v_2 = v_1\left(\frac{P_1}{P_2}\right)^{\frac{1}{\gamma}}$$

$$\therefore \dot{m} = \frac{A \times \mathcal{V}}{v_1}\left(\frac{P_2}{P_1}\right)^{\frac{1}{\gamma}} \qquad\qquad\qquad\qquad (13\text{-}55')$$

Reemplazando $\mathcal{V}$ tenemos:

$$\dot{m} = \frac{A}{v_1}\sqrt{\frac{2\,\gamma\,g_c\,P_1\,v_1}{PM(\gamma-1)}\left[1-\left(\frac{P_2}{P_1}\right)^{\frac{\gamma-1}{\gamma}}\right]}\left(\frac{P_2}{P_1}\right)^{\frac{1}{\gamma}}$$

$$\boxed{\dot{m} = A\sqrt{\frac{2\,\gamma\,g_c\,P_1}{v_1\,PM(\gamma-1)}\left[\left(\frac{P_2}{P_1}\right)^{\frac{2}{\gamma}}-\left(\frac{P_2}{P_1}\right)^{\frac{\gamma+1}{\gamma}}\right]}} \qquad\qquad (13\text{-}56)$$

Como ya observamos anteriormente en el apartado **13.6**, el caudal másico máximo para un valor determinado de la relación de presiones se obtiene cuando el peso molecular es menor. En otras palabras, los gases mas livianos se escapan con mayor facilidad por un orificio practicado en la pared de un recipiente de presión. Esto explica la "fuga" de gases muy livianos (hidrógeno, helio) a través de paredes metálicas delgadas. También explica la penetración de los gases en el interior de la estructura del metal.

Ahora nos detenemos a examinar el comportamiento de $\dot{m}$ dado por la ecuación *(13-56)* en función de la relación de presiones $\Pi = P_2/P_1$. Es obvio que cuando $\Pi = 0$ es $\dot{m} = 0$ porque la expresión se anula. ¿Qué significa que $\Pi = 0$?. Sólo caben dos posibilidades: puede ser $P_2 = 0$ (expansión en el vacío) o $P_1 = \infty$. Esta última posibilidad no tiene sentido físico, porque no puede haber presión infinita en el tanque, pero existe una situación aproximada para la que $\Pi \cong 0$ que es cuando $P_1 \gg P_2$. El caso de expansión en el vacío es muy raro, ocurre muy de vez en cuando. El caso de $P_1 \gg P_2$ es mas común y tiene mayor interés.

Si $\Pi = 1$ también tenemos $\dot{m} = 0$ porque cuando las presiones son iguales no hay flujo, pero esta situación es trivial y carece de interés práctico. De modo que $\dot{m} = 0$ para $\Pi = 0$ y para $\Pi = 1$ por lo que debe tener un máximo entre ambos, ya que sabemos que no se anula para puntos intermedios. En esto encontramos una discrepancia entre las curvas de tipo experimental y teórico. Entre el máximo (que llamaremos $\dot{m}_{Máx}$ y le corresponde a una relación de presiones $\Pi_{Máx}$) y $\Pi = 1$ la curva debiera descender pero los valores experimentales demuestran que $\dot{m}$ permanece constante e igual a $\dot{m}_{Máx}$.

La única explicación teórica a este hecho es que cuando Π toma el valor crítico Π_c el flujo está estrangulado y es inútil reducir la presión en la salida o aumentar la presión en el tanque porque ello no incrementa el valor de caudal másico. La relación crítica de presiones Π_c es aquella para la cual $\dot{m} = \dot{m}_{Máx}$. Ahora tiene interés determinar cuando ocurre que $\dot{m} = \dot{m}_{Máx}$. En la ecuación *(13-56)* se ve que siendo P_1 y v_1 constantes, el caudal másico se hace máximo cuando la diferencia:

$$\left(\frac{P_2}{P_1}\right)^{\frac{2}{\gamma}}-\left(\frac{P_2}{P_1}\right)^{\frac{\gamma+1}{\gamma}} \qquad\qquad\qquad \text{adopta el valor máximo.}$$

Por lo tanto, derivando:

$$\frac{\partial}{\partial \Pi}\left[\left(\frac{P_2}{P_1}\right)^{\frac{2}{\gamma}}-\left(\frac{P_2}{P_1}\right)^{\frac{\gamma+1}{\gamma}}\right]=0$$

$$\therefore \frac{2}{\gamma}\left(\frac{P_2}{P_1}\right)_c^{\frac{2}{\gamma}-1}-\frac{\gamma+1}{\gamma}\left(\frac{P_2}{P_1}\right)_c^{\frac{\gamma+1}{\gamma}-1}=0 \Rightarrow 2\left(\frac{P_2}{P_1}\right)_c^{\frac{2-\gamma}{\gamma}}=(\gamma+1)\left(\frac{P_2}{P_1}\right)_c^{\frac{1}{\gamma}}$$

$$\therefore \left(\frac{P_2}{P_1}\right)_c^{\frac{1-\gamma}{\gamma}}=\frac{\gamma+1}{2}\Rightarrow\left(\frac{P_2}{P_1}\right)_c=\left(\frac{\gamma+1}{2}\right)^{\frac{\gamma}{\gamma-1}}\Rightarrow\left(\frac{P_1}{P_2}\right)_c=\left(\frac{2}{\gamma+1}\right)^{\frac{\gamma}{\gamma-1}}$$

Esta última ecuación no es otra que la *(13-52,* lo que nos indica que el flujo máximo es sónico, o estrangulado. Cualquier valor menor que el crítico de la relación de presiones no producirá aumento de caudal, porque el caudal que corresponde al flujo sónico es siempre el máximo posible.

La curva real de $\dot{m}$ en función de la relación de presiones Π es la que vemos a continuación.

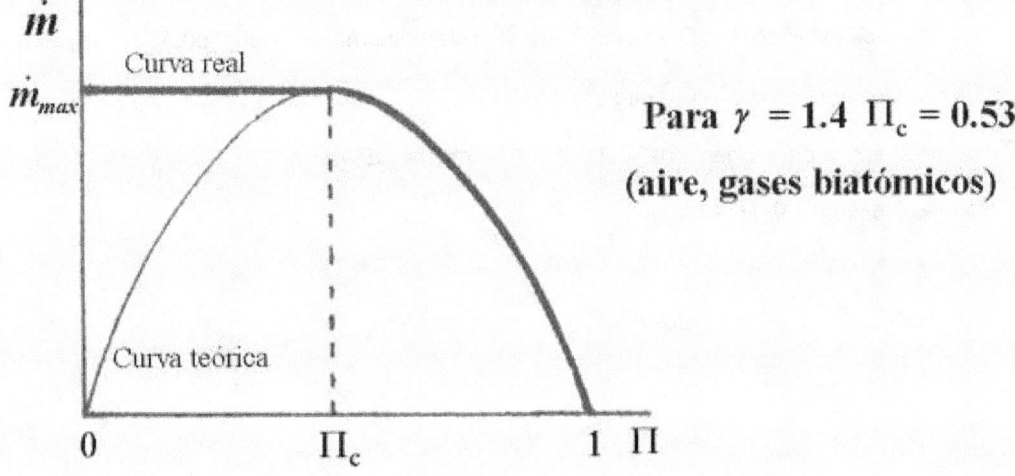

¿Porqué se puede superar la velocidad sónica en una tobera pero no en un orificio?. La explicación está en los efectos disipativos. La tobera permite acomodar gradualmente la corriente de modo que los cambios de dirección se producen sin transiciones bruscas. En cambio en un orificio la transición es brusca y el cambio de dirección se produce en forma súbita, lo que genera mucha turbulencia extra, además de la que normalmente existe. Este es un efecto disipativo adicional que no está presente en la tobera. La turbulencia es un fenómeno irreversible y disipa energía que de otro modo se manifestaría como energía cinética. Dicho en otras palabras, la turbulencia adicional producida por un orificio frena el flujo y produce una condición estrangulada parecida a la que se alcanza en la expansión libre en un conducto de sección uniforme como lo describe la curva de Fanno.

BIBLIOGRAFIA

- *"Flujo de fluidos para Ingenieros Químicos"* – F. A. Holland.

- *"Flow of Fluids through Valves, Fittings and Pipe"* – Crane Technical Paper No. 410, New York, 1991.

- *"Principios de los Procesos Químicos"* Tomo II (Termodinámica) – Houghen, Watson y Ragatz.

- *"Termodinámica Técnica"* – C. García.

- *"Termodinámica para Ingenieros"* – Balzhiser, Samuels y Eliassen.

- *"Termodinámica"* – V. M. Faires.

CAPITULO 14

INTERCAMBIO DE CALOR POR CONDUCCION

14.0 Introducción. Modos de transmisión del calor

El calor es una forma de transferir energía que se manifiesta por causa de la diferencia de temperatura. Imaginemos una fuente de calor en un día muy frío. Si tenemos frío nos colocamos ante ella de frente o de espaldas, pero muy raramente de perfil, porque intuitivamente sabemos que el calor que recibimos es directamente proporcional a la superficie expuesta. El calor emitido por radiación es inversamente proporcional al cuadrado de la distancia a la fuente y directamente proporcional a la superficie que la recibe, por eso si tenemos mucho frío tratamos de acercarnos lo mas posible a la fuente. Pequeñas diferencias de temperatura de la fuente influyen mucho en la cantidad de calor recibida, por lo que intuimos que depende de la temperatura elevada a una potencia grande, mayor que uno.

Parte de la energía de la fuente es absorbida por el aire que la rodea, que al calentarse se dilata, esto es, disminuye su densidad. Por lo tanto recibe un empuje del aire frío que lo rodea mayor que su propio peso, y asciende. Este proceso se llama convección. Por eso los ambientes altos son mas fríos que los de techo bajo. Si el movimiento del fluido se ayuda con medios mecánicos se dice que hay convección forzada y cuando el origen del movimiento es la acción gravitatoria pura se denomina convección natural.

Además todas las sustancias que están en contacto con la fuente cálida tienen una energía de vibración mayor en las moléculas que están expuestas a la fuente o en contacto con ella que en las moléculas mas alejadas. Esta energía, asociada en los gases y líquidos a modos traslacionales, se puede transferir por choque entre partículas. A este modo de transferir calor se lo llama conducción.

14.1 Transmisión del calor por conducción

En todos los procesos de transporte (flujo de calor, electricidad, fluidos, etc.) se encuentra que la cantidad de lo que fluye es directamente proporcional a la diferencia de potencial e inversamente proporcional a la resistencia. Esta diferencia de potencial en el caso de flujo de electricidad es la diferencia de potencial eléctrico, en el caso de flujo de fluidos es la diferencia de presiones, y en el de flujo de calor es la diferencia de temperaturas. En cuanto a la resistencia, en el caso de la electricidad es la resistencia eléctrica. En el de flujo de fluidos la origina la viscosidad del fluido, las características del conducto y la formación de torbellinos. En el caso de flujo de calor se debe a la rigidez de las moléculas que obstaculiza la vibración o a presencia de huecos en el material. En todos los casos se puede plantear la ecuación generalizada:

$$\text{Intensidad de Flujo} = \frac{\text{Potencial}}{\text{Re sistencia}} \qquad (14\text{-}1)$$

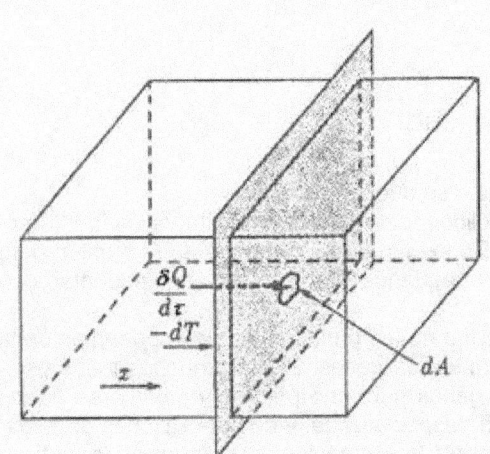

En 1822 Fourier estudió los fenómenos de transferencia de calor y estableció su conocida ecuación:

$$\boxed{\frac{\partial Q}{\partial \tau} = k\,A\,\frac{\partial T}{\partial x}} \qquad (14\text{-}2)$$

Donde: Q = calor transmitido por conducción;
$\quad x$ = espesor de material;
$\quad A$ = área normal al flujo calórico;
$\quad k$ = conductividad térmica del material;
$\quad \tau$ = tiempo;
$\quad T$ = temperatura

En forma abreviada, usaremos la siguiente notación:

$$\dot{q} = \frac{\partial Q}{\partial \tau}$$ De este modo la ecuación de Fourier queda:

$$\dot{q} = k\,A\,\frac{\partial T}{\partial x}$$

14.2 Tipos de régimen

Se distinguen dos tipos de régimen de flujo de calor.

> ➢ Si $\dot{q}$ es constante se dice que el régimen es estable, estacionario o permanente.

> ➢ Si $\dot{q}$ es variable con el tiempo decimos que el régimen es transitorio.

En la mayoría de los casos de interés práctico se alcanza el régimen estable si se espera un cierto período de tiempo, y nosotros vamos a asumir régimen estable salvo que aclaremos expresamente lo contrario.

En general, las situaciones de transferencia de calor en régimen transitorio son algo mas complicadas que las de régimen estable y se analizarán mas adelante en detalle. Tienen importancia en el arranque y parada de equipos, así como en todos los casos en que se presentan variaciones importantes y relativamente bruscas en las condiciones de operación.

¿Cómo podemos usar la ecuación de Fourier *(14-2)* para deducir qué condiciones producen el régimen transitorio de flujo de calor?. Para razonar sobre la base de la ecuación *(14-2)* es necesario comprender que en esencia propone un modelo en el que la intensidad de flujo de energía en forma de calor se calcula en función de tres términos básicos: la conductividad térmica del material, el área disponible para el flujo y el gradiente térmico. Cualquier variación de alguno de estos elementos produce un cambio en la intensidad del flujo de calor. Pero si tenemos un sistema dado, tanto la conductividad térmica del material como el área de intercambio de calor son parámetros dimensionales y constructivos que no pueden variar de manera que el único término variable con las condiciones operativas es el gradiente térmico $\partial T/\partial x$. En consecuencia, si la distribución de temperaturas es uniforme e invariable con el tiempo, el flujo será estable, en tanto que si la distribución de temperaturas es variable con el tiempo, el flujo será transitorio.

14.2.1 Régimen estable, permanente o estacionario

$$\dot{q} = k\, A \frac{\partial T}{\partial L}$$

(14-3)

Usamos la notación $\dot{q}$ para identificar la cantidad de calor transferida por unidad de tiempo.

$$\dot{q} = \frac{\partial Q}{\partial \tau} = \text{constante}$$

14.2.2 Régimen transitorio

En régimen transitorio el flujo calórico depende del tiempo, es decir que en distintos momentos tendrá un valor diferente. En general:

$$\dot{q} = \varphi(\tau)$$

Para poder evaluar el flujo calórico será preciso conocer la forma de la función matemática φ.

El régimen transitorio de transmisión de calor por conducción se presenta con menor frecuencia que el régimen permanente, por las mismas razones invocadas para el régimen transitorio de flujo de energía que se estudió en el capítulo 3. Véase la discusión sobre el particular en el apartado **3.5.3**.

14.3 Conductividad térmica

De la ecuación *(14-3)* se deduce:

$$k = \frac{\dot{q}}{A\dfrac{\partial t}{\partial L}} \Rightarrow [k] = \frac{\text{Kcal}}{\text{m}^2\,\text{hr}\dfrac{{}^{\circ}\text{C}}{\text{m}}} = \frac{\text{Kcal}}{\text{m hr}{}^{\circ}\text{C}}$$

Los valores de k se pueden obtener en los textos especializados o se pueden estimar.

Generalmente k varía linealmente con la temperatura en los sólidos, de modo que resulta válida la interpolación lineal. En los sólidos k es independiente de la presión. En los líquidos k depende de la presión pero muy poco; varía en forma no lineal con la temperatura pero en pequeños intervalos se admite la interpolación lineal, aunque se aconseja la polinómica.

En los gases k varía bastante con la presión y la temperatura. Uno de los problemas mas importantes de la transferencia de calor es la estimación de la conductividad térmica de gases. Existen muchos métodos, y ninguno es sencillo. La conductividad térmica presiones para gases puros no polares y polares se puede estimar por métodos que se explican en detalle en la bibliografía especializada, y que por razones de espacio no podemos tratar aquí. Nos limitaremos a comentar únicamente la estimación del número de Prandtl.

14.3.1 Estimación del número de Prandtl

Los números de Prandtl son importantes para estimar coeficientes de transmisión del calor por conducción y convección. Para los gases el número de Prandtl es prácticamente independiente de la temperatura porque tanto Cp como μ y k aumentan con la temperatura del mismo modo, o casi. También es casi independiente de la presión, para presiones bajas y moderadas. Esto permite hacer estimaciones muy rápidas de conductividad térmica. El número de Prandtl se define de la siguiente manera:

$$N_{Pr} = \frac{Cp\,\mu}{k} \tag{14-4}$$

A continuación damos una tabla de los números de Prandtl mas comunes a 100 °C y 1 ata.

Gas	N_{Pr}	Gas	N_{Pr}	Gas	N_{Pr}
aire	0.74	C_2H_4	0.83	N_2	0.74
NH_3	0.78	H_2	0.74	O_2	0.74
SO_2	0.80	CH_4	0.79	SH_2	0.77
CO_2	0.84	CO	0.74	H_2O	0.78

En la teoría de Eucken para gases a baja densidad es posible obtener la siguiente fórmula que permite calcular el número de Prandtl para cualquier temperatura y a baja presión, partiendo de datos experimentales o estimados de Cp'° a la misma temperatura.

$$N_{Pr} = \frac{Cp'^{\circ}}{Cp'^{\circ} + 2.48} \tag{14-5}$$

Cp'° debe estar en Kcal/(Kmol ºK). También se puede emplear la siguiente fórmula:

$$N_{Pr} = \frac{4}{9 - \dfrac{5}{\gamma}} \tag{14-5'}$$

Cualquiera de las dos fórmulas da resultados coincidentes con los experimentales (tabla anterior) para gases "casi ideales" como el aire, N_2 u O_2 pero sus resultados difieren algo para gases polares o asociados (NH_3, vapor de H_2O, etc.). Se puede esperar que este valor no varíe mucho con un aumento moderado de presión.

Para gases polares es preferible adoptar un valor de N_{Pr} = 0.86 ya que no responden a la teoría de Eucken, que idealiza moléculas al considerarlas no polares. Para gases puros a alta presión esta fórmula es poco confiable, y es preferible estimar por separado cada componente del N_{Pr} y calcularlo como producto de los valores individuales, dado que en particular para moléculas complejas es difícil estimar bien el valor exacto de N_{Pr} dado que el Cp varía mucho mas que las otras variables con la presión. Igual procedimiento se debe adoptar para mezclas de gases, estimando cada propiedad para la mezcla y luego a partir de ellas el N_{Pr}.

14.3.2 Estimación de conductividades térmicas de mezclas líquidas

Las reglas dadas por Kern permiten obtener algún valor, aunque se deberá preferir un valor experimental siempre que sea posible.

a) Mezclas o soluciones de líquidos miscibles (una sola fase)

Se puede usar la suposición (a veces razonable) de que la conductividad térmica es aditiva. Por ejemplo, para una mezcla de dos componentes A y B tenemos:

$$k_m = \frac{k_A \times \%A}{100} + \frac{k_B \times \%B}{100} \tag{14-6}$$

b) Dispersiones coloidales

Emplear 0.9 veces la conductividad térmica del líquido dispersor.

c) Emulsiones de líquidos en líquidos

Emplear 0.9 veces la conductividad térmica del líquido que rodea a las gotas.

d) Soluciones salinas

Emplear 0.9 veces la conductividad térmica del agua, siempre que la concentración no sea mayor del 3%.

14.4 Flujo por conducción en régimen permanente

Se denomina régimen permanente o estacionario al que ocurre cuando en la ecuación de Fourier la cantidad de calor no varía con el tiempo, es decir cuando $\dot{q}$ no es una función del tiempo. Dicho en otros términos, cuando la temperatura de un punto cualquiera de la masa atravesada por el flujo calórico no varía con el tiempo, lo que permite suponer un k constante. Lo opuesto al régimen permanente o estacionario es el régimen transitorio: es el caso de un cuerpo que está siendo calentado y cuya temperatura no se ha estabilizado aún. Cuando su temperatura no cambia con el tiempo se encuentra en régimen permanente.

14.4.1 Resistencia a la conducción en paredes compuestas

La frecuencia con que aparecen fenómenos de intercambio de calor a través de paredes compuestas por dos o mas materiales distintos justifica el tratamiento en detalle de esta cuestión. Solo nos ocuparemos de las geometrías mas simples.

14.4.1.1 Paredes planas compuestas

Combinando las ecuaciones *(14-1)* y *(14-3)*:

$$Intensidad\ de\ Flujo = \frac{\text{Potencial}}{\text{Re sistencia}} \qquad \dot{q} = k\,A\,\frac{\partial T}{\partial L}$$

obtenemos:

$$\dot{q} = \frac{\Delta T}{\dfrac{L}{k\,A}} \tag{14-3'}$$

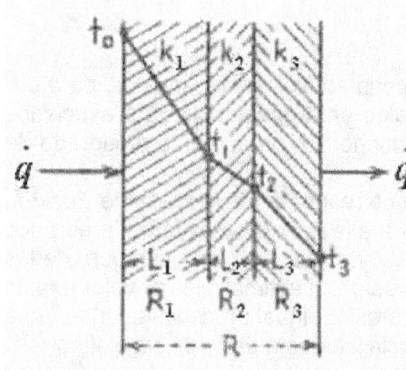

Comparando las ecuaciones *(14-3')* y *(14-1)* vemos que son análogas. Puesto que la intensidad de flujo es en nuestro caso el flujo de calor por unidad de tiempo, es evidente que Δt representa el potencial y la resistencia será:

$$R = \frac{L}{k\,A} \tag{14-7}$$

Como la transmisión de calor ocurre en estado estacionario no hay acumulación de calor en ninguna parte del sistema: por todas las paredes circula la misma cantidad de calor por unidad de tiempo. En consecuencia:

$$\dot{q} = k_1\,A\,\frac{t_0 - t_1}{L_1} = k_2\,A\,\frac{t_1 - t_2}{L_2} = k_3\,A\,\frac{t_2 - t_3}{L_3} = k_c\,A\,\frac{t_0 - t_3}{L}$$

Donde k_c es el coeficiente combinado de la pared y: $L = L_1 + L_2 + L_3$
Despejando las respectivas diferencias de temperatura obtenemos:

$$t_0 - t_1 = \frac{\dot{q} \times L_1}{k_1 \times A}; \quad t_1 - t_2 = \frac{\dot{q} \times L_2}{k_2 \times A}; \quad t_2 - t_3 = \frac{\dot{q} \times L_3}{k_3 \times A}; \quad t_0 - t_3 = \frac{\dot{q} \times L}{k_c \times A}$$

Sumando las tres primeras diferencias de temperatura, el resultado es igual a la última. En efecto:

$$t_0 - t_1 + t_1 - t_2 + t_2 - t_3 = t_0 - t_3$$

Pero por otra parte también es: $t_0 - t_3 = \dfrac{\dot{q} \times L}{k_c \times A} = \dfrac{\dot{q}}{A}\left(\dfrac{L_1}{k_1} + \dfrac{L_2}{k_2} + \dfrac{L_3}{k_3} \right)$

$$\therefore \frac{L}{k_c} = \frac{L_1}{k_1} + \frac{L_2}{k_2} + \frac{L_3}{k_3} \tag{14-8}$$

En consecuencia se deduce fácilmente que:

$$\boxed{\dot{q} = \frac{A\left(t_0 - t_3\right)}{\dfrac{L_1}{k_1} + \dfrac{L_2}{k_2} + \dfrac{L_3}{k_3}}} \tag{14-9}$$

Reordenando:

602

$$\dot{q}\left(\frac{L_1}{k_1\,A}+\frac{L_2}{k_2\,A}+\frac{L_3}{k_3\,A}\right)=\dot{q}\,\frac{L}{k_c\,A}$$

Denominaremos "resistencias" a los sumandos de la relación anterior.

$$R_1=\frac{L_1}{k_1\,A};\quad R_2=\frac{L_2}{k_2\,A};\quad R_3=\frac{L_3}{k_3\,A};\quad R_t=\frac{L}{k_c\,A}$$

tenemos:

$$R_t = R_1 + R_2 + R_3$$

Ejemplo 14.1 <u>Cálculo de la pérdida de calor por conducción, pared plana compuesta.</u>

La pared de un horno está compuesta de tres capas de ladrillo. La interior es de 8 pulgadas de refractario con un k = 0.68 BTU/(pie hr °F), la segunda de 4" de ladrillo aislante (k = 0.15) y la última y externa es de 6" de ladrillo común con k = 0.40. El horno opera a 1600 °F y la pared externa permanece a 125 °F. ¿Cuánto calor se pierde por conducción por pie cuadrado de superficie y cuales son las temperaturas de las interfases de cada capa?.

<u>Solución</u>

  a) Cálculo de las resistencias por pie cuadrado de superficie.

  Para refractario $R_1=\dfrac{L_1}{k_1\,A}=\dfrac{8/12}{0.68\times1}=0.98\,\dfrac{°F\,hr}{BTU}$

  Para aislante $R_2=\dfrac{L_2}{k_2\,A}=\dfrac{4/12}{0.15\times1}=2.22\,\dfrac{°F\,hr}{BTU}$

  Para ladrillo común $R_3=\dfrac{L_3}{k_3\,A}=\dfrac{6/12}{0.40\times1}=1.25\,\dfrac{°F\,hr}{BTU}$

  Resistencia total $=R_1+R_2+R_3=R_t=4.45\,\dfrac{°F\,hr}{BTU}$

  b) Cálculo del calor perdido por conducción

  $$\dot{q}=\frac{\Delta t}{R_t}=\frac{1600-125}{4.45}=332\,\frac{BTU}{hr\,pie^2}$$

  c) Cálculo de las temperaturas de las interfases

  Para refractario: $\Delta t=1600-T_1=\dot{q}\times R_1=332\times0.98=325$ °F $\therefore\ T_1=1600-325=1275$ °F

  Para aislante: $\Delta t=1275-T_2=\dot{q}\times R_2=332\times2.22=738$ °F

  $\therefore\ T_2=1275-738=537$ °F

  d) Comprobación

  Para ladrillo vulgar: $\Delta t=537-T_3=\dot{q}\times R_3=332\times1.25=415$ °F

  $\therefore\ T_3=537-415=122$ °F

Como la temperatura real en la cara externa es por dato 125 °F, hay una pequeña diferencia atribuible a error por redondeo, que no es relevante.

14.4.1.2 <u>Paredes planas compuestas con grandes diferencias de temperatura</u>

En el apartado anterior tratamos la cuestión de la conducción de calor en régimen estacionario para paredes compuestas considerando constantes la conductividad térmica que, estrictamente, es variable y depende de la temperatura.

Normalmente en casos de diferencias de temperaturas no tan pequeñas como para considerar constante el k pero no tan grandes como para justificar un tratamiento riguroso, se puede tomar un valor medio, pero en casos extremos hay que tomar en cuenta la variación de k con la temperatura.

Sea un elemento de pared de espesor uniforme, compuesto por un solo material. Si el espesor de pared L_i no es demasiado grande, y las temperaturas de las interfases que limitan el elemento de pared t_i y t_{i+1} no difieren mucho entre sí entonces la temperatura media $\bar{t}$ obtenida por interpolación lineal, es decir:

$\bar{t}=\dfrac{t_i+t_{i+1}}{2}$ no se aparta gran cosa de la temperatura media verdadera del elemento de pared.

Vamos a suponer que k varía linealmente con la temperatura. Nuevamente, el hecho de que Δt sea pequeño para el elemento nos autoriza a hacer una aproximación lineal sin cometer por ello un gran error. Esto nos permite corregir los estimados de temperatura y, mediante un procedimiento de aproximaciones sucesivas, obtenemos mayor exactitud. La ecuación lineal es:

$$k = a + b \times t \tag{14-10}$$

Veamos ahora cómo obtener las temperaturas medias de cada elemento de pared. De la ecuación *(14-2)*:

$$\frac{\dot{q}}{A} = \frac{t_0 - t_1}{\dfrac{L_1}{k_1}} = \frac{t_1 - t_2}{\dfrac{L_2}{k_2}} = \cdots\cdots = \frac{t_{n-1} - t_n}{\dfrac{L_n}{k_n}} \tag{a}$$

De la ecuación *(14-9)*:

$$\frac{\dot{q}}{A} = \frac{t_0 - t_n}{\displaystyle\sum_{i=1}^{n} \frac{L_i}{k_i}} \tag{b}$$

Por lo tanto, de las ecuaciones *(a)* y *(b)* podemos construir una sucesión:

$$t_1 = t_0 - \frac{\dot{q}}{A}\frac{L_1}{k_1} = t_0 - \frac{t_0 - t_n}{\displaystyle\sum_{i=1}^{n}\frac{L_i}{k_i}}\frac{L_1}{k_1} = t_0 - \frac{t_0 - t_n}{\dfrac{k_1}{L_1}\displaystyle\sum_{i=1}^{n}\frac{L_i}{k_i}}$$

$$t_2 = t_1 - \frac{\dot{q}}{A}\frac{L_2}{k_2} = t_1 - \frac{t_0 - t_n}{\displaystyle\sum_{i=1}^{n}\frac{L_i}{k_i}}\frac{L_2}{k_2} = t_1 - \frac{t_0 - t_n}{\dfrac{k_2}{L_2}\displaystyle\sum_{i=1}^{n}\frac{L_i}{k_i}} \tag{14-11}$$

$$\cdots\cdots$$

$$t_j = t_{j-1} - \frac{t_0 - t_n}{\displaystyle\sum_{i=1}^{n}\frac{L_i}{k_i}}\frac{L_j}{k_j} = t_{j-1} - \frac{t_0 - t_n}{\dfrac{k_j}{L_j}\displaystyle\sum_{i=1}^{n}\frac{L_i}{k_i}} \quad \text{para cualquier } j\,/\,0 < j < n$$

Luego es fácil calcular las temperaturas medias:

$$\bar{t}_1 = \frac{t_0 + t_1}{2} ; \bar{t}_2 = \frac{t_1 + t_2}{2} ; \quad \cdots \quad \bar{t}_j = \frac{t_{j-1} + t_j}{2}$$

Pero:

$$\bar{t}_1 = \frac{t_0 + t_1}{2} = \frac{1}{2}\left[t_0 + t_0 - \frac{t_0 - t_n}{\dfrac{k_1}{L_1}\displaystyle\sum_{i=1}^{n}\frac{L_i}{k_i}} \right] = t_0 - \frac{t_0 - t_n}{\dfrac{2k_1}{L_1}\displaystyle\sum_{i=1}^{n}\frac{L_i}{k_i}}$$

$$\bar{t}_2 = \frac{t_1 + t_2}{2} = \frac{1}{2}\left[t_1 + t_1 - \frac{t_0 - t_n}{\dfrac{k_2}{L_2}\displaystyle\sum_{i=1}^{n}\frac{L_i}{k_i}} \right] = t_0 - \frac{t_0 - t_n}{\dfrac{2k_2}{L_2}\displaystyle\sum_{i=1}^{n}\frac{L_i}{k_i}}$$

Y, generalizando es:

$$\boxed{\bar{t}_j = t_{j-1} - \frac{t_0 - t_n}{\dfrac{2k_j}{L_j}\displaystyle\sum_{i=1}^{n}\frac{L_i}{k_i}}} \quad \text{para cualquier } j\,/\,1 < j \leq n$$

donde: L_1, L_2, L_3, ... , L_n son los espesores de materiales *1, 2, 3, ... , n*, cuyas conductividades son k_1, k_2, k_3, ... , k_n. Ahora, una vez estimadas las temperaturas medias, es inmediato obtener los coeficientes *k*:

$$k_1 = a_1 + b_1 \times t_1;$$
$$k_2 = a_2 + b_2 \times t_2;$$
$$.....................;$$
$$k_n = a_n + b_n \times t_n$$

Estos valores se usarán para corregir el calor total intercambiado por unidad de área $\dot{q}/A$ porque su magnitud afecta el calor que atraviesa la pared, y por ende a las temperaturas intermedias de cada interfase entre dos materiales sucesivos, de modo que el cálculo es iterativo y finaliza cuando se obtienen dos valores sucesivos de $\dot{q}/A$ que no difieran significativamente.

14.4.1.3 Aire: el mejor aislante
El ejemplo siguiente demuestra que si no hay problemas de resistencia de materiales o estructurales que impidan dejar espacios vacíos el aire es un aislante muy efectivo.

Ejemplo 14.2 Cálculo de la pérdida de calor por conducción, pared compuesta con capa de aire.
Si en el ejemplo anterior se deja un espacio de 1/4" (0.635 cm) y las otras dimensiones permanecen inalteradas, la solución se modifica como sigue.
Solución
En una tabla de un libro especializado tenemos un dato de *k* para el aire a 572 °F: *k* = 0.265 BTU/(pie hr °F). Como esa temperatura se acerca a la que hay en la interfase ladrillo aislante-ladrillo común, ubicamos allí el espacio de aire.
La resistencia adicional que ofrece el aire por pie cuadrado de superficie es:

$$R_{aire} = \frac{L}{k\,A} = \frac{0.25/12}{0.265 \times 1} = 0.79 \ \frac{°F\,hr}{BTU}$$

Por ello la resistencia total ahora es:

$$R_t = R_1 + R_2 + R_3 + R_{aire} = 4.45 + 0.79 = 5.24 \ \frac{°F\,hr}{BTU}$$

$$\therefore \dot{q} = \frac{\Delta t}{R_t} = \frac{1600 - 125}{5.24} = 281 \ \frac{BTU}{hr\,pie^2}$$

Comparando las cifras: una pared compuesta de 18" (45.7 cm) de espesor de ladrillo grueso, sólido, pesado y caro deja pasar 332 BTU/hora por pie cuadrado de superficie, mientras el agregado de 1/4" (0.635 cm) de aire que no cuesta nada ha reducido la pérdida en un 15%. Esto es así porque el aire retenido entre dos capas de aislante está estancado; si estuviese en libertad de movimiento tendría posibilidad de escapar y transmitir su calor al medio ambiente, lo que en lugar de reducir las pérdidas las aumentaría. Este hecho se usa en los aislantes porosos, como la lana de vidrio, el telgopor y otros que contienen poros e infinidad de pequeñas cámaras de aire que aumentan las cualidades aislantes, aunque a expensas de la resistencia mecánica de estos materiales, que tampoco son aptos para resistir altas temperaturas. Una alternativa usada antes era el asbesto, que consiste en largas fibras de una sustancia mineral que puede aplicarse sola o combinada con otras, pero que hoy está en desuso por ser una sustancia cancerígena. Otro ejemplo es la magnesia al 85%, que es una mezcla de 85% de CO_3Mg y 15% de asbesto, se puede aplicar como un cemento y para temperaturas del orden de 260 °C es ideal por su bajo costo y fácil aplicación. En la actualidad se reemplaza el asbesto por otros materiales dado que el asbesto es cancerígeno, aunque el aislante retiene su nombre de magnesia al 85%.

14.4.2 Resistencia a la conducción en tubos

En el caso de tubos la ecuación de Fourier se plantea desarrollando el área de flujo de calor. Aquí el área es el perímetro de la circunferencia media del tubo. Se entiende por circunferencia media aquella que pasa por un punto equidistante de los radios exterior r_e e interior r_i. Sea este radio medio r.

El gradiente de temperatura se expresa en función del radio de la circunferencia media del tubo ya que el flujo de calor será perpendicular al eje longitudinal del tubo. En el siguiente croquis se muestra un corte transversal de un tubo. El flujo de calor se produce por efecto de la diferencia de temperaturas entre el interior del tubo t_i y el exterior t_e. No nos interesa cual es la mayor temperatura, ni el sentido del flujo calórico. Este se puede escribir:

$$\dot{q} = 2\pi\,L\,k\left(-\frac{\partial t}{\partial r}\right)$$

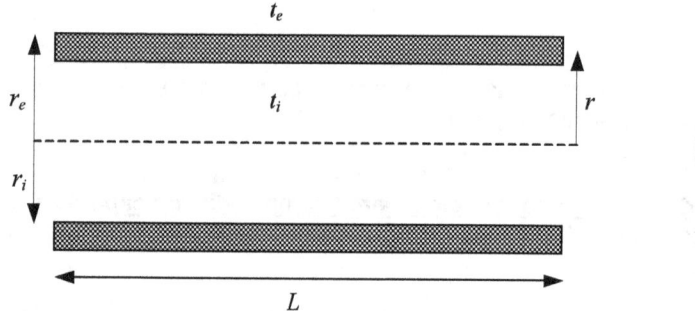
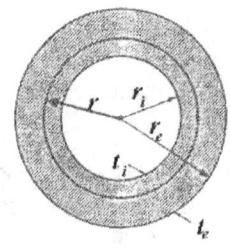

Dividiendo por L:

$$\dot{q}_L = 2\pi\,k\left(-\frac{\partial t}{\partial r}\right) \qquad\qquad (14\text{-}12)$$

$\dot{q}_L$ es el calor que fluye a través de las paredes del tubo por unidad de tiempo y por unidad de longitud. La ecuación (14-12) es una ecuación diferencial a variables separables de modo que separando variables resulta:

$$\dot{q}_L\,\frac{dr}{r} = -2\pi\,k\,dt$$

Integrando:

$$\dot{q}_L\int_{ri}^{re}\frac{dr}{r} = -2\pi\,k\int_{ti}^{te}dt \Rightarrow \dot{q}_L\,ln\frac{r_e}{r_i} = 2\pi\,k\,(t_i - t_e)$$

Operando:

$$\dot{q}_L = \frac{2\pi\,k\,(t_i - t_e)}{ln\dfrac{r_e}{r_i}} \qquad\qquad (14\text{-}13)$$

Esta ecuación se debe usar con cuidado cuando los radios interno y externo tienen valores muy parecidos, es decir cuando el espesor de pared de tubo es muy pequeño. En estos casos el error aumenta a medida que r_i tiende a ser igual a r_e.

En efecto, en la expresión anterior se puede verificar fácilmente que el calor que atraviesa un tubo se hace infinito cuando el espesor de pared tiende a cero, o lo que es lo mismo cuando r_e tiende a ser igual a r_i. Esto es absurdo.¿Porqué debería ser infinito el calor que atraviesa un espesor infinitesimal de material?. A medida que el espesor dr tiende a cero, también lo hace el incremento de temperatura dt, de manera que el cociente es finito. Esto sucede por un defecto matemático de la ecuación (14-13), que no describe exactamente la realidad física.

De hecho además en la práctica hay otras razones para que el calor no sea infinito, en primer lugar porque para ello sería necesario que la fuente tuviese una capacidad calórica infinita de emitir energía, y en segundo término porque además de la resistencia por conducción normalmente también existe una resistencia adicional por convección, que limita el flujo de modo que no puede ser infinito. En el próximo capítulo volveremos sobre esta cuestión.

14.4.2.1 Tubos compuestos de varias capas

Supongamos tener un tubo compuesto con varias capas de distintos aislantes tal como se ilustra en el siguiente croquis.

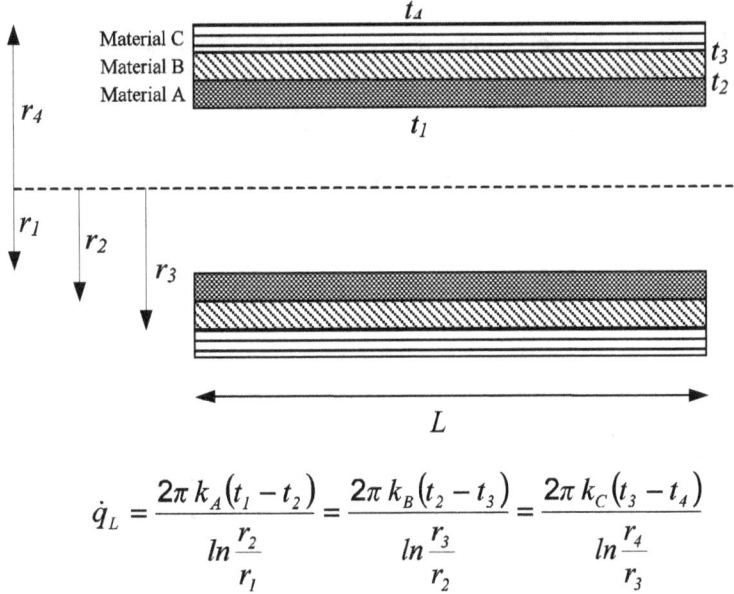

$$\dot{q}_L = \frac{2\pi\, k_A\left(t_1 - t_2\right)}{ln\dfrac{r_2}{r_1}} = \frac{2\pi\, k_B\left(t_2 - t_3\right)}{ln\dfrac{r_3}{r_2}} = \frac{2\pi\, k_C\left(t_3 - t_4\right)}{ln\dfrac{r_4}{r_3}}$$

Como hicimos antes, postulamos un coeficiente de conducción medio para todos los materiales k_m tal que:

$$\dot{q}_L = \frac{2\pi\, k_m\left(t_1 - t_4\right)}{ln\dfrac{r_4}{r_1}} \tag{*}$$

De la primera, segunda y tercera relación obtenemos:

$$t_1 - t_2 = \frac{\dot{q}_L\, ln\dfrac{r_2}{r_1}}{2\pi\, k_A}; \quad t_2 - t_3 = \frac{\dot{q}_L\, ln\dfrac{r_3}{r_2}}{2\pi\, k_B}; \quad t_3 - t_4 = \frac{\dot{q}_L\, ln\dfrac{r_4}{r_3}}{2\pi\, k_C}$$

$$\therefore t_1 - t_2 + t_2 - t_3 + t_3 - t_4 = t_1 - t_4 = \frac{\dot{q}_L}{2\pi}\left(\frac{ln\dfrac{r_2}{r_1}}{k_A} + \frac{ln\dfrac{r_3}{r_2}}{k_B} + \frac{ln\dfrac{r_4}{r_3}}{k_C}\right)$$

De la ecuación (*) despejando la diferencia de temperaturas:

$$t_1 - t_4 = \frac{\dot{q}_L}{2\pi}\frac{ln\dfrac{r_4}{r_1}}{k_m} \Rightarrow \frac{ln\dfrac{r_4}{r_1}}{k_m} = \frac{ln\dfrac{r_2}{r_1}}{k_A} + \frac{ln\dfrac{r_3}{r_2}}{k_B} + \frac{ln\dfrac{r_4}{r_3}}{k_C}$$

$$\therefore \dot{q}_L = \frac{2\pi\left(t_1 - t_4\right)}{\dfrac{ln\dfrac{r_2}{r_1}}{k_A} + \dfrac{ln\dfrac{r_3}{r_2}}{k_B} + \dfrac{ln\dfrac{r_4}{r_3}}{k_C}} \tag{14-14}$$

Aquí observamos una situación análoga (pero no igual) a la de la pared plana compuesta y el razonamiento es similar: asumiendo régimen permanente de flujo calórico no hay acumulación en ningún punto y las temperaturas no varían con el tiempo.

Ejemplo 14.3 Cálculo de la pérdida de calor por conducción, tubería compuesta.

Calcular las pérdidas de calor por pie de longitud en un tubo de 3" de diámetro nominal aislado con 1" de magnesia al 85% si la temperatura de la superficie interna del aislante es 500 °F y la temperatura de la cara externa es 100 °F.

Solución

Para obtener la conductividad térmica del aislante usamos la temperatura media de la aislación, ya que podemos suponer que varía linealmente en un intervalo de temperatura tan pequeño.

$$t_m = \frac{t_1 + t_2}{2} = \frac{100 + 500}{2} = 300 \; °F$$

De tablas a 300 °F: $k = 0.043 \dfrac{BTU}{hr \, pie \, °F} \Rightarrow \dot{q}_L = \dfrac{2 \times 3.14 \times 0.043 (500 - 100)}{ln \dfrac{5.5}{3.5}} = 240 \dfrac{BTU}{hr \, pie}$

14.4.3 Esfera hueca

La esfera es el cuerpo geométrico de mayor relación $\text{volumen}\big/\text{superficie}$ y por eso es preferible cuando se trata de minimizar el costo del recipiente, porque tiene el mayor volumen de cualquier figura con el menor costo de material. Además se usa preferentemente cuando se trata de minimizar el área que permite entrar o escapar el calor, por lo que muchos recipientes de transporte de materiales a muy baja temperatura son esféricos. Aplicando la ecuación de Fourier con un razonamiento similar a casos anteriores obtenemos:

$$\dot{q} = \frac{4\pi k (t_i - t_e)}{\dfrac{1}{r_i} - \dfrac{1}{r_e}} \tag{14-15}$$

Donde: r_i = radio interno; r_e = radio externo.

Nuevamente encontramos la misma situación que en el apartado **14.4.2**. Cuando los dos radios son casi iguales el flujo calórico que atraviesa el muy pequeño espesor de pared es enorme, tendiendo a infinito a medida que el espesor tiende a cero. Ver la discusión al final del apartado **14.4.2**.

Ejemplo 14.4 Cálculo de la pérdida de calor por conducción, esfera hueca.

Se desea determinar la conductividad térmica de un material. Para ello se le ha dado forma de esfera hueca, colocando una resistencia eléctrica de calentamiento en su centro y midiendo la temperatura de la superficie con pares termoeléctricos cuando se alcanza el régimen estable. El radio interno de la esfera hueca es r_i = 1.12", el radio externo es r_e = 3.06" y el suministro de energía eléctrica a la resistencia es de 11.1 W. Se han medido las temperaturas interna (t_i =203 °F) y externa t_e = 184 °F.

Determinar: a) la conductividad térmica del material. b) la temperatura en un punto intermedio de la pared.

Solución

a) De la ecuación (*14-15*) podemos despejar la conductividad térmica.

$$\dot{q} = \frac{4\pi k (t_i - t_e)}{\dfrac{1}{r_i} - \dfrac{1}{r_e}} \Rightarrow k = \frac{\dot{q}\left(\dfrac{1}{r_i} - \dfrac{1}{r_e}\right)}{4\pi (t_i - t_e)} = \frac{11.1 \times 3.413 \left(\dfrac{12}{1.12} - \dfrac{12}{3.06}\right)}{4 \times 3.14 (203 - 184)} = 1.08 \dfrac{BTU}{pie^2 \, hr \, °F}$$

b) El valor medio del radio de la esfera es:

$$r_m = \frac{r_i + r_e}{2} = \frac{3.06 + 1.12}{2} = 2.09 \; pulg$$

Planteamos la ecuación (*14-15*) entre dos puntos, uno situado en la cara interior de la esfera y el otro en el radio medio. Obtenemos:

$$\dot{q} = \frac{4\pi k (t_i - t_m)}{\dfrac{1}{r_i} - \dfrac{1}{r_m}} \Rightarrow t_i - t_m = \frac{\dot{q}\left(\dfrac{1}{r_i} - \dfrac{1}{r_e}\right)}{4\pi k} = \frac{11.1 \times 3.413 \left(\dfrac{12}{1.12} - \dfrac{12}{3.06}\right)}{4 \times 3.14 \times 1.08} = 13.8 \; °F \Rightarrow$$

$$\Rightarrow t_m = 203 - 13.8 = 180.2 \; °F$$

Aquí encontramos una situación novedosa. Cuando pensamos en una pared plana de gran espesor, es obvio que cuanto mayor sea el espesor de la misma tanto menor cantidad de calor la atraviesa. En el límite cuando el espesor tiende a infinito el flujo calórico tiende a cero. Esta noción intuitiva que es correcta para paredes planas resulta equivocada en el caso de una esfera hueca. En la ecuación anterior:

$$\lim_{r_e \to \infty} \dot{q} = \lim_{r_e \to \infty} \frac{4\pi k(t_i - t_e)}{\dfrac{1}{r_i} - \dfrac{1}{r_e}} = \frac{4\pi k(t_i - t_e)}{\dfrac{1}{r_i}} = 4\pi k r_i(t_i - t_e) \qquad (14\text{-}16)$$

Es decir que en una esfera infinita (cuya pared tiene espesor infinito) el flujo calórico no es cero, sino que depende de las temperaturas externa e interna, del material y del radio interno de la esfera. Esto es así porque a medida que crece el espesor de pared de la esfera aumenta el área externa de modo que el límite no es nulo. Entonces se plantea una incógnita: si un espesor infinito deja pasar un flujo límite finito, ¿cuál es el espesor que se puede usar?. La respuesta requiere un estudio de costos que minimice el costo global resultante de la pérdida de calor y el costo del aislante para cada espesor. El mínimo costo total corresponde al espesor óptimo para ese aislante y esa disposición geométrica en particular.

Ejemplo 14.5 Cálculo de la pérdida de calor por conducción, esfera hueca.

Calcular la velocidad con la que entra calor a un recipiente esférico de 5" de diámetro que contiene oxígeno líquido, aislado con 1" de espesor de sílice de diatomeas (tierra de Fuller) pulverizada y compactada hasta una densidad de 10 libras/pie^3, si la superficie interna se debe mantener a −290 °F y la externa está a 50°F. ¿Cuál es la pérdida mínima teórica obtenible con un espesor infinito de aislante?.

Solución

De tablas a la temperatura media de −120 °F:

$$k = 0.022 \frac{BTU}{hr \, pie \, °F} \Rightarrow \dot{q} = \frac{4\pi \times 0.022(-290 - 50)}{\dfrac{1}{2.5} - \dfrac{1}{3.5}} = -820 \frac{BTU}{hr}$$

La pérdida mínima teórica obtenible es: $\dot{q}_{min} = 4\pi \times 0.022 \times 2.5(-290 - 50) = -235 \dfrac{BTU}{hr}$

14.4.4 Casos mas complejos de geometría compuesta

Los casos de formas geométricas compuestas se pueden resolver usando un área media siempre que el espesor L a atravesar sea constante; la fórmula básica es:

$$\dot{q} = k \, A_m \frac{\Delta t}{L} \qquad (14\text{-}17)$$

A continuación trataremos algunos casos sencillos de geometría compuesta.

14.4.4.1 Superficies semiesféricas concéntricas

Es el caso de los extremos de ciertos recipientes cilíndricos, aunque no se trate de una semiesfera sino de un sector esférico. Los cabezales torisféricos ASME también se pueden tratar de este modo. El área media es:

$$A_m = \sqrt{A_1 \times A_2} \qquad (14\text{-}18)$$

14.4.4.2 Hornos rectangulares de paredes gruesas

Se considera que tienen "paredes gruesas" los hornos con espesor de pared superior a la mitad de la arista interior mínima. Este caso no se puede analizar descomponiendo el horno en paredes simples porque las aristas constituyen una gran proporción de la pared y a veces se pierde mas calor en las aristas que en las paredes planas. Sea el horno un paralelepípedo de espesor de pared constante x y sea $\sum y$ la suma de todas las aristas internas, A_i el área interna total, A_e el área externa total y A_m el área media. Podemos distinguir varios casos, que resumimos en la tabla de la página siguiente.

Dimensiones relativas de las aristas interiores	A_m	Observaciones
Todas las aristas menores que $2x$ y mayores que $x/5$	$A_m = A_i + 0.542x \sum y + 1.2x^2$ *(14-19)*	
Cuatro aristas menores que $x/5$	$A_m = A_i + 0.465x \sum y + 0.35x^2$ *(14-20)*	En la $\sum y$ no se consideran las 4 aristas menores que $x/5$
Ocho aristas menores que $x/5$	$A_m = \dfrac{2.78\, x\, y_{max}}{\log_{10}\dfrac{A_e}{A_i}}$ *(14-21)*	
Todas las 12 aristas menores que $x/5$	$A_m = 0.79\sqrt{A_i \times A_e}$ *(14-22)*	

Si el horno no tiene espesor de pared constante se pueden analizar en los dos primeros casos cada una de las paredes por separado. En el primer caso el área media de cada pared es:

$$A_m = A_i + 0.271x \sum y + 0.2x^2 \qquad\qquad (14\text{-}23)$$

En el segundo caso el área media de cada pared es:

$$A_m = A_i + 0.233x \sum y + 0.06x^2 \qquad\qquad (14\text{-}24)$$

En ambos casos se toma $\sum y$ como la suma de las cuatro aristas que limitan la pared en cuestión. Cabe acotar que no es en absoluto normal tener un horno que no tiene espesor de pared constante, ya que la mayor pérdida se da en las paredes de menor espesor. Lo mas lógico y habitual es construir hornos de espesor de pared constante.

14.5 Conducción del calor en estado transitorio

El estado de régimen transitorio se caracteriza porque la temperatura depende de dos factores: el tiempo y la posición, a diferencia del régimen estacionario o permanente, donde la temperatura sólo depende de la posición. Aquí vamos a analizar un caso simplificado, en función del tiempo y una sola coordenada, con generación interna de calor, para luego extender a tres coordenadas. Supongamos tener un cuerpo prismático de área **A** transversal al flujo de calor $\dot{q}$ (cal/hr) que se orienta según la dirección x.

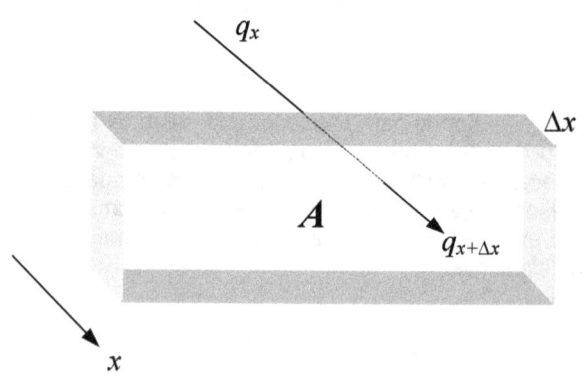

El volumen del cuerpo es:
$$V = A \times \Delta x$$
Donde: Δx = espesor del cuerpo;
A = área transversal, medida en la dirección perpendicular al flujo de calor.

El calor que se genera en el interior del cuerpo (por ejemplo por medio de una resistencia eléctrica) a una velocidad de w cal/(hr m³) lo suponemos producido por el cuerpo en su integridad; es decir que w es una medida de la velocidad con que se produce calor por unidad de volumen de todo el cuerpo, que suponemos isótropo a tal efecto.

Si el flujo calórico es $\dot{q}_x$ al ingresar al cuerpo y

sale del mismo en una magnitud $\dot{q}_{x+\Delta x}$ es obvio que la diferencia entre el calor que sale $\dot{q}_{x+\Delta x}$ y el ingresante $\dot{q}_x$ en un tiempo $\Delta\tau$ es:

$$\int_{\tau}^{\tau+\Delta\tau} (\dot{q}_{x+\Delta x} - \dot{q}_x)d\tau \qquad\qquad (14\text{-}25)$$

Recordemos que el teorema del valor medio del cálculo integral (Cauchy) es:

$$\int_a^b f(x)dx = (b-a)f(\xi) \qquad \text{con } \xi \in (a,b) \text{ o sea } a < \xi < b$$

Por lo tanto, aplicando el teorema del valor medio la integral *(14-25)* queda:

$$\int_{\tau}^{\tau+\Delta\tau} (\dot{q}_{x+\Delta x} - \dot{q}_x)d\tau = [\dot{q}_{x+\Delta x} - \dot{q}_x]_{\bar{\tau}}\,\Delta\tau \qquad\qquad (14\text{-}26)$$

Se recordará que la función $\dot{q}$ debe estar evaluada en un instante $\bar{\tau}$ perteneciente al intervalo abierto $(\tau, \tau+\Delta\tau)$.

Aplicando el mismo teorema del valor medio, la variación de energía interna específica del volumen considerado durante el tiempo $\Delta\tau$ es:

$$\int_x^{x+\Delta x}[(\rho\times u)_{\tau+\Delta\tau} - (\rho\times u)_\tau]A\,dx = [(\rho\times u)_{\tau+\Delta\tau} - (\rho\times u)_\tau]_{\bar{x}}A\,dx \qquad\qquad (14\text{-}27)$$

Donde $(\rho\,u)$ = energía interna específica por densidad = energía interna por unidad de volumen. Aquí $\bar{x}$ es un valor que pertenece al intervalo abierto $(x, x+\Delta x)$.

Por otra parte el calor producido internamente dentro del cuerpo en el instante $\Delta\tau$ es:

$$Q_i = W\,A\,\Delta x\,\Delta\tau \qquad\qquad (14\text{-}28)$$

Por último, el Primer Principio de la Termodinámica nos dice que la energía que llega al cuerpo menos la energía que sale del cuerpo mas toda la energía que se genera internamente debe ser igual a la variación de energía interna, de donde:

$$[\dot{q}_{x+\Delta x} - \dot{q}_x]_{\bar{\tau}}\Delta\tau + W\,A\,\Delta x\,\Delta\tau = [(\rho\times u)_{\tau+\Delta\tau} - (\rho\times u)_\tau]_{\bar{x}}A\,\Delta x \qquad\qquad (14\text{-}29)$$

Pero recordemos que el teorema del valor medio del cálculo diferencial (Cauchy) establece que:

$$\frac{f(b)-f(a)}{b-a} = f'(\zeta) \qquad \text{con } \zeta \in (a,b)$$

De esto se deduce:

$$\frac{[\dot{q}_{x+\Delta x} - \dot{q}_x]_{\bar{\tau}}}{\Delta x} = \left(\frac{\partial\dot{q}}{\partial x}\right)_{\bar{x}',\bar{\tau}}$$

Es decir:

$$\dot{q}_{x+\Delta x} - \dot{q}_x = \left(\frac{\partial\dot{q}}{\partial x}\right)_{\bar{x},\bar{\tau}'}\Delta x$$

De modo similar se puede deducir que:

$$(\rho\times u)_{\tau+\Delta\tau,\bar{x}} - (\rho\times u)_{\tau,\bar{x}} = \left(\frac{\partial(\rho\times u)}{\partial x}\right)_{\bar{x},\bar{\tau}}\Delta\tau$$

Reemplazando en la ecuación *(14-29)* tenemos:

$$\left(\frac{\partial\dot{q}}{\partial x}\right)_{\bar{x},\bar{\tau}}\Delta x\Delta\tau + W\,A\,\Delta x\Delta\tau = \left(\frac{\partial(\rho\times u)}{\partial x}\right)_{\bar{x},\bar{\tau}}A\,\Delta x\Delta\tau$$

Si $\Delta x\to 0$ entonces $\bar{x}'\to\bar{x}$; si $\Delta\tau\to 0$ entonces $\bar{\tau}'\to\bar{\tau}$ y ambos tienden a x y τ.

Por lo tanto:

$$\frac{\partial\dot{q}}{\partial x} + W\,A = \frac{\partial(\rho\times u)}{\partial x}A$$

Pero por la ecuación de Fourier:

$$\dot{q} = k\, A \left(\frac{\partial t}{\partial x}\right)_{\tau} \quad \text{y además} \quad u = Cv\, t$$

En esta expresión nos apartamos algo de la notación usada en la ecuación *(14-3)* poniendo el gradiente de temperaturas respecto al espesor a tiempo constante.

Pero como vimos en el apartado **3.7.3** del capítulo **3** los calores específicos a presión y a volumen constante de un sólido no son muy diferentes, de modo que podemos considerar $Cv = Cp = C$ de donde:

$$u = C\, t$$

En consecuencia:

$$\frac{\partial}{\partial x}\left[k\, A \left(\frac{\partial t}{\partial x}\right)_{\tau}\right] + \mathcal{W}\, A = \frac{\partial(\rho \times C \times t)}{\partial x} A$$

Dividiendo por A:

$$\frac{\partial}{\partial x}\left[k \left(\frac{\partial t}{\partial x}\right)_{\tau}\right] + \mathcal{W} = \frac{\partial(\rho \times C \times t)}{\partial x} \tag{14-30}$$

En el caso de que la variación de temperatura no sea demasiado grande o tomando valores medios se puede sacar ρ, C y k fuera de las derivadas:

$$k\frac{\partial^2 t}{\partial x^2} + \mathcal{W} = \rho C \frac{\partial t}{\partial \tau} \tag{14-31}$$

La extensión al sistema de tres coordenadas es inmediata y ocurre naturalmente:

$$\frac{\partial^2 t}{\partial x^2} + \frac{\partial^2 t}{\partial y^2} + \frac{\partial^2 t}{\partial z^2} + \frac{\mathcal{W}}{k} = \frac{\rho C}{k}\frac{\partial t}{\partial \tau} \tag{14-32}$$

La ecuación *(14-32)* se denomina ecuación diferencial de Laplace y ha sido muy estudiada. Se puede resolver por métodos analíticos o numéricos; para configuraciones especialmente complejas se han usado con éxito modelos eléctricos construidos con papel conductor. En las aplicaciones de ingeniería son muy comunes las situaciones en un solo eje y menos habituales las que requieren dos o tres ejes. Vamos a estudiar un método de cálculo para paredes planas (un solo eje) que pese a su antigüedad (E. Schmidt 1924) tiene gran utilidad práctica por su simplicidad que se presta para el cálculo a mano y también es muy fácil de programar.

14.5.1 Método numérico de Schmidt

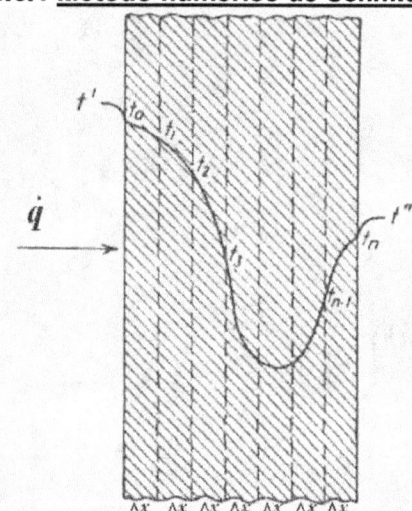

Sea un cuerpo plano. Se divide en n láminas iguales de espesor Δx cada una. Se prefiere que n sea grande. El error tiende a cero para n tendiendo a infinito, aunque se debe tener en cuenta también que si Δx es demasiado pequeño hay errores de redondeo que hacen que la solución numérica se aparte de la real para n muy grande. La discusión de este problema escapa a nuestro propósito y a los límites de este tratamiento pero aclaremos que a medida que n se hace mas grande (o Δx mas pequeño) el error disminuye hasta que a partir de un punto comienza a crecer, y sigue haciéndolo cada vez mas. El valor de n para el cual el error es mínimo es el óptimo y depende de varios factores, entre ellos las características del algoritmo de cálculo, del lenguaje compilador usado y del equipo.

t' = temperatura del lado cálido
t'' = temperatura del lado frío
Se suponen constantes C, k y ρ.

Si observamos la figura de la izquierda se impone una reflexión. La curva descendente de temperaturas desde t' hasta t_3 es compatible con la hipótesis de conducción del calor porque la resistencia del cuerpo la hace disminuir en forma constante. Pero a partir de ahí se encuentra un mínimo de temperatura y luego comienza a crecer, lo que sólo se puede deber a la presencia de una fuente de calor en el interior del cuerpo. Sin embargo, en lo sucesivo supondremos que no se genera calor en el interior del cuerpo, sino que existe conducción pura.

Si tomamos la *(14-31)* dividiendo por k:

612

$$\frac{\partial^2 t}{\partial x^2} + \mathcal{W} = \frac{\rho C}{k}\frac{\partial t}{\partial \tau}$$

Pero en este caso $\mathcal{W} = 0$ (es decir, hay conducción pura), por lo tanto:

$$\frac{\partial^2 t}{\partial x^2} = \frac{\rho C}{k}\frac{\partial t}{\partial \tau}$$

¿Cuál será el $\Delta\tau$ para el cual $\Delta t = 1$?. Reemplazando el operador derivada por diferencias finitas hacia adelante tenemos:

$$\frac{\Delta^2 t}{(\Delta x)^2} = \frac{\rho C}{k}\frac{\Delta t}{\Delta \tau} \Rightarrow \Delta\tau = (\Delta x)^2 \frac{\Delta t}{\Delta^2 t}\frac{\rho C}{k}$$

Haciendo:

$$\frac{\Delta t}{\Delta^2 t} = \frac{1}{2}$$

Esto se justifica por razones matemáticas para asegurar la convergencia numérica. Entonces:

$$\Delta\tau = \frac{(\Delta x)^2}{2}\frac{\rho C}{k} \qquad\qquad (14\text{-}33)$$

El grupo que tenemos a la derecha es interesante por sus propiedades. Si tomamos la inversa del grupo de la derecha resulta la llamada *difusividad térmica*:

$$a = \frac{k}{\rho Cp} \qquad\qquad (14\text{-}34)$$

El nombre de a deriva del hecho de que tiene las mismas unidades que el coeficiente de difusividad de masa. En efecto, el flujo de masa por difusión mutua entre dos especies A y B es:

$$N_A = -D_{AB}\frac{dC_A}{dx}$$

Donde: N_A = cantidad de masa que fluye a lo largo de una distancia dx por unidad de tiempo y por unidad de superficie de contacto entre ambas especies (moles/(segundo cm^2));

C_A = concentración molar de la especie A (moles/cm^3);

x = distancia a lo largo de la cual se produce la difusión (cm);

D_{AB} = coeficiente de difusividad de masa (cm^2/seg).

Esta ecuación se conoce como ley de Fick de difusión. Comparando la ley de Fick y la ecuación *(14-2)* de Fourier encontramos analogías provocativas.

Es interesante observar que las unidades de la difusividad térmica también son las mismas que las de la viscosidad cinemática v. En efecto:

$$[a] = \frac{[k]}{[\rho][Cp]} = \frac{\dfrac{Kcal}{m\,seg\,°C}}{\dfrac{Kg}{m^3}\dfrac{Kcal}{Kg\,°C}} = \frac{m^2}{seg} \qquad\qquad [v] = \frac{m^2}{seg}$$

Esto se suele interpretar en la teoría de fenómenos de transporte como una analogía entre el transporte de cantidad de movimiento y el transporte de energía en forma de calor. La viscosidad cinemática expresa la capacidad de transporte de cantidad de movimiento, la difusividad térmica expresa la capacidad de transporte de calor, y el coeficiente de difusividad de masa expresa la capacidad de transporte de masa.

Es ahora necesario determinar las temperaturas t_0, t_1, t_2, ..., t_n en intervalos de tiempo $\Delta\tau$, $2\Delta\tau$, $3\Delta\tau$,...etc.
Si no se conocen las temperaturas internas de la partición t_1, t_2, ..., t_{n-1} se pueden asumir a partir de t_0 y t_n. Si tampoco se conocen t_0 y t_n se pueden estimar a partir de t' y t'' (temperaturas del medio caliente y frío) usando el coeficiente combinado de radiación y convección a partir de una buena estimación de las temperaturas t_1 y t_{n-1} que deben ser conocidas o estimarse de modo que corresponde en este caso usar un procedimiento iterativo, de aproximaciones sucesivas.

$$t_0 = \frac{h'_t \Delta x\, t' + k\, t_1}{k + h'_t \Delta x} \qquad\qquad (14\text{-}35)$$

$$t_n = \frac{h_t'' \Delta x\, t'' + k\, t_{n\text{-}1}}{k + h_t' \Delta x}$$

(14-35')

Donde h'_t y h''_t son los coeficientes combinados del lado cálido y frío respectivamente. Luego se obtienen las temperaturas internas asumiendo que la distribución se rectifica por una poligonal, es decir aproximar suponiendo que el salto de temperaturas en cada una de las láminas de espesor Δx es lineal.
Entonces:

$$t_1^{(a\tau=\Delta\tau)} = \frac{t_0^{(a\tau=0)} + t_2^{(a\tau=0)}}{2}; t_2^{(a\tau=\Delta\tau)} = \frac{t_1^{(a\tau=0)} + t_3^{(a\tau=0)}}{2};$$

$$t_3^{(a\tau=\Delta\tau)} = \frac{t_2^{(a\tau=0)} + t_4^{(a\tau=0)}}{2}; \cdots; t_j^{(a\tau=\Delta\tau)} = \frac{t_{j\text{-}1}^{(a\tau=0)} + t_{j+1}^{(a\tau=0)}}{2}$$

$$t_1^{(a\tau=2\Delta\tau)} = \frac{t_0^{(a\tau=\Delta\tau)} + t_2^{(a\tau=\Delta\tau)}}{2}; t_2^{(a\tau=2\Delta\tau)} = \frac{t_1^{(a\tau=\Delta\tau)} + t_3^{(a\tau=\Delta\tau)}}{2};$$

$$t_3^{(a\tau=2\Delta\tau)} = \frac{t_2^{(a\tau=\Delta\tau)} + t_4^{(a\tau=\Delta\tau)}}{2}; \cdots; t_j^{(a\tau=2\Delta\tau)} = \frac{t_{j\text{-}1}^{(a\tau=\Delta\tau)} + t_{j+1}^{(a\tau=\Delta\tau)}}{2}$$

Y así sucesivamente. Esto equivale a construir una tabla donde las temperaturas t_0, t_1, t_2, ..., t_n se conocen o se asumen en una suposición razonable para $\tau = 0$ y los demás valores se determinan en base a esos datos y a datos conocidos de t_0 a distintos tiempos o de t_n a distintos tiempos o de ambos.
La tabla en cuestión es:

Tiempo	temperaturas						
horas	t_0	t_1	t_2	t_3	t_4	t_5	t_6 ....
0	□□	□□	□□	□□	□□	□□	□□
$\Delta\tau$	□□	■■	■■	■■	■■	■■	■■
$2\Delta\tau$	□□	■■	■■	○○	■■	■■	■■
$3\Delta\tau$	□□	■■	■■	■■	■■	■■	■■

Los símbolos "□□" identifican valores conocidos y los "■■" a valores calculados.
El sentido de cálculo es desde las casillas superiores y a los lados hacia abajo y hacia el centro.
Por ejemplo el casillero identificado (○○) tendrá un valor de temperatura dado por:

$$t_{3,2\Delta\tau} = \frac{t_{2,\Delta\tau} + t_{4,\Delta\tau}}{2}$$

En general, la fórmula de recurrencia que se debe usar para calcular cualquier temperatura es:

$$i \geq 1, i < n$$

$$t_{i,j\Delta\tau} = \frac{t_{i\text{-}1,(j-1)\Delta\tau} + t_{i+1,(j-1)\Delta\tau}}{2}$$

(14-36)

$$j \geq 1$$

En realidad, la suposición de que las propiedades C, k y ρ se mantienen constantes tiene poco fundamento. Una estimación mas exacta debiera tomar en cuenta la variación de estas propiedades con la temperatura, en particular cuando la diferencia de temperaturas entre lado frío y lado cálido es muy grande. En su momento hicimos una reflexión sobre este particular para el caso de paredes planas compuestas en régimen permanente, puesto que cuando se trata este problema se acostumbra suponer constancia de propiedades (apartados **14.4.1.1** y **14.4.1.2**). Las dos mas sensibles a la temperatura son C y k, dado que la densidad es relativamente independiente de la temperatura. Supongamos la lámina que vemos en la figura. La temperatura media $\bar{t}$ se obtiene por interpolación lineal. Si Δx es muy pequeño y las temperaturas t_i y t_{i+1} no difieren mucho entre sí entonces $\bar{t}$ no se aparta gran cosa de la temperatura media verdadera de la lámina.
Vamos a suponer que k, por ejemplo, varía linealmente con la temperatura. Nuevamente, el hecho de que Δt sea pequeño para la lámina nos permite hacer una aproximación lineal sin cometer por ello un gran error.

614

Esto nos permite corregir los estimados de temperatura y mediante un procedimiento de aproximaciones sucesivas obtener mas exactitud. Las ecuaciones lineales son:

$$k = a + bt \qquad\qquad (14\text{-}37)$$

$$C = a' + b't \qquad\qquad (14\text{-}37')$$

Sea un espesor de pared uniforme, compuesto por un solo material. Si está compuesto por mas de uno el tratamiento se modifica un poco dentro de las mismas líneas generales y siguiendo idéntico razonamiento. Lo dividimos en n láminas de espesor Δx. Como toda la pared estará compuesta de un solo material pero cada lámina tiene una temperatura distinta, y el coeficiente k depende de la temperatura, asumimos un valor distinto de k para cada lámina.

En un instante $\Delta \tau$ suficientemente pequeño suponemos que no hay acumulación de calor en ningún punto, es decir que en ese instante el sistema se comporta en todo sentido como si estuviese en régimen estacionario. O, dicho en otros términos, si el régimen estacionario se caracteriza por la variación de las temperaturas en el tiempo, en un lapso de tiempo suficientemente pequeño las temperaturas no cambian y por ende el régimen transitorio se puede considerar como una infinita sucesión de una gran cantidad de estados de régimen estacionario, todos diferentes entre sí.

De la ecuación *(14-2)*:

$$\frac{\dot{q}}{A} = \frac{t_0 - t_1}{\dfrac{\Delta x}{k_1}} = \frac{t_1 - t_2}{\dfrac{\Delta x}{k_2}} = \cdots\cdots = \frac{t_{n-1} - t_n}{\dfrac{\Delta x}{k_n}} \qquad\qquad (a)$$

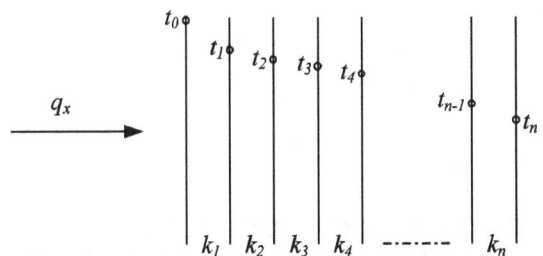

De la ecuación *(14-9)*:

$$\frac{\dot{q}}{A} = \frac{t_0 - t_n}{\Delta x \displaystyle\sum_{i=1}^{n} \frac{1}{k_i}} \qquad\qquad (b)$$

Por lo tanto, de las ecuaciones *(a)* y *(b)* podemos construir una sucesión:

$$t_1 = t_0 - \frac{\dot{q}}{A}\frac{L_1}{k_1} = t_0 - \frac{t_0 - t_n}{\Delta x \displaystyle\sum_{i=1}^{n} \frac{1}{k_i}}\frac{\Delta x}{k_1} = t_0 - \frac{t_0 - t_n}{k_1 \displaystyle\sum_{i=1}^{n} \frac{1}{k_i}}$$

$$t_2 = t_1 - \frac{\dot{q}}{A}\frac{L_2}{k_2} = t_1 - \frac{t_0 - t_n}{\Delta x \displaystyle\sum_{i=1}^{n} \frac{1}{k_i}}\frac{\Delta x}{k_2} = t_1 - \frac{t_0 - t_n}{k_2 \displaystyle\sum_{i=1}^{n} \frac{1}{k_i}}$$

$$\cdots\cdots$$
$$\cdots\cdots$$

$$\qquad\qquad\qquad\qquad\qquad\qquad\qquad (14\text{-}38)$$

$$t_j = t_{j-1} - \frac{t_0 - t_n}{\displaystyle\sum_{i=1}^{n} \frac{L_i}{k_i}}\frac{L_j}{k_j} = t_{j-1} - \frac{t_0 - t_n}{k_j \displaystyle\sum_{i=1}^{n} \frac{1}{k_i}} \quad \text{para cualquier } j/0 < j < n$$

Luego es fácil calcular las temperaturas medias:

$$\bar{t}_1 = \frac{t_0 + t_1}{2} ; \bar{t}_2 = \frac{t_1 + t_2}{2} ; \quad \bar{t}_j = \frac{t_{j-1} + t_j}{2}$$

Pero:

$$\bar{t}_1 = \frac{t_0 + t_1}{2} = \frac{1}{2}\left[t_0 + t_0 - \frac{t_0 - t_n}{k_1 \sum\limits_{i=1}^{n} \frac{1}{k_i}} \right] = t_0 - \frac{t_0 - t_n}{2k_1 \sum\limits_{i=1}^{n} \frac{1}{k_i}}$$

$$\bar{t}_2 = \frac{t_1 + t_2}{2} = \frac{1}{2}\left[t_1 + t_1 - \frac{t_0 - t_n}{k_2 \sum\limits_{i=1}^{n} \frac{1}{k_i}} \right] = t_0 - \frac{t_0 - t_n}{2k_2 \sum\limits_{i=1}^{n} \frac{1}{k_i}}$$

Y, generalizando para cualquier $j/1 < j \le n$ es:

$$\boxed{\bar{t}_j = t_{j\text{-}1} - \frac{t_0 - t_n}{2k_j \sum\limits_{i=1}^{n} \frac{1}{k_i}}}$$

(14-39)

Ahora, una vez estimadas las temperaturas medias, es inmediato obtener los coeficientes k:

$$k_1 = a + b\bar{t}_1; k_2 = a + b\bar{t}_2; \cdots\cdots; k_n = a + b\bar{t}_n$$

y los valores de C:

$$C_1 = a' + b'\bar{t}_1; C_2 = a' + b'\bar{t}_2; \cdots\cdots; C_n = a' + b'\bar{t}_n$$

Ejemplo 14.6 Cálculo de la pérdida de calor por conducción, horno en régimen transitorio.

Hay que construir un horno que opera cinco días y se apaga el fin de semana para repararlo. Se calienta eléctricamente y su temperatura de trabajo es 1800 °F (o 980 °C). Se ha estimado que las paredes han de tener un espesor de 9" y se ha suscitado una discusión sobre cual sería el mejor material aislante. Unos dicen que hay que usar ladrillo refractario porque es mas robusto. Otros dice que hay que usar lana de vidrio porque es mejor aislante. Se calcula que en el arranque se tardarían dos horas para llevarlo desde 80 °F (27 °C) hasta la temperatura de trabajo. Para dirimir la cuestión se ha de calcular la pérdida de calor por unidad de superficie con cada material en una semana de trabajo de 120 horas.

Datos

Estimando una temperatura media de pared del orden de 1000 °F, para el ladrillo refractario tenemos:

$$k = 0.67 \frac{\text{BTU}}{\text{hr pie °F}}, \quad C = 0.29 \frac{\text{BTU}}{\text{Lb °F}}, \quad \rho = 125 \frac{\text{Lb}}{\text{pie}^3}.$$

Para la lana de vidrio es:

$$k = 0.16 \frac{\text{BTU}}{\text{hr pie °F}}, \quad C = 0.23 \frac{\text{BTU}}{\text{Lb °F}}, \quad \rho = 38 \frac{\text{Lb}}{\text{pie}^3}.$$

El coeficiente combinado de radiación-convección superficial depende de la temperatura de la superficie y variará bastante. Parece sensato asumir para la superficie externa un valor medio de $h''_t = 3 \frac{\text{BTU}}{\text{hr pie}^2 \text{ °F}}$. El cómputo de h'' y h' se verá en detalle en el próximo capítulo.

Solución

Nos concentraremos en exponer un esbozo de cálculo no muy elaborado (suponemos constantes las propiedades) para el ladrillo, porque el de la lana es idéntico y nos ocuparía demasiado espacio. Elegimos laminar la pared en cuatro tajadas imaginarias, aunque un número mayor de láminas sería preferible, digamos por ejemplo dieciséis. El cálculo con gran cantidad de tajadas se hace muy laborioso si se hace a mano, de modo que resulta preferible hacer un pequeño programa de computadora. Con cuatro tajadas tenemos:

$$\Delta x = \frac{9}{12}\frac{1}{4} = 0.1875 \text{ pies} \qquad \Delta\tau = \frac{(\Delta x)^2}{2}\frac{\rho C}{k} = \frac{0.1875^2}{2}\frac{0.29 \times 125}{0.67} = 0.95 \text{ hora}$$

El problema de determinar las temperaturas de la pared lo resolvemos así: en el instante 0 el horno está total y uniformemente frío a 80 °F, y como tarda dos horas y media en alcanzar la temperatura interna uniforme de 1800 °F, durante esas dos y media horas asumimos que t_0 aumenta linealmente. Esta suposición parece razonable porque la superficie interna recibe energía en forma constante. Las temperaturas interiores las obtenemos por interpolación lineal tal como explicamos precedentemente, lo que es fácil porque la temperatura del otro extremo (lado frío) permanece constante e igual a 80 °F (temperatura ambiente).

tiempo [horas]	temperaturas [°F]					Flujo calórico $\dot{q}/A$ [BTU/(pie^2 hr)]
	t_0	t_1	t_2	t_3	t_4	
0.00	80	80	80	80	80	0
0.95	734	80	80	80	80	2340
1.90	1388	407	80	80	80	3510
2.85	1800	734	244	80	80	3810
3.80	1800	1022	407	162	80	2780
4.75	1800	1104	592	244	169	2490
5.70	1800	1196	674	381	243	2160
6.65	1800	1237	789	459	286	2010
7.60	1800	1295	848	538	328	1805
8.55	1800	1324	917	588	356	1700
9.50	1800	1359	956	637	382	1575
∞	1800	--	--	--	475	1185

La temperatura t_0 a las 0.95 horas se obtiene por interpolación lineal, teniendo en cuenta que a las 2.5 horas del arranque el horno tiene una temperatura t_0 uniforme de 1800 °F y suponemos (no tiene porqué ser de otro modo) que esta crece linealmente:

$$t_0 \text{ a } 0.95 \text{ horas} = \frac{1800 - 80}{2.5} 0.95 + 80 = 734 \text{ °F}$$

Para las primeras 4.75 horas se pueden calcular las temperaturas intermedias por promedio aritmético de las temperaturas precedentes. El valor de t_4 (temperatura de la superficie externa del horno) para ese momento y tiempos sucesivos posteriores se puede obtener de la siguiente igualdad:

$$t_4 = \frac{h_t'' \Delta x \, t'' + k \, t_3}{k + h_t' \Delta x}$$

Las intermedias (t_1, t_2, t_3) por promedio aritmético como se explicó. Los valores de $\dot{q}/A$ que aparecen en la tabla se determinan por aplicación de la ecuación de Fourier, ecuación (14-2), a la primera lámina (flujo que sale del horno). Por ejemplo a las 3.8 horas tenemos:

$$\frac{\dot{q}}{A} = 0.67 \frac{1800 - 1022}{0.1875} = 2780 \frac{\text{BTU}}{\text{hr pie}^2}$$

Para $\tau = \infty$ se alcanza estado estacionario. Todo el flujo calórico que pasa por la primera lámina sale por la última, por lo tanto si la pared libera calor al medio ambiente a razón de 3 BTU/(hr pie^2 °F) (que es el valor de h''_t) es para ese instante:

$$\dot{q} = h_t'' A \left(1800 - t_4\right) = 3 \times 1 \left(1800 - t_4\right)$$

y también:

$$\dot{q} = k \, A \frac{1800 - t_4}{L} = 0.67 \times 1 \frac{1800 - t_4}{9/12}$$

por lo tanto operando:

$$t_4 = 475 \text{ °F} \Rightarrow \frac{\dot{q}}{A} = 1185 \frac{\text{BTU}}{\text{hr pie}^2}$$

De igual forma trabajamos para el caso de la lana de vidrio. La pérdida total de calor en cada material a lo largo del período total es:

$$Q = \int \dot{q} \, dt$$

Dados los valores de las tablas esta integral se puede resolver en forma numérica o gráfica. La dificultad mayor para ello reside en el hecho de que el intervalo de tiempo $\Delta \tau$ es demasiado grande, lo que a su vez proviene de haber elegido un Δx demasiado grande del cual depende $\Delta \tau$ por la ecuación *(14-33)*. Si queremos tener mayor exactitud debemos elegir una laminación mucho mas fina, en 12 o 20 tajadas. Para el ladrillo refractario se obtiene Q/A = 154,700 BTU/pie^2 y para el material de lana de vidrio Q/A = 43,300 BTU/pie^2, ambos por semana.

Observemos que cuando el horno se está calentando, durante la mitad del primer turno, la pérdida es mucho mayor que en régimen estable lo que se debe a la gran masa del ladrillo refractario que se debe calentar. Esto, que es una desventaja en el arranque y en la parada porque hay que esperar mucho para poder cargar, tiene la ventaja de que cualquier corte de energía eléctrica lo afecta mucho menos que si se emplea lana de vidrio, que tiene menor inercia térmica.

Existen varios programas de cálculo de intercambio de calor por conducción en estado transitorio en varias versiones: para refractarios, para aislamiento térmico, etc.

BIBLIOGRAFIA

- *"Elementos de Termodinámica y Transmisión del Calor"* – Obert y Young.

- *"Procesos de Transferencia de Calor"* – D. Q. Kern.

- *"Transmisión del Calor y sus Aplicaciones"* – H. J. Stoever.

- *"Problemas de Termotransferencia"* – Krasnoschiokov y Sukomiel.

- *"Intercambio de Calor"* – Holman.

- *"Manual de fórmulas y datos esenciales de transferencia de calor para ingenieros"* – H. Y. Wong.

CAPITULO 15

INTERCAMBIO DE CALOR POR CONVECCION

15.1 Introducción

Ya hemos visto que el calor se puede transferir por tres mecanismos fundamentales: por conducción, que ya hemos examinado, por convección, que estudiaremos aquí, y por radiación, que estudiaremos mas adelante. Básicamente el mecanismo de convección se basa en la creación de corrientes en el seno de un fluido, por lo que se distingue nítidamente de la conducción, que se puede dar en los fluidos y en los cuerpos rígidos, y de la radiación, que no requiere medio conductor. Las corrientes producidas en el seno del fluido reconocen dos orígenes:

a) natural, por efecto de la gravedad sobre zonas del fluido que tienen distintas densidades causadas por diferencias de temperatura entre las mismas, es decir cuando las corrientes son causadas por diferencias de energía potencial (flujo por gravedad o termosifón) y

b) artificial o forzada, cuando las corrientes se originan en diferencias de energía cinética (elemento impulsor: bomba, ventilador). En el primer caso se dice que hay convección natural y en el segundo convección forzada.

En este capítulo nos ocupamos del intercambio de calor sensible por convección. Se denomina transmisión de calor sensible a cualquier proceso en el que el fluido usado para calentar o enfriar no experimenta cambio de fase. Estudiaremos los procesos de intercambio de calor con cambio de fase en el próximo capítulo.

El análisis de los mecanismos de convección es complejo y ante el fracaso de los métodos analíticos clásicos se ha usado el Análisis Dimensional con éxito. No podemos tratar aquí el Análisis Dimensional en profundidad, para lo que se debe recurrir a la literatura, pero superficialmente podemos decir que se trata de una herramienta teórica cuya principal utilidad reside en que permite encontrar la forma del modelo matemático que describe una situación física por medio de la homogeneidad dimensional que atribuimos al modelo en una cierta base dimensional predefinida. Se denomina base a un conjunto de unidades fundamentales que bastan para describir totalmente las variables que intervienen en el modelo. En nuestro caso, la base está integrada por las unidades fundamentales: Fuerza, Longitud, Energía (o Calor), Temperatura y Tiempo, porque elegimos plantear nuestro modelo usando el sistema mixto de unidades usuales. Si elegimos como sistema el SI, la base está integrada por las unidades fundamentales: Masa, Longitud, Temperatura y Tiempo. Toda magnitud que interviene en un problema de transmisión de calor se puede describir en términos de las unidades de la base. (Ver *"Termodinámica"* de Julio Palacios). El Análisis Dimensional a partir de los trabajos de Bridgman usa mucho los números adimensionales, que son agrupaciones de variables que se combinan entre sí por medio de productos y cocientes de modo que las unidades de las mismas se cancelen mutuamente entre sí, resultando un valor numérico sin unidades.

15.1.1 Régimen del flujo

Se conoce como régimen del flujo a la manera como se mueve el fluido, desde el punto de vista del mayor o menor desorden del flujo. Para visualizar esto, los fumadores pueden hacer el siguiente experimento (y los no fumadores también, reemplazando el cigarrillo por un sahumerio aromático): en una habitación cerrada, sin corrientes de aire, dejar un cigarrillo encendido en reposo durante unos cuantos minutos. Si el aire se encuentra totalmente estancado, se observará que el humo asciende rectamente por espacio de algunos centímetros, para interrumpirse luego la columna en un punto a partir del cual el humo asciende en forma desordenada. En el sector de flujo ordenado en el que el humo se mueve en una columna uniforme, encontramos un gradiente continuo de velocidades desde el centro de la columna (donde la velocidad del ascenso es máxima) hasta la periferia, donde el aire en reposo que rodea la columna tiene velocidad cero. Este se llama régimen de flujo *laminar*.

El sector de flujo desordenado en el que la corriente se desplaza formando torbellinos irregulares se dice que está en régimen de flujo *turbulento*. Estos conceptos ya son familiares, puesto que los tratamos en el capítulo **13**.

15.1.2 Coeficiente de película

Pensemos por un instante en la situación que ocurre en un proceso de calentamiento de un fluido, de los miles de procesos similares que hay en cualquier industria. Generalmente el calentamiento ocurre desde un medio sólido (que a su vez puede recibir calor de una llama, o de otro fluido cálido, como vapor) hacia el fluido a calentar.

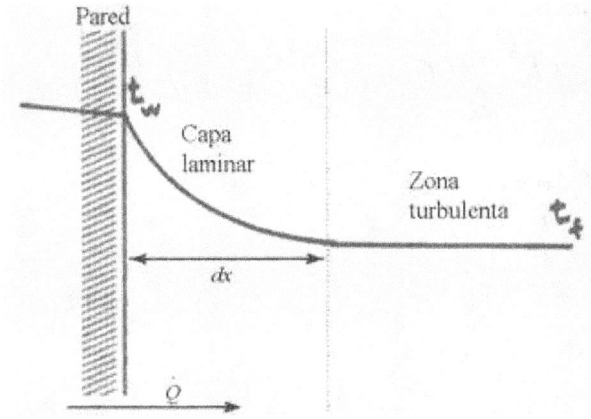

De modo que tenemos una pared sólida, supongamos que limpia, con un cierto grado de rugosidad que depende del material, grado de uso, etc. Luego está la capa laminar que siempre está presente, mas gruesa o mas delgada, y en seguida la zona de turbulencia totalmente desarrollada, que domina en toda la masa del fluido. Es evidente que la mayor resistencia al paso del calor está en la capa laminar, porque el sólido suele ser buen conductor del calor, y en régimen turbulento los torbellinos se encargan de transmitir eficazmente el calor mezclando totalmente el fluido cálido de las cercanías de la pared con el resto. Analizando la cuestión desde el punto de vista de la conducción a través de la capa laminar, es claro que,

aplicando la ecuación de Fourier a la capa de fluido es:

$$\frac{\dot{Q}}{A} = k\frac{dT}{dx} = \frac{k}{dx}dT = h\,dT \Rightarrow \boxed{\dot{Q} = h\,A\,dT} \tag{15-1}$$

El primero en usar la ecuación *(15-1)* fue Newton en el siglo XVIII, precisamente en 1701. Las unidades de h son:

$$[h] = \frac{[\text{Energía}]}{[\text{Superficie}][\text{Tiempo}][\text{Temperatura}]} = \frac{[\text{Potencia}]}{[\text{Superficie}][\text{Temperatura}]}$$

Llamamos h al coeficiente de película del fluido. Se debe evaluar individualmente para cada situación particular por las siguientes razones:

1) El valor del coeficiente de conducción k depende del fluido y de la temperatura media de la capa laminar, que a su vez depende de su espesor;
2) El espesor de la capa laminar es extremadamente difícil de estimar.

En efecto, se debe pensar que el espesor de la capa laminar depende de muchos factores: dependerá de la viscosidad del fluido y de su velocidad, puesto que a altas velocidades el espesor es menor que a bajas velocidades; de la rugosidad de la superficie; de su disposición geométrica, es decir, si está horizontal o vertical, y si está vertical de si el fluido corre de arriba hacia abajo, de abajo hacia arriba o cruzado; de si el fluido se calienta o se enfría, o hierve, o se condensa; en fin, hay muchísimas posibilidades. El problema es muy complejo y escapa al análisis teórico por lo que solamente contamos con correlaciones experimentales que permiten estimar un valor aproximado, en el mejor de los casos, de manera que no se puede pretender una gran exactitud aun contando con datos bibliográficos modernos.

Nuestra principal herramienta para tal fin es el Análisis Dimensional. Provee una base que permite analizar el problema y predecir la forma que tendrá el modelo matemático que lo describe. Posteriormente, apoyándose en ese modelo, es mas fácil proyectar los experimentos y procesar la información que permita arribar finalmente a una correlación precisa.

Los números mas usados son:

Número de Nusselt: $\qquad N_{Nu} = \dfrac{h\,D}{k}$ $\hfill (15-2)$

Número de Prandtl: $\qquad N_{Pr} = \dfrac{Cp\,\mu}{k}$ $\hfill (15-3)$

Número de Reynolds: $\qquad N_{Re} = \dfrac{D\,\mathcal{V}\,\rho}{\mu} = \dfrac{D\,\mathcal{V}}{v} = \dfrac{D\,G}{\mu} = \dfrac{4\,\dot{m}}{\pi\,\mu\,D}$ $\hfill (15-4)$

Número de Grashof: $\qquad N_{Gr} = \dfrac{D^3\,\rho^2\,\beta\,g\,\Delta T}{\mu^2} = \dfrac{D^3\,\beta\,g\,\Delta T}{v^2}$ $\hfill (15-5)$

Número de Péclet: $N_{Pe} = N_{Re} \times N_{Pr} = \dfrac{D \mathcal{V} \rho Cp}{k} = \dfrac{D \mathcal{V}}{a}$ (15-6)

Número de Stanton: $N_{St} = \dfrac{N_{Nu}}{N_{Pe}} = \dfrac{N_{Nu}}{N_{Re} \times N_{Pr}} = \dfrac{h}{\mathcal{V} \rho Cp}$ (15-7)

Número de Graetz: $N_{Gz} = \dfrac{\pi}{4} \dfrac{N_{Pe}}{L/D} = \dfrac{\pi}{4} \dfrac{N_{Re} \times N_{Pr}}{L/D} = \dfrac{\pi D^2 \mathcal{V} \rho Cp}{4 k L}$ (15-8)

Número de Rayleigh: $N_{Ra} = N_{Gr} \times N_{Pr} = \dfrac{D^3 \beta g \Delta T}{v^2} \dfrac{Cp \mu}{k} = \dfrac{D^3 \beta g \Delta T \rho^2 Cp}{\mu k}$ (15-9)

Número de Condensación: $N_{Co} = \dfrac{k^3 \rho^2 g \lambda}{D \mu \Delta T}$ (15-10)

Número de transferencia de calor: $j_H = N_{St} \times N_{Pr}^{2/3} \left(\dfrac{\mu}{\mu_w} \right)^{0.14}$ (15-11)

Donde:
$\mathcal{V}$ = velocidad de flujo $\quad [\mathcal{V}]$ = [m/seg] o [pies/seg]
ρ = densidad $\quad [\rho]$ = [Kg/m^3] o [Lb/pie^3]
h = coeficiente pelicular $\quad [h]$ = [Kcal/(m^2 hr °C)] o [BTU/(pie^2 hr °F)] o [W/(m^2 °K)]
D = diámetro o diámetro equivalente o magnitud longitudinal $\quad [D]$ = m o pie
k = coeficiente de conducción $[k]$ = [Kcal/(m hr °C)] o [BTU/(pie hr °F)] o [W/(m °K)]
Cp = calor específico $\quad [Cp]$ = [Kcal/(Kg °C)] o [BTU/(Lb °F)] o [Joule/(Kg °K)]

G = caudal másico superficial: $G = \mathcal{V} \rho = \dfrac{4 \dot{m}}{\pi D^2} = \dfrac{4 Q \rho}{\pi D^2}$

$\qquad\qquad [G]$ = [Kg/(hr m^2)] o [Lb/(hr pie^2)] o [Kg/(seg m^2)]
$\dot{m}$ = caudal másico en [Kg/hr] o [Lb/hr]
μ = viscosidad dinámica $[\mu]$ = [Kg/(m seg)], [Lb/(pie seg)] o [g/(cm seg)](poise)
v = viscosidad cinemática $\quad [v]$ = [m^2/seg] o [pie^2/seg] o [cm^2/seg](stoke)

β = coeficiente de dilatación térmica: $\beta = \dfrac{1}{V} \left(\dfrac{\partial V}{\partial T} \right) \quad [\beta]$ = [1/°C] o [1/°F]

μ_w = viscosidad dinámica medida a la temperatura de la pared (wall) o en la capa laminar

a = difusividad térmica $\quad a = \dfrac{k}{\rho Cp} \quad [a]$ = [m^2/seg] o [pie^2/seg] (15-12)

$\qquad$ (ver también ecuación (13-34)).
λ = calor latente de ebullición o condensación $\quad [\lambda]$ = [Kcal/Kg] o [BTU/Lb] o [KJ/Kg]

¿Qué significan los números de Nusselt, Grashof y Prandtl?

Estos números adimensionales tienen una importancia extraordinaria en las aplicaciones prácticas del intercambio de calor. Tratemos de arrojar un poco de luz sobre la naturaleza de estos números para intentar aprender un poco sobre el papel que juegan en la descripción de este complejo fenómeno.

Vale la pena detenerse a reflexionar un instante sobre el número de Nusselt para analizar su significado físico. De acuerdo a la definición que acabamos de dar en la ecuación (15-2), es:

$$N_{Nu} = \dfrac{h D}{k}$$

Por otra parte, cuando tratamos el coeficiente de película lo definimos en la ecuación (15-1) así:

$$h = \dfrac{k}{dx}$$

Introduciendo esta igualdad en el número de Nusselt obtenemos:

$$N_{Nu} = \frac{hD}{k} = \frac{k}{dx}\frac{D}{k} = \frac{D}{dx}$$

De esto se deduce que el número de Nusselt representa un cociente de una dimensión lineal característica de la geometría del sistema (diámetro D o longitud L) sobre el espesor equivalente de la película de fluido en la que se encuentra la mayor resistencia al transporte de energía.

Con respecto al número de Grashof lo podemos comparar con el número de Reynolds que ya hemos tratado en el apartado **13.1.1** del capítulo **13**. Como se recordará, en este apartado se plantea el número de Reynolds como una forma de expresar un cociente de dos tipos de fuerzas: en el numerador las fuerzas dinámicas y en el denominador las fuerzas de resistencia que tienen su origen en la viscosidad. El número de Grashof es análogo al de Reynolds, en el sentido de que así como el número de Reynolds representa un valor que caracteriza el comportamiento dinámico de un fluido con respecto a la transferencia de cantidad de movimiento, el número de Grashof caracteriza el comportamiento dinámico de los fluidos con respecto a la transferencia de energía como calor en convección natural.

Tal como se define en la ecuación *(15-5)* el número de Grashof es:

$$N_{Gr} = \frac{D^3\,\rho^2\,\beta\,g\,\Delta T}{\mu^2}$$

Un examen detenido de esta expresión demuestra que cuando una masa de fluido se calienta experimentando un incremento de su temperatura ΔT esto produce una variación en su densidad (en tantos por uno) que se puede computar como el producto $(\beta \times \Delta T)$ ya que β es el coeficiente de dilatación térmica. En consecuencia, la aceleración que sufre el fluido como consecuencia de este cambio de su densidad es $(g \times \beta \times \Delta T)$ donde g es la aceleración de la gravedad. Al recorrer el fluido una distancia vertical D o longitud L se ve acelerado hasta una velocidad tal que su cuadrado es:

$$\mathcal{V}^2 = \beta\,g\,\Delta T\,D$$

Cuando sustituimos esta expresión en la anterior, obtenemos:

$$N_{Gr} = \left(\frac{D\,\rho\,\mathcal{V}}{\mu}\right)^2$$

Pero si examinamos el término entre paréntesis vemos que no es otro que el número de Reynolds. Esto nos dice a las claras que el número de Grashof cumple el mismo papel con respecto a la transferencia de calor por convección natural que el que cumple el número de Reynolds con respecto a la transferencia de cantidad de movimiento. Desde el punto de vista práctico, podemos ver que valores pequeños del número de Grashof significan capacidades reducidas de transporte de calor por convección natural, puesto que están asociados con viscosidades elevadas o con gradientes térmicos demasiado pequeños para poder transferir cantidades importantes de calor.

El número de Prandtl que fue definido en la ecuación *(14-4)* del apartado **14.3.1** del capítulo anterior, de acuerdo a la ecuación *(15-3)* es:

$$N_{Pr} = \frac{Cp\,\mu}{k}$$

Si dividimos el numerador y denominador por la densidad obtenemos:

$$N_{Pr} = \frac{\mu/\rho}{k/\rho Cp} = \frac{v}{a}$$

El cociente $\mu/\rho v = v$ (viscosidad cinemática) representa la difusividad de cantidad de movimiento, en tanto que en el numerador encontramos la *difusividad térmica* que se define en la ecuación *(14-34)* del apartado **14.5.1** del capítulo anterior. En ese apartado se discute en detalle el significado físico de a. De modo análogo, el cociente μ/ρ se puede describir como la capacidad de transporte de cantidad de movimiento.

Desde esta perspectiva, el número de Prandtl representa la capacidad comparativa del fluido para la transferencia simultánea de energía en forma de cantidad de movimiento y de calor. En términos cuantitativos, cuanto mas grande sea el número de Prandtl tanto menor cantidad de energía se puede transferir en forma de calor, a menos que se gasten grandes cantidades de energía en incrementar su velocidad porque los valores altos del número de Prandtl se producen cuando el fluido es muy viscoso o cuando su conductividad térmica es muy pequeña.

15.2 Convección natural

En el caso de la convección natural se deben tomar en cuenta muchos factores que influyen fundamentalmente en la forma que adopta el movimiento del fluido. Para este caso la mayoría de los coeficientes de película (pero no todos) se pueden predecir por medio de una ecuación de la forma:

$$N_{Nu} = \varphi(N_{Gr})^a (N_{Pr})^b \qquad (15\text{-}13)$$

Donde φ es una función que depende de la forma, tamaño y disposición de la superficie y a y b son reales que también dependen de esos factores. En base a experiencias de laboratorio se han obtenido correlaciones del tipo *(15-13)*, y en casos que no seguían esa forma, se obtuvieron fórmulas empíricas. Hay una gran cantidad de fórmulas, algunas de ellas de gran valor. No podemos por razones de espacio tratarlas a todas, y sólo estudiaremos los casos mas comunes.

15.2.1 Convección natural dentro de tubos horizontales

Kern y Othmer han corregido la ecuación de Sieder y Tate para flujo laminar. La ecuación de Sieder y Tate para $N_{Re} < 2100$ es:

$$N_{Nu} = 1.86 \left(N_{Pe} \frac{D}{L} \right)^{\frac{1}{3}} \left(\frac{\mu}{\mu_w} \right)^{0.14} = 1.86 \left(N_{Re} \times N_{Pr} \frac{D}{L} \right)^{\frac{1}{3}} \left(\frac{\mu}{\mu_w} \right)^{0.14} \Rightarrow$$

$$\frac{hD}{k} = 1.86 \left(\frac{4}{\pi} \frac{\dot{m} Cp}{k L} \right)^{\frac{1}{3}} \left(\frac{\mu}{\mu_w} \right)^{0.14} \qquad (15\text{-}14)$$

Al parecer, aun para flujos laminares a bajas velocidades la convección no es natural sino forzada, por lo que la corrección de Kern y Othmer consiste en multiplicar por el factor:

$$\Psi = \frac{2.25 \left(1 + 0.01 (N_{Gr})^{\frac{1}{3}} \right)}{\log_{10}(N_{Re})} \qquad (15\text{-}15)$$

Donde N_{Gr} se evalúa a la temperatura media: $\quad t_m = \dfrac{t_1 + t_2}{2}$

Siendo t_1 la temperatura de entrada y t_2 la temperatura de salida del fluido <u>frío</u> dentro de tubos horizontales.

Validez: esta fórmula es válida para: $\quad N_{Re} < 2100 \qquad \dfrac{L}{D} > 2 \qquad \mu > 1$ centipoise

15.2.2 Convección natural fuera de haces de tubos

El caso de convección natural en el interior de corazas de intercambiadores de tubo y coraza, que se puede confundir con el que tratamos en el punto anterior no es común. Es una situación excepcional, que se produce a $N_{Re} < 10$, y a velocidades tan bajas se puede producir seria deposición de sólidos y gran ensuciamiento. No hay forma segura de estimar coeficientes de película para el caso de convección natural en el interior de corazas.
Se puede usar la ecuación de McAdams:

$$N_{Nu} = \alpha (N_{Gr} \times N_{Pr})^{0.25} \Rightarrow \frac{hD}{k} = \alpha \left[\frac{D_e^{\,3} \rho_f^{\,2} g \beta \Delta T}{\mu_f^{\,2}} \frac{Cp \mu}{k} \right]^{0.25} \qquad (15\text{-}16)$$

Donde D_e es el diámetro exterior de tubos. α es un real que varía desde 0.4 para tubos de pequeño diámetro hasta 0.525 para tubos grandes; todos los parámetros que llevan el subíndice f se refieren a la película

(film) y se deben evaluar a la temperatura de película: $\qquad t_f = \dfrac{t_w + t_a}{2}$

Donde t_w es la temperatura de pared caliente de haz de tubos (promedio de entrada y salida) y t_a es la temperatura promedio del fluido a calentar. Otra ecuación empírica que da muy buen resultado para haces de tubos es:

$$h = 116 \left[\frac{k_f^{\,3} \rho_f^{\,2} Cp_f \beta}{\mu_f'} \frac{\Delta T}{d_o} \right]^{0.25} \qquad (15\text{-}17)$$

Donde μ_f' está en centipoises y las otras variables en unidades inglesas. Consultar la bibliografía para mas detalles.

15.2.3 Criterio para determinar cuando hay convección natural

En la sección anterior se ha comentado que se ha detectado experimentalmente la existencia de régimen de convección forzada a N_{Re} tan bajo como 50. Es decir, la existencia de régimen viscoso o laminar no garantiza que la convección sea natural. Aun en régimen laminar pleno (digamos por ejemplo N_{Re} en la zona de 100 a 1000) puede existir convección forzada cuando el flujo es horizontal y el fluido es poco viscoso. Supongamos para simplificar que tenemos un fluido con temperatura de entrada tf_1 y temperatura de salida tf_2, siendo la de salida mayor que la de entrada, fluyendo por el interior de tubos. Es la práctica acostumbrada hacer circular el fluido a calentar por el interior de tubos si es un líquido, porque la viscosidad de la mayoría de los líquidos disminuye con la temperatura, por lo que se favorece el flujo. Supongamos también para simplificar que la temperatura de la pared de tubo es constante e igual a t_c. Llamamos temperatura media

del fluido a: $t_f = \dfrac{tf_1 + tf_2}{2}$ Denominamos temperatura media a: $t_m = \dfrac{t_f + t_c}{2}$

Entonces un criterio seguro para determinar si el fluido se calienta en régimen de convección natural es el siguiente: si el número de Rayleigh (es decir el producto de N_{Gr} por N_{Pr}) calculado a t_m es mayor de 8×10^5 entonces la influencia de la convección libre es decisivamente gravitante. Es decir, si:

$$\left(N_{Gr} \times N_{Pr}\right)_m > 8 \times 10^5 \tag{15-18}$$

Entonces hay convección libre predominante en el intercambio de calor.

15.2.4 Convección natural en fluidos estancados

Cuando el fluido en el cual está sumergido el cuerpo en estudio se encuentra estancado, se puede usar la ecuación de McAdams:

$$\left(N_{Nu}\right)_f = C\left(N_{Gr} \times N_{Pr}\right)_f^{\,n} \times \left(\dfrac{N_{Pr\,f}}{N_{Pr\,s}}\right)^{0.25} \tag{15-19}$$

Nota: en el caso de tubos, N_{Nu} y N_{Gr} se calculan en base al diámetro de tubo d pero en el caso de pared vertical se calculan en base a la altura de pared Z. Se encuentran variantes de esta ecuación sin el término correctivo del cociente del número de Prandtl.
Los valores de coeficiente C y exponente n son los siguientes:

- Para tubos horizontales únicos:
  $C = 0.53$ $n = 0.25$ Validez: $10^3 < (N_{Gr} \times N_{Pr})_f < 10^9$
- Para tubos verticales únicos:
  $C = 0.59$ $n = 0.25$ Validez: $10^4 < (N_{Gr} \times N_{Pr})_f < 10^9$
  $C = 0.13$ $n = 0.333$ Validez: $10^9 < (N_{Gr} \times N_{Pr})_f < 10^{12}$
- Para pared vertical:
  $C = 0.75$ $n = 0.25$ Validez: $10^3 < (N_{Gr} \times N_{Pr})_f < 10^9$
  $C = 0.15$ $n = 0.33$ Validez: $(N_{Gr} \times N_{Pr})_f \ge 6 \times 10^{10}$

En este caso particular existe buena concordancia entre las distintas fuentes. El subíndice f indica que las variables se obtienen a la temperatura del fluido. El subíndice s indica que las variables se obtienen a la temperatura de la superficie. El coeficiente pelicular h obtenido está basado en las temperaturas del fluido, t_f y de la superficie, t_s y así resulta:

$$\dot{q} = h\left(t_s - t_f\right)$$

El N_{Grs} se calcula a t_s. Esta ecuación se puede simplificar extraordinariamente para aire, obteniendo así una serie de ecuaciones dimensionales muy conocidas. Así tenemos, para aire solamente:

- Cilindro único horizontal:

$$h = 2.97\left(\dfrac{\Delta t}{D}\right)^{0.25} \dfrac{\text{Kcal}}{\text{m}^2\,\text{hr}\,^\circ\text{C}} \quad (\Delta t \text{ en }^\circ\text{C}, D \text{ en cm}) \tag{15-20}$$

Validez: $1.27\ \text{cm} \le D \le 25.4\ \text{cm}$, $2 \le \Delta t \le 370\ ^\circ\text{C}$

- Cilindro único vertical:

$$h = 2.84\left(\dfrac{\Delta t}{D}\right)^{0.25} \dfrac{\text{Kcal}}{\text{m}^2\,\text{hr}\,^\circ\text{C}} \quad (\Delta t \text{ en }^\circ\text{C}, D \text{ en cm}) \tag{15-21}$$

Validez: $0.58\ \text{cm} \le L \le 2.64\ \text{m}$, $1.27 \le D \le 17.5\ \text{cm}$

En medidas inglesas:
- Tubo horizontal:

$$h = 0.25\left(\frac{\Delta t}{D}\right)^{0.25} \quad \frac{BTU}{pie^2\,hr\,°F} \quad (\Delta t\,en\,°F,\,D\,en\,pulgadas) \tag{15-22}$$

Validez: $10^{-2} < D,\,\Delta t < 10^3$

$$h = 0.18(\Delta t)^{0.18} \quad \frac{BTU}{pie^2\,hr\,°F} \quad (\Delta t\,en\,°F) \tag{15-23}$$

Validez: $10^{-2} < D,\,\Delta t < 10^3$

- Chapas verticales de 0.27 a 0.37 m^2 de superficie (medidas métricas)

$$h = 1.69(\Delta t)^{0.25} \quad \frac{Kcal}{m^2\,hr\,°C} \quad (\Delta t\,en\,°C) \tag{15-24}$$

- Chapas horizontales con la cara de intercambio hacia arriba (medidas métricas)

$$h = 2.14(\Delta t)^{0.25} \quad \frac{Kcal}{m^2\,hr\,°C} \quad (\Delta t\,en\,°C) \tag{15-25}$$

- Chapas horizontales con la cara de intercambio hacia abajo (medidas métricas)

$$h = 1.13(\Delta t)^{0.25} \quad \frac{Kcal}{m^2\,hr\,°C} \quad (\Delta t\,en\,°C) \tag{15-26}$$

- Superficies verticales pequeñas de hasta 0.60 m. de largo (medidas métricas)

$$h = 1.14\left(\frac{\Delta t}{H}\right)^{0.25} \quad \frac{Kcal}{m^2\,hr\,°C} \quad (\Delta t\,en\,°C,\,H\,en\,m) \tag{15-27}$$

También las siguientes en medidas inglesas:
- Placas verticales

$$h = 0.29\left(\frac{\Delta t}{H}\right)^{0.25} \quad \frac{BTU}{pie^2\,hr\,°F} \quad (\Delta t\,en\,°F,\,H\,en\,pies) \tag{15-28}$$

Validez: $10^{-2} < H^3 \times \Delta t < 10^3$

$$h = 0.21\left(\frac{\Delta t}{L}\right)^{0.25} \quad \frac{BTU}{pie^2\,hr\,°F} \quad (\Delta t\,en\,°F,\,L\,en\,pies) \tag{15-29}$$

Validez: $10^{-2} < L^3 \times \Delta t < 10^3$

- Placas horizontales, cuadradas, cara caliente hacia arriba (cara fría hacia abajo)

$$h = 0.27\left(\frac{\Delta t}{L}\right)^{0.25} \quad \frac{BTU}{pie^2\,hr\,°F} \quad (\Delta t\,en\,°F,\,L\,en\,pies) \tag{15-30}$$

Validez: $0.1 < L^3 \times \Delta t < 20$

$$h = 0.22\left(\frac{\Delta t}{L}\right)^{\frac{1}{3}} \quad \frac{BTU}{pie^2\,hr\,°F} \quad (\Delta t\,en\,°F,\,L\,en\,pies) \tag{15-31}$$

Validez: $20 < L^3 \times \Delta t < 30000$

Las ecuaciones anteriores en medidas inglesas dan resultados razonablemente buenos para aire de 100 a 1500 °F y también para CO, CO_2, N_2, O_2 y gases de salida de hornos.

Otro criterio aplicable a superficies horizontales es usar la ecuación *(15-19)* usando para el cálculo de N_{Nu} y N_{Gr} el lado menor de la placa. Cuando la placa está ubicada con la cara caliente hacia arriba incrementar el valor de h en un 30%, cuando está con la cara caliente hacia abajo disminuir h en un 30%. También se puede usar la gráfica que se da a continuación, donde se ha incluido una corrección para la velocidad del aire en millas por hora.

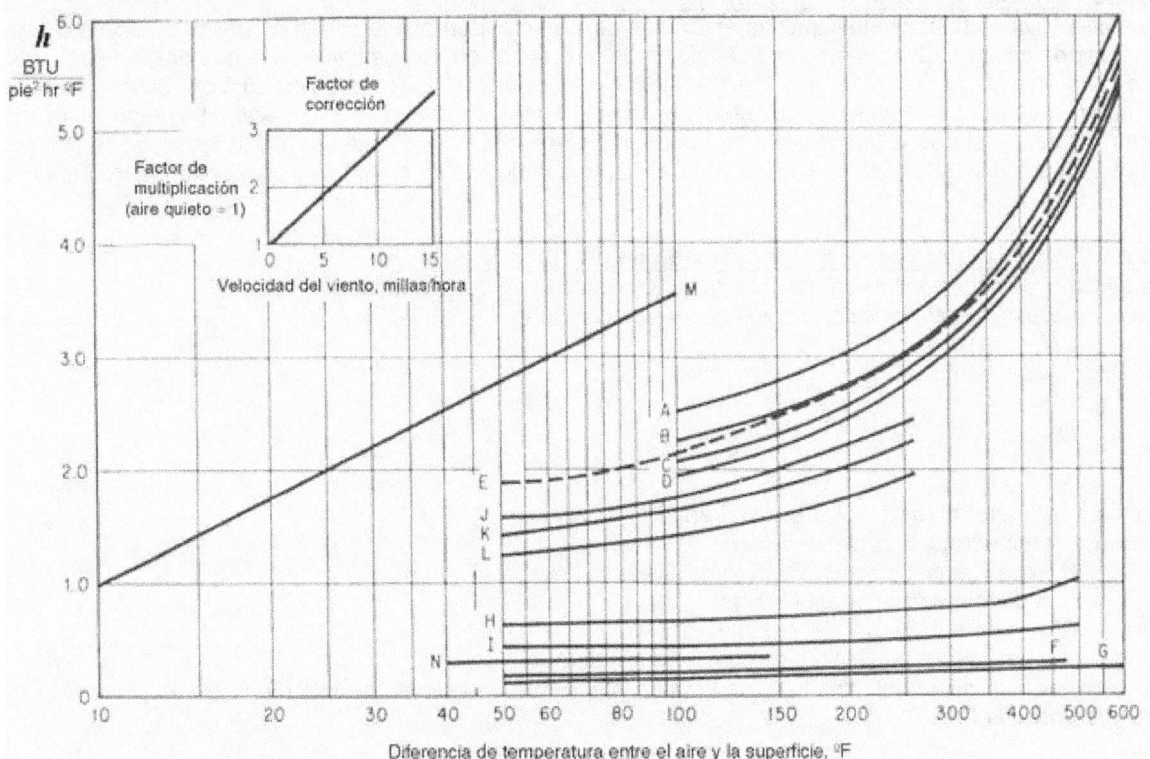

Las distintas curvas de la gráfica hacen referencia a la siguiente tabla.

Curva	Objeto
A	Tubo horizontal desnudo, diámetro de 1"
B	Tubo horizontal desnudo, diámetro de 3"
C	Tubo horizontal desnudo, diámetro de 10"
D	Tubo horizontal desnudo, diámetro $\geq$ de 24"
E	Superficie vertical no aislada > de 4 pies^2
F	Superficie vertical > de 4 pies^2 aislada con 1.5" de magnesia
G	Tubo horizontal, diámetro de 1", aislado con 1.5" de magnesia
H	Tubo horizontal, diámetro de 10", aislado con 1.5" de magnesia
I	Tubo horizontal, diámetro de 6", aislado con 1.5" de magnesia
J	Tubo horizontal de cobre barnizado, diámetro de 0.5"
K	Tubo horizontal de cobre barnizado, diámetro de 1"
L	Tubo horizontal de cobre barnizado, diámetro de 4"
M	Tanque grande de agua no aislado
N	Tanque de 10000 galones de agua, aislado

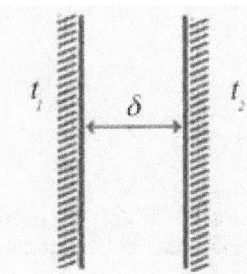

Otra importante aplicación del análisis de la convección se encuentra en el estudio de los espacios de aire dejados ex profeso en una aislación para aumentar la eficacia del aislante. Se puede obtener el coeficiente modificado de conducción térmica k_e mediante la siguiente relación:

$$\frac{k_e}{k_f} = 0.18\left(N_{Gr} \times N_{Pr}\right)_f^{0.25} \qquad (15\text{-}32)$$

k_f, N_{Gr} y N_{Pr} se calculan a t_f. Para el cómputo de N_{Gr} y N_{Nu} se debe usar δ en lugar de D. El cálculo del calor intercambiado a través de la capa de aire se calcula con la siguiente ecuación.

627

$$\dot{q} = \frac{k_e}{\delta}(t_1 - t_2)$$

Esta ecuación se puede aplicar con éxito a fluidos distintos del aire.

15.2.5 Pérdidas de calor de una tubería o superficie aislada

Es evidente que cuando estudiamos la aplicación de aislante a un objeto con el propósito de disminuir sus pérdidas de calor no tuvimos en cuenta el efecto de la convección. Sin perjuicio de lo que acabamos de ver, que considera las pérdidas de calor desde objetos al aire por efecto de la convección, en realidad también se debe tener en cuenta el hecho de que el objeto está emitiendo energía por radiación. La magnitud de esta emisión depende de la temperatura de la superficie emisora, y será baja cuando la temperatura sea pequeña. La práctica industrial es emplear un coeficiente combinado de radiación y convección, que llamamos h_a.

15.2.5.1 Pérdidas por convección y radiación en una tubería aislada

La cantidad de calor perdida en una tubería aislada situada en aire estancado
(poco o nada de viento) se calcula por la siguiente ecuación:

$$\dot{q} = \frac{\pi(t_s - t_a)}{\dfrac{ln\dfrac{D_1}{D''_s}}{2k_c} + \dfrac{1}{h_a D_1}} \qquad (15\text{-}33)$$

Donde: t_s = temperatura del fluido en la tubería.

t_a = temperatura ambiente del aire.

k_c = coeficiente de conductibilidad del aislante.

D_1 = diámetro exterior del aislante.

D''_s = diámetro interior del aislante.

h_a = coeficiente combinado de convección-radiación.

El valor del coeficiente combinado h_a se puede obtener de la siguiente gráfica (D. Q. Kern, *"Procesos de Transferencia de Calor"*).

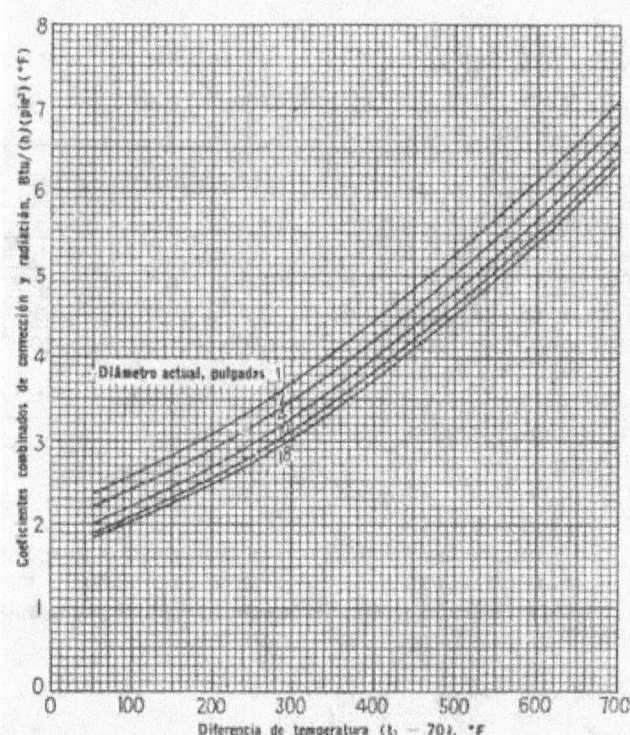

El valor de h_a está basado en la suposición de que la temperatura del aire ambiente es 70 °F (21 °C) pero se puede usar bastante bien con temperaturas distintas ya que la influencia de la temperatura del aire en el valor de h_a no es decisiva. Esta gráfica sólo es válida para tuberías horizontales.

Ejemplo 15.1 Cálculo de la pérdida de calor por convección en una tubería.

Un tubo de acero de 2" IPS conduce vapor a 300 °F. Se recubre con 0.5" de lana de vidrio (k_c = 0.033 BTU/(pie hr °F). El aire está a 70 °F. ¿Cuanto se pierde del calor que transporta el vapor?.

Solución

Como no conocemos la temperatura de la superficie del aislante que necesitamos para determinar el valor de h_a, que depende de la diferencia $(t_l - t_a)$ siendo t_l la temperatura de la superficie y t_a la temperatura del aire, debemos suponer un valor de t_l y operar por aproximaciones sucesivas. Suponemos para comenzar t_l = 150 °F. De la figura obtenemos para $t_l - 70 = 80$ °F que h_a = 2.25 BTU/(hr pie^2 °F). La pérdida de calor por pie de longitud de tubo es:

$$\dot{q}_L = \frac{3.1416(300 - 70)}{\dfrac{ln\dfrac{3.375}{2.375}}{2 \times 0.0333} + \dfrac{1}{2.25 \times \dfrac{3.375}{12}}} = 105 \frac{BTU}{hr\,pie}$$

Hacemos ahora una comprobación para ver si hemos elegido bien t_l; con un poco de experiencia t_l se puede elegir tan cerca del verdadero valor que sólo requiera una pequeña corrección. Para ello calculamos la cantidad de calor que atraviesa el aislante que, lógicamente, debe ser igual a la cantidad de calor que se disipa desde la superficie por radiación y convección.

$$\dot{q}_L = \frac{2\pi k_c\left(t_s - t_l\right)}{ln\dfrac{D_l}{D''_s}} = 105 = \frac{2 \times 3.1416 \times 0.033(300 - t_l)}{ln\dfrac{3.375}{2.375}} \Rightarrow t_l = 123.5\,°F$$

Es evidente que el valor de 150 (primera suposición) es demasiado alto. Como el método de aproximaciones sucesivas en este caso suele dar una sucesión oscilante, si volviéramos a calcular con t_l = 123.5 °F obtendríamos un nuevo valor de t_l en la siguiente iteración que resultaría demasiado alto, de modo que asumiremos t_l = 125 °F, con lo que esperamos estar mas cerca. Si $t_l = 125 \Rightarrow t_l - 70 = 55$ °F. Obtenemos h_a = 2.10 BTU/(hr pie^2 °F).

$$\dot{q}_L = \frac{3.1416(300 - 70)}{\dfrac{ln\dfrac{3.375}{2.375}}{2 \times 0.0333} + \dfrac{1}{2.1 \times \dfrac{3.375}{12}}} = 103 \frac{BTU}{hr\,pie}$$

Repitiendo el cálculo de la cantidad de calor que atraviesa el aislante:

$$\dot{q}_L = \frac{2\pi k_c\left(t_s - t_l\right)}{ln\dfrac{D_l}{D''_s}} = 103 = \frac{2 \times 3.1416 \times 0.033(300 - t_l)}{ln\dfrac{3.375}{2.375}} \Rightarrow t_l = 125.8\,°F$$

El valor de t_l es muy parecido al supuesto, de modo que no seguimos calculando y aceptamos la pérdida de calor por conducción, radiación y convección combinadas como 103.2 BTU/(hr pie). Nótese de paso que la pérdida de calor no ha cambiado mucho con una variación de t_l de 150 a 125 °F. Esto es porque h_a es bajo, comparado con la resistencia del aislante que es el mayor obstáculo que se opone al paso de calor. Dicho en otras palabras, la resistencia limitante mayor es la debida al aislante. Si la pérdida de calor hubiera variado mucho es señal de que el espesor de aislante es insuficiente.

15.2.5.2 Radio crítico de una tubería aislada

Si se comienza a agregar aislante a un tubo y se sigue agregando en capas sucesivas, habrá un valor de espesor de aislante para el cual la pérdida de calor es máxima.

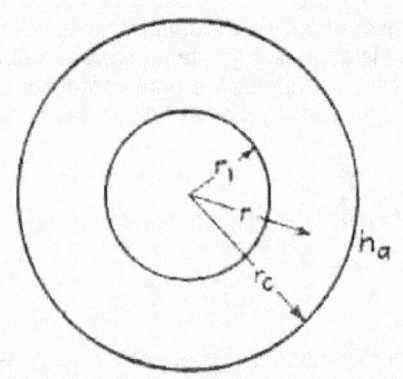

Este hecho se puede interpretar así: al aumentar el espesor aumenta también proporcionalmente la superficie emisora, que está disipando el calor que llega a ella por radiación y convección. Para espesores pequeños, la superficie es comparativamente pequeña pero como el aislante deja pasar mucho calor, la temperatura de la superficie es elevada y por lo tanto también lo será el coeficiente combinado h_a. Al ir agregando espesor, la cantidad de calor transmitida por el aislante por conducción disminuye en relación inversa al espesor de aislante (y por ende al radio de la superficie externa) pero la cantidad de calor disipada por la superficie aumenta en proporción directa al radio de la superficie externa. Si se sigue aumentando el espesor, se llega a un valor tal que el aislante no deja llegar a la superficie todo el calor que esta puede disipar, por lo tanto la pérdida de calor disminuye.

La resistencia debida al aislante por unidad de longitud de tubería es:

$$R_{aisl} = \frac{ln\dfrac{r}{r_l}}{2\pi k}$$

La resistencia ofrecida por la capa laminar que rodea a la superficie, a temperatura del aire constante es:

$$R_{aire} = \frac{1}{h_a 2\pi r}$$

La pérdida será máxima cuando la resistencia total (o sea la suma de las dos) sea mínima. La condición de mínimo se obtiene derivando respecto del radio e igualando a cero:

$$R = R_{aisl} + R_{aire} = \frac{ln\dfrac{r}{r_l}}{2\pi k} + \frac{1}{h_a 2\pi r}$$

$$\frac{dR}{dr} = \frac{1}{2\pi k} d\,ln\frac{r}{r_l} + \frac{1}{h_a 2\pi} d\frac{1}{r} = 0 \Rightarrow \frac{1}{2\pi kr} - \frac{1}{h_a 2\pi r^2} = 0 \Rightarrow$$

$$\boxed{r = \frac{k}{h_a}}$$

(15-34)

El valor de r para el cual la pérdida es máxima se llama radio crítico.

Observe que si k es elevado (aislante de pobres cualidades de aislación) podemos obtener un valor de radio crítico tal que para una tubería dada se necesite un espesor de aislante tan grande que su costo resultaría excesivo.

Lo ideal sería lograr un valor de radio crítico menor que el radio externo de la tubería, con lo cual aseguramos que cualquier espesor de aislante empleado disminuya las pérdidas en lugar de aumentarlas. Esto es obvio que se puede lograr usando un aislante de bajo valor de k.

15.2.5.3 Pérdidas por convección y radiación en superficies aisladas planas

El caso de superficies planas aisladas en aire estancado es similar al que acabamos de ver, donde la superficie emite por radiación y convección, Las pérdidas vienen dadas por:

$$Q = \frac{kA(t_l - t_a)}{L + \dfrac{k}{h_a}}$$

(15-35)

Donde: L = espesor de la aislación; $h_a = \varphi\,(t_s, t_a)$; t_s = temperatura de la superficie; t_a = temperatura del aire; k = conductividad térmica de la aislación a su temperatura media (que se puede asumir como el promedio aritmético de t_a y t_l siendo t_l la temperatura de la cara interna de la aislación).

Los otros símbolos tienen el significado habitual. h_a se obtiene de la siguiente tabla.

Tipo de superficie	Temperatura de la superficie				
	100°F	150°F	200°F	250°F	300°F
	h_a, BTU/(pie^2 hr °F)				
Superficies planas:					
Verticales	1.68	2.07	2.38	2.67	2.95
Horizontales hacia arriba	1.86	2.32	2.66	2.98	3.28
Horizontales hacia abajo	1.46	1.77	2.03	2.29	2.54
Superficies cilíndricas:					
Verticales	1.68	2.07	2.38	2.67	2.95
Horizontales, 2" de diámetro externo	1.98	2.40	2.73	3.03	3.32
Horizontales, 4" de diámetro externo	1.82	2.20	2.51	2.79	3.06
Horizontales, 6" de diámetro externo	1.75	2.10	2.40	2.66	2.93
Horizontales, 8" de diámetro externo	1.69	2.03	2.32	2.58	2.85
Horizontales, 10" de diámetro externo	1.66	1.99	2.27	2.53	2.79
Horizontales, 12" de diámetro externo	1.63	1.95	2.23	2.48	2.74

Ejemplo 15.2 Cálculo de la pérdida de calor por convección en una superficie plana.

Una superficie vertical de chapa a 500 °F está revestida de 2" de magnesia al 85%. Hallar la pérdida de calor por unidad de superficie horaria al aire.

Solución

Supongamos que la temperatura de la superficie del aislante es de 100 °F. Luego la temperatura media del aislante es de 300 °F y a esta temperatura $k = 0.043$ (unidades inglesas). En la tabla para t_s = 100 °F, tenemos h_a = 1.68.

Aplicando la ecuación *(15-35)* tenemos:

$$\frac{\dot{Q}}{A} = \dot{q} = \frac{0.043(500 - 70)}{\dfrac{2}{12} + \dfrac{0.043}{1.68}} = 96.1 \frac{BTU}{hr\,pie^2}$$

Ahora chequeamos la temperatura asumida para la superficie del aislante:

$$\dot{q} = h_a(t_s - t_a) = 96.1 \Rightarrow t_s = t_a + \frac{\dot{q}}{h_a} = 70 + \frac{96.1}{1.68} = 127\,°F$$

Como el valor asumido y calculado difieren, es necesario corregir el valor asumido. Probamos con t_s = 125 °F. Debemos obtener h_a de la tabla por interpolación lineal:

$$h_a = \frac{1.68 + 2.07}{2} = 1.88$$

$$\dot{q} = \frac{0.043(500 - 70)}{\dfrac{2}{12} + \dfrac{0.043}{1.88}} = 97.5 \frac{BTU}{hr\,pie^2}$$

Repetimos el chequeo de t_s:

$$t_s = t_a + \frac{\dot{q}}{h_a} = 70 + \frac{97.5}{1.88} = 122\,°F$$

Repitiendo el cálculo con t_s = 123 °F obtenemos q = 97 BTU/(pie^2 hr). Considerando la escasa influencia que tiene el ajuste de valores de t_s sobre valores de q podemos dar por terminado el cálculo.

15.3 Convección forzada

El análisis dimensional demuestra en este caso que la ecuación que describe el fenómeno tiene la forma:

$$N_{Nu} = \alpha(N_{Re})^a (N_{Pr})^b \left(\frac{\mu}{\mu_w}\right)^n \qquad (15\text{-}36)$$

Donde: α es un real, a y b son reales que dependen de la geometría del sistema y n es un real que varía sólo cuando se cambia de calentamiento a enfriamiento y prácticamente es independiente de la geometría del sistema. Examinando algunas fórmulas publicadas en distintas épocas observamos que son muy parecidas entre sí.

$\alpha = 0.024 \quad a = 0.8 \quad b = 0.4 \quad n = 0$ *(15-36')*

(Dittus y Boelter, también Sherwood y Petrie, 1930. Calentamiento en el interior de tubos, líquidos, flujo turbulento).

Validez: esta fórmula es válida para: $10000 < N_{Re} < 120000$ $0.7 < N_{Pr} < 120$ $\dfrac{L}{D} > 60$

$\alpha = 0.0225 \quad a = 0.8 \quad b = 0.4 \quad n = 0$ *(15-36'')*

(McAdams, 1954).

$\alpha = 0.0225 \quad a = 0.8 \quad b = 0.3 \quad n = 0$ *(15-36''')*

(Dittus y Boelter, enfriamiento de líquidos en tubos horizontales y verticales, 1930).

$\alpha = 0.023 \quad a = 0.8 \quad b = 1/3 \quad n = 0$ *(15-36^{iv})*

(Colburn, enfriamiento o calentamiento de líquidos dentro de tubos, 1933).

$\alpha = 0.027 \quad a = 0.8 \quad b = 1/3 \quad n = 0.14$ *(15-37)*

(Sieder y Tate, $N_{Re} > 10^4$, líquidos dentro de tubos, enfriamiento o calentamiento, 1936).

Ejemplo 15.3 Cálculo del coeficiente de transferencia.

En un condensador de vapor se usan 500000 Lb/hr de agua de enfriamiento que entra al equipo a 70 °F y lo deja a 80 °F. El condensador está construido con cien tubos de 1" de diámetro exterior BWG 18 arreglados en paralelo, de modo que el agua circula dividiéndose corrientes iguales en los cien tubos. Cada tubo tiene 16 pies de largo y el vapor se condensa en el exterior de los mismos. Calcular el coeficiente de transferencia de calor.

Datos

$D = 0.902"$. La temperatura media del agua es: $t_m = \dfrac{t_1 + t_2}{2} = \dfrac{70 + 80}{2} = 75\,°F$

A 75 F las propiedades del agua son: $\rho = 62.2$ Lb/pie^3; $\mu = 2.22$ Lb/(pie hr); $k = 0.352$ BTU(pie hr °F).

Solución

Lo primero que hay que hacer es calcular el número de Reynolds para determinar el tipo de régimen que tiene el flujo de agua. Para ello debemos calcular la velocidad. De la ecuación de continuidad:

$$\dot{m} = \mathcal{V}\rho \Rightarrow \mathcal{V} = \frac{\dot{m}}{\rho} = \frac{500000 \times 4 \times 144}{100 \times 0.902^2 \times 62.2} = 18100\,\frac{\text{pies}}{\text{hr}}$$

$$N_{Re} = \frac{D\mathcal{V}\rho}{\mu} = \frac{0.902 \times 18100 \times 62.2}{2.22} = 38100$$

Puesto que supera ampliamente el valor límite de 2000, el régimen es claramente turbulento. En consecuencia se debe usar una ecuación adecuada para régimen turbulento. Para determinar cual se debe usar conviene calcular los parámetros clave para los rangos de validez. Calculamos el número de Prandtl.

$$N_{Pr} = \frac{Cp\,\mu}{k} = \frac{1 \times 2.22}{0.352} = 6.3 \quad \text{El cociente } L/D \text{ vale: } \frac{L}{D} = \frac{12 \times 16}{0.902} = 212.8 > 60$$

Elegimos la ecuación de Dittus-Boelter ya que los parámetros clave dan dentro del rango de validez. De la ecuación *(15-36')* tenemos:

$$N_{Nu} = 0.024\left(N_{Re}\right)^{0.8}\left(N_{Pr}\right)^{0.4}\left(\frac{\mu}{\mu_w}\right)^0 = 0.024 \times 38100^{0.8} \times 6.3^{0.4} = 222 \Rightarrow$$

$$\Rightarrow h = \frac{N_{Nu} \times k}{D} = \frac{222 \times 0.352 \times 12}{0.902} = 1040\,\frac{\text{BTU}}{\text{pie}^2\,\text{hr}\,°F}$$

Examinando la literatura rusa encontramos un planteo algo distinto, pero que en el fondo es bastante similar en resultados para la mayoría de los casos prácticos. Así por ejemplo, Mijeiev y Mijeieva (*"Fundamentos de la Termotransferencia"*, Moscú, 1973) dan la siguiente fórmula para líquidos en el interior de tuberías y conductos cuyo tratamiento puede racionalizarse mediante el diámetro equivalente, para flujo turbulento.

$$N_{Nuf} = 0.021\left(N_{Re}\right)^{0.8}\left(N_{Pr}\right)^{0.43}\left(\frac{N_{Prf}}{N_{Prw}}\right)^{0.25}\varepsilon_L \qquad (15-38)$$

Donde el subíndice f indica una propiedad o número adimensional integrado por un conjunto de propiedades evaluado a $t_f = (tf_1 + tf_2)/2$ siendo tf_1 la temperatura de entrada del fluido y tf_2 la temperatura de salida.

El subíndice w indica que la propiedad o número adimensional está evaluado a la temperatura de pared t_w; esta es una temperatura promedio de pared y se puede aproximar también por un promedio aritmético entre temperaturas de extremos. Los cálculos de cantidad de calor son similares a los ya conocidos:

$$\dot{q} = h \times \Delta t_L \qquad\qquad \Delta t_L = \frac{tf_1 - tf_2}{\ln \dfrac{t_w - tf_1}{t_w - tf_2}} \qquad\qquad (15\text{-}39)$$

La corrección ε_L es la prevista para el tramo de estabilización, y para tubos o conductos largos vale uno. Se puede obtener de la siguiente tabla.

N_{Ref}	L/D								
	1	2	5	10	15	20	30	40	50
	ε_L								
1×10^4	1.65	1.50	1.34	1.23	1.17	1.13	1.07	1.03	1.0
2×10^4	1.51	1.40	1.26	1.18	1.13	1.10	1.05	1.02	1.0
5×10^4	1.34	1.27	1.18	1.13	1.10	1.08	1.04	1.02	1.0
1×10^5	1.28	1.22	1.15	1.10	1.08	1.06	1.03	1.02	1.0

Para $L/D > 50$ ε_L vale 1 para todos los valores de N_{Ref}.
Otra ecuación, que se afirma da resultados mas exactos (Petujov y Kirilov, 1958) está basada en una analogía similar a la de Martinelli y es válida para $N_{Ref} > 10^5$ o $N_{Prf} > 5$.

$$N_{Nuf} = \frac{\dfrac{f}{8} N_{Ref} N_{Prf}}{12.7\sqrt{\dfrac{f}{8}}\left[N_{Prf}^{2/3} - 1\right] + 1.07}\left(\frac{\mu_f}{\mu_w}\right)^n \qquad\qquad (15\text{-}40)$$

Donde:

$$f = \frac{1}{\left[1.821 \times \log_{10}\left(N_{Ref}\right) - 1.61\right]^2} \qquad\qquad (15\text{-}40')$$

f es el coeficiente o factor de fricción para la ecuación de Darcy-Weisbach. La ecuación *(15-38)* está basada como la anterior en Δt_L. No obstante, es mas fácil e igualmente correcto calcular en base a t_f y t_w:

$$\dot{q} = h\left|t_w - t_f\right|$$

En cuanto al valor de n, depende de si hay calentamiento o enfriamiento.

$$n = 0.11 \text{ para calentamiento} \qquad n = 0.25 \text{ para enfriamiento.}$$

En la literatura es muy común el uso de la ecuación de Sieder y Tate para el caso de líquidos en el interior de tuberías de equipos industriales. Esta ecuación queda entonces así:

$$\frac{h_i D_i}{k_f} = 0.027\left(N_{Re}\right)_f^{0.8}\left(N_{Pr}\right)_f^{1/3}\left(\frac{\mu_f}{\mu_w}\right)^{0.14} \qquad\qquad (15\text{-}37)$$

El subíndice f indica que se evalúa a la temperatura t_f promedio del fluido, y el subíndice w indica que se evalúa a la temperatura promedio de pared t_w. La razón de la popularidad y general aceptación de la fórmula de Sieder y Tate reside en dos hechos importantes. El primero es que, a diferencia de otras fórmulas (Colburn, por ejemplo) no se evalúa a temperaturas distintas que la promedio del fluido o promedio de pared, mientras en otras variantes de escasa aceptación era necesario evaluar a una temperatura de película definida por el promedio aritmético de t_f y t_w. Esto para fluidos muy viscosos (cortes pesados de petróleo, por ejemplo) es de dudosa eficacia. El segundo es que introduce un término de corrección en forma de cociente de viscosidades, que no se encuentra en otras ecuaciones. La ecuación *(15-38)* de Mijeiev y Mijeieva introduce dicho término en forma de cociente de números de Prandtl; sin embargo para muchos fluidos de interés industrial el efecto de la variación de temperatura en Cp y k es mucho menor que en μ, de donde resulta que el cociente de números de Prandtl sigue muy de cerca al cociente de viscosidades en la mayoría de los casos.

15.3.1 Convección forzada en régimen laminar
Si bien esta situación tiene poco interés práctico industrial se puede presentar en ciertos casos, particularmente en el intercambio de calor con fluidos muy viscosos. Si el criterio $(N_{Gr} \times N_{Pr})_m > 8 \times 10^5$) dado por la ecuación *(15-18)* se cumple y además es $N_{Re} < 2100$ se puede aplicar la siguiente ecuación.

$$N_{Nu_m} = 1.31 \left(\frac{1}{N_{Pe_m}} \frac{x}{D_e} \right)^{-\frac{1}{3}} \left(1 + \frac{2}{N_{Pe_m}} \frac{x}{D_e} \right) \left(\frac{\mu_f}{\mu_w} \right)^{\frac{1}{6}} \varepsilon \qquad (15\text{-}41)$$

$$\varepsilon = 0.35 \left(\frac{1}{N_{Re_f}} \frac{x}{D_e} \right)^{-\frac{1}{6}} \left[1 + 2.85 \left(\frac{1}{N_{Re_f}} \frac{x}{D_e} \right)^{0.42} \right] \qquad (15\text{-}41')$$

ε es una corrección que sólo se aplica si: $\dfrac{1}{N_{Re_f}} \dfrac{x}{D_e} < 0.064$

El número de Péclet, como se sabe, es: $N_{Pem} = N_{Rem} N_{Prm}$

D_e es el diámetro equivalente de tubo. El subíndice m indica que la propiedad o número adimensional se evalúa a la temperatura media del fluido dada por:

$$t_m = \frac{t_f + t_w}{2}$$

El subíndice f indica evaluar propiedades a: $t_f = \dfrac{tf_1 + tf_2}{2}$ siendo tf_1 y tf_2 las temperaturas de entrada y sa-

lida del fluido. El subíndice w indica evaluar las propiedades a la temperatura de pared t_w. El valor constante t_w se debe evaluar en base de aproximaciones sucesivas, puesto que la ecuación *(15-41)* está fundada en la suposición de flujo de calor uniforme a lo largo del tubo. El esquema de aproximaciones sucesivas funciona así: se inicia el cálculo asumiendo un valor inicial de temperatura de pared t_w, se estima h y se calcula el calor intercambiado q de otra correlación. Como $q = h(t_w - t_f) \Rightarrow t_w = t_f + q/h$ de donde se puede recalcular q y así sucesivamente.

Validez: esta fórmula es válida para:

$$N_{Re} < 2300 \qquad \frac{1}{N_{Re_f}} \frac{x}{D_e} < 0.04 \qquad 0.04 < \frac{\mu_w}{\mu_f} < 1$$

La variable x es la distancia desde el punto de comienzo del calentamiento hasta el punto o sección del tubo donde se desea evaluar h. Por lo tanto el coeficiente h obtenido es puntual y no global, debiendo evaluarse en varios puntos de la longitud a estudiar para así obtener un valor de h global o balanceado (es decir, promedio). Esto es especialmente útil en el flujo viscoso de fluidos de muy alta viscosidad o cuya viscosidad sea fuertemente dependiente de la temperatura, casos en los que la obtención de coeficientes h globales está desaconsejada si no es de la manera que acabamos de describir.

15.3.2 Convección forzada de agua en el interior de tubos, régimen turbulento

El caso del agua se puede tratar como una ecuación adimensional (excepto la de Sieder y Tate que suele dar resultados pobres) pero lo mas común es usar ecuaciones dimensionales, como la siguiente en medidas inglesas (McAdams), derivada de la ecuación *(15-36")*:

$$h = \frac{150(1 + 0.011 t_f) \mathcal{V}^{0.8}}{D^{0.2}} \qquad (15\text{-}42)$$

Donde: h está dado en BTU/(pie^2 hr °F), D en pulgadas, $\mathcal{V}$ en pies/seg, t_f en °F.
En medidas métricas, la fórmula de McAdams es:

$$h = \frac{3097.02(1 + 0.0145 t_f) \mathcal{V}^{0.8}}{D^{0.2}} \qquad (15\text{-}42')$$

Donde: h está dado en Kcal/(m^2 hr °C), D en cm., t_f en °C, $\mathcal{V}$ en m/seg.

Ejemplo 15.4 Cálculo de la longitud de tubo de un calentador.

Por un tubo de 38 cms. de diámetro circula agua a una velocidad de 9 m/seg. La superficie interior del tubo se mantiene a temperatura uniforme de 90°C. El agua entra a 16°C y sale a 24°C. Determinar la longitud de tubo necesaria para obtener este efecto.
Solución

A efectos comparativos vamos a calcular los coeficientes peliculares h usando las fórmulas (15-36'), (15-36''), (15-37), (15-38), (15-40) y (15-42'), pero no esperamos obtener con ella una magnitud diferente de la obtenida con la (15-36'') de la cual proviene la (15-42'). Primero recopilamos la información necesaria.

La temperatura media del fluido es: $t_f = \dfrac{tf_1 + tf_2}{2} = \dfrac{16 + 24}{2} = 20$ °C.

A t_f = 20 °C tenemos: $\quad v_f = 10^{-6}\dfrac{m^2}{seg}\qquad\qquad \mu_f = 1.003\times10^{-3}\dfrac{Kg}{m\,seg}$

$$Cp_f = 1\dfrac{Kcal}{Kg\,°C}\qquad\qquad k_f = 0.1431\times10^{-3}\dfrac{Kcal}{m\,seg\,°C}$$

A t_w = 50 °C tenemos: $\quad Cp_f = 0.9972\dfrac{Kcal}{Kg\,°C}\qquad\qquad \mu_w = 0.549\dfrac{Kg}{m\,seg}$

$$k_w = 0.1548\dfrac{Kcal}{m\,seg\,°C}$$

Calculamos N_{Ref} $\qquad N_{Re\,f} = \dfrac{D\,\mathcal{V}}{v} = \dfrac{9\times38\times10^{-3}}{10^{-6}} = 3.42\times10^5$

Calculamos N_{Prf} y N_{Prw}:

$$N_{Pr\,f} = \dfrac{Cp_f\,\mu_f}{k_f} = \dfrac{1\times1.003\times10^{-3}}{0.1431\times10^{-3}}\dfrac{Kcal\times Kg}{Kg\times°C\times m\times seg\times\dfrac{Kcal}{m\times seg\times°C}} = 7.01$$

$$N_{Pr\,w} = \dfrac{Cp_w\,\mu_w}{k_w} = \dfrac{0.9972\times1.003\times10^{-3}}{0.1431\times10^{-3}}\dfrac{Kcal\times Kg}{Kg\times°C\times m\times seg\times\dfrac{Kcal}{m\times seg\times°C}} = 3.53$$

Aplicando la ecuación (15-36') de Dittus-Boelter:

$$N_{Nu\,f} = 0.024\left(N_{Re\,f}\right)^{0.8}\left(N_{Pr\,f}\right)^{0.4} = 0.024\left(3.42\times10^5\right)^{0.8}\left(7.01\right)^{0.4} = 1398.7$$

$$h_f = \dfrac{N_{Nu\,f}\,k_f}{D} = \dfrac{1398.7\times0.1431\times10^{-3}}{38\times10^{-3}} = 5.267\dfrac{Kcal}{m^2\,seg\,°C} = 18961\dfrac{Kcal}{m^2\,hr\,°C}$$

Aplicando la ecuación (15-36'') de McAdams:

$$N_{Nu\,f} = 0.0225\left(N_{Re}\right)^{0.8}\left(N_{Pr}\right)^{0.4} = 0.024\left(3.42\times10^5\right)^{0.8}\left(7.01\right)^{0.4} = 1311.27$$

$$h_f = \dfrac{N_{Nu\,f}\,k_f}{D} = \dfrac{1311.27\times0.1431\times10^{-3}}{38\times10^{-3}} = 4.938\dfrac{Kcal}{m^2\,seg\,°C} = 17776\dfrac{Kcal}{m^2\,hr\,°C}$$

Aplicando la ecuación (15-37) de Sieder-Tate:

$$N_{Nu\,f} = 0.027\left(N_{Re}\right)^{0.8}\left(N_{Pr}\right)^{0.4}\left(\dfrac{\mu_f}{\mu_w}\right)^{0.14} = 0.027\left(3.42\times10^5\right)^{0.8}\left(7.01\right)^{0.4}\left(\dfrac{1.003}{0.594}\right)^{0.14} = 1503.6$$

$$h_f = \dfrac{N_{Nu\,f}\,k_f}{D} = \dfrac{1503.6\times0.1431\times10^{-3}}{38\times10^{-3}} = 5.66\dfrac{Kcal}{m^2\,seg\,°C} = 20384\dfrac{Kcal}{m^2\,hr\,°C}$$

Observemos que los dos primeros resultados, del mismo orden de magnitud, difieren con el tercero.
Aplicaremos ahora la ecuación (15-38) de Mijeiev y Mijeieva. Nos encontramos con una dificultad: debemos evaluar aunque sea en forma aproximada L (la longitud del tubo) porque lo necesitamos para estimar la corrección ε_L. Para ello usamos el valor de h de la ecuación anterior. Aplicando un balance aproximado de energía tenemos:

$$Q = h\,A\left(t_w - t_f\right) = h\left(\pi\,D\,L\right)\left(t_w - t_f\right) = \dot{m}\,Cp_f\left(tf_1 - tf_2\right)$$

Además:

$$\dot{m} = \frac{\rho \pi D^2 \mathcal{V}}{4} \Rightarrow h(\pi D L)(t_w - t_f) = \frac{\rho \pi D^2 \mathcal{V}}{4} Cp_f (tf_1 - tf_2) \Rightarrow$$

$$\Rightarrow L = \frac{\rho \mathcal{V} Cp_f (tf_1 - tf_2)}{4h(t_w - t_f)} = \frac{10^3 \times 9 \times 38 \times 10^{-3}(24 - 16)}{4 \times 5.66(56 - 20)} = 4.03\,\text{m}$$

En consecuencia:

$$\frac{L}{D} = \frac{4.03}{0.038} = 106 > 50 \Rightarrow \varepsilon_L = 1$$

Aplicando ahora la ecuación *(15-38)* tenemos:

$$N_{Nuf} = 0.021(N_{Re})^{0.8}(N_{Pr})^{0.43}\left(\frac{N_{Prf}}{N_{Prw}}\right)^{0.25}\varepsilon_L = 0.021(3.42 \times 10^5)^{0.8}(7.01)^{0.4}\left(\frac{7.01}{3.53}\right)^{0.25} = 1540$$

$$h_f = \frac{1540 \times 0.1431 \times 10^{-3}}{38 \times 10^{-3}} = 5.799\frac{\text{Kcal}}{\text{m}^2\,\text{seg}^\circ\text{C}} = 20877.5\frac{\text{Kcal}}{\text{m}^2\,\text{hr}^\circ\text{C}}$$

Aplicando la ecuación *(15-40')*:

$$f = \frac{1}{\left[1.821 \times \log_{10}(N_{Ref}) - 1.61\right]^2} = \frac{1}{\left[1.821 \times \log_{10}(3.42 \times 10^5) - 1.61\right]^2} = 1.405 \times 10^{-2}$$

Aplicando la ecuación *(15-40)*:

$$N_{Nuf} = \frac{\dfrac{f}{8}N_{Ref}N_{Prf}}{12.7\sqrt{\dfrac{f}{8}}\left[N_{Prf}^{2/3} - 1\right] + 1.07}\left(\frac{\mu_f}{\mu_w}\right)^n =$$

$$= \frac{\dfrac{1.405 \times 10^{-2}}{8}3.42 \times 10^5 \times 7.01}{12.7\sqrt{\dfrac{1.405 \times 10^{-2}}{8}}\left[7.01^{2/3} - 1\right] + 1.07}\left(\frac{1.003}{0.594}\right)^{0.11} = 1808.6$$

$$h_f = \frac{1808.6 \times 0.1431 \times 10^{-3}}{38 \times 10^{-3}} = 6.81\frac{\text{Kcal}}{\text{m}^2\,\text{seg}^\circ\text{C}} = 24518\frac{\text{Kcal}}{\text{m}^2\,\text{hr}^\circ\text{C}}$$

Aplicamos por último la ecuación *(15-42')*:

$$h = \frac{3097.02(1 + 0.0145\,t_f)\mathcal{V}^{0.8}}{D^{0.2}} = \frac{3097.02(1 + 0.0145 \times 20)9^{0.8}}{3.8^{0.2}} = 17741\frac{\text{Kcal}}{\text{m}^2\,\text{hr}\,^\circ\text{C}}$$

Como dijéramos, este valor es muy parecido al que proporciona la ecuación *(15-36'')*.

Vamos a usar los valores calculados de *h* para estimar longitudes. En el caso de las ecuaciones *(15-36')*, *(15-36'')*, *(15-37)*, *(15-40)* y *(15-42')* el cálculo se basa en un balance de energía usando la diferencia de temperaturas medias $(t_w - t_f)$.

$$L = \frac{\rho \mathcal{V} Cp_f (tf_1 - tf_2)}{4h(t_w - t_f)} = \frac{10^3 \times 9 \times 38 \times 10^{-3}(24 - 16)}{4 \times h \times \Delta t} = \frac{684}{h\,\Delta t}$$

En el caso de la ecuación *(15-38)* la diferencia es la media logarítmica, ecuación *(15-39)*.

$$\Delta t_L = \frac{tf_1 - tf_2}{\ln\dfrac{t_w - tf_1}{t_w - tf_2}} = \frac{24 - 16}{\ln\dfrac{30 - 16}{30 - 24}} = 29.8$$

Así obtenemos la siguiente serie de valores:

ecuación	(15-36')	(15-36")	(15-37)	(15-40)	(15-42')
L (m)	4.3	4.6	4	3.96	4.6

Discusión

Hemos hecho este cálculo usando varias fórmulas principalmente con fines ilustrativos. Estrictamente la ecuación recomendada en la literatura para agua es la ecuación *(15-42')*. Además la tendencia es a sobre-dimensionar algo para tomar en cuenta el posible ensuciamiento o incrustación. Si bien suele hacerse pre-visión de este hecho, siempre cabe la posibilidad de que la previsión no sea suficiente. Por lo tanto es obvio que la elección de longitud debe ser (con un margen del 10%) de 4.65 metros. Toda disminución de veloci-dad de flujo perjudicará seriamente el intercambio de calor, así como la deposición de sarro o incrustación. Una observación interesante es la dispersión que tienen los valores calculados. Entre el valor mas alto y el mas bajo hay un 30% de diferencia. Esto es un llamado de atención para abandonar nunca la cautela con que se deben tratar los modelos matemáticos en transmisión de calor o en cualquier rama de la ingeniería.

15.3.3 Transmisión del calor por convección forzada en serpentines

Un serpentín es un tubo enroscado siguiendo la envolvente de un cilindro, que se usa ampliamente en la industria por su fácil construcción y mejor comportamiento de termotransferencia con respecto a la tubería recta. Existe acuerdo en la bibliografía respecto a los valores que se deben adoptar. Así Heshke (1925) halló para aire:

$$h_s = h\left[1 + 3.5\frac{d}{d_s}\right]$$

Donde: h_s es el coeficiente para el serpentín y h es el coeficiente que tendría la tubería recta, que se puede estimar por cualquiera de los métodos conocidos; *"d"* es el diámetro de la tubería y *"d_s"* el diámetro del ser-pentín, tomado desde el centro de curvatura del mismo hasta el eje de la tubería.

Isachenko, Osipova y Sukomiel (*"Procesos de Termotransferencia"*) afirman que se puede utilizar el coefi-ciente h correspondiente a tubería recta sin modificar si se cumple que:

$$\frac{16.4}{\sqrt{\dfrac{d}{r_s}}} < N_{Ref} < 18500\left(\frac{d}{d_s}\right)^{0.28} \qquad y \qquad \frac{d}{d_s} \geq 4\times10^{-4} \qquad \left(\text{siendo } r_s = \frac{d_s}{2}\right)$$

Si por el contrario se verifica:

$$N_{Ref} > 18500\left(\frac{d}{d_s}\right)^{0.28} \qquad usar \qquad h_s = h\left[1 + 3.5\frac{d}{d_s}\right] \tag{15-43}$$

15.3.4 Convección forzada, gases dentro de tubos

Se recomienda (Kutateladze, *"Fundamentos de la Teoría del Intercambio de Calor"*) la siguiente modifica-ción de la ecuación *(15-38)*:

$$N_{Nuf} = 0.021\left(N_{Re}\right)^{0.8}\left(N_{Pr}\right)^{0.43}\varepsilon_L\varepsilon_g \tag{15-44}$$

Se ha reemplazado el cociente de números de Prandtl por el factor ε_g, siendo el resto de los símbolos los mismos que en la ecuación *(15-38)*. El valor de ε_g se calcula de la siguiente relación:

$$\varepsilon_g = 1.27 - 0.27\theta \qquad si \qquad 0.5 \leq \theta \leq 1 \qquad \theta = \frac{T_w}{T_f} = \frac{t_w + 273}{t_f + 273}$$

$$\varepsilon_g = \theta^{-0.55} \qquad si \qquad 1 \leq \theta \leq 3.5$$

La validez de la ecuación *(15-44)* es la misma de la ecuación *(15-38)*.

15.4 Flujo de fluidos con transmisión de calor por convección

En el capítulo **13** se trató el flujo isotérmico de fluidos y el flujo adiabático de fluidos compresibles. Aquí nos ocuparemos del flujo anadiabático y anisotérmico.

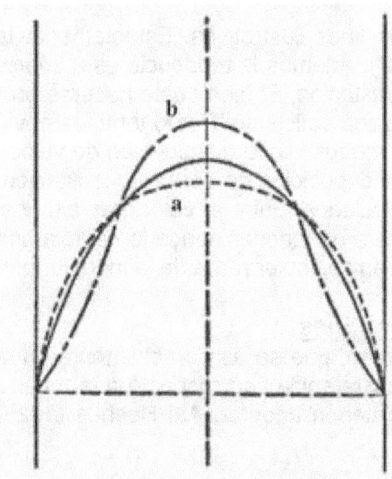

Distribución de velocidades en flujo no isotérmico

Se puede describir cualitativamente el efecto de la transferencia de calor estudiando la ilustración adjunta. El aumento o disminución de temperatura en la pared del tubo respecto del fluido circulante en el tubo afecta la viscosidad lo que distorsiona la curva isotérmica de distribución de velocidades, que aquí vemos como la clásica parábola laminar (curva en línea llena). En los líquidos la viscosidad en general disminuye al aumentar la temperatura, y en los gases aumenta al aumentar la temperatura. La curva **a** muestra el efecto del calentamiento de la pared de tubo sobre un líquido, o del enfriamiento sobre un gas. La curva **b** muestra el efecto del enfriamiento de la pared de tubo sobre un líquido o el calentamiento sobre un gas, mientras que la curva dibujada en línea llena muestra el perfil isotérmico de velocidades en régimen laminar. Se puede observar claramente que la curva **a** se parece mas a la distribución turbulenta de velocidades, mientras la curva **b** es la consecuencia del engrosamiento de la capa laminar por efecto del aumento de la viscosidad en las adyacencias de la pared, aumentando así la resistencia al flujo de calor y paralelamente la resistencia al flujo. Por eso la práctica industrial aconseja calentar líquidos o enfriar gases en el interior de tubos, y enfriar líquidos o calentar gases en el exterior de tubos, a menos que haya otros factores importantes en juego.

Todos los métodos de cálculo de la influencia del calentamiento de líquidos (o del enfriamiento de gases) para el interior de tubos se basan en la corrección del factor de fricción f de la ecuación de Darcy-Weisbach calculado para flujo isotérmico. En los tubos de intercambiadores de calor, que suelen ser de muy baja rugosidad, se puede usar la correlación de Churchill para todo el rango de N_{Re} desde 0 a 10^9 (ver ecuación *(13-7)* del capítulo **13**) pero por lo general es práctica común usar correlaciones mas sencillas aunque sólo aptas para tubos lisos. Para flujo laminar isotérmico es, de acuerdo a la ecuación *(13-7')* del capítulo **13**:

$$f = \frac{64}{N_{Re}} \quad \text{para } N_{Re} < 2100 \qquad (15\text{-}45)$$

Para flujo turbulento ($N_{Re} \gg 2100$) se puede usar la correlación de Drew, Koo y McAdams (*Transactions American Institute of Chemical Engineers*, vol. 28, pág. 56-72, 1932):

$$f = 0.0056 + \frac{0.5}{N_{Re}^{0.32}} \qquad (15\text{-}46)$$

O la ecuación *(15-40')*: $\quad f = \dfrac{1}{\left[1.821 \times \log_{10}\left(N_{Ref}\right) - 1.61\right]^2}$

Llamando f_{tc} al factor de fricción con transmisión de calor y f al factor para el flujo isotérmico calculado mediante las ecuaciones *(15-40')* o *(15-46)*, existen varias correlaciones útiles.

Cao (*"Intercambiadores de Calor"*, Edigem, Bs.As., 1983, pág. 20) aconseja:

$$f_{tc} = f \left(\frac{\mu_f}{\mu_w}\right)^a \qquad (15\text{-}47)$$

Donde $a = -0.14$ para $N_{Re} \gg 2100$ y $a = -0.25$ para $N_{Re} < 2100$ (calentamiento o enfriamiento).

Keevil y McAdams (*Chem. & Met. Eng.* vol 36, pág. 464, 1929) para hidrocarburos y derivados del petróleo en flujo laminar, calentamiento o enfriamiento, aconsejan usar la ecuación *(15-45)* pero evaluando la viscosidad μ a la temperatura:

$$t_\mu = t_f + \frac{t_w - t_f}{4} \quad \text{donde } t_f = \frac{tf_1 + tf_2}{2} \text{ siendo} \begin{cases} tf_1 = \text{temperatura de entrada} \\ tf_2 = \text{temperatura de salida} \end{cases}$$

Para gases en flujo laminar Deissler (*Nat. Advisory Comm. Aeronaut. Tech. Note 2410*, julio 1951) para enfriamiento o calentamiento en el interior de tubos, aconsejan usar la ecuación *(15-45)* pero evaluando la viscosidad a la temperatura t_μ dada por:

$$t_\mu = t_f + 0.58\left(t_w - t_f\right)$$

En las dos ecuaciones anteriores t_f es la temperatura media del fluido, y t_w es la temperatura media de la pared de tubo.

Para flujo turbulento en tubos lisos, muchos líquidos respondieron (Keevil y Deissler concuerdan en sus resultados) al cálculo directo mediante las ecuaciones *(15-40')* o *(15-46)* si se evalúa la viscosidad a la temperatura media t_m dada por la siguiente relación:

$$t_m = \frac{t_f + t_w}{2}$$

Esta temperatura se usará tanto en el cálculo del N_{Re} como en el cómputo de f.

Otro tratamiento, propuesto por Sieder y Tate (*Ind. Eng. Chem.* vol. 28 pág. 1429, 1936) evalúa el N_{Re} con la viscosidad μ_f calculada a t_f (temperatura media del fluido), obteniendo f mediante las fórmulas isotérmicas y luego haciendo:

$$f_{tc} = f \left(\frac{\mu_f}{\mu_w} \right)^{-0.14} \tag{15-48}$$

Para aire en tuberías lisas con $T_w/T_f \leq 2.5$ (Humble, Lowdermilk y Desmon, *Nat. Advisory Comm. Aeronaut. Rept. 1020*, 1951) aconsejan calcular el N_{Re} del modo siguiente:

$$N'_{Re} = \frac{D \mathcal{V} \rho_f}{\mu_f} \frac{v_f}{v_m} \tag{15-49}$$

T_w y T_f son temperaturas absolutas; v_m se estima a la temperatura:

$$t_m = \frac{t_f + t_w}{2}$$

Posteriormente, se puede usar el valor N'_{Re} para calcular el factor de fricción f del modo acostumbrado, para por último obtener f_{tc} del siguiente modo:

$$f_{tc} = f \frac{T_f}{T_m} \tag{15-50}$$

Petujov y Krasnoschiackov aconsejan usar para flujo laminar de líquidos viscosos la siguiente relación:

$$f_{tc} = f \left(\frac{\mu_w}{\mu_f} \right)^n \tag{15-51}$$

$$\text{Donde: } n = C \left[N_{Pel} \frac{D}{L} \right]^m \left(\frac{\mu_f}{\mu_w} \right)^{0.062}$$

f se calcula por la ecuación *(15-40')*. N_{Pel} es el número de Péclet calculado a tf_1. Los valores de C y m son:

$$C = 2.3 \quad m = -0.3 \quad \text{si} \quad N_{Pel} \frac{D}{L} \leq 1500$$

$$C = 0.535 \quad m = -0.1 \quad \text{si} \quad N_{Pel} \frac{D}{L} > 1500$$

Para el régimen turbulento de líquidos viscosos, Petujov y Muchnik aconsejan usar:

$$f_{tc} = f \left(\frac{\mu_w}{\mu_f} \right)^n \tag{15-52}$$

con $n = 0.14$ para calentamiento, y:

$$n = \frac{0.28}{N_{Pr f}^{0.25}} \quad \text{para enfriamiento,} \quad t_f = \frac{tf_1 + tf_2}{2}$$

Validez: $0.3 \leq \dfrac{\mu_w}{\mu_f} \leq 38 \quad 1.3 \leq N_{Pr f} \leq 178$

<u>Discusión</u>

Las ecuaciones *(15-51)* y *(15-52)* son mas exactas para líquidos viscosos que las demás, que sólo se pueden usar como aproximaciones. Para líquidos de baja viscosidad o en los que la variación de viscosidad con la temperatura es pequeña la discrepancia es menor. Por ejemplo, tomando los valores extremos de N_{Pr} para los que es válida la ecuación *(15-52)* tenemos: para N_{Pr} = 1.3 resulta n = 0.26, lo que es muy parecido al exponente de la ecuación *(15-47)* para enfriamiento; en cambio, tomando N_{Pr} = 178 resulta n = 0.077. Esto nos indica que para fluidos muy viscosos (aceites, cortes de petróleo) resulta conveniente usar las ecuaciones *(15-51)* y *(15-52)*. Veamos dos ejemplos para ilustración.

Ejemplo 15.5 <u>Cálculo de la pérdida de presión con transmisión de calor.</u>

Calcular la pérdida de presión por pie de longitud en una tubería de 1" que transporta aire a una temperatura media de 200 °F a presión atmosférica (14.5 psia) y a una velocidad de 20 pies/seg, con una temperatura media de pared de 800 °F.

<u>Solución</u>

a) Evidentemente el gas se calienta. Usamos el método aproximado de Humble y otros. Para ello calculamos:

$$t_m = \frac{t_f + t_w}{2} = \frac{800 + 200}{2} = 500$$. El empleo de este método está justificado pues T_w/T_f = 1260/660

< 2.5 y el flujo es turbulento, como veremos. Obtenemos las propiedades del aire a t_f, t_m y t_w.

$$t_f = 200 \quad t_m = 500 \quad t_w = 800$$

$\mu \dfrac{Lb}{pie\,seg}$	0.052	0.068	0.081
$\rho \dfrac{Lb}{pie^3}$	0.061	0.0413	0.0315
$v \dfrac{pie^2}{seg}$	0.864	1.63	2.56

$$N_{Re\,f} = \frac{D \mathcal{V} \rho_f}{\mu_f} = \frac{7.2 \times 10^4 \times 0.0601}{12 \times 0.052} = 6935 \; > 2100 \text{ (régimen turbulento)}.$$

$$N'_{Re} = \frac{D \mathcal{V} \rho_f}{\mu_f} \frac{v_f}{v_m} = 6935 \frac{0.864}{1.63} = 3676$$

De la ecuación *(15-46)*:

$$f = 0.0056 + \frac{0.5}{N_{Re}^{0.32}} = 0.0056 + \frac{0.5}{3676^{0.32}} = 0.04175$$

De la ecuación *(15-50)*:

$$f_{tc} = f \frac{T_f}{T_m} = 0.04175 \frac{660}{960} = 0.0287 \Rightarrow \frac{\Delta P}{L} = f \frac{\rho}{D} \frac{\mathcal{V}^2}{2g_c} =$$

$$= 0.0287 \times 12 \times 0.0601 \frac{20^2}{2 \times 32.2} = 0.1286 \frac{Lb_f/pie^2}{pie}$$

b) Por el criterio de las ecuaciones *(15-47)*, *(15-48)* y *(15-52)* se tiene:

$$f_{tc} = f \left(\frac{\mu_w}{\mu_f} \right)^{0.14}$$ donde f se calcula a partir de N_{Ref} (ecuación *(15-46)*):

$$f = 0.0056 + \frac{0.5}{N_{Re}^{0.32}} = 0.0056 + \frac{0.5}{6935^{0.32}} = 0.0351 \Rightarrow f_{tc} = 0.0351\left(\frac{0.081}{0.052}\right)^{0.14} = 0.03735 \Rightarrow$$

$$\Rightarrow \frac{\Delta P}{L} = f\frac{\rho}{D}\frac{v^2}{2g_c} = 0.03735 \times 12 \times 0.0601\frac{20^2}{2 \times 32.2} = 0.1673\frac{Lb_f/pie^2}{pie}$$

Como vemos existe una diferencia del orden del 23% entre los dos resultados. En este caso la diferencia no es muy sustancial, pero tampoco se puede despreciar. Tenga en cuenta que se trata de aire, donde las diferencias de viscosidad no son grandes. El siguiente ejemplo demuestra que en el caso de líquidos viscosos la diferencia puede ser muy importante.

Ejemplo 15.6 Cálculo de la pérdida de presión con transmisión de calor.
Se transportará un aceite de petróleo por un tubo de 8 mm de diámetro y un metro de largo con temperatura media del fluido de 80 °C y temperatura media de pared de 20 °C a una velocidad de 0.6 m/seg. El aceite entra al tubo con una temperatura de 82 °C y sale a 78 °C.
Solución
Es evidente que el aceite se enfría. Determinemos primero el régimen de flujo.

$$N_{Re\,f} = \frac{D\,v\,\rho_f}{\mu_f} = \frac{8\times10^{-3}\,\text{m} \times 0.6\,\text{m/seg} \times 858.3\,\text{Kg/m}^3}{3.365\,\text{Kg/(m seg)}} = 122.4 \ (\text{régimen laminar})$$

Como metodología aproximada elegimos la de Keevil y McAdams, que aconsejan medir μ a:

$$t_\mu = t_f + \frac{t_w - t_f}{4} = 80 + \frac{20-80}{4} = 65\,°C \Rightarrow \mu = 0.0625\frac{Kg}{m\,seg}$$

$$N'_{Re} = \frac{D\,v\,\rho_f}{\mu_f}\frac{v_f}{v_m} = \frac{0.008\,\text{m} \times 0.6\,\text{m/seg} \times 858.3\,\text{Kg/m}^3}{0.0625\,\text{Kg/(m seg)}} = 66 \Rightarrow$$

$$\Rightarrow f = \frac{64}{N_{Re}} = \frac{64}{66} = 0.969697$$

Por la ecuación *(15-51)* a tf_1 = 82 °C tenemos:

$$N_{Pe1}\frac{D}{L} = \frac{D\,v\,\rho}{\mu}\frac{Cp\,\mu}{k}\frac{D}{L} = \frac{D^2\,v\,\rho\,Cp}{k\,L}$$

A tf_1 = 82 °C es ρ = 857.2 Cp = 2338.1 k = 0.127. Reemplazando:

$$N_{Pe1}\frac{D}{L} = \frac{8^2\times10^{-6}\times 0.6 \times 857.2 \times 2338.1}{0.127 \times 1} = 606 \ (<1500) \Rightarrow C = 2.3 \, y \, m = -0.3$$

Por lo tanto: $n = 2.3(606)^{-0.3}\left(\dfrac{10026\times10^{-4}}{336.5\times10^{-4}}\right)^{0.062} = 0.273$

De donde: $f_{tc} = \dfrac{64}{N_{Re}}\left(\dfrac{10026\times10^{-4}}{336.5\times10^{-4}}\right)^{0.273} = 1.32$

Aquí la discrepancia entre los dos resultados es muy grande, puesto que antes obtuvimos f_{tc} = 0.969697 y ahora tenemos f_{tc} = 1.32 con una diferencia de 70%.
Nuevamente advertimos que este texto no puede ser mas que introductorio. No puede pasar inadvertido que resulta imposible realizar una exposición exhaustiva de una cuestión que ha sido tratada por numerosos especialistas, en una bibliografía sumamente extensa. No podríamos hacer un examen detallado de todos estos temas sin caer en la desmesura. La necesaria profundización por parte del lector, posterior a la lectura de este texto, se debe hacer teniendo en cuenta que sólo se puede llegar a conocer íntimamente un tema si se le dedica el tiempo necesario para familiarizarse con todas sus facetas.
Los ejemplos anteriores nos dejan la enseñanza siguiente: confiar ciegamente en una correlación o una fórmula nos puede conducir a errores importantes que si no se corrigen antes de la etapa de ejecución mecánica o compra de un equipo se manifiestan posteriormente en un funcionamiento ineficaz, defectuoso y antieconómico o lo que es peor el equipo lisa y llanamente no funciona. Esto no pasa solo con correlaciones antiguas sino también con alarmante frecuencia sucede con correlaciones modernas, especialmente

cuando se las utiliza mal ya sea por emplearlas fuera de su rango de validez o para un fin distinto del que se intentó cuando fueron diseñadas.

Nuevamente, el hecho de que los datos se hayan manipulado en computadoras no garantiza absolutamente nada hasta que se haya comprobado su exactitud mediante la drástica prueba de confrontarlos con la realidad. Esta nos depara sorpresas que pueden ser extremadamente desagradables si no se actúa con cautela. Recordemos además que los paquetes de cálculo y simulación por computadora no son la realidad, sólo la simulan. La única virtud de una computadora no es la inteligencia, sino la rapidez.

15.5 <u>Transmisión de calor por convección y conducción combinadas</u>

En este punto nos ocuparemos de la presencia conjunta y simultánea de conducción con otro mecanismo de transferencia de calor. Estas combinaciones pueden ser: conducción y radiación o conducción y convección. Esta última tiene mayor interés práctico porque se presenta en muchos equipos en los que dos fluidos intercambian calor separados por una pared sólida a temperaturas moderadas. El problema se puede plantear del siguiente modo. Supongamos tener una pared sólida plana, compuesta de dos materiales distintos. A cada lado de la pared circula un fluido. Supongamos que el fluido cálido está a la izquierda. El calor va desde el fluido cálido hacia la pared, venciendo la resistencia de la película; luego atraviesa la pared por conducción y por último va hacia el fluido frío, venciendo la resistencia de película del mismo.

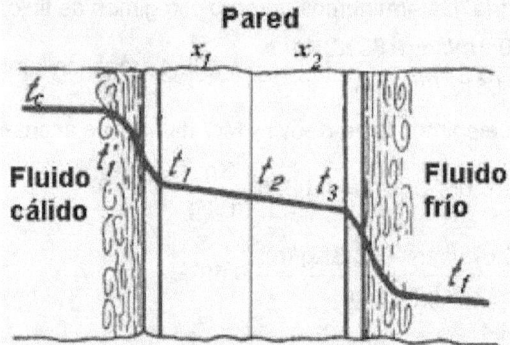

El croquis representa la situación física. Las temperaturas del fluido cálido y frío son t_c y t_f. La temperatura de la cara cálida de la pared es t_1, la temperatura de la interfase entre ambos materiales es t_2 y la temperatura de la cara fría de la pared es t_3. Los espesores de ambos materiales son x_1 y x_2, siendo las conductividades k_1 y k_2. Los coeficientes de película del fluido cálido y frío son h_c y h_f.

El flujo de calor que atraviesa la película del fluido cálido es:

$$\dot{Q} = h_c \, A_c (t_c - t_1) \qquad \text{(a)}$$

El mismo flujo de calor atraviesa el material 1 por conducción:

$$\dot{Q} = -k_1 \, A_1 \frac{dt}{dx} \qquad \text{(b)}$$

El mismo flujo de calor atraviesa el material 2 por conducción:

$$\dot{Q} = -k_2 \, A_2 \frac{dt}{dx} \qquad \text{(c)}$$

Por último este flujo atraviesa la película del fluido frío:

$$\dot{Q} = h_f \, A_f (t_3 - t_f) \qquad \text{(d)}$$

Asumiendo conducción en régimen estable, integrando la ecuación (b) obtenemos:

$$\dot{Q} \int_0^{x1} dx = -k_1 \, A_1 \int_{t1}^{t2} \frac{dt}{dx}$$

Haciendo lo mismo con la ecuación (c) obtenemos:

$$\dot{Q} \int_0^{x2} dx = -k_2 \, A_2 \int_{t2}^{t3} \frac{dt}{dx}$$

De estas relaciones obtenemos:

$$\dot{Q} = \frac{k_1 \, A_1}{x_1}(t_1 - t_2) \qquad \dot{Q} = \frac{k_2 \, A_2}{x_2}(t_2 - t_3)$$

Pero puesto que el flujo de calor ocurre en régimen estable, no puede haber acumulación de energía por lo que el calor que atraviesa todas las resistencias debe ser el mismo, de donde:

$$\dot{Q} = h_c \, A_c \left(t_c - t_1 \right) = \frac{k_1 \, A_1}{x_1} \left(t_1 - t_2 \right) = \frac{k_2 \, A_2}{x_2} \left(t_2 - t_3 \right) = h_f \, A_f \left(t_3 - t_f \right)$$

Si despejamos la diferencia de temperatura de cada término obtenemos:

$$t_c - t_1 = \dot{Q} \, \frac{1}{h_c \, A_c}$$

$$t_1 - t_2 = \dot{Q} \, \frac{x_1}{k_1 \, A_1}$$

$$t_2 - t_3 = \dot{Q} \, \frac{x_2}{k_2 \, A_2}$$

$$t_3 - t_f = \dot{Q} \, \frac{1}{h_f \, A_f}$$

Sumando las diferencias de temperatura en cada etapa:

$$t_c - t_1 + t_1 - t_2 + t_2 - t_3 + t_3 - t_f = t_c - t_f = \dot{Q} \left(\frac{1}{h_c \, A_c} + \frac{x_1}{k_1 \, A_1} + \frac{x_2}{k_2 \, A_2} + \frac{1}{h_f \, A_f} \right)$$

Por lo tanto:

$$\dot{Q} = \frac{t_c - t_f}{\dfrac{1}{h_c \, A_c} + \dfrac{x_1}{k_1 \, A_1} + \dfrac{x_2}{k_2 \, A_2} + \dfrac{1}{h_f \, A_f}} \qquad \text{(15-53)}$$

15.5.1 Coeficiente global de intercambio de calor

Aplicando el concepto que rige para todos los fenómenos de transporte en base a la ecuación que expresa la intensidad del flujo de calor como el cociente del potencial sobre la resistencia tenemos:

$$\text{Intensidad de Flujo} = \frac{\text{Potencial}}{\text{Re sistencia}}$$

En este caso: Intensidad de Flujo = $\dot{Q}$ y Potencial = $\Delta t = t_c - t_f$.

Está claro que la resistencia total del sistema es igual a la suma de las resistencias en serie.

$$R = R_c + R_1 + R_2 + R_f = \frac{1}{h_c \, A_c} + \frac{x_1}{k_1 \, A_1} + \frac{x_2}{k_2 \, A_2} + \frac{1}{h_f \, A_f}$$

Denominando $\dot{q}$ al flujo calórico por unidad de tiempo y por unidad de superficie y U a la conductancia o coeficiente global (es decir la inversa de la resistencia) podemos escribir la relación anterior de este modo:

$$\dot{q} = \frac{\dot{Q}}{A} = U \, \Delta t \qquad \text{(15-54)}$$

Comparando las ecuaciones *(15-53)* y *(15-54)*, por ser $\Delta t = t_c - t_f$ es obvio que:

$$\frac{1}{U} = \frac{1}{h_c \, A_c} + \frac{x_1}{k_1 \, A_1} + \frac{x_2}{k_2 \, A_2} + \frac{1}{h_f \, A_f} \quad \text{y} \quad \boxed{U = \frac{1}{\dfrac{1}{h_c \, A_c} + \dfrac{x_1}{k_1 \, A_1} + \dfrac{x_2}{k_2 \, A_2} + \dfrac{1}{h_f \, A_f}}} \qquad \text{(15-55)}$$

15.5.2 Coeficiente global para paredes planas

En el caso especial de paredes planas, donde todas las áreas son iguales se tiene la siguiente ecuación mas sencilla.

$$\dot{q} = \frac{\dot{Q}}{A} = \frac{t_c - t_f}{\dfrac{1}{h_c} + \dfrac{x_1}{k_1} + \dfrac{x_2}{k_2} + \dfrac{1}{h_f}} \qquad \text{(15-56)}$$

Aplicando el mismo razonamiento anterior resulta inmediatamente la siguiente expresión para el coeficiente global.

$$\frac{1}{U} = \frac{1}{h_c} + \frac{x_1}{k_1} + \frac{x_2}{k_2} + \frac{1}{h_f} \quad \text{y} \quad \boxed{U = \frac{1}{\dfrac{1}{h_c} + \dfrac{x_1}{k_1} + \dfrac{x_2}{k_2} + \dfrac{1}{h_f}}} \tag{15-57}$$

El cálculo de los coeficientes de película en la ecuación *(15-57)* es un tema que no hemos tratado, y que estudiaremos detalladamente mas adelante.

15.5.3 Coeficiente global para tubos

El caso de las tuberías es distinto, ya que podemos afirmar que las superficies nunca serán iguales. Podemos aplicar la ecuación *(15-55)* para evaluar el coeficiente global. También se suele usar mucho una simplificación basada en una de las superficies, generalmente la externa.

15.5.3.1 Coeficientes basados en el diámetro externo de tubos

En los tubos, donde las áreas no son iguales, se plantea el siguiente problema.
Para estandarizar el cálculo se acostumbra basar los coeficientes en una sola superficie. Es así que en muchos textos y técnicas de cálculo se basa todo el cálculo en la superficie externa de tubo. Esta práctica se basa en el hecho de que los tubos de condensadores e intercambiadores de calor se fabrican con diámetro externo constante para cada diámetro nominal, variando el diámetro interno (y en consecuencia el espesor) en función del calibre de tubo. Esto implica que la ecuación *(15-54)* se puede escribir del siguiente modo.

$$\dot{Q} = U \, A_e \, \Delta t \tag{15-58}$$

Aquí A_e es el área o superficie externa de tubo, basada por supuesto en el diámetro externo. En este tipo de técnicas, una vez calculado el coeficiente interno se refiere al diámetro externo haciendo la transformación lineal siguiente.

$$h_{ie} = h_i \frac{A_i}{A_e} = h_i \frac{D_i}{D_e} \tag{15-59}$$

donde A_i y D_i son el área y diámetro internos respectivamente.

15.5.3.2 Coeficientes basados en el diámetro interno de tubos

Otros en cambio basan el cálculo en el área interior de tubos. Esta práctica es menos frecuente por las razones antes mencionadas. En este caso, las ecuaciones que describen el coeficiente global son las siguientes.

$$\frac{1}{U} = \frac{1}{h_c} + \frac{x_1}{k_1} \frac{A_i}{A_{m1}} + \frac{x_2}{k_2} \frac{A_i}{A_{m2}} + \frac{1}{h_f} \frac{A_i}{A_{mf}} \tag{15-60}$$

Donde: A_i es el área interna del tubo, A_{m1} es el área media del material 1 basada en el área interna, A_{m2} es el área media del material 2 basada en el área interna y A_{mf} es el área media del fluido externo también basada en el área interna.
Para tubos lisos, las áreas se pueden reemplazar por los correspondientes diámetros de modo que la ecuación *(15-60)* se puede escribir:

$$\frac{1}{U} = \frac{1}{h_c} + \frac{x_1}{k_1} \frac{D_i}{D_{m1}} + \frac{x_2}{k_2} \frac{D_i}{D_{m2}} + \frac{1}{h_f} \frac{D_i}{D_{mf}} \tag{15-61}$$

$$D_{m1} = \frac{D_1 - D_i}{\ln \dfrac{D_1}{D_i}} \tag{15-62}$$

$$D_{m2} = \frac{D_2 - D_i}{\ln \dfrac{D_2}{D_i}} \tag{15-63}$$

$$D_{mf} = \frac{D_f - D_i}{\ln \dfrac{D_f}{D_i}} \tag{15-64}$$

15.6 Fluidos usados para la transmisión de calor sensible

La selección del fluido para intercambio de calor depende de varios factores entre los que el mas importante probablemente sea la temperatura de operación. Otros factores importantes son: el costo del fluido, el grado de toxicidad, la inflamabilidad y la estabilidad a la temperatura de operación. También se debe tener en cuenta que el fluido no sea corrosivo para los materiales usados en el sistema, ni produzca incrustación o suciedad que puedan dificultar el intercambio de calor.

Cuando se *calientan* fluidos existen muchas alternativas entre las que podemos citar el agua para el rango de temperaturas de 0 a 100 °C. Por encima de 100 °C la presión operativa es demasiado elevada para un funcionamiento rentable del sistema. Por debajo de 0 °C el agua se congela y si bien se puede operar algunos grados por debajo de 0 °C mediante la adición de sustancias anticongelantes, el costo se incrementa.

Aun teniendo en cuenta estas limitaciones, el agua sigue siendo el fluido de intercambio mas usado para la transferencia de calor sensible. Es una sustancia muy abundante, que no contamina ni es tóxica, y de costo muy bajo. La otra sustancia que comparte estas ventajas es el aire, pero por el hecho de ser un gas y por lo tanto de mucho menor densidad, los costos de impulsión resultan superiores a los del agua. No obstante, en muchos casos en los que el agua no es abundante se usa aire, fundamentalmente para enfriamiento.

Para servicios frigoríficos (a temperaturas inferiores a 0 °C) se suelen usar salmueras, es decir, soluciones acuosas de sales inorgánicas y algunos silicatos orgánicos, que químicamente son ésteres de grupos alquílicos o aromáticos.

Para servicios de altas temperaturas se pueden usar aceites minerales y algunos fluidos sintéticos como el Dowtherm A. En los sistemas que operan a muy altas temperaturas se usan las sales fundidas. Para temperaturas superiores o en los casos en que no se pueden usar sales fundidas se pueden usar metales líquidos.

La inmensa mayoría de los sistemas en los que se intercambia calor sensible funcionan en el rango de temperaturas a las que se puede usar agua. En los servicios de bajas temperaturas se adicionan anticongelantes al agua. Para tal fin se suele usar el metanol que permite operar a temperaturas de hasta –34 °C. Se usan soluciones de metanol en agua en el rango de –20 a –34 °C en el que la solución presenta un coeficiente de película bastante alto. El metanol tiene el inconveniente de ser una sustancia extremadamente tóxica, por lo que no se puede usar en sistemas de la industria alimenticia o farmacéutica. Además el metanol es por supuesto muy inflamable, aunque su solución acuosa no lo es. Alternativamente se suele usar también el etilen glicol, llamado vulgarmente glicol. Su temperatura óptima de operación es de –9 °C aunque su rango operativo es de hasta –34 °C. Forma soluciones acuosas en cualquier proporción.

El cloruro de metileno es una sustancia incombustible (de hecho, se usa para apagar incendios) y de baja toxicidad, pero muy contaminante. Su rango operativo es de –37 a –84 °C pero rara vez se usa a temperaturas inferiores a –73 °C.

BIBLIOGRAFIA

- *"Elementos de Termodinámica y Transmisión del Calor"* – Obert y Young.

- *"Procesos de Transferencia de Calor"* – D. Q. Kern.

- *"Transferencia de Calor"* – McAdams.

- *"Termodinámica"* – Julio Palacios.

- *"Procesos de Termotransferencia"* – Isachenko, Osipova y Sukomiel.

- *"Transmisión del Calor y sus Aplicaciones"* – H. J. Stoever.

- *"Problemas de Termotransferencia"* – Krasnoschiokov y Sukomiel.

- *"Intercambio de Calor"* – Holman.

- *"Manual de fórmulas y datos esenciales de transferencia de calor para ingenieros"* – H. Y. Wong.

CAPITULO 16

INTERCAMBIO DE CALOR CON CAMBIO DE FASE

16.1 Introducción

Los fenómenos de intercambio de calor con cambio de fase tienen una enorme importancia técnica por la gran cantidad de aplicaciones que encuentran, desde la generación de vapor de agua para calefacción o para generar energía eléctrica hasta los procesos de separación de líquidos por destilación.

Si bien desde el punto de vista científico se estudian tres cambios de fase (el de líquido a vapor, el de sólido a líquido y el de sólido a vapor, también conocido como sublimación) se encuentran numerosos casos en los que aparece el primero mientras que el segundo aparece con menor frecuencia y el tercero prácticamente carece de interés técnico. Nosotros nos concentraremos en el primer caso, que dividiremos en dos fenómenos: la ebullición y la condensación.

16.2 Cambios de fase cuando la interfase es curva

Como se ha explicado en el capítulo 7 un cambio de fase se analiza como un proceso en estado de equilibrio de fases. Muchos de los procesos de cambio de fase que tienen interés en Ingeniería se producen con formación de superficies curvas. Por ejemplo la condensación en gotas, y la ebullición nucleada o en burbujas, son fenómenos que tienen lugar por medio de superficies curvas cerradas que separan la fase líquida y vapor. Por ese motivo nos interesamos en el estudio de la Termodinámica de las superficies, esperando poder obtener alguna conclusión útil. El hecho de que la interfase de separación entre las fases en equilibrio sea curva tiene importancia porque en ese caso interviene la tensión superficial. De hecho, esta es la causa de que la superficie sea curva, ya que si no existiese la interfase sería plana. El efecto que tiene la tensión superficial sobre la fase encerrada por la superficie es aumentar su presión. La tensión superficial se manifiesta como una fuerza dirigida hacia el interior de la superficie cerrada, que ejerce una acción compresiva sobre el fluido que contiene. En consecuencia la presión que reina en el interior de la misma es mayor que la presión de equilibrio termodinámica a la temperatura de equilibrio de fases, de modo que su influencia puede ser muy grande. Esta influencia depende del valor de la tensión superficial. En los casos en los que esta es alta, la desviación de las condiciones de equilibrio termodinámico ideal será mayor que cuando la tensión superficial es pequeña.

De la definición de tensión superficial se deduce la siguiente relación para una superficie curva de radios de curvatura r_1 y r_2:

$$P_l - P_v = \sigma\left(\frac{1}{r_1} + \frac{1}{r_2}\right)$$

O, para el caso particular de una superficie curva cerrada sobre sí misma y simétrica (es decir una esfera) que separa la fase líquida y vapor, como es el caso de una gotita de líquido cayendo en el seno de su vapor tenemos para un radio r:

$$P_l - P_v = \sigma\left(\frac{1}{r} + \frac{1}{r}\right) = \frac{2\sigma}{r}$$

Considere una gotita de líquido en equilibrio con su vapor a una cierta temperatura T_0. Si el radio r de la gotita fuese infinito (es decir, si la superficie fuese plana) la presión del líquido sería igual a la presión del vapor y esta sería la presión de saturación P_0 que corresponde a la temperatura T_0. En cambio para la gotita el radio r es finito y probablemente pequeño; en estas condiciones la presión del líquido es mayor, debido a la fuerza compresiva que ejerce la tensión superficial. Por otra parte, como las fases están en equilibrio, las energías libres de Gibbs de cada fase deberán ser iguales, de modo que, como ya vimos en el apartado **7.2** del capítulo **7** tenemos:

$$g_v = g_l \Rightarrow dg_v = dg_l$$

Pero por otra parte, se deduce de la definición de energía libre de Gibbs que:

$G = H - TS \Rightarrow dG = dH - TdS - SdT$ pero $\delta Q = TdS = dH - VdP \Rightarrow$

$\Rightarrow dG = dH - dH + VdP - SdT \Rightarrow$ a T = constante es $dG = VdP$

Por lo tanto, para el caso del equilibrio líquido-vapor que tenemos en la esfera resulta:

$$v_v dP_v = v_l dP_l \Rightarrow dP_l = \frac{v_v}{v_l} dP_v \Rightarrow dP_l - dP_v = dP_v \left(\frac{v_v}{v_l} - 1 \right)$$

Pero, por otra parte, diferenciando la ecuación de Laplace también obtenemos: $dP_l - dP_v = d\left(\dfrac{2\sigma}{r} \right)$

Igualando ambas expresiones se tiene: $dP_v \left(\dfrac{v_v}{v_l} - 1 \right) = d\left(\dfrac{2\sigma}{r} \right) \Rightarrow dP_v \Bigg/ d\left(\dfrac{2\sigma}{r} \right) = \dfrac{1}{\dfrac{v_v}{v_l} - 1}$

Esta ecuación se puede integrar si se aproxima el volumen del vapor por la EGI, obteniendo finalmente:

$$\frac{P_v}{P_{v0}} = \mathbf{e}^{2\sigma / \rho_L RT r}$$

Esta es la llamada ecuación de Kelvin. El significado de los símbolos es el siguiente. P_v representa la presión parcial del vapor a la temperatura T, en tanto que P_{v0} representa la presión parcial del vapor que está en equilibrio con el líquido. El símbolo ρ_L representa la densidad del líquido a la misma temperatura y R es la constante de los gases ideales. Los demás símbolos tienen el mismo significado que en ecuaciones anteriores.

¿Qué conclusiones podemos extraer de la ecuación de Kelvin?. Primero, que la presión del vapor en la interfase es distinta de la presión de vapor que correspondería al equilibrio si la superficie fuese plana. Esto no nos debe extrañar, porque si la presión a la que está sometido el líquido es una función de la tensión superficial y del radio de curvatura, la presión parcial del vapor también debe ser función de las mismas variables, ya que el vapor se encuentra en equilibrio con el líquido. Por otra parte a tensión superficial constante la presión del vapor depende fuertemente del radio de curvatura. Por ejemplo, si la gota de líquido es comparativamente grande, la presión de vapor no difiere mayormente de la tensión de vapor del líquido a esa misma temperatura. En cambio para gotas pequeñas (digamos por ejemplo con un radio del orden de 0.1 mm) la presión de vapor es algo menor. En contraste, el efecto del radio de curvatura es mucho mas marcado en la presión del líquido, ya que las diferencias son mucho mayores.

Para comprender el fenómeno hay que recordar que se trata de un equilibrio dinámico en el que las moléculas que se encuentran situadas en la superficie de la gotita la abandonan y vuelven a la superficie constantemente con la misma velocidad, impulsadas por la diferencia de presión que reina entre la superficie, donde la presión es la de vapor del líquido a esa temperatura, y el seno del medio circundante, donde la presión es igual a la presión parcial del vapor. Como ambas son iguales, el líquido y el vapor están en equilibrio, y la cantidad de moléculas que abandonan la gotita es igual a la cantidad de moléculas que retornan. Esta condición es la que se encuentra en una superficie plana, o en una gota de gran diámetro. Pero si la gota tiene un radio muy pequeño, la presión de vapor en las inmediaciones de la superficie de la misma disminuye, y como consecuencia la tendencia de las moléculas de líquido a abandonar la superficie es mayor a la misma temperatura que si la superficie fuese plana. Dado un tiempo suficiente y si la gota es muy pequeña, termina por evaporarse. Esto es lo que sucede en una manguera de jardín que produce una fina niebla. Además hay que tener en cuenta que la evaporación es una operación de transporte, y como cualquier fenómeno de ese tipo depende fuertemente del área expuesta. Cuando se pulveriza el agua en una gran cantidad de gotitas el área aumenta mucho, favoreciendo la evaporación. De ahí que las operaciones de transporte se vean muy favorecidas por una gran subdivisión de las fases en contacto. En consecuencia, aumentar la superficie de contacto tiene un gran interés práctico porque produce equipos mas pequeños, baratos y eficaces.

Ahora esto se presta a confusiones, porque entra en colisión con el concepto clásico. En efecto, la evaporación del líquido pulverizado en pequeñas gotas se produce aunque el medio se encuentre saturado. Por ejemplo, supongamos que tenemos un líquido en equilibrio con su vapor, y se pulveriza una cantidad de líquido en el ambiente gaseoso. La teoría predice que este se vaporizará, y esto ocurre a pesar de que el vapor ya está saturado. La condición que esto genera en el vapor es de equilibrio metaestable. Cuando el vapor se encuentra libre de polvo la condición de equilibrio permanece inalterada, pero la presencia de pequeñas partículas sólidas produce la condensación del vapor en gotitas, que aumentan de tamaño produciendo una niebla. Esta condición ha sido descrita en el apartado **6.5** del capítulo **6**.

Una de las maneras de aumentar la superficie de contacto es aumentando la cantidad de núcleos que originan dichas superficies, por ejemplo, aumentando la cantidad de burbujas iniciales en un líquido en ebullición. A este procedimiento se lo conoce como nucleación.

Nucleación

La nucleación es un fenómeno que se da en el intercambio de calor con cambio de fase, ya sea por ebullición o por condensación. Consiste en el inicio del proceso desde puntos muy claramente localizados llamados núcleos, a partir de los cuales se produce el fenómeno en cuestión con mucha mayor intensidad que en el resto de la masa del fluido. Así por ejemplo la ebullición comienza generalmente en los poros o huecos de la superficie calefactora, probablemente originados por la inclusión de minúsculos bolsones de gas incondensable en los mismos. De modo análogo, en el seno de un vapor en condiciones de condensar puede haber partículas microscópicas de sólidos, por ejemplo polvo atmosférico, que actúan como núcleos a partir de los cuales se forman las gotitas.

16.3 Ebullición

El fenómeno de ebullición es bastante complejo y depende de muchos factores. Entre los mas importantes podemos citar: el grado de rugosidad de la superficie calefactora, la tensión superficial del líquido, el coeficiente de conductividad térmica del vapor, el coeficiente de conductividad térmica del líquido, el grado de agitación, y varios mas que dependen de la geometría del sistema. Podemos distinguir groseramente dos mecanismos para la ebullición: la ebullición particulada o nucleada y la ebullición en capas.

El fenómeno se puede describir en términos de la figura de la siguiente manera: supongamos que para una determinada superficie graficamos el calor intercambiado en ebullición por unidad de superficie en función de la diferencia $(t_w - t_e)$ siendo t_w la temperatura de la pared y t_e la temperatura de ebullición (o de saturación del líquido) a una presión dada. La gráfica resulta siempre como se observa, para líquidos en reposo o agitación debida sólo a las burbujas.

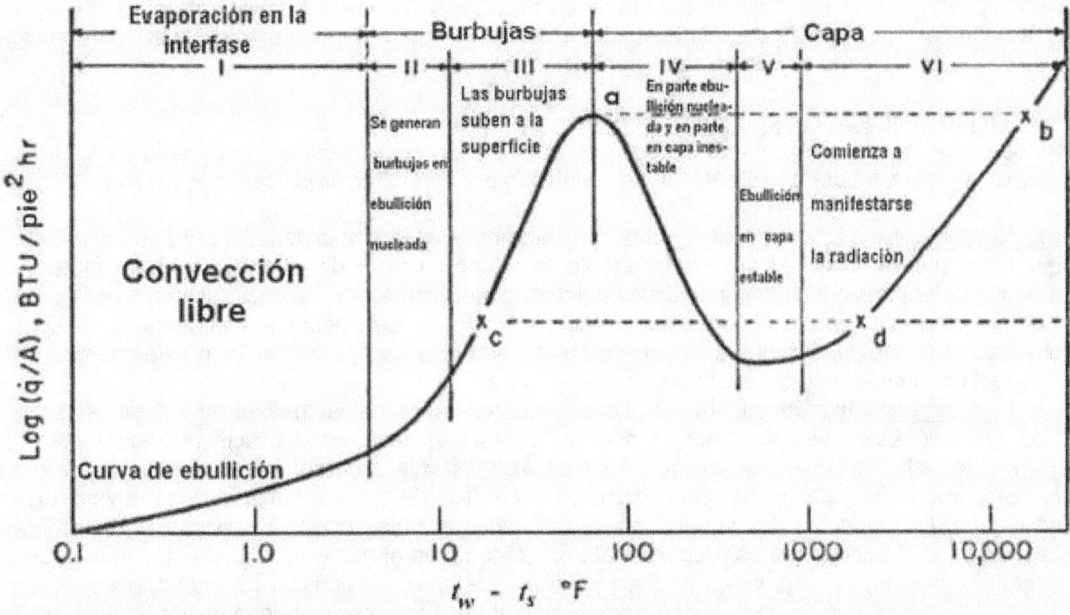

Como vemos, la curva está dividida en seis zonas. En la zona I el líquido se encuentra sobrecalentado pero por efecto de la presión hidrostática no se produce ebullición, habiendo únicamente convección natural que produce evaporación en la superficie libre del líquido. A medida que aumenta la superficie de calefacción (debido a la incapacidad del mecanismo de convección para disipar la energía aplicada a la misma) se entra en la zona II, donde aparecen burbujas que se inician en los poros de la superficie calefactora, que previamente estaban ocupados por gas; estos son los núcleos de ebullición, y cuanto mayor cantidad haya en la superficie tanto mas eficaz es la ebullición. Estas burbujas al ascender encuentran líquido mas frío y son reabsorbidas, produciendo en su ascenso una intensificación de las corrientes convectivas y ayudando a uniformizar la temperatura en toda la masa líquida. En la zona III las burbujas ya no son reabsorbidas por el líquido, uniformemente caliente a temperatura de saturación (ebullición) y rompen la superficie libre del líquido. A este régimen (zona III) se lo denomina de ebullición particulada o nucleada y se caracteriza por el rosario de burbujas desprendidas por los núcleos de ebullición. La curva lógicamente asciende porque la disipación de energía desde la superficie calefactora es ayudada por la agitación producida por las burbujas. Pero si aumentamos aún mas la cantidad de calor aplicada a la superficie, se origina la fusión de las burbujas en una capa gaseosa que deja muy poca superficie calefactora en contacto con el líquido. Este a su vez está sobrecalentado (aunque no en estado de vapor) en las inmediaciones de la capa gaseosa antedicha. Como la capa gaseosa es menos conductora (porque la conductividad térmica de los gases es mucho menor que la de los líquidos) el intercambio de calor se ve seriamente disminuido, y el flujo de calor por

649

unidad de superficie cae rápidamente. Entre la zona **III** y la zona **IV** hay por lo tanto un máximo o pico (identificado como el punto **α** en la gráfica) que se produce a un Δt crítico que no se debe sobrepasar si no se quiere entrar en la zona **IV**. En la zona **IV** ocurre la formación de una capa gaseosa en condiciones inestables porque aún quedan algunas corrientes convectivas que alcanzan a disipar algo de calor, entonces la capa se forma, se colapsa y se reforma rápidamente, lo que origina vibración y "saltos" de la masa líquida que pueden perjudicar mecánicamente al equipo. Cuando se alcanza un Δt de 400 a 1000 °F el efecto de capa está firmemente establecido y hay ebullición en capa (zona **V**). Por encima de Δt = 1000 °F aproximadamente, el gas en la capa está tan sobrecalentado que existe transmisión de calor por radiación en la capa, lo que hace que la disipación de calor empiece a aumentar nuevamente, pero a un costo excesivo. En efecto, la formación de la capa gaseosa trae aparejada la deposición de sustancias disueltas o en suspensión que se secan y adhieren fuertemente a la superficie calefactora. Como generalmente estos depósitos y adherencias tienen cualidades aislantes de calor, la superficie se recalienta muchísimo y se perjudica. Puede llegar a cambiar su estructura cristalina, o ablandarse el metal.

Lo que es peor, al recalentarse el depósito sólido adherido se dilata, se resquebraja y se desprende, quedando en súbito contacto con el líquido una superficie a muy alta temperatura lo que puede ocasionar una explosión de mayor o menor magnitud cuando la costra desprendida es grande, con el riesgo consecuente.

Por todo lo expuesto, es evidente que el régimen de ebullición se debe mantener siempre dentro de la zona **III**, para lo cual es importante determinar el pico y las condiciones críticas.

16.3.1 Ebullición nucleada o en burbujas

Se distinguen dos casos de interés práctico. Uno es el de ebullición nucleada en líquidos estancados, donde la agitación operativa proviene exclusivamente de las burbujas y corrientes de convección. El otro es la ebullición nucleada con agitación (generalmente por circulación forzada) que además garantiza la remoción eficaz de calor y nunca excede el pico en condiciones normales de operación.

16.3.1.1 Ebullición nucleada en líquidos estancados

Este caso, que es el que se presenta en la ebullición en grandes recipientes, sea por medio de superficies calefactoras (chaquetas, tubos) o serpentines, se ve influido por varios factores. Veremos los mas importantes.

✓ Efecto de la presión El uso de altas presiones favorece el intercambio de calor por ebullición, porque para un valor dado de carga calórica (flujo de calor por unidad de área y tiempo) se requiere menor recalentamiento de la superficie calefactora a altas presiones; es decir, el efecto de la presión es correr la curva de la figura anterior hacia la izquierda. Este hecho experimentalmente comprobado se puede deber a que a mayor presión las burbujas mas pequeñas se pueden desprender mas fácilmente que a presiones bajas.

✓ Efecto de la rugosidad Las superficies pulidas exigen un sobrecalentamiento mayor que las superficies sin pulir. Esto evidentemente se debe a la cantidad de cavidades activas. Estudiando fotografías de distintas superficies Jakob (*"Temperature, its Measurement and Control in Science and Industry"* vol. I 1941) descubrió que la carga calórica (flujo de calor por unidad de área y por unidad de tiempo) es proporcional a la cantidad de cavidades activas aunque Staniszewsky (*Heat Trans. Lab. MIT* 1959) dedujo que es proporcional a n^m donde n es el número de cavidades y m es un exponente que vale 1 a baja carga calórica y 0.5 a altas cargas calóricas. Es importante también el efecto del envejecimiento de la superficie, ya que esta es menos eficaz después de un tiempo largo de servicio debido a la deposición de suciedad u oxidación que reduce la cantidad de cavidades activas; este efecto se puede revertir con limpieza periódica.

✓ Efecto de los gases disueltos Favorecen ligeramente (pero no en magnitud importante) la transmisión del calor porque las burbujas de gas que se forman antes de la ebullición crean corrientes que ayudan a agitar el líquido. No tienen efecto práctico.

✓ Efecto de la geometría del sistema A cargas calóricas altas no tiene ninguna influencia; se observan los mismos comportamientos en superficies planas horizontales, verticales o inclinadas que en serpentines, tubos y alambres de hasta 0.1 mm. de diámetro. A bajos Δt, en cambio, el efecto convectivo influye algo mas y como consecuencia, la geometría, pero muy poco.

Una buena correlación para la carga calórica ha sido propuesta por Rohsenow.

$$\frac{Cp_l(t_w - t_s)}{\lambda} = C_{sf} \left[\frac{\left(\dfrac{\dot{q}}{A}\right)_{eb}}{\mu \lambda} \sqrt{\frac{g_c \sigma}{g(\rho_l - \rho_v)}} \right]^{1/3} N_{Prl}^{1.7} \qquad (16\text{-}1)$$

Donde: g_c = 9.8 [Kg×m/(Kg$_f$×seg^2)], Cp_l es el calor específico del líquido, λ es el calor latente, σ es la tensión superficial, ρ_l y ρ_v son densidad de líquido y vapor respectivamente y N_{Prl} está calculado como todos los otros parámetros a t_s. C_{sf} viene dado por la tabla siguiente.

Líquido y tipo de superficie	C_{sf}
agua – níquel	0.006
agua - platino	0.013
agua - cobre	0.013
agua - bronce	0.006
CCl$_4$ - cobre	0.013
benceno - cromo	0.010
n-pentano - cromo	0.015
etanol - cromo	0.0027
Isopropanol - cobre	0.0025
CO$_3$K$_2$ 35% - cobre	0.0054
CO$_3$K$_2$ 50% - cobre	0.0027
n-butanol - cobre	0.0030

Ejemplo 16.1 Cálculo de la carga calórica en ebullición nucleada.
Se sumerge en agua a la presión atmosférica una placa de bronce a 242 °F. Calcular la transferencia de calor por unidad de superficie de la placa.
Solución
Usamos la ecuación (16-1). Pero como la obtención de los datos es muy laboriosa y cualquier error en los mismos causa errores muy grandes en el resultado, conviene basarse en datos experimentales aunque sea para una superficie distinta. Podemos obviar los errores en los datos dividiendo entre sí dos resultados de la ecuación (16-1) calculados en las mismas condiciones, con lo que se cancelan todas las variables del líquido, que son iguales.
McAdams da los datos experimentales de Q/A para la ebullición de agua sobre un alambre de platino a la presión atmosférica. Para esta diferencia de temperatura: Q/A = 3×10^5 Btu/(hr pie^2).
Los datos son para la superficie de bronce C_{sf} = 0.006; para la de platino tenemos C_{sf} = 0.013.
Entonces aplicando la ecuación (16-1) a las dos superficies obtenemos:

$$\frac{\left(\dfrac{\dot{q}}{A}\right)_{\substack{agua \\ bronce}}}{\left(\dfrac{\dot{q}}{A}\right)_{\substack{agua \\ platino}}} = \left[\frac{\left(C_{sf}\right)_{\substack{agua \\ platino}}}{\left(C_{sf}\right)_{\substack{agua \\ bronce}}}\right]^3 \Rightarrow \left(\frac{\dot{q}}{A}\right)_{\substack{agua \\ bronce}} = \left(\frac{\dot{q}}{A}\right)_{\substack{agua \\ platino}} \left[\frac{\left(C_{sf}\right)_{\substack{agua \\ platino}}}{\left(C_{sf}\right)_{\substack{agua \\ bronce}}}\right]^3 = 3\times10^5 \left(\frac{0.013}{0.006}\right)^3 = 3.4\times10^6 \ \frac{BTU}{pie^2 \ hr}$$

Otro enfoque del problema es el concepto de coeficiente de película para la ebullición. En este enfoque se usa una ecuación análoga a la que se define para la convección, ver ecuación (15-1) del capítulo 15.

$$\dot{q} = h_e \, A(t_w - t_s) = h_e \, A \, \Delta t \qquad (16\text{-}2)$$

Guilliland propone:

$$h_e = K \, \Delta t^{2.4} \qquad (16\text{-}3)$$

Algunos valores de la constante K para la presión atmosférica son:

Líquido	K	Líquido	K
agua	121.6	Metanol	3.9
SO$_4$Na$_2$ 9.6%	81	Kerosén	2.62
ClNa 9.1%	73.6	Nafta	1.636
ClNa 26%	8.76	CCl$_4$	1.29
Glicerina 26%	58	n-butanol	0.492
Sacarosa 25%	18.32		

El efecto de la presión se puede evaluar para el agua y soluciones acuosas multiplicando el coeficiente h_e evaluado a presión atmosférica por el siguiente factor:

Presión (ata)	0.2	0.4	0.6	0.8	1	2	4	6	8	10	15
factor	0.62	0.78	0.88	0.94	1	1.16	1.32	1.40	1.46	1.51	1.60

Según Jakob, en el caso de líquidos en ebullición en el interior de tubos el valor de h_e es 1.25 veces el valor que corresponde a líquidos en ebullición fuera de superficies. Este no constituye exactamente un subcaso de la ebullición de líquidos estancados pero suele considerarse así.

En otro enfoque propuesto por Brown y Marco (*"Introduction to Heat Transfer"*) se han correlacionado los datos en función de la carga calórica.

$$\xi\, h_e = c + d\,\frac{\dot{q}}{A} \qquad\qquad (16\text{-}4)$$

h_e en Kcal/(m^2 hr °C), q/A en Kcal/(m^2 hr).

Los coeficientes vienen dados en la siguiente tabla para la presión atmosférica.

Líquido	c	d	Líquido	c	d
Agua	926	0.077	Metanol	487	0.054
amoníaco	926	0.077	ClNa 24%	487	0.054
SO$_4$Na$_2$ 10%	610	0.077	CCl$_4$	244	0.045
Glicerina 26%	610	0.077	n-butanol	244	0.045
Kerosén	487	0.054	Cl$_2$CH$_2$	244	0.045

En un tratamiento generalizado Labuntsov (1960) estudió la ebullición de líquidos diversos obteniendo:

$$N_{Nu_e} = 0.125\left(N_{Re_e}\right)^{0.65}\left(N_{Pr}\right)^{\frac{1}{3}} \qquad\qquad (16\text{-}5)$$

Validez: para $N_{Re_e} \geq 0.01$

$$N_{Nu_e} = 0.0625\left(N_{Re_e}\right)^{0.5}\left(N_{Pr}\right)^{\frac{1}{3}} \qquad\qquad (16\text{-}6)$$

Validez: para $N_{Re_e} \leq 0.01$ Los números adimensionales se definen por las siguientes relaciones.

$$N_{Re_e} = \frac{\dfrac{\dot{q}}{A}\,\ell_e}{\lambda\,\rho_v\,v} \qquad N_{Nu_e} = \frac{h_e\,\ell_e}{k} \qquad N_{Pr} = \frac{Cp\,\mu}{k} = \frac{v}{a}$$

Aquí ℓ_e es una longitud característica dada por la siguiente expresión. $\ell_e = \dfrac{Cp\,\rho_l\,\sigma\,T_s}{427\left(\lambda\,\rho_v\right)^2}$ (metros).

$\dot{q}/A$ está en Kcal/(m^2 hr), Cp en Kcal/(Kg °C), λ en Kcal/Kg, ρ_L y ρ_v en Kg/m^3. Se denomina ρ_L a la densidad del líquido y ρ_v a la del vapor. Todos los parámetros se deben estimar a la temperatura de ebullición T_s (absoluta).

Ejemplo 16.2 Cálculo del coeficiente de película en ebullición nucleada.

Determinar el coeficiente de transferencia de calor de la ebullición h_e para la superficie externa de un tubo evaporador de agua cuyo diámetro es 1.408×10^{-5} m cuando la carga calórica es $Q/A = 2\times10^5$ W/m^2 y la presión es P = 2×10^5 Pa.

Solución

Para el agua los valores que corresponden a las variables de las ecuaciones *(16-5)* y *(16-6)* son para la condición de saturación a 200 MPa:

t_s = 120.2 °C $\quad \lambda$ = 0.686 W/(m °C) $\quad N_{Pr}$ = 1.47.

$$\ell_e = 1.408\times10^{-5} \text{ m y } \frac{\ell_e}{\lambda\,\rho_v\,v} = 2.256\times10^{-5}\,\frac{\text{m}^2}{\text{W}} \Rightarrow N_{Re_e} = \frac{\dfrac{\dot{q}}{A}\,\ell_e}{\lambda\,\rho_v\,v} = 2\times10^5 \times 2.256\times10^{-5} = 4.51$$

Dado que $N_{Pr} < 7.6$, P < 1.75×10^7 Pa y 10^{-5} < N_{Re_e} < 10^4 resultan aplicables las ecuaciones *(16-5)* y *(16-6)*. Puesto que $N_{Re_e} > 10^{-2}$ corresponde usar la *(16-5)*:

$$N_{Nu_e} = 0.125\left(N_{Re_e}\right)^{0.65}\left(N_{Pr}\right)^{\frac{1}{3}} = 0.125\times4.51^{0.65}\times1.47^{\frac{1}{3}} = 0.378$$

En consecuencia:

$$h_e = \frac{N_{Nu_e}\times k}{D} = \frac{0.378\times0.686}{1.408\times10^{-5}} = 18400\,\frac{\text{W}}{\text{m}^2\,\text{hr}}$$

16.3.1.2 Determinación de la carga calórica crítica

Como se ha mencionado antes, es importante determinar la posición del pico ya sea mediante el valor crítico de Δt o mediante el máximo de q/A. Este valor es del orden de 400000 BTU/(pie^2 hr) para muchos líquidos. Para el agua el Δt crítico es 45 °F pero no hay un valor que se pueda tomar como promedio para todos los líquidos, ya que el Δt crítico varía bastante. Rohsenow y Griffith (1956) han correlacionado el máximo de q/A mediante la siguiente relación:

$$\left[\frac{\dot{q}}{A}\right]_{max} = 143 \, g^{0.25} \left(\frac{\rho_l - \rho_v}{\rho_v}\right)^{0.6} \qquad (16\text{-}7)$$

Se usan unidades inglesas. Cada término está en pies/hr, donde $g = 1$ para campo gravitatorio normal, es decir viene expresado en unidades de aceleración (pies/hr^2).

Labuntsov (1960) realizó un estudio que condujo a la siguiente correlación generalizada:

$$\left(N_{Re}\right)_{crit} = 68 \left(N_{Ar\,e}\right)^{4/9} N_{Pr}^{1/3} \qquad (16\text{-}8)$$

Donde:

$$\left(N_{Re}\right)_{crit} = \frac{\left[\dfrac{\dot{q}}{A}\right]_{max} \ell_e}{\lambda \, \rho_v \, v} \qquad (16\text{-}8')$$

N_{Ar} es un número de Arquímedes modificado dado por la siguiente expresión:

$$N_{Ar\,e} = g \frac{\ell_e^3}{v^2} \frac{\rho_l - \rho_v}{\rho_l} \qquad (16\text{-}9)$$

Todos los términos se deben evaluar a t_s. Esta correlación es válida para el intervalo: $\quad 0.86 \leq N_{Pr} \leq 13.1$ y para presiones entre 1 y 185 ata.

Ejemplo 16.3 Cálculo de la carga calórica crítica en ebullición nucleada.

Calcular la carga calórica crítica del agua a la presión de 1×10^5 Pa en ebullición nucleada.

Solución

Para el agua los valores que corresponden a la condición de saturación a 100 MPa (prácticamente la presión atmosférica) son:

$t_s = 99.6$ °C, $v = 2.96 \times 10^{-5}$ m²/seg, $N_{Pr} = 1.76$, $\rho_L = 960$ Kg/m³, $\rho_v = 0.59$ Kg/m³

$$\ell_e = \frac{Cp \, \rho_l \, \sigma \, T_s}{427 \left(\lambda \, \rho_v\right)^2} = 5.06 \times 10^{-5} \text{ m} \qquad N_{Ar\,e} = g \frac{\ell_e^3}{v^2} \frac{\rho_l - \rho_v}{\rho_l} = 9.81 \frac{\left(5.06 \times 10^{-5}\right)^3}{\left(2.96 \times 10^{-5}\right)^2} \frac{960 - 0.59}{960} = 14.4$$

Aplicando la ecuación (16-8) encontramos:

$$\left(N_{Re}\right)_{crit} = 68 \left(N_{Ar\,e}\right)^{4/9} N_{Pr}^{1/3} = 68 \times 14.4^{4/9} \times 1.76^{1/3} = 184.3$$

De la ecuación (16-8') tenemos:

$$\left[\frac{\dot{q}}{A}\right]_{max} = \frac{\left(N_{Re}\right)_{crit} \lambda \, \rho_v \, v}{\ell_e} = 1.41 \times 10^6 \text{ W}\!\big/\!_{m^2}$$

Finalmente, damos una correlación empírica para agua a diversas presiones (medidas inglesas).

$$\left[\frac{\dot{q}}{A}\right]_{max} = 480000(1 + 0.0365 \, \mathcal{V})(1 + 0.00508 \, \Delta T_{sc})(1 + 0.0131 P) \qquad (16\text{-}10)$$

Las unidades y rango de validez son los siguientes: $\mathcal{V}$ de 5 a 45 pies/seg; subenfriamiento ΔT_{sc} de 9 a 135 °F; P de 25 a 85 psia; diámetro equivalente (que no aparece en la fórmula) de 0.21 a 0.46 pulgadas.

Esta correlación solo es válida para agua dentro de tubos, circulación forzada. El subenfriamiento es una medida de la diferencia de temperatura de ebullición menos temperatura de entrada: $\Delta T_{sc} = t_s - t_l$ siendo t_l la temperatura de entrada. Esta correlación coincide con los datos experimentales con un error de $\pm 16\%$.

16.3.2 Ebullición por circulación forzada

Este caso tiene mucho interés práctico, porque los coeficientes obtenidos mejorando la convección por circulación forzada son bastante mayores que sin mejorarla por convección natural.

Rohsenow analiza este fenómeno como el efecto de la suma de dos flujos caloríficos, uno debido a ebullición pura (que debe ser tratado mediante los métodos delineados en el punto anterior) y el otro debido a la convección forzada, que aconseja obtener por la ecuación (15-14) del capítulo 15 si el flujo es laminar, o por la ecuación (15-36") si el flujo es turbulento, pero reemplazando el factor 0.0225 por 0.019 cuando la presión actuante es elevada. Así resulta:

$$\frac{\dot{q}}{A} = \left(\frac{\dot{q}}{A}\right)_{conv} + \left(\frac{\dot{q}}{A}\right)_{ebull} \tag{16-11}$$

Donde:

$$\left(\frac{\dot{q}}{A}\right)_{ebull} = h_e(t_w - t_s) \qquad \left(\frac{\dot{q}}{A}\right)_{conv} = h(t_w - t)$$

El significado de esta notación es el siguiente. El coeficiente h es el de película para la convección pura, y t es la temperatura media del líquido. El resto de las variables tiene el significado que ya les hemos adjudicado.

Por su parte Labuntsov aconseja usar las siguientes ecuaciones:

$$h = h_t \qquad \text{si} \quad \frac{h_e}{h_t} \le 0.5 \tag{16-12}$$

$$h = h_e \qquad \text{si} \quad \frac{h_e}{h_t} \ge 2 \tag{16-12'}$$

$$h = h_t \frac{4h_t + h_e}{5h_t - h_e} \qquad \text{si} \quad 0.5 \le \frac{h_e}{h_t} \le 2 \tag{16-12''}$$

Donde: h es el coeficiente pelicular global para el efecto combinado de ebullición y convección, h_e es el coeficiente pelicular para la ebullición calculado como si se tratase de ebullición estancada, y h_t es el coeficiente pelicular turbulento de líquido monofásico (no en ebullición) calculado mediante la ecuación *(15-38)* del capítulo **15** evaluando todos los parámetros a t_s. Esta fórmula es válida para agua a presiones de 1 a 86 ata, velocidades de 0.2 a 6.7 m/seg y contenido volumétrico de vapor de agua ≤ 70%.

16.4 Condensación

Se pueden distinguir dos mecanismos básicos para la condensación, uno la condensación en forma de gotas y la otra en forma de película. En la condensación en gotas, al ocurrir la condensación se forma un núcleo frío que incorpora mas vapor condensándolo hasta que, si el líquido no moja la pared, se produce el desprendimiento de la gota que cae por peso propio. En el espacio entre gotas la superficie (cuya temperatura t_w es inferior a la temperatura de saturación t_s) intercambia calor con mas eficiencia que la superficie húmeda, por eso los coeficientes de condensación en gotas son de 2 a 20 veces mayores que los de condensación en película. Esta ocurre cuando el líquido moja la pared, entonces las gotas se unen entre sí formando una película que se desliza con un espesor que depende de varios factores y que generalmente se desplaza en régimen laminar. Inevitablemente la resistencia al flujo de calor ofrecida por la película es mucho mayor que la de la superficie desnuda. La condensación en película es por desgracia el mecanismo mas común. El único vapor que se conoce que condensa en gotas es el agua, y eso no siempre, sino en casos especiales. La presencia de polvo en la superficie, así como ciertos contaminantes, parecen promoverla. Algunos fabricantes de equipos producen aparatos con un tratamiento superficial que se supone debe causar la condensación en gotas; sin embargo, la práctica demuestra que el uso lo inactiva ya que su eficacia disminuye en el tiempo. Es por ello que prácticamente siempre se diseñan los condensadores basándose en el mecanismo de condensación en película.

En 1916 el físico alemán Nusselt realizó un análisis basado en un balance de energía y en un balance de momentos para obtener las siguientes ecuaciones:

$$h_c = 0.943 \left[\frac{g \rho_f (\rho_f - \rho_v) k_f^3 \lambda_f}{D \mu_f \Delta t}\right]^{\frac{1}{4}} \tag{16-13}$$

Donde: el subíndice f se refiere a propiedades del líquido medidas a la temperatura de película t_f y el subíndice v al vapor. Para placas verticales se debe reemplazar D por la altura Z.

Para superficies inclinadas un ángulo α con la horizontal Prandtl obtuvo:

$$h_c = 0.943 \left[\frac{g \rho_f (\rho_f - \rho_v) k_f^3 \lambda_f}{D \mu_f \Delta t} \sin\alpha\right]^{\frac{1}{4}} \tag{16-14}$$

Para tubos horizontales:

$$h_c = 0.728 \left[\frac{g \rho_f \left(\rho_f - \rho_v \right) k_f^{\,3} \lambda_f}{D \mu_f \Delta t} \right]^{\!\!1/4} \qquad\qquad (16\text{-}15)$$

Donde D es el diámetro exterior del tubo. La temperatura del film t_f se obtiene suponiendo que la variación de la temperatura de la película es lineal entre t_w, temperatura de pared, y t_v, temperatura del vapor, que debe ser igual a t_s. Por lo tanto:

$$t_f = \frac{t_w + t_s}{2} \qquad \Delta t_f = t_f - t_w = \frac{t_s - t_w}{2} \qquad \Delta t = t_s - t_w$$

Para haces de tubos horizontales:

$$h_c = 0.728 \left[\frac{g \rho_f \left(\rho_f - \rho_v \right) k_f^{\,3} \lambda_f}{n_v \mu_f \Delta t} \right]^{\!\!1/4} \qquad\qquad (16\text{-}16)$$

Donde n_v = número de filas de tubos (contando de arriba a abajo).

Todas estas ecuaciones son válidas en unidades métricas e inglesas, pero se debe cuidar el aspecto dimensional para obtener unidades consistentes. Nusselt basó su desarrollo en las siguientes suposiciones:

1) El calor que desprende el vapor es calor sensible únicamente (es decir, el vapor llega al condensador a la temperatura de ebullición sin sobrecalentamiento).
2) El espesor de la película es función de las velocidades medias bajo condiciones de flujo laminar libre, por gravedad. La película es delgada.
3) La superficie está lisa y limpia.

Estas suposiciones son bastante razonables, y en muchos casos el método de Nusselt da resultados bastante exactos, particularmente en tubos y superficies horizontales. La siguiente gráfica da una idea de la eficacia y exactitud del método de Nusselt.

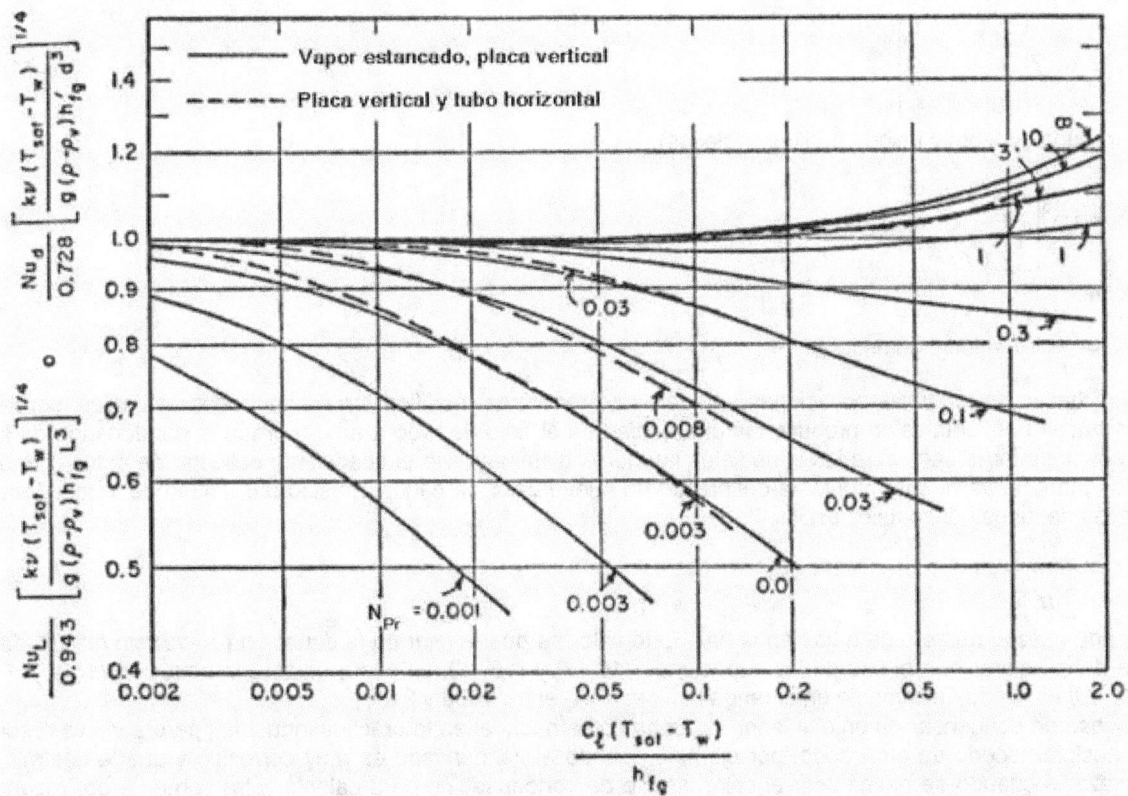

Esta gráfica se puede usar para corregir los resultados proporcionados por el método de Nusselt. Aquí h_{fg} es el calor latente, C_ℓ es el calor específico del líquido a temperatura t_f. En el eje vertical tenemos el cociente de N_{Nu} experimental sobre calculado por las fórmulas de Nusselt. Es fácil observar que la divergencia entre valores calculados y experimentales es menos marcada para:

655

$$N_{Pr} \geq 1 \quad y \quad \frac{C_f\, \Delta t}{h_{fg}} < 1$$

McAdams ("*Transmisión del Calor*") halló que los coeficientes reales eran un 75% mayores que los calculados por las fórmulas de Nusselt para tubos verticales. Esto se atribuye al hecho de que en la condensación en superficies verticales se produce una acumulación de líquido que no desciende en flujo laminar sino turbulento, en particular en la mitad o tercio inferior del tubo. En su análisis utilizó un criterio de Reynolds modificado, basado en el radio hidráulico. Sea $\dot{m}'$ el caudal másico por tubo. La masa velocidad o caudal másico por unidad de superficie será:

$$G = \frac{\dot{m}'}{A}$$

En base a estas variables definimos el número de Reynolds para la película de condensado así:

$$N_{Re} = \frac{D_e\, G}{\mu_f} = \frac{4\dfrac{A}{P}\dfrac{\dot{m}'}{A}}{\mu_f} = \frac{4\dfrac{\dot{m}'}{P}}{\mu_f}$$

P es el perímetro mojado.
Definimos el caudal másico por unidad de longitud de tubo como:

$$\Gamma = \frac{\dot{m}'}{P}$$

Entonces usando esta notación el número de Reynolds para la película es:

$$N_{Re} = \frac{4\Gamma}{\mu_f} \tag{16-17}$$

Usando este elemento en su correlación, McAdams obtiene las siguientes ecuaciones:
Para tubos verticales (medidas inglesas):

$$h_c = 14.7 \left[\frac{4\Gamma_f\, \mu_f}{k_f\, \rho_f^{\,2}\, g} \right]^{-\frac{1}{3}} \tag{16-18}$$

Para tubo horizontal único (medidas inglesas):

$$h_c = 1.51 \left[\frac{4\Gamma_f\, \mu_f}{k_f\, \rho_f^{\,2}\, g} \right]^{-\frac{1}{3}} \tag{16-19}$$

Donde:

$$\Gamma_f = \frac{\dot{m}'}{L} \quad L = \text{longitud de tubo.}$$

Para *haces de tubos* las ecuaciones anteriores no requieren modificación en los haces verticales, pero en los haces horizontales se producen interferencias en el flujo de tubo a tubo, porque el condensado de los tubos superiores cae sobre los inmediatos inferiores disminuyendo el coeficiente pelicular de estos últimos. McAdams resuelve este problema definiendo un nuevo valor de caudal másico por unidad de longitud para haces de tubos horizontales así:

$$\Gamma_f = \frac{\dot{m}'}{L\, n_t^{2/3}} \tag{16-20}$$

Donde n_t es el número de tubos en el haz. Este valor se puede usar en la ecuación *(16-19)* sin dificultades. Se debe aclarar que el uso de las ecuaciones *(16-18)* y *(16-19)*, ya sea mediante la ecuación *(16-17)* o la *(16-20)* es válido únicamente en el rango laminar a N_{Re} entre 1800 y 2100.
El caso de condensación en el interior de tubos no es habitual en la práctica industrial, pero a veces resulta imposible hacerlo de otro modo, por ejemplo cuando el condensado es muy corrosivo y puede destruir la coraza, o cuando se desea usar el calor latente de condensación para calentar otra corriente por razones de economía. Para tubos horizontales se puede usar la ecuación *(16-19)* calculando Γ de la siguiente ecuación:

$$\Gamma = \frac{\dot{m}'}{0.5\, L\, n_t} \tag{16-21}$$

El caso de la condensación en el interior de tubos verticales no es fácil de analizar. La razón es que el fluido cae libremente por el interior del tubo de modo que el espesor de la película aumenta de modo irrestricto, pasando a régimen turbulento. Este caso se recomienda resolverlo mediante la gráfica semiempírica que figura en el libro de D. Q. Kern ("*Procesos de Transferencia de Calor*", fig. 12.12, pág. 320). Los equipos de este tipo se deben diseñar teniendo en cuenta que no puede haber mas de un paso del vapor por el interior de tubos porque si no se puede acumular líquido inundando el tubo.

Para vapor de agua condensando a presión atmosférica se pueden usar las siguientes ecuaciones simplificadas (unidades inglesas):

Para tubos horizontales:

$$h_c = \frac{3100}{D^{\frac{1}{4}} \Delta t^{\frac{1}{3}}} \qquad (16\text{-}22)$$

Para tubos verticales:

$$h_c = \frac{4000}{L^{\frac{1}{4}} \Delta t^{\frac{1}{3}}} \qquad (16\text{-}23)$$

La validez de ambas fórmulas es: $10 < \Delta t < 150\ °F$, régimen laminar únicamente en el exterior de tubos.

Cabe acotar que en general es mas conveniente usar una disposición vertical para condensación en el exterior de tubos. Teóricamente para tubos de 16 pies de longitud, 0.75" de diámetro, calibre 16 BWG el coeficiente h es tres veces mayor que el coeficiente para la disposición horizontal. En la práctica se ha observado que esta relación favorable es algo así como el doble.

Rohsenow (*Transactions of the American Society of Mechanical Engineers*, vol. 78, pág. 1645 a 1648, 1956 y también "*Heat, Mass and Momentum Transfer*") ha realizado un análisis análogo al de Nusselt donde deduce que la ecuación *(16-13)* da resultados acordes con la realidad si se reemplaza λ_f por:

$\lambda'_f = \lambda_f + 0.68 \times C_\ell \times \Delta t$ Donde C_ℓ es el calor específico del líquido a t_f, de lo que resulta:

$$h_c = 0.943 \left[\frac{g\,\rho_f (\rho_f - \rho_v) k_f{}^3 (\lambda_f + 0.68\,C_\ell\,\Delta t)}{L\,\mu_f\,\Delta t} \right]^{\frac{1}{4}} \qquad (16\text{-}24)$$

Donde se debe evaluar ρ_f, k_f etc. a:

$$t_f = t_w + \Delta t / 4$$

Esta ecuación es válida para las siguientes condiciones:

$$N_{Pr} > 0.5 \qquad y \qquad \frac{C_\ell\,\Delta t}{\lambda_f} \le 1$$

Chen (*Transactions ASME, Journal of Heat Transfer Series C*, vol. 83, pág. 48 a 60, feb. 1961) realiza un análisis del cual concluye que como la película líquida en realidad se sobre enfría un promedio de $\frac{3}{8}(t_s - t_w)$ es posible que ocurra una condensación de vapor adicional en la capa líquida que fluye entre los tubos en bancos horizontales.

Asumiendo que toda la energía de sobreenfriamiento se absorbe de este modo, obtuvo:

$$h_c = 0.728 \left(1 + 0.2 \frac{C_\ell\,\Delta t}{\lambda_f} (n_v - 1) \right) \left[\frac{g\,\rho_f (\rho_f - \rho_v) k_f{}^3 \lambda_f}{n_v\,\mu_f\,\Delta t} \right]^{\frac{1}{4}} \qquad (16\text{-}25)$$

Esto está en buena concordancia con los datos experimentales cuando se cumple:

$$\frac{C_\ell\,\Delta t}{\lambda_f} (n_v - 1) < 2$$

Labuntsov (1957) realiza un análisis generalizado para vapor de agua saturado seco inmóvil condensando en tubos horizontales, en el exterior de tubos y a régimen laminar que conduce a:

$$N_{Re\,c} = 3.25 Z^{\frac{3}{4}} \qquad (16\text{-}26)$$

Donde:

$$N_{Re\,c} = h_c\,\Delta t\,\pi\,\Gamma\,\frac{4}{\lambda\,\rho\,v}$$

Z es una longitud reducida:

$$Z = \Delta t \, \pi \, r \left(\frac{g}{v^2} \right)^{\frac{1}{3}} \frac{k}{\lambda \rho v}$$

Aquí v es la viscosidad cinemática del condensado; k, λ, ρ son propiedades del condensado, $\Delta t = t_s - t_w$; r es el radio externo del tubo. Todos los parámetros se evalúan a t_s, y por último:

$$\dot{q} = A h_c (t_s - t_w) = \dot{m} \lambda$$

Es posible reformular la ecuación *(16-26)* de la siguiente manera.

$$h_c = 3.25 \frac{A^{\frac{3}{4}}}{B} \frac{1}{(\Delta t \, \pi \, r)^{\frac{1}{4}}} \qquad (16\text{-}26')$$

Donde:
$$A = \left(\frac{g}{v_1^2} \right)^{\frac{1}{3}} \frac{k_1}{\lambda \rho_1 v_1} \qquad\qquad B = \frac{4}{\lambda \rho_1 v_1}$$

Como se deduce de las expresiones anteriores, los valores de A y de B sólo dependen de t_s y del tipo de fluido, que para el caso es vapor de agua. Labuntsov propone para el agua los siguientes valores.

t_s	A	B×10³	t_s	A	B×10³
°C	(m °C)⁻¹	m/W	°C	(m °C)⁻¹	m/W
20	5.16	1.62	170	136	12.04
30	7.88	2.06	180	150	12.90
40	11.40	2.54	190	167	14.02
50	15.06	3.06	200	182	15.05
60	20.9	3.62	210	197	16.08
70	27.1	4.22	220	218	17.63
80	34.5	4.88	230	227	18.40
90	42.7	5.57	240	246	19.78
100	51.5	6.28	250	264	21.32
110	60.7	6.95	260	278	22.70
120	70.3	7.65	270	296	24.42
130	82.0	8.47	280	312	26.31
140	54.0	9.29	290	336	28.72
150	107	10.15	300	354	31.21
160	122	11.09			

En su análisis Labuntsov obtiene expresiones adimensionales para la condensación de vapor de agua saturado seco sobre superficies verticales y en el exterior de haces de tubos horizontales en régimen laminar. En el exterior de haces de tubos horizontales obtuvo:

$$\dot{q} = h_c \, \pi \, D \, L \, n_t \Delta t$$

Donde: n_t = número de tubos.

La validez de la formulación de Labuntsov es sólo para régimen laminar, es decir cuando N_{Rec} < 1600 y además $Z < 3900$ y para tubos en los que se cumple:

$$D_t = 2r < 20 \sqrt{\frac{\sigma}{\rho g}}$$

Donde σ es la tensión superficial del condensado.

Ejemplo 16.4 Cálculo del coeficiente de película para la condensación de vapor estancado.

Se condensa vapor de agua saturado seco cuya presión es 1×10^5 Pa en el exterior de un tubo horizontal de 20 mm de diámetro y 2 m de longitud. El tubo se mantiene a la temperatura de 94.5 °C. Calcular el coeficiente de película y el caudal másico de vapor que condensa.

Solución

Aplicamos la ecuación *(16-26')* para calcular el coeficiente de película.

Para la presión de 100 KPa t_s = 99.6 °C. Δt = 99.6 − 94.5 = 5.1 °C. De la tabla anterior: A = 51.21/(m °C)⁻¹; B = 6.15×10⁻³ m/W.

Sustituyendo en la ecuación *(16-26')* obtenemos:

$$h_c = 3.25 \frac{A^{\frac{3}{4}}}{B} \frac{1}{(\Delta t \, \pi \, r)^{\frac{1}{4}}} = 3.25 \frac{51.21^{\frac{3}{4}}}{0.00615} \frac{1}{(5.1 \times 3.1416 \times 0.01)^{\frac{1}{4}}} = 16000 \frac{W}{m^2 \, °C}$$

Para calcular el caudal másico de condensado usamos la ecuación de transferencia de calor:

$$\dot{q} = A h_c \left(t_s - t_w\right) = \dot{m}\,\lambda = h_c\,\pi\,D\,L\,\Delta t \Rightarrow \dot{m} = \frac{h_c\,\pi\,D\,L\,\Delta t}{\lambda} = \frac{16000 \times 3.1416 \times 0.02 \times 2 \times 5.1}{2258 \times 1000} = 0.00454 \frac{\text{Kg}}{\text{seg}}$$

$$\dot{m} = 16.3 \frac{\text{Kg}}{\text{hora}}$$

Para vapor de agua saturado seco condensando en régimen laminar en el exterior de tubos verticales cuando el vapor está inmóvil o con velocidad muy baja Labuntsov deduce:

$$N_{Re\,c} = 3.8\,Z^{0.78} \tag{16-27}$$

Donde:

$$N_{Re\,c} = h_c\,\Delta t\,\pi\,\text{H}\,\frac{4}{\lambda\,\rho\,v} \qquad Z = \Delta t\,\pi\,\text{H}\left(\frac{g}{v^2}\right)^{\!1/3}\frac{k}{\lambda\,\rho\,v}$$

H = altura de tubo.
Según Labuntsov:

$$\dot{q} = h_c\,\pi\,D\,\text{H}\,n\left(t_s - t_w\right) \qquad n = \text{número de tubos}$$

Validez: para régimen laminar, $N_{Rec} < 1600$, $Z < 2300$.
El movimiento del vapor de agua tiene importancia en la condensación si se verifica que:

$$\left(\mathcal{V}_v^{\,2}\,\rho_v\right) > 1$$

Siendo $\mathcal{V}_v$ la velocidad del vapor. En tal caso se aconseja (Fuks, 1957) calcular el valor de h_c mediante la siguiente ecuación, válida para tubos horizontales:

$$h_c = 28.3\,h_{inm}\,\Pi^{0.08}\left(N_{Nu\,inm}\right)^{-0.58} \tag{16-28}$$

Donde:

$$\Pi = \frac{\mathcal{V}_v^{\,2}\,\rho_v\,h_{inm}}{g\,\rho_c\,k}$$

Aquí h_{inm} es el valor de h para el vapor inmóvil que se calcula mediante la ecuación *(16-26)*. $\mathcal{V}_v$ es la velocidad del vapor tomada normal al tubo; ρ_v es la densidad del vapor a t_s; ρ_c es la densidad del condensado a t_s; k es la conductividad térmica del condensado a t_s. La validez de esta ecuación es:
$0.05 \le P \le 1$ ata, $2 \le \Delta t \le 20$ °C, $\Pi \le 800$.

Efecto del sobrecalentamiento del vapor y de los incondensables
En realidad, las suposiciones que hemos hecho con respecto a la pureza del vapor a condensar y su condición de saturado rara vez se cumplen en la práctica. El vapor a condensar no es puro sino mezclado (caso de hidrocarburos, una de las aplicaciones mas comunes), y además contiene gases incondensables o sea que no condensan a la temperatura t_s, y tiene también a la entrada al condensador un cierto grado de sobrecalentamiento, vale decir, entra a temperatura mayor que t_s. Esto último se puede tomar en cuenta (Rohsenow, obra citada) reemplazando el calor latente λ_f por la diferencia de entalpías dada por:

$$h_{fg} = Cv\left(t_v - t_s\right) + \lambda_f + \frac{3}{8}C_\ell\left(t_s - t_w\right) \tag{16-29}$$

Donde t_v = temperatura real de entrada del vapor. Entonces la carga térmica se puede calcular mediante la ecuación acostumbrada:

$$\dot{q} = A h_c\left(t_s - t_w\right)$$

La cantidad de condensado producido por unidad de área también se calcula de:

$$\frac{\dot{m}}{A} = \frac{1}{h_{fg}}\frac{\dot{q}}{A} \tag{16-30}$$

El caso de vapores mezclados, como ocurre con los hidrocarburos, sólo se puede tratar en profundidad en cada caso específico, porque no se pueden dar líneas generales siendo cada situación única y particular. La influencia de los incondensables constituye una situación bastante compleja que se debe resolver por medio de métodos de aproximaciones sucesivas.

16.4.1 Comparación entre condensación horizontal y vertical

Kern hace notar que el coeficiente de película de condensación se ve afectado significativamente por la posición. En un tubo vertical cerca del 60% del vapor se condensa en la mitad superior del tubo. Esto se debe a que la mitad inferior tiene que condensar el vapor restante usando sólo una parte de la superficie, ya que una buena porción de la misma está ocupada por el condensado que cae de la mitad superior. Si se toman las ecuaciones teóricas de Nusselt para la condensación horizontal y vertical *(16-13)* y *(16-16)* y se dividen entre sí, resultan cancelados los términos elevados a la potencia 1/4 que son idénticos y resulta el cociente:

$$\frac{(h_c)_{vert}}{(h_c)_{horiz}} = \frac{0.725}{0.943}\left(\frac{L}{D}\right)^{1/4}$$

Para un tubo standard de 16 pies de largo y $^3/_4$" de diámetro el coeficiente de película en posición horizontal sería 3.1 veces mayor que en posición vertical, siempre y cuando el régimen sea laminar.

Ejemplo 16.5 Comparación entre superficie de condensación horizontal y vertical.

Se condensa vapor de agua a 6 psia (170 °F, I = 996.3 Btu/Lb) en la superficie externa de un tubo de 1/2" de diámetro exterior y 5 pies de longitud. La superficie del tubo se mantiene a una temperatura constante de 130 °F. Calcular el coeficiente de película en posición: a) horizontal; b) vertical.

Solución

1) Debemos calcular la temperatura de la película para obtener las propiedades físicas del vapor de agua a esa temperatura.

$$t_f = \frac{t_w + t_s}{2} = \frac{170 + 130}{2} = 150\,°F \Rightarrow \rho_l = 61.2\,\frac{Lb}{pie^3} \quad \mu_l = 1.06\,\frac{Lb}{pie\ hr} \quad k_l = 0.383\,\frac{Btu}{pie\ hr\ °F}.$$

Observamos que la densidad del vapor es tan pequeña comparada con la del líquido que se puede despreciar. Entonces queda:

$$\rho_l(\rho_l - \rho_v) \approx {\rho_l}^2$$

2) Aplicamos la ecuación *(16-16)* para la parte a), tubo horizontal.

$$h_c = 0.728\left[\frac{g\,\rho_f(\rho_f - \rho_v)k_f^{\,3}\,\lambda_f}{n_v\,\mu_f\,\Delta t}\right]^{1/4} = 0.728\left[\frac{4.17\times10^8\times61.2^2\times0.383^3\times996.3}{\dfrac{0.5}{12}\times1.06\times(170-130)}\right]^{1/4} =$$

$$= 1920\,\frac{Btu}{pie^2\ hr\ °F}$$

3) Aplicamos la ecuación *(16-13)* para la parte b), tubo vertical. En este caso la dimensión longitudinal D es la altura (longitud) del tubo, que es 5 pies.

$$h_c = 0.943\left[\frac{g\,\rho_f(\rho_f - \rho_v)k_f^{\,3}\,\lambda_f}{D\,\mu_f\,\Delta t}\right]^{1/4} = 0.943\left[\frac{4.17\times10^8\times61.2^2\times0.383^3\times996.3}{5\times1.06\times(170-130)}\right]^{1/4} =$$

$$= 730\,\frac{Btu}{pie^2\ hr\ °F}$$

Las comprobaciones experimentales posteriores al análisis de Nusselt demuestran que la ecuación *(16-16)* es conservadora, ya que los coeficientes que calcula son un 20% menores que los encontrados en la práctica para régimen laminar. Esto no toma en cuenta el efecto del esfuerzo de corte entre el vapor y la película de líquido condensado. Este no ejerce un efecto de arrastre apreciable, a menos que la velocidad del vapor sea alta. Así por ejemplo los coeficientes del vapor de agua con una velocidad tangencial de 250 pies/seg son aproximadamente el doble que a muy baja velocidad.

16.4.2 Uso del vapor de agua para calentamiento

Es posible que la aplicación mas común y corriente de la condensación sea en los procesos en los que se aprovecha el alto calor latente del vapor de agua para calentamiento. Además de su bajo costo, el vapor de agua no es tóxico ni contaminante, y es relativamente abundante. Sin embargo, tiene un rango de temperaturas algo restringido. Por debajo de 100 °C no resulta económico porque requiere operar al vacío. Por encima de 175 °C su presión se incrementa tan rápidamente que se requieren equipos muy robustos (espesores de pared considerables) a la vez que disminuye la seguridad de la manipulación y transporte. Por ejemplo, a 180 °C la presión de equilibrio es de 9.2 ata, mientras que a 590 °C es 105 ata, y en el punto crítico a

647 °C vale 218 ata. Además, a presiones elevadas el calor latente de condensación disminuye. Por este motivo no resulta económico su empleo en procesos que operan a temperaturas mayores de 180 °C.

16.4.3 Otros fluidos usados para calentamiento

En servicios a temperaturas mayores de 180 °C existen varias alternativas al vapor de agua. La mayor parte de los fluidos que se usan para calentamiento condensan a una temperatura parecida a la que se desea obtener en la corriente fría, para lo cual se cuenta con una serie de fluidos sintéticos de composiciones diversas. Sería largo referirnos a todos estos fluidos en detalle, además de exceder nuestro propósito. Nos limitamos a mencionar uno de los mas conocidos, denominado comercialmente Dowtherm A. Este fluido condensa a una temperatura de 258 °C con una presión prácticamente igual a la atmosférica, de modo que se usa para calentar fluidos a temperaturas muy superiores al límite superior práctico del vapor de agua, con la ventaja adicional de que los equipos no necesitan ser reforzados para soportar presiones elevadas.

Todas las sustancias empleadas para calentamiento por transferencia de calor latente (condensando) o de calor sensible (sin cambio de fase) son inestables. Ciertos aceites minerales de menor precio se descomponen con mayor o menor rapidez dependiendo del rango temperaturas a la que se los somete, y de la presencia de sustancias contaminantes que catalizan las reacciones de ruptura de enlaces en las moléculas. Las sustancias sintéticas son mas estables, pero su costo es mas elevado que los aceites minerales de petróleo.

BIBLIOGRAFIA

- *"Elementos de Termodinámica y Transmisión del Calor"* – Obert y Young.

- *"Procesos de Transferencia de Calor"* – D. Q. Kern.

- *"Transferencia de Calor"* – McAdams.

- *"Procesos de Termotransferencia"* – Isachenko, Osipova y Sukomiel.

- *"Transmisión del Calor y sus Aplicaciones"* – H. J. Stoever.

- *"Problemas de Termotransferencia"* – Krasnoschiokov y Sukomiel.

- *"Intercambio de Calor"* – Holman.

- *"Manual de fórmulas y datos esenciales de transferencia de calor para ingenieros"* – H. Y. Wong.

CAPITULO 17

INTERCAMBIO DE CALOR POR RADIACION

17.1 Introducción

Se entiende por radiación a la energía que no requiere de ningún medio para su propagación. Es decir, la energía que se propaga en forma de ondas electromagnéticas. Como sabemos, la radiación electromagnética suele clasificarse en función de su longitud de onda. La radiación calórica emitida por cuerpos a baja temperatura (por ejemplo el cuerpo humano a 37 °C) corresponde a la zona infrarroja del espectro electromagnético. A mayores temperaturas la radiación se hace visible, y con temperaturas altas la emisión se enriquece en una proporción creciente de ultravioleta.

Los problemas de interés industrial involucran principalmente a las radiaciones con una longitud de onda en el infrarrojo cercano, visible y ultravioleta cercano.

El problema del intercambio de calor por radiación fue estudiado por numerosos investigadores. Fue Max Planck quien al atacar el problema con un enfoque no clásico consiguió resolverlo, creando así la teoría cuántica y fundando la Física moderna.

Wien analizó la emisión de energía radiante por un cuerpo a distintas temperaturas. Graficando la intensidad de la emisión en función de la longitud de onda de la misma obtuvo gráficas que se asemejan a las de distribución normal o campana gaussiana. El máximo de cada curva de campana ocurre para longitudes de onda progresivamente menores a medida que aumenta la temperatura. Esto es fácil de observar en la vida cotidiana. Cuando un cuerpo está comenzando a emitir energía por radiación esta tiene un color rojo oscuro, y a medida que aumenta la temperatura el color pasa al rojo claro y luego al amarillo. Wien observó que el producto de la longitud de onda de la radiación emitida (λ) y la temperatura absoluta (T) es constante. Si T baja λ debe subir, de ahí el corrimiento hacia el infrarrojo (valores altos de λ) cuando T disminuye. El valor aceptado del producto ($\lambda \times T$) es 0.2885 cm °K para el pico de cada curva.

En nuestro análisis del problema introduciremos algunas simplificaciones necesarias por dos razones: a) son necesarias para resolver el problema en términos sencillos; b) se ajustan a la situación real en la mayoría de los casos de importancia práctica. Estas simplificaciones son:

1) Suponemos que la superficie radiante se encuentra a una temperatura uniforme, o sea que las temperaturas son idénticas en todos los puntos de la superficie.
2) El porcentaje de energía absorbida por el medio gaseoso que limita con la superficie es mínimo, y se desprecia.

La segunda suposición no siempre es cierta. Ciertos gases (por ejemplo vapor de agua, dióxido de carbono, dióxido de azufre, metano y amoníaco) absorben bastante.

17.2 Emisividad

Supongamos que se realizan una serie de experiencias midiendo la energía emitida por unidad de superficie a una cierta temperatura de un material determinado en distintas condiciones, por ejemplo cubierto de óxido, pulido a lima, pulido a espejo, etc. Observamos que la energía emitida depende de la calidad de la superficie porque las cantidades de energía emitida varían, aunque el material sea el mismo. Distintos materiales a veces emiten la misma cantidad de radiación, mientras un mismo material emite cantidades diferentes según sea su estado superficial.

Una superficie ideal emitiría o recibiría energía radiante de cualquier longitud de onda y en su totalidad en función únicamente de su temperatura. A un cuerpo de tales características se lo llama emisor ideal.

Un emisor ideal es también un absorbedor ideal ya que si es capaz de emitir también podrá absorber en las mismas condiciones. Es por eso que a un emisor ideal se lo conoce como cuerpo negro. El término viene de la propiedad óptica de un cuerpo que se ilumina con luz blanca, es decir integrada por radiaciones de todas las longitudes de onda. Si el cuerpo es negro significa que absorbe todas las longitudes de onda de la luz que recibe, sin emitir nada.

Lo que mas se acerca en la realidad al comportamiento de un cuerpo negro es un agujero en una caja cerrada. El cuerpo negro es el orificio, ya que toda radiación que llega al mismo es absorbida por la caja, en cuyo interior rebota infinidad de veces siendo sólo una pequeñísima porción la que por casualidad vuelve a salir por el orificio.

En la práctica se afecta a las superficies reales por un factor de corrección que mide la desviación de su comportamiento respecto de la idealidad representada por el cuerpo negro. A este factor se lo llama emisividad.

Por ejemplo si una superficie emite a una cierta temperatura una cantidad de energía que es el 30% de la que emitiría un cuerpo negro a la misma temperatura, se dice que su emisividad vale 0.3. En el libro *"Procesos de Transferencia de Calor"* de D. Q. Kern hay una tabla de valores de emisividad para una cantidad de superficies habituales (tabla 4.1 pág. 94). Se trata de emisividades asumiendo una dirección normal a la superficie emisora.

17.3 Poder absorbente
Cuando una superficie recibe radiación incidente, absorbe una parte de ella y refleja otra parte. Esto es fácil de observar en la fracción visible del espectro, o sea luz, y ocurre igualmente en la zona infrarroja del espectro.

17.4 Área eficaz
Al hablar de emisividad nos referimos a la condición de una superficie desde el punto de vista microscópico. Pero la velocidad a la que emite o recibe calor un cuerpo depende de la forma macroscópica de la superficie. Supongamos una superficie acanalada y tomemos un punto situado en el interior de una depresión. El punto está enviando energía radiante en todas direcciones. Pero sólo una porción de esa radiación sale al exterior, porque algunos rayos son interceptados por la pared de la canaladura y absorbidos. Por lo tanto el área que se debe usar para el cómputo es menor que el área mensurable, y se la denomina área eficaz.
En una superficie irregular se puede obtener aproximadamente el área eficaz igualando todas las partes cóncavas de la misma para nivelarlas con las partes planas o convexas adyacentes.

17.5 Ley de Kirchoff
Sean dos superficies <u>paralelas y aisladas</u>, ambas <u>a igual temperatura</u>. Sea Q_λ la máxima velocidad de emisión de radiación de longitud de onda λ posible por unidad de superficie a la temperatura T.
Sean e_1, e_2, a_1 y a_2 las emisividades y poderes absorbentes de las superficies.
La velocidad de emisión de una superficie cualquiera es:

$$\text{Velocidad de emisión} = e \times Q_\lambda$$

Como ambas superficies son paralelas, toda la radiación emitida por una de ellas (digamos por ejemplo la superficie 1) será interceptada por la otra, donde se absorbe la fracción a_2 y se refleja la fracción $(1 - a_2)$.
Esta última fracción reflejada retorna a la superficie original, donde nuevamente se absorbe la fracción a_1 y se refleja la fracción $(1 - a_1)$. Así, parte de la radiación emitida por cada superficie sufre reflexiones sucesivas.
Como las dos superficies están aisladas y a la misma temperatura, la velocidad a la que pierden calor por radiación es nula, ya que el calor no puede escapar del recinto que las contiene. En consecuencia cada superficie recibe y entrega calor pero no aumenta su temperatura. Por lo tanto la velocidad $(e_1 \times Q_\lambda)$ a la que emite energía la superficie 1 es igual a la suma de velocidades a las que absorbe radiación emitida por la superficie 2 y la velocidad a la que recibe radiación que rebota reflejada por la 2.
O, dicho en otras palabras, toda la energía que sale de la superficie 1 es igual a toda la que llega a la superficie 1. Es decir, siendo:

$$Q_\lambda \times e_1 = \text{energía emitida por la superficie 1}$$

$$Q_\lambda \times e_2 \times a_1 = \text{energía emitida por la superficie 2 y absorbida por la 1}$$

$Q_\lambda \times e_1(1 - a_2) = $ energía emitida por la superficie 1 y reflejada por la 2
Entonces:

$$Q_\lambda \times e_1 = Q_\lambda \times e_2 \times a_1 + Q_\lambda \times e_1(1 - a_2) \Rightarrow e_1 = e_2 \times a_1 + e_1 - e_1 \times a_2 \Rightarrow e_1 \times a_2 = e_2 \times a_1 \Rightarrow$$

$$\boxed{\frac{e_1}{a_1} = \frac{e_2}{a_2}} \qquad\qquad (17\text{-}1)$$

Ahora supongamos que el cuerpo 2 es un cuerpo negro. La ecuación anterior se sigue cumpliendo:

$$\frac{e_1}{a_1} = \frac{e_2}{a_2} = \cdots = \frac{e_n}{a_n}$$

Pero por ser un cuerpo negro, su emisividad y absortividad son unitarias. Por lo tanto:

$$\frac{e_1}{a_1} = \frac{e_2}{a_2} = 1 \Rightarrow \begin{array}{l} e_1 = a_1 \\ e_2 = a_2 \end{array}$$

17.6 Superficie gris

Se define como tal aquella cuya emisividad e es la misma para todas las longitudes de onda y temperaturas. De hecho, aunque mas cerca del comportamiento observable de las superficies reales que el cuerpo negro, la superficie gris no es mas que una idealización ya que pocas superficies reales mantienen la misma emisividad a distintas temperaturas. Para una superficie gris se define la emisividad e total o hemisférica como la velocidad total a la cual emite radiación de todas las longitudes de onda dividida por la velocidad total a la cual emitiría radiación un cuerpo negro a la misma temperatura. Siendo la absortividad igual a la emisividad, se define de modo análogo. El error cometido en los problemas prácticos de ingeniería al suponer que una superficie real se comporta como gris es por lo general pequeño.

17.7 Ley de Stefan-Boltzmann

El físico alemán Max Planck dedujo la ecuación que permite calcular la intensidad de radiación emitida por un cuerpo a una longitud de onda λ. Esta ecuación describe exactamente el comportamiento real de los emisores, tal como se demostró experimentalmente. La ecuación de Planck es:

$$I_\lambda = \frac{C_1}{\lambda^5 \, e^{C_2/(T\lambda)} - 1}$$

Integrando tendremos la energía total irradiada a cualquier longitud de onda para una temperatura determinada:

$$E = \int_0^\infty \frac{C_1}{\lambda^5 \, e^{C_2/(T\lambda)} - 1} \, d\lambda$$

Haciendo $x = \dfrac{C_2}{\lambda T}$ tenemos:

$$E = -\frac{C_1}{C_2^{\,4}} T^4 \int_0^\infty \frac{x^3}{e^x - 1} \, dx$$

Y, desarrollando en serie $\dfrac{1}{e^x - 1}$: $E = -\dfrac{C_1}{C_2^{\,4}} T^4 \int_0^\infty x^3 \left(\dfrac{1}{e^x} + \dfrac{1}{e^{2x}} + \dfrac{1}{e^{3x}} + \dfrac{1}{e^{4x}} + \dfrac{1}{e^{5x}} + \cdots \right) dx$

$$E = -\frac{C_1}{C_2^{\,4}} T^4 \left[\int_0^\infty \frac{x^3}{e^x} \, dx + \int_0^\infty \frac{x^3}{e^{2x}} \, dx + \int_0^\infty \frac{x^3}{e^{3x}} \, dx + \int_0^\infty \frac{x^3}{e^{4x}} \, dx + \int_0^\infty \frac{x^3}{e^{5x}} \, dx + \cdots \right]$$

Truncando esta serie a cuatro términos significativos (los restantes son despreciables) y valorando cada uno, tenemos:

$$E = -\frac{C_1}{C_2^{\,4}} T^4 \times 6.44$$

Por último, evaluando constantes resulta:

$$\boxed{E = \sigma T^4}$$

$$(17\text{-}2)$$

Esta es la ecuación de Stefan-Boltzmann que se usa en la mayoría de los cálculos de radiación. Los valores mas habituales de σ son:

$$\sigma = 4.92 \times 10^{-8} \ Kcal/(°K^4 \, m^2) \qquad \sigma = 0.173 \times 10^{-8} \ Btu/(°R^4 \, pie^2)$$

17.8 Cálculo práctico de transmisión de energía por radiación entre superficies

Se estudiará el cálculo de la energía intercambiada en forma de calor por radiación entre dos superficies a temperaturas uniformes y distintas T_1 y T_2 respectivamente. Los cálculos de transferencia de calor en ingeniería normalmente se basan en las siguientes suposiciones.

➤ El medio no es absorbente. El medio no absorbente perfecto es el vacío, pero el aire puro seco sin partículas en suspensión puede considerarse no absorbente sin cometer un error importante.

➤ Las fronteras del sistema y el sistema mismo pueden subdividirse en una cantidad finita de superficies isotérmicas.

➤ Las superficies en cuestión son cuerpos grises emisores, absorbedores y reflectores a la vez.

➤ La radiación emitida y la reflejada que abandona cualquier superficie tienen direcciones difusas.

➤ La emisión, absorción o reflexión de energía en una superficie es uniforme en toda la superficie.

El análisis se simplifica considerablemente si se agrupan todas las superficies de a pares. Entonces se pueden distinguir dos casos en el análisis de situaciones prácticas en problemas de ingeniería. El primero engloba todas las disposiciones geométricas que producen como consecuencia que toda la energía emitida por una superficie sea completamente interceptada por la otra. El segundo engloba todas las situaciones en las que una superficie emite energía pero la otra no la intercepta totalmente.

Caso 1

La superficie 2 intercepta toda la radiación emitida por la superficie 1. Por ejemplo la superficie 2 está encerrada por la superficie 1, o la superficie 2 es plana y la superficie 1 se extiende tanto como la 2. La cantidad neta de calor intercambiada por radiación entre las dos superficies es:

$$\dot{Q} = \sigma\left(T_1^4 - T_2^4\right)A_1 F_e \qquad (17\text{-}3)$$

Donde: $\dot{Q}$ = calor intercambiado desde la superficie más cálida hacia la mas fría, expresado en Kcal/hora o unidades similares.

σ = constante de Stefan-Boltzmann, unidades compatibles.)

A_1 = área de la superficie 1, unidades compatibles.

F_e = factor de emisividad que corrige el comportamiento de una superficie supuesta negra y la lleva a la situación real. Viene dado por la tabla siguiente. (Adimensional).

Sub caso	Tipo de superficie	F_e
1	La superficie 1 es la menor de dos cilindros concéntricos de radios r_1 y r_2 y de longitud infinita.	$\dfrac{1}{\dfrac{1}{e_1}+\left(\dfrac{1}{e_2}-1\right)\dfrac{r_1}{r_2}}$
2	La superficie 1 es la mas pequeña de dos esferas concéntricas de radios r_1 y r_2.	$\dfrac{1}{\dfrac{1}{e_1}+\left(\dfrac{1}{e_2}-1\right)\dfrac{r_1}{r_2}}$
3	La superficie 1 es uno de un par de planos paralelos infinitos.	$\dfrac{1}{\dfrac{1}{e_1}+\dfrac{1}{e_2}-1}$
4	La superficie 1 tiene cualquier forma y es pequeña comparada con la superficie 2.	e_1
5	La superficie 1 tiene cualquier forma y es casi del tamaño de la superficie 2.	$\dfrac{1}{\dfrac{1}{e_1}+\dfrac{1}{e_2}-1}$
6	Subcaso intermedio entre 4 y 5.	$e_1 > F_e > \dfrac{1}{\dfrac{1}{e_1}+\dfrac{1}{e_2}-1}$

TABLA 1

Ejemplo 17.1 <u>Cálculo de la pérdida de calor por radiación.</u>

Calcular las pérdidas de calor por radiación de una tubería de hierro desnudo, con un diámetro externo nominal de 3 pulgadas, hacia las paredes de una habitación cuya temperatura es de 70 °F. La tubería está oxidada y su temperatura es 300 °F. Observación: en este cálculo no tenemos en cuenta la pérdida por convección, pero esta también es importante. Suponemos que el aire se encuentra estancado.

<u>Solución</u>

Dado que la superficie tubular está totalmente rodeada por el recinto nos encontramos en el caso 1, y por ser pequeña con respecto al mismo se trata del subcaso 4. Por lo tanto $F_e = e_1$.

En una tabla de diámetros externos reales encontramos que el diámetro externo de un tubo de 3" es 3.5". En una tabla de emisividades encontramos $e_1 = 0.94$.

$$\dot{Q} = \sigma\left(T_1^{\,4} - T_2^{\,4}\right)A_1\,F_e = 0.173\times10^{-8}\left[\left(300+460\right)^4 - \left(70+460\right)^4\right]0.94\,\frac{\pi\times3.5}{12} = 1.92\,\frac{\text{BTU}}{\text{hr pie}}$$

Esta es la pérdida de calor por radiación por pie de longitud de tubo.

Caso 2

La superficie 2 intercepta sólo parte de la radiación emitida por la superficie 1. Es decir, la superficie 2 no envuelve por completo a la superficie 1 o la superficie 1 es plana y la superficie 2 no alcanza a cubrirla.

En este caso es preciso corregir la ecuación por medio de un factor angular que toma en cuenta la posición relativa y forma de ambas superficies, F_a.

La cantidad neta de calor intercambiada por radiación entre las dos superficies es:

$$\dot{Q} = \sigma\,e_1\,e_2\left(T_1^{\,4} - T_2^{\,4}\right)A_1\,F_a \qquad\qquad (17\text{-}4)$$

Donde: σ, e_1, e_2 y A_1 tienen el mismo significado que antes.

F_a = factor de emisividad que corrige por las posiciones y formas de las superficies. (Adimensional). Viene dado por la siguiente gráfica.

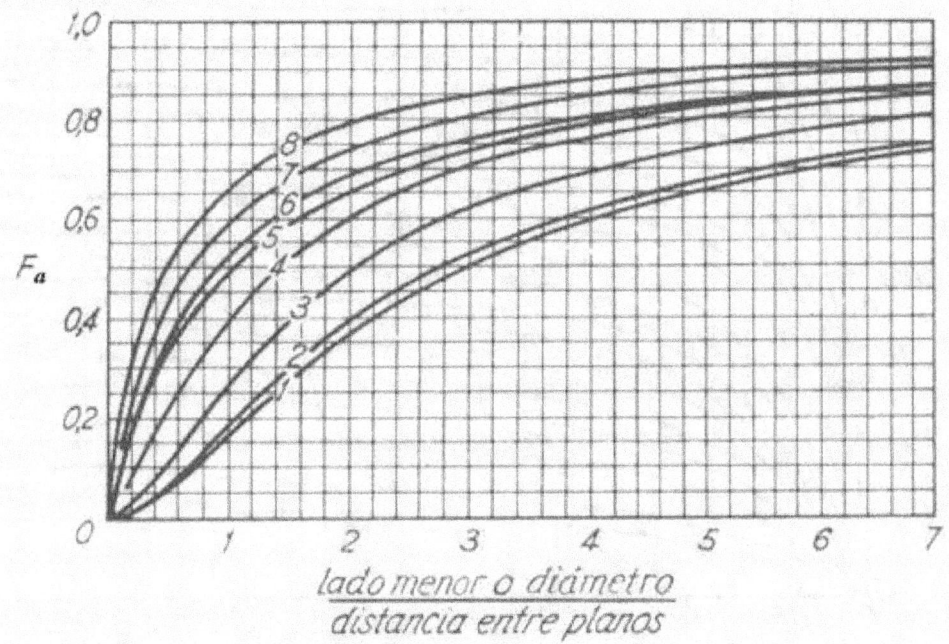

Radiación entre planos paralelos: 1-2-3-4, radiación directa;
5-6-7-8, espacio encerrado por paredes refractarias; 1-5, discos;
3-7, rectángulos; 2-6, Cuadrados; 4-8, rectángulos alargados.

La ecuación *(17-4)* no es exacta, pero permite obtener resultados satisfactorios cuando e_1 y e_2 son mayores o iguales que 0.8.

<u>Cómo usar esta figura.</u>

La figura trata el caso de planos paralelos; un grupo de curvas (curvas 1, 2, 3 y 4) se refiere a superficies no limitadas por paredes.

El otro grupo se usa para superficies limitadas por paredes no conductoras pero re irradiadoras (curvas 5, 6, 7 y 8) como en el caso de un horno con paredes refractarias, con reflexión total.

Ejemplo 17.2 Cálculo de la pérdida de calor por radiación en un horno revestido con refractario.
Un horno tiene en una de sus paredes una ventana cuadrada de 3" de lado. El espesor de la pared es de 6" y la temperatura en el interior del horno es 2200 °F. En el exterior reina la temperatura atmosférica de 70 °F. Calcular la pérdida de calor por radiación.
Solución
Toda la radiación que pasa por la ventana debe pasar por dos planos imaginarios, uno que abarca el lado interno (a 2200 °F) y el otro que pasa por el lado externo, a 70 °F. Cada plano tiene 3" de lado, están separados 6" entre sí y son paralelos. Como la radiación atraviesa los planos, son cuerpos negros con $e = 1$. Estamos por lo tanto en el caso 2. Usando el gráfico anterior, curva 6, tenemos $F_a = 0.37$.

$$\dot{Q} = \sigma\, e_1\, e_2 \left(T_1^{\,4} - T_2^{\,4} \right) A_1\, F_a = 0.173 \times 10^{-8} \left[(2200+460)^4 - (70+460)^4 \right] \times 1 \times 1 \times 0.37 \frac{3\times 3}{12\times 12} =$$

$$= 2000\, \text{BTU}\Big/\text{hora}$$

La figura siguiente sirve para el caso de rectángulos perpendiculares entre sí. La dimensión y es la longitud del lado menor del rectángulo en cuya área se basa la ecuación, o sea del rectángulo 1. Z es la longitud del lado del rectángulo 2, x es la longitud del lado común.

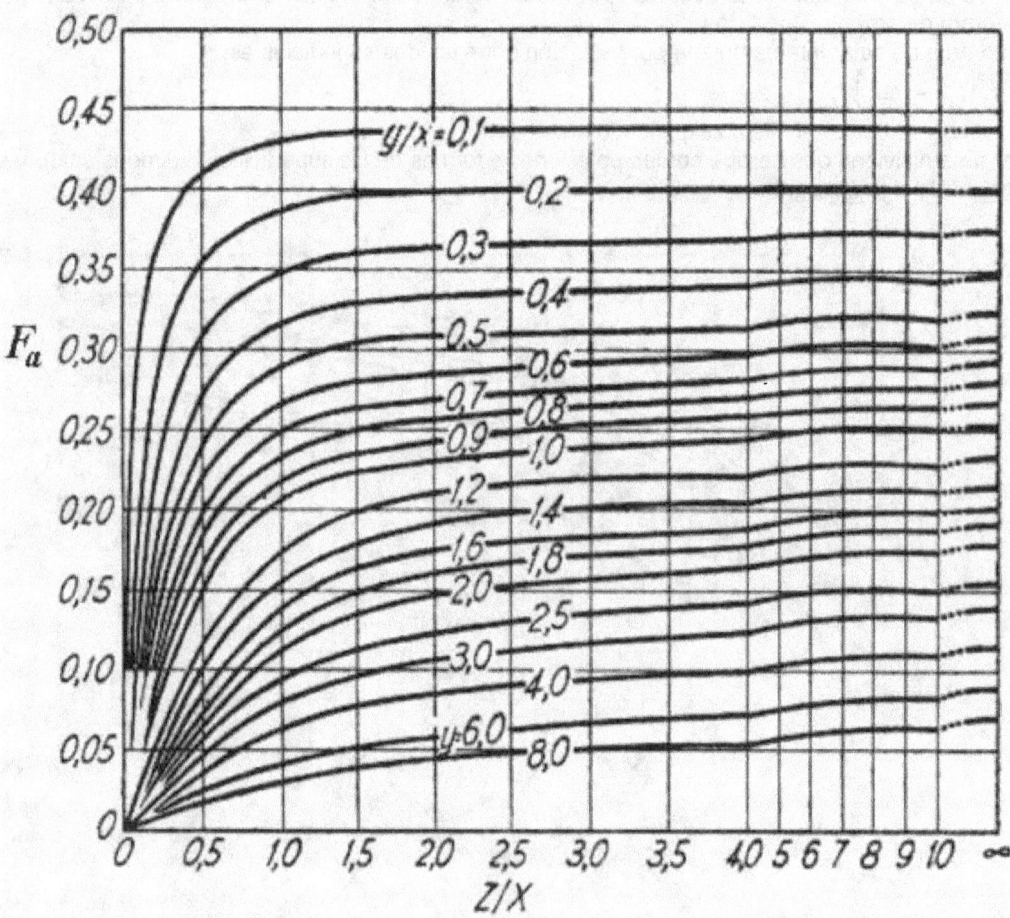

Ejemplo 17.3 Cálculo de la pérdida de calor por radiación en un horno eléctrico tipo mufla.
Se tiene un horno prismático tipo mufla, de 6 pies de ancho, 12 de profundidad y 6 de alto calentado en el piso con resistencias eléctricas. ¿Qué fracción de la radiación emitida por el piso da en las paredes laterales y en el techo?.
Solución
Vamos a suponer que el horno está en estado estable o sea que la temperatura permanece estacionaria con el tiempo. Está claro que por ser el horno un prisma, las paredes son perpendiculares entre sí, por lo tanto usaremos la figura anterior. Para cada una de las paredes de 6×12 tenemos:

668

$$\frac{y}{x} = \frac{6}{12} = 0.5 \qquad \frac{z}{x} = \frac{6}{12} = 0.5 \Rightarrow F_a = 0.24$$

En cada pared de 6×6 tenemos:

$$\frac{y}{x} = \frac{12}{6} = 2 \qquad \frac{z}{x} = \frac{6}{6} = 1 \Rightarrow F_a = 0.12$$

Por lo tanto, las cuatro paredes reciben la proporción: 2(0.24 + 0.12) = 0.72, es decir el 72% de la radiación emitida por el piso.

El caso del techo es un caso de planos finitos paralelos, o sea dos rectángulos encerrados por paredes circundantes. Usamos la primer figura, curva 3 porque se trata de un rectángulo con una relación de lados 1:2. Tenemos que el lado menor vale 6, y la distancia es de 6, por lo tanto F_a = 0.28. Usamos la curva 3 porque nos interesa la radiación directa, no la re irradiada. Es obvio que la suma de lo que reciben las paredes y el techo tiene que dar 100%.

Usando la curva 7 obtenemos F_a = 0.61 que es lo que recibe el techo en forma directa mas lo que recibe de rebote de las paredes, de modo que mas de la mitad de la radiación emitida desde el piso va a parar al techo. De ahí que las bandejas deben estar lo mas altas que sea posible, no por razones de aprovechamiento de convección natural sino por efecto de radiación pura.

17.9 Radiación entre superficies reales y filas de tubos

El tratamiento se complica considerablemente cuando las superficies tienen una geometría complicada. Es el caso de la irradiación hacia filas de tubos apoyados o en las cercanías de la pared del horno. La situación en este caso es muy complicada porque la hilera de tubos recibe radiación tanto desde el centro del horno como desde el refractario que se encuentra a sus espaldas. Con frecuencia se encuentra mas de una hilera de tubos, de modo que estas se estorban mutuamente ya que cada hilera proyecta una sombra sobre la otra, tanto respecto de la radiación principal proveniente del centro del horno como de la radiación secundaria emitida o reflejada por el refractario. Este caso es muy frecuente en la práctica. Ha sido estudiado y se ha publicado una gráfica que permite calcular la energía intercambiada entre una o dos filas de tubos ubicados contra la pared refractaria y un plano ideal paralelo a ellos y ubicado inmediatamente debajo. Podemos ver esa gráfica a continuación.

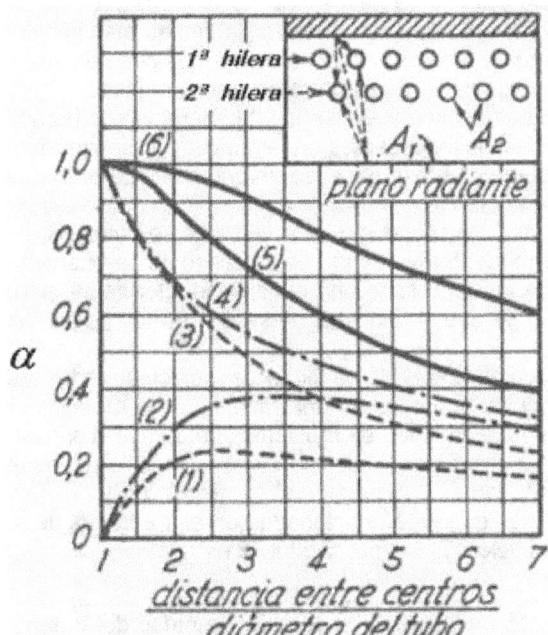

Radiación de un plano sobre una o dos hileras de tubos: 1) directa a la segunda hilera; 2) total a la segunda hilera; 3) directa a la primera hilera; 4) total a la primera hilera; 5) total a la hilera única; 6) total a dos hileras (suma).

El concepto básico consiste en obtener la emisividad del plano virtual paralelo a los tubos, que emite la misma radiación que estos hacia el objetivo. El coeficiente α de la gráfica se reemplaza en la fórmula siguiente.

$$\Phi = \frac{1}{\dfrac{1}{\alpha} + \left(\dfrac{1}{e_1} - 1\right) + \dfrac{A_1}{A_2}\left(\dfrac{1}{e_2} - 1\right)} \qquad (17\text{-}5)$$

Donde: A_1 y A_2 son las áreas eficaces del plano radiante y de los tubos respectivamente. El coeficiente Φ representa la emisividad del plano virtual.

El cálculo del flujo de calor se hace mediante la ecuación siguiente.

$$\dot{Q} = \sigma\left(T_1^4 - T_2^4\right)A_1\,\Phi \qquad (17\text{-}6)$$

Ejemplo 17.4 Cálculo de un horno eléctrico prismático.

En un horno eléctrico de sección rectangular el calentamiento se realiza con barras de 1.5 cm. de diámetro y 2 m. de longitud dispuestas paralelamente, a 5 cm. de distancia entre centros, en un plano horizontal justo debajo de la bóveda. Las dimensiones de la solera son 2m × 1m, y sobre ella está dispuesta la carga, cuyo plano superior queda a 0.50 m. debajo de las resistencias. Hallar la potencia eléctrica consumida en el horno para mantener las resistencias a 1100 °C cuando la carga está a 800 °C. Las emisividades de la carga y las resistencias son 0.9 y 0.6 respectivamente.

669

<u>Solución</u>

Para hallar el intervalo de calor entre las resistencias y la carga consideramos dos etapas:

a) radiación entre las resistencias y un plano virtual inmediatamente inferior.

b) radiación entre el plano virtual y la superficie de la carga.

a) La radiación entre las resistencias y el plano virtual de área igual a la del plano superior de la carga es la suma de la radiación directa mas la reflejada por la bóveda.

Entonces el cociente de la distancia entre centros sobre el diámetro da: $5/1.5 = 3.33$ y $\alpha = 0.67$ (curva 5).

El cociente de superficies es: $A_1/A_2 = 5/\pi/1.5 = 1.061$. $e_1 = 1$ porque es un plano ideal. Obtenemos aplicando la ecuación *(17-5)*:

$$\Phi = \cfrac{1}{\cfrac{1}{\alpha}+\left(\cfrac{1}{e_1}-1\right)+\cfrac{A_1}{A_2}\left(\cfrac{1}{e_2}-1\right)} = \cfrac{1}{\cfrac{1}{0.67}+\left(\cfrac{1}{0.45}-1\right)+1.061\left(\cfrac{1}{0.6}-1\right)} = 0.29$$

En definitiva el plano virtual se puede suponer equivalente a una superficie real, cuya emisividad es $e = 0.29$, que estuviese a la temperatura de las resistencias.

b) Hallamos ahora la radiación entre dos superficies planas rectangulares de dimensiones 2m×1m situadas a 0.5 m. de distancia en un espacio encerrado por superficies refractarias. El factor de geometría de las curvas para planos paralelos es 0.74. Al aplicar nuevamente la ecuación *(17-5)* obtenemos:

$$\Phi = \cfrac{1}{\cfrac{1}{\alpha}+\left(\cfrac{1}{e_1}-1\right)+\cfrac{A_1}{A_2}\left(\cfrac{1}{e_2}-1\right)} = \cfrac{1}{\cfrac{1}{0.74}+\left(\cfrac{1}{0.29}-1\right)+1\left(\cfrac{1}{0.9}-1\right)} = 0.26$$

El flujo de calor hacia la carga será:

$$\dot{Q} = \sigma\left(T_1^{\,4}-T_2^{\,4}\right)A_1\,\Phi = 4.92\times10^{-8}\left(1373^4-1073^4\right)2\times0.26 = 56440\,\frac{\text{Kcal}}{\text{hr}}$$

17.10 <u>Intercambio de energía por radiación cuando interviene un medio gaseoso</u>

El problema del cómputo del intercambio de energía en este caso es de naturaleza muy compleja. Es preciso realizar ciertas idealizaciones y aproximaciones que permitan mantenerlo dentro de límites manejables. Estas consisten principalmente en considerar al medio como no emisor y no absorbente, como lo veníamos haciendo hasta ahora, para luego corregir los resultados obtenidos mediante correlaciones empíricas.

La cuestión tiene particular importancia en el estudio de la combustión y el diseño y la operación de hornos a gas o cualquier otro combustible que no produzca partículas incandescentes en la masa de gases producto de la combustión. En este caso el medio ya no es aire sino una masa gaseosa en combustión por lo que hay que tomar en cuenta la emisividad y absortividad de esta masa.

Los gases biatómicos como el O_2, N_2, etc. tienen emisividades muy bajas que normalmente se pueden despreciar. El H_2O y el CO_2 en cambio tienen emisividades importantes y cuando están presentes en cantidades apreciables se deben tener en cuenta. El monóxido de carbono tiene una emisividad intermedia, pero en general un horno bien diseñado y operado tiene exceso de aire y sólo está presente en muy pequeñas cantidades, por lo que no se lo suele considerar.

La radiación total de una masa de gas depende de su temperatura y de la cantidad de moléculas radiantes presentes. El volumen de gas y la concentración de moléculas radiantes es una medida de la radiación a una temperatura dada porque su producto da como resultado la cantidad de moléculas presentes. Téngase en cuenta que en este apartado consideramos que el medio gaseoso está libre de partículas. El caso de la emisión de masas que contienen partículas, que llamaremos "llamas", se trata en el apartado **17.13**.

En lugar de la concentración se usa la presión parcial del gas que está relacionada con ella a través de la ley de las presiones parciales de Dalton. En efecto, de la ecuación *(2-54')* del capítulo **2** es:

$$P_i = x_i\,P$$

x_i es una forma de expresar la concentración. Se puede obtener x_i de un análisis volumétrico del gas, ya que sabemos que es igual a la cantidad del componente *i* en tantos por uno en volumen. En lugar del volumen se usa la longitud atravesada media L, que es fácil de medir. La emisividad del medio gaseoso es función del producto $(P_i\times L)$. En la tabla siguiente hallamos L para distintas configuraciones geométricas.

Forma geométrica	L en metros (teórico)	L para valores usuales de $(P_i \times L)$ según la práctica.
Esfera	2/3×Diámetro	0.60×Diámetro
Cilindro infinito radiación normal al eje	1×Diámetro	0.90×Diámetro
normal a la base		0.90×Diámetro
Cilindro normal (altura = Diámetro) radiación normal al eje	2/3×Diámetro	0.60×Diámetro
normal a la base		0.77×Diámetro
Semicilindro infinito radiación desde o hacia el plano que pasa por el eje		1.26×radio
Espacio entre dos placas paralelas	2×Distancia entre placas	1.8×Distancia entre placas
Paralelepípedo 1×2×6 (prisma 1×2×6) radiación normal a la cara 2×6	1.18×arista menor	1.06×arista menor
radiación normal a la cara 1×6	1.24×arista menor	
radiación normal a la cara 1×2	1.11×arista menor	
radiación normal a todas las caras	1.20×arista menor	
Espacio externo a un haz de tubos D_0 = diám. tubo (DET = distancia entre tubos) agrupados en triángulo con DET = D_0	3.4×DET	2.80×DET
agrupados en triángulo con DET = 2×D_0	4.45×DET	3.80×DET
agrupados en cuadro con DET = D_0	4.45×DET	3.50×DET

TABLA 2

En el caso de hornos tenemos los siguientes valores:

HORNOS RECTANGULARES	
Longitud - ancho - alto	L (metros)
1 - 1 - 1 a 1 - 1 - 3 1 - 2 - 1 a 1 - 2 - 4	$\dfrac{2}{3}\sqrt[3]{\text{volumen del horno } (m^3)}$
1 - 1 - 4 a 1 - 1 - ∞	1.0×arista menor
1 - 2 - 5 a 1 - 2 - 8	1.3×arista menor
1 - 3 - 3 a 1 - ∞ - ∞	1.8×arista menor
HORNOS CILINDRICOS	
altura igual al diámetro	0.6666×diámetro
altura desde 2 diámetros a ∞	1.0×diámetro
HACES DE TUBOS	
Espacio exterior a haces de tubos, cual- quier espaciado y disposición de los tubos D_0 = diámetro de tubo P_t = espaciado de tubos	$0.122 \times P_t - 0.173 \times D_0$

TABLA 3

Existen muchas formas no tabuladas. Para estos casos se admite como aproximación válida la siguiente:

$$3.4\frac{V}{S} < L < 4\frac{V}{S}$$

Donde: V = volumen del recinto; S = superficie expuesta del recinto.

17.11 Emisividad de masas gaseosas

La emisividad de las masas gaseosas a elevada temperatura se puede obtener en las figuras siguientes. La primera corresponde al CO_2, la segunda al vapor de agua y la tercera a la corrección para el vapor de agua.

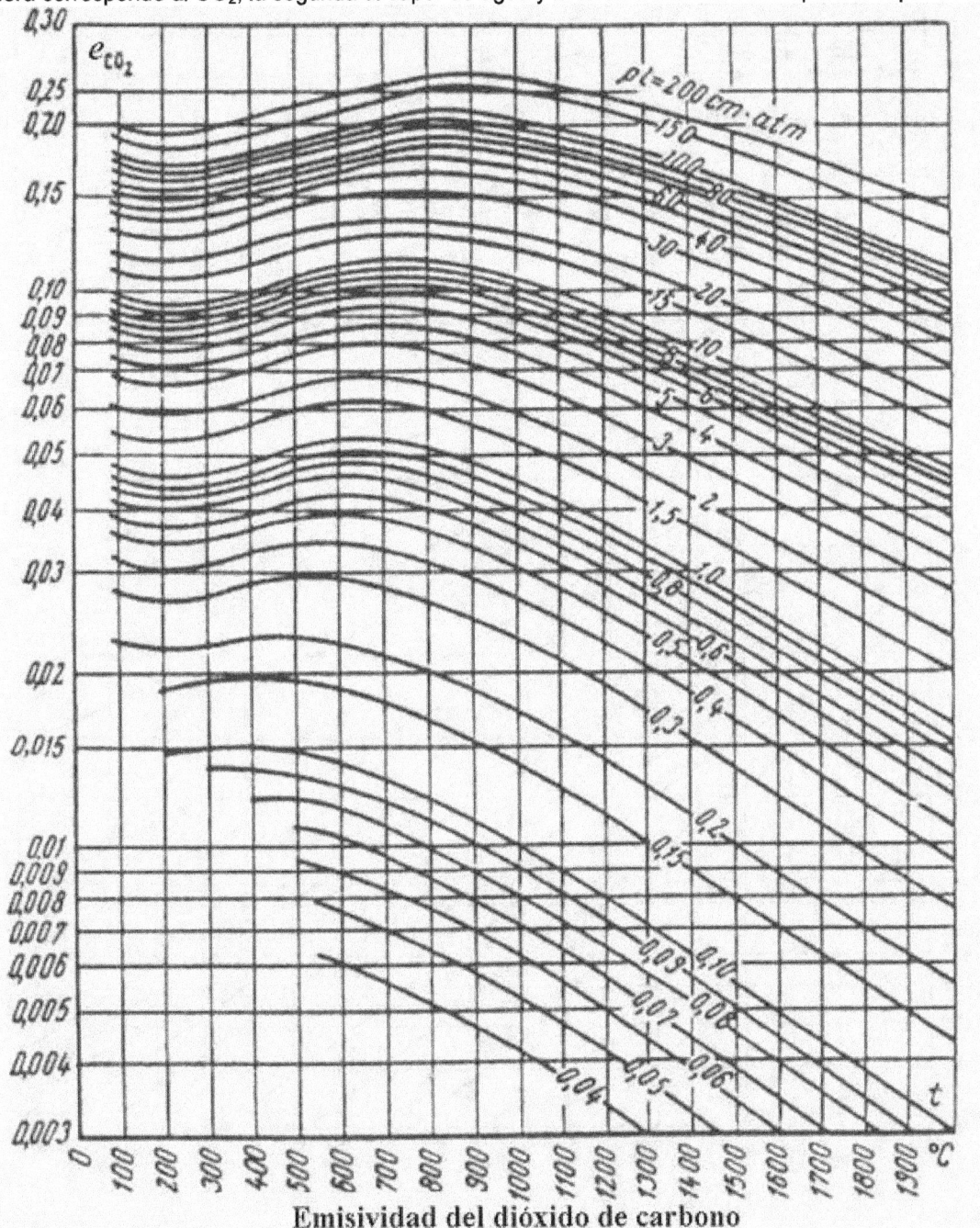

Emisividad del dióxido de carbono

Ejemplo 17.5 Cálculo de la emisividad en un medio absorbente.

Determinar la emisividad en un medio donde la presión parcial del CO_2 es 0.6 atm. para un cilindro muy largo de 2 m. de diámetro sobre cuya base incide la radiación a 900 °C.

Solución

L = 200 cm $\Rightarrow$ $L \times P_{CO2}$ = 200×0.6 = 12 cm×atm.

En la figura hallamos para 900 °C: e = 0.12.

La siguiente figura permite obtener la emisividad del vapor de agua.

673

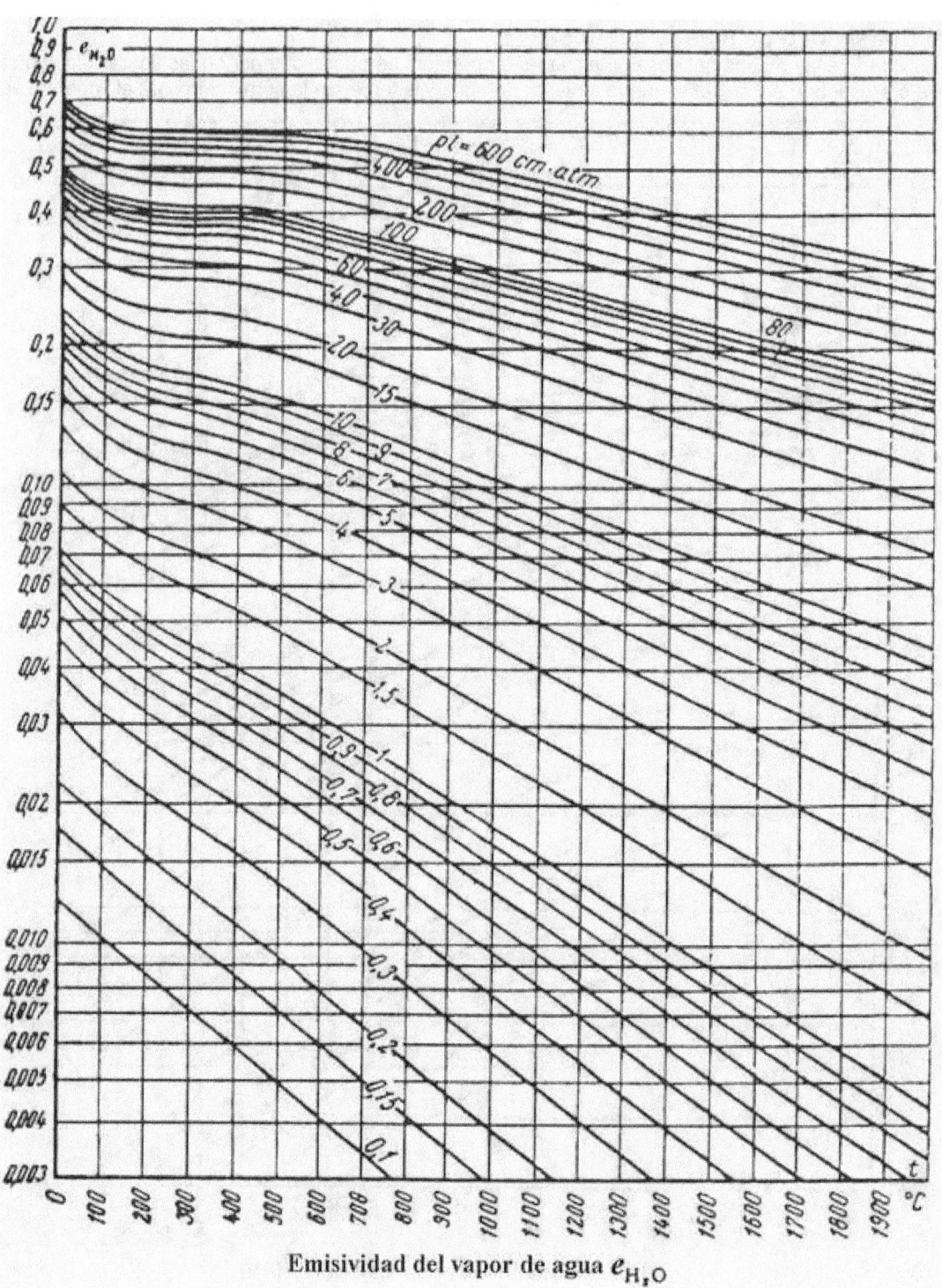

Emisividad del vapor de agua e_{H_2O}

Cálculo de la emisividad del vapor de agua

El cálculo de la emisividad del vapor de agua no es tan simple porque la misma varía algo con su presión parcial P_w.

Se multiplica el valor de e obtenido de la figura anterior por el coeficiente de corrección β obtenido de la figura de la página siguiente.

674

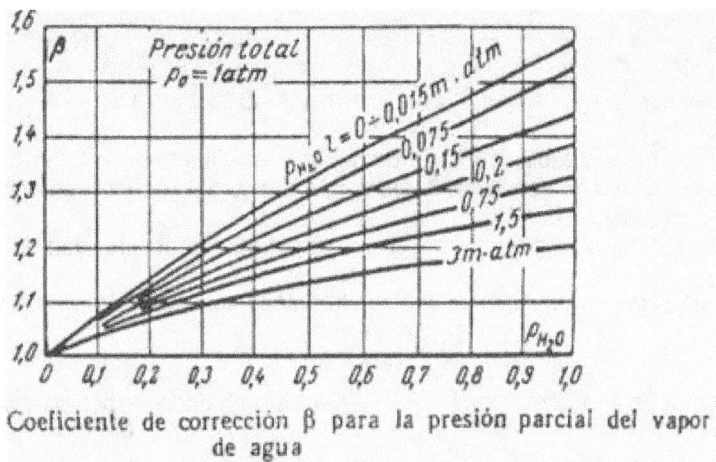

Coeficiente de corrección β para la presión parcial del vapor de agua

Nótese que se han cambiado las unidades del producto $L{\times}P$ ya que en la figura anterior se expresa en cm×atm mientras que en esta figura se expresa en m×atm.

Ejemplo 17.6 Cálculo de la emisividad en un medio absorbente.
Con los mismos datos del ejemplo anterior determinar la emisividad del vapor de agua.
Solución
La emisividad sin corregir es $e = 0.13$. El valor del factor de corrección β es 1.22. Por lo tanto $e = 0.13{\times}1.22$ = 0.16.

Cálculo de la emisividad de mezclas de vapor de agua y anhídrido carbónico
Para mezclas de vapor de agua y anhídrido carbónico el problema es un poco mas complejo por interacciones a nivel molecular. El cálculo se realiza sumando ambas emisividades y restando una corrección $\Delta\varepsilon$ que se obtiene de la figura siguiente, donde está permitido interpolar linealmente para temperaturas intermedias.

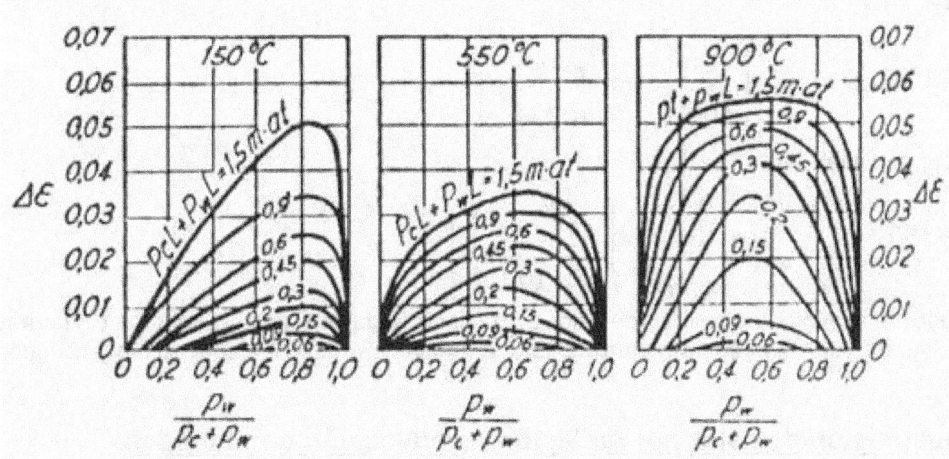

Ejemplo 17.7 Cálculo de la emisividad en un medio absorbente.
Tenemos un horno rectangular de dimensiones 1.5×1.5×10.5 (en metros) a 900 °C, siendo las presiones parciales del CO_2 y del vapor de agua 0.11 atm. y 0.25 atm. respectivamente. En la tabla 3 correspondiente a hornos rectangulares obtenemos para una relación de lados 1-1-7 que $L = 1{\times}$arista menor = 1.5 m.
Para el vapor de agua:
$P_w{\times}L = 0.25{\times}150 = 37.5 \Rightarrow e = 0.225$. El valor de la corrección es 1.12 por lo que la emisividad del vapor de agua es $0.225{\times}1.12 = 0.252$
Para el anhídrido carbónico:
$P_c{\times}L = 0.11{\times}150 = 16.5 \Rightarrow e = 0.125$
Para la mezcla:

$0.375 + 0.165 = 0.54$ y $\dfrac{P_w}{P_c + P_w} = \dfrac{0.25}{0.11 + 0.25} = 0.695$

De la figura anterior tenemos $\Delta\varepsilon = 0.045 \Rightarrow e = 0.252 + 0.125 - 0.045 = 0.332$.

El método de cálculo que hemos explicado parte de suponer que las temperaturas del gas y la superficie son iguales, pero esto no es lo mas frecuente. Si las temperaturas del gas y la superficie no son iguales, es preciso imponer ciertas correcciones.

1) Si la temperatura de la superficie es <u>mayor</u> que la del gas, la absortividad de la masa gaseosa se obtiene tomando $P_i \times L \times \dfrac{T_S}{T_G}$ en lugar de $P_i \times L$ en la gráfica correspondiente, y el valor de absortividad así obtenido se debe multiplicar por $\left(\dfrac{T_S}{T_G}\right)^{0.65}$ para el anhídrido carbónico y por $\left(\dfrac{T_S}{T_G}\right)^{0.45}$ para el vapor de agua. T_G y T_S son las temperaturas de la masa gaseosa y de la superficie.

La ecuación que rige el intercambio de calor por radiación cuando $T_S > T_G$ es la siguiente.

$$\dot{Q} = \sigma\left(e_G T_G{}^4 - a_G T_S{}^4\right) A F \qquad (17\text{-}7)$$

Donde:

σ tiene el mismo significado que antes.

A es el área eficaz.

F es el factor de emisividad que se obtiene de la tabla 2 o 3.

e_G es la emisividad del gas o mezcla gaseosa computada a T_G.

a_G es la absortividad del gas o mezcla gaseosa computada a T_S. (En la práctica se puede reemplazar por la emisividad del gas o mezcla gaseosa computada a T_S).

2) Cuando $T_G \geq T_S$ la absortividad se puede considerar igual a la emisividad calculada a T_S con poco error ya que la absorción es poco importante frente a la emisión.

Pueden citarse también las ecuaciones de Hottel y de Eckert para hornos.

Para el CO_2:

$$\left(\dfrac{\dot{Q}}{A}\right)_{CO2} = 15.8\sqrt{P_{CO2} \times L}\left[\left(\dfrac{T_{gas}}{100}\right)^{3.5} - \left(\dfrac{T_{pared}}{100}\right)^{3.5}\right]$$

Para el vapor de agua:

$$\left(\dfrac{\dot{Q}}{A}\right)_{H2O} = 15.8 \times P_{H2O}{}^{0.8} \times L^{0.6}\left[\left(\dfrac{T_{gas}}{100}\right)^{3} - \left(\dfrac{T_{pared}}{100}\right)^{3}\right]$$

De ellas deducimos que la transmisión de calor por radiación adquiere notable importancia para temperaturas por encima de 600 °C y supera normalmente a la transmisión debida a convección y conducción por el gas.

17.12 Transmisión de calor por radiación y convección combinadas

Si consideramos temperaturas de operación bajas, el efecto de la radiación es despreciable y predomina la transmisión de calor por convección. A temperaturas altas, en cambio, predomina la radiación y la convección contribuye muy poco. A temperaturas intermedias ambas contribuyen en cantidades significativas y el cálculo se realiza como sigue. La porción del calor intercambiado por convección se calcula en base a la ecuación (15-1) del capítulo 15.

$$\dot{Q}_c = h_c A\left(t_s - t_g\right)$$

$\dot{Q}_r$ se calcula por la ecuación (17-4), (17-6) o (17-7).

Es costumbre expresar el calor total mediante la ecuación:

$$\dot{Q}_c = h_R A\left(t_s - t_p\right) \qquad (17\text{-}8)$$

Donde: h_c es el coeficiente de convección.

h_R es el coeficiente combinado de convección y radiación.

t_s es la temperatura de una superficie.

t_g es la temperatura de gas.

t_p es la temperatura de pared.

Encontramos los valores de h_R en la siguiente gráfica. Esta ha sido confeccionada asumiendo que la emisividad de la superficie e_s = 1.

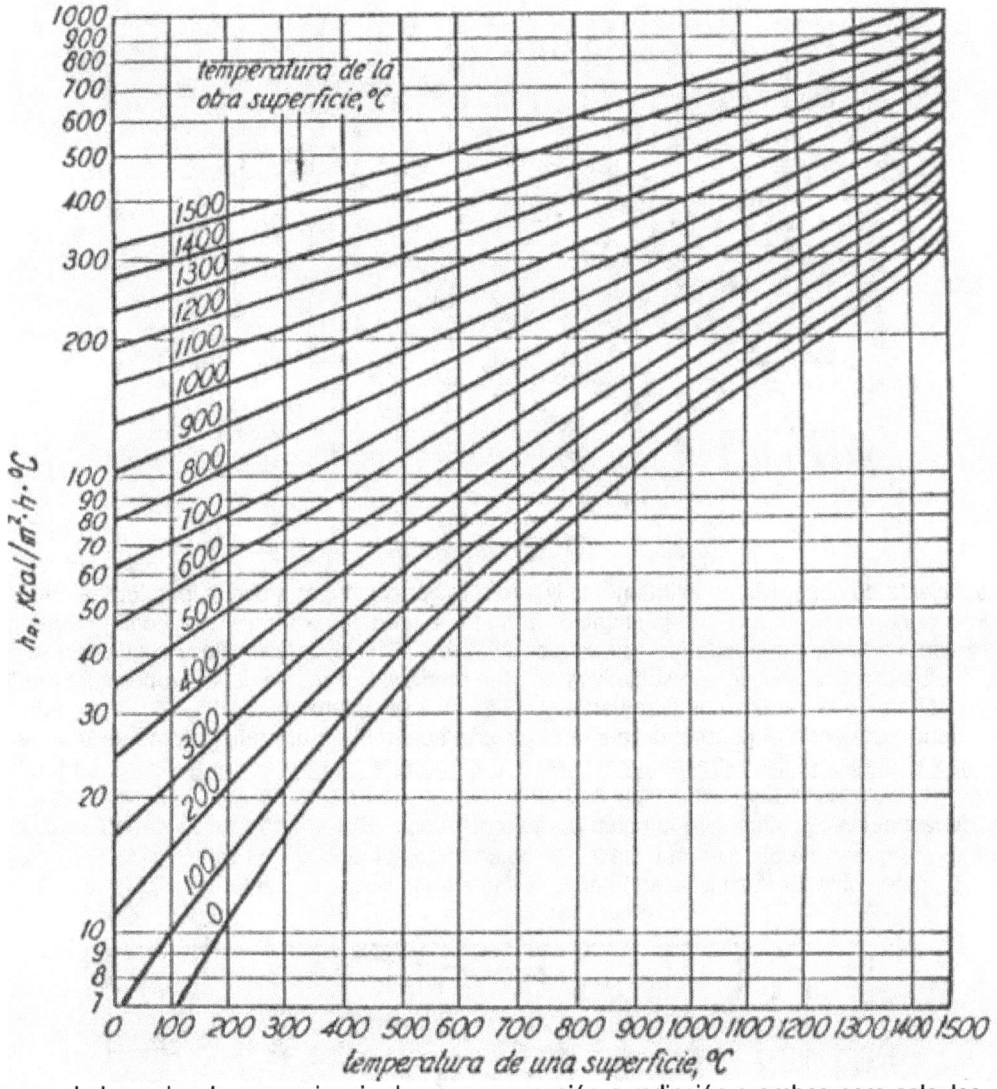

Si tenemos dudas sobre la conveniencia de usar convección o radiación o ambas para calcular, es conveniente usar ambas en una primera aproximación. Esta nos servirá para ajustar mas nuestros estimados iniciales, que posteriormente nos permitirán determinar el grado de influencia de cada forma de intercambio con mayor precisión.

17.13 Radiación de llamas

Las llamas emiten en función del tamaño de las partículas de carbón incandescente que tienen en suspensión. Así por ejemplo las llamas de carbón pulverizado tienen un tamaño promedio de 30μ (0.03 mm) y las de hidrocarburos líquidos livianos son de 0.3μ (0.0003 mm). Cuanto mayor sea el tamaño de las partículas tanto mayor será la emisividad de la llama. La ecuación que rige el fenómeno de intercambio de calor por radiación desde llamas es:

$$\dot{Q} = \sigma\, e_F\, e_S' \left(T_F^{\,4} - T_S^{\,4} \right) A \qquad (17\text{-}9)$$

Donde: σ tiene el mismo significado que antes. A es el área de la superficie ideal que contiene el 90% de la llama. T_F es la temperatura absoluta de la llama. T_S es la temperatura absoluta de la superficie. e_F es la emisividad de la llama. e_S' es la emisividad virtual de la superficie.

La emisividad de la llama es una función del producto $K{\times}L$ y de la temperatura de llama T_F, siendo K una función de la concentración y el tamaño de las partículas incandescentes, y L el espesor de la llama.

677

Tanto K como L son extremadamente difíciles de medir, y varían enormemente con las condiciones de operación. Lo que se puede hacer con relativa facilidad es medir la opacidad de la llama, que es dependiente del producto $K{\times}L$. La opacidad de la llama se mide en función de la diferencia de temperaturas aparentes de llama medidas con pirómetro óptico a diferentes longitudes de onda.

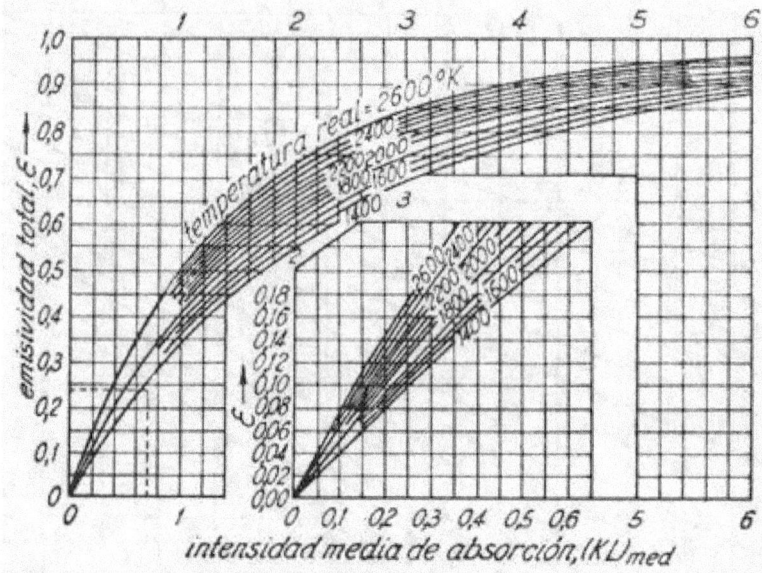

Como el coeficiente de absortividad, íntimamente ligado a la opacidad, varía con la longitud de onda, siendo mayor la emisividad cuanto menor sea la longitud de onda, la medida de temperatura con pirómetro óptico usando filtro verde será mayor que la medida usando filtro rojo. Este tipo de medidas requiere una gran experiencia y mucha práctica, ya que son subjetivas en gran medida. Por medio de la temperatura medida con filtro rojo (λ = 555 mμ) y la medida con filtro verde (λ = 660 mμ) se determina $\Delta = T_v - T_r$. La medida de temperatura se debe hacer con el pirómetro apuntando a una superficie fría, preferentemente una ventana o mirilla, y <u>nunca a una superficie refractaria caliente, a la carga ni a una superficie emisora</u>. La temperatura real T del recinto no necesita medirse porque se puede obtener en función de T_r y T_v. El corrector Δ se puede obtener de la siguiente gráfica, que también permite obtener T. El valor de $K{\times}L$ se deberá multiplicar por un factor de forma que viene dado en la tabla 2 o 3, obteniendo así $(K{\times}L)_{med}$. El valor de $(K{\times}L)_{med}$ y la temperatura real T permiten obtener la emisividad total de la llama en la figura siguiente.

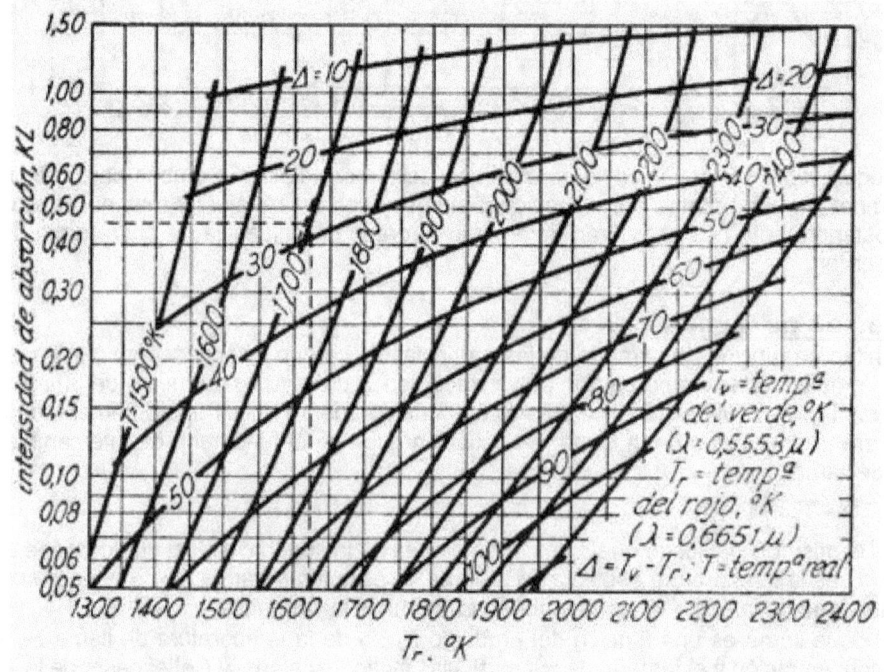

Ejemplo 17.8 Cálculo de la emisividad en un medio emisor.

Se desea calcular el calor obtenido de la llama en un horno pequeño que se está usando como modelo para construir uno a escala industrial con dimensiones cuatro veces mayores, y que operará en las mismas condiciones. Las medidas realizadas fueron: T_v = 1825 °K, T_r = 1795 °K, T (paredes) = 1750 °K, e'_S = 0.95 es la emisividad máxima de las paredes. ¿Cuál será la cantidad de calor cedida por m^2 de superficie de llama hacia las paredes del horno grande?.

Solución

$T_v - T_r$ = 1825 – 1795 = 30 $\Rightarrow$ T = 1875 °K y $K{\times}L$ = 0.54

En la tabla 2 para superficies paralelas de gran área y para valores prácticos de $P{\times}L$ tenemos un factor de multiplicación de 1.8.

$(K{\times}L)_{med}$ = $K{\times}L{\times}1.8$ = 0.54×1.8 = 0.97.

En la última figura obtenemos para $(K{\times}L)_{med}$ = 0.97 que e_F = 0.416.

Esta sería la emisividad de llama del modelo.

Pero en el horno grande las dimensiones son cuatro veces mayores, y si suponemos que también lo será el espesor medio de la llama, la opacidad resulta ser $(K{\times}L)_{med}$ = 4×0.97 = 3.88. Por ello en la figura anterior obtenemos para el horno grande que e_F = 0.83.

De la ecuación *(17-9)*:

$$\dot{Q} = \sigma\, e_F\, e'_S \left(T_F^{\,4} - T_S^{\,4}\right) A = 4.92 \times 10^{-8} \times 0.83 \times 0.95 \left(1875^4 - 1750^4\right) = 116000\, \frac{\text{Kcal}}{\text{m}^2\, \text{hr}}$$

BIBLIOGRAFIA

- *"Elementos de Termodinámica y Transmisión del Calor"* – Obert y Young.

- *"Procesos de Transferencia de Calor"* – D. Q. Kern.

- *"Transferencia de Calor"* – McAdams.

- *"Procesos de Termotransferencia"* – Isachenko, Osipova y Sukomiel.

- *"Transmisión del Calor y sus Aplicaciones"* – H. J. Stoever.

- *"Problemas de Termotransferencia"* – Krasnoschiokov y Sukomiel.

- *"Intercambio de Calor"* – Holman.

- *"Manual de fórmulas y datos esenciales de transferencia de calor para ingenieros"* – H. Y. Wong.

CAPITULO 18

INTERCAMBIADORES DE CALOR

18.1 Introducción. Conceptos fundamentales

Un intercambiador de calor se puede describir de un modo muy elemental como un equipo en el que dos corrientes a distintas temperaturas fluyen sin mezclarse con el objeto de enfriar una de ellas o calentar la otra o ambas cosas a la vez.

Un esquema de intercambiador de calor sumamente primitivo puede ser el siguiente.

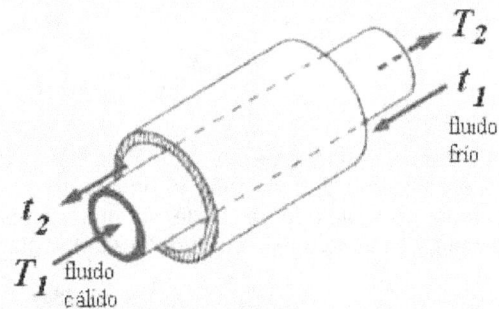

t_1 y t_2 = temperaturas de entrada y salida del fluido frío.
T_1 y T_2 = temperaturas de entrada y salida del fluido cálido.

18.1.1 Disposiciones de las corrientes

En el esquema anterior tenemos una situación que se ha dado en llamar "contracorriente" o "corrientes opuestas". En cambio si ambas corrientes tienen el mismo sentido se trata de "corrientes paralelas" o "equi-corrientes".

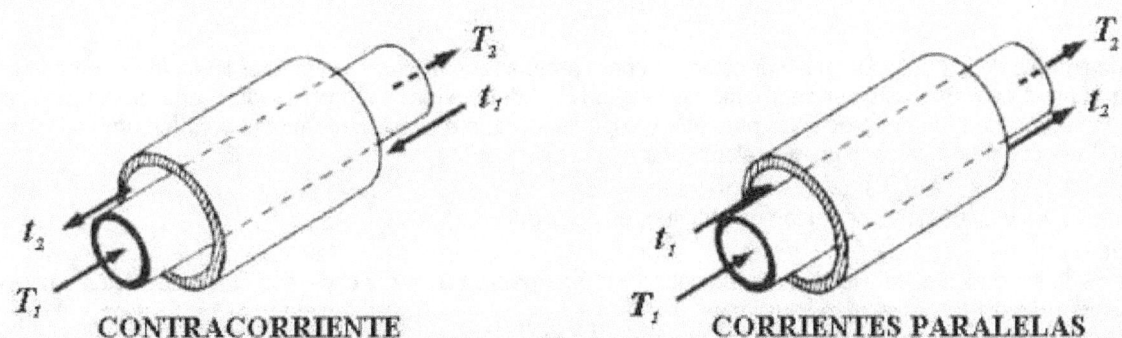

CONTRACORRIENTE   CORRIENTES PARALELAS

También se presenta una situación en la que ambas corrientes se cruzan en ángulo recto. En ese caso se habla de "corrientes cruzadas". Esta disposición se da con mayor frecuencia en el intercambio de calor de gases con líquidos, como vemos a continuación.

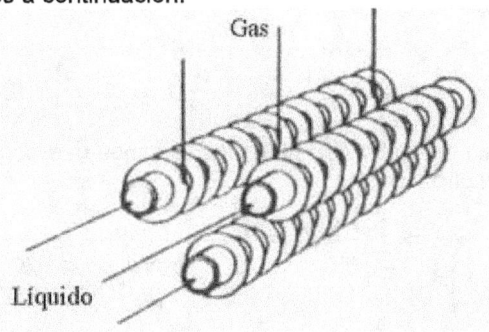

681

18.1.2 Diferencia media logarítmica de temperatura

Analicemos la diferencia operativa de temperatura en un intercambiador en el que hay una disposición en contracorriente pura.

Cuando se grafica la *temperatura* en función de la *longitud* del intercambiador se pueden dar dos situaciones típicas. En la primera ambas temperaturas, t (la temperatura del fluido frío) y T (temperatura del fluido cálido) varían simultáneamente; t lo hace creciendo desde t_1 hasta t_2 y T disminuyendo desde T_1 hasta T_2. Esta situación es la que describe el intercambio de calor sin cambio de fase de ninguna de las dos corrientes. La figura de la izquierda ilustra este caso, en tanto que a la derecha observamos la figura que representa la disposición de corrientes paralelas.

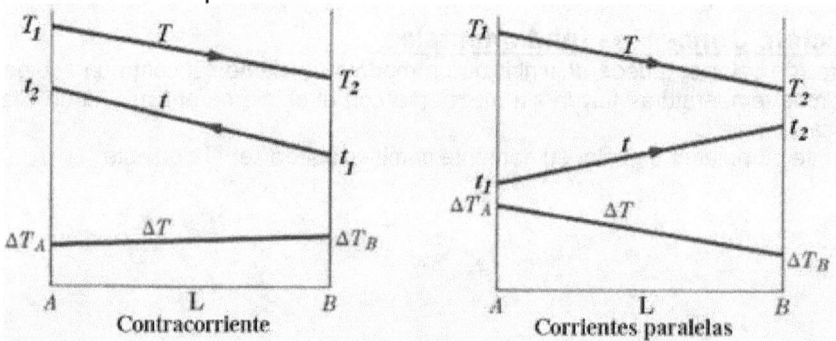

En la otra situación que se puede dar en contracorriente uno de los dos fluidos experimenta un cambio de fase y su temperatura permanece constante durante todo el proceso o en una porción del mismo. La siguiente figura ilustra el caso de vapor de agua que se condensa intercambiando calor con agua que se calienta desde la temperatura t_{a1} hasta t_{a2} en tanto que la temperatura del vapor permanece constante.

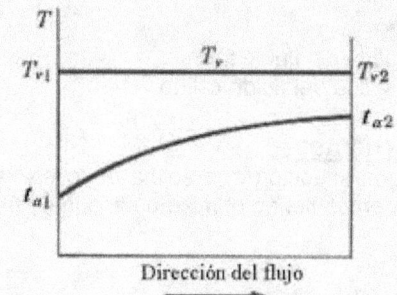

En cualquiera de los dos casos, la variación de una o ambas temperaturas puede ser lineal, pero lo habitual es que no lo sea. En cualquier segmento de longitud "dx" del intercambiador situado a una distancia x del origen se verifica que (despreciando pérdidas y suponiendo que el coeficiente global de intercambio de calor "U" sea constante) la cantidad de calor intercambiada es:

$$\delta Q = U(T - t)a\, dx \qquad\qquad (I)$$

Donde "a" es la superficie por unidad de longitud, es decir que: $a\, dx = dA$.

Además: $\qquad \delta Q = W\, C\, dT = w\, c\, dt$

W y w son los caudales másicos del fluido cálido y frío respectivamente, y C y c son sus respectivos calores específicos.

Realizando una integración de la segunda ecuación desde $x = 0$ hasta $x = L$ tenemos:

$$\int_0^L W\, C\, dT = \int_0^L w\, c\, dt \Rightarrow WC(T - T_2) = w\, c(t - t_1) \Rightarrow T = T_2 + \frac{w\, c}{W\, C}(t - t_1)$$

Sustituyendo T en (I) tenemos:

$$\delta Q = w\, c\, dt = U\left(T_2 + \frac{w\, c}{W\, C}(t - t_1) - t\right)a\, dL$$

Reordenando la anterior igualdad de modo que todos los términos que contienen "t" queden de un lado y los que contienen "L" queden del otro tenemos:

$$\frac{Ua}{wc}dL = \frac{dt}{T_2 + \frac{wc}{WC}t_1 + \left(\frac{wc}{WC} - 1\right)t} \Rightarrow \int_0^L \frac{Ua}{wc}dL = \int_0^L \frac{dt}{T_2 + \frac{wc}{WC}t_1 + \left(\frac{wc}{WC} - 1\right)t}$$

682

Integrando:

$$\frac{Ua}{wc} = \frac{1}{\dfrac{wc}{WC}-1} \, ln\frac{T_2 + \dfrac{wc}{WC}t_1 + \left(\dfrac{wc}{WC}-1\right)t_2}{T_2 + \dfrac{wc}{WC}t_1 + \left(\dfrac{wc}{WC}-1\right)t_1}$$

Esta expresión se simplifica a:

$$\frac{Ua}{wc} = \frac{1}{\dfrac{wc}{WC}-1} \, ln\frac{T_2-t_2}{T_2-t_1}$$

Operando un poco finalmente se deduce que:

$$Q = U\,A\left(\frac{\Delta t_2 - \Delta t_1}{ln\dfrac{\Delta t_2}{\Delta t_1}}\right)$$

Donde:

	contracorriente	equicorriente
	$\Delta t_2 = T_1 - t_2$	$\Delta t_2 = T_1 - t_1$
	$\Delta t_1 = T_2 - t_1$	$\Delta t_1 = T_2 - t_2$

El término entre paréntesis se suele llamar diferencia media logarítmica de temperatura y se abrevia *MLDT*. Esta expresión es la misma para flujo paralelo y en contracorriente. Mostraremos que el mas eficaz es el que presenta mayor diferencia de temperatura *MLDT* para las mismas condiciones.

<u>¿Flujo Paralelo o Contracorriente?</u>
El flujo en contracorriente es mas efectivo que el flujo en corrientes paralelas a igualdad de todos los otros factores. Veamos un caso concreto.

Ejemplo 18.1 <u>Cálculo de la diferencia media logarítmica de temperatura.</u>
Calcular la *MLDT* para las siguientes condiciones: temperatura de entrada del fluido cálido: T_1 = 300; temperatura de salida del fluido cálido: T_2 = 200; temperatura de entrada del fluido frío: t_1 = 100; temperatura de salida del fluido frío: t_2 = 150.
<u>Solución</u>
    a) Equicorrientes.
       $\Delta t_2 = T_1 - t_1 = 300 - 100 = 200$
       $\Delta t_1 = T_2 - t_2 = 200 - 150 = 50$

$$MLDT = \frac{\Delta t_2 - \Delta t_1}{ln\dfrac{\Delta t_2}{\Delta t_1}} = \frac{200-50}{ln\dfrac{200}{50}} = 108$$

    b) Contracorrientes.
       $\Delta t_2 = T_1 - t_2 = 300 - 150 = 150$
       $\Delta t_1 = T_2 - t_1 = 200 - 100 = 100$

$$MLDT = \frac{\Delta t_2 - \Delta t_1}{ln\dfrac{\Delta t_2}{\Delta t_1}} = \frac{150-100}{ln\dfrac{150}{100}} = 123.5$$

Al ser mayor la fuerza impulsora, contracorrientes se debe preferir siempre.

18.2 <u>Clases de intercambiadores</u>

El intercambiador de calor es uno de los equipos industriales más frecuentes. Prácticamente no existe industria en la que no se encuentre un intercambiador de calor, debido a que la operación de enfriamiento o calentamiento es inherente a todo proceso que maneje energía en cualquiera de sus formas.
Existe mucha variación de diseños en los equipos de intercambio de calor. En ciertas ramas de la industria se han desarrollado intercambiadores muy especializados para ciertas aplicaciones puntuales. Tratar todos los tipos sería imposible, por la cantidad y variedad de ellos que se puede encontrar.

En forma muy general, podemos clasificarlos según el tipo de superficie en:

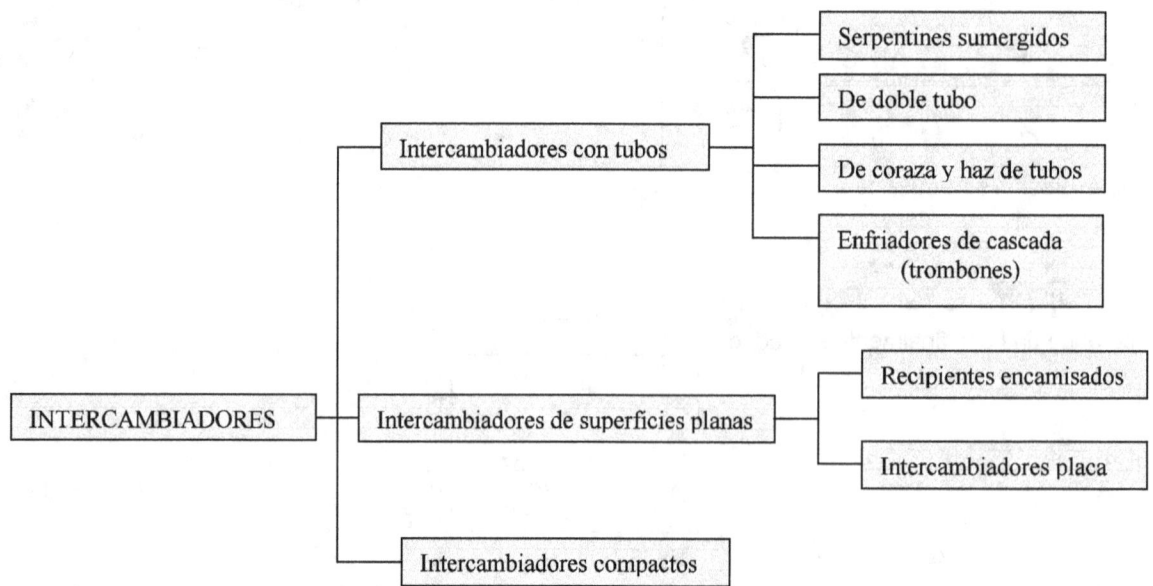

Intercambiadores con tubos lisos rectos
Los intercambiadores de tubos lisos rectos son los más abundantes. La causa de su generalización es su mayor flexibilidad. Pueden ser de doble tubo o de haz de tubos y coraza. Mas adelante se describen con mayor detalle.

Intercambiadores de serpentines sumergidos
Los intercambiadores de serpentín se usan en casos en que no hay tiempo o dinero para adquirir un equipo comercial, ya que son fáciles de construir en un taller. Al ser fácilmente removibles y transportables se usan mucho para instalaciones provisorias. El rendimiento del intercambio es bueno y son fáciles de limpiar exteriormente. La limpieza interior generalmente no es problema, ya que la aplicación mas frecuente es para calentamiento, generalmente con vapor. El vapor no ensucia, pero es bastante corrosivo.

Intercambiadores con superficies extendidas
Después de los intercambiadores de tubos lisos rectos son los mas frecuentes. Existen muchos medios para aumentar la superficie de intercambio; el usado mas a menudo son las aletas. Estas pueden ser transversales o longitudinales, según que el plano de las aletas sea normal al eje central del tubo o pase por el mismo.

Intercambiadores placa
Un intercambiador placa consiste en una sucesión de láminas de metal armadas en un bastidor y conectadas de modo que entre la primera y la segunda circule un fluido, entre la segunda y la tercera otro, y así sucesivamente. Se trata de equipos muy fáciles de desarmar para su limpieza. En la disposición mas simple hay sólo dos corrientes circulando, y su cálculo es relativamente sencillo. El cálculo se puede encontrar en el libro de Cao.

Intercambiadores compactos
Los intercambiadores compactos han sido desarrollados para servicios muy específicos y no son habituales. Existen muchísimos diseños distintos, para los que no hay ninguna metodología general. Cada fabricante tiene sus diseños y métodos de cálculo propios. Para imaginar un intercambiador compacto supongamos tener una corriente de gas a elevada temperatura (> 1000 °C) que se desea intercambie calor con aire a temperatura normal. El espacio es sumamente escaso, por lo que se compra un intercambiador construido horadando orificios en un cubo de grafito. Los orificios (tubos en realidad, practicados en la masa de grafito) corren entre dos caras opuestas de modo que existe la posibilidad de agregar una tercera corriente. El cálculo de este intercambiador es relativamente simple. Otras geometrías mas complejas requieren métodos de cálculo muy elaborados.

Chaquetas
Se denomina chaqueta al doble fondo o encamisado de un recipiente. El propósito de este equipo generalmente es calentar el contenido del recipiente. Son bastante menos eficientes que los serpentines, tienen mayor costo inicial y resultan bastante difíciles de limpiar mecánicamente porque el acceso al interior de la camisa es complicado. En comparación con los serpentines, las camisas son una pobre elección. Un serpentín de la misma superficie tiene un intercambio de calor bastante mayor, alrededor de un 125% calculado en base a la camisa.

Enfriadores de cascada

Estos equipos consisten en bancos de tubos horizontales, dispuestos en un plano vertical, con agua que cae resbalando en forma de cortina sobre los tubos formando una película. Se pueden construir con tubos de cualquier tamaño pero son comunes de 2 a 4" de diámetro. Constituyen un método barato, fácil de improvisar pero de baja eficiencia para enfriar líquidos o gases con agua que puede ser sucia, o cualquier líquido frío.

18.3 Intercambiadores con tubos lisos

Los intercambiadores mas habituales son, como dijimos, los que usan tubos. Estos comprenden a los serpentines, intercambiadores de doble tubo y los intercambiadores de tubo y coraza. Vamos a describir brevemente cada uno de ellos, y a discutir los usos y aplicaciones de cada uno.

18.3.1 Serpentines

Un intercambiador de serpentín es un simple tubo que se dobla en forma helicoidal y se sumerge en el líquido. Se usa normalmente para tanques y puede operar por convección natural o forzada. Debido a su bajo costo y rápida construcción se improvisa fácilmente con materiales abundantes en cualquier taller de mantenimiento. Usualmente se emplea tubería lisa de $^3/_4$ a 2 pulgadas.

18.3.2 Intercambiadores de doble tubo

El intercambiador de doble tubo es el tipo mas simple que se puede encontrar de tubos rectos. Básicamente consiste en dos tubos concéntricos, lisos o aletados. Normalmente el fluido frío se coloca en el espacio anular, y el fluido cálido va en el interior del tubo interno. La disposición geométrica es la siguiente:

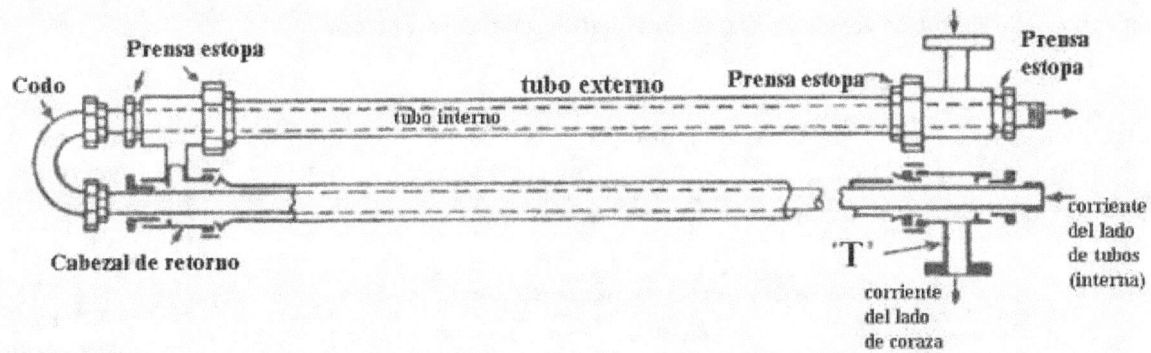

El intercambiador está formado por varias unidades como las mostradas en el esquema. Cada una de ellas se llama "horquilla" y se arma con tubo roscado o bridado común y corriente. Las uniones también pueden ser soldadas, pero esto no es habitual pues dificulta el armado y desarmado para su limpieza.

El flujo en este tipo y similares es a contracorriente pura, excepto cuando hay caudales grandes que demandan un arreglo en serie-paralelo. El flujo en contracorriente pura resulta en hasta un 20% mas de intercambio comparado con el arreglo en equicorrientes de modo que si se manejan corrientes pequeñas este equipo es el mejor, y también el mas económico.

Las longitudes de horquilla máximas son del orden de 18 a 20 pies. Si se usan largos no soportados mayores, el tubo interno se dobla y distorsiona el espacio anular, causando mala distribución del flujo en el mismo debido a su excentricidad y disminuyendo el coeficiente global.

Veamos algunas de sus ventajas.

Son flexibles, fáciles de armar y mantener.

 > La cantidad de superficie útil de intercambio es fácil de modificar para adaptar el intercambiador a cambios en las condiciones de operación, simplemente conectando mas horquillas o anulándolas; desconectarlas lleva minutos.
 > Se modifican en poco tiempo, con materiales abundantes en cualquier taller.
 > No requieren mano de obra especializada para el armado y mantenimiento.
 > Los repuestos son fácilmente intercambiables y obtenibles en corto tiempo.

Algunas de sus aplicaciones: cuando un fluido es un gas, o un líquido viscoso, o su caudal es pequeño, mientras el otro es un líquido de baja viscosidad, o con alto caudal. Son adecuados para servicios con corrientes de alto ensuciamiento, con lodos sedimentables o sólidos o alquitranes por la facilidad con que se limpian. Si hay una buena respuesta a la limpieza química o los fluidos no ensucian, las uniones pueden ser soldadas para resistir altas presiones de operación. Son bastante comunes en procesos frigoríficos.

En una variante del intercambiador de doble tubo, intermedia entre estos y los intercambiadores de haz de tubos y coraza, se reemplaza el tubo interior único por una cantidad pequeña de tubos finos. Esto se hace para aumentar la superficie de intercambio y la velocidad lineal en el espacio de la coraza, lo que a su vez aumenta también el intercambio de calor. Las diferencias entre estos intercambiadores y los de haz de tubos y coraza son las siguientes.

1) En los intercambiadores tipo horquilla de tubos internos múltiples los mismos pueden estar mas cerca unos de otros que en los de haz de tubos y coraza. En los intercambiadores de haz de tubos y coraza la relación (espaciado de tubos)/(diámetro de tubos internos) normalmente es del orden de 1.25 a 1.5, mientras que en los intercambiadores tipo horquilla de tubos internos múltiples esta relación puede ser menor de 1.25.
2) El largo no soportado de tubos admisible en el tipo horquilla no es tan grande como en los de tipo casco y tubos, debido a la ausencia de bafles y estructuras auxiliares de soporte.

18.3.3 <u>Intercambiadores de haz de tubos y coraza</u>

Los intercambiadores de tipo haz de tubos y coraza se usan para servicios en los que se requieren grandes superficies de intercambio, generalmente asociadas a caudales mucho mayores de los que puede manejar un intercambiador de doble tubo. En efecto, el intercambiador de doble tubo requiere una gran cantidad de horquillas para manejar servicios como los descriptos, pero a expensas de un considerable consumo de espacio, y con aumento de la cantidad de uniones que son puntos débiles porque en ellas la posibilidad de fugas es mayor.

La solución consiste en ubicar los tubos en un haz, rodeados por un tubo de gran diámetro denominado coraza. De este modo los puntos débiles donde se pueden producir fugas, en las uniones del extremo de los tubos con la placa, están contenidos en la coraza. En cambio en un conjunto de horquillas estos puntos están al aire libre.

En la siguiente ilustración vemos un intercambiador de haz de tubos y coraza.

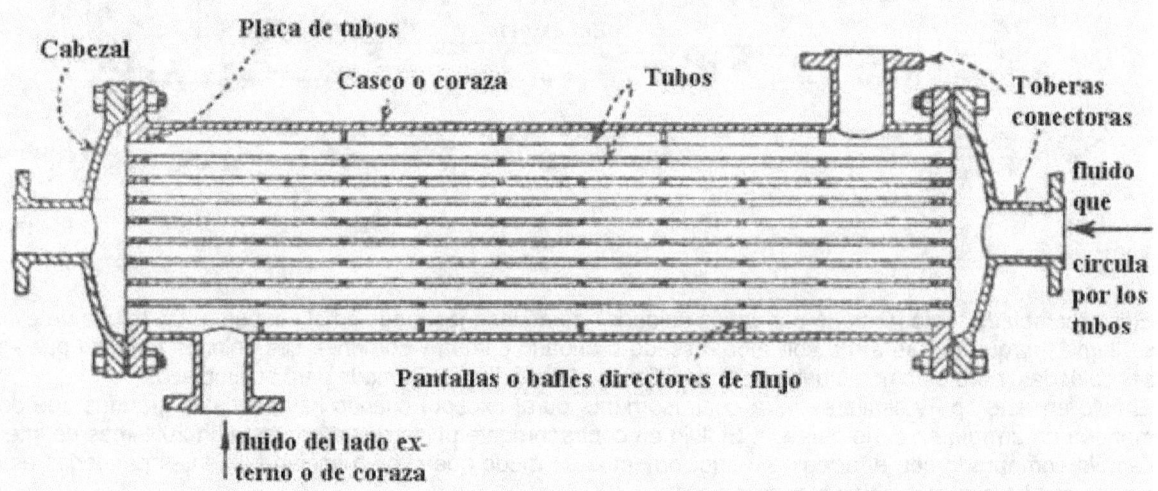

Como se puede observar, el fluido que ha de circular en el interior de los tubos ingresa por el cabezal derecho y se distribuye por los orificios de la placa en el haz de tubos. El fluido de la coraza, en cambio, circula por el exterior del haz de tubos, siguiendo una trayectoria tortuosa por el efecto de las pantallas (bafles) o tabiques deflectores. A este intercambiador se lo denomina tipo 1-1, por tener un solo paso por la coraza y por los tubos. De tener dos pasos por los tubos y uno por la coraza se llamaría tipo 2-1.

El flujo en la coraza es casi perpendicular al haz de tubos. Las disposiciones del haz se pueden observar en el siguiente esquema.

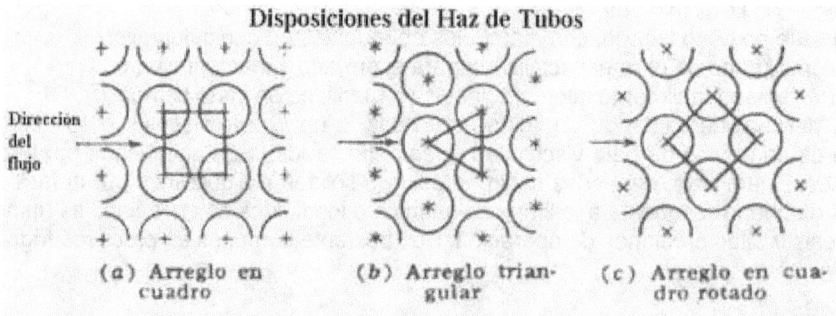

Disposiciones del Haz de Tubos

(a) Arreglo en cuadro   (b) Arreglo triangular   (c) Arreglo en cuadro rotado

Existen tres tipos básicos de intercambiadores de haz de tubos y coraza. Dentro de cada uno de ellos hay numerosos subtipos diseñados para circunstancias de operación específicas.

La construcción ha sido normalizada por una institución privada de los EEUU llamada T.E.M.A (Tubular Exchangers Manufacturers Association). Dichas normas han sido aceptadas en todo el mundo, y se pueden encontrar en todos los textos especializados en intercambiadores de calor.

Los tres tipos básicos son:

> Tubos en U
> De cabezal fijo
> De cabezal flotante

Vamos a describir brevemente cada tipo y sus aplicaciones.

18.3.3.1 Intercambiadores de tubos en U

Los intercambiadores de tubos en U tienen los tubos del haz doblados formando una U para evitar una de las dos placas de tubos, que al separar el espacio del fluido de la coraza del espacio del fluido de tubos ofrece un punto débil en la unión de los tubos con la placa que puede ser causa de fugas. Además, los tubos en U presentan cambios de dirección mas graduales, porque la curva que forman en el extremo es muy abierta, lo que ofrece menor resistencia al flujo. El siguiente croquis muestra un típico intercambiador de tubos en U.

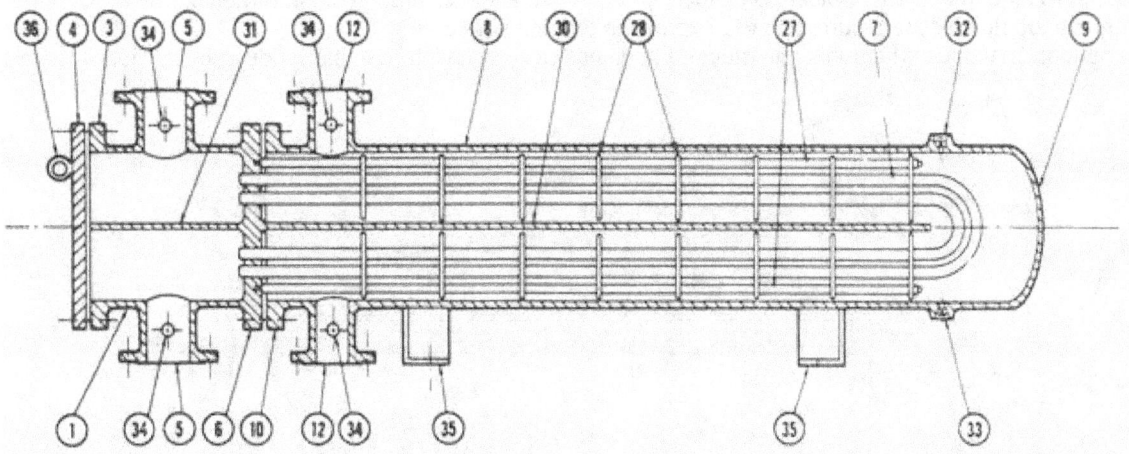

Los números en cada círculo identifican las partes principales del equipo, cuyo significado se aclara mas adelante. Es uno de los tipos de intercambiador mas usados. Los servicios en los que se pueden usar son los siguientes:

- Servicio limpio, ninguna corriente ensucia.
- Presión extrema en un lado. Por ejemplo, del lado del casco.
- Condiciones de temperatura que causan severos esfuerzos térmicos, particularmente cambios repetitivos o de inversión cíclica de temperatura que requieren aliviarse por expansión. El haz en U se expande libremente, evitando así elevados esfuerzos de corte en el cabezal.
- A veces para servicios con hidrógeno a presiones extremas (síntesis de amoníaco, por ejemplo) usando una construcción totalmente soldada con haz no removible. Este tipo de servicio prácticamente no ensucia.
- Para permitir localizar la boca de entrada de coraza lejos del haz de tubos. Esto a veces es necesario cuando la velocidad del fluido de casco es demasiado alta, lo que puede causar vibraciones destructivas en el haz de tubos.

Problemas con este tipo de intercambiador:

- La limpieza mecánica del interior del haz es dificultosa si se produce ensuciamiento en el sector recto, y a menudo imposible si se produce en las curvas.
- La limpieza mecánica del exterior del haz es muy difícil en el sector curvo.
- Es imposible tener contracorriente pura (un paso en los tubos, un paso en la coraza) con la disposición en U que por naturaleza debe tener al menos dos pasos en los tubos.
- Los tubos no son fáciles de cambiar, y a veces no se pueden cambiar de ninguna manera. Si un tubo no se puede cambiar, habrá que cerrarlo. Si se espera que haya daño en los tubos, habrá que prever un exceso razonable de cantidad de tubos para cubrir la posible disminución de número de tubos debido a tubos clausurados.

18.3.3.2 Intercambiadores de cabezal fijo

Es el tipo mas popular cuando se desea minimizar la cantidad de juntas, no hay problemas de esfuerzos de origen térmico y no es preciso sacar el haz (ambos fluidos no son corrosivos y el fluido del lado de coraza es limpio). Este tipo de intercambiador es sumamente proclive a tener fallas cuando hay esfuerzo térmico severo, resultando en que se producen fugas tanto internas como externas. Las internas son extremadamente peligrosas porque no son fáciles de detectar. Por ello es necesario realizar un análisis térmico considerando todas las fases de operación: arranque, normal, variaciones y anormal, para detectar y aliviar condiciones de esfuerzo térmico. Para analizar el esfuerzo térmico se debe calcular las temperaturas promedio de los tubos y la coraza, y por medio del módulo de elasticidad y del coeficiente de expansión térmica se calcula la diferencia de expansión entre la coraza y los tubos y la tensión. Si los tubos se expanden mas que la coraza, están bajo esfuerzo de compresión. Si los tubos se expanden menos que la coraza, sufren esfuerzo de tracción. Esto es importante para determinar el tipo de unión entre tubos y placa. Esta puede ser mandrilada o soldada. Si el esfuerzo es tan grande que se requiere una junta de expansión, se la debe seleccionar para que opere bajo corrosión y fatiga sin fallas, porque si una junta falla, no hay salida: hay que sacarlo de operación y mandarlo a reparar. Debido a que las juntas de expansión son mas delgadas que la coraza, es preferible evitar su uso cuando esto sea posible si el fluido del lado de coraza es corrosivo.

Las uniones soldadas de haz y placa son mas robustas y confiables que las uniones mandriladas o expandidas, pero algo mas caras. Soldar con latón o plomo es una solución de costo intermedio, que muchos prefieren cuando no se espera corrosión y la expansión térmica será baja.

A continuación vemos un croquis que muestra la disposición de un intercambiador de cabezal fijo.

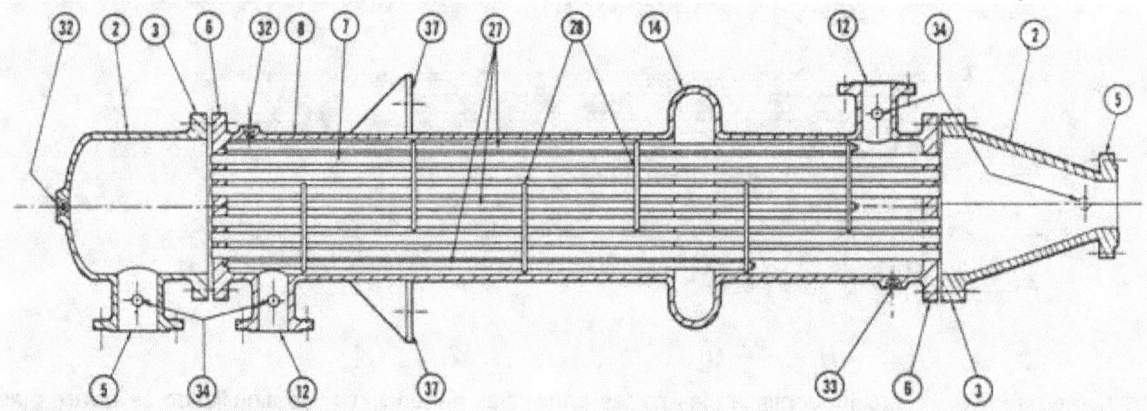

Los números en cada círculo identifican las partes principales del equipo, cuyo significado se aclara mas adelante.

Problemas con este tipo de intercambiador:

- El haz de tubos fijo no se puede inspeccionar o limpiar mecánicamente una vez instalado.
- El esfuerzo de origen térmico debe ser bajo o despreciable. Si no, se pueden usar juntas de expansión en la coraza, pero no cuando la presión es alta y/o el fluido es corrosivo.

En resumen, tomando unas cuantas precauciones razonables, el intercambiador de cabezal fijo es una opción comparativamente atractiva y mas barata que la de cabezal flotante.

18.3.3.3 Intercambiadores de cabezal flotante

Es el tipo mas sofisticado (y caro) de intercambiador de haz de tubos y coraza. Está indicado en servicios en los que la limpieza de tubos y/o su reemplazo es frecuente. Hay dos tipos básicos de intercambiador de cabezal flotante. Uno emplea un cabezal "flotante" (es decir, deslizante) con o sin anillo seccionado ("split ring"). El otro usa empaquetadura para permitir la expansión térmica. Este se llama comúnmente intercambiador de cabezal flotante de unión empaquetada y no se usa en servicio con fluidos peligrosos o cuando las fugas pueden ser tóxicas. Hay numerosos subtipos de intercambiador de cabezal flotante cuyas diferencias están en el diseño del cabezal y la cubierta. Los diseños de cubierta apuntan a evitar o prevenir que se tuerza el cabezal o el haz de tubos, lo que puede producir fugas. Muchas dependen de un maquinado preciso y un armado y abulonado muy exacto. Son evidentemente mas caras. Otras usan un anillo espaciador y/o un segundo anillo o abrazadera a 90° de la primera para obtener una unión mas fuerte. El cabezal generalmente está soportado por una placa.

A continuación un croquis que ilustra un intercambiador de cabezal flotante interno de cabezal deslizante sin anillo dividido. Note que tanto el casquete de la coraza como el del cabezal interno tienen una anilla de sujeción (**36**) para poder manipularlos.

688

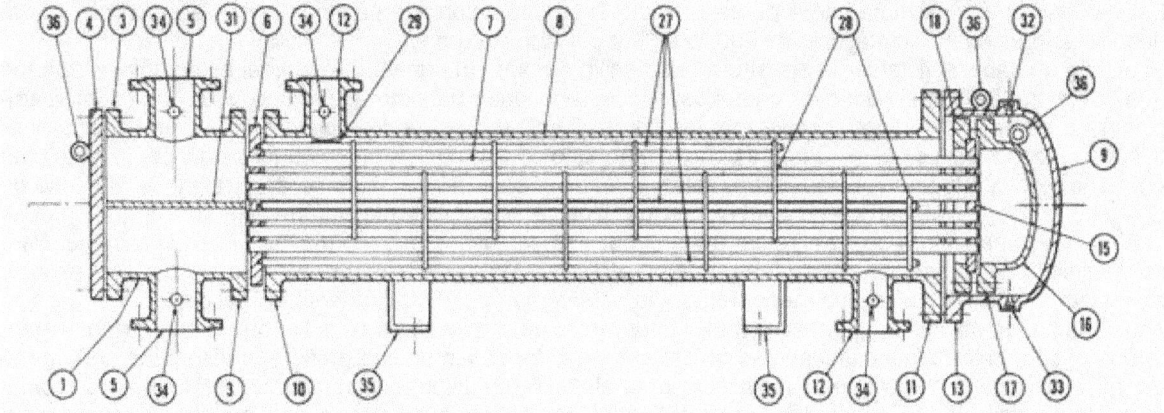

El siguiente croquis ilustra un intercambiador de cabezal flotante de empaquetadura. Note que dado que el cabezal de arrastre roza contra la empaquetadura, hay un desgaste que obliga a que esta se deba inspeccionar periódicamente para evitar las fugas.

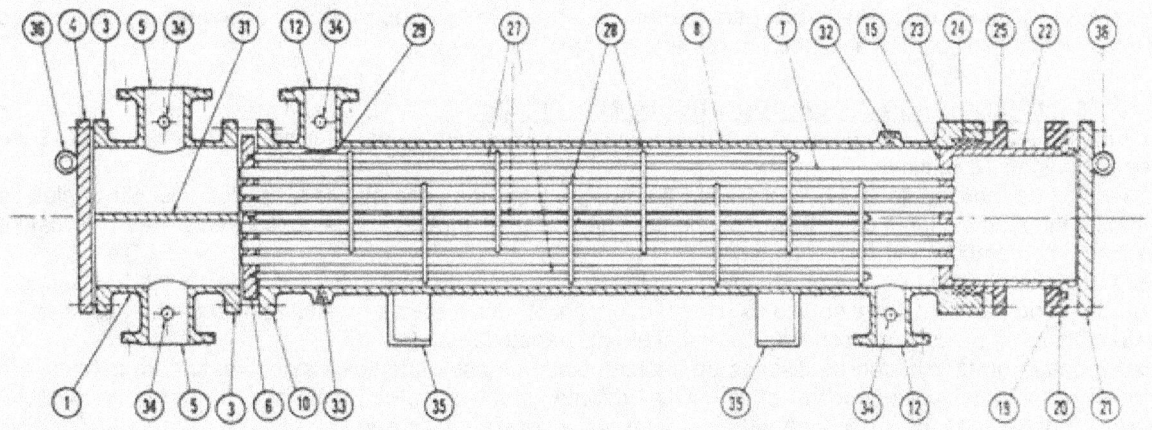

El significado de los números en cada círculo para esta figura y las anterioreses el siguiente.

1. Cabezal estacionario, canal del fluido de tubos
2. Cabezal estacionario, casquete
3. Brida de cabezal estacionario, canal o casquete
4. Cubierta de canal
5. Tobera de cabezal estacionario
6. Espejo o haz estacionario
7. Tubos
8. Coraza
9. Cubierta de la coraza
10. Brida de la coraza, extremo del cabezal estacionario
11. Brida de la coraza, extremo del cabezal posterior
12. Tobera de la coraza
13. Brida de la cubierta de la coraza
14. Junta de expansión
15. Espejo flotante
16. Cubierta del cabezal flotante
17. Brida del cabezal flotante
18. Dispositivo de apoyo del cabezal flotante
19. Anillo de corte dividido

20. Brida de apoyo deslizante
21. Cubierta del cabezal flotante, externa
22. Faldón del espejo flotante
23. Brida del prensaestopas
24. Empaque
25. Prensaestopas o empaquetadura
26. Anillo de cierre hidráulico
27. Bielas y espaciadores
28. Deflectores transversales o placas de apoyo
29. Placa de choque
30. Deflector longitudinal
31. Separación de paso
32. Conexión de ventila
33. Conexión de drenaje
34. Conexión de instrumentos
35. Pie de soporte
36. Anilla de sujeción
37. Ménsula de soporte
38. Vertedero
39. Conexión del nivel del líquido

El diámetro del cabezal a menudo es mayor que el de la coraza, de modo que la coraza tiene que tener un cabezal uno o dos tamaños de tubo mayor que el resto. Si los tubos son cortos y el peso del cabezal es demasiado grande, se puede producir un brazo de palanca que tensione el haz, con peligro de rotura de las uniones con las placas, lo que se puede prevenir soldando una o dos barras al extremo del cabezal de la coraza para que el cabezal flotante se desplace sobre las barras que actúan como guías y soportes.

El cabezal flotante de anillo partido emplea una abrazadera dividida en varias partes, con numerosas juntas que se deben maquinar con precisión para obtener una unión estanca.

Este es un punto obviamente débil en este diseño si se opera con alta presión. Se sugiere ser muy cuidadoso si las presiones son mayores de 600 libras por pulgada cuadrada.

El diseño de cabezal flotante de arrastre no usa anillo dividido. El bonete del cabezal es del mismo tamaño que la coraza. Debido al hecho de que el cabezal se encuentra próximo al extremo, este tipo de intercambiador no es adecuado para un paso por los tubos. Para resolver este problema, se puede hacer salir el fluido de tubos a través del extremo de coraza, pero esto origina otra unión empaquetada y por lo tanto crea un punto extra de fuga potencial. Otro problema del diseño de cabezal flotante de arrastre es el hecho de que para el mismo diámetro del haz, el diámetro del haz es dos (y a veces mas) veces mayor que en el diseño de anillo partido. El espacio anular entre el haz y la carcasa es mucho mayor que en el caso del diseño de anillo partido, y el caudal de fuga (que no atraviesa el haz de tubos) que se deriva por este espacio es mayor, lo que resulta en una menor eficiencia del intercambio. Esta corriente que escapa por el espacio anular se puede minimizar (¡pero no eliminar!) por medio de cintas o tiras de sellado. Por esta razón, la gente que hace o calcula intercambiadores de calor a menudo, generalmente prefiere el diseño de anillo partido, mientras que la gente de mantenimiento ama el diseño de cabezal flotante, que les da menos problemas. Un problema de todos los diseños de cabezal flotante es que los puntos de fuga interna potencial están en el prensaestopas del cabezal. Ahora bien, la fuga interna (es decir, contaminación por mezcla de las dos corrientes) es un problema sólo detectable mediante un cuidadoso monitoreo de las propiedades de ambas corrientes. Si la contaminación es un problema, querrá inspeccionar a menudo los prensaestopas del cabezal y de las uniones del haz para prevenir una fuga, lo que deberá hacer desconectando el equipo y extrayendo el haz para una inspección cuidadosa.

18.4 <u>Intercambiadores con superficies extendidas</u>

Los tubos aletados se usan porque las aletas aumentan el intercambio de calor en alrededor de 10 a 15 veces por unidad de longitud.

Las aletas se fabrican de una gran variedad de diseños y formas geométricas. Las aletas longitudinales se usan en intercambiadores de doble tubo, mientras que las aletas transversales circulares cortas (lowfins) se usan en intercambiadores de haz de tubos y coraza.

Esto se debe al hecho de que en los intercambiadores de doble tubo el flujo es paralelo a los tubos, mientras en los de haz de tubos y coraza es normal al banco de tubos. Aletas mas altas (highfins) se usan en intercambiadores sin coraza o con flujo normal al eje del banco de tubos.

Existe una enorme variedad de diseños de intercambiadores con superficies extendidas, pero los mas comunes son los derivados de los diseños básicos de intercambiadores de tubos lisos. Es decir, intercambiadores de doble tubo, de serpentina o de haz de tubos y coraza en los que se usa tubo aletado. Veamos algunos de los mas comunes.

18.4.1 <u>Intercambiadores de doble tubo aletados</u>

Tanto en el caso de intercambiadores de un solo tubo como multitubo las aletas son longitudinales, continuas y rectas. Otros tipos de aleta son poco usadas, porque la resistencia hidráulica que ofrecen es mayor sin aumento de la eficacia de intercambio, además de ser mas caras. Se usan principalmente en el calentamiento de líquidos viscosos, en casos en que los líquidos tienen propiedades de intercambio de calor y de ensuciamiento muy diferentes, y cuando la temperatura del fluido a calentar no puede exceder un máximo.

Por lo general la disposición geométrica de las aletas es en el exterior del tubo interno, como vemos en el siguiente croquis.

El uso de aletas también tiene justificación económica porque reduce significativamente el tamaño y cantidad de unidades de intercambio requerida para un determinado servicio.

Otra aplicación de los tubos aletados es el calentamiento de líquidos sensibles al calor, lodos o pastas. Debido a la mayor área de intercambio, las aletas distribuyen el flujo de calor mas uniformemente. Al calentar aceites o asfalto, por ejemplo, la temperatura de las aletas es menor que la de la cara externa del tubo interior.

Por lo tanto, la temperatura de la capa de aceite o asfalto en contacto con las aletas es menor, reduciendo en consecuencia el peligro de deterioro o carbonización, producción de coque y dañar o eventualmente ocluir parcialmente el intercambiador, reduciendo drásticamente su eficiencia de intercambio.

En aplicaciones de enfriamiento, colocando la corriente a enfriar del lado de las aletas (de la coraza) se obtiene un enfriamiento a mayor temperatura, de modo que la solidificación de ceras en hidrocarburos viscosos o la cristalización o depósitos en barros es menor o inexistente.

18.4.2 <u>Intercambiadores de haz de tubos aletados</u>

El tipo de aleta mas comúnmente usado es la transversal. Los intercambiadores con aletas transversales se usan principalmente para enfriamiento o calentamiento de gases en flujo cruzado. La aleta transversal mas común es la tipo disco, es decir de forma continua. Contribuyen a ello razones de robustez estructural y bajo costo, mas que la eficiencia de la aleta, que es menor para el tipo disco que para otras formas mas complejas.

Las aplicaciones actuales mas comunes son en los siguientes servicios: enfriamiento de agua con aire, condensación de vapor, economizadores y recalentadores de vapor en hornos de calderas y serpentines de enfriamiento de aire en acondicionadores y otros servicios que involucran calentamiento o enfriamiento de gases. Estas aplicaciones en general no requieren coraza, ya que el haz de tubos no se encuentra confinado sino mas bien interpuesto en el canal conductor de gases. El flujo en todos los casos es cruzado.

Los intercambiadores de haz de tubos aletados y coraza se emplean en las mismas condiciones que mencionamos anteriormente, fundamentalmente cuando la temperatura del lado de coraza no puede exceder un cierto valor relativamente bajo y las condiciones de operación indican este tipo de intercambiador.

18.5 <u>La diferencia "efectiva" o "verdadera" de temperaturas</u>

En la práctica industrial, muchas veces conviene usar disposiciones de flujo que se apartan de la clásica de contracorriente pura usada para deducir la expresión de la $MLDT$. Por ejemplo, en el caso de los intercambiadores de haz de tubos y coraza puede suceder que se necesiten dos unidades de un paso por los tubos y uno por la coraza, pero por razones de espacio no hay lugar para acomodar las dos unidades. Los fabricantes han resuelto este problema construyendo unidades con uno o mas pasos en la coraza y varios pasos por los tubos, que permiten usar una sola coraza de mayor diámetro para contener todos los tubos que tendrían los intercambiadores de un solo paso. Esto tiene la ventaja de que se ahorra el costo de las corazas, que son mas caras por unidad de peso que los tubos.

Supongamos por ejemplo que deseamos acomodar dos intercambiadores de un solo paso en una sola coraza. El resultado es lo que se denomina intercambiador de tipo 1-2, porque tiene un paso por la coraza y dos por los tubos. El siguiente croquis muestra la estructura de un intercambiador 1-2.

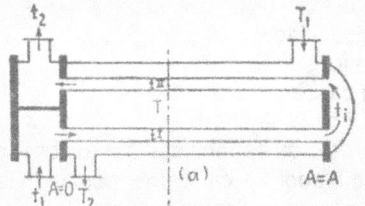

Observando el croquis vemos qué significa la expresión "varios pasos por los tubos". En este caso el fluido cálido (que circula por el exterior de los tubos, es decir por la coraza) tiene un solo paso por la coraza, porque la recorre de derecha a izquierda de un solo tirón, sin experimentar ningún cambio de dirección. En cambio el fluido frío que entra y sale por la izquierda recorre toda la longitud del intercambiador de izquierda a derecha en el primer paso, y se calienta desde t_1 hasta t_i. Acto seguido cambia de dirección haciendo una vuelta de 180° y recorre nuevament toda la longitud del intercambiador de derecha a izquierda en el segundo paso.

En ciertos casos, se pueden producir situaciones mas complicadas aún. Supongamos por ejemplo que se duplica el caudal del fluido frío, para lo que se necesitarían dos intercambiadores 1-2, pero por razones de espacio no se pueden acomodar. Entonces podemos unir los dos intercambiadores 1-2 formando un intercambiador 2-4, en el que el fluido de casco tiene dos pasos por la coraza y el fluido de tubos hace cuatro pasos por los tubos. El siguiente croquis muestra la disposición de las corrientes en un intercambiador 2-4.

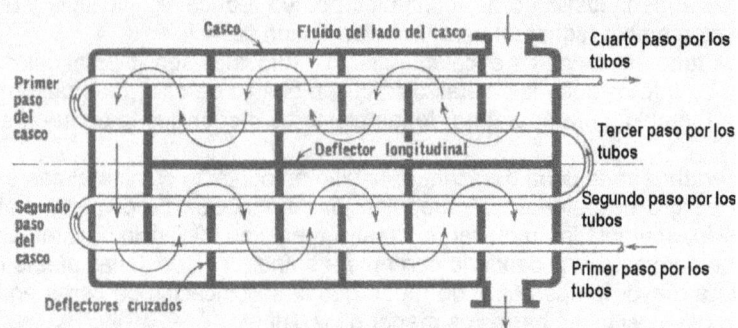

El principal problema que plantean estas disposiciones de las corrientes es el cálculo de la diferencia de temperaturas. Resulta deseable y conveniente retener la forma de la ecuación *(15-54)* pero esto nos obliga a definir una diferencia "efectiva" de temperaturas. Veamos porqué.

En el croquis del intercambiador 2-4 el fluido del interior de tubos intercambia calor con el de casco a contracorrientes en el primer paso. Lo mismo sucede en el primer paso del intercambiador 1-2. Pero en el segundo paso el intercambio de calor ocurre con corrientes paralelas en ambos casos. Esto nos indica que la diferencia de temperaturas no se puede calcular como en la disposición a contracorriente ni como en disposición a corrientes paralelas, sino como una mezcla de ambos casos. Pero sigamos analizando el croquis del intercambiador 2-4. En el espacio que queda entre los deflectores el flujo del lado de casco es perpendicular a los tubos. Pero de inmediato se llega a la abertura de cada deflector y el fluido se ve obligado a cambiar de dirección, de modo que en la abertura es prácticamente paralelo a los tubos. Como vemos, la situación es bastante complicada y demuestra que no se puede calcular la diferencia de temperaturas como si fuese un simple caso de flujo a contracorriente.

Para resolver esta dificultad, se ha convenido en calcular la diferencia "efectiva" de temperaturas de la siguiente manera. Se define un factor de corrección Y que multiplica a la *MLDT* de modo que la diferencia "efectiva" de temperaturas resulta del producto, como vemos a continuación.

$$\boxed{\Delta t = Y \times MLDT}$$

El factor de corrección Y se puede calcular en función de dos parámetros que llamaremos X y Z de la siguiente forma.

$$\boxed{Y = f(X, Z)}$$

Los parámetros X y Z se definen en función de las temperaturas de entrada y salida de ambos fluidos de la siguiente forma.

$$X = \frac{t_2'' - t_1''}{t_1' - t_1''} \qquad Z = \frac{t_1' - t_2'}{t_2'' - t_1''}$$

Las temperaturas son:
t''_1 = temperatura de entrada del fluido frío;
t'_1 = temperatura de entrada del fluido cálido;
t''_2 = temperatura de salida del fluido frío;
t'_2 = temperatura de salida del fluido cálido.

El significado de los parámetros X y Z es el siguiente.

El parámetro Z es el cociente de los calores específicos por los caudales de masa. En efecto, si planteamos un balance de energía en el intercambiador de calor, despreciando las diferencias de energía cinética y potencial y tomando en cuenta solo el calor intercambiado resulta:

$$W\,C\,(t_1' - t_2') = w\,c\,(t_2'' - t_1'') \Rightarrow Z = \frac{t_1' - t_2'}{t_2'' - t_1''} = \frac{w\,c}{W\,C}$$

El parámetro X es una suerte de "efectividad térmica" porque es el cociente de la diferencia de temperaturas del fluido frío sobre la diferencia de temperaturas en el extremo cálido. Esto se suele interpretar como sigue. La diferencia de temperaturas del fluido frío es proporcional a la energía intercambiada en forma de calor, en tanto que la diferencia de temperaturas en el extremo cálido representa la "fuerza impulsora" del intercambio de calor. En consecuencia el cociente de ambas diferencias mide de alguna forma qué grado de eficiencia se consigue en el intercambio de calor. Si un equipo tiene un valor bajo de X es un signo de que el intercambio de calor es dificultoso, porque se consigue poco intercambio con un gradiente térmico grande.

La forma analítica de las funciones que permiten calcular Y en cada caso es bastante complicada e inadecuada para cálculos manuales, aunque se usa en programas de cálculo. En general resulta mas fácil usar las gráficas elaboradas a partir de esas funciones. A continuación vemos algunas gráficas usadas para el cálculo de rutina.

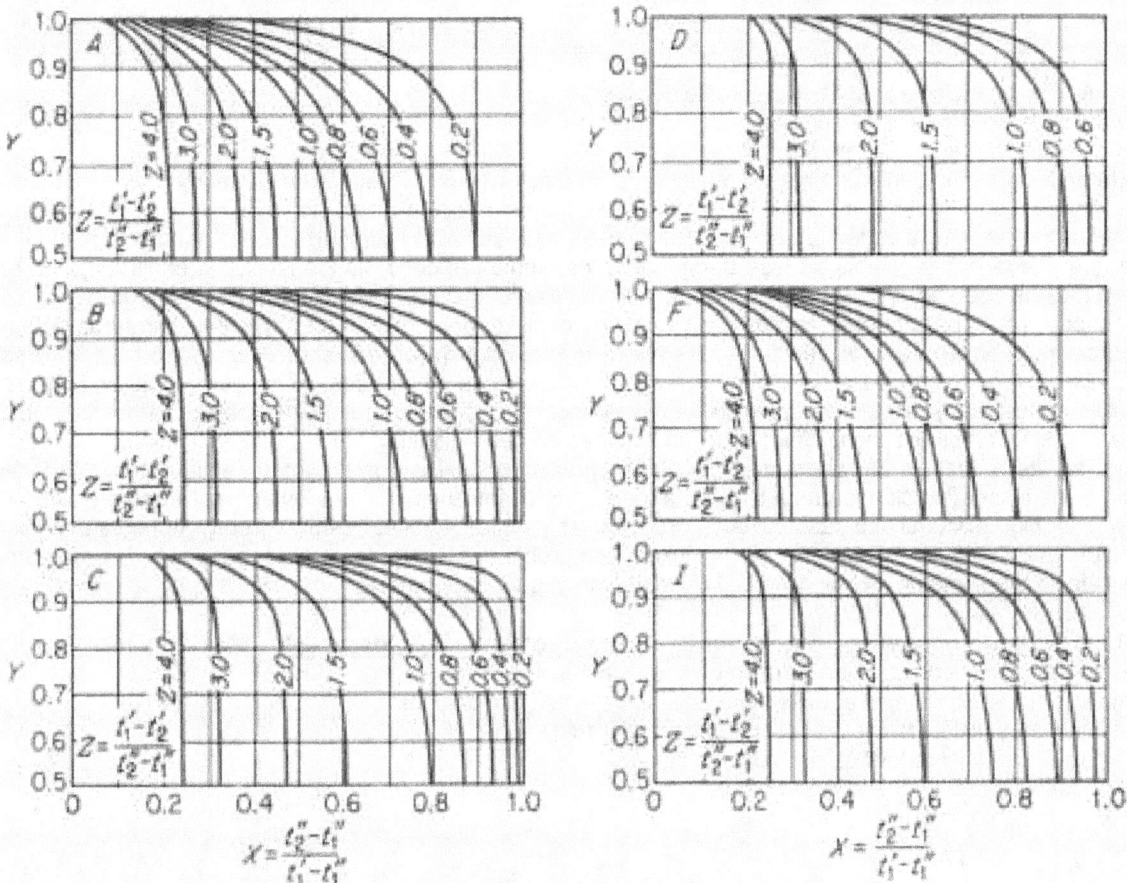

Las configuraciones que representan estas gráficas se listan a continuación.

A: 1 paso en el casco y 2, 4, 6, etc., pasos en los tubos.

B: 2 pasos en el casco y 4, 8, 12, etc., pasos en los tubos.

C: 3 pasos en el casco y 6, 12, 18, etc., pasos en los tubos.

D: 4 pasos en el casco y 8, 16, 24, etc., pasos en los tubos.

F: 1 paso en el casco y 3, 6, 9, etc., pasos en los tubos.

I: Flujos cruzados, 2 pasos en los tubos , el fluido en el casco fluye sobre los pasos primario y secundario en serie.

Fuente: R. A. Bowman, A. C. Mueller y W. M.Nagle, *Trans. ASME*, 62-283-294; Mayo, 1940.

El factor de corrección Y no debe ser inferior a 0.8 para una determinada configuración. Esto se debe a que los valores de Y menores de 0.8 dan resultados inciertos en los cálculos. Es fácil ver en cualquiera de las figuras anteriores que si Y es menor de 0.8 la curva que representa esa configuración se hace demasiado vertical, resultando casi imposible precisar los valores del parámetro X que le corresponde.

18.6 El cálculo de la superficie de intercambio

Cuando se debe elegir un determinado intercambiador es preciso tomar en cuenta una gran cantidad de factores que condicionan la decisión final sobre cual ha de ser el intercambiador, es decir de qué tipo y tamaño. Para ello nos debemos ubicar en la posición ideal de un ingeniero en total libertad de decisión que tiene que elegir en base a precio inicial y economía de operación.

El primer paso necesario para esta decisión ha de ser recabar toda la información pertinente de los fluidos de intercambio: propiedades térmicas (calor específico, viscosidad y conductividad), temperaturas y caudales.

El segundo paso será calcular la superficie necesaria. Aquí es donde aparecen las complicaciones, porque cada tipo de intercambiador tiene métodos de cálculo diferentes, algunos bastante engorrosos. La causa de este problema es la siguiente.

La ecuación del intercambio de calor es un simple balance de energía basado en el Primer Principio para sistemas abiertos, en el que se fijan las fronteras para que contengan sólo al equipo de intercambio y se desprecian las contribuciones de energía cinética y potencial. El balance de energía mecánica orientado a calcular la resistencia del flujo suele hacerse por separado, y debe coincidir con el de energía térmica en cuanto a las condiciones de flujo.

Podemos escribir la ecuación básica de balance del intercambio de calor en la siguiente forma general:

$$Q = U \, A \, \Delta t \tag{18-1}$$

Donde: U = coeficiente total de intercambio de calor.

A = área del intercambiador.

Δt = diferencia de temperatura "efectiva".

Esta ecuación es engañosamente simple, porque no toma en cuenta las diferentes geometrías de los distintos equipos, que tienen una influencia enorme en la magnitud del intercambio de calor. Tampoco aparecen en ella las diferencias entre fluidos distintos, que sin duda tienen un comportamiento particular, ni el hecho de que pueda existir cambio de fase durante el intercambio (es decir, condensación o ebullición). Sin embargo, estas diferencias influyen en el cálculo del coeficiente total U y de la diferencia de temperatura Δt.

De modo que si nuestro ingeniero quiere tomar una decisión defendible tendrá que calcular áreas de intercambio para varios equipos de clases diferentes, lo que constituye una tarea difícil, engorrosa, tediosa y muy larga. Algunos métodos de cálculo son considerablemente elaborados, a menudo requieren aproximaciones sucesivas, y pueden causar error de cálculo por su carácter complejo y repetitivo, ya que la probabilidad de error crece exponencialmente con la cantidad de operaciones.

Para facilitar el trabajo se puede usar el método aproximado que expondremos a continuación, que si bien no da resultados exactos, permite tener una idea semi cuantitativa que nos orienta en la toma de decisiones. También existe abundante software para calcular los intercambiadores mas frecuentemente usados en la industria. De todos modos, siempre conviene comprobar los resultados que proporcionan los programas de cálculo mediante un método simple y rápido como el que proponemos.

18.6.1 Método aproximado de cálculo de la superficie de intercambio

En toda la discusión que sigue se usan unidades inglesas.

El método que explicamos aquí se basa en las siguientes definiciones:

a) La ecuación de intercambio de calor es la *(18-1)*.

b) El coeficiente total se define como sigue.

$$U = \cfrac{1}{\cfrac{1}{h_i} + \cfrac{1}{h_o} + \cfrac{1}{k'} + \cfrac{1}{F}} \tag{18-2}$$

Donde: U = coeficiente total [BTU/hora/pie²/°F].

h_i = coeficiente pelicular de convección del lado interno de la superficie [BTU/hora/pie²/°F].

h_o = coeficiente pelicular de convección del lado externo de la superficie [BTU/hora/pie²/°F].

k' = seudo coeficiente de conductividad del material de la superficie. Este seudo coeficiente incluye el espesor de material. Se define como el cociente del espesor y el verdadero coeficiente: $k' = e/k$. [BTU/hora/pie²/°F].

e = espesor de material. [pies].

F = factor o coeficiente de ensuciamiento que permite prever la resistencia adicional que ofrecerá el sarro o incrustaciones al final del período de actividad (período que media entre dos limpiezas). [BTU/hora/pie²/°F].

18.6.2 El concepto de resistencia controlante

Si se examinan las ecuaciones *(18-1)* y *(18-2)* se observa que ambas se pueden escribir de un modo ligeramente diferente al habitual, que nos permitirá expresar ciertas ideas provechosas.

Tomando la ecuación *(18-1)*: $\qquad Q = U A \, \Delta t$

Esta ecuación se puede escribir: $\qquad \dfrac{Q}{A} = U \, \Delta t = \dfrac{\Delta t}{R}$

El primer término es una intensidad de flujo (cantidad que fluye por unidad de tiempo y de superficie) y Δt es una diferencia de potencial. R es la resistencia que se opone al flujo. Esta ecuación es análoga a otras (como la de flujo de electricidad) que rigen los fenómenos de flujo.

Tomando la ecuación *(18-2)*:

$$U = \cfrac{1}{\cfrac{1}{h_i} + \cfrac{1}{h_o} + \cfrac{1}{k'} + \cfrac{1}{F}} \Rightarrow R = \frac{1}{U} = \frac{1}{h_i} + \frac{1}{h_o} + \frac{1}{k'} + \frac{1}{F}$$

$$R = R_i + R_o + R_p + R_s$$

Donde: $R_i = \dfrac{1}{h_i}$ es la resistencia de la película interior. $R_o = \dfrac{1}{h_o}$ es la resistencia de la película exterior.

$R_p = \dfrac{1}{k'}$ es la resistencia de la pared. $R_s = \dfrac{1}{F}$ es la resistencia de la capa de suciedad.

Expresando la ecuación de flujo calórico en esta forma, cuanto mayor sea la resistencia R tanto menor será el flujo calórico. La resistencia es a su vez la suma de las resistencias parciales. Si una de ellas es mucho mayor que las demás, su valor determinará el valor de la resistencia total. En tal caso se dice que es la resistencia controlante. Habitualmente, cuando hay intercambio de calor entre dos líquidos de viscosidades muy diferentes, el mas viscoso presenta una resistencia mucho mayor y es el controlante. O cuando hay intercambio de calor con cambio de fase, el fluido que no experimenta cambio de fase presenta la mayor resistencia y es el controlante.

18.6.3 Coeficiente de ensuciamiento

Los valores del coeficiente de ensuciamiento varían según los distintos fluidos. Una estimación grosera de orden de magnitud se puede hacer de los siguientes valores:

Sustancia	Rangos de coeficiente de ensuciamiento
	[BTU/hora/pie$_2$/°F]
Aceites y agua no tratada	250
Agua tratada	500 - 1000
Líquidos orgánicos y gases	500

La resistencia debida a la suciedad R_s también se puede expresar como la suma de dos resistencias, una interna y otra externa, de la siguiente manera:

$$R_s = R_{si} + R_{se}$$

En el Apéndice al final del capítulo se dan valores de resistencias típicas para distintos fluidos, en distintas condiciones.

18.6.4 El coeficiente total

El coeficiente total U se puede estimar para las distintas situaciones en forma aproximada como explicamos a continuación. El valor estimado es sólo aproximado, como ya dijimos.

Seudo coeficiente de conductividad

El valor de k' se puede evaluar de la figura siguiente (Fig.1).

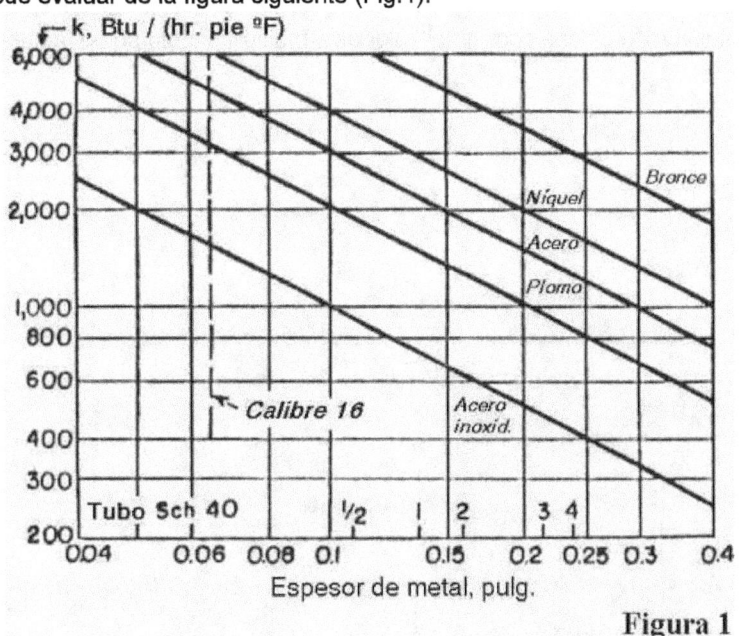

Figura 1

695

18.6.5 El coeficiente de película

Los valores de coeficiente pelicular se pueden estimar para distintas geometrías del siguiente modo.

Intercambiadores de doble tubo

En este tipo de intercambiadores las velocidades usuales para líquidos son del orden de 3 a 6 pies por segundo. Para gases a presiones cercanas a la atmosférica las velocidades óptimas están en el orden de 20 a 100 pps. Algunos valores de coeficiente pelicular h para líquidos comunes a velocidades del orden de 3 pps en tubos de 1 pulgada de diámetro son:

Líquido	h [BTU/hora/pie^2/°F]
Agua	600
Salmuera saturada	500
Ácido sulfúrico 98%	100
Aceites livianos	150
Alcoholes y líq. orgánicos livianos	200

Otros valores se encuentran en el Apéndice y en la bibliografía. Para velocidades distintas de 3 pps multiplicar por el factor de corrección que se obtiene de la siguiente figura (Fig. 2).

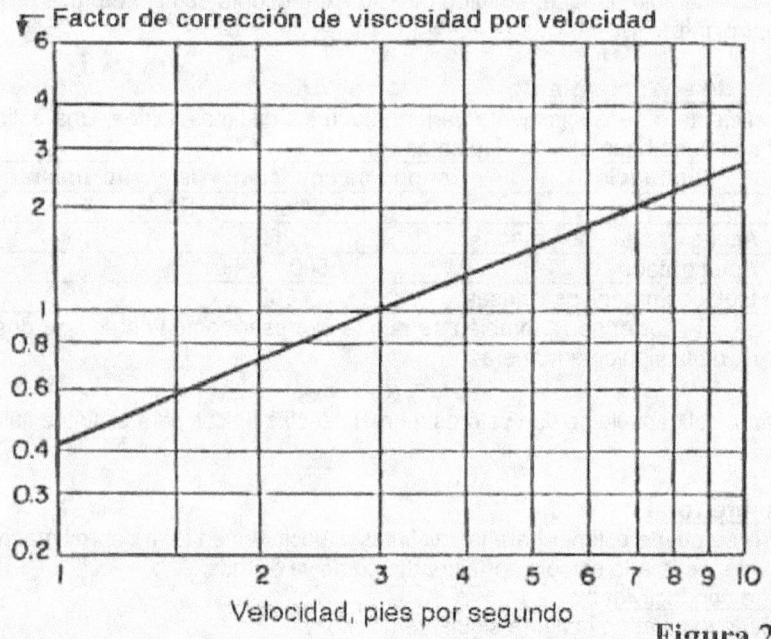

Figura 2

Para diámetros distintos de 1" se debe corregir el valor de h multiplicándolo por el factor de corrección de la Fig. 3.

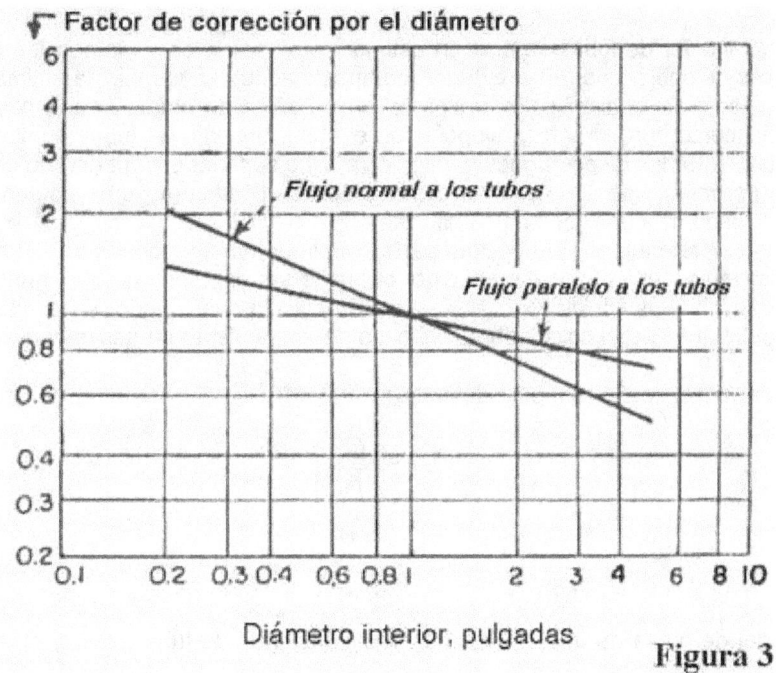

Figura 3

Para gases a presiones cercanas a la atmosférica y con velocidades de 20 pps en tubos de 1" de diámetro el coeficiente pelicular h varía de 5 a 8 para gases con un rango de peso molecular de 2 a 70.

Como antes el efecto de la velocidad se puede estimar. Para velocidades distintas de 3 pps multiplicar por el coeficiente que resulta de la figura 2, pero es preciso modificarla haciendo pasar por el punto correspondiente a 2 pps y factor = 1 otra recta paralela a la original, asumiendo que los valores del eje horizontal se deben multiplicar por diez. El caso del hidrógeno es singular, ya que para obtener flujo turbulento se requieren velocidades del orden de 100 pps.

El efecto de la temperatura en el coeficiente pelicular de gases es predecible. Basta restar un 10% al valor de h obtenido como se indica precedentemente por cada 100 °F de incremento de temperatura por encima de 100 °F, o sumar un 10% por cada 100 °F de disminución de temperatura por debajo de 100 °F. En los líquidos, en cambio, el efecto es inverso, porque un aumento de temperatura casi siempre produce aumento de h, debido al comportamiento de la viscosidad en la mayoría de los líquidos, que disminuye con la temperatura. Para temperaturas elevadas, el uso de h calculado a 100 °F conduce a sobredimensionamiento, lo que en el fondo no es grave, pero sí lo es en el caso de bajas temperaturas porque usar h obtenido a temperatura normal produce equipos insuficientes. Por lo tanto, usar esta metodología simplificada para comparar opciones de distintos diseños de equipos está bien, pero no se debe usar para calcular el tamaño del equipo a baja temperatura.

Intercambiadores de haz de tubos y coraza

Los pasos a seguir son:

- Determinar un coeficiente pelicular promedio para el fluido que circula en el interior de los tubos, que en general suele ser el fluido frío. Suponer que son tubos de 1" y corregir mediante la Fig. 3 para otros diámetros. Se pueden usar los valores aproximados de h dados antes.
- Determinar el coeficiente pelicular promedio para el fluido que circula en la coraza. Debido a la resistencia ofrecida por el haz de tubos la velocidad es siempre mucho mas baja que en el interior de tubos. Para mantener la caída de presión dentro de límites razonables, no queda mas remedio que tener bajas velocidades. Por eso el valor de h, que depende fuertemente de la velocidad, es mucho menor. Un valor de h de 400 BTU/hora/pie^2/°F es razonable para soluciones acuosas, y 100 a 150 para líquidos orgánicos. Para gases puede asumir h de 5 a 15 BTU/hora/pie^2/°F, siendo los gases menos densos los que tienen los valores mas altos.
- Calcular U de la ecuación *(18-2)*.

Algunos valores observados de U [BTU/hora/pie^2/°F] son:

Agua a agua: 100 a 150	Gas a gas: 2 a 4
Gas a agua: 20 a 40	Agua a líquidos orgánicos: 50 a 100

Otros valores se pueden hallar en el Apéndice al final de este capítulo.

Enfriadores de cascada

Los coeficientes del interior de tubos se pueden estimar como se indicó en la sección en la cual tratamos los intercambiadores de doble tubo. En el exterior (cortina de agua), en cambio, la estimación es mas difícil. Depende principalmente de la distribución uniforme de la cortina de agua, y de si hay o no evaporación apreciable, especialmente porque si hay evaporación el ensuciamiento de tubos aumenta, lo que obliga a una limpieza frecuente. En las disposiciones habituales el tubo superior está perforado de modo de entregar de 2 a 6 galones por minuto de agua por pie de longitud. Cantidades mayores no son ventajosas ya que pueden causar salpicaduras y una cortina no uniforme.

Si hay evaporación es preferible usar la décima parte por pie de tubo, ya que el caudal requerido es mucho menor. Para tubos limpios, el valor de h en el exterior puede ser del orden de 600, aunque la presencia de suciedad puede disminuir sustancialmente este valor. Un cálculo conservador se puede basar en un valor de U del orden del 30 al 50% del calculado. En el caso de enfriamiento de gases con evaporación, el valor de U usado va de 4 a 10.

Kern aconseja usar para el coeficiente pelicular externo:

$$h = 65\left(\frac{G'}{D_e}\right)^{1/3}$$

Donde:

$$G' = \frac{W}{2L}$$

Siendo: W el caudal de masa de agua (libras/hora), L la longitud de tubo (pies) y D_e el diámetro externo (pies).

Recipientes enchaquetados o encamisados

En un recipiente encamisado en general se trata de mantener caliente al líquido que contiene el recipiente. Por lo general la resistencia controlante está del lado del líquido. En la chaqueta se suele usar vapor como medio calefactor. De ordinario se agita el recipiente para asegurar un buen intercambio. Si no hay agitación para soluciones acuosas se puede asumir h de 30 para $\Delta t = 10°F$ a 150 para $\Delta t = 100°F$.

Para recipientes no agitados que contienen agua o soluciones acuosas y se calientan o enfrían con agua en la camisa es razonable asumir $U = 30$. Para recipientes agitados el valor de U varía con el grado de agitación. Valores razonables son: vapor a agua: 150; agua a agua: 60; mezclas de sulfonación o nitración a agua: 20.

Intercambiadores de serpentines sumergidos

El serpentín sumergido es una buena solución rápida y económica a necesidades no previstas de intercambio, aunque también existen muchos sistemas que lo utilizan en forma permanente. Un ejemplo de ello es el calefón doméstico, que calienta agua en llama directa mediante un serpentín de ⅛" por cuyo interior circula el agua. Los tubos usados varían en diámetro según las necesidades, desde ¾ a 2". Los valores de h para líquidos en el interior de serpentines son del orden del 20% superiores a los correspondientes a tubo recto, estimados como se explicó antes. En el exterior se puede dar una de dos situaciones: convección natural o forzada. Con convección natural los valores dependen del salto de temperatura a través de la película. Valores de h de 30 a 50 para Δt de 10 a 100 °F son quizá algo conservadores. Con agitación moderada, cuando el líquido fluye a través del serpentín a velocidad del orden de 2 pps, el h será del orden de 600 para agua y de 200 para la mayoría de los líquidos orgánicos. El efecto del ensuciamiento puede ser grave, por lo que la resistencia controlante estará del lado externo. En este caso se deberá asumir un valor de resistencia de ensuciamiento no menor de 0.01, con lo cual el coeficiente global U será menor de 100.

A menudo se puede mejorar mucho el coeficiente aplicando agitación. En este caso se deberá hacer uso de correlaciones especiales, para lo cual se consultará el libro de Kern o una obra especializada en agitación.

Líquidos en ebullición

El diseño de hervidores presenta una diferencia fundamental con otros casos de intercambio de calor, que es la caída de temperatura en la película de líquido hirviente. Este Δt es aquel al cual se transfiere la máxima cantidad de calor y se llama Δt crítico. Esta cuestión ya fue tratada en el capítulo **16**, apartado **16.2**. Para muchos líquidos el Δt crítico va de 70 a 100 °F, por lo tanto sería inútil y hasta posiblemente perjudicial diseñar un hervidor que opere con un valor de $\Delta t > 100$ °F. Los coeficientes individuales de líquidos hirvientes varían mucho. La Fig. 4 que se observa a continuación se puede usar para determinar U para agua o soluciones acuosas hirviendo, calentadas con vapor.

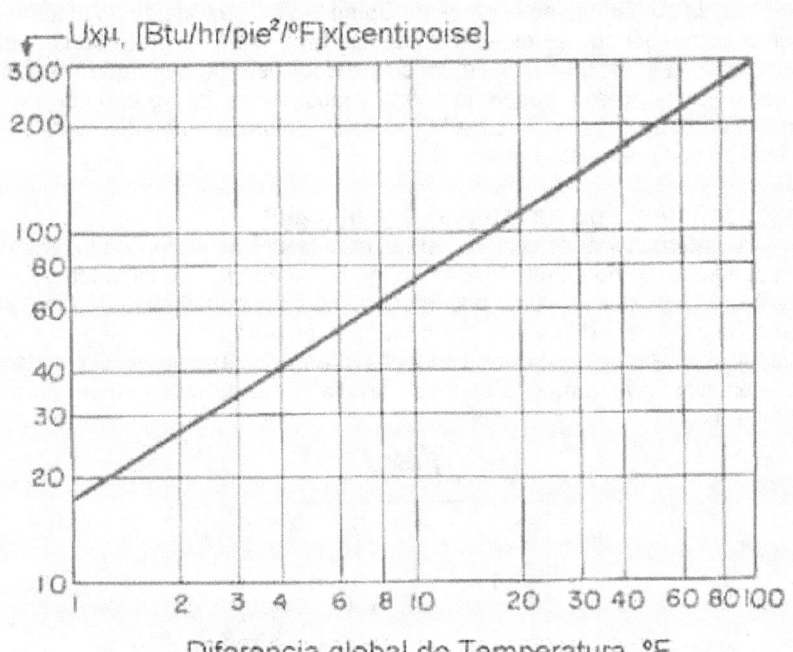

Figura 4

Los coeficientes para líquidos orgánicos son considerablemente menores que los del agua. Para tubos o placas horizontales limpios y líquidos tales como el benceno o alcohol se puede tomar un coeficiente total U = 250 para Δt entre el medio calefactor y el líquido hirviente de 50 a 70 °F. Si la superficie se ensucia, tomando en cuenta el factor o coeficiente de ensuciamiento el valor de U es del orden de 50 a 100. Los Δt no deben ser inferiores a 50 °F.

Los coeficientes de calandrias son un 25% mas altos que los de placas planas y serpentines.

Los coeficientes de evaporadores y hervidores de circulación forzada son del mismo orden que los de líquidos circulando por el interior de tubos a cierta velocidad y se pueden estimar sobre la misma base.

Un factor que no se debe dejar de tener en cuenta es el efecto de las variaciones de presión sobre los valores de coeficientes. Los que se citan en la literatura generalmente son a presión atmosférica. Para muchos líquidos, el coeficiente de película tendrá un incremento de alrededor del 100% por cada 10 °F de aumento de temperatura por encima del punto normal de ebullición, y una disminución de temperatura producirá un efecto similar, produciendo una disminución de h de un 50% por cada 10 °F de disminución.

Condensadores

Muchos líquidos orgánicos condensando sobre tubos horizontales dan coeficientes de película del orden de 200 a 400. El amoníaco en el orden de 100, agua de 1000 a 3000. Los coeficientes de condensación en el interior de tubos parecen ser del mismo orden de magnitud, pero no es usual condensar en el interior de tubos porque el tubo se inunda con facilidad. En general se suele hacer pasar agua por el interior de tubos o serpentines, y el vapor condensa en el exterior. Normalmente la resistencia controlante nunca está del lado del vapor condensando.

Calentadores de gas con bancos de tubos

Una manera bastante común de calentar gases es hacerlos pasar a través de haces de tubos calentados con vapor por su interior. La resistencia controlante normalmente está del lado del gas, ya que raras veces hay limitaciones en la velocidad de circulación o la calidad del vapor. El número y disposición de los tubos en el banco influye en cierta medida en el coeficiente. Mas allá de cuatro filas de tubos esta influencia desaparece. Para aire atravesando bancos de tubos de 1" a 10 pps el coeficiente es de alrededor de 8, aumentando a 20 a una velocidad de 60 pps. La diferencia entre una y cuatro filas de tubos no se nota a baja velocidad, pero a 50 - 100 pps el coeficiente puede aumentar un 50%.

18.7 Selección del intercambiador

En el proceso de seleccionar un intercambiador de calor se pueden distinguir cuatro etapas claramente definidas. En la primera etapa se toman en cuenta consideraciones referidas al tipo de intercambio de calor que se produce. En la segunda etapa se obtienen las propiedades de los fluidos en función de las variables conocidas y se calcula el coeficiente global U y el área de intercambio A. En la tercera etapa se elige un intercambiador adecuado para este servicio, teniendo en cuenta el coeficiente global U, el área de intercambio A y las características de los fluidos y de las corrientes. En la cuarta se vuelve a calcular el coeficiente global U y el área de intercambio A. Si no coinciden con el intercambiador previamente elegido se vuelve al paso tres. Si coinciden se da por terminado el proceso. Como vemos se trata de un algoritmo recursivo.

Cabe aclarar que en la estrategia que se expone en detalle mas abajo se parte de la suposición inicial de que se elegirá *en principio* un intercambiador de casco y tubos. Esto no tiene que resultar siendo necesariamente así en la decisión final, pero parece una buena suposición inicial, ya que son los equipos mas corrientes. Se han propuesto otras estrategias para la selección del intercambiador, pero las variaciones con la que exponemos aquí no son realmente significativas.

18.7.1 Primer paso: definir el tipo de intercambio de calor

Lo primero que hay que determinar al seleccionar el intercambiador es el tipo de intercambio de calor que se debe producir en el equipo. Dicho en otras palabras, no se comportan de igual forma un fluido que intercambia calor *sin* cambio de fase que un fluido que intercambia calor *con* cambio de fase, y de ello se deduce que el equipo en cada caso será diferente. Por lo tanto, lo primero es determinar si hay o no cambio de fase en alguno de los fluidos. Para ello se debe conocer las temperaturas de ebullición de ambos a las respectivas presiones operativas. Ayuda mucho construir un diagrama de calor-temperatura para el sistema, como vemos a continuación.

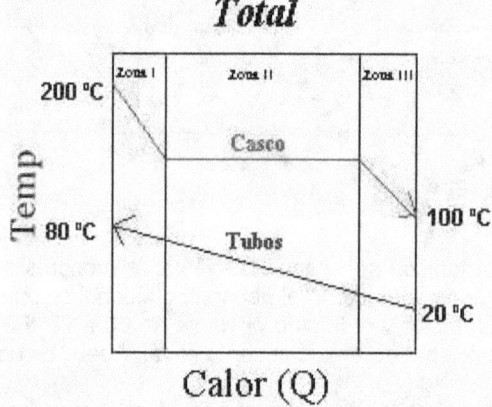

Por supuesto, existe un acuerdo general en que se usa la disposición de flujos a contracorrientes. Solo en circunstancias realmente excepcionales se justifica tener los flujos en corrientes paralelas. El sentido de las flechas en el diagrama anterior muestra entonces una disposición a contracorrientes.

Aquí se presenta el caso mas general, en el que uno de los fluidos está recalentado y se enfría hasta que condensa, para continuar enfriando posteriormente, es decir que sale a menor temperatura que la de ebullición. El otro fluido se calienta sin cambio de fase. Otro caso también mas general es el inverso, donde un líquido se evapora, lo que sería el mismo diagrama solo que invirtiendo los sentidos de las flechas. Una tercera situación que involucra la condensación de un vapor y la ebullición de un líquido en el mismo equipo no se encuentra nunca en la realidad, porque es muy difícil controlar el intercambio de calor entre dos fluidos que experimentan cambios de fases en forma simultánea.

Se ha dividido el diagrama en tres zonas. Estudiando cada una de ellas construimos los siguientes diagramas de zonas parciales.

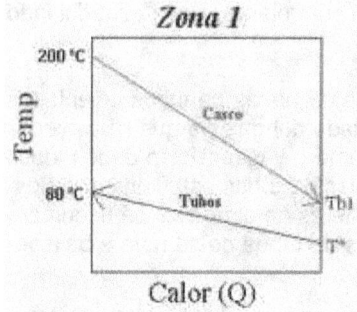
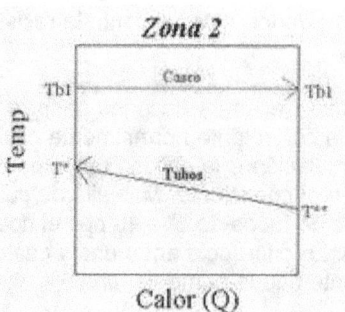
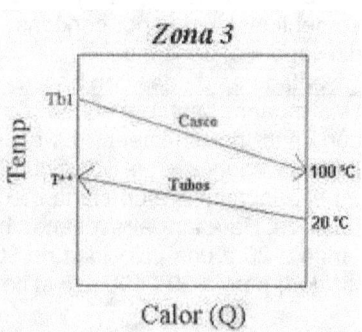

La zona 1 es la de enfriamiento del vapor recalentado del lado de casco hasta la temperatura de condensación Tb_1. El fluido de tubos se calienta desde la temperatura T^* hasta la temperatura final o de salida, que como sabemos es de 80 °C. En la zona 2 se produce la condensación (a temperatura constante Tb_1) del fluido del lado de casco mientras que el fluido del lado de tubos se calienta desde la temperatura T^{**} hasta la temperatura T^*. Por último, la zona 3 es la de subenfriamiento del líquido condensado, que entrega mas calor en el casco al fluido de tubos que se calienta desde la temperatura de entrada de 20 °C hasta la de salida de la zona 3 que es T^*.

Definir las zonas es uno de las etapas mas importantes del proceso de seleccionar un intercambiador de calor con cambio de fase. La selección de un intercambiador de calor sin cambio de fase es meramente un caso particular, que corresponde a las zonas 1 o 3.

18.7.2 Segundo paso: obtener propiedades de los fluidos, calcular Q, U y A

El siguiente paso en la estrategia es definir los caudales y presiones operativas de las corrientes. Esta información se necesita para obtener las propiedades y establecer el balance de energía del equipo. Recordemos que las propiedades de los gases son especialmente sensibles a la presión. Con el esquema que se adopta en este tratamiento, en el que hay tres zonas claramente distinguibles, conviene obtener las propiedades de cada fluido independientemente para cada zona. Por lo general se puede aceptar que se tomen valores promediados de las propiedades del fluido de tubos, ya que no tiene cambio de fase y es probable que sus propiedades no cambien de manera abrupta. En cambio, sería un grave error tomar valores promediados del fluido de casco mezclando zonas, ya que es vapor recalentado en la zona 1 y líquido en la zona 3, mientras que en la zona 2 es una mezcla bifásica líquido-vapor.

Las propiedades que se deben obtener para ambas corrientes incluyen las siguientes: calor latente (si hay cambio de fase), calor específico (si no hay cambio de fase), viscosidad, densidad y conductividad térmica.

También es importante conocer la diferencia de presión admisible de acuerdo al tipo de impulsor de que se dispone, que es un dato que depende de la configuración del sistema. Por lo general, tanto la diferencia de presión como la velocidad son elementos que se pueden variar con cierta latitud, lo que permite ampliar el margen de opciones para seleccionar el equipo. Por supuesto, existen límites que no se pueden transgredir. Conviene que la velocidad sea alta, porque mayores velocidades mejoran el coeficiente de intercambio. Se consideran valores típicos para líquidos de 1 a 3 m/seg. Para los gases, los valores suelen ser de 15 a 30 m/seg. Los valores usuales de diferencia de presión son de 30 a 60 KPa (5 a 8 psig) del lado de tubos y de 20 a 30 KPa (3 a 5 psig) del lado de casco.

Una vez obtenida la información necesaria estamos en condiciones de hacer el balance de energía para obtener la carga de calor Q. Una vez obtenido, se calcula la diferencia media logarítmica de temperaturas y se obtiene el coeficiente global U. En el apéndice al final de este capítulo se listan algunos valores recomendados por fuentes autorizadas. También se pueden encontrar valores recomendados en el *"Manual del Ingeniero Químico"* de Perry y en el libro *"Procesos de Transferencia de Calor"* de Kern. Alternativamente, se puede calcular un valor de U. Depende de lo que uno tenga a su disposición: si se está calculando en forma manual, probablemente prefiera adoptar un valor de la lista de valores recomendados, pero si está usando un programa de simulación el cálculo es rápido y se puede hacer con un par de movimientos de mouse. No obstante aconsejo siempre comprobar los resultados obtenidos de programas por contraste con otros resultados obtenidos de un método manual o gráfico ya que nunca se sabe.

Una vez obtenida la carga calórica Q, con la diferencia media logarítmica de temperaturas y el coeficiente global U se calcula la superficie de intercambio A.

18.7.3 Tercer paso: elegir una configuración (tipo de intercambiador) adecuada

En esta etapa seleccionamos el tipo de intercambiador que mejor se ajusta al servicio que nos interesa. Nos basamos exclusivamente en consideraciones técnicas y económicas, que fijan la opción ganadora en términos de servicio prolongado y satisfactorio con menores costos iniciales y operativos. La gama de opciones disponibles en principio puede ser muy amplia, pero se estrecha a poco que se tomen en cuenta las limitaciones de espacio, tipo de materiales del equipo, características de ensuciamiento, peligrosidad y agresividad química de las corrientes, y otras por el estilo.

Los elementos de juicio necesarios para la toma de decisión han sido expuestos en algunos casos como parte de la descripción. Una vez calculada el área necesaria, podemos estimar el costo aproximado de las distintas alternativas posibles. De allí en adelante, influirán consideraciones no económicas como el espacio disponible, la posibilidad de construir el equipo en vez de comprarlo, etc.

Intercambiadores de doble tubo

Una de las posibles alternativas que se le presentan al ingeniero en el momento de seleccionar un intercambiador puede ser tener que elegir entre intercambiadores de horquilla de doble tubo con tubo interno único, de doble tubo con múltiples tubos internos e intercambiadores de haz de tubos y coraza. La diferencia mas importante entre ellos es que en los intercambiadores de horquilla de múltiples tubos internos el flujo es a contracorriente pura, mientras en los intercambiadores de haz de tubos y coraza con dos o mas pasos en los tubos el flujo es una mezcla de contracorriente y corrientes paralelas. Por lo tanto en estos últimos el intercambio de calor es menos eficiente, en alrededor de un 20%. Para poder obtener flujo en contracorriente pura el fabricante tiene que echar mano de disposiciones menos económicas, tales como usar igual cantidad de pasos en la coraza y en los tubos (por ejemplo, dos pasos en la coraza y dos pasos en los tubos) pero esto implica mayor complejidad constructiva y por lo tanto mayor costo. El flujo en contracorriente pura permite, por otra parte, mejor aproximación entre las temperaturas extremas y eliminar cruces de temperaturas. En un intercambiador de un paso por la coraza, se requerirían varias corazas en serie para eliminar los cruces de temperatura, lo que aumenta el costo. En el caso de grandes rangos de temperatura, que normalmente producen cruces cuando se usan intercambiadores de tubos y coraza, se usa a veces un deflector longitudinal en la coraza para evitar poner varias corazas en serie, pero esto puede causar altos esfuerzos térmicos en el lado de coraza, resultando en deformación del deflector que causa pérdidas a través del mismo. Estas corrientes de fuga disminuyen la eficacia térmica y pueden causar vibración que a su vez agrava el daño producido en el deflector y el haz de tubos.

Un criterio de selección se basa en el producto "$U{\times}A$". De la ecuación *(18-1)* tenemos:

$$\frac{Q}{\Delta t} = U \times A$$

Si el producto "$U{\times}A$" está en el orden de 100000 a 200000 BTU/hora/°F el intercambiador de contracorriente verdadera de múltiples tubos internos está bien diseñado. Si el producto da fuera de este rango significa que el área es insuficiente o el caudal no está suficientemente aprovechado para producir un grado de turbulencia suficiente para que el coeficiente global de intercambio sea adecuado para el servicio.

La siguiente tabla puede ser útil para seleccionar el diámetro del tubo externo en un intercambiador de contracorriente pura de múltiples tubos internos.

PRODUCTO $U{\times}A$ [BTU/(h °F)]	DIAMETRO EXTERNO TUBO mm.	(pulgadas)
> 150,000	305-406	(12-16)
100000-150000	203-406	(8-16)
50000-100000	152-254	(6-10)
20000-50000	102-203	(4-8) *
< 20,000	51-102	(2-4) *

En los casos marcados con un (*) es preferible usar intercambiadores de doble tubo con tubo interior único. En todos los otros casos, la selección es favorable al intercambiador de contracorriente pura de múltiples tubos internos.

Cuando el producto "$U{\times}A$" no está en el orden de 100000 a 200000 BTU/hora/°F es probable que no se pueda usar un intercambiador de doble tubo de contracorriente pura, y se deba echar mano de un intercambiador de haz de tubos y coraza.

Intercambiadores de haz de tubos y coraza

Una selección primaria, aún si se espera cambiar de idea después de ella, no se debe hacer en forma casual o descuidada. Se debe dar consideración detallada y cuidadosa a todos los factores pertinentes, que son muchos, para finalizar la tarea exitosamente, culminando en una selección sensata, práctica y económica.

Como la fuerza impulsora primaria del intercambio de calor es la diferencia de temperatura, y su magnitud es importante para determinar el área de intercambio (y el tamaño y costo del intercambiador) es importante considerar las temperaturas de operación. La diferencia media logarítmica de temperatura (*MLDT*) es una buena medida de la fuerza impulsora del flujo calórico en el intercambiador.

Diferencias de temperatura de salida cercanas entre sí, entre la temperatura de salida de un fluido y la de entrada de otro, dan como resultado bajos valores de *MLDT*. Esto es algo deseable, porque cuanto mas pequeñas sean las diferencias de temperatura de salida mas eficiente desde el punto de vista energético será el intercambio.

Pero recuerde que un valor bajo de *MLDT* dará como consecuencia equipos mas grandes y por lo tanto mas caros, por imperio de la ecuación *(18-1)*:

$$Q = U\,A\,MLDT \Rightarrow A = \frac{Q}{U\,MLDT}$$

Es decir, el área es inversamente proporcional a la *MLDT*. Si las temperaturas de operación vienen impuestas por las condiciones del proceso, no hay mucho que se pueda hacer al respecto. Sin embargo, muchas veces se está en libertad de elegir una o mas temperaturas posibles. Para esto no hay reglas fijas. Se deberá elegir temperaturas tales que los valores de *MLDT* no sean ni demasiado bajos ni demasiado altos. Si la *MLDT* es demasiado baja, la unidad resultará sobredimensionada. Si la *MLDT* es demasiado alta, puede haber deterioro del material por sobrecalentamiento (por supuesto, solamente en caso de sensibilidad al calor), depósito de sales, o efectos adversos similares. Una regla empírica es: la diferencia de temperatura menor (extremo frío) debería ser mayor de 10 °F, y la diferencia de temperatura mayor (extremo cálido) debería ser mayor de 40 °F para tener un buen servicio en una amplia mayoría de aplicaciones.

Uno de los parámetros de diseño mas importantes es el depósito de suciedad que inevitablemente se produce en intercambiadores, con pocas excepciones. El tamaño y costo de un intercambiador está relacionado con el grado de ensuciamiento esperable. La estimación del mismo es mayormente adivinanza. También resulta muy difícil de determinar experimentalmente, debido a que es prácticamente imposible reproducir exactamente las condiciones de proceso en laboratorio. La estimación del factor de ensuciamiento debería basarse, cuando sea posible, en la experiencia adquirida con fluidos de la misma clase, en condiciones similares a las de operación en el caso a evaluar. El ensuciamiento depende y varía con el material de los tubos, el tipo de fluido, las temperaturas, velocidades, espaciado y corte de deflectores, y muchas otras variables operativas y geométricas. El peso de cada variable en la determinación del factor de ensuciamiento es difícil de establecer, y cada caso deberá ser considerado individualmente. Por todo lo expuesto, la selección de un factor de ensuciamiento es mas o menos una pregunta sin respuestas precisas en la mayoría de los casos.

Considerando que los valores de factores de ensuciamiento varían de 0.001 a 0.01 (Pie^2 °F Hr)/BTU se deduce que el error posible en la evaluación es de alrededor de diez a uno. Si los valores del coeficiente pelicular del lado de tubos y de coraza son ambos altos y hay ensuciamiento importante, entonces la resistencia del ensuciamiento será controlante. En estas condiciones, un error del 100% es muy significativo, y origina mayor variación de tamaño y costo del intercambiador que cualquier inexactitud posible en el método de cálculo. Errores del 500% en la evaluación del ensuciamiento no son raros. Buena parte de los reclamos a fabricantes por mala operación de los equipos se deben al error en la evaluación del ensuciamiento.

Si se espera un ensuciamiento importante, deberá prever la limpieza mecánica periódica del intercambiador. Mientras ejecuta la limpieza, inspeccione el equipo en busca de señales de deterioro mecánico o corrosión. Si hay corrosión esta se puede deber a contaminación con algún fluido corrosivo. Algunos productos anticorrosivos contienen sustancias tensioactivas que por sus propiedades dispersantes pueden ayudar a prevenir o disminuir el ensuciamiento.

Otra causa importante de resistencia al intercambio de calor es la formación de sales, que en muchos casos forman una película dura, adhesiva y resistente. A veces se pueden usar técnicas de desalinización con éxito, y sin dudas habrá que prever una limpieza mecánica periódica. Para facilitar la limpieza mecánica se aconseja usar el arreglo en cuadro o tresbolillo, antes que el triangular.

Consideraremos ahora los factores a tener en cuenta para la selección del diámetro externo del tubo, arreglo y espaciado de tubos. En general conviene usar el menor tamaño posible de tubo como primera opción: ⅝ a 1" de diámetro. Los tubos de menor diámetro exigen corazas mas chicas, con menor costo. No obstante, si se teme un severo ensuciamiento o incrustación en el interior de tubos conviene elegir diámetros de 1" o mayores para facilitar la limpieza interna.

Por lo general se prefieren los tubos de $^3/_4$ o de 1" de diámetro; los de diámetros menores se usan preferentemente en equipos chicos con superficies de intercambio menores de 30 m^2.

Un buen diseño se debe orientar a obtener corazas lo mas chicas que sea posible, con tubos lo mas largos que sea conveniente. De ordinario la inversión por unidad de área de superficie de intercambio es menor para intercambiadores mas grandes. Sin embargo, la compra no se debe decidir sobre esta base únicamente, porque este criterio no toma en cuenta ciertas características específicas que pueden encarecer el equipo.

Los tubos pueden estar ordenados en cuadro, en triángulo o en tresbolillo.

El arreglo triangular es mas compacto, y produce mayor cantidad de tubos por unidad de volumen. Los arreglos en triángulo o en tresbolillo proveen además un valor ligeramente mayor de coeficiente global del lado de coraza para todos los números de Reynolds a costa de un pequeño aumento de pérdida de presión.

Normalmente un diseñador trata de usar toda o la mayor parte de la caída de presión disponible para obtener un intercambiador óptimo. El máximo intercambio de calor y mínima superficie se obtienen cuando toda la energía de presión disponible se convierte en energía cinética, porque las velocidades mayores producen mejores coeficientes peliculares. Cualquier elemento estructural que origine caída de presión sin aumento de velocidad es perjudicial porque desperdicia energía de presión. En caso de duda respecto a la procedencia de incluir elementos de esta clase, considere el menor costo inicial del intercambiador contra el aumento en costo de operación para decidir cual es el óptimo.

El rol de los deflectores en el lado de la coraza es importante como guías del flujo a través del haz. Los deflectores comúnmente tienen tres formas: segmentados, multisegmentados y tipo anillo/disco. De estos tres el mas usado es el primero. El corte usual de los deflectores segmentados es horizontal en intercambiadores sin cambio de fase, para prevenir o reducir la acumulación de barro en la carcasa. Los cortes verticales se usan en intercambiadores con cambio de fase (normalmente condensadores) para permitir que el líquido fluya sin inundar la coraza. Un corte del 20% (expresado como porcentaje del diámetro de la coraza) es considerado razonable pero se puede usar un rango de cortes alrededor de este valor.

A veces, debido a defectos en el diseño o la construcción, se produce vibración en el lado de la coraza. Esta tiene su causa en la coincidencia de diversos factores, algunos de los cuales dependen del espaciado de los deflectores. A menudo los problemas de ruido y vibración se pueden reducir o aún eliminar por simples cambios en el espaciado de deflectores. Estos cambios, sin embargo, no deben hacerse a la ligera, ya que afectan la dirección y magnitud de la velocidad del flujo que atraviesa la coraza, de modo que cuando la resistencia controlante está del lado de coraza cualquier modificación del espaciado de deflectores tiene una influencia bastante marcada sobre el desempeño del intercambiador.

18.7.4 <u>Cuarto paso: confirmar o modificar la selección</u>

Ahora debemos confirmar nuestra selección del equipo, o modificarla para hacerla mas adecuada. Para ello nos basamos en el cálculo del coeficiente global U que a su vez permite calcular la superficie de intercambio A. A esta altura de los acontecimientos, tenemos varios caminos posibles que se abren a nuestro paso, según sea el grado de coincidencia entre la superficie calculada en el paso actual y la que se obtuvo en el segundo paso. Una diferencia dentro del 5 al 10% indica que nos encontramos en la senda correcta. Podemos confiar en que nuestro juicio es acertado, tanto en lo que hace a la *clase* de intercambiador como en cuanto a sus *dimensiones*, porque los resultados son parecidos.

Si la superficie que acabamos de calcular *no está* en las cercanías de la que se estimó en el segundo paso, tenemos dos posibles opciones. Una es recalcular el equipo usando el último valor del coeficiente global U pero sin cambiar la *clase* de intercambiador, esperando que en un cierto número razonable de iteraciones podemos alcanzar un buen acuerdo de resultados, lo que significa retornar al paso tercero. La otra opción es cambiar totalmente el enfoque y elegir una *clase* de intercambiador totalmente distinta, por ejemplo un intercambiador de placa en espiral, o un intercambiador de placa plana. La decisión depende de las características del flujo en ambas corrientes, así como de las condiciones operativas y de las propiedades de los fluidos.

Tampoco se debe perder de vista que problema de elegir un intercambiador pudiera no tener una solución única. Muy a menudo es realmente así, porque existen alternativas viables con distintas configuraciones. La selección final de la configuración definitiva se basa en consideraciones económicas, asumiendo que todas los equipos se comportan satisfactoriamente desde el punto de vista técnico.

18.8 <u>Recomendaciones para especificar intercambiadores de haz y coraza</u>

En el proceso de la toma de decisiones que afectan la compra de un equipo de alto costo como este, se sugiere considerar estos factores que determinan el tipo de intercambiador.

1) Si el servicio ensucia o es corrosivo usted querrá seguramente un equipo con haz de tubos que pueda extraer fácilmente. Aunque parezca estúpido, como a veces se olvidan las cosas obvias, las preguntas que siguen le pueden evitar dolores de cabeza.

1.1) ¿Tiene equipo adecuado para la extracción y manipulación del haz de tubos?.¿Tiempo?. ¿Gente entrenada?.

1.2) ¿Hay suficiente espacio para extraer el haz de tubos?.

1.3) ¿Es posible limpiar fácil y rápidamente el haz de tubos?.

1.4) ¿Estará el haz de tubos y/o la coraza hechos de materiales adecuados para soportar la corrosión?.

1.5) Si el servicio ensucia, ¿ha especificado factores de ensuciamiento adecuados?.

1.6) ¿Si el fluido del lado de coraza es corrosivo, ha considerado el uso de placas de impacto para proteger el haz en la tobera de entrada contra un fluido corrosivo ingresando a alta velocidad?.

1.7) ¿Ha estudiado y calculado bien el tamaño y espesor de los tubos?.

1.8) ¿Tiene materiales de distinta clase en su intercambiador?. ¿Son estos capaces de promover corrosión anódica en alguna parte?.

1.9) Si teme que haya peligro de fugas, ¿ha especificado uniones de tubo y placa expandidas, o totalmente soldadas, y en este caso cual es la calidad de la soldadura?

1.10) Para uniones soldadas de tubo (no se recomienda broncear si hay peligro de fugas) especifique un espaciado de tubos suficientemente amplio como para que haya lugar para soldar, y eventualmente probar las soldaduras.¿Es el espesor de tubo adecuado para soldar?. ¿Qué tipo de metal usará?. ¿Puede producir corrosión anódica?.

2) Al seleccionar cual es la corriente que va en la coraza es práctica habitual poner la corriente cálida en la coraza si es un líquido, o en los tubos si es un gas. Sin embargo, hay una serie de consideraciones prácticas y teóricas que hay que hacer en esta cuestión. Si uno de los fluidos es mucho mas viscoso que el otro, se debería colocar del lado de coraza. Las presiones de operación son otro factor importante. Normalmente, se coloca el fluido con mayor presión del lado de tubos para minimizar el grosor de la coraza y reducir costos, pero si se temen pérdidas y la contaminación mutua es un problema, se puede querer evitar el problema adicional de monitoreo cuidadoso y permanente colocando el fluido de mayor presión del lado de coraza. En este caso, cuando la fuga ocurra es mas fácil de detectar. En caso de fuga causada por un fluido corrosivo, es preferible una disposición inversa, porque aunque puede requerir monitores para detectar contaminación interna, el costo de reemplazo de tubos es siempre menor que el de coraza.

3) Las velocidades del lado de coraza y del lado de tubos deben ser suficientemente altas como para asegurar una buena tasa de intercambio de calor, pero no tan altas como para producir corrosión, erosión y/o vibración. Todo esto está conectado con el espaciado de deflectores en la coraza, que se debe ejecutar para promover un buen intercambio de calor pero no estar sujeto a vibración o sonidos perturbadores. Los arreglos complicados no se recomiendan, porque no plantean ventajas evidentes y su costo es superior.

4) La fuerza impulsora del intercambio de calor es la diferencia de temperatura, por lo tanto es un factor muy importante: si la diferencia media de temperatura (*MLDT*) de un intercambiador es de alrededor de 150 °F o mayor generalmente produce operación ineficiente y esfuerzos térmicos, que se deben evitar cuando sea posible. En este caso mayor área redunda en menor diferencia de temperatura, a costa de mayor precio inicial, pero con menor costo de mantenimiento.

18.9 Cálculo aproximado de intercambiadores de haz de tubos y coraza

El método que damos aquí sirve para dar una idea aproximada de dimensiones de un intercambiador típico. Se debe recordar que no podemos usarlo para determinar el tipo de intercambiador, y que los resultados son solo aproximados.

Para obtener el tamaño y características del intercambiador seguimos los pasos que se detallan a continuación.

1) Estimar el coeficiente global "*U*".
2) Determinar la cantidad de calor a intercambiar y la *MLDT*.
3) Elegir una velocidad de flujo del lado de tubos, o usar la que se usó antes para determinar el coeficiente pelicular del lado de tubos. Con esta velocidad determinar el área total de flujo necesaria para que por los tubos pueda fluir el caudal del fluido de tubos.
4) En la tabla de la página siguiente determinar el número de tubos requeridos para 1 pie cuadrado de sección transversal del haz de tubos. Asumir tubos de $^3/_4$" para empezar si existe duda respecto al diámetro de tubos.
5) De la misma tabla obtener la superficie de intercambio que corresponde a 1 pie cuadrado de sección transversal del haz de tubos por pie de longitud. Usar este número para calcular la longitud de haz de tubos que proporciona el área total de flujo igual o mayor a la necesaria, que se determinara en el paso 3. Se preferirá una longitud igual a la standard, que es de 16 pies. Piense que si bien conviene que los tubos sean lo mas largos que sea posible también hay que tener en cuenta que los de 16 pies son los mas baratos.
6) De la curva superior en la figura siguiente (Fig. 5) determinar el cociente del diámetro de coraza a diámetro de tubo y de este cociente calcular el diámetro de coraza. Esta figura está basada en arreglo en triángulo con espaciado de tubos igual a 0.25×diámetro de tubo.

7) De la curva inferior (2) de la Fig. 5 determinar el número de tubos a través de la coraza.

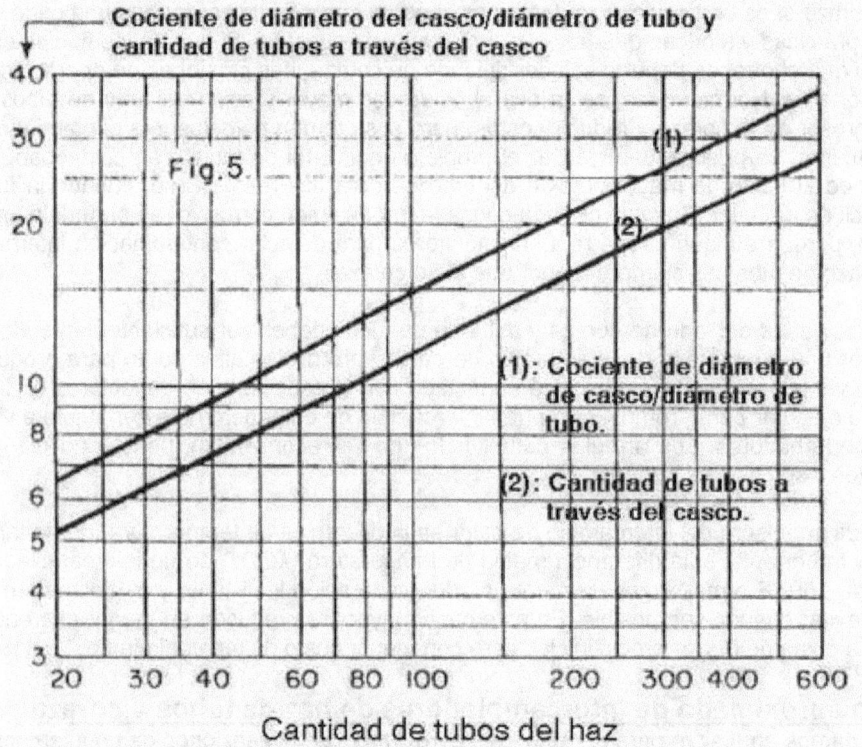

Cantidad de tubos del haz

8) De la Fig. 6 determinar (con la cantidad de tubos a través del casco) el espaciado de deflectores que proporciona una velocidad adecuada en la coraza. La Fig. 6 está basada en un flujo de 1 pie cúbico por segundo y tubos de 1" de diámetro. Para corregir esto para distintas condiciones ver tabla mas abajo.

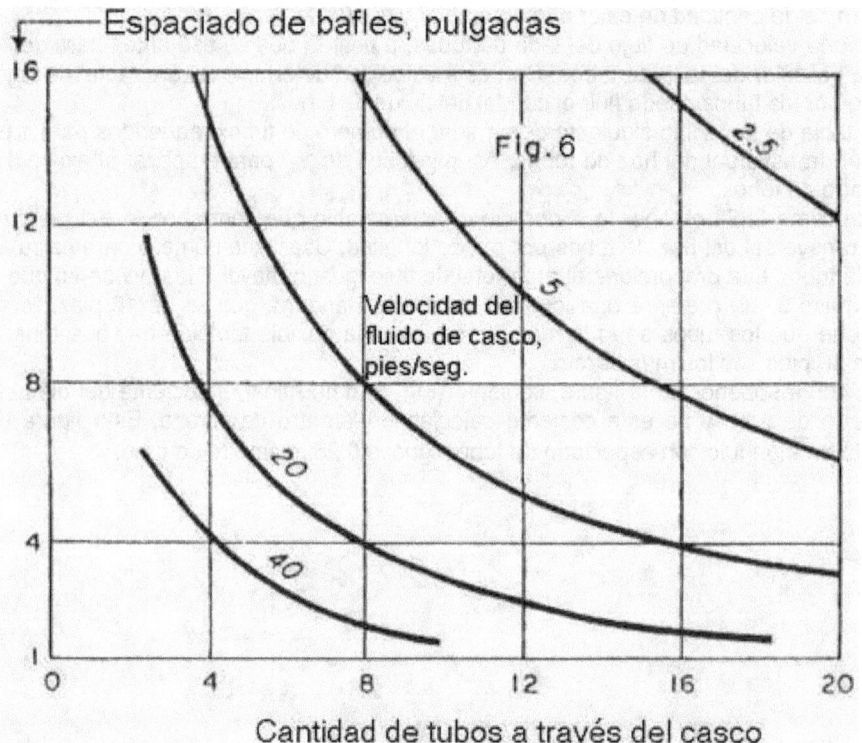

Cantidad de tubos a través del casco

706

Área transversal de flujo y Superficie para Tubos Calibre 16 BWG		
Diámetro externo pulgadas	Número de tubos conteniendo 1 pie^2 de área transversal de flujo	Superficie por pie de longitud de haz conteniendo 1 pie^2 de área transversal de flujo
$^1/_2$	1340	175
$^5/_8$	746	122
$^3/_4$	476	94
$^7/_8$	330	76
1	242	63
$1^1/_8$	185	55
$1^1/_4$	146	48
$1^1/_2$	99	39

Ejemplo 18.2 Cálculo de un intercambiador de calor de casco y tubos.

Supongamos que necesitamos enfriar 20000 libras por hora de un líquido orgánico de 150 a 100 °F, usando agua que entra a 70 °F y sale a 73 °F. El agua estará en el interior de los tubos y el líquido orgánico del lado de coraza. La densidad del líquido orgánico es de 55 Lb/pie^3 y el calor específico es C = 0.5 BTU/Lb/°F.

Solución

La cantidad de calor a intercambiar es:

$Q = C\,\dot{m}\,(T_1 - T_2)$ = 20000×0.5×(150 −100) = 500000 BTU/hora.

La diferencia media logarítmica de temperatura entre ambos fluidos es:

$\Delta t_1 = T_2 - t_1 = 100 - 70 = 30$

$\Delta t_2 = T_1 - t_2 = 150 - 73 = 77$

$$MLDT = \frac{\Delta t_2 - \Delta t_1}{ln\dfrac{\Delta t_2}{\Delta t_1}} = \frac{77 - 30}{ln\dfrac{77}{30}} = 44 \ °F$$

Asumiendo un coeficiente global de 60, el área requerida es del orden de:

Área de intercambio = 500000/44/60 = 139 pies^2.

Para un aumento de 3 °F de temperatura, el flujo de agua debe ser:

$$\dot{m} = \frac{Q}{c\,\Delta t} = \frac{500000}{1 \times 3} = 167000 \text{ libras por hora, o sea que el caudal volumétrico es: } 167000/62.3/3600 = 0.74$$

pies cúbicos por segundo. Asumiendo una velocidad lineal de 4 pies por segundo dentro de tubos, el área transversal de flujo requerida total será: 0.74/4 = 0.185 pies^2.

Esta es una superficie relativamente pequeña, de modo que será suficiente usar tubos de $^5/_8$" en vez de tubos de $^3/_4$".

El número de tubos de $^5/_8$" requerido para 1 pie^2 de área transversal de flujo será (de la tabla) 746 tubos por pie^2 de área transversal de flujo. Como el área transversal de flujo requerida total es 0.185 pies^2, el número de tubos es: 746×0.185 pies^2 = 138 tubos.

De la tabla el área externa contenida en 1 pie^2 de área transversal de flujo por pie de longitud es 122. El área externa por pie de longitud es el producto del área externa contenida en 1 pie^2 de área transversal de flujo por pie de longitud por el área transversal de flujo requerida total: 122×0.185. La longitud se obtiene dividiendo el área externa de intercambio por el área externa por pie de longitud: L = 139/122/0.185 = 6.2 pies.

De la Fig. 5, el número de tubos a través de la coraza para un haz de 138 tubos es 13 (línea inferior). El cociente diámetro de la coraza sobre diámetro de tubo es 18 (línea superior) lo que da una coraza de 18×$^5/_8$ = 11" de diámetro.

Es preferible tener una velocidad lineal de flujo del lado de coraza de unos 2 pies/seg. El flujo del líquido orgánico es: 20000/55/3600 ≈ 0.1 pie^3/seg.

Como la Fig. 6 está basada en un caudal de 1 pie^3/seg nuestra velocidad está representada en realidad por la curva de 2/0.1 = 20 pies/seg. Pero como la figura está basada en tubos de 1" y los que tenemos son de $^5/_8$" debemos volver a corregir la curva que resulta: 20×$^5/_8$ = 1.5 pies/seg. Usando esta curva (interpolando) tenemos: para 13 tubos el espaciado de deflectores es alrededor de 4".

Para resumir: el intercambiador tendrá 138 tubos de $^5/_8$" en un haz de 6.2 pies de largo, con una coraza de unas 11" de diámetro, y los deflectores están separados 4".

Observaciones: la técnica que se explicó se puede usar sin dificultades para muchos casos que se presentan habitualmente. Tiene defectos y limitaciones. Por ejemplo, se basa en tubos de calibre 16, cuando en ciertos casos especiales puede ser necesario o conveniente usar otro espesor de pared. Probablemente sea mas fácil usar un software de cálculo en muchos casos pero si se tiene en cuenta que un cálculo rápido con esta técnica solo puede insumir algunos minutos, resulta conveniente para fines de comprobación.

18.10 <u>Redes de intercambiadores. Técnica de pellizco</u>

Los intercambiadores de calor (generalmente del tipo de casco y tubos) pueden ser equipos únicos, con una misión específica, como sucede en los enfriadores de gas que encontramos entre las etapas de un compresor. En ciertas industrias, como la de procesos o la de destilación del petróleo, en cambio, hay muchísimos intercambiadores que forman una red. En algunos casos esta red puede ser compleja, como sucede por ejemplo con los precalentadores de crudo que se envía a la destilación primaria. La siguiente figura muestra una red integrada en una instalación con dos reactores y tres columnas de destilación.

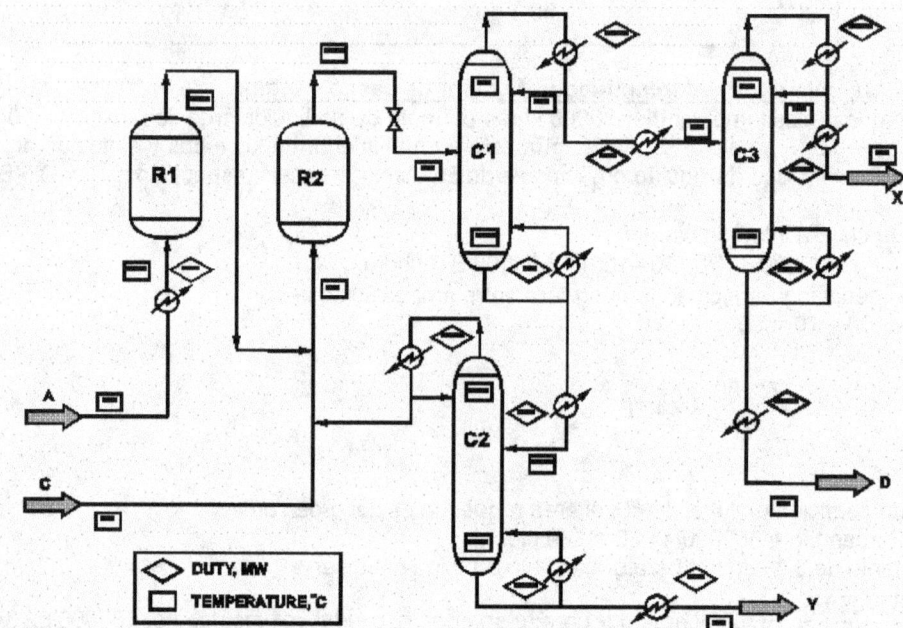

Notemos que aunque no es una planta *demasiado* compleja, tiene una docena de intercambiadores de calor. Se pueden encontrar plantas bastante mas complicadas.

Si se analizan los precios de la energía se observa que la tendencia de los últimos treinta años es claramente ascendente. La causa de esto es que la mayor parte de la energía producida en el mundo proviene de combustibles fósiles, como el carbón, el gas y el petróleo. Debido al progresivo agotamiento de estos combustibles sus precios han aumentado en forma consistente, en particular el del petróleo.

La necesidad de ahorrar energía que se deriva de los precios crecientes y la presión cada vez mayor de la competencia genera un gran interés por el desarrollo de técnicas de análisis de las redes de intercambiadores de calor. Estos métodos de análisis son susceptibles de aplicaciones computacionales, que a su vez permiten el diseño óptimo, la simulación y el control de redes de intercambiadores de calor.

Con este fin se han usado diversas técnicas de análisis, algunas de ellas basadas en métodos matemáticos de optimización, tales como la técnica de Box y otras similares, que minimizan la función objetivo elegida como parámetro clave. Esta puede ser la energía total intercambiada en forma de calor por la red.

El objetivo de la aplicación práctica de estas técnicas es responder a las siguientes preguntas.

- ¿Es posible mejorar la eficiencia de un cierto diseño?.
- ¿Cómo se pueden evaluar los proyectos de instalación, ampliación o remodelación con referencia a sus requerimientos energéticos?.
- ¿Qué cambios se pueden hacer en las instalaciones existentes para mejorar su eficiencia en el uso de la energía con el menor costo posible?.
- ¿Qué inversión mínima se requiere para mejorar la eficiencia en el uso de la energía?.
- ¿Cómo se puede articular el ahorro de energía con otros objetivos deseables tales como la disminución de las emisiones contaminantes, la mejora de la calidad y los costos, el aumento de la seguridad y la confiabilidad, etc para coordinarlos en un proyecto coherente que contemple todos estos aspectos y además minimice la inversión requerida para implementarlo?.

Estas cuestiones vienen preocupando desde siempre a los ingenieros de proyecto, que se arman con las herramientas mas modernas a su disposición con el objetivo de resolverlas de la mejor manera posible. Entre ellas se cuenta con la técnica o método del pellizco o como se lo denomina en inglés "pinch technology".

18.10.1 Significado del término

El término "técnica del pellizco" fue sugerido por primera vez por Linnhoff y Vredeveld en 1982 para representar un grupo nuevo de métodos de análisis basados en la Termodinámica cuyo objetivo es garantizar el desperdicio mínimo de energía en el diseño de redes de intercambiadores de calor.

Decimos que la técnica se basa en los principios de la Termodinámica porque, aunque parezca obvio, es esencial para su aplicación tener presentes el Primer y Segundo Principios. El Primer Principio permite establecer un balance de energía transferida en forma de calor en cada uno de los intercambiadores y otros equipos (reactores, columnas de destilación, etc) del sistema y también un balance de energía entre el sistema y el medio ambiente que lo rodea. El Segundo Principio establece claramente la *dirección* que deben tener los flujos de energía, que como sabemos sólo puede dirigirse espontáneamente de la fuente cálida hacia la fuente fría o sumidero.

18.10.2 Base de la técnica del pellizco

La esencia de la técnica no es complicada en sí misma y sus fundamentos se pueden entender haciendo un esfuerzo razonable, si se compara el beneficio obtenido en términos de ahorro de capital contra el trabajo que demanda entender y dominar la técnica .Aclaremos que esto no es fácil, y que requiere un esfuerzo considerable. No podemos por razones de espacio extendernos en un análisis detallado del método, que se encuentra descrito en la bibliografía especializada, por lo que nos limitamos a describir a grandes rasgos sus principios fundamentales.

En síntesis la técnica se basa en la construcción de una curva de calentamiento acumulativo y de otra curva de enfriamiento acumulativo en función de la temperatura. Se busca el punto en que la distancia entre ambas curvas es menor, que se llama "punto de pellizco". Este punto corresponde a la diferencia de temperatura mínima.

El punto de pellizco divide el gráfico en dos zonas, superior cálida e inferior fría (o izquierda y derecha, según como se elijan los ejes) de modo que se puede plantear un balance de entalpías en cada zona, y ese balance cierra.

Por encima del punto de pellizco (o a la derecha) sólo se necesitan equipos cálidos en la zona cálida. Por debajo del punto de pellizco (o a la izquierda) sólo se necesitan equipos fríos en la zona fría. Esto conduce a tres reglas básicas.

- No debe haber ningún equipo frío por encima del punto de pellizco.
- No debe haber ningún equipo cálido por debajo del punto de pellizco.
- No debe haber recuperación de calor a través del punto de pellizco.

Cuando el sistema está diseñado de modo que se cumplen estas reglas, se garantiza que opera con una eficiencia máxima para la transferencia de calor.

Como podemos ver, el principal atractivo de la técnica es que está afirmando implícitamente que existe una "solución correcta" al problema del diseño y muestra como encontrarla en sistemas sumamente complejos.

La médula de la técnica es en si misma simple, como podemos ver. Sin embargo, la implementación no es tan sencilla, porque se aplica en redes muy grandes de intercambiadores de calor. El método ha ido evolucionando y se ha desarrollado una técnica que parte de tablas construidas identificando las temperaturas y las cantidades de calor intercambiado de las corrientes que forman la red. En redes grandes estas tablas pueden ser muy complicadas, haciendo difícil la identificación del punto de pellizco, aun con la ayuda de la gráfica construida a partir de la tabla. Por ese motivo se han desarrollado programas de aplicación que facilitan la tarea de construir la representación gráfica de la red que permite determinar físicamente la posición del punto de pellizco en el espacio.

18.10.3 Usos y limitaciones de la técnica del pellizco

En los últimos años se ha usado con éxito esta técnica, que en principio se ideó para diseñar redes de intercambiadores de calor "desde cero" (es decir, en proyectos de plantas no existentes) y se han extendido sus aplicaciones al rediseño de plantas ya existentes. También se usó con éxito en el estudio de redes de otros equipos que también involucran intercambio de calor pero no son propiamente intercambiadores de calor como las columnas de destilación, los reactores, etc. Ha demostrado ser un valioso elemento de diseño cuando se combina con los estudios económicos de costos de la inversión y de costos operativos, que permite maximizar los beneficios y ahorrar energía.

Sin embargo no es la panacea. Sería un grave error atribuirle cualidades que no posee, ya que en definitiva se limita a analizar el intercambio de energía en forma de *calor*. Pero en los sistemas industriales complejos existen otros requerimientos de energía, relativos al flujo de fluidos. Para que el sistema pueda funcionar correctamente es necesario que el diseño permita proveer la energía de impulsión necesaria para producir el intercambio de calor necesario en cada equipo integrante del sistema. Si bien las energía involucradas en el bombeo no son tan importantes como las que se relacionan con el intercambio de calor, tienen un papel vital porque lo condicionan de manera decisiva.

18.11 **Intercambiadores compactos de espiral**

Los intercambiadores compactos mas frecuentes son del tipo espiral. El intercambiador de placas en espiral se comenzó a usar en Suecia alrededor de 1930 para recuperar calor de efluente contaminado de la industria papelera. En 1965 la empresa que los fabricaba fue comprada por el grupo sueco Alfa-Laval que es el fabricante mas grande en la actualidad, aunque no el único.

Encuentra aplicación en casos en los que los fluidos no ensucian o ensucian muy poco, porque su construcción no permite la limpieza mecánica. Para poder acceder al interior del equipo habría que desarmarlo y volverlo a soldar, lo que por supuesto está fuera de la cuestión y no debiera siquiera pensarse en encarar semejante tarea. El único en condiciones de hacerlo es el fabricante. No obstante algunas marcas producen modelos desarmables en los que se han reemplazado las uniones soldadas por uniones con junta empaquetada. Este tipo de equipo no se puede someter a presiones elevadas, pero permite un acceso algo mas fácil aunque siempre limitado al interior para efectuar limpieza mecánica.

Tampoco se pueden usar cuando alguna de las corrientes es corrosiva, debido a que no se pueden reemplazar las partes dañadas.

En los casos en que ambas corrientes no ensucian o producen un ensuciamiento moderado que se puede eliminar por limpieza química es probablemente el tipo de intercambiador mas eficiente por diversos motivos. Entre las ventajas mas importantes podemos citar las siguientes.

- Presentan coeficientes de transferencia globales mas elevados que los intercambiadores de casco y tubos, con velocidades lineales menores debido al efecto turbulento producido por el constante cambio de dirección del flujo.
- No tienen puntos de estancamiento de ninguna de las corrientes (a diferencia de los intercambiadores de casco y tubos, que generalmente los tienen) y no existe la posibilidad de acumulación de suciedad, ni de variaciones importantes de temperatura en esos puntos.
- Ocupan mucho menos espacio que los intercambiadores de casco y tubos, debido a que la superficie efectiva de intercambio de calor por unidad de volumen es mas alta. Además, como se explica mas adelante los intercambiadores de casco y tubos de haz extraíble deben tener espacio extra en los extremos para extraer y maniobrar el haz.
- Los equipos compactos de construcción totalmente soldada son menos proclives a presentar fugas ya sea internas (entre las corrientes) como hacia el exterior.
- Debido a la velocidad constante que se mantiene en ambas corrientes es improbable el depósito de sólidos en suspensión, siempre que esta velocidad sea suficiente para impedirlo.

Su estructura consiste en un par de placas largas enroscadas formando una espiral, separadas de modo que se obtiene un espacio entre placas por el que circulan los fluidos. El fluido cálido entra por el centro del espiral y sale por la periferia, mientras que el frío entra por la periferia y sale por el centro en el extremo opuesto a la entrada del cálido. Esta disposición se conoce como flujo en espiral y si bien se considera contracorriente, en rigor de verdad no es estrictamente contracorriente pura, tan es así que se requiere una pequeña corrección a la *MLDT* para llevar los valores calculados a la realidad.

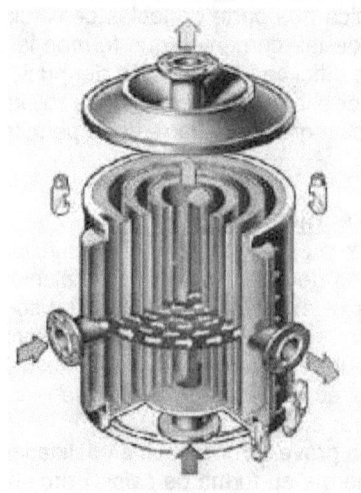

El siguiente croquis muestra la estructura de un intercambiador placa espiral de una conocida marca, con un detalle de la disposición de las corrientes.

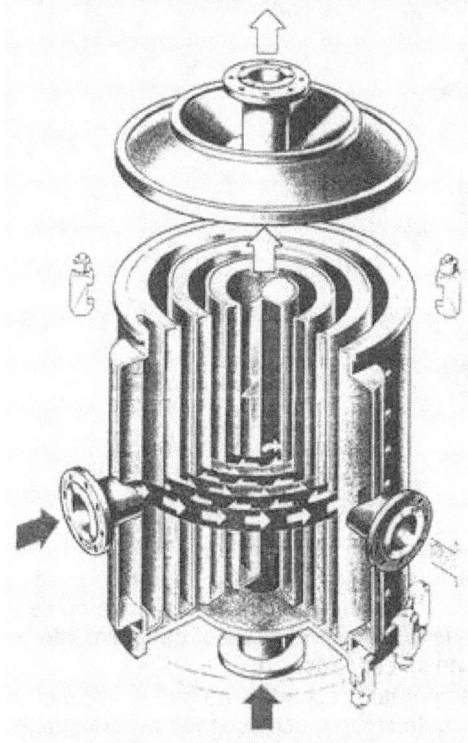
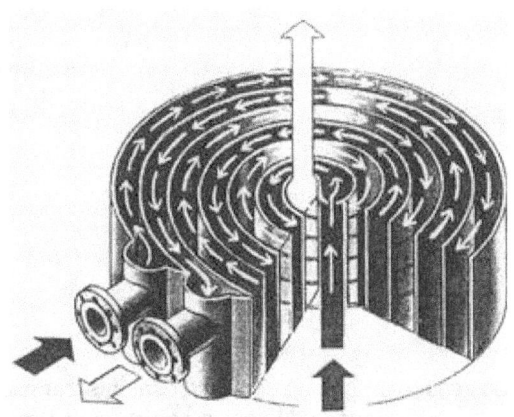

Examinando la figura de la derecha vemos que el equipo está formado por dos espacios en los que las corrientes intercambian calor a contracorriente pura. Esto significa que estos equipos tienen mayor eficiencia térmica que los de casco y tubos, porque a menos que un intercambiador de casco y tubos tenga un solo paso por los tubos y un solo paso por el casco, las corrientes no están en contracorriente. Por eso (además de su construcción mas compacta) los intercambiadores de placa espiral ocupan menos espacio que los de casco y tubos capaces de prestar el mismo servicio. El siguiente croquis muestra el espacio ocupado por ambas clases de equipo.

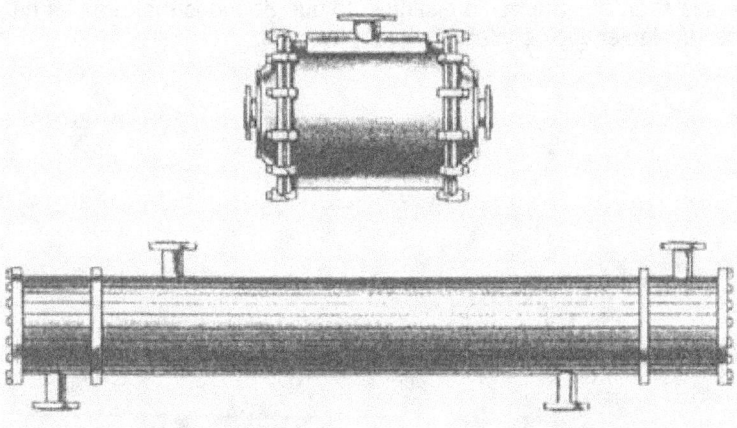

También se pueden encontrar disposiciones físicas mas robustas con tapas bridadas que permiten soportar mayores presiones. En la siguiente figura se observa la misma disposición de las corrientes, es decir con flujo en espiral, donde el fluido cálido entra por **A** y sale por el cabezal superior (que se omite en la figura), mientras que el fluido frío entra por **B** y sale por **C**.

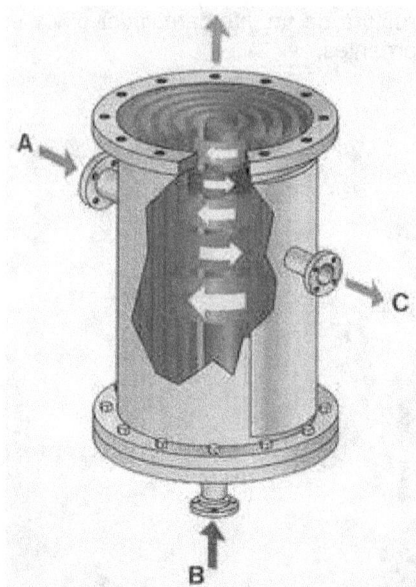

Los casos en que no conviene usar intercambiadores de placa en espiral son los siguientes.

- Cuando la diferencia de presión entre ambas corrientes es muy grande. Debido a que no se pueden construir con espesores de pared superiores a 0.5 pulgadas, la diferencia de presión entre corrientes está limitada a unas 400 psig. En las unidades de pequeño tamaño el espesor generalmente es menor aún, dependiendo del tamaño y del material usado en su construcción.
- Debido a que las chapas en espiral están soldadas, la temperatura operativa no puede exceder la máxima que puede tolerar la soldadura. Generalmente el costo crece mucho cuando se usan materiales y soldaduras resistentes a las temperaturas elevadas, digamos por caso 700 ºC. Pero por otro lado esto también es cierto en cualquier otro diseño.
- El costo por unidad suele ser algo mayor que el de un equipo de casco y tubos capaz de la misma prestación, debido a la construcción mas complicada. Por supuesto, el hecho de ser compacto hace que su peso por unidad de volumen sea muy superior para prestaciones similares que los de casco y tubos. En consecuencia, el costo por unidad de volumen es mucho mas elevado.
- No se pueden manejar fluidos que circulan con caudales muy altos. El límite suele ser de alrededor de 2000 a 2500 gpm. Esta limitación por lo general no se presenta a menos que los caudales de ambas corrientes sean enormemente distintos, lo que de todas maneras es un problema muy difícil de resolver con cualquier tipo de intercambiador de calor.

18.11.1 Disposiciones de las corrientes

En las distintas aplicaciones de los intercambiadores compactos de espiral, además de la disposición de flujos en espiral que hemos visto en el apartado anterior se pueden usar otras. La mas común es en espiral, pero esta se usa principalmente para intercambio de calor sin cambio de fase. Pero con uno de los fluidos condensando esta disposición no es conveniente, ya que el condensado tiende a bajar por la atracción gravitatoria y se acumularía en el fondo del canal, inundando el equipo y disminuyendo la superficie efectiva de intercambio.

En estos casos se usa una combinación de flujo cruzado y flujo en espiral. El líquido refrigerante fluye en espiral, mientras que el vapor ingresa por la parte superior en flujo cruzado y a medida que se condensa cae hacia el fondo por donde sale. Esta disposición de las corrientes se puede observar en la figura adjunta.

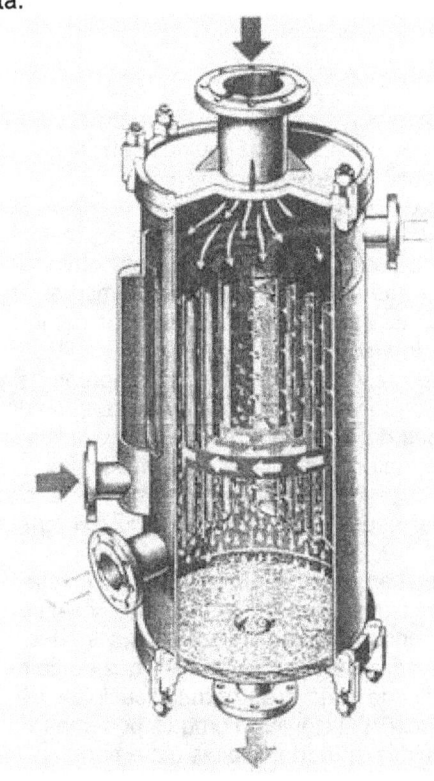

Esta combinación de flujo contracorriente-espiral tiene menor eficiencia térmica que el flujo en espiral y no es normal que se use a menos que haya fuertes razones que lo justifiquen. Una de esas causas es, como ya hemos dicho, el cambio de fase de una de las corrientes.

En estos casos se usa una disposición de flujo combinado contracorriente-espiral en un diseño especialmente desarrollado para el cambio de fase, como vemos en la figura adjunta.

Podemos ver que el vapor sigue un camino mas corto, con menor pérdida de presión, porque no fluye en espiral sino que atraviesa el canal abierto de arriba a abajo, lo que permite operar al vacío. Además, el espacio inferior permite una separación nítida del condensado y los gases o vapores incondensables, que se pueden extraer por medio de un orificio adicional (no indicado en la figura) lateral lo que nos ahorra una etapa de separación.

En total se pueden encontrar cuatro variantes posibles a los distintos arreglos de corrientes, como vemos mas abajo. El tipo 1 (figura a) es el clásico de ambas corrientes en espiral. Es prácticamente contracorriente. El tipo 2 (figura b) corresponde al flujo espiral para uno de los fluidos y flujo cruzado para el otro. En este caso se trata de un vapor que condensa, pero si se invierten las flechas que indican los sentidos de las corrientes también se puede usar como hervidor. El tipo 3 (figura c) es un híbrido entre los tipos 1 y 2 con una cubierta plana en la parte inferior y una entrada amplia para el vapor en la parte superior. Se usa mucho como condensador. Ambos fluidos siguen un camino en espiral. El tipo 4 (figura d) es una modificación del tipo 2 en la que se agranda la entrada axial de vapor (parte inferior) y también se agranda el espacio confinado superior. El canal en espiral por donde circula el vapor está abierto en la parte superior para facilitar el escape de incondensables que se pueden retirar por una boca adicional a la derecha, encima de la salida de condensado.

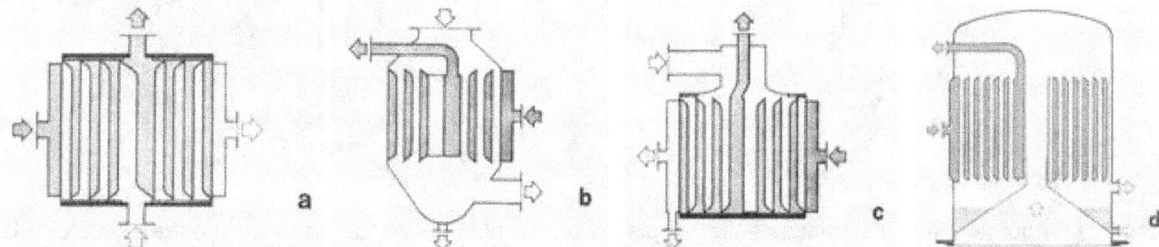

En el tipo de construcción soldada, la presión máxima de trabajo de estos equipos es de 18 atm manométricas (unas 250 psig), con una temperatura máxima admisible de 400 ºC (alrededor de 750 ºF). La máxima superficie de intercambio que se puede obtener con el equipo mas grande disponible de serie es de 200 m^2 y los caudales máximos admisibles son: 400 m^3/hora para flujo en espiral de líquido, 4000 m^3/hora para flujo en espiral de gases o vapores, y 250000 m^3/hora para flujo recto de gases o vapores.

713

18.11.2 Aplicaciones

Los intercambiadores compactos de placa en espiral encuentran su principal aplicación en los fluidos que arrastran sólidos en suspensión. Si se intenta llevar a cabo el intercambio de calor con equipos de casco y tubos se corre el riesgo de que los sólidos se depositen en los puntos de estancamiento que inevitablemente existen en estos equipos, dificultando el flujo por obstrucción parcial y disminuyendo la eficacia del equipo. Si se usan intercambiadores compactos de placa en espiral en cambio estos problemas no se presentan porque no tienen puntos de estancamiento. La velocidad de los fluidos en estos intercambiadores es la misma en todos los puntos del equipo, y la turbulencia extra asociada con los permanentes cambios de dirección impide la sedimentación.

Adicionalmente, como ya hemos dicho se usan intercambiadores compactos de placa en espiral en aplicaciones que involucran cambios de fase, donde encuentran gran aceptación particularmente en operaciones al vacío.

18.12 Intercambiadores placa

Como ya se ha explicado anteriormente, los intercambiadores placa tienen su mayor atractivo en el hecho de que se pueden armar y desarmar con facilidad, y se adaptan bien en servicios con líquidos sensibles a la temperatura. Por eso tienen mas aplicación en las industrias farmacéutica y alimentaria.

Otro atractivo importante es que, a diferencia de cualquier otro tipo de equipo de intercambio de calor, los intercambiadores placa se pueden expandir, es decir que se puede aumentar la superficie de intercambio dentro de límites razonables para aumentar su capacidad. Esto no se puede hacer con los tipos convencionales, excepto el intercambiador de doble tubo. Debido al elevado grado de turbulencia que permite alcanzar la disposición del líquido en forma de capa delgada, que además se ve sometida a constantes cambios de dirección, este tipo de intercambiador permite operar con líquidos muy viscosos.

Entre sus principales limitaciones podemos citar su rango limitado de presiones y temperaturas operativas y el hecho de que exigen un desarmado y ensamblado muy meticuloso (poniendo especial cuidado en no dañar las juntas) ya que son equipos delicados construidos con chapas delgadas que se tuercen y quiebran fácilmente. Las placas se construyen por estampado en frío usando materiales sumamente resistentes a la corrosión como acero inoxidable, titanio, tantalio, etc. Para que los costos sean competitivos con otras clases de intercambiadores los fabricantes se ven obligados a emplear espesores tan finos como 0.5 mm lo que hace imprescindible un cuidado extremo en su manipulación.

Un intercambiador placa consiste en una sucesión de láminas de metal armadas en un bastidor y conectadas de modo que entre la primera y la segunda circule un fluido, entre la segunda y la tercera otro, y así sucesivamente. Cada fluido está encerrado en el espacio comprendido entre dos placas sucesivas, y se desplaza en forma de capa fina. Esto permite aplicarle temperaturas elevadas durante cortos períodos de tiempo lo que es muy importante en productos sensibles a la temperatura, que pueden sufrir modificaciones indeseables en su composición por efecto del calentamiento prolongado. En el siguiente croquis podemos observar una típica disposición en la que las láminas se ven comprimidas entre dos placas extremas.

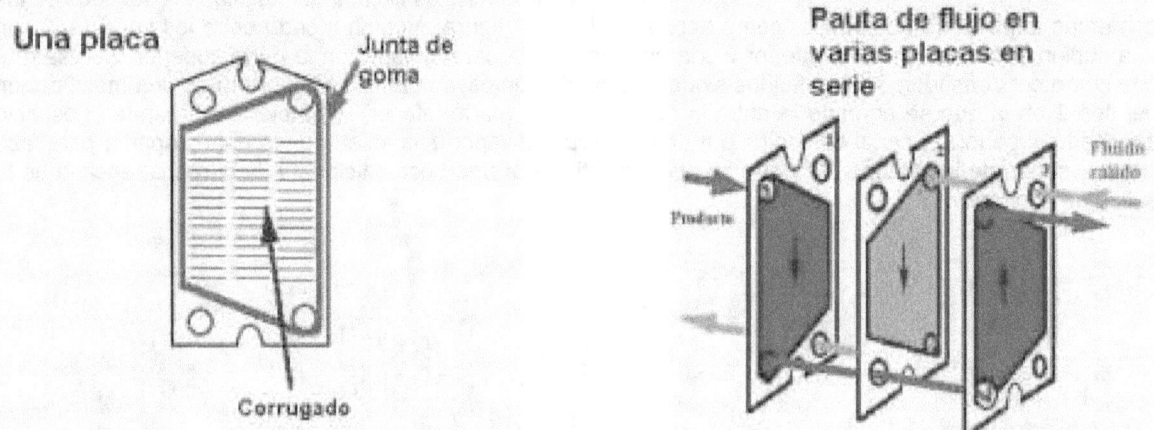

La junta de goma queda comprimida entre las placas adyacentes, formando un espacio entre el que circula uno de los fluidos. Digamos por ejemplo que el fluido frío (producto) circula entre las placas 1 y 2. Entra por el orificio superior izquierdo y recorre toda la placa, saliendo por el orificio inferior izquierdo. En tanto, el fluido cálido entra por el orificio superior derecho de la placa 3 y recorre el espacio situado entre las placas 2 y 3, saliendo por el orificio inferior derecho. Sólo el espesor de una placa (que como hemos dicho es muy delgada) separa ambas corrientes, de modo que la resistencia a la conducción de calor es muy pequeña. Por otra parte, la superficie es muy grande. Como hemos explicado, el conjunto se arma con una gran cantidad de placas en un bastidor de modo de poderlo desarmar fácilmente para su limpieza. Esta disposición es a contracorriente pura, de modo que la diferencia "efectiva" de temperatura es la $MLDT$.

El espesor de las placas varía entre 0.5 y 1.2 mm. El equipo standard suele ser de inoxidable. La forma, tamaño y disposición de las irregularidades estampadas en las placas (el corrugado) determinan el coeficiente de transferencia de calor así como la resistencia que ofrecen al flujo. La función de las irregularidades también es mecánica, porque actúan como separadores, manteniendo constante el espacio entre placas.

Las placas se fabrican en cuatro tipos de corrugado. Estos se denominan "tabla de lavar", "espina de pescado", "con insertos" y "de corrugaciones paralelas".

> En la llamada "tabla de lavar" las ondulaciones son rectas horizontales vistas de frente y transversales a las corrientes. El aspecto es el de una tabla de lavar ropa, origen del nombre. Corresponden al croquis anterior.

> Otro tipo llamado "espina de pescado" (herringbone o "espina de arenque") presenta ondulaciones en forma de flecha partiendo de la línea central de la placa. En placas consecutivas las ondulaciones están giradas 180° con el objeto de que entre dos placas haya puntos de apoyo donde se encuentran ondulaciones en distinto sentido. Esta disposición es mecánicamente mas robusta y se consigue una mayor turbulencia que en el tipo anterior.

> En el tipo denominado "con insertos" se intercalan chapas perforadas lisas entre las chapas corrugadas de modo de promover una mayor turbulencia ya que el fluido se ve obligado a circular a través de las perforaciones. Esto hace que el fluido incida sobre las chapas onduladas con un cierto ángulo, lo que disminuye el espesor de la capa laminar debido a que se aumenta mucho la turbulencia. Los insertos se usan exclusivamente para fluidos viscosos.

> En el tipo "de corrugaciones paralelas" las ondulaciones están a 45° con respecto al eje longitudinal de la placa y el fluido las encuentra en dirección normal a su sentido de flujo.

También se fabrican placas con otras ondulaciones y cada fabricante tiene sus tipos propios. La selección del tipo de placa depende mucho del servicio. Se debe tener en cuenta que los tipos de placa que producen el mayor valor de coeficiente de transferencia de calor también ofrecen mayor resistencia de flujo.

La separación de los fluidos se hace por medio de la junta que puede ser de distintos materiales según el servicio. Cada lámina tiene cuatro orificios y está separada de las adyacentes por una junta de goma sintética que contiene al flujo creando una cámara entre cada par de láminas. El punto débil del intercambiador placa es la junta ya que la gran mayoría de las fugas se producen por deterioro de la misma. Puesto que las fugas son siempre al exterior resulta fácil detectarlas, pero este hecho prohíbe su uso cuando alguno de los fluidos es tóxico, inflamable o contaminante. Por otra parte la temperatura de operación está limitada por la máxima que puede soportar el material de la junta, cuyos valores usuales se dan en el cuadro siguiente.

Material de la junta	Temperatura máxima [°C]
Caucho, estireno, neopreno	70
Caucho nitrilo, vitón	100
Caucho butilo	120
Silicona	140

Este tipo de aparato se emplea mucho en la industria alimentaria y farmacéutica así como en todos los servicios que requieren una limpieza mecánica frecuente. El uso típico habitual es aquel para el cual fue diseñado en la década de 1930, para pasteurizar leche.

Sus ventajas y limitaciones son las siguientes.

Ventajas
> El equipo se desarma fácil y rápidamente.
> La eficiencia del intercambio es mayor que en los equipos que usan tubos.
> Ocupan muy poco espacio comparado con los intercambiadores de casco y tubos.

Limitaciones
> Tienen un rango de temperaturas y presiones mas limitado que otros equipos.
> > No resisten presiones superiores a 7-8 atmósferas manométricas, pudiendo llegar en diseños especiales a 15-20 atmósferas manométricas.
> No son prácticos para flujo gaseoso, excepto vapor de calefacción.

Las aplicaciones mas interesantes para los intercambiadores placa son: fluidos limpios, no corrosivos, tóxicos ni inflamables, de viscosidad normal y elevada. Son especialmente convenientes para líquidos viscosos porque la fina película de líquido que se forma y el recorrido sinuoso que tiene facilitan mucho el intercambio. Se han usado con éxito con viscosidades cinemáticas de hasta 50000 cSt ya que muchos intercambiadores placa aseguran flujo turbulento con números de Reynolds tan bajos como 150.

18.13 El tubo de calor

La denominación "tubo de calor" es la mejor traducción que se puede encontrar de la denominación inglesa "heat pipe". Este término designa un tubo de cobre o bronce que contiene un material altamente poroso, una tela o un material capilar embebido con un líquido muy volátil. Su principal característica es la capacidad muy alta de transferencia de calor con una muy alta tasa de transferencia, y casi sin pérdidas. Se parece en algunos aspectos a un termosifón, con la diferencia de que los termosifones operan por efecto del campo gravitatorio, de modo que no son capaces de transferir calor hacia abajo. En cambio un tubo de calor puede transferir calor en cualquier dirección, gracias a la acción capilar. La calidad y tipo del tejido y del fluido de trabajo que llena el tubo de calor determinan su comportamiento, tanto en cantidad de calor transferido como en velocidad de transporte. La transferencia de calor entre el tubo y el medio se hace a través de la cubierta.

La idea del tubo de calor surgió por primera vez en el año 1942 pero no fue hasta 1962 que se inventó. Posteriormente se mantuvo en desarrollo durante unos cuantos decenios hasta que hizo su debut comercial en la década de 1980. La principal característica distintiva del tubo de calor que lo diferencia de otros equipos de transferencia de calor es que el fluido de trabajo que contiene nunca sale del tubo. Se encuentra confinado en su interior, y si bien se mueve, lo hace sólo dentro del tubo. Otra característica interesante es que (dentro de límites razonables) el tubo de calor se puede instalar en contacto con fuentes alejadas entre sí mientras que en otros intercambiadores es necesario transportar el calor mediante fluidos intermedios cuando las fuentes están muy alejadas.

El siguiente croquis muestra la estructura de un tubo de calor. En el interior del tubo hay un líquido (el fluido de trabajo) que empapa los poros del relleno. Cuando se pone un extremo del tubo (la zona de evaporación) en contacto con la fuente cálida, el líquido hierve y el vapor se dirige hacia el extremo frío donde se condensa.

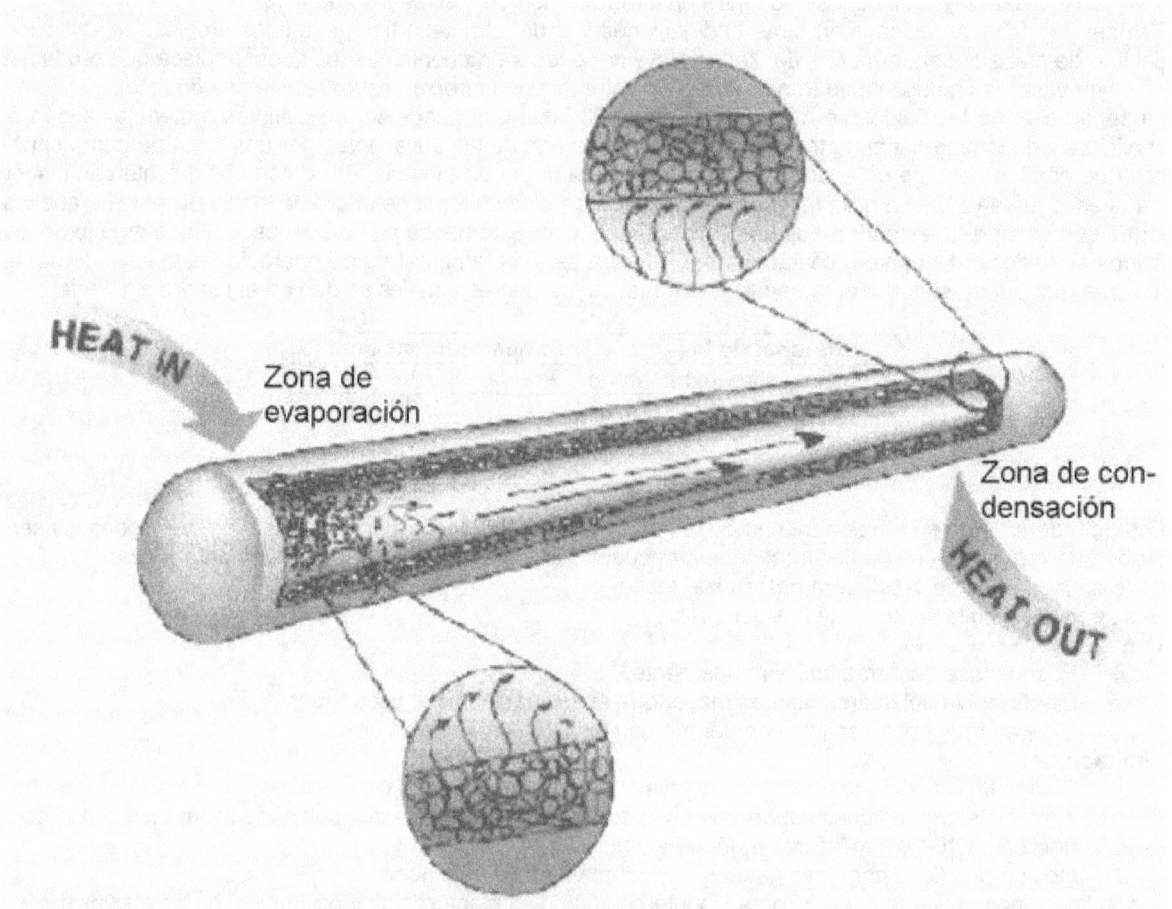

De tal modo, el fluido de trabajo va de izquierda a derecha viajando como vapor por la zona central, y retorna por capilaridad como líquido por la zona periférica de derecha a izquierda.

716

18.13.1 Principales características de diseño

Los tres componentes esenciales de un tubo de calor son:

1. El tubo externo o cubierta.
2. El fluido de trabajo.
3. El tejido o estructura capilar.

La función de la **cubierta** es contener al líquido y aislarlo del medio que lo rodea para evitar su pérdida por evaporación. Sus características principales son pues la estanqueidad y la capacidad de resistir las diferencias de presión, así como la capacidad de transferencia de calor hacia y desde el fluido de trabajo. En consecuencia, la selección del tipo de material de la cubierta depende de los siguientes factores.

- Compatibilidad con el fluido de trabajo y con el medio externo.
- Relación resistencia-peso. Conviene que sea alta, especialmente en aplicaciones electrónicas.
- Conductividad térmica.
- Facilidad de fabricación, incluyendo soldadura, maquinado y ductilidad, particularmente cuando su aplicación requiere doblarlo.
- Porosidad. Conviene que el material no sea poroso para que no escape el fluido de trabajo.
- Mojabilidad por el fluido de trabajo.

La única característica importante que requiere aclaración es la última. Si el fluido de trabajo no es capaz de mojarlo, no lo podrá atravesar por mas que la porosidad sea alta en fase líquida. No obstante, en fase vapor se escaparía a través de las paredes de la cubierta.

El **fluido de trabajo** debe tener un rango de temperaturas de vaporización del orden de las temperaturas operativas del equipo. Para la mayoría de las temperaturas operativas hay varios fluidos de trabajo apropiados, siempre que se pueda fijar la presión interna sin restricciones. No obstante, esto último tiene los límites lógicos impuestos por la necesidad de mantener el espesor de la cubierta dentro de un valor razonable. Una cubierta suficientemente robusta para poder resistir una presión interna elevada podría ofrecer una resistencia demasiado alta al paso de calor. Las características deseables en un buen fluido de trabajo son:

- Que sea compatible con la cubierta y el relleno.
- Que tenga buena estabilidad térmica, o sea que no se descomponga en el rango de temperaturas de operación del equipo.
- Que moje bien la cubierta y el relleno.
- Que no tenga una presión de vapor demasiado alta o demasiado baja (vacío) en el rango de temperaturas operativas. Una presión de vapor demasiado alta produce velocidades altas del vapor, lo que puede producir un flujo inestable.
- Que tenga un calor latente de vaporización alto. De este modo el calor transferido por unidad de masa de fluido circulante es mayor, y el peso del equipo es menor. Además, un flujo de fluido menor también significa menos pérdidas por fricción (que en flujo en medios porosos son muy elevadas) y mayor transporte de calor.
- Que tenga una elevada conductividad térmica del líquido.
- Que tenga viscosidades bajas del líquido a todas las temperaturas del rango operativo. No hay que olvidar que la pérdida por fricción depende directamente de la viscosidad. Conviene que la pérdida por fricción sean mínimas.
- Que tenga alta tensión superficial. Los líquidos con tensión superficial elevada son capaces de remontar alturas mayores contra la atracción gravitatoria por acción capilar, lo que tiene importancia si los puntos de toma y liberación de calor están situados en alturas muy distintas, particularmente cuando el punto de liberación de calor está situado por encima del punto de toma. Además, es necesario que el ángulo de contacto del líquido con el relleno y con la cubierta sean lo mas pequeños que sea posible.
- Que tenga un punto de congelación muy alejado de cualquier temperatura del rango operativo.
- Que tenga un punto de escurrimiento razonable.

Otras consideraciones relativas al fluido de trabajo son: una ebullición y condensación sin problemas y un buen comportamiento capilar, para que el flujo sea lo mas fácil que sea posible en el interior del tubo.

En la tabla siguiente vemos algunos fluidos de trabajo usados en tubos de calor.

FLUIDO DE TRABAJO	PUNTO DE FU-SIÓN (°C)	PUNTO NOR-MAL DE EBU-LLICIÓN A PRESIÓN ATM. (°C)	RANGO UTI-LIZABLE (°C)
Helio	- 271	- 261	-271 a -269
Nitrógeno	- 210	- 196	-203 a -160
Amoníaco	- 78	- 33	-60 a 100
Acetona	- 95	57	0 a 120
Metanol	- 98	64	10 a 130
Flutec PP2	- 50	76	10 a 160
Etanol	- 112	78	0 a 130
Agua	0	100	30 a 200
Tolueno	- 95	110	50 a 200
Mercurio	- 39	361	250 a 650
Sodio	98	892	600 a 1200
Litio	179	1340	1000 a 1800
Plata	960	2212	1800 a 2300

El **tejido o estructura de relleno capilar** es una masa porosa que llena el tubo, hecha de materiales como acero, aluminio, níquel o cobre de varias porosidades. Se fabrica con espuma metálica, y mas a menudo, con fieltro de hilos metálicos. Variando la presión aplicada al fieltro durante el relleno del tubo, se pueden obtener rellenos mas o menos compactos, con variados índices de porosidad. Suelen incorporarse cilindros removibles que luego se retiran del relleno, formando canalizaciones regularmente espaciadas que actúan como una estructura arterial, distribuyendo el fluido en forma lo mas pareja posible.

También se han usado otros materiales fibrosos y diversas fibras de vidrio o materiales cerámicos, que generalmente tienen menores tamaños de poro. La principal desventaja de las fibras de materiales cerámicos en comparación con las fibras metálicas es que normalmente requieren una malla metálica que las soporte y les confiera rigidez, cosa que con las fibras metálicas no es necesario. Si bien el material cerámico en sí puede ser químicamente compatible con el fluido de trabajo, la malla de soporte puede acarrear problemas.

Recientemente se ha empezado a usar la fibra de carbono, que presentan rayas longitudinales muy largas en su superficie, tienen una alta presión capilar y son químicamente muy estables. Los tubos de calor construidos con fibra de carbono parecen tener capacidades de transporte de calor algo mas altas que los que usan otros tipos de relleno.

El propósito principal del relleno es generar presión capilar para transportar el fluido de trabajo desde la sección de condensación hasta la de evaporación. También debe ser capaz de distribuir el líquido en la sección de evaporación en forma uniforme para que pueda recibir calor. Por lo general estas son funciones diferentes, y requieren rellenos de distinto tipo. La selección del relleno está gobernada por varios factores, varios de los cuales dependen fuertemente de las propiedades del fluido de trabajo.

La presión capilar máxima generada por el relleno aumenta a medida que el tamaño medio de los poros disminuye. En cuanto al espesor del tubo (que determina el espesor del relleno) depende de la capacidad del tubo, es decir de la cantidad de calor que se debe transportar. La resistencia térmica del relleno depende fundamentalmente de la conductividad térmica del líquido.

Los tipos mas comunes de relleno son los siguientes.

Polvos metálicos sinterizados. El proceso de sinterización (obtención de piezas metálicas por compresión de polvo metálico a muy alta presión) permite obtener rellenos muy porosos, con altas presiones capilares y bajos gradientes térmicos. Los tubos de calor construidos con estos rellenos se pueden doblar en ángulos bastante cerrados, cosa que los hace mas fácilmente aplicables en casos en los que los requisitos de espacio son muy críticos y las fuentes cálida y fría no se pueden unir con un tubo recto.

Malla de alambre. La mayoría de las aplicaciones usan tubos de calor con este tipo de relleno. Tienen una gran variedad de capacidades, de acuerdo al tipo de malla y de fluido usado.

18.13.2 Aplicaciones

El tubo de calor tiene una conductividad térmica efectiva varias veces mayor que la del cobre. La capacidad de transferencia de calor se caracteriza por el "coeficiente de capacidad axial" que mide la energía que puede transportar a lo largo de su eje. Este coeficiente depende del diámetro del tubo, y crece proporcionalmente con el mismo. Cuanto mas largo es el tubo, tanto menor es el coeficiente de capacidad axial.

Los tubos de calor se pueden construir de cualquier dimensión y capacidad de transporte de calor. Se han usado con éxito en la industria aeroespacial para refrigerar componentes de satélites de comunicaciones, transportando el calor generado por los componentes electrónicos al exterior, donde reinan muy bajas temperaturas. También se ha experimentado con tubos de calor en la construcción de acondicionadores de aire. En estos equipos interesa que el aire salga a la menor temperatura posible del enfriador para condensar la humedad ambiente, pero como no puede entrar a una temperatura demasiado baja al ambiente acondicionado hay que calentarlo. Si se coloca el extremo frío de un tubo de calor en el retorno del acondicionador, el aire que retorna caliente del ambiente acondicionado se enfría y el calor así extraído se puede transportar hasta la salida del aire frío para precalentarlo antes de salir al ambiente acondicionado. De esta manera el aire se calienta con su propio calor, lo que puede parecer paradójico pero no lo es. Todo lo que hace el tubo es tomar calor del aire cálido que viene del ambiente acondicionado y transferirlo al aire frío que va hacia el ambiente acondicionado. Este modo de funcionamiento es mas económico.

Los tubos de calor constituyen una excelente solución estática al problema de disipar el calor que produce el microprocesador de las computadoras personales portátiles. Tienen bajo costo, poco peso (del orden de los 40 gramos) y son pequeños, lo que los hace especialmente apropiados para aplicarlos en electrónica. Operando con una CPU de 8 vatios a una temperatura ambiente no mayor de 40 °C ofrece una resistencia térmica de 6.25 °C/vatio lo que permite mantener la caja de la CPU a menos de 90 °C. El tubo se monta entre la base de la CPU y la base metálica del teclado, que funciona como disipador de calor y también como caja de Faraday que evita la emisión de radiofrecuencias, para no introducir componentes adicionales.

El tubo de calor es un equipo estático. Al no tener partes móviles se minimizan los costos de reparación y mantenimiento. Esto es una ventaja contra los enfriadores antiguos de las CPU de computadoras personales, que requerían un motorcito eléctrico para mover aire que se usaba como enfriador. Como los que se usan en electrónica son muy pequeños, aun si se rompe el tubo la cantidad de fluido que pierde es tan pequeña que ni siquiera alcanzaría a mojar los componentes. Pero como está contenido en una estructura capilar, es imposible que se derrame al exterior. Lo único que podría suceder es que el tubo se seque, debido a la evaporación. De todos modos, el tiempo medio de vida estimado de un tubo correctamente construido e instalado supera las 10000 horas. Esto equivale a unos 50 meses de actividad asumiendo una ocupación de 200 horas mensuales, o sea algo mas de cuatro años.

APENDICE
COEFICIENTES DE ENSUCIAMIENTO
Rango de valores típicos. El valor real puede ser mayor o menor que el tabulado.

	FLUIDO	pie² °F hr /Btu	m² °C hr/Kcal
Aceites	Fuel Oil	0.005	0.001
	Aceite lubricante	0.001	0.0002
	Aceite de templado	0.004	0.0008
Líquidos	Refrigerante	0.001	0.0002
	Hidráulico	0.001	0.0002
	Térmicos (tipo Dowtherm)	0.001	0.0002
	Sales fundidas	0.0005	0.0001
Gases y vapores	Gas coke, Gas de agua	0.005	0.001
	Vapor sin aceite	0.002	0.0004
	Vapor de escape c/aceite	0.0001	0.0002
	Aire comprimido	0.002	0.0004
	Gases refrigerantes	0.002	0.0004
Líquidos de Proceso	Soluciones de MEA y DEA	0.002	0.0004
	Soluciones de DEG y TEG	0.002	0.0004
	Extracciones laterales y fondos de columnas fraccionadoras	0.001	0.0002
	Soluciones Cáusticas	0.002	0.0004
Gases y vapores de proceso	Gas ácido	0.001	0.0002
	Vapores de solvente	0.001	0.0002
	Vapores estables en tope de columna fraccionadora	0.001	0.0002
	Gas Natural	0.001	0.0002

Aclaraciones de las abreviaturas. Dowtherm: marca registrada de Dow; se suele usar para designar un tipo de fluido sintético usado como fluido de intercambio de temperaturas altas y medias. MEA: mono etanol amina. DEA: di etanol amina. DEG: di etilen glicol. TEG: tri etilen glicol.

COEFICIENTES TIPICOS GLOBALES DE INTERCAMBIO "U"

CORRIENTE CALIDA	CORRIENTE FRIA	Btu/(pie² °F hr)			Kcal/(m² °C hr)		
Agua	Agua	140	–	280	86	–	1400
Solventes orgánicos	Agua	45	–	130	215	–	645
Gases	Agua	2.6	–	45	13	–	215
Aceites Livianos	Agua	60	–	160	300	–	770
Aceites Pesados	Agua	10	–	45	50	–	215
Solventes orgánicos	Aceites Livianos	20	–	70	100	–	345
Agua	Salmuera	105	–	210	515	–	1030
Solventes orgánicos	Salmuera	26	–	90	130	–	430
Gases	Salmuera	2.6	–	45	13	–	215
Solventes orgánicos	Solventes org.	20	–	62	100	–	300
Aceites Pesados	Aceites Pesados	8	–	44	40	–	215
Vapor	Agua	260	–	700	1290	–	3440
Vapor	Aceites Livianos	44	–	140	215	–	690
Vapor	Aceites Pesados	9	–	80	40	–	390
Vapor	Solventes org.	105	–	210	515	–	1030
Vapor	Gases	3.5	–	35	17	–	170
Fluidos de intercambio (tipo Dowtherm)	Aceites Pesados	8	–	53	38	–	260
Vapor Soluc. Acuosas	Baja viscosidad (μ < 2 cP)	210	–	700	1030	–	3440
	Alta viscosidad (μ < 2 cP)	105	–	210	515	–	1030

COEFICIENTES INDIVIDUALES DE PELICULA "*h*"

FLUIDO	Btu/(pie^2 °F hr)	Kcal/(m^2 °C hr)
Agua	265 – 1940	1290 – 9460
Gases	2.6 – 44	13 – 215
Solventes orgánicos	60 – 350	300 – 1700
Aceites	10 – 120	50 – 600

COEFICIENTES GLOBALES DE INTERCAMBIO "*U*" - INTERCAMBIADORES DE DOBLE TUBO

Rango de valores típicos. El valor real puede ser mayor o menor que el tabulado. (coeficientes basados en superficie total externa incluyendo aletas)

CORRIENTE CALIDA	CORRIENTE FRIA	Btu/(pie^2 °F hr)	Kcal/(m^2 °C hr)
Nafta Pesada	Agua (6 pies/seg en el ánulo)	25	122
	Agua (3 pies/seg en el ánulo)	20	98
Nafta Liviana	Agua (6 pies/seg en el ánulo)	30	145
	Agua (3 pies/seg en el ánulo)	25	122
K$_3$PO$_4$ Limpio	Agua	40	195
K$_3$PO$_4$ Limpio	K3PO4 Sucio	42	205

DATOS DE COEFICIENTE GLOBAL "*U*" PARA INDUSTRIA DE DESTILACION DE PETROLEO E INDUSTRIA PETROQUIMICA

Fluido CALIDO	Fluido FRIO	U
		(BTU/Hora/pie^2/°F)
Intercambiadores de Haz de Tubos y Coraza		
Atmospheric Pipe-still Top Pumparound	Crude	60-70
Atmospheric P-s No. 3 Side streams	Crude	48-58
Atmospheric P-s Bottom Pumparound	Crude	55-85
Lean Oil	Fat Oil	60
Hydrocracker Effluent	Hydrocracker Feed	75
Hydrogenation Reactor Effluent	Hydrog.Reactor Feed	51-55
Hydrofiner Effluent	Hydrofiner Feed	50-68
Debutanizer Effluent	Debutanizer Feed	70
Powerformer Effluent	Powerformer Feed	50-80
Acetylene Converter Feed	Acety.Conv.Effluent	22-30
Regenerated D.E.A	Foul D.E.A.	110
Catalyst-Oil Slurry	Gas Oil Feed	40
Cracking Coil Vapors	Gas Oil	30
Rerun Still Overhead	Rerun Still Feed	50
Splitter Overhead	Debutanizer Feed	55
Enfriadores		
Brine	Water	150-210
Brine	Sour Water	100-115
Debutanizer Bottoms	Water	60-75
Debutanizer Overhead Products	Water	85-90₁
Depentanizer Bottom Products	Water	43
Vacuum Pipe Still Bottoms	Water	20-25
Absorber Oil	Water	80
Splitter Bottoms	Water	18
Lean Oil	Water	70
Heavy Gas Oil	Water	40
Regenerated D.E.A	Water	110
Reduced Crude	Water	29-32

Enfriadores de Gas		
Air 27 psig	Water	13
Air 105 psig	Water	17
Air 320 psig	Water	23
Primary Fractionator Gas	Water	27
Hydrocarbon Vapors (M.W = 30)	Water	38-43
Hydrocarbon Vapors (M.W = 25)	Water	55-60
Propylene	Water	50
Ethilene	Water	31
Condensadores		
Atmospheric Pipe Still Overhead	Water	80-90
Atmospheric Pipe Still Overhead	Crude	35-45
Atmospheric Pipe Still Distillate	Water	70-80
Vacuum Pipe Still Overhead	Water	115-130
Debutanizer Overhead	Water	90-100
Deethanizer Overhead	Water	90-113
Depentanizer Overhead	Water	110
Hydrofiner Effluent	Water	91-105
Stabilizer Overhead	Water	75-85
Splitter Overhead	Water	85-113
Rerun Still Overhead	Water	70
D.E.A. Regenerator Overhead	Water	100
Primary Fractionator Overhead	Water 40	(50% cond.)
Primary Fractionator Overhead and Products	Water 60	(25% cond.)
Powerformer Effluent	Water	55-60
Hydrocracker Effluent	Water	85
Propylene	Water	120
Steam	Water	400-600
Congeladores		
Ethylene	Propylene	98
Demethanizer Overhead	Ethylene	107
Deethanizer Overhead	Propylene	113
Depropanizer Overhead	Propylene	115
Ethylene	Ethylene	99-105
Demethanizer Feed	Ethylene	96-113
Demethanizer Feed	Propylene	100-122
Rehervidores (calderetas)		
Steam	Demethanizer Bottoms	75
Lean Oil	Demethanizer Bottoms	60
Steam	Deethanizer Bottoms	73-86
Atmospheric Pipe Still Top Pumparound	Deethanizer Bottoms	66
Steam	Depropanizer Bottoms	89
Steam	Debutanizer Bottoms	74-100
Atmospheric Pipe Still Top Pumparound	Debutanizer Bottoms	65
Atmospheric Pipe Still Bottoms	Debutanizer Bottoms	56
Steam	Depentanizer Bottoms	81
Steam	Debenzenizer Bottoms	102
Steam	Detoluenizer Bottoms	77
Steam	Splitter Bottoms	80
Dowtherm	Splitter Bottoms	70
Steam	Stripper Bottoms	82
Steam	Stabilizer Bottoms	115
Steam	Rerun Tower Bottoms	74
Dowtherm	Rerun Tower Bottoms	47
Steam	LPG Bottoms	70
Powerformer Effluent	Powerformer Stabilizer Bottoms	75-77
Steam	K3PO4 Stripper Bottoms	145
Steam	D.E.A. Regenerator Bottoms	240
Dowtherm	Phenol	65

Precalentadores			
Steam		Isobutane Tower Feed	92
Steam		Rerun Tower Feed	80-100
Steam		Debutanizer Tower Feed	110
Steam	Hydrogenation Reactor Feed		75-89
Steam	Powerformer Stabilizer Feed		47
Generadores de Vapor			
Vacuum Pipe Still Bottoms		Feed Water	35
Vacuum Pipe Still Bottoms Pumparound		Feed Water	67-86
Primary Fractionation Slurry		Feed Water	30-55
Flue Gas		Feed Water	8-15
Reformer Effluent		Feed Water	45-60

BIBLIOGRAFIA

- *"Intercambiadores de calor"* – Cao.

- *"Procesos de Transferencia de Calor"* – D. Q. Kern.

- *"Manual del Ingeniero Químico"* – R. H. Perry, editor.